高等院校管理科学与工程系列精品规划教材

OPERATIONS RESEARCH

运筹学

李锋 庄东 编著

机械工业出版社
China Machine Press

图书在版编目（CIP）数据

运筹学 / 李锋，庄东编著．—北京：机械工业出版社，2013.10（2022.1重印）
（高等院校管理科学与工程系列精品规划教材）

ISBN 978-7-111-44298-1

I. 运… II. ①李… ②庄… III. 运筹学 – 高等学校 – 教材 IV. O22

中国版本图书馆CIP数据核字（2013）第239466号

　　本书依据经济管理类专业学生培养特点组织内容，介绍了线性规划、对偶理论、整数规划、运输问题、目标规划、图论、动态规划、网络计划技术等运筹学主要分支的基本概念、理论方法和计算机求解，运用大量案例深入浅出地介绍了运筹学在经济管理领域的应用，强调运筹学学科的应用性，加强应用问题建模分析思路的介绍，强调实际问题的计算机工具求解，运用Excel软件求解运筹学问题。本书还配有教学大纲、PPT课件、习题及补充习题、案例分析及其答案等学习教辅资料。

出版发行：机械工业出版社（北京市西城区百万庄大街22号　邮政编码：100037）
责任编辑：蒋桂霞　　　　　　　　　　　　　　　版式设计：刘永青
印　　刷：北京建宏印刷有限公司　　　　　　　版　　次：2022年1月第1版第4次印刷
开　　本：185mm×260mm　1/16　　　　　　　印　　张：24.25
书　　号：ISBN 978-7-111-44298-1　　　　　　定　　价：39.00元

凡购本书，如有缺页、倒页、脱页，由本社发行部调换
客服热线：（010）88379210　88361066　　　　投稿热线：（010）88379007
购书热线：（010）68326294　88379649　68995259　读者信箱：hzjsj@hzbook.com

版权所有·侵权必究
封底无防伪标均为盗版
本书法律顾问：北京大成律师事务所　韩光 / 邹晓东

前　言

运筹学是20世纪40年代左右发展起来的一门典型的交叉学科。虽然运筹学的发展主要源于第二次世界大战的战事需要，但是其研究思路、方法和工具在战后已经广泛应用于各行各业的运营管理之中。除了解决生产和制造业中的运营问题之外，在市场需求的牵引下，运筹学作为一门学科不断地发展和外延。越来越多的农业、服务业和其他新兴产业中出现的问题被系统整理和归纳为运筹学中的标准问题。运筹学学科的研究对象在不断扩展，运筹学的研究方法和算法也在不断丰富。针对一些复杂的应用问题，除了传统的数学建模分析方法之外，计算机建模也逐渐成为一种被普遍采用的分析方法。同时，一些智能算法和近似算法也被引入用于求解运筹学领域中的复杂问题。与传统的精确算法相比，这些算法虽然并不能够保证得到复杂问题的最优解，但其在计算效率上具有无法比拟的优越性。通观运筹学的研究领域、研究对象和研究方法，虽然针对具体应用问题的求解方法差异较大，但是运筹学作为一门学科，它主要是以定量分析为主（定量与定性分析相结合），研究和解决现实世界各类企业与组织的生产、经营或者运作中出现的问题。也正是因为运筹学这种应用性和科学性特点，所以它成为管理科学、系统科学、工业工程等多个专业的专业基础课和主干课程。

本书的内容和结构有所偏重，更加适用于经济管理类专业本科教学（全面讲授需64学时）。同时，本书也可以作为经济管理类研究生，包括工商管理硕士MBA、工程硕士ME在内的运筹学课程参考教材。具体来说，本书在编写过程中侧重于：①强调运筹学学科的应用性特点，加强了应用问题建模的分析思路介绍；②强调实际问题的计算机工具求解，加强了工具软件的使用介绍；③重视与国外知名大学运筹学教材和教学安排的一致性，一些专业术语和定义给出其英文原文或出处；④强调经济管理类专业本科学生的特点，从文字到图表尽可能直观、深入浅出和通俗易懂；⑤考虑经济管理类专业本科学生培养的知识结构特点，避免与其他专业基础课重复。除此之外，书中部分文字体现了作者多年教学中的心得体会。

  本书由李锋和庄东编著，其中，前言、绪论、第九、十章正文及各章案例由李锋独立完成；第三、六章由庄东独立完成；第一、四章正文及各章的Excel规划求解部分由李锋主笔，庄东参与编写；第五、七、八章由庄东主笔、李锋参与编写；第二章正文及各章的习题由李锋和庄东共同完成。本书的编写得到了作者工作单位华南理工大学工商管理学院的大力支持，工商管理学院2012级的三个工商管理类本科班级在本书的试用过程中还提出了大量宝贵的修订建议，在此一并表示衷心的感谢！

  由于编著者的水平有限，错误和疏漏在所难免，恳请广大读者批评指正。

编著者
2014年3月

目 录

前言

绪论 ·· 1

第一章 线性规划基础 ········· 14
学习目标 ································ 14
第一节 线性规划模型 ············ 15
第二节 线性规划问题的图解法 ······ 27
第三节 用 Excel 求解线性规划问题 ·· 31
本章小结 ································ 38
习题 ······································· 38

第二章 线性规划的单纯形解法 ······ 42
学习目标 ································ 42
第一节 单纯形法 ·················· 43
第二节 单纯形法的扩展 ········ 63
第三节 改进单纯形法 ············ 74
本章小结 ································ 84
习题 ······································· 85
案例 2-1 XD 户外家具厂生产计划问题 ··················· 86
案例 2-2 JadeCo. 玉器工艺品厂生产计划问题 ········ 88

第三章 线性规划的对偶理论 ········ 89
学习目标 ································ 89
第一节 对偶线性规划模型 ······ 90
第二节 对偶问题的性质 ········ 94
第三节 对偶单纯形法 ············ 100

第四节 灵敏度分析与参数线性规划 ·································· 105
本章小结 ································ 121
习题 ······································· 122
附录 3A 本章部分定理的证明 ······ 123

第四章 整数规划 ··················· 126
学习目标 ································ 126
第一节 整数规划的数学模型 ······ 126
第二节 一般整数规划问题的解法 ·································· 136
第三节 0-1 整数规划问题的解法 ··· 156
第四节 用 Excel 求解整数规划问题 ······································ 161
本章小结 ································ 165
习题 ······································· 166
案例 4-1 BetterLife 集团生产计划问题 ······················ 170
案例 4-2 LightCo. 公司生产计划问题 ······················ 170

第五章 运输问题 ··················· 172
学习目标 ································ 172
第一节 运输问题的数学模型 ······ 173
第二节 标准运输问题的表上作业法 ·································· 174
第三节 扩展的运输问题 ········ 187
第四节 指派问题 ··················· 195
第五节 运输问题的 Excel 求解 ····· 197
本章小结 ································ 200

习题 ………………………………… 201
案例 5-1　CSToys 公司的生产与运输策略 ………………………………… 204

第六章　目标规划 ………………………… 206
学习目标 ………………………………… 206
第一节　目标规划的数学模型 ……… 207
第二节　两变量目标规划问题的图解法 ………………………………… 215
第三节　目标规划的单纯形解法 …… 220
第四节　用 Excel 求解目标规划问题 ………………………………… 223
本章小结 ………………………………… 231
习题 ……………………………………… 232

第七章　图论 ……………………………… 234
学习目标 ………………………………… 234
第一节　图的基本概念 ………………… 235
第二节　最小支撑树问题 ……………… 239
第三节　最短路问题 …………………… 243
第四节　最大流问题 …………………… 256
第五节　最小费用（最大）流问题 … 271
第六节　用 Excel 求解图论问题 …… 280
本章小结 ………………………………… 288
习题 ……………………………………… 288

第八章　动态规划 ………………………… 290
学习目标 ………………………………… 290
第一节　多阶段决策问题的描述 …… 291
第二节　动态规划的基本概念和基本原理 ………………………………… 292
第三节　动态规划建模与求解实例 … 299

本章小结 ………………………………… 317
关键概念 ………………………………… 317
习题 ……………………………………… 317

第九章　网络计划技术 …………………… 320
学习目标 ………………………………… 320
第一节　网络计划技术引例 …………… 321
第二节　网络计划技术的分析思路 … 323
第三节　双代号网络图的绘制方法 … 325
第四节　单代号网络图的绘制方法 … 328
第五节　关键路径法 …………………… 331
第六节　计划评审技术 ………………… 343
第七节　网络计划的时间—成本优化 ………………………………… 346
第八节　用 Excel 规划求解工具计算关键路径 ………………………………… 351
第九节　网络计划技术的 M. S. Project 软件分析 ………………………………… 355
本章小结 ………………………………… 359
习题 ……………………………………… 359
案例 9-1　L 公司与客车制造商的配套生产项目 ………………………………… 361

第十章　AMPL 软件介绍 ………………… 363
学习目标 ………………………………… 363
第一节　AMPL 的安装使用 ………… 364
第二节　AMPL 语言介绍 …………… 368
第三节　AMPL 模型结果分析 ……… 375
本章小结 ………………………………… 380

参考文献 ………………………………………… 381

绪 论

"运筹学",从这个中文译名称不难想象,早年的中国学者就已经将运筹学研究的内容和方法与中国古代成语"运筹帷幄"(运筹帷幄之中,决胜千里之外)所代表的含义相提并论。战国时期谋士孙膑的"田忌赛马",东汉末年诸葛亮的"火烧赤壁",东晋宰相谢安以少胜多的"淝水之战",这些具有朴素运筹学思想的经典案例都为人津津乐道。但是,就其本意而言,运筹学并非以那些重大、重要的战略决策为研究对象,而是以日常生活中常见、普遍存在的细致问题为对象,试图提供一些简单、实用的解决方法和工具。

运筹学的英文原名为 operations research 或 operational research,共同缩写为 OR。从英文单词上看,运筹学就是对"运作/运营"(operations)进行"研究"(research)的一门科学。在管理学领域里,"管理"(management)活动通常依据决策层面的不同从高到低被划分为战略管理(strategic management)、战术管理(tactical management)和运作管理(operations management,OM)。由此可见,"运作"研究是最底层、最烦琐和最细致的工作。而这些工作往往不应该是中国古代那些谋略家、宰相和军师所关注和管理的工作。从这一点上说,"运筹学"这个名词并没有非常准确地描述出其原意。

另外,有趣的是,作为一门已经有 80 多年历史的学科,运筹学至今还没有一个公认的定义。

第一节 运筹学简介

由于运筹学研究对象——"运作/运营"随着经济发展和社会进步被赋予更多和更新的含义,运筹学的研究理论、方法和技术也因此不断地向不同的应用领域和学科领域扩展和延伸。例如,传统的运筹学主要研究工业活动中的采购、生产、销售等运营管理问题。但是,随着服务行业的繁荣,众多服务行业的问题成为运筹学领域研究的热点和难点。并且,传统的运筹学主要研究企业或组织日常运营过程中的定量问题。但是,随着市场竞争的全球化,企业或组织必须根据自身长期发展的战略计划,指导制定短期、日常的运营管理计划。也就是说,传统的"运营"优化管理必须在"战略管理"的指引下,扩展为更加复杂的定性与定量相结合的优化管理。

如前所述，运筹学至今没有一个统一的定义。在不同的历史时期，不同的专家结合各自背景，从不同的视角对运筹学做出了定义。例如，1951年运筹学先驱人物美国物理学家菲利普·麦科德·莫尔斯（Philip McCord Morse）（被誉为美国运筹学之父）和化学家乔治·埃尔伯特·金博尔（George Elbert Kimball）给出的定义为"运筹学是为决策机构在对其控制下的业务进行决策时，提供以数量化为基础的科学方法"[一]。此定义强调了运筹学所采用的研究方法为定量分析方法，并以此为科学决策提供数据支持。现在看来，这个定义忽视了复杂决策问题中一些难以量化或者只能定性分析的因素。例如，国际经济环境、国家宏观政策、地理环境、气候条件等因素对所研究问题的影响，通常难以被量化。因此，当前一些社会和经济决策问题，往往要求决策者采用定性与定量相结合的方法进行分析和求解。

1957年，美国哲学家和系统科学家查尔斯·韦斯特·丘奇曼（Charles West Churchman）给出的运筹学定义为"运筹学的普适特点是应用科学的方法、技术和工具，针对实际系统运作过程中出现的问题，提供最优解决方案的一门应用学科"[二]。此定义强调了运筹学所研究的对象为系统运作过程中出现的问题，并强调运筹学给出的解决方案应该是问题的最佳解决方案。但是，随着研究对象的复杂性增长，许多复杂的决策问题通常需要消耗极大的代价来获得最优解，而这些成本和代价往往在效果上是不经济的。因此，针对此类问题，运筹学领域的专家更多研究的是一些相对低成本的求解方法和算法，而得到的解决方案虽然可能不是全局最优的，但是与最优解"相去不远"。

经过几十年的学科发展，1966年英国教授安东尼·斯塔福德·比尔（Anthony Stafford Beer）给出的运筹学定义为"运筹学是一门用于管理由人、机器设备、原材料和资金构成的复杂系统的科学。此类系统广泛存在于工业、商业、政府以及国防行业。运筹学的独特性在于其所建立此类系统的模型中包含了诸如风险和概率等因素的量化指标，从而能够对可行方案进行比较和评价"[三]。相比之下，此定义指出了运筹学所研究的复杂系统中包含了诸多随机因素，需要应用概率与统计方面的知识进行求解。

随着20世纪80年代系统工程学科的发展，运筹学的定义也由此扩展为"运筹学是一门应用科学，它广泛应用现有的科学技术知识和数学方法，解决实际提出的专门问题，为决策者选择最优决策提供定量依据"[四]。从此定义上看出，当时运筹学被普遍认同为是一门应用科学，用于解决实际应用中出现的问题，并且运筹学所应用的求解方法通常是多学科的交叉。

[一] Operations research is a scientific method of providing executive departments with a quantitative basis for decisions regarding the operations under their control. P. M. Morse, G. E. Kimball. *Methods of Operations Research* [M]. The Technology Press of MIT. 1951.

[二] O. R. in the most general sense can be characterized as the application of scientific methods, techniques, and tools to the operations of systems so as to provide those in control with optimum solutions to problems. C. W. Churchman, R. L. Ackoff, E. L. Arnoff. *Introductions to Operations Research* [M]. John Wiley & Sons. 1957.

[三] Operational Research is the attack of modern science on complex problems arising in the direction and management of large systems of men, machines, materials and money in industry, business, government and defence. Its distinctive approach is to develop a scientific model of the system, incorporating measurements of factors such as chance and risk, with which to predict and compare the outcomes of alternative decisions, strategies or controls. S. Beer. *Decision and Control: The Meaning of Operational Research and Management Cybernetics* [M]. John Wiley & Sons. 1966.

[四] 《运筹学》教材编写组. 运筹学 [M]. 北京：清华大学出版社，2005.

近十几年，随着计算机科学技术的高速发展，越来越多的复杂运筹学问题可以通过计算机工具软件进行求解。运筹学所研究的应用问题和采用的方法、工具也有了质的飞跃。运筹学的定义也随之得到了极大的丰富："运筹学是一门以数学科学为基础的交叉学科，其目的是提高组织的技术效率。除了传统的数学科学以外，运筹学还综合应用了诸如数学建模、统计分析、数学优化等其他科学技术，为复杂决策问题提供最优或者近似最优解。"[⊖] 此定义除了强调运筹学的交叉学科的本质，更重要的是指出了对于一些复杂的决策问题，运筹学并不一定局限于求解问题的最优解，而是有可能从效率（时间—成本）的角度出发，找出问题的近似最优解。

运筹学在发展过程中，总是通过吸收或引入其他领域的研究成果来完善自己。这也造就了运筹学交叉学科的特点。其他领域的发展也从运筹学的研究成果中获取能量。这些与运筹学相互交叉的学科包括工业工程（industrial engineering，IE）、系统工程（systems engineering，SE）、管理科学（management science，MS）等。与工业工程、系统工程相比，运筹学所研究的问题要更加广泛一些：工业工程侧重于工业界的具体问题，而运筹学不仅研究工业生产和制造中出现的问题，还研究包括农业、服务业中的问题；系统工程则受限于其分析问题的方法论——"自顶向下"（top-down modeling）的建模方法的分层、分解思路——无法分析一些复杂的社会和经济系统，而运筹学则通过引入计算机建模方法和工具可以实现包括"自底向上"（bottom-up modeling）的建模方法，从而能够研究这些非常复杂的巨系统。但是，与管理科学相比，运筹学涵盖的领域和研究的问题要窄一些。可以说，管理科学应用了包括运筹学在内的科学方法来帮助企业或组织达到其制定目标，即运筹学是管理科学的重要组成部分。

运筹学作为一门应用科学，不仅涉及的领域和问题广泛，更重要的是它能够帮助企业或组织获得极大的收益。表 0-1 列举了一些近几年在国际运筹学领域权威学术期刊 *Interfaces*（该杂志侧重于发表运筹学领域中的重大应用成果）上发表的最具代表性的应用问题和成效。

表 0-1 典型的运筹学领域应用问题

公司/组织名称	应用问题	收益/效果
惠普公司（HP）的 B2C 网站 HPDirect.com	应用贝叶斯建模和马尔科夫链过程分析并预测消费者的购买行为，从而优化库存[①]	2009～2011 年，总共为公司创造了 1.17 亿美元的收益（其中通过优化库存一项，节约成本 200 万美元，等同增加了 1 000 万美元的销售收入）
智利南美轮船公司（Compania Sud Americana de Vapores，CSAV）	应用库存管理以及网络流模型解决集装箱的调配问题[②]	2010 年减少了 8 100 万美元的直接成本、50% 的库存并提高了 60% 的集装箱周转率。预计 2011～2012 年节约 2 亿美元的成本
中国工商银行（ICBC）	应用决策模型解决银行网点的城市布局问题[③]	2006～2011 年，江苏省苏州市因此增加了 10.4 亿美元的存款

⊖ Operations research is an interdisciplinary mathematical science that focuses on the effective use of technology by organizations. Employing techniques from other mathematical sciences, such as mathematical modeling, statistical analysis, and mathematical optimization, operations research arrives at optimal or near-optimal solutions to complex decision-making problems. http://en.wikipedia.org/wiki/Operations_research.

(续)

公司/组织名称	应用问题	收益/效果
洲际酒店管理集团（InterContinental Hotels Group，IHG）	应用收益管理中的定价模型解决酒店房间的定价问题[4]	2011年增加1.45亿美元的收益，并预计推广后未来每年将带来4亿美元的收益
美国中西部电网独立输电系统调度中心（Midwest Independent Transmission System Operator，MISO）	应用混合整数规划模型确定发电厂是否上线，并确定最优价格[5]	2007~2010年累计减少21亿~30亿美元的成本。预计到2020年，还将增加61亿~81亿美元的净利润
豪克比奇飞机公司（Hawker Beechcraft）	应用六西格玛质量管理，以及线性规划、关键路径法等技术来实现装配生产线平衡[6]	2003年在一条生产线上降低42%的在制品库存，价值约1 900万美元。在另外两条生产线上实施，节约至少3 000万美元的成本
加拿大纽布伦斯威克省运输部（New Brunswick Department of Transportation，NBDoT）	应用线性规划和启发式算法来维护1.8万千米长的道路、桥梁、渡口等交通基础设施[7]	2004~2009年总共投入200万美元用于运筹学优化项目，每年节省7 200万美元，并估计在20年间节省14亿美元
宝洁公司（P&G）	应用多阶段库存模型管理公司的产品库存[8]	2009年节省15亿美元的现金
美国哈勃货运集团（Hub Group）	应用包括预测、误差分布分析、启发式算法等一套运筹学工具用于提高场地管理和集装箱分配[9]	2008年实施一年，收益增加了3%，集装箱周转速度提高了5%，获得了1 100万美元的净回报（投资回报率为22倍）
巴西国家石油公司（Petrobras）	应用整数规划方法优化直升机在海上石油平台之间的飞行路线[10]	每年节省超过2 000万美元，包括减少了18%的直升机起降次数、8%的飞行时间，以及14%的飞行成本
挪威诺斯克纸业公司（Norske Skog）	应用混合整数规划方法确定造纸厂是否关闭[11]	每年节约超过1.2亿美元的资金
Zara时装公司	应用库存管理模型管理全球1 500家门店[12]	如果全部门店都采用该库存模型，可以在2007年获得额外3 720万美元的净收入，2008年的额外净收入是4 240万美元

[1] R. Tandon, A. Chakraborty, G. Srinivasan, etc. Hewlett Packard: Delivering Profitable Growth for HPDirect. com Using Operations Research [J]. *Interfaces*. 2013, 43 (1): 48-61.

[2] R. Epstein, A. Neely, A. Weintraub, etc. A Strategic Empty Container Logistics Optimization in a Major Shipping Company [J]. *Interfaces*. 2012, 42 (1): 5-16.

[3] X. Wang, X. Zhang, X. Liu, etc. Branch Reconfiguration Practice Through Operations Research in Industrial and Commercial Bank of China [J]. *Interfaces*. 2012, 42 (1): 33-44.

[4] D. Koushik, J. A. Higbie, C. Eister. Retail Price Optimization at InterContinental Hotels Group [J]. *Interfaces*. 2012, 42 (1): 45-57.

[5] B. Carison, Y. Chen, M. Hong, etc. MISO Unlocks Billions in Savings Through the Application of Operations Research for Energy and Ancillary Services Markets [J]. *Interfaces*. 2012, 42 (1): 58-73.

[6] S. Abdinnour. Hawker Beechcraft Uses a New Solution Approach to Balance Assembly Lines [J]. *Interfaces*. 2011, 41 (2): 164-176.

[7] U. Feunekes, S. Palmer, A. Feunekes, etc. Taking the Politics Out of Paving: Achieving Transportation Asset Management Excellence Through OR [J]. *Interfaces*. 2011, 41 (1): 51-56.

[8] I. Farasyn, S. Humair, J. I. Kahn, etc. Inventory Optimization at Procter & Gamble: Achieving Real Benefits Through User Adoption of Inventory Tools [J]. *Interfaces*. 2011, 41 (1): 66-78.

[9] M. F. Gorman. Hub Group Implements a Suite of OR Tools to Improve Its Operations [J]. *Interfaces*. 2010, 40 (5): 368-384.

[10] F. Menezes, O. Porto, M. L. Reis, etc. Optimizing Helicopter Transport of Oil Rig Crews at Petrobras [J]. *Interfaces*. 2010, 40 (5): 408-416.

[11] G. Everett, A. Philpott, K. Vatn, etc. Norske Skog Improves Global Profitability Using Operations Research [J]. *Interfaces*. 2010, 40 (1): 58-70.

[12] F. Caro, J. Gallien, M. Diaz, etc. Zara Uses Operations Research to Reengineer Its Global Distribution Process [J]. *Interfaces*. 2010, 40 (1): 71-84.

第二节　运筹学的学科特点和解题步骤

一、运筹学的学科特点

运筹学作为研究企业或组织日常运作/运营的一门学科，覆盖了制造业、运输业、建筑业、电信/通信业、金融、医疗健康、军事和公共服务等各行各业中的应用问题。虽然行业不同，具体问题不同，解决的方法和工具也不同，但是运筹学研究问题和研究方法有着以下一些共性之处。

(1) **科学性/科学方法**（scientific method）。运筹学求解问题是在科学方法论的指导下通过一系列规范化步骤进行的。一般来说，对于一个实际应用问题而言，要经过数据采集、应用建模、模型求解、实践检验、反馈修正等环节持续改进和逐步优化。

这个分析求解思路源于系统科学与系统工程研究领域中阿瑟·霍尔（Arthur David Hall）提出的霍尔三维结构模式（Hall three dimensions structure）[⊖]。霍尔三维结构模式是用于解决硬系统（hard system）的方法论，即那些偏重工程、机理明显的系统，它可以用数学模型描述，并用定量分析方法计算出系统的行为和最佳结果。它将解决问题的逻辑过程分解为七个前后紧密衔接的步骤，依次为明确问题、确定目标并据此设计评价指标体系、收集备选方案、评估备选方案的实施效果、备选方案的优化、做出决策和付诸实施。

(2) **实践性/实际问题**（practical problem）。运筹学以现实世界中的实际问题为对象，透过各种错综复杂的数量关系，鉴别问题的性质、系统的目标以及系统内主要变量之间的关系，建立合适的问题模型，运用各种方法达到对系统进行优化的目的。更为重要的是，经过运筹学分析得到的解决方案，必须具有相当的可行性，即要能被实践所检验，用来指导实际系统的运行。

对于建立起来的问题模型，运筹学应用包括灵敏度分析在内的技术手段，分析模型的适用性、鲁棒性。其目的是使得所提出的解决方案不仅是当前问题的最优解，还能够从一定程度上适应变化后的研究问题。

(3) **系统性**（systematic/broad viewpoint）。运筹学所研究的实际问题通常是非常复杂的系统，强调全局性的分析和解决问题。由于复杂系统中包含着诸多相互制约的因素或者子系统、相互矛盾的目标，运筹学要求用系统的观点来分析一个组织（或系统），它着眼于整个系统而不是局部，通过协调各组成部分之间的关系和利害冲突，使整个系统达到最优的整体状态。

为了协调系统中相互制约的因素和目标，并且考虑到目标之间的不可公度性（各个目标没有统一的度量标准），运筹学需要应用多目标规划的方法和模型，去获得整体最优的解决方案。当系统中的子系统具有分散决策的属性时，运筹学还需要应用更加复杂的博弈论和动态规划知识去分析问题。

(4) **优化方案**（optimal solution）。运筹学强调寻找所研究问题的最优解决方案，而不是任意的一个可行方案，或者只是对现有方案的改进。因此，运筹学通过构造所研究问

⊖ A. D. Hall. Three-Dimensional Morphology of Systems Engineering [J]. *IEEE Transactions on Systems Science and Cybernetics*. 1969, 5 (2): 156-160.

题的评价指标体系，对可行备选方案进行评价，并从中找出最优的方案。同时，由于运筹学的实践性特点，当所研究问题存在多个最优解时，运筹学并不刻意去搜索出所有最优解，即花费额外的代价去枚举所有的最优解，而是只找出其中一个最优解就停止计算。

但是，随着问题复杂性的增长，即使求解一些实际问题的一个最优解也需要消耗极大的计算成本，例如组合优化问题（combinatorial optimization）。因此，从效率的角度出发，运筹学也研究一些近似算法，能够以较小的计算成本获得较高质量解，即所得到解的目标函数值与最优解目标函数值差异不大。

(5) **综合性**（synthetic）。运筹学研究是一种综合性的研究，不仅仅涉及数学，还要涉及经济科学、系统科学、工程物理科学等其他学科。因此，要由一个各方面的专家组成的运筹学研究小组密切配合，相互协调地解决问题。

二、运筹学的解题步骤

在系统工程方法论的指引下，运筹学逐步形成了自己的一套解决问题步骤。

(1) *明确问题，并收集相关数据*。明确问题对于运筹学解决应用问题而言，非常重要。如果本阶段得到的问题描述与实际问题不一致，不论后面的分析和求解工作如何精彩和完善，都不能令人信服。

为了明确问题，首先需要划分出研究问题的"边界"，即哪些内容属于研究范围之内，而哪些内容可以被认定与所研究问题无关，可以忽略或者简化处理。例如，计算公司生产某种产品的净利润 R 时，可以简单地界定利润仅与单位产品价格 p、单位可变成本 c 和产量 q 有关，即 $R(p, c, q) = (p-c) \cdot q$。如果考虑到产品的生产过程，那么产品的单位成本将是生产量的函数（例如生产产品的边际成本递减），而不是一个常量，即 $R(p, c, q) = [p - c(q)] \cdot q$。继续分析，前面的两个产品利润计算公式都是建立在市场"供不应求"的假设下，即生产出来的产品总是能够销售出去。如果考虑市场需求的大小，则产品的实际销售量应为市场需求 d 和产量 q 两者的小值，即 $\min\{d, q\}$。因此，产品净利润的计算公式可进一步修改为 $R(p, c, d, q) = [p - c(q)] \cdot \min\{d, q\}$。到此，市场因素已经由最初的产品利润计算公式中的无关因素变为一个重要的影响因素。如果继续深入分析，可发现市场需求通常与产品价格有关，如价格越高，则市场需求量越小；价格越低，则市场需求量越大。因此，有 $R(p, c, d, q) = [p - c(q)] \cdot \min\{d(p), q\}$。此分析可以无限制地深入下去，比如考虑收入的时间价值、原材料采购的市场供需情况，甚至市场中竞争对手的竞争策略，以及市场中消费者的购买偏好，净利润函数将变得更加复杂和难以描述。另外，在定义问题时，即使是从解决问题的成本和收益角度出发，也需要明确地定义问题和划分问题界限。

在划分并确定问题边界之后，需要明确问题的研究目标，并将目标量化为评价的指标，甚至是指标体系。在确定研究问题的目标时，需要从系统的角度上综合考虑，使得目标尽可能地全面。同时，在确定目标和评价指标时，还必须考虑到目标的可量化性和可比性，即不同备选方案的评价指标可以度量和可以比较。由于运筹学研究的问题通常是寻找研究对象的最优解，因此如果目标和指标无法测量和量化，需要考虑采取一些可行的替代方法。例如，如果企业的目标为顾客满意度高，而通常没有办法获得此目标的直接结果。因此，可以考虑诸如通过调查部分顾客的满意度来估计整体顾客的满意度，或者通过统计每个月企业服务热线中投诉类电话的数量变化来评价顾客满意度的变化。

明确研究目标之后，需要确定与目标相关各种因素，并对相关因素进行分类和逐个分析。一般来说，需要将问题的相关因素分为参数和变量两大类。"变量"为研究问题中可控因素，即决策变量。通常可以通过变化变量的取值，获得不同的备选方案。而"参数"则是研究问题中不可控因素，不受决策变量的变化而变化。例如，在上面所举的产品净利润计算中，产品的产量、产品的价格通常是企业的决策变量，而原材料成本价格、生产能力等因素通常被定义为模型参数。

明确研究问题中的相关因素之后，需要确定决策变量的可行范围，即约束条件。只有不直接或间接超出可行范围，一个方案才能被称为可行方案。约束条件可能是与应用问题相关的定理、规律形成的约束，也可能是相关资源的限制，或者社会、经济、法律等方面形成的界限。

在明确问题过程中，需要收集与问题相关的数据以确定具体参数的取值、约束的范围，以及评价指标体系中的各评价指标的重要程度。特别是对于一些不太明确的因素、关系等需要通过数据分析得以确认。例如，通过数据分析可以确定产品的市场需求量是否具有季节性波动特性，从而确定是否需要将时间因素引入模型，作为模型的一个影响因素。

（2）建立研究问题的模型，通常是数学模型。这一阶段在明确问题的前提下，将研究问题进行梳理；明确研究问题中的决策变量以及参数，决策变量与研究问题的目标/评价指标之间的关系，以及各项约束条件。

运筹学研究问题，通常是建立所研究问题的数学模型，即用数学符号和表达式来描述问题的目标，以及约束条件。同时，对于问题中出现的不确定性或随机性因素也尽可能地采用函数形式（分布密度函数和分布函数）进行描述。

一般来说，一个应用问题如果能够用简洁的数学符号进行描述，那么就成功了一半。但是，随着应用问题的复杂性增加，许多问题没有办法用数学符号进行描述。因此，运筹学也采用了计算机科学中的计算机建模技术，即用计算机语言去定义和表示研究问题中决策变量之间、决策变量与参数之间、决策变量与目标之间的关系和动态特性，并通过计算机仿真的方法获取备选方案的动态和静态特性，从而对不同备选方案进行比较和评价。

需要注意的是，无论是数学建模、计算机建模，还是其他建模方法，所建立起的问题模型一定是对原始问题的抽象。在建模过程中，运筹学专家要忽略那些与研究问题关系不大的变量，并尽可能将复杂的关系简化。因此，对于所建立起来的问题模型，一定要进行模型检验，判断原始问题与模型所描述的问题是否一致和匹配。如果所建模型与原始问题出现偏差，那么模型的分析和研究结果同样不具备可信度。通常来讲，建模完成之后，需要对模型进行两个不同层面的检验：将模型与第一阶段得到的问题描述比较，确定模型能够较好地匹配问题的描述；将模型与实际应用问题比较，确定模型能够较好地反映出实际问题。

（3）结合问题模型，采用合适的方法、技术和工具进行问题求解。运筹学中的许多应用问题，都可以采取多种方式进行问题求解。因此，必须结合问题的模型，寻找最合适和高效的求解方法，选择合适的工具软件进行求解。

如前所述，对于一些复杂的问题，运筹学专家也从成本的角度出发，设计一些快速算法得到问题的近似最优解/次优解。目前，常见的一些近似算法包括遗传算法（genetic algorithm，GA）、蚂蚁算法（ant algorithm）、模拟退火算法（simulated annealing algorithm)、粒子群算法（particle swarm optimization，PSO）等。

对于求解得到的最优解，运筹学专家还需要对最优解进行后续分析。对于最优解的分析，通常要从以下几个方面进行考量：

- 鲁棒性，是指当应用问题的背景环境受到一定程度的干扰时，最优解能够继续正常运行的程度；
- 适应性，是指当应用问题的参数、目标函数或者环境发生变化后，最优解能够保持其最优特性；
- 可操作性，即方案实施的可能性，以及实施的难易程度。

这些后续分析内容在运筹学领域属于灵敏度分析，即分析当模型中一个或者多个参数发生变化时，最优解是否会发生变化；保持当前最优解不变，模型中的一个或多个参数允许变化的区间范围等。

（4）解决方案的验证。本阶段的主要任务就是将通过模型求解得到的最优解决方案在实际应用环境中进行测试。通过测试，可以初步地检验解决方案的正确性和最优性。

同时，需要在实际环境中测试最优方案的鲁棒性、适应性和可操作性。如果解决方案得到了验证，那么就可以进入下一步具体实施。如果解决方案的测试效果并不理想，则需要返回到前面的阶段重新进一步细化/明确问题，或者修改模型。

以上运筹学求解问题的四个步骤，通常不可能一次就完成，需要反复调整，分析过程的中间结果或者最终结果都有可能迫使运筹学专家去重新审视所研究的问题、所建立的模型、所得到的最优解，修正原先的工作或者收集新的数据。

（5）解决方案的程序化，并向决策者提供详细说明。运筹学解决问题的最终目标是为决策者的最优决策提供量化支持。因此，运筹学专家需要将经过实际环境测试并检验通过的最优解决方案通过各种文档、报告向决策者汇报。针对不同层次和类型的汇报对象，需要有差别地提供不同类型的报告。

运筹学分析得到的最优解决方案必须得到高层决策人员的重视和支持，否则整个工作都可能被置之不理。因此，针对不同的决策者，可能需要用非技术语言描述整个分析过程，包括定义问题、建模、问题求解和解决方案的测试，并将分析过程中的关键问题、结论，以及具体实施的构想和步骤，提供给主管。

（6）解决方案的实施。当解决方案得到决策者的认可和支持后，就进入到了实施阶段。由于运筹学所研究的问题是运作层面的问题，因此为了保证方案能够顺利进行，必须对实际操作人员进行培训和现场指导。

当解决方案具体实施后，运筹学专家还需要对研究的问题进行跟踪。通过收集数据并分析，检验实际效果，并从中发现新的现象和问题。

图 0-1 给出了上述运筹学解决问题六个步骤的示意。整个过程中，当发现问题后，一般需要返回前一阶段更新或重新定义问题，并重复求解过程，直到得到的解决方案能够满足实际需要。从系统工程的角度上来说，这个过程叫做信息的反馈。图 0-1 中也标明了主要的反馈回路。

值得注意的是，虽然在运筹学解决问题的第一步骤中，通过划分问题边界来限制研究问题的深度和广度，但是，在模型求解以及方案评价阶段，因为需要对解的性质进行综合评价，所以需要在阐明问题阶段时，对于问题所处的应用环境进行定义。

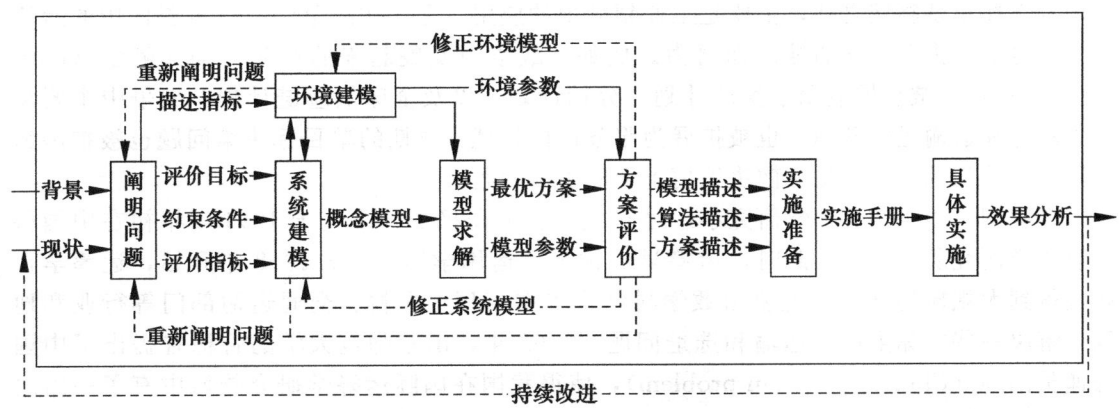

图 0-1　运筹学解决问题的反馈回路

第三节　运筹学的起源和发展

虽然运筹学包含的研究领域非常广泛，而且不同研究领域的研究工作也有先后，但是现在普遍认可的是：运筹学作为一个专业术语，最早出现在第二次世界大战的早期。

在第二次世界大战的初期，出于战争的考虑，需要将一些稀缺的战争物资和资源以有效的方式分配给不同的军事行动，并在军事行动中进行合理的调度以发挥最大的效果。为此，英国皇家空军召集了一大批科学家，要求他们采用科学的方法解决战时的军事行动难题。1941 年，为了协调这些因为保密而相互独立的运筹学小组，英国皇家空军正式成立了一个军事运筹学研究中心[○]。同时，英国陆军也召集了包括物理学家 Patrick Blackett （英国运筹学之父，1948 年诺贝尔物理学奖获得者）在内的科学家成立运筹学部门，主要展开防空雷达的研究工作。用当时的话来说，这些科学家被要求"research on (military) operations"（做有关军事行动的研究）。后来，这些相关的研究工作被称为 operations research。在此同时，美国也成立了多个运筹学组织，主要研究磁性水雷、反潜艇以及轰炸机技术等[○]。被召集的科学家中就包括美国运筹学之父 Philip McCord Morse，美国海军的反潜艇战运筹学组（anti-submarine warfare operations research group，ASWORG）的组织者[○]。

此时，运筹学应用的成功案例非常多。例如，运筹学小组开展反潜艇作战研究，研究如何更好地管理保护商船队的护航舰队；根据统计分析结果，对轰炸机机身特定位置进行防空加固；对反潜艇深水炸弹的引爆深度进行分析，提高炸弹对潜艇的杀伤力等[○]。由于英国和美国同时展开了类似的军事运作研究，因此"运筹学"一词有英式拼法（operational research）和美式拼法（operations research）两种。

第二次世界大战之后，运筹学在军事上取得的成功引发了人们的广泛关注，继而扩展

○　J. F. McCloskey. British Operational Research in World War II [J]. *Operations Research*. 1987, 35 (3): 453-470.
○　J. F. MCloskey. U. S. Operations Research in World War II [J]. *Operations Research*. 1987, 35 (6): 910-925.
○　P. M. Morse. The Beginnings of Operations Research in the United States [J]. *Operations Research*. 1986, 34 (1): 10-17.
○　M. W. Kirby. *Operational Research in War and Peace: The British Experience from the 1930s to 1970* [M]. Imperial College Press. 2003.

了运筹学在军事领域之外,主要是工业领域中的应用。那些在战争中起到重要作用的运筹学家,也积极为运筹学的推广而努力。例如,战争中发展起来的军队后勤保障学(military logistics)被扩展应用于生产计划、分销计划,以及全球供应链计划;战争中主要集中于制造和运输运作管理,也被扩展为服务运作管理;早期的单目标决策问题也被扩展为多目标决策问题,甚至是分散决策情景下的决策问题。

在我国,最早的运筹学研究小组是在钱学森的积极倡导下,于 1956 年年初在中国科学院力学研究所中产生(此时,运筹学被称为"运用学")[⊖]。从 1958 年开始,运筹学在我国得到大规模的推广,主要由数学科学家走向工厂、农村、交通运输部门等行业和地区,解决一些实际生产、运输和选址问题。1962 年,山东师范大学的管梅谷提出了中国邮递员问题(Chinese postman problem),使得我国在国际运筹学研究领域中有了一席之地。在此期间,华罗庚用"白话语言"将关键路线法和计划评审技术描述出来,并长期坚持从事该"统筹法"的推广和普及活动。

表 0-2 给出了节选的运筹学领域大事件[⊖]。由于运筹学研究的内容非常广泛,因此运筹学的起源可以回溯到 18 世纪。

表 0-2 运筹学领域的大事件编年史

年份	事件	代表人物	相关领域
1735	柯尼斯堡七桥问题	L. Euler	图论
1738	圣彼得堡悖论	D. Bernoulli	决策分析
1837	分析机①	C. Babbage	计算机科学
1906	马尔科夫链	A. Markov	排队论等
1906	帕累托最优化	V. Pareto	决策分析
1910	甘特图	H. Gantt	网络计划技术
1911	时间研究/科学管理	F. W. Taylor②	工业工程
1913	经济订购模型(EOQ)	F. W. Harris	库存管理
1931	质量控制图表	W. Shewart	质量管理
1936	投入产出分析	W. W. Leontief	预测
1937	英国军事应用③		
1939	《组织和生产中的数学方法》	L. V. Kantorovich	线性规划
1941	运输问题	F. Hitchcock	运输问题
1944	《博弈理论和经济行为》	J. von Neumann, O. Morgenstern	博弈论
1944	效用理论	J. von Neumann, O. Morgenstern	决策分析
1947	线性规划问题的单纯形算法	G. B. Dantzig	线性规划
1949	蒙特卡洛仿真	S. M. Ulam, J. von Neumann	计算机仿真
1950	非合作博弈的纳什均衡	J. Nash	博弈论
	《运筹学季刊》④		
1951	《非线性规划》	H. Kuhn, A. Tucker	非线性规划
1954	参数规划	S. I. Gass, T. L. Saaty	
1954	对偶单纯形算法	C. Lemke, E. Beale	线性规划
1956	关键路径法	J. Kelley, Jr. W. Walker	网络计划技术
1956	二次规划	M. Frank, P. Wolfe	二次规划

⊖ 付革. 运筹学在中国的早期传播(1956-1965)[J]. 西北大学学报(自然科学版). 2007, 37 (5): 857-860.

⊖ S. I. Gass. Great Moments in HistORy [J]. OR/MS Today. 2002, 29 (5): 31-37.

(续)

年份	事件	代表人物	相关领域
1957	动态规划的最优化原理	R. Bellman	动态规划
1958	整数规划的割平面法	R. E. Gomory	整数规划
1959	IFORS 成立		
1960	分支定界法	A. H. Land，A. G. Doig	整数规划
1961	工业动力学	J. Forrester	系统工程
1961	Little 法则	J. Little	排队论
1964	Clarke and Wright 算法	G. Clarke，J. Wright	物流
1965	模糊集理论	L. Zadeh	决策分析
1974	Sweep 算法	B. Gillett，L. Miller	图论，物流管理
1978	数据包络分析（DEA）	A. Charnes，W. Cooper，E. Rhodes	决策分析
1980	层次分析法	T. Saaty	决策分析
1984	人工神经网络	J. Hopfield	智能算法
1990	供应链管理（SCM）		供应链管理
1995	企业资源管理系统（ERP）		供应链管理

① 最早的通用计算机构思。
② 科学管理之父。
③ 运筹学第一次被正式使用。
④ Operational Research Quarterly，第一本运筹学专业学术期刊。

在运筹学研究繁荣的同时，国内外成立了许多学术性的研究组织。其中，最具影响力的是 1959 年 1 月正式成立的 IFORS (international federation of operational research societies，http://ifors.org)。该学会由美国的运筹学协会 ORSA、英国的 ORS、法国的 SOFRO 共同成立，是世界范围内最大的运筹学组织，当前已经有 48 个成员（我国于 1982 年加入了该组织）。

第四节　运筹学的主要研究内容和分支

本书以多本国内外运筹学经典教材为源，整理出在这些教材中介绍的运筹学研究内容：线性规划、运输问题、目标规划、非线性规划、动态规划、整数规划、网络优化模型（含网络计划技术）、启发算法、博弈论、预测、决策分析、马尔科夫链、排队论、库存论、马尔科夫决策过程和计算机仿真等。下面分别简单介绍这些分支的研究内容和特点。

(1) 在这些研究分支中，线性规划、目标规划、运输问题（一类特殊的线性规划问题）、非线性规划、动态规划和整数规划都属于**数学规划**（mathematical programming），主要研究采取何种最合理的方式有效地利用或者调配有限的人力、物力、财力、时间等资源，从而达到预期的目标。其中，线性规划是这几种数学规划中研究较早、比较成熟的一个分支，也是运筹学中一个非常重要的分支。

(2) **图论**（graph theory），在运筹学里也称为网络优化（network optimization），主要研究如何将一些实际的应用问题，用"图"的形式更加直观地表示出来，并进而针对具体的应用问题采取合适的算法进行求解。由于图论侧重于将应用问题用图形的方式再现出来，因此许多应用问题可以直接或转化为图论问题求解。例如，运筹学中的运输问题、动态规划问题都可以直接转化为图论问题进行求解。

(3) **元启发式算法**（metaheuristics），是指针对一些非常复杂的优化问题，从计算成本效率的角度上考虑，设计一些执行效率良好且可以得到最优解或者次优解的算法。元启发式算法通常引入随机数进行区域搜索，许多实际问题通常可以以合理的计算时间获得不错的解。但是，这类算法并不具备重复性，即不能保证相同的问题每次都可以相同的方式得到完全一致的解。同时，即使针对同一个问题，元启发式算法也不能保证每次计算得到的解一致，计算得到的解与最优解的偏离程度不可事先预计，有时可以得到一个不错的解，而有时得到的解又比较差。常见的一些元启发式算法包括遗传算法、模拟退火、禁忌算法（tabu search）、蚁群算法等。

（4）**博弈论**（game theory），又称为对策论，是研究参加竞争行为的各方为了达到各自的目标和利益，在考虑对手的各种可能的行动方案后，力图选取对自己最为有利或者最为合理的方案。在现实世界中，特别是在企业的经营活动中，存在着大量的博弈现象和博弈问题。博弈论就是采用数学和规范的方法，研究这些参与博弈的局中人的策略、对策和最优结果。

（5）**预测**（forecasting），根据过去已有的相关历史资料和现在的实际情况，运用科学的理论和方法去分析、推测未来可能出现的情况，并对已知事件的未来状态做出估计和推测。预测的任务是寻求研究对象发展变化的规律，然而这首先需要解决一个十分重要的问题，即研究对象的未来状态是否可以预测？为此，预测要求所研究的对象必须具有以下特性：

- 连续性：事物过去和现在的发展规律在未发生质变的情况下，可以延续至未来；
- 类推性：事物的结构或规律具有相似性，有些事件可能是另一事件发生的先兆，因而可以由已知事物的发展规律类推未知事件的未来；
- 相关性：任何事物都不是孤立存在的，必将和周围事物发生联系，且在其他事物的相互影响下发展。深入分析研究对象与相关事物之间的依存关系和影响程度，是揭示其变化特征和规律的有效途径，并可用于预测其未来的状态。

常用的预测模型可以大体分为时间序列（time series）模型和因果回归（regression）模型两大类。

（6）**决策分析**（decision analysis），一般是指从若干个备选的可行方案中，应用决策分析技术，选择其中最优可行方案的定量分析方法。决策分析通常研究一些相对复杂的决策问题，例如决策环境不完全确定情况下的不确定性决策问题和风险决策问题；或者决策的目标有多个，且这些目标之间相互矛盾的多目标决策问题。

（7）**马尔科夫链**（Markov chains），是指一类特殊的随机过程。这种随机过程的特殊性在于它的马尔科夫性质，即一个随机过程在给定现在状态及所有过去状态情况下，其未来状态的条件概率分布仅依赖于当前状态。换句话说，在给定现在状态时，它与过去状态（即该过程的历史路径）是条件独立的。马尔科夫链就是研究当应用问题具有马尔科夫性质时的最优决策问题或者系统的状态特性。

（8）**排队论**（queueing theory），或称随机服务系统理论、排队理论，是研究服务系统中排队现象的随机规律的一门学科。排队论广泛应用于计算机网络、生产、运输、库存等各项资源共享的随机服务系统。排队论研究的内容主要有三个方面：①统计推断，根据历史资料和数据建立排队论模型；②系统的性态，即和排队有关的数量指标的概率规律性；③系统的优化问题。其目的是正确设计和有效运行所研究的服务系统，使之发挥最佳效益。

（9）**库存论**（inventory theory），主要是研究当产品供需不匹配的时候，如何通过备货来缓解这种矛盾的一门学科。对于生产或销售企业，存储的原材料或成品太少，则难以维持正常的生产和销售，从而增加每次生产的固定成本或订货费用；存储太多，又会积压流动资金、占用仓储空间、增加保管费用。因此，对于企业来说，针对特定的顾客群体/市场，以及特定的产品，存储多少原材料或成品最为合适是一个非常重要的问题。库存论所要解决的问题概括起来主要有两个：一个是存储多少最为经济；另一个是间隔多长时间需要补充一次，以及补充多少的问题。

（10）**马尔科夫决策过程**（Markov decision processes），是指周期性或者连续性的观察具有马尔科夫性质的随机动态系统，因此做出决策。根据每个时刻（可以是连续的，也可以是间断的）观察到的状态，从可行的行动集合中选择一个方案执行。系统下一阶段的状态是随机的，并且其状态转移概率具有马尔科夫性。决策者继续根据观察到的状态做出新的决策，并重复这个过程直到结束。马尔科夫决策过程是马尔科夫过程与动态规划相结合的产物，故又称为马尔科夫型随机动态规划。

（11）**仿真**（simulation），是指用计算机程序来表示复杂应用问题中的静态结构和动态关系，特别是问题中大量的不确定性因素和非线性关系。当问题中的不确定性因素和非线性作用关系大量存在时，通常难以建立问题的数学模型或者对数学模型进行有效分析。因此，可以通过建立此类问题的计算机模型（程序），通过计算机仿真的方法，统计分析仿真运行的过程数据和结果数据来评价一组可行解的优劣性。例如，计算机仿真常用于金融领域中的风险评估。计算机仿真的另一大优势在于计算机的计算速度非常快，特别适用于一些大计算量、需重复计算的问题情景。

除了上述简单介绍的运筹学分支以外，还有许多研究内容属于运筹学的研究范畴。随着运筹学的不断发展，新的研究内容（如生命科学、网络科学）也不断地加入到运筹学研究范畴之中。

第一章

线性规划基础

📖 学习目标
- 掌握常见线性规划应用问题的数学建模思路
- 了解线性规划数学建模的适用范围
- 掌握关于线性规划问题"解"的若干概念
- 掌握两变量线性规划问题的图解法
- 掌握用 Excel 规划求解工具求解一般线性规划问题

在现实生产生活实践中，人们常常会遇到如何将稀缺资源合理地分配给若干个相互有竞争性的活动以获取最大回报的问题，或者为实现某个目标而规划各项活动以使付出的总成本最小的问题。这类问题中又有一部分可以抽象成表述形式相似的数学规划模型：在满足一组线性约束条件（等式或不等式）的前提下，使得某个线性目标函数取得极值（最大值或最小值）。这类问题的模型及其优化求解技术，被统称为线性规划（linear programming，LP）。

线性规划是运筹学中研究工作开展较早的一个分支，其历史最早可追溯至"二战"早期。为适应战时需要，苏联数学家和经济学家坎托罗维奇（Leonid Kantorovich）在1939年提出了一个通过合理规划收入和支出，旨在减少军队成本同时尽可能增大敌军损失的线性规划模型，这个模型被公认为最早的线性规划模型。因其对线性规划的开创性贡献，坎托罗维奇与美籍荷兰裔理论化学家科普曼斯（Tjalling Koopmans）分享了1975年的诺贝尔经济学奖，后者在1942年关于资源分配问题的研究工作为线性规划的其他理论研究提供了支持。

线性规划真正成为一门正式学科并得以发展，是被誉为线性规划之父的美国数学家乔治·丹齐格（George Dantzig）于1947年提出了具有里程碑意义的线性规划单纯形解法（simplex method）之后。目前，线性规划的理论和求解算法都已经非常成熟，在许多行业都得到了广泛的应用。

本章的内容结构是这样安排的：第一节介绍将实际问题抽象为线性规划模型的方法、过程；第二节介绍用线性规划模型解决实际问题的适用性问题；第三节介绍用图解法求解只有两个变量的线性规划问题的方法;第四节介绍线性规划问题的 Excel 求解工具。

第一节 线性规划模型

线性规划问题是求解一组决策变量的取值,使得由这些决策变量所组成的线性目标函数在满足一组线性约束条件下取得最大值或最小值的问题。如果以 x_j 为决策变量($j=1, 2, \cdots, n$),线性规划数学模型的一般形式可以表示为:

$$\max/\min \quad Z = c_1 x_1 + c_2 x_2 + \cdots + c_n x_n \tag{1-1}$$

$$\begin{aligned}
\text{s.t.} \quad & a_{11} x_1 + a_{12} x_2 + \cdots + a_{1n} x_n = (\geqslant, \leqslant) b_1 \\
& a_{21} x_1 + a_{22} x_2 + \cdots + a_{2n} x_n = (\geqslant, \leqslant) b_2 \\
& \vdots \qquad \vdots \qquad \ddots \qquad \vdots \qquad \vdots \\
& a_{m1} x_1 + a_{m2} x_2 + \cdots + a_{mn} x_n = (\geqslant, \leqslant) b_m
\end{aligned} \tag{1-2}$$

$$x_1, x_2, \cdots, x_n \geqslant 0 \tag{1-3}$$

其中,c_j、a_{ij}、b_i 都为常数($i=1, 2, \cdots, m$;$j=1, 2, \cdots, n$);"s.t." 是 subject to 的缩写,表示最优目标函数的实现必须满足后面的约束条件。由上式可知,线性规划模型具有以下几个特征:

(1) 所有表达式均为线性表达式;

(2) 目标函数为式(1-1),对任意一个线性规划模型,其目标唯一:使目标函数 Z 取得最大值(max)或最小值(min);

(3) 目标函数和约束条件以"s.t."作为分界线,表示最优目标函数的实现必须满足后面的约束条件;

(4) 约束条件式(1-2)中每个表达式均为线性方程(等式),或者"$\geqslant$""$\leqslant$"不等式,而没有"$>$"或"$<$"的不等式。

(5) 由于面向实际问题,线性规划模型通常要求决策变量取值非负,即式(1-3)。

一、实际问题的线性规划数学建模

运用线性规划方法解决实际问题,首先要给出实际问题的规范数学描述,亦即建立实际问题的线性规划数学模型。一般来说,建立线性规划问题模型可以遵循以下三个基本步骤:

(1) 根据实际问题的描述,找出合适的决策变量,并给出它们的代数符号定义;

(2) 确定实际问题的决策目标或评价标准,将其表示为决策变量的线性函数,并定义是求极大值还是极小值;

(3) 找出问题中所有的显式或者隐含的约束条件,将这些约束条件描述为决策变量的线性方程或线性不等式,并表示出变量的非负约束。

下面从线性规划的典型应用领域选择了几个代表性的应用实例,通过分析建立问题的线性规划数学模型。

例 1-1(生产计划问题) F 公司每周根据原材料 M_1 和 M_2 的采购数量来安排其产品 A、B 和 C 的生产计划。已知各产品的资源消耗、预期的利润水平以及本周的可用原材料数量如表 1-1 所示。

表 1-1　三种产品的基本信息表

单位消耗 \ 资源 \ 产品	产品 A	产品 B	产品 C	可用资源（单位：千克）
原材料 M_1	8	4	5	320
原材料 M_2	2	2	1	100
单位产品利润（单位：元/件）	5	4	2	

问：这三种产品各应生产多少，能使 F 公司获得最大的利润？

解：根据题意，

（1）决策变量：设 x_1、x_2 和 x_3 分别为 F 公司本周生产产品 A、B 和 C 的数量。

（2）目标函数：利润总额为 $5x_1+4x_2+2x_3$，由于问题的目标是使利润总额最大，所以用下式来表示线性规划模型的目标函数：

$$\max Z = 5x_1 + 4x_2 + 2x_3$$

（3）约束条件：生产产品所消耗资源的数量必须在供应额度内，即：

$$8x_1 + 4x_2 + 5x_3 \leqslant 320$$
$$2x_1 + 2x_2 + x_3 \leqslant 100$$

此外，还必须满足决策变量的非负约束，即：

$$x_1, x_2, x_3 \geqslant 0$$

综上，本问题的线性规划数学模型为：

$$\max Z = 5x_1 + 4x_2 + 2x_3$$
$$\text{s.t.} \quad 8x_1 + 4x_2 + 5x_3 \leqslant 320$$
$$2x_1 + 2x_2 + x_3 \leqslant 100$$
$$x_1, x_2, x_3 \geqslant 0$$

例 1-2（生产计划问题） A 公司从市场上采购 M_1、M_2、M_3 和 M_4 四种原材料，利用自有专利配方和设备，生产市面紧俏的特种产品 P_1、P_2 和 P_3。三种产品分别由 $M_1 \sim M_4$ 四种原材料根据不同的配方物理混合而成（产品重量为四种原材料重量之和），各产品的配方和售价如表 1-2 所示。

表 1-2　A 公司 $P_1 \sim P_3$ 产品数据

产品	原材料配方	加工成本（单位：元/千克）	市场售价（单位：元/千克）
P_1	M_1：不超过产品重量的 35%	30	1 200
	M_2：不少于产品重量的 45%		
	M_3：不超过产品重量的 50%		
	M_4：产品重量的 20%		
P_2	M_1：不超过产品重量的 60%	40	850
	M_2：不少于产品重量的 20%		
	M_4：产品重量的 10%		
P_3	M_1：不超过产品重量的 75%	50	900

虽然产品供不应求，但因规模较小，A 公司每月可用于采购的资金有限，其中本月可使用的采购预算为 25 万元（不计入成本）。另外，因预计一个月后 M_3 和 M_4 将出现短缺，A 公司计划本月必须将 M_3 和 M_4 市场供给总量的一半以上购入。本月各原材料的总供给及售

价如表 1-3 所示。

表 1-3 $M_1 \sim M_4$ 原材料本月数据

原材料	M_1	M_2	M_3	M_4
市场供给（单位：千克）	300	200	400	300
市场价格（单位：元/千克）	300	600	400	500

问：A 公司应如何采购可以获得最多的利润？

解：本问题的一种建模思路是将决策变量定义为：z_j 为产品 P_j 的生产数量，y_{ij} 为原材料 M_i 在产品 P_j 中的配方比率，x_i 为原材料 M_i 的购买数量，其中 $i=1, 2, 3, 4$；$j=1, 2, 3$。则产品配方的约束条件如下：

$$y_{11} \leqslant 0.35, y_{21} \geqslant 0.45, y_{31} \leqslant 0.50, y_{41} = 0.20$$
$$y_{12} \leqslant 0.60, y_{22} \geqslant 0.20, y_{42} = 0.10, y_{13} \leqslant 0.75$$

目标函数（利润最大化）为：

$$\max W = (1\,200 - 30)z_1 + (850 - 40)z_2 + (900 - 50)z_3$$

采购预算的限制：

$$300x_1 + 600x_2 + 400x_3 + 500x_4 \leqslant 250\,000 \tag{1-4}$$

由各产品中原材料使用量与配方比例和产量之间的关系，有：

$$x_i = \sum_{j=1}^{3}(y_{ij} z_j), i=1,2,3,4 \tag{1-5}$$

将式（1-5）代入式（1-4），展开得：

$$300\sum_{j=1}^{3}(y_{1j}z_j) + 600\sum_{j=1}^{3}(y_{2j}z_j) + 400\sum_{j=1}^{3}(y_{3j}z_j) + 500\sum_{j=1}^{3}(y_{4j}z_j) \leqslant 250\,000$$

每种原材料采购量的约束条件——M_3 和 M_4 高于市场供给量的一半，所有原材料采购量不能超过市场供给量，有：

$$x_1 = \sum_{j=1}^{3}(y_{1j}z_j) \leqslant 300$$

$$x_2 = \sum_{j=1}^{3}(y_{2j}z_j) \leqslant 200$$

$$200 \leqslant x_3 = \sum_{j=1}^{3}(y_{3j}z_j) \leqslant 400$$

$$150 \leqslant x_4 = \sum_{j=1}^{3}(y_{4j}z_j) \leqslant 300$$

则整个数学模型为：

$$\max \quad W = (1200 - 30)z_1 + (850 - 40)z_2 + (900 - 50)z_3$$

$$\text{s.t.} \quad 300\sum_{j=1}^{3}(y_{1j}z_j) + 600\sum_{j=1}^{3}(y_{2j}z_j) + 400\sum_{j=1}^{3}(y_{3j}z_j) + 500\sum_{j=1}^{3}(y_{4j}z_j) \leqslant 250\,000$$

$$\sum_{j=1}^{3}(y_{1j}z_j) \leqslant 300$$

$$\sum_{j=1}^{3}(y_{2j}z_j) \leqslant 200 \tag{1-6}$$

$$200 \leqslant \sum_{j=1}^{3}(y_{3j}z_j) \leqslant 400$$

$$150 \leqslant \sum_{j=1}^{3}(y_{4j}z_j) \leqslant 300$$

$$y_{11} \leqslant 0.35, y_{21} \geqslant 0.45, y_{31} \leqslant 0.50, y_{41} = 0.20$$

$$y_{12} \leqslant 0.60, y_{22} \geqslant 0.20, y_{42} = 0.10, y_{13} \leqslant 0.75$$

$$y_{ij}, z_j \geqslant 0, i=1,2,3,4; j=1,2,3$$

从数学模型的角度，式（1-6）正确地描述了问题的目标和约束，但是这个模型却不是线性规划模型——式（1-6）约束条件中包含有决策变量之间的积和分量 $y_{ij}z_j$，它并不符合线性规划模型中所有表达式必须为决策变量的线性表达式的要求。

本问题正确的分析思路为：

（1）决策变量：设产品 P_j 中原材料 M_i 的使用量为 x_{ij}。于是有：产品 P_j 的总产量为 $\sum_{i=1}^{4} x_{ij}$，原材料 M_i 在产品 P_j 中的配方比率为 $x_{ij}/\sum_{i=1}^{4} x_{ij}$，原材料 M_i 总使用量为 $\sum_{j=1}^{3} x_{ij}$，其中 $i=1, 2, 3, 4; j=1, 2, 3$。

（2）目标函数：目标是利润最大化，即

$$\max Z = (1\,200 - 30)(x_{11}+x_{21}+x_{31}+x_{41}) + (850-40)(x_{12}+x_{22}+x_{32}+x_{42})$$
$$+ (900-50)(x_{13}+x_{23}+x_{33}+x_{43})$$

（3）约束条件：

第一，原料在产品中配方比率的约束：

$$x_{11}/(x_{11}+x_{21}+x_{31}+x_{41}) \leqslant 0.35$$
$$x_{21}/(x_{11}+x_{21}+x_{31}+x_{41}) \geqslant 0.45$$
$$x_{31}/(x_{11}+x_{21}+x_{31}+x_{41}) \leqslant 0.50$$
$$x_{41}/(x_{11}+x_{21}+x_{31}+x_{41}) = 0.20$$
$$x_{12}/(x_{12}+x_{22}+x_{32}+x_{42}) \leqslant 0.60$$
$$x_{22}/(x_{12}+x_{22}+x_{32}+x_{42}) \geqslant 0.20$$
$$x_{42}/(x_{12}+x_{22}+x_{32}+x_{42}) = 0.10$$
$$x_{13}/(x_{13}+x_{23}+x_{33}+x_{43}) \leqslant 0.75$$

上式可进一步变换为规范的线性表达式：

$$0.65x_{11} - 0.35x_{21} - 0.35x_{31} - 0.35x_{41} \leqslant 0$$
$$-0.45x_{11} + 0.55x_{21} - 0.45x_{31} - 0.45x_{41} \geqslant 0$$
$$-0.50x_{11} - 0.50x_{21} + 0.50x_{31} - 0.50x_{41} \leqslant 0$$
$$-0.20x_{11} - 0.20x_{21} - 0.20x_{31} + 0.80x_{41} = 0$$
$$0.40x_{12} - 0.60x_{22} - 0.60x_{32} - 0.60x_{42} \leqslant 0$$
$$-0.20x_{12} + 0.80x_{22} - 0.20x_{32} - 0.20x_{42} \geqslant 0$$
$$-0.10x_{12} - 0.10x_{22} - 0.10x_{32} + 0.90x_{42} = 0$$
$$0.25x_{13} - 0.75x_{23} - 0.75x_{33} - 0.75x_{43} \leqslant 0$$

第二，采购量上限的约束：

$$x_{11}+x_{12}+x_{13} \leqslant 300$$
$$x_{21}+x_{22}+x_{23} \leqslant 200$$
$$x_{31}+x_{32}+x_{33} \leqslant 400$$
$$x_{41}+x_{42}+x_{43} \leqslant 300$$

第三，采购量下限的约束：
$$x_{31} + x_{32} + x_{33} \geqslant 200$$
$$x_{41} + x_{42} + x_{43} \geqslant 150$$

第四，采购预算的约束：
$$300(x_{11} + x_{12} + x_{13}) + 600(x_{21} + x_{22} + x_{23}) + 400(x_{31} + x_{32} + x_{33})$$
$$+ 500(x_{41} + x_{42} + x_{43}) \leqslant 250\,000$$

最后，决策变量的非负约束：
$$x_{ij} \geqslant 0, i = 1,2,3,4; j = 1,2,3$$

综上，可写出本问题的线性规划模型（略）。

例 1-3（财务计划问题） 根据某集团公司近期的发展战略调整，该集团财务部门预测了未来6年年初的现金需求，如表1-4所示。

表1-4 某集团未来6年的现金需求　　　　　　　　　（单位：万元）

年份	1	2	3	4	5	6
现金	350	405	355	260	215	230

为此，集团公司的管理层决定在今年年底一次性划拨一笔资金，今后不再划拨，并要求财务部门选择安全、流动性较好的短期投资渠道，以确保各年的资金需求得到保障的同时，实现资金的有效利用。

经研究，目前可选择银行一年期定期存款和购买国债两种投资方式。如果选择银行一年期的定期存款方式，年利率为3%；如果选择购买国债，虽然能获得高于银行一年期的定期存款的利率，但受到以下限制：①国债只能在第1年年初购买；②国债的实际购买价格要高于其票面价格，且只能在到期日按票面价格收回本金。已知第1年年初可选择的国债有两种，其基本情况如表1-5所示。

表1-5 国债基本数据信息表

债券类型	票面价格（单位：元）	实际购买价格（单位：元）	年利率（单位：%）	到期年限
1	10 000	12 000	7.8	4
2	10 000	14 300	10.7	5

问：集团公司最少需要划拨多少资金，并如何投资，才能满足未来6年的现金需求？

解：（1）决策变量：设划拨资金总额为 y 万元，第1年年初所购买的1、2型债券的票面总金额分别为 x_1^a，x_2^a 万元，每年年初存入的银行一年期定期存款金额分别为 $x_1^b, \cdots, x_6^b$ 万元。

（2）目标函数：本问题的目标为划拨资金总额最少，根据决策变量的设定，目标函数为：
$$\min Z = y$$

（3）约束条件：这一类问题的约束条件常常用投资与余额表来分析。对于本例，各年的现金使用与余额如表1-6所示，单位为万元。

表1-6中，各年年初现金的用途有两类，一是满足现金需求，另一类是投资（包括第1年年初投资国债和

表 1-6

年份	年初现金需求+年初投资额	年末现金余额
1	$350 + 1.2x_1^a + 1.43x_2^a + x_1^b$	$0.078x_1^a + 0.107x_2^a + 1.03x_1^b$
2	$405 + x_2^b$	$0.078x_1^a + 0.107x_2^a + 1.03x_2^b$
3	$355 + x_3^b$	$0.078x_1^a + 0.107x_2^a + 1.03x_3^b$
4	$260 + x_4^b$	$1.078x_1^a + 0.107x_2^a + 1.03x_4^b$
5	$215 + x_5^b$	$1.107x_2^a + 1.03x_5^b$
6	$230 + x_6^b$	$1.03x_6^b$

各年年初的一年期定期存款）；各年年末的现金余额为当年国债和存款产生的利息，在第 4、5 年年末还分别有到期的国债本金。[⊖]

这类问题中隐含的约束条件是，每年年初可使用的金额，不能超出上一年年末的余额。又因为本例的特殊性，此隐含的约束条件为每年年初可使用的金额应等于上一年年末的余额。

于是，对于第 1 年，有
$$350 + 1.2x_1^a + 1.43x_2^a + x_1^b = y$$
对于第 2 年，有
$$405 + x_2^b = 0.078x_1^a + 0.107x_2^a + 1.03x_1^b$$
同理，对于第 3、4、5 年，有
$$355 + x_3^b = 0.078x_1^a + 0.107x_2^a + 1.03x_2^b$$
$$260 + x_4^b = 0.078x_1^a + 0.107x_2^a + 1.03x_3^b$$
$$215 + x_5^b = 1.078x_1^a + 0.107x_2^a + 1.03x_4^b$$
$$230 + x_6^b = 1.107x_2^a + 1.03x_5^b$$

为了符合线性规划的一般表示形式，可将上述约束条件写成右端只有常数的形式，再加上决策变量的非负约束，本问题的线性规划模型为：

$$\min \quad Z = y$$
$$\begin{aligned}
\text{s.t.} \quad & y - 1.2x_1^a - 1.43x_2^a - x_1^b = 350 \\
& 0.078x_1^a + 0.107x_2^a + 1.03x_1^b - x_2^b = 405 \\
& 0.078x_1^a + 0.107x_2^a + 1.03x_2^b - x_3^b = 355 \\
& 0.078x_1^a + 0.107x_2^a + 1.03x_3^b - x_4^b = 260 \\
& 1.078x_1^a + 0.107x_2^a + 1.03x_4^b - x_5^b = 215 \\
& 1.107x_2^a + 1.03x_5^b - x_6^b = 230 \\
& y, x_i^a, x_j^b \geq 0, i = 1, 2; j = 1, \cdots, 6
\end{aligned}$$

注意：模型中实际上可省略掉变量 x_6^b，因为投资在第 6 年年初已经完成，如果 x_6^b 不为 0，那么得到的解一定不是最优的。即使保留 x_6^b，上述模型最优解中必有 $x_6^b = 0$。

例 1-4（生产计划问题） N 公司生产两种产品 P_1 和 P_2，这两种产品都是由组件 C_1、C_2 和 C_3 各一件装配而成。这三种组件可直接从市场上购买现货（外购成本见表 1-7），也可由该公司自行组织生产。由于不同产品对 C_2 和 C_3 的精度有不同的要求，所以单位 C_2 和 C_3 的生产工时（单位：分钟）、生产成本（单位：元）和外购成本（单位：元）因产品而不同（具体差异见表 1-7）。

[⊖] 注意：这里可能存在争议的是各年年末的现金余额，表 1-6 中实际上隐含的假设是每年年初会把所有钱全部用完。例如第 1 年年初，如果在满足现金需求和投资后仍有剩余现金，那么剩余的金额为 $y - (350 + 1.2x_1^a + 1.43x_2^a + x_1^b)$，则当年年末现金余额应为
$$[y - (350 + 1.2x_1^a + 1.43x_2^a + x_1^b)] + 0.078x_1^a + 0.107x_2^a + 1.03x_1^b$$
对后面各年同理。实际上，对于本例，表 1-6 的写法和以上写法都是正确的。本例的特殊性在于，每年年初投资到银行存款的部分，都可以在当年年末取得 3% 的无风险回报，为了提高资金的回报，年初有剩余资金都应投资到银行存款中，否则是不合算的。即使按以上的写法，本例的最优解也必定会显示每年年初完成投资后的余额为 0。

表 1-7　各组件的单位生产工时、生产成本及外购成本

组件		生产工时	生产成本	外购成本
C_1		1.5	1.0	1.2
C_2	产品 P_1	4.0	8.0	8.5
	产品 P_2	3.0	6.0	7.0
C_3	产品 P_1	2.0	1.5	2.0
	产品 P_2	3.0	1.8	2.1

该公司刚刚收到客户的紧急订单，要求在规定日期前提供 1 600 件 P_1 和 1 000 件 P_2。经过能力估算，剔除产品的装配工时外，公司在给定期限之前共有 100 个正常工时和最多 60 个加班工时，每个加班工时将额外增加 10 元的运营成本。

问：公司应如何安排生产和外购组件的数量，才能以最低的成本完成订单生产？

解：根据问题描述，该公司可以在充分利用现有工时的前提下，结合加班生产和外购组件两种策略以保证按时交货。

（1）决策变量：对于组件 C_1、用于产品 P_1 的组件 C_2、用于产品 P_2 的组件 C_2、用于产品 P_1 的组件 C_3 和用于产品 P_2 的组件 C_3，定义 $x_1, x_{21}, x_{22}, x_{31}, x_{32}$ 分别为各组件的生产数量；类似地，定义 $y_1, y_{21}, y_{22}, y_{31}, y_{32}$ 分别为各组件外购的数量；定义 x_0 为实际使用的加班工时。

（2）目标函数：本问题的目标是使总成本最低，其中，总成本包括生产成本、外购成本和额外的加班成本三部分：

$$\min Z = x_1 + 1.2y_1 + 8x_{21} + 8.5y_{21} + 6x_{22} + 7y_{22}$$
$$+ 1.5x_{31} + 2y_{31} + 1.8x_{32} + 2.1y_{32} + 10x_0$$

（3）约束条件：根据产品与组件之间的关系，可知每种部件的生产和外购总量：

$$x_1 + y_1 = 2\,600$$
$$x_{21} + y_{21} = 1\,600$$
$$x_{22} + y_{22} = 1\,000$$
$$x_{31} + y_{31} = 1\,600$$
$$x_{32} + y_{32} = 1\,000$$

实际使用的加班工时不能超过允许的最大加班工时：

$$x_0 \leqslant 60$$

生产组件所消耗的工时不能超出总工时：

$$1.5x_1 + 4x_{21} + 3x_{22} + 2x_{31} + 3x_{32} \leqslant 60(100 + x_0)$$

加上决策变量的非负约束，本问题的线性规划模型为：

$$\min Z = x_1 + 1.2y_1 + 8x_{21} + 8.5y_{21} + 6x_{22} + 7y_{22}$$
$$+ 1.5x_{31} + 2y_{31} + 1.8x_{32} + 2.1y_{32} + 10x_0$$

$$\text{s. t.} \quad x_1 + y_1 = 2\,600$$
$$x_{21} + y_{21} = 1\,600$$
$$x_{22} + y_{22} = 1\,000$$
$$x_{31} + y_{31} = 1\,600$$
$$x_{32} + y_{32} = 1\,000$$
$$x_0 \leqslant 60$$
$$1.5x_1 + 4x_{21} + 3x_{22} + 2x_{31} + 3x_{32} - 60x_0 \leqslant 6\,000$$
$$x_1, y_1, x_{21}, y_{21}, x_{22}, y_{22}, x_{31}, y_{31}, x_{32}, y_{32}, x_0 \geqslant 0$$

例 1-5（运输与分销问题） DG 有三个工厂同时生产某种产品，产品在生产后将运往两个仓库，其分销网络及各条路线上的运输成本如图 1-1 所示。本月该公司计划在三个工厂各生产 50 件、70 件和 20 件产品，在两个仓库各入库 80 件和 60 件。

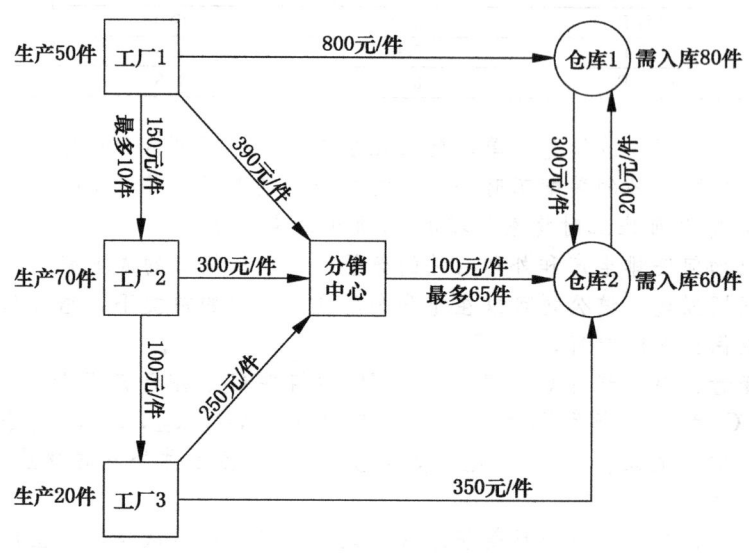

图 1-1 DG 公司的分销网络

问：DG 公司应如何安排这批货物的物流路线，可实现总运输成本最小。

解：根据题意，本问题需要确定所有 10 条路线上的运输量，使得运输总成本最低。

(1) 决策变量：定义决策变量 $x_1 \sim x_{10}$ 为各条路线上的运输量，各变量对应的路线如图 1-2 所示。

(2) 目标函数：本问题的目标是使总运输成本最低：

$$\min Z = 800x_1 + 390x_2 + 150x_3 + 300x_4 + 100x_5 \\ + 250x_6 + 350x_7 + 100x_8 + 300x_9 + 200x_{10}$$

(3) 约束条件：在有运输量限制的线路上，有

$$x_3 \leqslant 10, x_8 \leqslant 65$$

各工厂必须满足"运出量－运入量＝产量"，即

$$x_1 + x_2 + x_3 = 50$$
$$x_4 + x_5 - x_3 = 70$$
$$x_6 + x_7 - x_5 = 20$$

各个仓库必须满足"运入量－运出量＝需求量"，即

$$x_1 + x_{10} - x_9 = 80$$
$$x_7 + x_8 + x_9 - x_{10} = 60$$

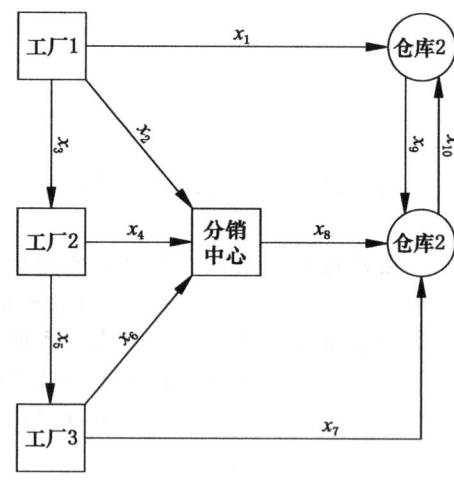

图 1-2 决策变量与网络图中线路的对应关系示意

另外，对于仅作为中转的分销中心，应有"运入量＝运出量"：

$$x_2 + x_4 + x_6 = x_8$$

加上决策变量的非负约束，本问题的线性规划模型为：

$$\min \quad Z = 800x_1 + 390x_2 + 150x_3 + 300x_4 + 100x_5$$

$$+ 250x_6 + 350x_7 + 100x_8 + 300x_9 + 200x_{10}$$

$$\text{s.t.} \quad x_3 \leq 10$$
$$x_8 \leq 65$$
$$x_1 + x_2 + x_3 = 50$$
$$x_4 + x_5 - x_3 = 70$$
$$x_6 + x_7 - x_5 = 20$$
$$x_1 + x_{10} - x_9 = 80$$
$$x_7 + x_8 + x_9 - x_{10} = 60$$
$$x_2 + x_4 + x_6 - x_8 = 0$$
$$x_i \geq 0, i = 1, \cdots, 10$$

严格来说，本问题中决策变量/线路上的运输量还必须是非负的整数。不过，由于模型的特殊性——所有约束条件中决策变量的系数都是1或-1，其求解结果必然为整数。

例 1-6（套裁下料问题） RE 建筑公司需要使用直径 48mm 的长度为 3m、4m 和 5m 的钢管来搭建 100 套脚手架。根据物料清单/BOM 表（bill of material），完成搭建需要的钢管规格和数量分别为：3m 的 600 根、4m 的 300 根、5m 的 200 根。

由于市场上供应的该直径国标钢管长度为 1～6m，每 0.5m 为一个规格，以往该公司都是直接采购各种规格的成品。现该公司有机会以成本价购买相同直径但长度为 11m 的钢管，经过粗略计算，即使采用非常随意的切割方式买入切割，总成本也比在市场购买便宜 30%。

问：如果购入这些长度为 11m 的钢管自行切割，M 公司至少应采购多少根？（假设切割中不发生长度损耗。）

解：解决这一类问题的常用思路是，先穷举出所有可能的下料方法，然后以不同方法使用的次数为决策变量进行建模。

本例中，将 11m 的钢管切割出长度为 3m、4m 和 5m 的方法共有 6 种，如图 1-3 所示。

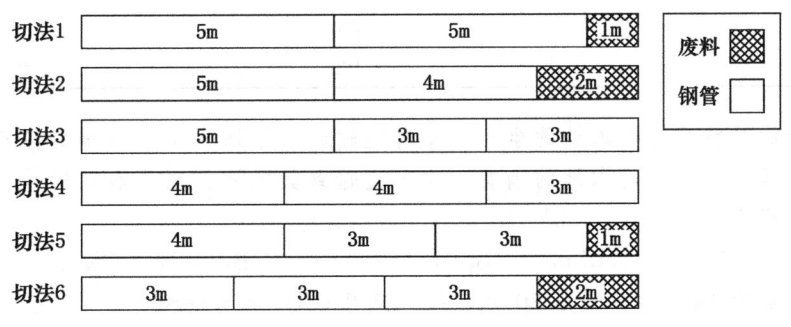

图 1-3 切割出指定长度钢管的所有方法

写出数学模型：
(1) 决策变量：设 x_i 表示用第 i 种方法切割的钢管的数量（$i=1, 2, \cdots, 6$）。
(2) 目标函数：本问题的目标是使用最少数量的 11m 的钢管，即
$$\min Z = x_1 + x_2 + x_3 + x_4 + x_5 + x_6$$

(3) 约束条件：对某种长度的钢管的需求，必须由不同的切割方法来满足。例如，长度为5m的钢管可以通过切法1、2、3得到，那么其总数为$2x_1+x_2+x_3$，这个数量必须满足需求量，于是有：
$$2x_1+x_2+x_3 \geqslant 200$$
同理，对于3m和4m的钢管，有：
$$2x_3+x_4+2x_5+3x_6 \geqslant 600$$
$$x_2+2x_4+x_5 \geqslant 300$$
加入决策变量的非负约束，该问题完整的线性规划模型为：

$$\begin{aligned}
\min \quad & Z = \sum_{i=1}^{6} x_i \\
\text{s.t.} \quad & 2x_1 + x_2 + x_3 \geqslant 200 \\
& 2x_3 + x_4 + 2x_5 + 3x_6 \geqslant 600 \\
& x_2 + 2x_4 + x_5 \geqslant 300 \\
& x_i \geqslant 0, i = 1, \cdots, 6
\end{aligned} \qquad (1\text{-}7)$$

对于本例，如果在问题中换一种问法：如果购入这些长度为11m的钢管自行切割，应如何切割废料最少？这时的数学模型仍然为式（1-7），常见的错误是将目标函数误写为：
$$\min Z = x_1 + 2x_2 + x_5 + 2x_6$$
请读者思考为什么这个目标函数是错误的。

例 1-7（设址问题） 某公司在三个地区B_1、B_2、B_3各拥有一个原料基地，该原料经生产加工得到的产品（每3吨原料可加工出1吨产品），可用于满足三地的消费需求。由于地区间条件的差异，在不同地点设厂的生产费用也不同。三地的原料产量、年产品需求量和每吨产品的生产费用如表1-8所示。

表 1-8 公司三个地区生产与需求信息表

地区	原料产量（吨）	产品需求量（吨）	产品生产费用（百元/吨）
B_1	300	60	18
B_2	280	100	20
B_3	320	120	24

各地出产的原料可用于本地的生产，也可运输到其他地区用于当地的生产；同理，各地出产的产品可以用于满足本地的消费，也可运输到其他地区用于满足当地的消费。各地之间的运输距离为：

$B_1 \sim B_2$ 150km　　$B_1 \sim B_3$ 200km　　$B_2 \sim B_3$ 250km

已知每吨原料运输1km的费用是30元，每吨产品运输1km的费用是50元。

问： 应在哪些地方设厂，以及设厂的生产规模分别应为多大，才能使总费用最小？

解：（1）决策变量。本问题涉及原料和产品在任意两地之间的运输量，应该设两组变量。令x_{ij}为B_i运往B_j的原料数量，y_{ij}为B_i运往B_j的产品数量，可知B_i的产品生产规模为$\sum_{j=1}^{3} y_{ij}$，当$\sum_{j=1}^{3} y_{ij} > 0$时，则在$B_i$设厂。

（2）目标函数：本问题的目的是使总费用最小，则目标函数为（单位：百元）：

$$\min Z = 45(x_{12}+x_{21})+60(x_{13}+x_{31})+75(x_{23}+x_{32})$$
$$+75(y_{12}+y_{21})+100(y_{13}+y_{31})+125(y_{23}+y_{32})$$
$$+18(y_{11}+y_{12}+y_{13})+20(y_{21}+y_{22}+y_{23})+24(y_{31}+y_{32}+y_{33})$$

其中，第一、二、三行分别为原料运输费用、产品运输费用和生产费用。

（3）约束条件。各地自用和运出原料、产品的数量的约束：
$$x_{11}+x_{12}+x_{13} \leqslant 300$$
$$x_{21}+x_{22}+x_{23} \leqslant 280$$
$$x_{31}+x_{32}+x_{33} \leqslant 320$$
$$y_{11}+y_{21}+y_{31} = 60$$
$$y_{12}+y_{22}+y_{32} = 100$$
$$y_{13}+y_{23}+y_{33} = 120$$

原料与产品的平衡：
$$x_{11}+x_{21}+x_{31} = 3(y_{11}+y_{12}+y_{13})$$
$$x_{12}+x_{22}+x_{32} = 3(y_{21}+y_{22}+y_{23})$$
$$x_{13}+x_{23}+x_{33} = 3(y_{31}+y_{32}+y_{33})$$

加上决策变量的非负约束，本问题的线性规划模型为：
$$\min Z = 45(x_{12}+x_{21})+60(x_{13}+x_{31})+75(x_{23}+x_{32})$$
$$+75(y_{12}+y_{21})+100(y_{13}+y_{31})+125(y_{23}+y_{32})$$
$$+18(y_{11}+y_{12}+y_{13})+20(y_{21}+y_{22}+y_{23})+24(y_{31}+y_{32}+y_{33})$$

s.t.
$$x_{11}+x_{12}+x_{13} \leqslant 300$$
$$x_{21}+x_{22}+x_{23} \leqslant 280$$
$$x_{31}+x_{32}+x_{33} \leqslant 320$$
$$y_{11}+y_{21}+y_{31} = 60$$
$$y_{12}+y_{22}+y_{32} = 100$$
$$y_{13}+y_{23}+y_{33} = 120$$
$$x_{11}+x_{21}+x_{31} - 3(y_{11}+y_{12}+y_{13}) = 0$$
$$x_{12}+x_{22}+x_{32} - 3(y_{21}+y_{22}+y_{23}) = 0$$
$$x_{13}+x_{23}+x_{33} - 3(y_{31}+y_{32}+y_{33}) = 0$$
$$x_{ij} \geqslant 0, y_{ij} \geqslant 0, i,j = 1,2,3$$

二、线性规划数学建模的前提假设

上一部分建立了几个实际问题的线性规划模型，但并不是所有的实际问题都能够进行线性规划的数学建模。一个实际问题能够被建模为一个线性规划问题，要求问题必须满足以下四个前提条件。

1. 比例性假设

比例性假设（proportionality assumption）要求目标函数值、约束条件左端取值与决策变量的取值成严格的比例关系。例如，例1-1中生产产品A的数量 x_1 对目标函数/总利润值 Z 的贡献（表示为 Z_A）呈现严格比例关系——多生产一件产品A就能够多获得5元利润，少生产一件产品A就减少5元的利润，如图1-4a所示。此外，生产产品A的数量

x_1 与消耗的原材料 M_1 的数量之间也呈现严格比例关系。

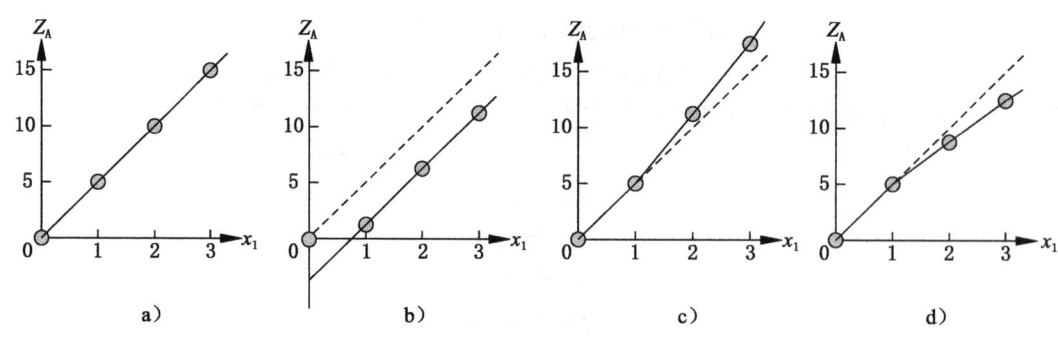

图 1-4 产品 A 的利润贡献 Z_A 与产量 x_1 的关系

然而,有许多实际问题通常不满足比例性假设条件。例如,例 1-1 中,单位产品 A 的利润 r 被假定为售价 p 减去相对稳定的单位可变成本 c_u 得到,即 $r=p-c_u$,此时生产 x_1 件产品获得的利润 Z_A 为:

$$Z_A = (p-c_u)x_1 \tag{1-8}$$

此时,若将 p 和 c_u 视为常数,Z_A 满足比例性假设。但是,如果考虑因生产产品 A 所带来的管理费用、折旧等固定成本 c_f,那么生产 x_1 件产品获得的利润 Z_A 就不再是线性函数了,而是一个分段函数(见图 1-4b):

$$Z_A = \begin{cases} 0, & x_1 = 0 \\ (p-c_u)x_1 - c_f, & x_1 > 0 \end{cases}$$

即使不考虑固定成本的因素,随着产品 A 产量增大,规模化生产方式的边际成本递减效应可能引起单位可变成本 c_u 降低,那么在售价 p 不变的情况下,式(1-8)不再是线性函数,不满足比例性假设(见图 1-4c);同理,由于产品 A 产量增大导致供需关系发生了变化,产品 A 的市场价格 p 降低,在 c_u 不变的情况下,式(1-8)不再是线性函数,不满足比例性假设(见图 1-4d)。

对于约束条件来说,也有类似的分析。制造企业可以通过资源共享、并行生产等方式减少资源的消耗,使单位产品的资源消耗随着生产产品的数量的增加而降低,比例性关系不成立。

2. 可加性假设

可加性假设(additivity assumption)要求各决策变量的变化对目标函数值的贡献、对各约束条件左端取值的变化呈累加性关系。也就是说,决策变量对目标函数值和各约束条件左端取值的影响是相互独立的。例如在例 1-1 中,单独生产一件产品 A 或产品 B 的利润分别为 5 元和 4 元,同时生产 A、B 各一件时,其对利润的贡献为 9 元(=5 元+4 元);单独生产一件产品 A 或 B 分别消耗 8 千克和 4 千克原材料 M_1,同时生产一件产品 A 和一件产品 B 消耗原材料 M_1 12 千克(=8 千克+4 千克)。这里的潜在假设是,产品 A 与 B 的产量对利润和资源消耗的影响是相互独立的。

然而在实际问题中,可加性假设也常常无法满足。决策变量之间可能通过某种联系相互影响,从而导致某个变量单独变化时,目标函数值或者约束条件左端取值呈现非线性变化。

对例 1-1,从销售的角度,当中的产品 A、B 和 C 为互补性产品时,同时销售三种产品可以减少销售成本；而当产品 A、B 和 C 因目标市场重叠而为互斥性产品时，同时销售任意两种产品需要动用更多的销售力量。从生产的角度，同时生产这三种产品消耗的资源可能要少于单独生产这三种产品所消耗的资源的总和。例如，生产产品 A 的剩余资源可以被产品 B 和/或 C 的生产所利用，那么资源的消耗将减少。另一方面，同时生产这三种产品所消耗的资源也有可能会多于单独生产这三种产品所消耗的资源之和。例如，当三种产品的生产工艺差异较大时，在不同产品的生产活动之间的转换可能将造成额外的资源消耗，此时不仅可加性假设不成立，转换成本（switch cost）的存在还将使得比例性假设不再成立。

3. 可分性假设

可分性假设（divisibility assumption）要求问题中所有决策变量的取值可以是任意的非负实数值，而不仅限于非负的整数值。但是，许多实际问题中的决策变量被限制为只能取整数值。例如，例 1-1 的数学模型中，x_1 的取值可以为 1，也可以是 0.1 甚至 0.01，但结合问题的实际背景，产品 A 的产量 x_1 不取整数是没有实际意义的。

4. 确定性假设

确定性假设（certainty assumption）要求问题模型中除了决策变量以外的所有系数都是已知的、确定的常数值。但是，实际问题中许多系数都是不确定的，或者是随机的。例如，例 1-1 中，可用的资源数量、生产单位产品的利润、资源消耗都为确定的数值。但实际上，可用的资源数量和产品的价格均分别受资源市场和产品市场供求关系的影响，均有较大的不确定性；即使是生产单位产品的资源，也只是在假定工艺水平不变的前提下才能保持稳定。因此，这类实际问题中各个常数的取值，通常只是真实值的估计值、经验值或者预测值。

综上，只有当一个实际问题满足以上全部四个前提假设时，才能用线性规划进行数学建模。但是，即使只要求满足其中的一个或若干个假设，对于许多实际问题也是不太现实的。随着线性规划解法的发展，对于不符合后两个前提假设的实际问题，已经有了较为成熟的解决办法。例如，如果决策变量不满足可分性假设条件，则增加决策变量的整数约束条件将该问题转化为一类特殊的线性规划问题——整数线性规划问题，并利用专门的解法来求解；对于确定性假设不成立的实际问题，可先对以估计值或预测值进行线性规划建模，求解该模型的最优解，再通过灵敏度分析或参数规划方法来分析当前最优解的适用范围（各系数的允许变化区间）。对于不符合比例性、可加性假设而无法进行线性规划建模的问题，人们仍然在探索线性规划建模方法。例如，对于某些存在固定成本而使比例性假设不能成立的生产计划问题，可引入一个辅助的 0-1 整数变量，将问题转化为 0-1 整数线性规划问题来求解。但是，因为不同问题中不符合比例性、可加性假设的原因各异，并不存在通用的做法。更多的时候，还需决策者与建模专家进行讨论，在剔除某些次要因素后进行线性规划建模，或者采用线性规划以外的方法进行数学建模。

第二节 线性规划问题的图解法

用线性规划来解决现实问题，必然就涉及求解最优解的问题。在开始讲解求解方法之前，有必要厘清以下关于解的各种定义。

定义 1.1　可行解（feasible solution）满足线性规划问题所有约束条件（包括式（1-2）和式（1-3））的一组决策变量 X 的取值称为该线性规划问题的一个可行解。

定义 1.2　可行域（feasible region）一个线性规划所有可行解组成的集合称为线性规划的可行域。

定义 1.3　非可行解（infeasible solution）不能够满足线性规划问题的所有约束条件的一组决策变量 X 的取值称为非可行解。

定义 1.4　最优解（optimal solution）当目标函数式（1-1）是求最大值时，使得线性规划问题取得极大值的可行解，或者是当目标函数式（1-1）是求最小值时，使得线性规划问题取得极小值的可行解被称为该线性规划问题的最优解。

定义 1.5　多最优解（multiple optimal solutions）当线性规划问题的最优解不唯一时，称该线性规划问题有多最优解。并且，当线性规划问题有多最优解时，最优解的个数一定是无穷的。

定义 1.6　无可行解（no feasible solution）特指当线性规划问题不存在可行解的情况，亦可表述为**无解**。

定义 1.7　有无界解（unbounded objective）当线性规划问题有可行解，但目标函数值可以取无穷大（求最大值时），或者负无穷大（求最小值时），因而没有最优解，这种情况又被称为**无最优解**（no optimal solutions）。

对于只包含两个变量的线性规划问题，可以通过图解法（graphical method）来求解。其解题步骤为：

第 1 步　**找出可行域**　分别以决策变量 x_1 和 x_2 为横轴和纵轴，绘制直角坐标系，然后根据线性规划问题的约束条件，在直角坐标系中确定问题的可行域；

第 2 步　**确定目标函数优化方向**　绘制两条 Z 取不同数值时的目标函数线（通常一条取 $Z=0$，另一条 Z 可取任意值），确定使 Z 优化时目标函数线的移动方向；

第 3 步　**找到最优解**　在使目标函数线与可行域保持相交的前提下，使目标函数线沿着使 Z 优化的（法线）方向移动，直到目标函数线与可行域仅有一点（或一条边）相交时，该点（边）就是问题的最优解。

例 1-8　应用图解法求解线性规划问题

$$\max \quad Z = 3x_1 + 5x_2$$
$$\text{s.t.} \quad x_1 \leq 4$$
$$x_2 \leq 6$$
$$3x_1 + 2x_2 \leq 18$$
$$x_1, x_2 \geq 0$$

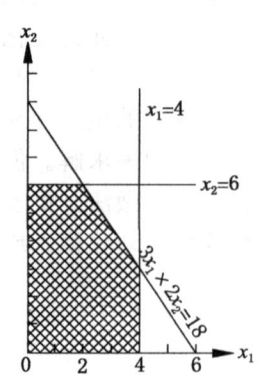

图 1-5　绘制问题的可行域

解：首先，根据问题的约束条件画出决策变量取值的可行域。由于决策变量非负，因此绘图时只需绘制直角坐标系的第一象限。图 1-5 阴影部分就是本问题的可行域。

取 $Z=0$，另任取 $Z=15$，在图 1-5 中绘制出对应的目标函数线，即 $3x_1+5x_2=0$，$3x_1+5x_2=15$，得图 1-6a，可知当目标函数线沿法线方向向右上方平移时，目标函数值将增大，符合本问题求目标函数的最大值的要求,所以应使其继续向右上方平移。

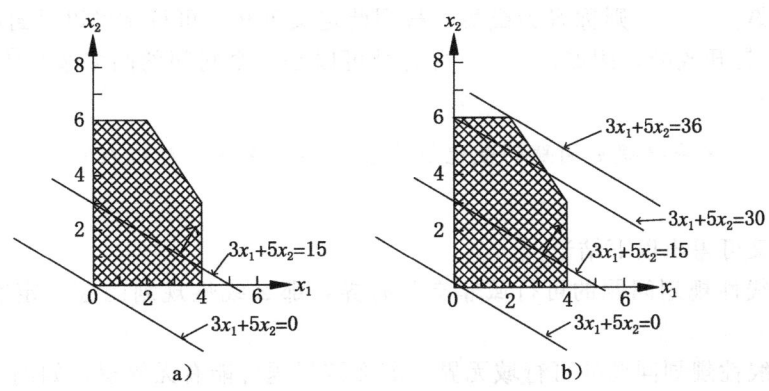

图 1-6 绘制目标函数的等值线

直至与可行域仅在其顶点 (2, 6) 处相交时 (如图 1-6b 所示),此时的目标函数线为 $3x_1+5x_2=36$,目标函数取得最大值 $Z^*=36$,此可行域顶点的坐标就是本问题的最优解:$x_1^*=2$,$x_2^*=6$。

例 1-9 应用图解法求解线性规划问题

$$\max \quad Z = x_1 + x_2$$
$$\text{s.t.} \quad x_1 - x_2 \geq 1$$
$$-x_1 + 2x_2 \leq 0$$
$$x_1, x_2 \geq 0$$

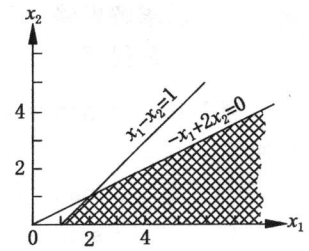

图 1-7 本问题的可行域

解:首先,在直角坐标系中绘制出本问题的可行域,见图 1-7。

分别取 $Z=0$ 和 $Z=4$,在图 1-7 添加两条目标函数线 $x_1+x_2=0$ 和 $x_1+x_2=4$,得图 1-8a,由此可知,目标函数值随目标函数线向右上方平移而增大。

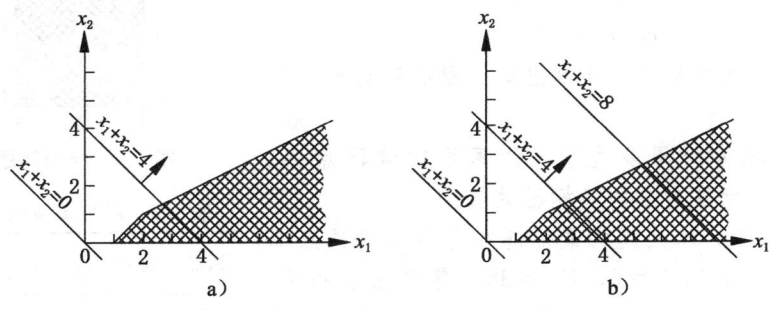

图 1-8 添加问题的目标函数等值线

继续将目标函数线向右上方平移,观察目标函数线完全脱离可行域,但由于可行域右侧未封闭,目标函数线向右上移动将始终无法脱离可行域,因此目标函数值 Z 可以取无穷大,本线性规划问题有无界解。

例 1-8 和例 1-9 不仅提供了两个变量线性规划问题的图解方法,还有助于我们引出以下两个重要的定理。

定理 1.1 线性规划问题的可行域如果存在,则问题的可行域一定是一个凸集。

凸集是这样一种集合：设 S 是实数或复数向量空间中的一个集合，如果 S 中任意两点的连线仍然在集合 S 中，则称 S 为**凸集**。根据此定义可知，可行域可以是封闭的（非空且有界），也可以是开放的。例如，例 1-8 可行域可以是一个封闭的凸多边形[⊖]，而例 1-9 的可行域没有边界。

定理 1.2 如果线性规划问题的最优解存在，那么它一定可以在可行域（凸集）的某个顶点上取得。

以上定理又可得出以下结论：

（1）如果线性规划问题的可行域非空且有界，那么线性规划问题一定有最优解，如例 1-8；

（2）如果线性规划问题的可行域无界，那么该问题可能有无界解，如例 1-9；

（3）如果线性规划问题的最优解在可行域的两个顶点上同时得到，那么这两个顶点连线上的所有点都是最优解（有无穷多最优解）。在图解法中表现为，目标函数等值在离开可行域的瞬间与可行域的一条边重合；

（4）如果线性规划问题的可行域为空，意味着该线性规划问题无可行解（例如，约束条件要求 $x_1 \leqslant 2$ 并且 $x_1 \geqslant 4$，该问题无可行解）。

对于可行域为封闭凸多边形的两变量线性规划问题，以上结论为我们提供了另一种简化的图解法求解思路：只需要穷举出可行域的所有顶点，计算每一个顶点的目标函数值，就可以找出最优解。

例 1-10 应用简化后的图解法求例 1-8 中的线性规划问题。

$$\max \quad Z = 3x_1 + 5x_2$$
$$\text{s. t.} \quad x_1 \leqslant 4$$
$$\quad\quad\quad x_2 \leqslant 6$$
$$\quad\quad\quad 3x_1 + 2x_2 \leqslant 18$$
$$\quad\quad\quad x_1, x_2 \geqslant 0$$

解：首先，在坐标图上绘制出本问题的可行域（见图 1-9）。

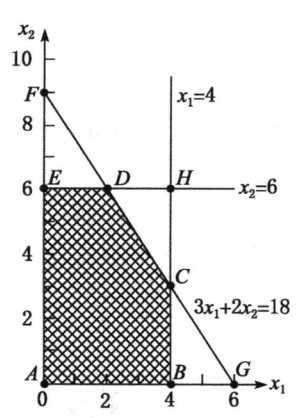

图 1-9 绘制问题的可行域

由于可行域为封闭多边形，计算可行域顶点 A、B、C、D、E 坐标及对应的目标函数值。

从表 1-9 可知，本问题的最优解在可行域的顶点 D 处得到，即 $x_1^* = 2$，$x_2^* = 6$，$Z^* = 36$。需要注意的是，这种简化的解法仅适用于可行域非空且有界（可行域为封闭凸多边形）的线性规划问题。否则，得到的解很有可能是错误的。例如，用简化图解法求解例 1-9，得到的最优解是 $x_1^* = 2$，$x_2^* = 1$，但这个结果显然是错误的。

表 1-9 可行域顶点的目标函数值

顶点	坐标 (x_1, x_2)	目标函数值 $Z = 3x_1 + 5x_2$
A	(0, 0)	0
B	(4, 0)	12
C	(4, 3)	27
D	(2, 6)	36
E	(0, 6)	30

当决策变量超过两个时，由于难以在平面上绘制出问题的可行域，图解法就不再适用

⊖ **凸多边形**是二维平面上的凸集：如果一个多边形中任意两点连线上的所有的点仍然在该多边形内部，则称此多边形为凸多边形。

了。不过，由图解法所引出的两个定理和相关结论，对多变量线性规划问题也是成立的，它们是下一章将介绍的单纯形解法的基石。

第三节 用 Excel 求解线性规划问题

如前文所述，线性规划问题是运筹学研究领域中发展最早，研究最成熟的分支之一。因此，许多计算机软件都设计并实现了线性规划问题的求解。其中，最具代表性的软件当属微软公司办公软件系列中的 Microsoft Office Excel 软件。

一、规划求解工具的加载

用 Excel 求解线性规划问题使用的工具是集成在 Excel 中的"规划求解"工具，但这个工具在默认状况下并未加载。下面以 Excel 2007 版为例，介绍如何操作加载规划求解工具。

（1）运行 Excel，鼠标单击"Office 按钮"，在下拉菜单的右下角找到并单击"Excel 选项"按钮。

（2）在弹出的"Excel 选项"对话框（见图 1-10）左边列表中，选择"加载项"。然后，单击对话框下部的"转到（G）..."按钮。

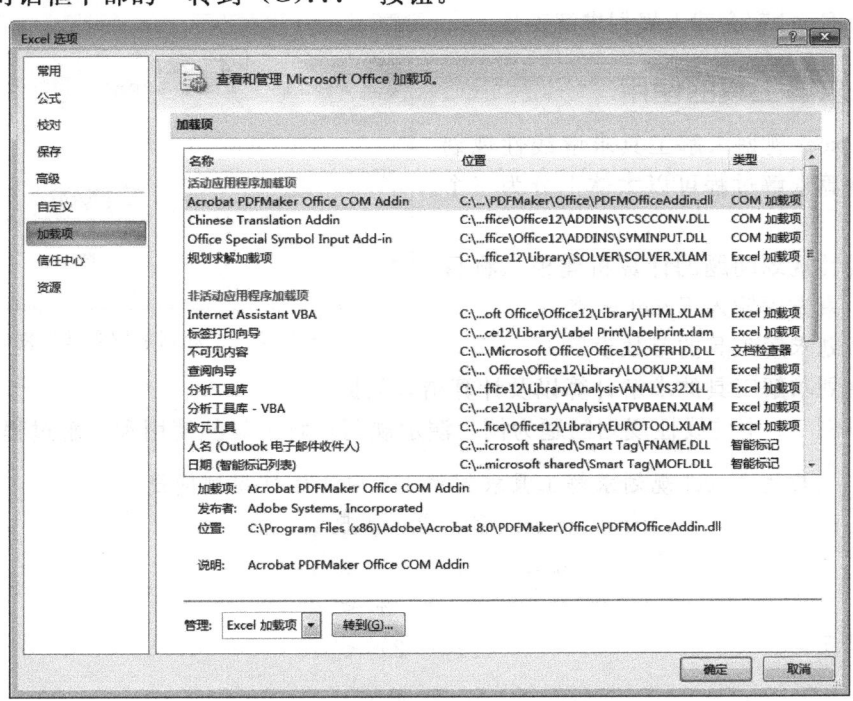

图 1-10 "Excel 选项"对话框

（3）在弹出的"加载宏"对话框中，选中"规划求解加载项"，单击"确定"按钮加载规划求解工具（见图 1-11）。

如果在安装 Office 时未安装 Excel 加载项，或者未安装加载项中的规划求解项，则需根据提示找到安装文件或光盘进行安装。当规划求解工具被成功加载之后，在"数据"功能区下将会增加"分析"一栏，其中包含了规划求解工具的按钮（见图 1-12）。

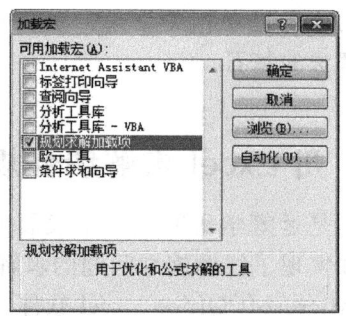

图 1-11 "加载宏"对话框

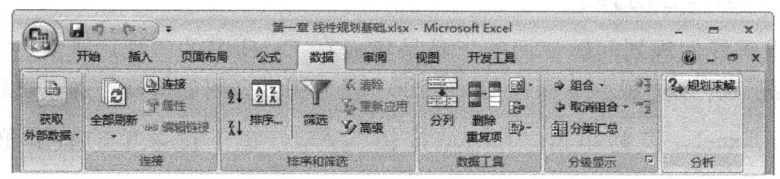

图 1-12 规划求解工具的位置

单击规划求解图标,出现图 1-13 所示的"规划求解参数"对话框。完成上述步骤后,任何时候启动 Excel 都会载入规划求解工具。

二、规划求解工具的使用

应用 Excel 规划求解工具求解线性规划问题,其计算求解过程可以大体上分为三个步骤:

(1) 线性规划问题的计算机建模(将目标函数和约束方程输入 Excel 表格);

(2) 规划求解工具的参数设置;

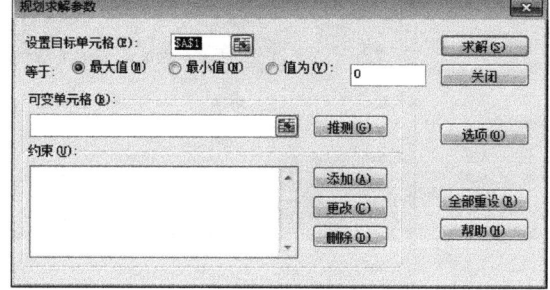

图 1-13 "规划求解参数"对话框

(3) 规划求解工具的求解计算以及计算结果数据解析。

下面以例 1-8 中的线性规划问题为例,演示规划求解工具的使用和求解过程。

例 1-11 应用 Excel 规划求解工具求解例 1-8 中的线性规划问题。

$$\begin{aligned}
\max \quad & Z = 3x_1 + 5x_2 \\
\text{s.t.} \quad & x_1 \leqslant 4 \\
& x_2 \leqslant 6 \\
& 3x_1 + 2x_2 \leqslant 18 \\
& x_1, x_2 \geqslant 0
\end{aligned}$$

解:首先,在 Excel 中输入例 1-8 问题的数学模型。一般来说,用 Excel 中输入线性规划模型的模式没有严格的规定,可以根据个人的习惯来确定变量、约束条件和目标函数的输入位置。为了清楚地表述输入的数值所表征的对象,在相应的数字旁用文字进行了标示,这些文字(包括"≤"等符号)对计算过程没有任何影响。同时,为了与手工输入的数据和公式区分开来,用有底色的空白单元格来存放 Excel 规划求解的计算结果。本例模型各参数输入的结果如图 1-14 所示。

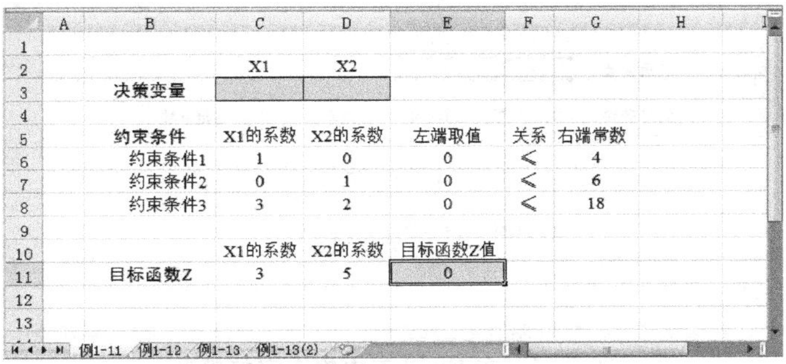

图 1-14　在 Excel 表中输入参数

在图 1-14 中，本问题中需求解的决策变量 x_1 和 x_2 存放在单元格 C3 和 D3 中（可不输入数字，也可输入 0 作为初始数值）；x_1 和 x_2 在约束条件中的系数分别存放于单元格 C6:C8 和 D6:D8 中；x_1 和 x_2 在目标函数中的系数分别存放于 C11 和 D11 中；约束条件中右端的常数存放于 G6:G8 中；最后，本问题要求解的目标函数值 Z 存放于 E11 单元格。

在各系数输入完后，还需输入关系表达式才能进行求解，这也是为什么在图 1-14 中预留了 E6:E8 和 E11 分别作为输入约束条件左端的表达式和目标函数式的位置。以目标函数式 $Z=3x_1+5x_2$ 为例，由于 x_1 和 x_2 存放在单元格 C3 和 D3 中，而 x_1 和 x_2 在目标函数中的系数分别存放于 C11 和 D11 中，则可在单元格 E11 中输入以下 Excel 公式来计算 Z 值：

$$= C11 * C3 + D11 * D3 \tag{1-9}$$

这里有一个输入表达式的技巧，注意到式 (1-9) 实际上是数组 C3:D3 与 C11:D11 的乘和形式，如使用用 Excel 集成的 SUMPRODUCT 函数○则可大大简化输入过程，单元格 E11 的公式可输入为：

$$= \text{SUMPRODUCT}(C3:D3, C11:D11) \tag{1-10}$$

类似可以得到约束条件中单元格 E6:E8 的计算公式分别为：

这里可以使用的另一个 Excel 技巧是利用"绝对引用"○来使输入的公式可以复制到其他单元格。在本例中，可以利用绝对引用把第一个数组（即变量所在单元格）的位置固定，即把"C3:D3"改写为"\$C\$3:\$D\$3"，把式 (1-10) 改写为：

$$= \text{SUMPRODUCT}(\$C\$3:\$D\$3, C11:D11)$$

然后把单元格 E11 复制到 E6:E8，即可实现公式的正确复制○，如表 1-10 及图 1-15 所示。

上述步骤全部完成后，就可调用 Excel 的规划求解工具进行求解。打开"规划求解参数"对话框，设定参数结果如图 1-16 所示。

表 1-10　单元格 E6:E8 的 Excel 公式

单元格	Excel 公式
E6	=SUMPRODUCT（C3:D3,C6:D6）
E7	=SUMPRODUCT（C3:D3,C7:D7）
E8	=SUMPRODUCT（C3:D3,C8:D8）

○ SUMPRODUCT 函数的语法为："=SUMPRODUCT（数组 1，数组 2，数组 3，…）"，可对 2 个以上不超过 255 个数组中相应的元素相乘，并返回乘积之和。详见 Excel 帮助。

○ Excel 公式中可用符号"\$"实现对行、列或单元格的绝对引用。关于绝对引用和相对引用，详见 Excel 帮助。

○ 注意：复制对象是单元格而不是其中的 Excel 公式。

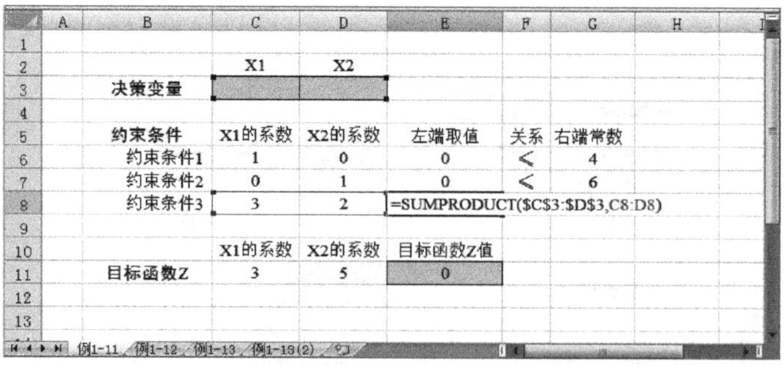

图 1-15 在 Excel 表中输入完整模型

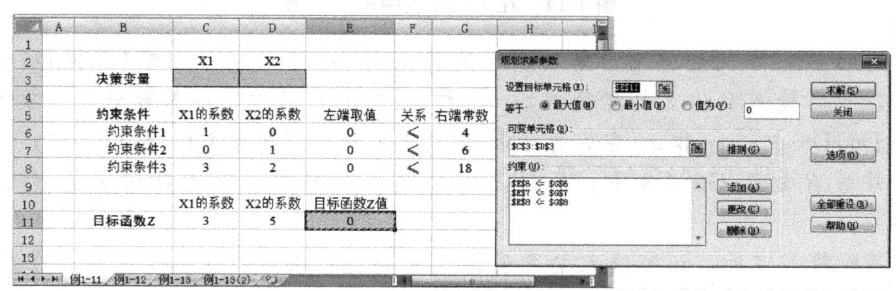

图 1-16 "规划求解参数"对话框设置

具体操作过程为：选定"规划求解参数"对话框中的"设置目标单元格"的输入框，然后直接用鼠标在工作表中选择单元格 E11，或者手工输入 E11，即可完成目标单元格的设置⊖；在"等于"项选择"最大值（M）"，因为本例的目标为求目标函数的最大值；选定"可变单元格（B）"下方的输入框，然后直接用鼠标在工作表中拖选单元格 C3:D3，或者手工输入 C3:D3，这样就设定了决策变量 x_1 和 x_2 所对应的单元格；"约束"项则输入模型中约束条件部分：选定"约束"项输入框，单击右侧的"添加"即可弹出"添加约束"对话框。图 1-17 为输入第一个约束不等式的示例。

图 1-17 "添加约束"对话框

按此方式再添加另外两个约束条件，就得到了如图 1-16 所示的输入结果。另外，由于本例中的三个约束条件不等式全部为"≤"约束，可以通过鼠标拖选，更快捷地将三个约束条件用一个"添加约束"对话框完成，如图 1-18 所示。

图 1-18 简化后的约束条件输入形式

除此之外，还需注意线性规划通常要求的决策变量的非负约束。在 Excel 规划求解中，可以采用如图 1-19 的方式以约束条件 $x_1, x_2 \geqslant 0$ 的形式对过"添加约束"对话框来设定。

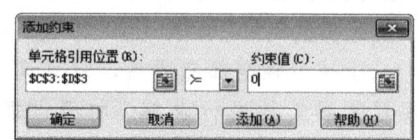

图 1-19 决策变量的非负约束条件

更便捷的方法是也可以在"规划求解参数"对话框中单击"选项（O）"按钮，在打开的"规划求解选项"对话框中选中"采用线性模型（M）"和"假定非负（G）"两个选

⊖ 注意：由于采用了鼠标选择的方式，图 2-16 中"规划求解参数"对话框中的"设置目标单元格"显示为"＄E＄11"，这正是前面所说的对单元格 E11 的绝对引用，下同。

项，如图 1-20 所示。前者限定输入的模型为线性规划模型，后者就是约定决策变量为非负。其他参数保持默认[1]，单击确定返回"规划求解参数"对话框。

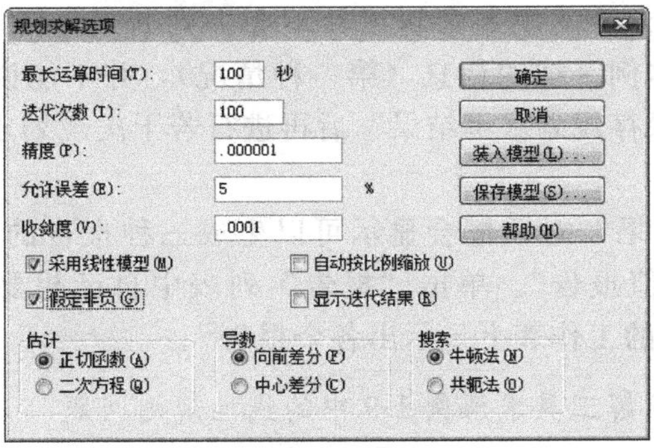

图 1-20 "规划求解选项"对话框设置

回到如图 1-16 的视图，单击"规划求解参数"对话框中的"求解（S）"按钮。求解完成的同时弹出了"规划求解结果"对话框，如图 1-21 所示。

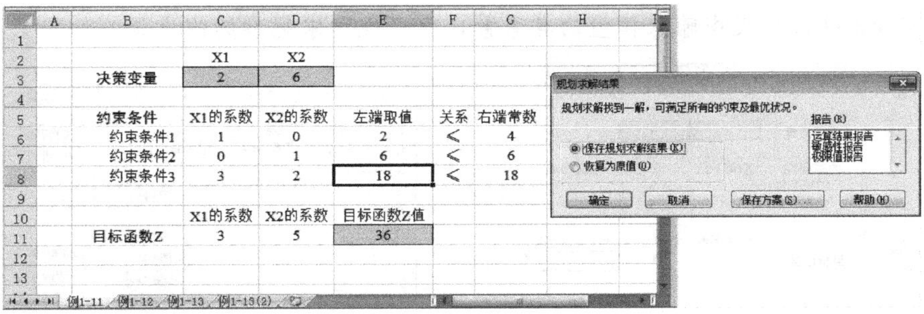

图 1-21 "规划求解结果"对话框

"规划求解结果"对话框显示"规划求解找到一解，可满足所有的约束及最优状况"，可知规划求解工具计算得到了该问题的最优解。从 Excel 工作表中输入模型时预留给决策变量和目标函数 Z 值的位置（C3:D3 和 E11），读出最优解为 $x_1^* = 2$，$x_2^* = 6$，最优目标函数值为 $Z^* = 36$。求解结束。

本例中"规划求解结果"对话框中的信息显示为"规划求解找到一解，可满足所有的约束及最优状况"。这并不是唯一可能出现的结果，对于线性规划的求解结果，可能出现的显示结果有：

(1) 规划求解找到一解，可满足所有的约束及最优状况；
(2) 规划求解找到一解，可满足所有约束；
(3) "设置目标单元格"的值未收敛；
(4) 规划未解找不到可行答案；
(5) 达到最大 x 限制时停止选择；
(6) 未满足"采用线性模型"的条件。

其中前四种情况比较常见。本例为第一种情况；第二种情况出现在若干次迭代后目标

---

[1] "规划求解选项"对话框其他参数在求解非线性规划问题或大型线性规划问题才需设置，其含义详见 Excel 关于"规划求解选项"的帮助文件。

函数基本未变时，出现这种情况并不意味着已经找到了最优解；第三种情况通常说明问题有无界解（目标函数值可为无穷大或负无穷大）；第四种情况出现在问题无可行域时[⊖]。

需特别说明的是，Excel 的规划求解工具不会去判断一个问题是否有无穷多最优解，也就是说，如果显示如本例一样的信息（第一种情况），并不能说明得到的最优解为唯一最优解，可以在单击"保存规划求解结果"后再进行若干次规划求解，以初步判断是否存在其他的最优解。

另外，"规划求解结果"对话框会显示可以生成三种报告的选项："运算结果报告""敏感性报告"和"极限值报告"。单击"报告"列表中自己想要查看的报告，然后单击"确定"。Excel 会在独立的工作表上显示出各个报告[⊖]。

例 1-12 应用规划求解工具求解例 1-9 中的线性规划问题

$$\max \quad Z = x_1 + x_2$$
$$\text{s.t.} \quad x_1 - x_2 \geqslant 1$$
$$-x_1 + 2x_2 \leqslant 0$$
$$x_1, x_2 \geqslant 0$$

解：在 Excel 工作表中输入模型的各系数，完成规划求解参数的设置，如图 1-22 所示。

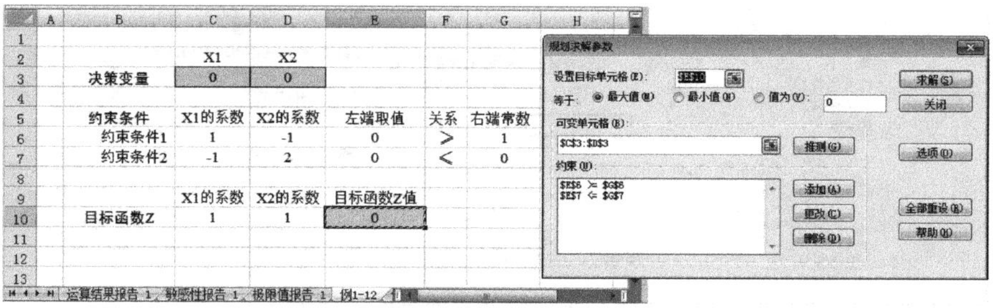

图 1-22 输入模型及规划求解参数

在"规划求解选项"对话框中选中"采用线性模型（M）"和"假定非负（G）"两个选项后，求解本问题。虽然工作表中预留的决策变量值和目标函数 Z 值的位置填入了数字，但规划求解对话框中的信息为"'设置目标单元格'的值未收敛"，可知本问题有无界解（目标函数无穷大），此结果与例 1-9 图解法的结果一致（如图 1-23 所示）。

图 1-23 "规划求解结果"对话框

⊖ 关于"规划求解结果"对话框中出现的各种信息的详细说明，详见 Excel 帮助文件。
⊖ 由于本例中模型输入的原因，输出的报告可读性较差。采取不同方式输入问题模型可以输出可读性更强的报告。详见例 1-13。

例 1-13 在例 1-1 中，要求根据下表求解最优的生产计划。

三种产品的基本信息表

单位消耗\产品 资源	产品 A	产品 B	产品 C	可用资源（千克）
原材料 M_1	8	4	5	320
原材料 M_2	2	2	1	100
单位产品利润（元/件）	5	4	2	

设三种产品的产量分别为 x_1、x_2 和 x_3，得到以下线性规划模型：

$$\max \quad Z = 5x_1 + 4x_2 + 2x_3$$
$$\text{s.t.} \quad 8x_1 + 4x_2 + 5x_3 \leqslant 320$$
$$2x_1 + 2x_2 + x_3 \leqslant 100$$
$$x_1, x_2, x_3 \geqslant 0$$

试用 Excel 规划求解工具求解该问题。

解： 在 Excel 中输入模型的各系数，如图 1-24 所示。本例中，将标注的文字进一步简化，同时，为了与手工输入的数据和公式区分开来，用有底色的空白单元格来存放 Excel 规划求解的计算结果（C3:E3 为决策变量，F8 为目标函数 Z 值）。然后，完成规划求解参数的设置，包括变量非负约束和线性模型的设置。

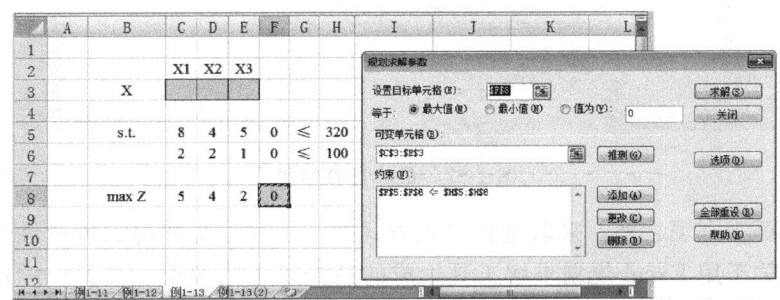

图 1-24 本问题的 Excel 基本模型和规划求解工具中的参数设置

求解结果如图 1-25 所示。

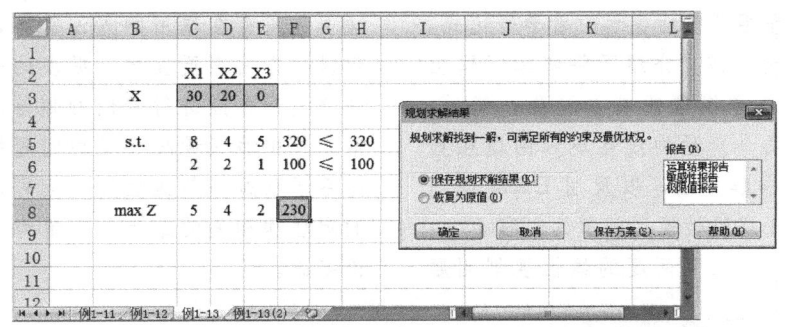

图 1-25 本问题的规划求解工具计算结果

如前所述，Excel 求解线性规划模型对输入的格式没有特别的要求。对于本例而言，可以结合问题的实际背景采取另一种形式来输入本问题的模型。如图 1-26 所示，以适当的背景文字在相关的行、列对相关的单元格进行标示，资源使用量及利润单元格中的公式与图 1-24 相同。

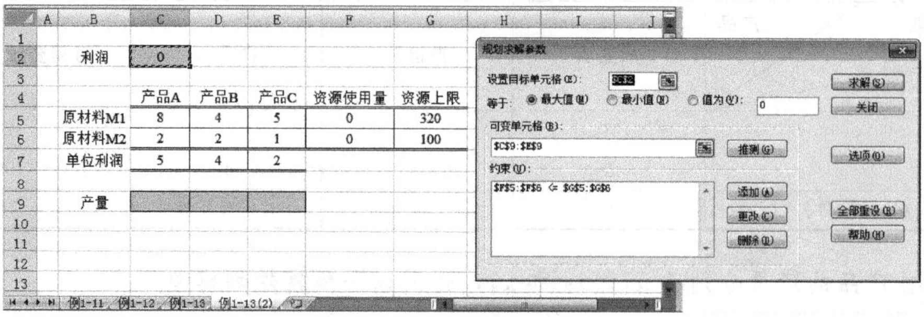

图 1-26　可读性更好的问题模型

完成规划求解参数的设置，包括变量非负约束和线性模型的设置后，规划求解得到的结果与图 1-25 一致，如图 2-27 所示。

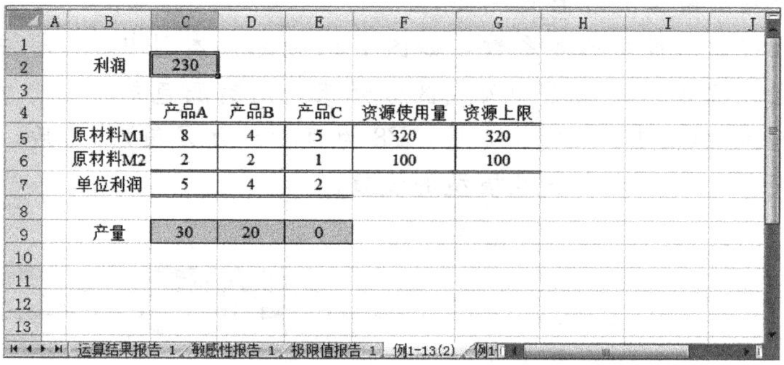

图 1-27　最终计算结果

除了模型更为直观之外，采取这种输入方式的一个好处是能得到可读性更强的规划求解结果报告。关于用 Excel 规划求解工具生成的三份报告的解读，涉及单纯形法、对偶理论以及灵敏度分析的内容，本书将在相关的部分介绍。

本章小结

本章首先介绍了线性规划的数学表达式，并通过几个实例，初步介绍了将实际问题抽象成线性规划数学模型的基本过程。然后，介绍了对只有两个变量的线性规划问题在直角坐标系上的求解方法，以及用 Excel 规划求解工具求解任意线性规划问题的过程。

需说明的是，实际问题的线性规划问题建模并不存在通用的方法套路，复杂问题的建模一方面需要直觉，更多的来自经验，提高建模能力应进行专门的训练。另外，虽然第二节中两变量线性规划问题的图解法并不能用于求解一般线性规划问题，但由其引出的定理和相关的结果，是单纯形法原理的理论基础。

习题

一、应用问题的建模

1. 某养鸡场饲养肉鸡出售，设每只鸡每天至少需 100 克蛋白质、12 克矿物质、60 毫克维生素。现有 5 种饲料可供选用，各种饲料每千克营养成分含量及单价如表 1-11 所示：

表 1-11 饲料成分和成本表

饲料	蛋白质（克）	矿物质（克）	维生素（毫克）	价格（元/千克）
1	3	1	6	0.5
2	2	0.3	10	0.8
3	2	0.4	8	0.6
4	5	2	7	1
5	16	0.8	3	1.5

问：如何在满足肉鸡营养需求的前提下，最经济地搭配饲料？建立本问题的线性规划模型。

2. 某工厂利用两条生产线 L_1 和 L_2 生产两种供不应求的产品 P_1 和 P_2。这两种产品分别由其核心部件和普通易耗品部件组装而成，其销售价格为部件生产成本之和的 130%（单位：元）。表 1-12 给出了各生产线生产各部件所需单位工时、各生产线的每月可使用的总工时（单位：小时）以及各部件的单位生产成本（单位：元）。

表 1-12 单位产品生产的工时和售价表

单位产品工时	产品 P_1		产品 P_2		可用工时
	核心部件 A	普通部件 B	核心部件 C	普通部件 D	
生产线 1	0.03	0.02	0.05	0.01	40
生产线 2	0.04	0.02	0.05	0.02	45
单位生产成本	250	150	400	100	

根据产品的销售政策，每销售一件产品需额外生产两件普通部件作为备件提供给客户，且销售价格为生产成本的 110%。

问：该工厂应如何安排生产可实现月销售额最大？建立本问题的线性规划模型。

3. 某公司在两个工厂生产产品满足顾客需求。现已知下个月三个地区的需求情况，问如何安排供货，从而使得公司的总运输成本最低？表 1-13 给出了这两个工厂的生产能力，以及工厂到三个地区送货的单位物流成本（单位：元/件）。

表 1-13 运费表

单位运费\地销产地	地区 1	地区 2	地区 3	生产能力
工厂 1	700	750	650	400
工厂 2	850	550	450	600
需求量	350	250	400	

试建立本问题的线性规划模型。

4. 某公司提供四种不同型号的彩色涂料产品 M_1、M_2、M_3 和 M_4，各型号产品的市场售价如表 1-14 所示。这些彩色涂料由三种原料（原色涂料 C_1、C_2 和 C_3）根据不同的配方物理混合而成（成品重量为原料重量之和），各原料在成品中的配方比例如表 1-14 所示，采购售价如表 1-15 所示。

表 1-14 不同型号成品的配方和销售价格

成品型号	配方比例要求	销售价格（元/公斤）
M_1	C_1 不小于 40% C_2 不多于 20% C_3 不多于 5%	120
M_2	C_1 不多于 10% C_2 不多于 30% C_3 不少于 50%	90
M_3	C_1 不多于 10% C_2 不少于 60%	70
M_4	C_1 不多于 30% C_2 不多于 40% C_3 不多于 40%	50

表 1-15 3 种原料的市场售价

原料	C_1	C_2	C_3
价格	50	30	40

假设四种产品均供不应求，且本月的采购预算为 10 000 元，问：该公司本月应如何采购并如何生产，可获得最多利润？试建立本问题的线性规划模型。

5. 某公司将产品从三个工厂（A_1、A_2 和 A_3）运往四个城市（A_6、A_7、A_8 和 A_9），图 1-28 给出了各可行路线的单位运输成本（单位：千元/公斤），其中 A_4 和 A_5 为分销中心，图两侧的数字分别表示各工厂的供应量和各个城市的需求量（单位：公斤）。

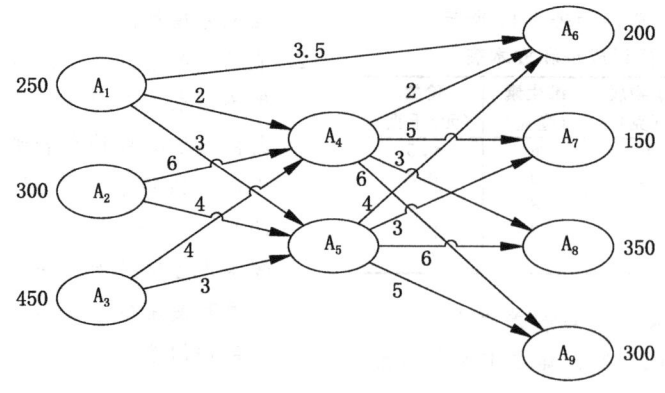

图 1-28 物流网络数据图

问：如何安排运输可使总运费最少？试建立本问题的线性规划模型。

6. SH 地产集团有闲置资金 20 亿元，拟在未来五年进行对外投资。为了保证资金安全，财务部门提出了以下四个可选的投资方向：

投资方向 1：企业借贷投资——每年年初可投资，当年年末收回本利 107%；

投资方向 2：国内基金投资——每年年初可投资，次年年末收回本利 118%；

投资方向 3：土地买卖——每年年初可投资，回收周期为三年，回收本利 130%；

投资方向 4：股权投资——只能在第三年年初投资，最大投资不能超过 10 亿元，第五年年末收回本利 155%。

假定不存在投资风险且忽略利率波动因素，问：该集团应如何安排投资计划，使得第五年年末时拥有的本利总额最大？建立本问题的线性规划模型。

7. 某手工作坊生产的竹制座椅中需要用到三种规格的楠竹片，每张椅子需要长度为 60cm、40cm 和 30cm 的楠竹片 2 片、6 片和 2 片。可以在市场上采购这些规格的现货，也可以将作坊仓库中长度为 110cm 的楠竹片切割成所需的规格，但每切割 1 次会发生 1cm 的长度损耗。

问：如果要制作 100 张竹制座椅，该作坊的仓库中至少要有多少条长度为 110cm 的楠竹片，才不用去市场上采购？试建立本问题的线性规划模型。

8. JM 公司是一家基于互联网的化妆品销售公司，该公司每个月需租用仓库存放货物。已知其未来四个月的仓储面积需求如表 1-16 所示，租金按单位面积的租用时间计算，租金价格如表 1-17 所示。

表 1-16　仓储面积需求

月份	面积（单位：平方米）
1	40 000
2	30 000
3	20 000
4	50 000

表 1-17　不同租期的仓库租金

租用时长（月）	每平方米月租金（元）
1	60
2	100
3	135
4	170

现 JM 公司需要与出租方签订未来四个月的租用合同，该合同可细化到各月不同租期租用不同仓储面积，例如：在 2 月份，租 10 000 平方米租期一个月，20 000 平方米的三个月。

问：JM 公司应如何制订租用计划，可使租金支出最少？建立本问题的线性规划模型（提示：设 x_{ij} 为第 i 个月初租用租期为 j 个月的仓储面积（$i=1,\cdots,4; j=1,\cdots,4$））。

二、线性规划问题的图解法计算

9. 应用图解法求解下列线性规划问题：

(1) $\max\ Z = 2x_1 + x_2$

s.t. $\quad x_1 + x_2 \leqslant 4$

$\quad\quad -x_1 + x_2 \geqslant 5$

$\quad\quad x_1, x_2 \geqslant 0$

(2) max $Z = x_1 - 3x_2$
s. t. $x_1 - x_2 \geq -1$
$x_1 + 2x_2 \leq 4$
$x_1, x_2 \geq 0$

(3) max $Z = 2x_1 + x_2$
s. t. $x_2 \leq 10$
$2x_1 + 5x_2 \leq 30$
$x_1 + x_2 \leq 20$
$3x_1 + x_2 \leq 36$
$x_1, x_2 \geq 0$

(4) min $Z = -2x_1 - 4x_2$
s. t. $-x_1 + 2x_2 \leq 15$
$x_1 + x_2 \leq 12$
$5x_1 + 3x_2 \leq 45$
$x_1, x_2 \geq 0$

三、线性规划问题的 Excel 软件求解

10. 应用 Excel 规划求解工具，求解例 1-2～例 1-7 的最优解。

11. 应用 Excel 规划求解工具，求解习题 1～8 的最优解。

第二章

线性规划的单纯形解法

学习目标

- 掌握单纯形法的基本原理
- 掌握单纯形表法的求解步骤
- 掌握线性规划问题解的各种（特殊）情形
- 掌握人工变量法的原理和求解步骤
- 掌握改进单纯形法的原理和求解步骤

一类数学模型是否具有实用价值，一方面取决于其是否能客观地反映出实际问题的本质，另一方面取决于它是否能够进行高效而又低成本的求解。如同许多科学理论，线性规划问题求解方法的建立和完善，也经历了一个漫长的建立和完善过程。虽然第一个线性规划问题的提出可追溯到1939年，求解线性不等式组的方法更是在1823年就已由法国大数学家傅立叶（Joseph Fourier）提出并命名，但是直到1947年美国数学家丹齐格提出单纯形法（simplex method），线性规划模型才有了真正意义上的通用解法。

在随后的几十年间，线性规划的理论基础在众多数学家的共同努力下不断充实。目前，线性规划模型的求解方法有两个分支。一是以丹齐格所提出的单纯形法分支，除单纯形法本身外，还有他在1953年提出的改进单纯形法（revised simplex method）。其基本思路是从可行域的一个顶点开始，通过向相邻更优顶点移动直至找到最优解。这种思路虽然简单，但其计算复杂度被证明为指数复杂度。另一个算法分支是内点算法（the interior-point algorithm），由美国科学家冯·诺依曼（John von Neumann）首先提出。不同于单纯形法，这种算法是从可行域内某一点开始寻找最优解，其计算复杂度为最低为多项式复杂度，优于单纯形法。较有影响力的内点算法首先是1979年苏联数学家哈奇扬（Leonid Khachiyan）提出的椭球算法（the ellipsoid algorithm），而使内点算法思想得到广泛推崇的是美籍印裔数学家卡马卡尔（Narendra Karmarkar）在1984年提出的卡马卡尔算法（Karmarkar algorithm），其时间复杂度优于哈奇扬算法，也更适合解决超大型线性规划问题[⊖]。时至今日，线性规划的求解方法已经非常成熟，已经直接集成在许多计算机工具中用于解决实际问题。

⊖ G. B. Dantzig, M. N. Thapa. *Linear Programming 2：Theory and Extensions* [M]. Springer. 2003.

因为单纯形法的思想和算法更易于理解，本书仅介绍线性规划中单纯形解法的分支。本章的内容是这样安排的：第一节介绍单纯形解法的基本原理，并在表格中实现其计算过程；在此基础上，第二节将单纯形解法应用于更一般化的问题，包括最小值问题和无法直接取得初始基本可行解的问题，以及单纯形解法特有的退化现象；第三节介绍求解效率更高的改进单纯形法。

第一节 单纯形法

由第一章图解法引出的结论可知，线性规划问题如果有最优解，则最优解一定在其可行域凸集的有限顶点上得到，而本章所介绍的单纯形法就是在可行域的有限顶点中寻找最优解的方法。在可行域空间上，可简单将单纯形法的算法流程表示为如图 2-1 所示的过程：从可行域的某个顶点首先找到可行域的一个顶点，然后判断其是否为最优解（或问题有无界解），如果是，求解结束，否则移动到与该顶点相邻的更优的顶点，再对该点进行最优解或无界解判断。如此循环往复，直到符合最优解或无界解判定条件为止。

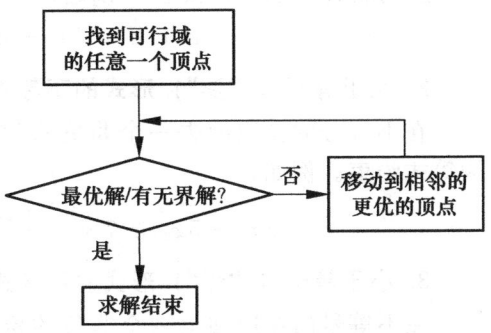

图 2-1 可行域顶点视角下的单纯形法流程

一、线性规划问题的标准形式

用单纯形法求解线性规划问题，要求问题模型必须先转化为标准形式。本章约定线性规划问题的**标准形式**为：

（1）目标函数为求最大值[⊖]；
（2）约束条件全部为等式约束；
（3）约束条件右边常数项取值非负；
（4）决策变量非负。

线性规划问题的标准形式的数学表达式为：

$$
\begin{aligned}
\max \quad & Z = c_1x_1 + c_2x_2 + \cdots + c_nx_n \\
\text{s.t.} \quad & a_{11}x_1 + a_{12}x_2 + \cdots + a_{1n}x_n = b_1 \\
& a_{21}x_1 + a_{22}x_2 + \cdots + a_{2n}x_n = b_2 \\
& \quad\vdots \qquad \vdots \qquad \ddots \qquad \vdots \qquad \vdots \\
& a_{m1}x_1 + a_{m2}x_2 + \cdots + a_{mn}x_n = b_m \\
& x_1,x_2,\cdots,x_n \geqslant 0, b_1,b_2,\cdots,b_m \geqslant 0
\end{aligned}
$$
(2-1)

或矩阵形式：

$$
\begin{aligned}
\max \quad & Z = \boldsymbol{CX} \\
\text{s.t.} \quad & \boldsymbol{AX} = \boldsymbol{b} \\
& \boldsymbol{X} \geqslant \boldsymbol{0}
\end{aligned}
$$

其中，

⊖ 为便于理解，暂且将标准形式的目标函数约定为最大值，在理解了单纯形法的原理后，标准形式的目标函数也可以为求最小值，详见第二节。

$$C = (c_1, c_2, \cdots, c_n), \quad X = \begin{bmatrix} x_1 \\ x_2 \\ \vdots \\ x_n \end{bmatrix}, \quad b = \begin{bmatrix} b_1 \\ b_2 \\ \vdots \\ b_m \end{bmatrix}, \quad A = \begin{bmatrix} a_{11} & a_{12} & \cdots & a_{1n} \\ a_{21} & a_{22} & \cdots & a_{2n} \\ \vdots & \vdots & \vdots & \vdots \\ a_{m1} & a_{m2} & \cdots & a_{mn} \end{bmatrix}$$

对于不满足标准形式要求的情形，可以分别通过以下几种方式进行转换：

1. 目标函数为求最小值

如果目标为最小化目标函数值，可以定义新的目标函数表达式为 $Z' = -Z$，从而有 $\min Z \Rightarrow \max(-Z) = \max Z'$。例如，

$$\min Z = 3x_1 - 4x_2 \Rightarrow \max Z' = -3x_1 + 4x_2$$

2. 大于等于（"$\geqslant$"）形式的不等式约束

在不等号的左边减去一个非负的**剩余变量**（surplus variable），从而将不等式约束变为等式约束。例如，

$$3x_1 + 5x_2 \geqslant 7 \xrightarrow{\text{引入非负的剩余变量} x_3} 3x_1 + 5x_2 - x_3 = 7$$

3. 小于等于（"$\leqslant$"）形式的不等式约束

在不等号的左边加上一个非负的**松弛变量**（slack variable），从而将不等式约束变为等式约束。例如，

$$3x_1 + 5x_2 \leqslant 7 \xrightarrow{\text{引入非负的松弛变量} x_3} 3x_1 + 5x_2 + x_3 = 7$$

4. 决策变量非正或无符号限制

如果决策变量非正，则引入该变量的相反数作为替换，例如 $x_4 \leqslant 0$，则以 $x_4' = -x_4$ 替换掉所有的 x_4；如果决策变量无符号限制（可取任意值），可以将决策变量替换为两个非负的新决策变量之差。例如，如果变量 x_1 无符号限制，则以 $x_1 = x_1' - x_1''$ 替换所有的 x_1。

5. 约束条件右端常数项为负数

如果约束条件右端常数项为负，可以将约束条件等式两端同时乘以 -1。例如，

$$3x_1 - 5x_2 = -7 \Rightarrow -3x_1 + 5x_2 = 7$$

由上述数学变换所得到的标准形式的线性规划模型与原始问题是等价的——问题不发生变化，最优解也不发生变化。

例 2-1 将以下线性规划问题转化为标准形式

$$\min \ Z = 2x_1 + 3x_2 - 4x_3$$
$$\text{s.t.} \quad x_1 + 3x_2 - 3x_3 \geqslant 30$$
$$x_1 + 2x_2 - 4x_3 \leqslant 80$$
$$x_1 \geqslant 0, x_2 \leqslant 0, x_3 \text{ 无限制}$$

解：将目标函数转换为最大值问题；在第 1、2 个约束条件中分别引入非负剩余变量 x_4 和松弛变量 x_5；将变量 x_2 替换为 $-x_2'$；将自由变量 x_3 替换为 $x_3 = x_3' - x_3''$（其中 $x_3', x_3'' \geqslant 0$）。得到

$$\max \ Z = -2x_1 + 3x_2' + 4x_3' - 4x_3''$$
$$\text{s.t.} \quad x_1 - 3x_2' - 3x_3' + 3x_3'' - x_4 = 30$$
$$x_1 - 2x_2' - 4x_3' + 4x_3'' + x_5 = 80$$
$$x_1, x_2', x_3', x_3'', x_4, x_5 \geqslant 0$$

二、单纯形法中的有关概念

除了第一章第二节中定义的最优解、无可行解、有无界解等概念之外,单纯形法中还涉及若干其特有的基本概念。

设线性规划问题的模型为:
$$\begin{aligned} \max \quad & Z = \boldsymbol{CX} \\ \text{s. t.} \quad & \boldsymbol{AX} = \boldsymbol{b} \\ & \boldsymbol{X} \geqslant \boldsymbol{0} \end{aligned} \tag{2-2}$$

其中,

$$\boldsymbol{C}_{1\times n} = (c_1, c_2, \cdots, c_n), \quad \boldsymbol{X}_{n\times 1} = \begin{pmatrix} x_1 \\ x_2 \\ \vdots \\ x_n \end{pmatrix}, \quad \boldsymbol{b}_{m\times 1} = \begin{pmatrix} b_1 \\ b_2 \\ \vdots \\ b_m \end{pmatrix}$$

特别地,约束方程组的系数矩阵 $\boldsymbol{A}$ 为 $m \times n$ 矩阵 ($m \leqslant n$),也可表示为 n 个列向量 $\boldsymbol{p}_i$ 的形式:

$$\boldsymbol{A}_{m\times n} = \begin{pmatrix} a_{11} & a_{12} & \cdots & a_{1n} \\ a_{21} & a_{22} & \cdots & a_{2n} \\ \vdots & \vdots & \ddots & \vdots \\ a_{m1} & a_{m2} & \cdots & a_{mn} \end{pmatrix} = (\boldsymbol{p}_1, \boldsymbol{p}_2, \cdots, \boldsymbol{p}_n)$$

如果问题模型中无多余的约束条件,则 $\boldsymbol{A}$ 的秩为 m,那么 $\boldsymbol{A}$ 中包含至少一个由 m 个线性无关的列向量所组成的子矩阵。

定义 2.1 基(the basis)、**基变量**(basic variables)和**非基变量**(non-basic variables) 如果 $\boldsymbol{B}$ 是系数矩阵 $\boldsymbol{A}$ 中的 m 个线性无关的列向量所组成的子矩阵,则称 $\boldsymbol{B}$ 为线性规划问题的一个**基**(又称为**基矩阵**),与之对应的变量向量 $\boldsymbol{X}_B$ 称为**基变量向量**,其中的各个变量称为**基变量**,由所有基变量组成的集合称为基变量组合;$\boldsymbol{A}$ 中剩余的 $n-m$ 个列向量所组成的子矩阵为 $\boldsymbol{N}$,与之对应的变量向量 $\boldsymbol{X}_N$ 称为**非基变量向量**,其中的各个变量为**非基变量**。

为了后面描述方便且不失一般性,假设在线性规划标准形式中,系数矩阵 $\boldsymbol{A}$ 前 m 个系数列向量构成一个基,即 $\boldsymbol{B} = (\boldsymbol{p}_1, \boldsymbol{p}_2, \cdots, \boldsymbol{p}_m)$,与之对应的基变量向量为 $\boldsymbol{X}_B = (x_1, x_2, \cdots, x_m)^T$;$\boldsymbol{A}$ 的后续 $n-m$ 个列向量为 $\boldsymbol{N} = (\boldsymbol{p}_{m+1}, \cdots, \boldsymbol{p}_n)$,与之对应的非基变量向量为 $\boldsymbol{X}_N = (x_{m+1}, \cdots, x_n)^T$ ㊀。

由以上关于基变量和非基变量的定义和描述,线性规划问题的约束方程组可以改写为如下形式:

$$\boldsymbol{AX} = \boldsymbol{b} \Rightarrow \boldsymbol{AX} = (\boldsymbol{B}, \boldsymbol{N}) \begin{pmatrix} \boldsymbol{X}_B \\ \boldsymbol{X}_N \end{pmatrix} = \boldsymbol{b} \Rightarrow \boldsymbol{BX}_B + \boldsymbol{NX}_N = \boldsymbol{b} \tag{2-3}$$

定义 2.2 基本解(basic solution) 令式(2-3)中的非基变量向量 $\boldsymbol{X}_N = \boldsymbol{0}$,由于矩阵 $\boldsymbol{B}$ 中的列向量线性无关,方程 $\boldsymbol{BX}_B = \boldsymbol{b}$ 有且仅有唯一解 $\boldsymbol{X}_B^b = (x_1^b, \cdots, x_m^b)^T$,于是得到

㊀ 只要系数矩阵 $\boldsymbol{A}$ 中存在 m 个线性无关的列向量,即使它们不是矩阵 $\boldsymbol{A}$ 中的前 m 个列向量,也可以通过调整变量的顺序而变换为前 m 个列向量。在后续的讨论中,如无特别说明,都沿用这个假设。

约束方程组的一个解 $X^b = \begin{pmatrix} X_B^b \\ X_N^b \end{pmatrix}^T = (x_1^b, \cdots, x_m^b, 0, \cdots, 0)^T$，称此解为**基本解**。

由于从 n 个变量中取出 m 个作为基变量的理论可能性有 $C_n^m = \dfrac{n!}{m!(n-m)!}$ 种，基本解的数量必定是有限的。

定义 2.3 基本可行解（basic feasible solution） 如果基本解 X^b 同时为可行解（能够满足线性规划的非负约束 $X^b \geq 0$），则称其为线性规划问题的一个**基本可行解**。与基本可行解对应的基，称为**可行基**（feasible basis）。

以下通过一个例子来熟悉这些概念。

例 2-2 找出例 1-8 线性规划问题的所有基本解

$$\begin{aligned}
\max \quad & Z = 3x_1 + 5x_2 \\
\text{s.t.} \quad & x_1 \leq 4 \\
& x_2 \leq 6 \\
& 3x_1 + 2x_2 \leq 18 \\
& x_1, x_2 \geq 0
\end{aligned}$$

解：首先将问题模型变换为标准形式：

$$\begin{aligned}
\max \quad & Z = 3x_1 + 5x_2 \\
\text{s.t.} \quad & x_1 + x_3 = 4 \\
& x_2 + x_4 = 6 \\
& 3x_1 + 2x_2 + x_5 = 18 \\
& x_1, x_2, x_3, x_4, x_5 \geq 0
\end{aligned}$$

约束方程组的系数矩阵 $A = \begin{bmatrix} 1 & 0 & 1 & 0 & 0 \\ 0 & 1 & 0 & 1 & 0 \\ 3 & 2 & 0 & 0 & 1 \end{bmatrix}$，由于 A 中包含有单位矩阵 $\begin{bmatrix} 1 & 0 & 0 \\ 0 & 1 & 0 \\ 0 & 0 & 1 \end{bmatrix}$，可知 A 的秩为 3。因此，本问题的基本解中应有 3 个基变量，2 个非基变量，基本解的理论个数为 $C_5^3 = 10$ 个。找出所有基本解的方法是穷举法，即列举基变量组合的所有 10 种可能性。

任取基变量组合为 $\{x_1, x_2, x_3\}$，令基变量向量为 $X_B = (x_1, x_2, x_3)^T$，非基变量向量为 $X_N = (x_4, x_5)^T$。令 $X_N = (x_4, x_5)^T = (0, 0)^T$，代入约束方程组可得：

$$\begin{aligned}
x_1 + x_3 &= 4 \\
x_2 &= 6 \\
3x_1 + 2x_2 &= 18
\end{aligned}$$

此方程组有唯一解 $(x_1, x_2, x_3)^T = (2, 6, 2)^T$，即对应的基本解为 $X = (2, 6, 2, 0, 0)^T$。

用同样的方法可求出基本解的所有 10 种可能性，如表 2-1 所示。

表 2-1　例 1-8 线性规划问题的基本解

序号	基变量向量	基本解	可行解	目标函数值	$(x_1, x_2)^T$	图 1-9 对应的顶点
1	$(x_1, x_2, x_3)^T$	$(2, 6, 2, 0, 0)^T$	是	36	$(2, 6)^T$	D
2	$(x_1, x_2, x_4)^T$	$(4, 3, 0, 3, 0)^T$	是	27	$(4, 3)^T$	C
3	$(x_1, x_2, x_5)^T$	$(4, 6, 0, 0, -6)^T$	否	—	$(4, 6)^T$	H
4	$(x_1, x_3, x_4)^T$	$(6, 0, -2, 6, 0)^T$	否	—	$(6, 0)^T$	G
5	$(x_1, x_3, x_5)^T$	无	否	—	—	—

(续)

序号	基变量向量	基本解	可行解	目标函数值	$(x_1, x_2)^T$	图 1-9 对应的顶点
6	$(x_1, x_4, x_5)^T$	$(4, 0, 0, 6, 6)^T$	是	12	$(4, 0)^T$	B
7	$(x_2, x_3, x_4)^T$	$(0, 9, 4, -3, 0)^T$	否	—	$(0, 9)^T$	F
8	$(x_2, x_3, x_5)^T$	$(0, 6, 4, 0, 6)^T$	是	30	$(0, 6)^T$	E
9	$(x_2, x_4, x_5)^T$	无	否	—	—	—
10	$(x_3, x_4, x_5)^T$	$(0, 0, 4, 6, 18)^T$	是	0	$(0, 0)^T$	A

注意到表 2-1 的第 5、9 行的基本解为"无",表明并不是所有的基变量组合都是有效的。对于第 5 个基变量向量 $(x_1, x_3, x_5)^T$,由于其在 A 中的系数列向量 p_1, p_3, p_5 不满足线性无关的条件,所以令 $(x_2, x_4)^T = (0, 0)^T$ 后得到

$$x_1 + x_3 = 4$$
$$0 = 6$$
$$3x_1 + x_5 = 18$$

此线性方程组无解,说明基变量组合 $\{x_1, x_3, x_5\}$ 是无效的,对于第 9 个基变量向量 $(x_2, x_4, x_5)^T$ 同理。

本例的另一个重要贡献是揭示了基本解、基本可行解与可行域顶点之间的关系。表 2-1 的最后两列取出了 x_1 和 x_2 的值,以此为坐标与图 1-9 上的点进行了一一对应,可以发现:

(1) 基本解在空间上对应其可行域边界所在直线的交点,而不仅仅是可行域的顶点。例如点 F、G、H 就落在可行域之外。因此,并非所有的基本解都是可行解;

(2) 线性规划问题的基本可行解对应着其可行域的顶点。

这样,结合第一章第二节的定理 1.1 和定理 1.2,又可以引出以下基本定理:

定理 2.1 线性规划问题的基本可行解对应于其可行域的顶点。

定理 2.2 如果线性规划问题的最优解存在,那么最优解一定为该问题的某个基本可行解。

由以上定理可知,对于可行域非空有界的线性规划问题,只要穷举出所有的基本可行解,就可以找到最优解。但是,如果问题中变量和约束条件数都很多,穷举出所有的基本可行解需要进行大量的计算,这种思路必定是效率低下的。

三、单纯形法的基本原理

与穷举法不同,单纯形法采取一种逐步优化的思想。结合可行域顶点与基本可行解的对应关系,我们可以把图 2-1 变换为基本可行解视角的形式,如图 2-2 所示。

现依次介绍如下。

1. 得到初始基本可行解

在线性规划问题表示为标准形式后,单纯形法第一个任务是找到第一个基本可行解,即**初始基本可行解**。

根据定义,基本可行解首先是一个基本解。若标准形式的线性规划问题式(2-1)要

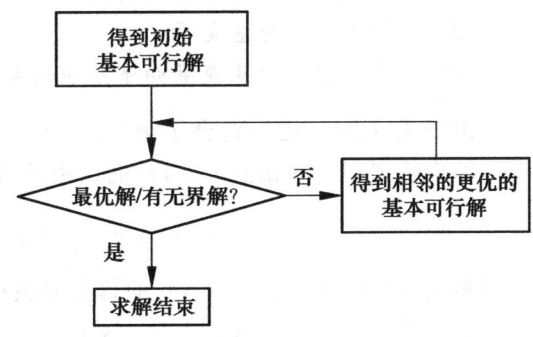

图 2-2 基本可行解视角的单纯形法流程

得到基本解，必须先在约束矩阵 A 中找到 m 个线性无关的列向量。对一般的 $m \times m$ 矩阵而言，要判断这 m 个列向量是否线性无关，需要进行较为烦琐的矩阵变换。不过有一个特例，一个 $m \times m$ 的单位矩阵中的 m 个列向量必定线性无关。所以，可以通过简单的矩阵变换把式（2-1）变成如下形式：

$$\begin{aligned}
\max \quad & Z = c_1 x_1 + c_2 x_2 + \cdots + c_n x_n \\
\text{s.t.} \quad & x_1 \qquad\qquad\qquad + a_{1,m+1} x_{m+1} + \cdots + a_{1n} x_n = b_1 \\
& \qquad x_2 \qquad\qquad + a_{2,m+1} x_{m+1} + \cdots + a_{2n} x_n = b_2 \\
& \qquad\qquad \ddots \qquad\qquad \vdots \qquad \ddots \qquad \vdots \qquad \vdots \\
& \qquad\qquad\qquad x_m + a_{m,m+1} x_{m+1} + \cdots + a_{mn} x_n = b_m \\
& x_1, x_2, \cdots, x_n \geqslant 0, b_1, b_2, \cdots, b_m \geqslant 0
\end{aligned} \tag{2-4}$$

即，使变量 $x_1, x_2, \cdots, x_m$ 在系数矩阵 A 中对应的列向量 $p_1, \cdots, p_m$ 构成一个 $m \times m$ 的单位矩阵，因为 $p_1, \cdots, p_m$ 线性无关，直接选择基变量向量为 $X_B = (x_1, \cdots, x_m)^T$ 必定有且仅有唯一基本解：

$$X_0 = (x_1, \cdots, x_m, x_{m+1}, \cdots, x_n)^T = (b_1, \cdots, b_m, 0, \cdots, 0)^T$$

如果恰好又有 $b_i \geqslant 0$（$\forall i = 1, \cdots, m$），那么就有 $X_0 \geqslant 0$，该基本解为基本可行解，对应的目标函数值为：

$$Z_0 = CX_0 = \sum_{i=1}^{m}(c_i b_i), \quad (i = 1, \cdots, m) \tag{2-5}$$

事实上，这里也给出了应用单纯形法求解线性规划问题的一个基本要求：在标准形式的线性规划模型的约束方程组的系数矩阵 A 中，必须包含一个 $m \times m$ 的单位矩阵，且约束方程组右端所有常数项 $b_i \geqslant 0 (i = 1, \cdots, m)$。这样，以这个 $m \times m$ 的单位矩阵作为基矩阵 B，并以其所对应的变量向量作为基变量向量，就能得到一个初始基本可行解。

在取得了一个基本可行解以后，为方便后续步骤的进行，可以把问题模型转化为另一种特殊的形式。

定义 2.3 典则形式（canonical form）又简称**典式**。它符合这样的要求：
（1）符合线性规划标准形式的要求；
（2）目标函数不含基变量；
（3）约束方程组中基变量向量对应的系数列向量构成一个单位矩阵。

由于式（2-4）已经符合了第 1、3 个要求，只需将其目标函数中的基变量替换为非基变量的表达式即可。由式（2-4）的约束方程组，将所有基变量表示为非基变量的表达式：

$$x_i = b_i - \sum_{j=m+1}^{n}(a_{ij} x_j), \quad (i = 1, \cdots, m) \tag{2-6}$$

然后将式（2-6）代入式（2-4）的目标函数中，得到：

$$\begin{aligned}
Z &= \sum_{i=1}^{n}(c_i x_i) = \sum_{i=1}^{m}(c_i x_i) + \sum_{i=m+1}^{n}(c_i x_i) = \sum_{i=1}^{m}\left[c_i\left(b_i - \sum_{j=m+1}^{n}(a_{ij} x_j)\right)\right] + \sum_{i=m+1}^{n}(c_i x_i) \\
&= \sum_{i=1}^{m}(c_i b_i) - \sum_{i=1}^{m}\left[c_i \sum_{j=m+1}^{n}(a_{ij} x_j)\right] + \sum_{i=m+1}^{n}(c_i x_i) \\
&= \sum_{i=1}^{m}(c_i b_i) + \sum_{j=m+1}^{n}\left[\left(c_j - \sum_{i=1}^{m}(c_i a_{ij})\right) x_j\right]
\end{aligned} \tag{2-7}$$

式（2-7）中的第一项正好是基变量向量为 $\boldsymbol{X_B} = (x_1, \cdots, x_m)^T$ 时的目标函数值 Z_0（见式（2-5））；对于式（2-7）中的第二项，可做以下约定：

$$\overline{c}_j = c_j - \sum_{i=1}^{m}(c_i a_{ij}), \quad (i=1,\cdots,m; j=m+1,\cdots,n) \tag{2-8}$$

则式（2-7）可改写为：

$$Z = Z_0 + \sum_{j=m+1}^{n}(\overline{c}_j x_j) \tag{2-9}$$

将式（2-4）的目标函数替换为式（2-9），就得到了基变量向量为 $\boldsymbol{X_B} = (x_1, \cdots, x_m)^T$ 时线性规划问题的典则形式：

$$\begin{aligned}
\max \quad & Z = Z_0 + \sum_{j=m+1}^{n}(\overline{c}_j x_j) \\
\text{s.t.} \quad & x_1 \qquad\qquad + a_{1,m+1}x_{m+1} + \cdots + a_{1n}x_n = b_1 \\
& \qquad x_2 \qquad + a_{2,m+1}x_{m+1} + \cdots + a_{2n}x_n = b_2 \\
& \qquad\qquad \ddots \qquad \vdots \qquad\qquad\quad \ddots \quad \vdots \\
& \qquad\qquad\qquad x_m + a_{m,m+1}x_{m+1} + \cdots + a_{mn}x_n = b_m \\
& x_1, x_2, \cdots, x_n \geqslant 0; b_1, b_2, \cdots, b_m \geqslant 0
\end{aligned} \tag{2-10}$$

2. 基本可行解的最优检验及判定

单纯形法的计算过程是一个循环往复的过程，其终止条件有两种：要么判定当前的基本可行解为最优解，要么判定问题有无界解。

判定一个基本可行解是否为最优解的方法被称为**最优性检验**（optimality test）。由于不同的基本可行解是选择不同基变量组合的结果，最优性检验实际上是判断当前的基变量组合是否是最优。如果当前的基变量组合是最优的，则说明把任意一个非基变量换入基变量组合（同时把一个原有的基变量换成非基变量）都不可能使目标函数值得到改善。反之，如果存在某个非基变量，用它替换掉当前基变量组合中的某个基变量，目标函数值能够得到改善，则当前的基变量组合就不是最优组合，当前的基本解不是最优解。

要检验将某个非基变量变为基变量能否改善目标函数值，只需要将目标函数改写为仅含非基变量的表达式，而线性规划典则形式（式（2-10））的目标函数，正是这样的表达式。

现在来观察非基变量取值变化对目标函数值的影响。对于目标函数式（2-9），取 Z 对任一非基变量 x_j 的偏导，有

$$\frac{\partial Z^*}{\partial x_j} = \overline{c}_j$$

这说明任一非基变量 x_j 的取值增加 1 时，目标函数值 Z 增加 $\overline{c}_j$。

正因为如此，通常将 $\overline{c}_j$ 称为**非基变量 x_j 的检验数**，其数学意义是：**非基变量 x_j 增加 1 时目标函数 Z 的净变化量**。非基变量的检验数 $\overline{c}_j$ 就是用于判断当前基本可行解是否为最优解的数学指标。

由此可以得到（最大值）线性规划问题最优解的三个判定定理：

判定定理 2.1　最优化条件　如果线性规划问题的某个基本可行解中所有非基变量的检验数小于等于 0（即 $\overline{c}_j \leqslant 0, \forall x_j \in \boldsymbol{X_N}$），那么此基本可行解为线性规划问题的最优解。

根据非基变量检验数 $\bar{c}_j$ 的数学意义，如果所有非基变量的检验数小于等于 0，则增加任一非基变量 x_j 的取值都不会改善目标函数 Z，当前的基本可行解最优。反之，当前的基变量组合不是最优组合，当前的基本解不是最优解。

判定定理 2.2　最优解数量判断　当线性规划问题取得最优解时，如果所有非基变量的检验数都严格小于 0（即 $\bar{c}_j<0$，$\forall x_j \in \boldsymbol{X}_N$），则此最优解为唯一最优解；如果存在至少一个非基变量的检验数为 0（即 $\bar{c}_j=0$，$\exists x_j \in \boldsymbol{X}_N$），则该问题有无穷多最优解。

与判定定理 2.1 的分析类似，如果所有非基变量检验数严格小于 0，则对增加任一非基变量的值都会使目标函数 Z 变差，当前的基变量组合为唯一最优组合，此最优解为唯一最优解；如果至少有一个非基变量 x_j 检验数 $\bar{c}_j$ 为 0，那么必须存在一个区间，使得在 x_j 该区间内取任意值都不会使目标函数 Z 变得更好或更差，最优解有无穷多个。

最优化条件只是单纯形法计算过程的两个终止条件之一，另一个终止是判定线性规划问题有无界解，有以下判定定理：

判定定理 2.3　有无界解判定　对于线性规划问题的一个基本可行解，如果某个非基变量有正的检验数，但是 x_j 在典则形式（2-10）约束方程组中的系数全部小于或等于 0（亦即 $\bar{c}_j>0$，$\exists x_j \in \boldsymbol{X}_N$ 且 $a_{ij} \leqslant 0$，$\forall i=1,\cdots,m$），则该线性规划问题有无界解（无最优解）。

判定定理 2.3 的证明与后面出基变量选择方法的内容相关，为更好地理解且不至于重复，此判定定理的证明将在下文中相关部分说明。

3. 迭代得到相邻的更优的基本可行解

在所有有正检验数的非基变量中选择一个换入基变量组合，同时（为了使基变量数量维持不变）将现有的某个基变量换出成为非基变量，从而得到新的基变量组合，以及由此基变量组合确定的"相邻的更优的基本可行解"。所谓"相邻"，是指新的基变量组合只是替换了原有组合中的一个而不是多个基变量；在空间上，新的基本可行解与原基本可行解是可行域中的相邻顶点。

定义此基变换过程中被换入的非基变量为**入基变量**（或进基变量），被换出的基变量为**出基变量**。

(1) 选择入基变量。当有正检验数的非基变量只有一个时，该非基变量为入基变量；当有正检验数的非基变量不止一个时，由检验数的数学意义可知，正检验数越大，则目标函数改善的速率就越快，应选择正检验数最大的非基变量作为入基变量。即入基变量 x_k 的检验数 $\bar{c}_k$ 应满足条件：

$$\bar{c}_k = \max\{\bar{c}_j | \bar{c}_j > 0, j = m+1, \cdots, n\} \tag{2-11}$$

(2) 选择出基变量。确定入基变量 x_k 后，寻找出基变量的思路是：随着 x_k 值的增大，取值最先变为 0 的基变量就是出基变量（所以，必须在确定了入基变量后才能选择出基变量）。下面推导出基变量的选择规则。

既然增大 x_k 能够改善目标函数 Z，那么应尽可能增大 x_k 的取值。但一般来说，x_k 不能无限增大，因为它会受到约束方程组的约束，这种约束更直观地表现在式（2-6）中。如果仅增加非基变量 x_k 的值，保持其他非基变量不变，则由式（2-6）可知：

$$x_i = b_i - a_{ik} x_k, \quad (i=1,\cdots,m) \tag{2-12}$$

由式（2-12）可知，x_k 在第 i 个约束方程中的系数 a_{ik} 可能有三种情况：

- $a_{ik}>0$，那么在第 i 个约束方程中，非基变量 x_k 最多只能增大到 $\dfrac{b_i}{a_{ik}}$，因为当 $x_k=\dfrac{b_i}{a_{ik}}$ 时，x_i 减小为 0，继续增大 x_k 会导致 $x_i<0$ 从而违背变量的非负约束；
- $a_{ik}=0$，在第 i 个约束方程中，x_k 的增大不受限制；
- $a_{ik}<0$，同理，在第 i 个约束方程中，x_k 的增大不仅不会受到限制，甚至会使得 x_i 随之增大。

对于整个约束方程组，只要至少有一个 a_{ik} 为正数（即 $a_{ik}>0$，$\exists i=1,\cdots,m$），x_k 的增大就会受到限制。显然，假设对于所有 $a_{ik}>0$，$\dfrac{b_i}{a_{ik}}$ 中最小的为 $\theta=\dfrac{b_q}{a_{qk}}$，此比值出现在第 q 个方程中，那么允许非基变量 x_k 增大的上限就是这个最小比值 θ。原因是，当 x_k 增大到 θ 时，第 q 个约束方程中原有的基变量将最先变为 0 成为非基变量。如果 x_k 的值超出了 θ，第 q 个约束方程中的基变量将变为负数，得到的解不可行。

由以上推导可知，出基变量选择规则为：当入基变量为 x_k 时，在当前典则形式约束方程组中，对于所有的 $a_{ik}>0$，计算右端常数项 b_i 与 a_{ik} 的比值 $\dfrac{b_i}{a_{ik}}$（视 $a_{ik}\leqslant 0$ 时的比值为无穷大），并找出这些比值中最小的那一个，即

$$\theta=\min\left\{\dfrac{b_i}{a_{ik}}\,\middle|\,a_{ik}>0,i=1,\cdots,m\right\}=\dfrac{b_q}{a_{qk}} \tag{2-13}$$

则第 q 个约束方程中的基变量为出基变量。此规则通常称为**最小比值准则**（minimum ratio rule）。同时可知，此最小比值的数学意义为：**入基变量 x_k 在下一个基本可行解中的取值**。

下面考虑另一种特殊情况。如果 x_k 是入基变量，但其典则形式的约束方程组中所有系数 a_{ik} 小于或等于 0，易知所有约束条件都无法限制 x_k 的增大，亦即 x_k 可以取无穷大，其后果是目标函数 Z 的值也将为无穷大，线性规划问题有无界解。此时，式（2-13）因为找不到最小比值而失去意义，所以这种情况通常又被称为"**最小比值准则失效**"。显然，不论是否 x_k 被选择为入基变量，只要 x_k 有正的检验数，上述推导都是成立的。由此，判定定理 2.3 得证。

（3）**迭代**。确定了入基变量和出基变量后，就得到了新的基变量向量。本步骤的任务是，写出新的基变量向量所对应的线性规划问题的典则形式。

首先，运用方程组的等价变换，使新的基变量组合在约束方程组中的系数列向量构成一个单位矩阵。假设某线性规划问题的约束方程组为：

$$\begin{aligned}
x_1 \quad &\quad\quad\quad\quad\quad +a_{1,m+1}x_{m+1}+\cdots+a_{1k}x_k+\cdots+a_{1n}x_n=b_1 \\
&x_2 \quad\quad\quad\quad +a_{2,m+1}x_{m+1}+\cdots+a_{2k}x_k+\cdots+a_{2n}x_n=b_2 \\
&\quad\ddots \quad\quad\quad\quad\quad \vdots \quad\quad\quad\quad\quad \vdots \quad\quad\quad\quad \vdots \\
&\quad\quad x_q \quad\quad +a_{q,m+1}x_{m+1}+\cdots+a_{qk}x_k+\cdots+a_{qn}x_n=b_q \\
&\quad\quad\quad \ddots \quad\quad\quad \vdots \quad\quad\quad\quad\quad \vdots \quad\quad\quad\quad \vdots \\
&\quad\quad\quad\quad x_m+a_{m,m+1}x_{m+1}+\cdots+a_{mk}x_k+\cdots+a_{mn}x_n=b_m
\end{aligned} \tag{2-14}$$

已知当前的基本解不是最优解且不符合有无界解判定，已经确定了入基变量为 x_k，出基变量为 x_q。

方程组的等价变换可以用矩阵形式表示。式（2-14）的增广矩阵为：

$$\begin{pmatrix} x_1 & x_2 & \cdots & x_q & \cdots & x_m & x_{m+1} & \cdots & x_k & \cdots & x_n & b \\ 1 & & & & & & a_{1,m+1} & \cdots & a_{1k} & \cdots & a_{1n} & b_1 \\ & 1 & & & & & a_{2,m+1} & \cdots & a_{2k} & \cdots & a_{2n} & b_2 \\ & & \ddots & & & & \vdots & \ddots & \vdots & \ddots & \vdots & \vdots \\ & & & 1 & & & a_{q,m+1} & \cdots & [a_{qk}] & \cdots & a_{qn} & b_q \\ & & & & \ddots & & \vdots & \ddots & \vdots & \ddots & \vdots & \vdots \\ & & & & & 1 & a_{m,m+1} & \cdots & a_{mk} & \cdots & a_{mn} & b_m \end{pmatrix} \quad (2\text{-}15)$$

以下称入基变量 x_k 在式（2-15）中的列向量为**主元列**（pivot column），出基变量 x_q 所在行称为**主元行**（pivot row），主元列与主元行交叉位置的元素 a_{qk} 称为**主元素**（pivot element）。要使得 x_k 成为新的基变量，x_q 从基变量变为非基变量，等价于在保持其他基变量系数列向量不变的前提下，使主元素 a_{qk} 变为 1，主元列中的其他元素 a_{ik} 变为 0（$\forall i=1,\cdots,m$ 且 $i\neq q$）。要达到这样的目的，可以通过以下两个步骤的迭代⊖来完成：

第 1 步：将式（2-15）中主元行（第 q 行）除以主元素 a_{qk}，得到

$$\begin{pmatrix} x_1 & x_2 & \cdots & x_q & \cdots & x_m & x_{m+1} & \cdots & x_k & \cdots & x_n & b \\ 1 & & & & & & a_{1,m+1} & \cdots & a_{1k} & \cdots & a_{1n} & b_1 \\ & 1 & & & & & a_{2,m+1} & \cdots & a_{2k} & \cdots & a_{2n} & b_2 \\ & & \ddots & & & & \vdots & \ddots & \vdots & \ddots & \vdots & \vdots \\ & & & \frac{1}{a_{qk}} & & & \frac{a_{q,m+1}}{a_{qk}} & \cdots & 1 & \cdots & \frac{a_{qn}}{a_{qk}} & \frac{b_q}{a_{qk}} \\ & & & & \ddots & & \vdots & \ddots & \vdots & \ddots & \vdots & \vdots \\ & & & & & 1 & a_{m,m+1} & \cdots & a_{mk} & \cdots & a_{mn} & b_m \end{pmatrix} \quad (2\text{-}16)$$

第 2 步：对于其他所有第 i 行（$\forall i=1,\cdots,m$ 且 $i\neq q$），减去式（2-16）第 q 行的 a_{ik} 倍，得

$$\begin{pmatrix} x_1 & x_2 & \cdots & x_q & \cdots & x_m & x_{m+1} & \cdots & x_k & \cdots & x_n & b \\ 1 & & & -\frac{a_{1k}}{a_{qk}} & & & a_{1,m+1}-\frac{a_{q,m+1}}{a_{qk}}a_{1k} & \cdots & 0 & \cdots & a_{1n}-\frac{a_{qn}}{a_{qk}}a_{1k} & b_1-\frac{b_q}{a_{qk}}a_{1k} \\ & 1 & & -\frac{a_{2k}}{a_{qk}} & & & a_{2,m+1}-\frac{a_{q,m+1}}{a_{qk}}a_{2k} & \cdots & 0 & \cdots & a_{2n}-\frac{a_{qn}}{a_{qk}}a_{2k} & b_2-\frac{b_q}{a_{qk}}a_{2k} \\ & & \ddots & \vdots & & & \vdots & \ddots & \vdots & \ddots & \vdots & \vdots \\ & & & \frac{1}{a_{qk}} & & & \frac{a_{q,m+1}}{a_{qk}} & \cdots & 1 & \cdots & \frac{a_{qn}}{a_{qk}} & \frac{b_q}{a_{qk}} \\ & & & \vdots & \ddots & & \vdots & \ddots & \vdots & \ddots & \vdots & \vdots \\ & & & -\frac{a_{mk}}{a_{qk}} & & 1 & a_{m,m+1}-\frac{a_{q,m+1}}{a_{qk}}a_{mk} & \cdots & 0 & \cdots & a_{mn}-\frac{a_{qn}}{a_{qk}}a_{mk} & b_m-\frac{b_q}{a_{qk}}a_{mk} \end{pmatrix}$$

(2-17)

⊖ 这里的迭代采取的方式是对方程组（或其增广矩阵）进行初等行变换，包括三种形式的变换：
（1）任一方程两边同乘上一个非零常数；
（2）任一方程两边同乘一个非零常数，再分别加到另一方程的两边；
（3）交换任意两个方程的位置。
通过上述行变换，将 $m\times n$ 维方程组（其中 $n\geqslant m$）的系数矩阵指定的列变换出一个 $m\times m$ 单位矩阵，这种方法称为**高斯-约当消元法**（Gauss-Jordan elimination），简称**高斯消元法**。

此时，新的基变量向量在增广矩阵（2-17）中的系数列向量构成了单位矩阵，变换完毕。从增广矩阵（2-17）最右一列可直接读出新的基本可行解。

要写出新的基变量向量所对应的线性规划问题的典则形式，还需要通过变量代换去掉目标函数中的基变量 x_k：可由增广矩阵（2-17）得出 x_k 的表达式，并代入迭代前的目标函数中。

到此就完成了单纯形法的一次"迭代"。

对于新的基本可行解，要重新回到解的最优性检验及判定（终止条件），当不符合终止条件时开始新一轮的迭代过程，直到问题取得最优解或判定问题有无界解。值得一提的是，每一次迭代的成果应体现为新的基变量向量及其对应的典则形式。由典则形式不仅可以直接读出新的基本可行解——右端常数向量就是基变量向量的取值，还可以直接读出非基变量的检验数——非基变量 x_j 的检验数 $\bar{c}_j$ 在数值上等于典则形式目标函数中 x_j 的系数。

下面以例 1-8 中的线性规划问题为例来介绍单纯形法的求解过程。

例 2-3 用单纯形法求解例 1-8 中线性规划问题：

$$\begin{aligned}
\max \quad & Z = 3x_1 + 5x_2 \\
\text{s.t.} \quad & x_1 \leqslant 4 \\
& x_2 \leqslant 6 \\
& 3x_1 + 2x_2 \leqslant 18 \\
& x_1, x_2 \geqslant 0
\end{aligned} \quad (2\text{-}18)$$

解：找到初始基本可行解：

将式（2-18）变换为标准形式：

$$\begin{aligned}
\max \quad & Z = 3x_1 + 5x_2 \\
\text{s.t.} \quad & x_1 + x_3 = 4 \\
& x_2 + x_4 = 6 \\
& 3x_1 + 2x_2 + x_5 = 18 \\
& x_1, x_2, x_3, x_4, x_5 \geqslant 0
\end{aligned} \quad (2\text{-}19)$$

观察式（2-19），变量 x_3, x_4, x_5 在约束方程组系数矩阵中对应的列向量构成了一个单位矩阵，可选择变量 x_3, x_4, x_5 为基变量，x_1, x_2 为非基变量，得到初始基本可行解：$\mathbf{X}_0 = (x_1, x_2, x_3, x_4, x_5)^T = (0, 0, 4, 6, 18)^T$。

由于式（2-19）已经为典则形式（为标准形式、目标函数中只有非基变量 x_1, x_2，基变量向量 $(x_3, x_4, x_5)^T$ 在约束矩阵中的系数列向量为单位矩阵，当前基本可行解的目标函数值为式（2-19）的常数项 0，即 $Z_0 = 0$），可对初始基本可行解进行最优检验。

基本可行解的最优检验及判定

从典式（2-19）的目标函数可知，非基变量 x_1, x_2 的检验数分别为 $\bar{c}_1 = 3, \bar{c}_2 = 5$，由判定定理 2.1 可知，当前基本可行解 $\mathbf{X}_0$ 不是最优解；由于非基变量 x_1, x_2 在式（2-19）中约束矩阵的系数向量 $(1, 0, 3)^T$ 和 $(0, 1, 2)^T$ 都有正的分量（即非基变量 x_1, x_2 在式（2-19）的约束方程中存在正的系数），不能判定本问题有无界解。于是进入迭代过程，寻找相邻更优的基本可行解。

第 1 次迭代

非基变量 x_2 比 x_1 有更大的正检验数，说明增大非基变量 x_2 能更快地改善目标函数值。根据入基变量的选择规则，选择 x_2 为入基变量。

确定了 x_2 为入基变量后,根据最小比值准则选择出基变量。典式(2-19)中,右端常数向量为 $(4, 6, 18)^T$,x_2 在约束矩阵中的系数列向量为 $(0, 1, 2)^T$,由于 x_2 在第 1 个约束方程中的系数为 0,不参与比值计算,则最小比值为 $\min\left\{\dfrac{6}{1}, \dfrac{18}{2}\right\} = \dfrac{6}{1}$,此最小比值 6 出现在第 2 个约束方程中,表明当 x_2 增大 6 时,当前基变量向量 $(x_3, x_4, x_5)^T$ 中的 x_4 会率先变为 0。因此,取第 2 个约束方程中 x_4 作为出基变量。

于是,新的基变量向量为 $(x_3, x_2, x_5)^T$①,下面要得出由此基变量向量所确定的典式:

(1) 先利用方程组的等价变换,将式(2-19)约束组方程中 $(x_3, x_2, x_5)^T$ 对应的系数列向量化单位矩阵。即对式(2-19),用第 3 个约束方程两端减去第 2 个约束方程的 2 倍,得到

$$\begin{aligned} x_1 + x_3 &= 4 \\ x_2 + x_4 &= 6 \\ 3x_1 - 2x_4 + x_5 &= 6 \end{aligned} \quad (2\text{-}20)$$

(2) 因为 x_2 已经是基变量,需要将式(2-19)中 x_2 替换成非基变量:由式(2-20)的第 2 个约束方程得到 $x_2 = 6 - x_4$,代入式(2-19)的目标函数,得到

$$Z = 3x_1 + 5x_2 = 3x_1 + 5(6 - x_4) = 30 + 3x_1 - 5x_4 \quad (2\text{-}21)$$

综上,基变量向量为 $(x_3, x_2, x_5)^T$ 时,本线性规划问题的典式为:

$$\begin{aligned} \max\ Z &= 30 + 3x_1 - 5x_4 \\ \text{s.t.}\ x_1 + x_3 &= 4 \\ x_2 + x_4 &= 6 \\ 3x_1 - 2x_4 + x_5 &= 6 \\ x_1, x_2, x_3, x_4, x_5 &\geqslant 0 \end{aligned} \quad (2\text{-}22)$$

可读出 $(x_3, x_2, x_5)^T = (4, 6, 6)^T$,则基本可行解为 $X_1 = (x_1, x_2, x_3, x_4, x_5)^T = (0, 6, 4, 0, 6)^T$,对应的目标函数值为式的常数项 $Z_1 = 30$。第 1 次迭代结束。

基本可行解的最优检验及判定

由典式(2-22)可知,非基变量 x_1,x_4 的检验数分别为 $\bar{c}_1 = 3$,$\bar{c}_4 = -5$,仍存在有正检验数的非基变量 x_1,由判定定理 2.1 可知,当前基本可行解 X_1 不是最优解;又因为非基变量 x_1 在式(2-22)中约束矩阵的系数向量 $(1, 0, 3)^T$ 有正的分量,由判定定理 2.3,不能判定本问题有无界解。于是进入迭代过程,寻找相邻更优的基本可行解。

第 2 次迭代

选择入基变量:取唯一有正检验数的非基变量 x_1 为入基变量。

选择出基变量:典式(2-22)中,右端常数向量为 $(4, 6, 6)^T$,入基变量 x_1 在约束矩阵中的系数列向量为 $(1, 0, 3)^T$,最小比值为 $\min\left\{\dfrac{4}{1}, -, \dfrac{6}{3}\right\} = \dfrac{6}{3} = 2$,此最小比值 2 出现在第 3 个约束方程中,说明当 x_1 增大至 2 时,基变量向量 $(x_3, x_2, x_5)^T$ 中的 x_5 会率先变为 0。因此,取 x_5 作为出基变量。

由此,新的基变量组合为 $(x_3, x_2, x_1)^T$,继续得出由此基变量向量所确定的典式:

(1) 将式(2-22)约束组方程中 $(x_3, x_2, x_1)^T$ 对应的系数列向量化单位矩阵。对

---

① 需特别说明的是,这里的基变量向量为 $(x_3, x_2, x_5)^T$,而不应人为地调整顺序变为 $(x_2, x_3, x_5)^T$。虽然二者都是基变量组合为 $\{x_3, x_2, x_5\}$ 时的向量形式,但如果写成后者,则式(2-20)中的第 1、2 个约束方程就要调换次序,否则很容易造成后续计算的错误。

式（2-22），第三个约束方程两边同除以 3；然后用第一个约束方程减去第三个约束方程，得到：

$$\begin{aligned} x_3 & + \frac{2}{3}x_4 - \frac{1}{3}x_5 = 2 \\ x_2 & \phantom{{}+{}} + x_4 \phantom{{}+{}} = 6 \\ x_1 & \phantom{{}+{}} - \frac{2}{3}x_4 + \frac{1}{3}x_5 = 2 \end{aligned} \qquad (2\text{-}23)$$

（2）因为 x_1 已经是基变量，需要将式（2-22）中 x_1 替换成非基变量：由式（2-23）的第 3 个约束方程得到 $x_1 = 2 + \frac{2}{3}x_4 - \frac{1}{3}x_5$，代入式（2-22）的目标函数，得到

$$Z = 30 + 3x_1 - 5x_4 = 30 + 3\left(2 + \frac{2}{3}x_4 - \frac{1}{3}x_5\right) - 5x_4 = 36 - 3x_4 - x_5 \qquad (2\text{-}24)$$

综上，基变量向量为 $(x_3, x_2, x_1)^\mathrm{T}$ 时，本线性规划问题的典式为：

$$\begin{aligned} \max \quad & Z = 36 - 3x_4 - x_5 \\ \text{s.t.} \quad & x_3 + \frac{2}{3}x_4 - \frac{1}{3}x_5 = 2 \\ & x_2 + x_4 = 6 \\ & x_1 - \frac{2}{3}x_4 + \frac{1}{3}x_5 = 2 \\ & x_1, x_2, x_3, x_4, x_5 \geqslant 0 \end{aligned} \qquad (2\text{-}25)$$

可读出 $(x_3, x_2, x_1)^\mathrm{T} = (2, 6, 2)^\mathrm{T}$，则基本可行解为：$\boldsymbol{X}_2 = (x_1, x_2, x_3, x_4, x_5)^\mathrm{T} = (2, 6, 2, 0, 0)^\mathrm{T}$，目标函数值为 $Z_2 = 36$。第 2 次迭代结束。

基本可行解的最优检验及判定

由典式（2-25）可知，非基变量 x_4, x_5 的检验数分别为 $\bar{c}_4 = -3$，$\bar{c}_5 = -1$，所有非基变量的检验数为负数，由判定定理 2.1 和判定定理 2.2 可知，当前的基本可行解 $\boldsymbol{X}_2$ 为最优解，且为唯一最优解。

至此，得到本问题的最优解：$\boldsymbol{X}^* = (x_1^*, x_2^*, x_3^*, x_4^*, x_5^*)^\mathrm{T} = (2, 6, 2, 0, 0)^\mathrm{T}$，最优目标函数值为 $Z^* = 36$。求解结束。

例 2-3 的单纯形法求解过程依次求得并检验了三个基本可行解：$\boldsymbol{X}_0 = (0, 0, 4, 6, 18)^\mathrm{T}$，$\boldsymbol{X}_1 = (0, 6, 4, 0, 6)^\mathrm{T}$ 和 $\boldsymbol{X}_2 = (2, 6, 2, 0, 0)^\mathrm{T}$。按照单纯形法的原理，$\boldsymbol{X}_1$ 与 $\boldsymbol{X}_0$，$\boldsymbol{X}_2$ 互为相邻的基本可行解。虽然在五维空间上难以观察到这种相邻关系，但本例的原始问题为两变量问题，可知这三个基本可行解分别为式（2-18）的三个解：$(0, 0)^\mathrm{T}$，$(0, 6)^\mathrm{T}$ 和 $(2, 6)^\mathrm{T}$，对应于图 2-3 中可行域上的 A、E、D 点。

如图 2-3 所示，例 2-3 的求解中的每一次迭代对应于问题（2-18）的解向可行域相邻更优顶点的一次移动：第 1 次迭代对应于 A 向上移动至相邻顶点 E，第 2 次迭代对应于从 E 移动至相邻顶点 D。其中，第 1 次迭代由 A 移向了 E 而不是 B，是因为目标函数 $Z = 3x_1 + 5x_2$ 决定了单独增加 x_2 比单独增加 x_1 能更快地优化目标函数；第 2 次迭代

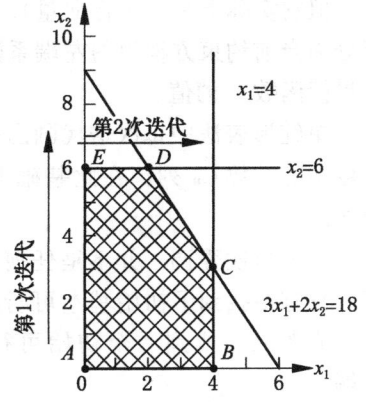

图 2-3 例 2-3 求解过程在可行域空间上的对应

中由 E 移向 D，是因为更优的相邻顶点只剩下 D，此时只能增加 x_1 的取值；顶点 D 再也找不到更优的相邻顶点，因此问题在可域的顶点 D 取得最优解。

四、单纯形表解法

在如上所示的单纯形法求解过程中，线性规划的典则形式发挥了重要作用：由其约束方程组读出由某个基变量向量所确定的基本可行解；由其目标函数读出所有非基变量的检验数以及当前基本可行解的目标函数值。由于典则形式的特定要求，每一次迭代要利用方程组的变换将基变量向量在约束方程组中的系数列向量变换为一个单位矩阵，并进一步将目标函数改写为只含非基变量的函数形式。从这个角度来看，约束方程组的等价变换⊖是单纯形法迭代的重要手段。

在线性代数中，方程组的等价变换可以以矩阵形式来表示，将标准化后的线性规划问题以矩阵形式填入表格来完成求解过程，此即**单纯形表法**，或称**单纯形表上作业法**（the simplex method in tabular form）。单纯形表法使用表格形式来进行方程组的等价变换，可以避免大量书写变量和函数，还使得非基变量检验数的计算，以及入基变量和出基变量的标示更加直观。

由标准线性规划问题式（2-4）建立的单纯形表如表 2-2 所示。

表 2-2 标准单纯形表

	c_j	c_1	$\cdots$	c_i	$\cdots$	c_m	c_{m+1}	$\cdots$	c_k	$\cdots$	c_n	b
C_B	X_B	x_1	$\cdots$	x_i	$\cdots$	x_m	x_{m+1}	$\cdots$	x_k	$\cdots$	x_n	
c_1	x_1	1	$\cdots$	0	$\cdots$	0	$a_{1,m+1}$	$\cdots$	a_{1k}	$\cdots$	a_{1n}	b_1
$\vdots$	$\vdots$	$\vdots$	$\ddots$	$\vdots$	$\ddots$	$\vdots$	$\vdots$	$\ddots$	$\vdots$	$\ddots$	$\vdots$	$\vdots$
c_i	x_i	0	$\cdots$	1	$\cdots$	0	$a_{i,m+1}$	$\cdots$	a_{ik}	$\cdots$	a_{in}	b_i
$\vdots$	$\vdots$	$\vdots$	$\ddots$	$\vdots$	$\ddots$	$\vdots$	$\vdots$	$\ddots$	$\vdots$	$\ddots$	$\vdots$	$\vdots$
c_m	x_m	0	$\vdots$	0	$\cdots$	1	$a_{m,m+1}$	$\cdots$	a_{mk}	$\cdots$	a_{mn}	b_m
	$\bar{c}_j$	0	$\cdots$	0	$\cdots$	0	$\bar{c}_{m+1}$		$\bar{c}_k$		$\bar{c}_n$	Z

表 2-2 的第 2、1 行分别表示模型中所有变量的名称 x_j 和它们在目标函数中的系数值 c_j，最末一行用于计算非基变量的检验数 $\bar{c}_j$（基变量的"检验数"为 0）；表的第 2、1 列分别表示当前基变量向量 X_B 以及基变量在目标函数中对应的系数向量 C_B（注意，虽然将 C_B 写为一列，但它实际上是一个行向量）。最右边一列为当前约束方程组中右端常数项向量 b；表中间部分为当前约束方程组的左端系数矩阵 A；最后，右下角的单元格用于填写当前基本可行解的目标函数 Z 的值。

单纯形表法中每次迭代画出一张新表，需要注意更新 X_B 列中基变量的符号和其在目标函数中的系数 C_B 列，在此基础上利用矩阵行变换更新增广矩阵 $(A\mid b)$，并重新计算检验数 $\bar{c}_j$。

需要再次强调，并不是任何标准形式的线性规划模型都可以直接填入单纯形表进行求解。只有在找到了初始基本可行解（即约束矩阵中能找到 m 个系数列向量组成一个单位矩阵，或者说能找到一个初始可行基时）的标准形式线性规划模型，才能填入单纯形表格求解。

⊖ 式（2-19）中的约束方程组与式（2-20）和式（2-23）互为等价方程组。

例 2-4 用单纯形表法求解例 1-8 中线性规划问题：

$$\max \quad Z = 3x_1 + 5x_2$$
$$\text{s. t.} \quad x_1 \leqslant 4$$
$$x_2 \leqslant 6$$
$$3x_1 + 2x_2 \leqslant 18$$
$$x_1, x_2 \geqslant 0$$

解：首先，将问题模型变换为标准形式：

$$\max \quad Z = 3x_1 + 5x_2$$
$$\text{s. t.} \quad x_1 + x_3 = 4$$
$$x_2 + x_4 = 6$$
$$3x_1 + 2x_2 + x_5 = 18$$
$$x_1, x_2, x_3, x_4, x_5 \geqslant 0$$

由上式中可找到以 $(x_3, x_4, x_5)^T$ 为基变量向量的初始基本可行解 $(x_1, x_2, x_3, x_4, x_5)^T = (0, 0, 4, 6, 18)^T$。建立初始单纯形表如下：

表 2-3 初始单纯形表

C_B	X_B	c_j					b
		3	5	0	0	0	
		x_1	x_2	x_3	x_4	x_5	
0	x_3	1	0	1	0	0	4
0	x_4	0	1	0	1	0	6
0	x_5	3	2	0	0	1	18
	$\bar{c}_j$						

可直接从单纯形表中读出当前的基本可行解：基变量为当前表的 X_B 列，其值为当前表的 b 列，非基变量取值全部为 0。表 2-3 中的基本可行解为：$(x_3, x_4, x_5)^T = (4, 6, 18)^T$ 和 $(x_1, x_2)^T = (0, 0)^T$，合在一起即 $(x_1, x_2, x_3, x_4, x_5)^T = (0, 0, 4, 6, 18)^T$。

下面计算非基变量的检验数。在单纯形法原理的介绍中，非基变量的检验数可以直接从典则形式的目标函数中读出，所以在迭代时要求将目标函数改写为只含非基变量的表达式以符合典则形式的要求。但由于单纯形表法计算过程的特殊性，不再需要将目标函数典则化的步骤。

根据前面的分析，非基变量的检验数计算式为

$$\bar{c}_j = c_j - \sum_{i=1}^{m}(c_i a_{ij}), \quad (i=1,\cdots,m; j=m+1,\cdots,n) \tag{2-8}$$

其中 c_j 为非基变量 x_j 的目标函数系数，可以从单纯形表首行得到；c_i 为基变量 x_i 的目标函数系数，对应于表中列 C_B 的第 i 个元素；约定用向量 $\bar{p}_j$ 表示变量 x_j 在当前约束方程组的系数列向量⊖，则 a_{ij} 就是 $\bar{p}_j$ 中的第 i 个元素。如果用向量的形式，式 (2-8) 可改写成以下的形式：

$$\bar{c}_j = c_j - \boldsymbol{C}_B \bar{\boldsymbol{p}}_j \tag{2-26}$$

⊖ 由于每次迭代会得到不同的约束方程组，因此约定：用 p_j 表示变量 x_j 在"原始"约束方程组中的系数列向量；用 $\bar{p}_j$ 表示"当前"基本可行解下，x_j 在"当前"约束方程组中的系数列向量。后面的内容会继续沿用这个约定，在第三节中会有更详细的讨论。

例如，表 2-3 中非基变量 x_1，x_2 的检验数计算为：

$$\bar{c}_1 = 3 - (0,0,0)\begin{bmatrix}1\\0\\3\end{bmatrix} = 3 - (0\times 1 + 0\times 0 + 0\times 3) = 3$$

$$\bar{c}_2 = 5 - (0,0,0)\begin{bmatrix}0\\1\\2\end{bmatrix} = 5 - (0\times 0 + 0\times 1 + 0\times 2) = 5$$

同时，还可计算出当前的目标函数值 Z，填入单纯形表的右下角：由于单纯形表中的 C_B 表示的是基变量在目标函数中的系数，而右端常数列正好对应的是当前基变量的取值，所以 Z 就是表中向量 C_B 与当前常数列的乘积（例如，表 2-4 中 $Z = (0,0,0)\begin{bmatrix}4\\6\\18\end{bmatrix} = 0$）。将检验数和 Z 值填入表 2-3，得到表 2-4。

表 2-4　初始单纯形表

	c_j	3	5	0	0	0	b	比值
C_B	X_B	x_1	x_2	x_3	x_4	x_5		
0	x_3	1	0	1	0	0	4	—
0	x_4	0	[1]	0	1	0	6→	$\frac{6}{1}$
0	x_5	3	2	0	0	1	18	$\frac{18}{2}$
	$\bar{c}_j$	3	5↑	0	0	0	$Z=0$	

表 2-4 中非基变量 x_1，x_2 的检验数都大于 0，首先由判定定理 2.1 判定当前的基本可行解不是最优解；又由判定定理 2.3，x_1，x_2 在系数矩阵中都有正的分量，无法判定问题有无界解。开始迭代入到新的基本可行解：

(1) 根据入基变量的选择规则，选择正检验数最大的非基变量 x_2 作为入基变量，习惯上可在 x_2 列用向上的箭头"↑"标示 x_2 为入基变量，此列为**主元列**。

(2) 出基变量根据最小比值准则公式 (2-13) 确定：分别计算比值 $\frac{b_i}{a_{ik}}$（其中 $a_{ik}>0$），并选择最小值所在的约束方程中的基变量为出基变量。在单纯形表中，此比值就是当前表常数列中的常数项与主元列所对应的正系数的比值[⊖]：

$$\min\left\{\frac{6}{1}, \frac{18}{2}\right\} = \frac{6}{1}$$

选择 $\frac{6}{1}$ 所在约束方程（第二行）中的基变量 x_4 作为出基变量，并在第二行末端用向右的箭头"→"标示第二行为**主元行**，其中的基变量 x_4 为出基变量。然后，对主元列与主元行交叉位置的数字，用括号"[ ]"标示为**主元素**。

(3) 确定了入基变量 x_2 和出基变量 x_4，则新的基变量向量为 $(x_3, x_2, x_5)^T$，构造一张新的单纯形表：

⊖ 对于初学者，在单纯形表求解时，可以选择在表格右边新增一列来计算这个比值，如表 2-4 所示，熟练运用后可不再列示。

- 将表 2-4 中 X_B 列中 x_4 的换成 x_2,表示 x_2 取代 x_4 成为基变量⊖,同时更新 C_B 中的第 2 个系数为 x_2 在目标函数中的系数 5;
- 以主元素"[1]"为中心对约束方程组的增广矩阵进行行变换,使主元素的值为 1,而主元列的其他元素变为 0,最终使基变量向量 $(x_3, x_2, x_5)^T$ 在系数矩阵中的列向量构成一个单位矩阵可以发现,表 2-5 的增广矩阵与式 (2-20) 完全一致。(具体做法为:对增广矩阵,用第 3 行减去第 2 行的 2 倍),得到表 2-5。

表 2-5 第 1 次迭代得到的单纯形表

	c_j	3	5	0	0	0	b	比值
C_B	X_B	x_1	x_2	x_3	x_4	x_5		
0	x_3	1	0	1	0	0	4	$\frac{4}{1}$
5	x_2	0	1	0	1	0	6	—
0	x_5	[3]	0	0	-2	1	6→	$\frac{6}{3}$
	$\bar{c}_j$	3↑	0	0	-5	0	$Z=30$	

从迭代结果(表 2-5)可知,仍然有非基变量存在正的检验数($\bar{c}_1=3$),当前基本可行解不是最优解,x_1 在系数矩阵中有正的分量,亦无法判定问题有无界解。选择并标示非基变量 x_1 作为入基变量;应用最小比值准则选择并标示 x_5 作为出基变量 $\left(\min\left\{\frac{4}{1}, \frac{6}{3}\right\}=\frac{6}{3}\right)$;将主元列($x_1$ 列)和主元行(x_5 所在的第 3 行)交叉位置的元素 3 标示为主元素。

继续进行迭代:将表 2-5 中 X_B 列中的 x_5 换成 x_1,表示 x_1 取代 x_5 成为基变量;对约束方程组增广矩阵,以主元素"[3]"为中心进行矩阵行变换,使得该主元素的值为 1,而该主元素所在列的其他元素变为 0,且 $(x_3, x_2, x_1)^T$ 在系数矩阵中的列向量构成一个单位矩阵(具体做法为:对增广矩阵,将第 3 行除以 3,然后用第 1 行减去刚刚变换得到的第 3 行)。得到表 2-6 所示的单纯形表。

表 2-6 第 2 次迭代得到的单纯形表

	c_j	3	5	0	0	0	b
C_B	X_B	x_1	x_2	x_3	x_4	x_5	
0	x_3	0	0	1	$\frac{2}{3}$	$-\frac{1}{3}$	2
5	x_2	0	1	0	1	0	6
3	x_1	1	0	0	$-\frac{2}{3}$	$\frac{1}{3}$	2
	$\bar{c}_j$	0	0	0	-3	-1	$Z=36$

表 2-6 中非基变量检验数全部小于 0,当前基本可行解为(唯一)最优解:
$$\boldsymbol{X}^* = (x_1^*, x_2^*, x_3^*, x_4^*, x_5^*)^T = (2,6,2,0,0)^T, \quad Z^* = 36$$
为了简化,可将整个计算过程列在一个表中(见表 2-7)。

⊖ 没有必要人为调整基变量在 X_B 中的顺序,例如,在表 2-5 中基变量的顺序为 $(x_3, x_2, x_5)^T$。如果因个人偏好根据变量下标人为调整为 $(x_2, x_3, x_5)^T$,则要将约束矩阵及右端常数的第 1 行与第 2 行对调,会带来不必要的麻烦,更容易发生计算错误。

表 2-7 完整的求解过程

c_j		3	5	0	0	0	b
C_B	X_B	x_1	x_2	x_3	x_4	x_5	
0	x_3	1	0	1	0	0	4
0	x_4	0	[1]	0	1	0	6→
0	x_5	3	2	0	0	1	18
	$\bar{c}_j$	3	5↑	0	0	0	$Z=0$
0	x_3	1	0	1	0	0	4
5	x_2	0	1	0	1	0	6
0	x_5	[3]	0	0	-2	1	6→
	$\bar{c}_j$	3↑	0	0	-5	0	$Z=30$
0	x_3	0	0	1	$\dfrac{2}{3}$	$-\dfrac{1}{3}$	2
5	x_2	0	1	0	1	0	6
3	x_1	1	0	0	$-\dfrac{2}{3}$	$\dfrac{1}{3}$	2
	$\bar{c}_j$	0	0	0	-3	-1	$Z=36$

例 2-5 用单纯形表法求解

$$\max \quad Z = 3x_1 + 4x_2$$
$$\text{s.t.} \quad x_1 + 2x_2 \leqslant 6$$
$$3x_1 + 2x_2 \leqslant 12$$
$$x_2 \leqslant 2$$
$$x_1, x_2 \geqslant 0$$

解：首先，将问题模型变换为标准形式：

$$\max \quad Z = 3x_1 + 4x_2$$
$$\text{s.t.} \quad x_1 + 2x_2 + x_3 = 6$$
$$3x_1 + 2x_2 + x_4 = 12$$
$$x_2 + x_5 = 2$$
$$x_1, x_2, x_3, x_4, x_5 \geqslant 0$$

从标准形式找出初始基本可行解：$(x_1, x_2, x_3, x_4, x_5)^T = (0, 0, 6, 12, 2)^T$。其单纯形表法求解过程如表 2-8 所示。

表 2-8 例 2-5 的单纯形表求解

c_j		3	4	0	0	0	b
C_B	X_B	x_1	x_2	x_3	x_4	x_5	
0	x_3	1	2	1	0	0	6
0	x_4	3	2	0	1	0	12
0	x_5	0	[1]	0	0	1	2→
	$\bar{c}_j$	3	4↑	0	0	0	$Z=0$
0	x_3	[1]	0	1	0	-2	2→
0	x_4	3	0	0	1	-2	8
4	x_2	0	1	0	0	1	2
	$\bar{c}_j$	3↑	0	0	0	-4	$Z=8$
3	x_1	1	0	1	0	-2	2
0	x_4	0	0	-3	1	[4]	2→
4	x_2	0	1	0	0	1	2
	$\bar{c}_j$	0	0	-3	0	2↑	$Z=14$

(续)

c_j		3	4	0	0	0	
C_B	X_B	x_1	x_2	x_3	x_4	x_5	b
3	x_1	1	0	$-\frac{1}{2}$	$\frac{1}{2}$	0	3
0	x_5	0	0	$-\frac{3}{4}$	$\frac{1}{4}$	1	$\frac{1}{2}$
4	x_2	0	1	$\frac{3}{4}$	$-\frac{1}{4}$	0	$\frac{3}{2}$
$\bar{c}_j$		0	0	$-\frac{3}{2}$	$-\frac{1}{2}$	0	$Z=15$

最终表中非基变量检验数全部小于 0，其对应的基本可行解为（唯一）最优解：

$$\boldsymbol{X}^* = (x_1^*, x_2^*, x_3^*, x_4^*, x_5^*)^\mathrm{T} = \left(3, \frac{3}{2}, 0, 0, \frac{1}{2}\right)^\mathrm{T}, \quad Z^* = 15$$

例 2-6 用单纯形表法求解

$$\max \quad Z = 2x_1 + x_2$$
$$\text{s. t.} \quad -x_1 + x_2 \leqslant 5$$
$$\qquad 2x_1 - 5x_2 \leqslant 10$$
$$\qquad x_1, x_2 \geqslant 0$$

解： 首先，将问题模型变换为标准形式：

$$\max \quad Z = 2x_1 + x_2$$
$$\text{s. t.} \quad -x_1 + x_2 + x_3 = 5$$
$$\qquad 2x_1 - 5x_2 + x_4 = 10$$
$$\qquad x_1, x_2, x_3, x_4 \geqslant 0$$

从标准形式中找出初始基本可行解 $(x_1, x_2, x_3, x_4)^\mathrm{T} = (0, 0, 5, 10)^\mathrm{T}$。建立单纯形表求解：

表 2-9 例 2-6 的单纯形表求解

c_j		2	1	0	0	
C_B	X_B	x_1	x_2	x_3	x_4	b
0	x_3	-1	1	1	0	5
0	x_4	[2]	-5	0	1	10→
$\bar{c}_j$		2↑	1	0	0	$Z=0$
0	x_3	0	$-\frac{3}{2}$	1	$\frac{1}{2}$	10
2	x_1	1	$-\frac{5}{2}$	0	$\frac{1}{2}$	5
$\bar{c}_j$		0	6↑	0	-1	$Z=10$

表 2-9 第二张表中非基变量 x_2 的检验数 $\bar{c}_2 = 6 > 0$，应以 x_2 为入基变量继续优化，但是 x_2 在该表中的系数列向量 $\begin{bmatrix} -\frac{3}{2} \\ -\frac{5}{2} \end{bmatrix}$ 所有分量小于 0，最小比值准则失效。根据判定定理 2.3，本问题有无界解。

如图 2-4 所示，采用图解法做出问题的可行域（阴影部分），同样可以发现本问题有无界解——目标函数线可以无限向右移动。

由例 2-5 和例 2-6 求解过程可将单纯形表法的解题步骤总结如下：

第 1 步 初始化 将问题模型转化为标准形式，找出初始基本可行解并建立初始单纯形表；

第 2 步 计算非基变量检验数 根据公式（2-26）计算非基变量的检验数 $\bar{c}_j$；

第 3 步 最优检验 如果所有非基变量的检验数小于等于 0，则当前基本可行解为最优解，停止计算，并根据判定定理 2.2 进一步判断最优解的个数。否则继续；

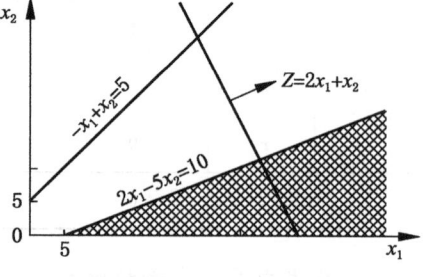

图 2-4 例 2-6 的可行域

第 4 步 有无界解判定 如果存在非基变量 x_k 检验数大于 0，同时对于 x_k 最小比值准则失效（约束矩阵中 x_k 的系数列向量的所有元素小于或等于 0），则该问题有无界解，停止计算。否则继续；

第 5 步 迭代 选择正检验数最大的非基变量 x_k 作为入基变量，利用最小比值准则公式（2-13）选择出基变量 x_q。对约束方程组增广矩阵，以 x_k 所在列为主元列，以 a_{qk} 为主元素进行矩阵行变换，使得新的基变量向量在新的系数矩阵中的列向量构成一个单位矩阵，得到新的单纯形表。转入**第 2 步**。

下面再用单纯形表法来求解一个实际问题——例 1-1 的生产计划问题。

例 2-7 在例 1-1 中，F 公司每周需要根据表 1-1 的数据来决策产品 A、B、C 的产量，以获取最大的利润。

表 1-1 三种产品的基本信息表

产品 单位消耗 资源	产品 A	产品 B	产品 C	可用资源（千克）
原材料 M_1	8	4	5	320
原材料 M_2	2	2	1	100
单位产品利润（元/件）	5	4	2	

该例中定义本周生产产品 A、B 和 C 的数量（决策变量）分别为 x_1、x_2 和 x_3，并依此建立了线性规划数学模型：

$$\max \ Z = 5x_1 + 4x_2 + 2x_3$$
$$\text{s.t.} \ 8x_1 + 4x_2 + 5x_3 \leq 320$$
$$2x_1 + 2x_2 + x_3 \leq 100$$
$$x_1, x_2, x_3 \geq 0$$

解：把模型变换为标准形式：

$$\max \ Z = 5x_1 + 4x_2 + 2x_3$$
$$\text{s.t.} \ 8x_1 + 4x_2 + 5x_3 + x_4 \quad\quad = 320$$
$$2x_1 + 2x_2 + x_3 \quad\quad + x_5 = 100$$
$$x_1, x_2, x_3, x_4, x_5 \geq 0$$

以 x_4，x_5 为基变量得到初始基本可行解 $(x_1, x_2, x_3, x_4, x_5)^T = (0, 0, 0, 320, 100)^T$，得到其单纯形表求解过程如表 2-10 所示。

表 2-10 例 2-7 的单纯形表求解

C_B	X_B	c_j	5	4	2	0	0	b
			x_1	x_2	x_3	x_4	x_5	
0	x_4		[8]	4	5	1	0	320→
0	x_5		2	2	1	0	1	100
	$\bar{c}_j$		5↑	4	2	0	0	$Z=0$
5	x_1		1	$\frac{1}{2}$	$\frac{5}{8}$	$\frac{1}{8}$	0	40
0	x_5		0	[1]	$-\frac{1}{4}$	$-\frac{1}{4}$	1	20→
	$\bar{c}_j$		0	$\frac{3}{2}$↑	$-\frac{9}{8}$	$-\frac{5}{8}$	0	$Z=200$
5	x_1		1	0	$\frac{3}{4}$	$\frac{1}{4}$	$-\frac{1}{2}$	30
4	x_2		0	1	$-\frac{1}{4}$	$-\frac{1}{4}$	1	20
	$\bar{c}_j$		0	0	$-\frac{3}{4}$	$-\frac{1}{4}$	$-\frac{3}{2}$	$Z=230$

由最优表读出唯一最优解：
$$\boldsymbol{X}^* = (x_1^*, x_2^*, x_3^*, x_4^*, x_5^*)^T = (30, 20, 0, 0, 0)^T, \quad Z^* = 230$$
即 F 公司本周应生产 30 件 A 和 20 件 B，最大利润为 230 元。

第二节 单纯形法的扩展

一、目标函数为求最小值的问题

前面为讨论方便，将线性规划问题标准形式的目标函数限定为最大值形式，目标函数为最小值 min Z 的问题则可以转化为目标函数为 max $-Z$ 的等价问题再进行求解。

在掌握了单纯形（表）法的基本原理后，我们完全可以不必再变换目标函数，而是通过简单修改适用于最大值问题的判定定理，以及选择入基变量和出基变量的规则，就可以将单纯形法直接推广到最小值问题的求解。变换后的最优解判定定理分别为：

判定定理 2.4 对于最小值线性规划问题的一个基本可行解，如果所有非基变量的检验数非负（即 $\bar{c}_j \geqslant 0$，$\forall x_j \in \boldsymbol{X}_N$），则此基本可行解为最优解。

判定定理 2.5 当最小值线性规划问题取得最优解时，如果所有非基变量的检验数严格大于 0（即 $\bar{c}_j > 0$，$\forall x_j \in \boldsymbol{X}_N$），则此最优解为唯一最优解；如果存在至少一个非基变量的检验数为 0（即 $\bar{c}_j = 0$，$\exists x_j \in \boldsymbol{X}_N$），则该问题有无穷多最优解。

由非基变量检验数的数学意义可知，最小值问题选择入基变量的规则是：选择**负检验数**最小的非基变量作为入基变量，即入基变量 x_k 的检验数 $\bar{c}_k$ 应满足条件：
$$\bar{c}_k = \min\{\bar{c}_j | \bar{c}_j < 0, j = m+1, \cdots, n\}$$

与最大值问题相同，选择出基变量的原理是确定入基变量 x_k 增大时，哪个基变量会率先减小为 0。由此可知，选择出基变量的规则仍然为最小比值准则：计算约束方程组右

端常数项 b_i 与 a_{ik} 的比值 $\dfrac{b_i}{a_{ik}}$（其中 a_{ik} 为入基变量 x_k 在约束方程组中第 i 个约束方程的**正系数**，如果 $a_{ik} \leqslant 0$，则不作计算），并找出这些比值中最小的那一个 $\dfrac{b_q}{a_{qk}}$，即

$$\frac{b_q}{a_{qk}} = \min\left\{\frac{b_i}{a_{ik}} \,\middle|\, a_{ik} > 0, i = 1, \cdots, m\right\}$$

则第 q 个约束方程中的基变量为出基变量。

同理，对于最小值问题的有无界解条件仍然为最小比值准则失效：

判定定理 2.6 对于最小值线性规划问题的一个基本可行解，如果最小比值准则失效（某个非基变量 x_j 有负的检验数，但是 x_j 在当前典则形式约束方程组中的系数全部小于或等于 0，亦即 $\overline{c}_j < 0, \exists x_j \in \boldsymbol{X}_N$ 且 $a_{ij} \leqslant 0, \forall i = 1, \cdots, m$），则该线性规划问题有无界解（无最优解）。

例 2-8 求解线性规划问题

$$\begin{aligned}
\min \quad & W = -3x_1 - 5x_2 \\
\text{s.t.} \quad & x_1 \leqslant 4 \\
& x_2 \leqslant 6 \\
& 3x_1 + 2x_2 \leqslant 18 \\
& x_1, x_2 \geqslant 0
\end{aligned}$$

解： 如果将此问题中目标变为最大化，即 $\max Z = 3x_1 + 5x_2$，此问题就是例 1-8 的问题。现不对问题的目标函数进行变换，直接求解如下：

首先，将问题变换为标准形式：

$$\begin{aligned}
\min \quad & W = -3x_1 - 5x_2 \\
\text{s.t.} \quad & x_1 + x_3 = 4 \\
& x_2 + x_4 = 6 \\
& 3x_1 + 2x_2 + x_5 = 18 \\
& x_1, x_2, x_3, x_4, x_5 \geqslant 0
\end{aligned}$$

可从上式找到基本可行解：$(x_1, x_2, x_3, x_4, x_5)^{\mathrm{T}} = (0, 0, 4, 6, 18)^{\mathrm{T}}$。建立初始单纯形表如下：

表 2-11 初始单纯形表

c_j		-3	-5	0	0	0	
C_B	X_B	x_1	x_2	x_3	x_4	x_5	b
0	x_3	1	0	1	0	0	4
0	x_4	0	[1]	0	1	0	6→
0	x_5	3	2	0	0	1	18
	$\overline{c}_j$	-3	$-5\uparrow$	0	0	0	$W = 0$

如表 2-11 所示，非基变量 x_2 具有最小的负检验数，问题未取得最优解。选择 x_2 作为入基变量；出基变量的选择则不变：由 $\min\left\{\dfrac{6}{1}, \dfrac{18}{2}\right\} = \dfrac{6}{1}$，选择 $\dfrac{6}{1}$ 所在行的基变量 x_4 作为出基变量。迭代得到新的单纯形表（见表 2-12）。

表 2-12　第 1 次迭代后的单纯形表

c_j		-3	-5	0	0	0	b
C_B	X_B	x_1	x_2	x_3	x_4	x_5	
0	x_3	1	0	1	0	0	4
-5	x_2	0	1	0	1	0	6
0	x_5	$[3]$	0	0	-2	1	$6\rightarrow$
$\bar{c}_j$		$-3\uparrow$	0	0	5	0	$W=-30$

表 2-12 中非基变量 x_1 的检验数仍小于 0，问题未取得最优解。选择非基变量 x_1 作为入基变量，由 $\min\left\{\dfrac{4}{1},\dfrac{6}{3}\right\}=\dfrac{6}{3}$，选择 x_5 作为出基变量。再次迭代新的单纯形表（如表 2-13 所示）。

表 2-13　第 2 次迭代后的单纯形表

c_j		-3	-5	0	0	0	b
C_B	X_B	x_1	x_2	x_3	x_4	x_5	
0	x_3	0	0	1	$\dfrac{2}{3}$	$-\dfrac{1}{3}$	2
-5	x_2	0	1	0	1	0	6
-3	x_1	1	0	0	$-\dfrac{2}{3}$	$\dfrac{1}{3}$	2
$\bar{c}_j$		0	0	0	3	1	$W=-36$

表 2-13 中所有非基变量检验数大于 0，当前基本可行解为唯一最优解：
$$X^*=(x_1^*,x_2^*,x_3^*,x_4^*,x_5^*)^{\mathrm{T}}=(2,6,2,0,0)^{\mathrm{T}},\quad W^*=-36$$
此结果与例 2-8 结果一致。

二、人工变量法

单纯形法求解线性规划问题的第一步是找到初始基本可行解。对于约束条件全部为"$\leqslant$"约束的线性规划问题，通过加入松弛变量将问题模型变换为标准形式时，这些新加入的松弛变量在约束方程组中的系数列向量构成一个单位矩阵，可直接作为初始可行解，因而能够顺利地开始单纯形表的计算过程。但是，约束条件包含等式约束或"$\geqslant$"约束的线性规划问题，其标准形式通常不存在现成的初始可行基，例如下面这个问题。

例 2-9　求解线性规划问题：
$$\max\ Z=3x_1-2x_2-x_3$$
$$\text{s.t.}\ \begin{cases}x_1-2x_2+x_3\leqslant 11\\ -4x_1+x_2+2x_3\geqslant 3\\ -2x_1+x_3=1\\ x_1,x_2,x_3\geqslant 0\end{cases}$$

解：在第 1、2 个约束条件中分别引入松弛变量和剩余变量将问题模型标准化为：
$$\max\ Z=3x_1-2x_2-x_3$$
$$\text{s.t.}\ \begin{cases}x_1-2x_2+x_3+x_4=11\\ -4x_1+x_2+2x_3-x_5=3\\ -2x_1+x_3=1\\ x_1,x_2,x_3,x_4,x_5\geqslant 0\end{cases}\quad(2\text{-}27)$$

由于无法确定基变量组合（无法直接从问题模型的约束方程组中找出单位矩阵），得不到初始基本可行解，从而无法直接应用单纯形（表）法求解。当然，可以尝试对约束方程组进行变换，构造出一个单位矩阵，从而确定初始的基变量向量。例如，可以选择变量 x_2, x_3, x_4 作为基变量，通过矩阵变换得到：

$$\begin{bmatrix} 1 & -2 & 1 & 1 & 0 & | & 11 \\ -4 & 1 & 2 & 0 & -1 & | & 3 \\ -2 & 0 & 1 & 0 & 0 & | & 1 \end{bmatrix} \Rightarrow \begin{bmatrix} 3 & -2 & 0 & 1 & 0 & | & 10 \\ 0 & 1 & 0 & 0 & -1 & | & 1 \\ -2 & 0 & 1 & 0 & 0 & | & 1 \end{bmatrix} \Rightarrow \begin{bmatrix} 3 & 0 & 0 & 1 & -2 & | & 12 \\ 0 & 1 & 0 & 0 & -1 & | & 1 \\ -2 & 0 & 1 & 0 & 0 & | & 1 \end{bmatrix}$$

此时可以得到一个基本解，即 $(x_1, x_2, x_3, x_4, x_5)^T = (0, 1, 1, 12, 0)^T$。由于此基本解"恰好"也是基本可行解，可以构造初始单纯形表进行求解（如表 2-14 所示）。

表 2-14 例 2-9 的单纯形表求解

	c_j	3	−2	−1	0	0	
C_B	X_B	x_1	x_2	x_3	x_4	x_5	b
0	x_4	[3]	0	0	1	−2	12→
−2	x_2	0	1	0	0	−1	1
−1	x_3	−2	0	1	0	0	1
	$\bar{c}_j$	1↑	0	0	0	−2	$Z=-3$
3	x_1	1	0	0	$\frac{1}{3}$	$-\frac{2}{3}$	4
−2	x_2	0	1	0	0	−1	1
−1	x_3	0	0	1	$\frac{2}{3}$	$-\frac{4}{3}$	9
	$\bar{c}_j$	0	0	0	$-\frac{1}{3}$	$-\frac{4}{3}$	$Z=1$

求得最优解：

$$\boldsymbol{X}^* = (x_1^*, x_2^*, x_3^*, x_4^*, x_5^*)^T = (4, 1, 9, 0, 0)^T, \quad Z^* = 1$$

标准形式并不存在现成基本可行解的线性规划问题，无法直接应用单纯形表法求解。例 2-9 之所以能够顺利求解，完全是因为我们选择的初始基变量组合 $\{x_2, x_3, x_4\}^T$ "恰好"得到了一个可行的基本解。然而，在大多数情况下，特别是对于变量和约束条件都很多的线性规划问题，这种利用矩阵变换在约束方程组中找到一个单位矩阵的方法不仅效率低下，而且常常难以找到一个"可行"的基本解（因为右端常数向量常常会在迭代后出现负数元素）。

此类问题的规范解法是**人工变量法**（artificial-variable technique），常用的人工变量法包括大 M 法（big M method）和两阶段法（two-phase method）。

1. 大 M 法

大 M 法的求解步骤是：

第 1 步 构造一个与原始问题（the real problem）等价的人工问题（the artificial problem）。具体做法为：

（1）对标准化后的线性规划模型，在每个不存在初始基变量的约束方程等号左边加上一个非负的**人工变量**（artificial variable），以便得到人工初始基本可行解；

（2）改写目标函数：在原始问题的目标函数中，"引入"大 M（一个无穷大的正数）与所有人工变量的乘积。对于最大值问题，"引入"为减，对于最小值问题，"引入"为加。

第 2 步 应用单纯形法求解人工问题；

第 3 步 由人工问题的最优解进一步判定或求解原始问题的最优解。

下面通过例 2-9 的求解过程来讲解大 M 法的原理。

例 2-10 应用大 M 法求解例 2-9 中的线性规划问题

$$\max \quad Z = 3x_1 - 2x_2 - x_3$$
$$\text{s.t.} \quad x_1 - 2x_2 + x_3 \leqslant 11$$
$$-4x_1 + x_2 + 2x_3 \geqslant 3$$
$$-2x_1 + x_3 = 1$$
$$x_1, x_2, x_3 \geqslant 0$$

解：首先将问题模型标准化，得到

$$\max \quad Z = 3x_1 - 2x_2 - x_3 \quad (1)$$
$$\text{s.t.} \quad x_1 - 2x_2 + x_3 + x_4 = 11 \quad (2)$$
$$-4x_1 + x_2 + 2x_3 - x_5 = 3 \quad (3) \quad (2\text{-}28)$$
$$-2x_1 + x_3 = 1 \quad (4)$$
$$x_1, x_2, x_3, x_4, x_5 \geqslant 0$$

由于式 (2-28) 的约束方程组中没有现成的单位矩阵，故在 (3)、(4) 式中分别加入非负的人工变量 x_6 和 x_7；同时，对 (1) 式进行改写：在 (1) 中减去大 M 与人工变量 x_6 和 x_7 的乘积。由此得到的人工问题模型为：

$$\max \quad Z = 3x_1 - 2x_2 - x_3 - Mx_6 - Mx_7$$
$$\text{s.t.} \quad x_1 - 2x_2 + x_3 + x_4 = 11$$
$$-4x_1 + x_2 + 2x_3 - x_5 + x_6 = 3 \quad (2\text{-}29)$$
$$-2x_1 + x_3 + x_7 = 1$$
$$x_1, x_2, x_3, x_4, x_5, x_6, x_7 \geqslant 0$$

求解此人工问题，式 (2-29) 中可以直接找到以 x_4, x_6, x_7 作为基变量的初始基本可行解，构造单纯形表求解（如表 2-15 所示）。

表 2-15 例 2-10 人工问题单纯形表求解

c_j		3	-2	-1	0	0	$-M$	$-M$	b
C_B	X_B	x_1	x_2	x_3	x_4	x_5	x_6	x_7	
0	x_4	1	-2	1	1	0	0	0	11
$-M$	x_6	-4	1	2	0	-1	1	0	3
$-M$	x_7	-2	0	[1]	0	0	0	1	1→
$\bar{c}_j$		$3-6M$	$-2+M$	$-1+3M\uparrow$	0	$-M$	0	0	$Z=-4M$
0	x_4	3	-2	0	1	0	0	-1	10
$-M$	x_6	0	[1]	0	0	-1	1	-2	1→
-1	x_3	-2	0	1	0	0	0	1	1
$\bar{c}_j$		1	$-2+M\uparrow$	0	0	$-M$	0	$1-3M$	$Z=-1-M$
0	x_4	[3]	0	0	1	-2	2	-5	12→
-2	x_2	0	1	0	0	-1	1	-2	1
-1	x_3	-2	0	1	0	0	0	1	1
$\bar{c}_j$		$1\uparrow$	0	0	0	-2	$-M+2$	$-M-3$	$Z=-3$

(续)

c_j		3	−2	−1	0	0	−M	−M	b
C_B	X_B	x_1	x_2	x_3	x_4	x_5	x_6	x_7	
3	x_1	1	0	0	$\frac{1}{3}$	$-\frac{2}{3}$	$\frac{2}{3}$	$-\frac{5}{3}$	4
−2	x_2	0	1	0	0	−1	1	−2	1
−1	x_3	0	0	1	$\frac{2}{3}$	$-\frac{4}{3}$	$\frac{4}{3}$	$-\frac{7}{3}$	9
$\bar{c}_j$		0	0	0	$-\frac{1}{3}$	$-\frac{4}{3}$	$-M+\frac{4}{3}$	$-M-\frac{4}{3}$	$Z=1$

求得人工问题的最优解为：

$$\boldsymbol{X}^* = (x_1^*, x_2^*, x_3^*, x_4^*, x_5^*, x_6^*, x_7^*)^{\mathrm{T}} = (4,1,9,0,0,0,0)^{\mathrm{T}}, \quad Z^* = 1 \quad (2\text{-}30)$$

那么人工问题的最优解与原始问题的最优解有什么联系呢？从人工问题的构造方法可知，式（2-29）与式（2-28）中模型不一定是等价的——当且仅当人工变量全部为 0 时，两个模型才是等价的。由此可判断，式（2-30）就是原始问题的最优解。据此，有以下判定定理：

判定定理 2-7 当人工问题的最优解中不包含非零的人工变量时，人工问题的最优解就是原始问题的最优解。

要使人工变量值变为 0，只需使其成为非基变量即可。人工问题目标函数的改写方式实际上就提供了这样的机制：对于目标为求最大值的问题，人工变量在目标函数中的系数设定为 $-M$，只要有一个人工变量不为 0，那么目标函数将无法取得最大值（为负无穷大），这也是为什么大 M 也常常被称为惩罚因子⊖。这种机制在客观上还促成了单纯形法计算中人工变量优先成为出基变量。本例单纯表法求解的前两次迭代中，x_6 和 x_7 就分别被优先替换为非基变量变成 0。需注意的是，根据判定定理 2.7 的表述，即使人工问题最优解的基变量组合中仍然有人工变量，但只要其取值为 0，人工问题的最优解也是原始问题的最优解。

除此之外，还可得出以下判定定理：

判定定理 2-8 当人工问题的最优解中包含非零的人工变量时，原始问题无可行解。

在某些问题中，人工问题的最优解中还残留有非零的人工变量，由大 M 惩罚机制可知，相关的人工变量取值不可能变成 0，说明原始问题中相应的约束条件本身就是错误的，可行域不存在。

例 2-11 用大 M 法求解例 1-9 中的线性规划问题：

$$\max \ Z = x_1 + x_2$$
$$\text{s.t.} \quad x_1 - x_2 \geqslant 1$$
$$-x_1 + 2x_2 \leqslant 0$$
$$x_1, x_2 \geqslant 0$$

⊖ 同理，对于最小化目标函数的问题，目标函数中人工变量的系数设定为 $+M$，等价于只有当人工变量取值为 0 时，目标函数才可能取得最小值。

解： 引入松弛变量、剩余变量和人工变量后的人工线性规划问题为：

$$\max \quad Z = x_1 + x_2 - Mx_4$$
$$\text{s.t.} \quad x_1 - x_2 - x_3 + x_4 = 1$$
$$-x_1 + 2x_2 + x_5 = 0$$
$$x_1, x_2, x_3, x_4, x_5 \geq 0$$

定义变量 x_4，x_5 为初始的基变量，构造单纯形表进行求解（见表 2-16）。

表 2-16 例 2-11 人工问题的单纯形表求解

c_j		1	1	0	$-M$	0	b
C_B	X_B	x_1	x_2	x_3	x_4	x_5	
$-M$	x_4	[1]	-1	-1	1	0	1→
0	x_5	-1	2	0	0	1	0
$\bar{c}_j$		$1+M$↑	$1-M$	$-M$	0	0	$Z=-M$
1	x_1	1	-1	-1	1	0	1
0	x_5	0	1	-1	1	1	1
$\bar{c}_j$		0	2	1	$-M-1$	0	

计算过程似乎并未结束——末表中非基变量 x_2 和 x_3 有正的检验数，x_2 应为入基变量，但此时已经可以停止计算。非基变量 x_3 有正检验数，但是其对应的列向量 $(-1, -1)^T$ 所有元素小于 0，根据判定定理 2.3 可知，人工问题有无界解。又因为当前的基本可行解中不包含非零的人工变量，可知原始问题有无界解。由此可得以下判定定理：

判定定理 2.9 当人工问题的某个基本可行解中不包含非零的人工变量，且最小比值准则失效，则原始问题有无界解。

注意，判定定理 2.9 只针对基本可行解中不存在非零人工变量时人工问题有无界解的情况。若人工问题的基本可行解中存在非零的人工变量且最小比值准则失效，此时应先尝试将人工变量出基，判定原始问题是否有可行解：如果迭代结果中不存在非零的人工变量，可由判定定理 2.9 进行判定；反之，如果人工变量无法出基或取值不为 0，则原始问题无可行解。

2. 两阶段法

这种解法的求解过程分为两个阶段：

第一阶段： 构造并求解辅助问题。

辅助问题的构造方法为：将原始问题的目标函数改写为求解人工变量之和 W 的最小值。求解此辅助问题，如果得出 $\min W = 0$，进入第二阶段；如果 $\min W > 0$，则辅助问题的最优解中至少有人工变量大于零，说明原始问题无可行解。

第二阶段： 以第一阶段的最优解作为原始问题的初始基本可行解求解原始问题。

下面仍以例 2-9 的问题模型为例介绍两阶段法的原理。

例 2-12 应用两阶段法求解例 2-9 中的线性规划问题：

$$\max \quad Z = 3x_1 - 2x_2 - x_3$$
$$\text{s.t.} \quad x_1 - 2x_2 + x_3 \leq 11$$
$$-4x_1 + x_2 + 2x_3 \geq 3$$
$$-2x_1 + x_3 = 1$$
$$x_1, x_2, x_3 \geq 0$$

解：第一阶段：在将模型标准化且引入人工变量 x_6 和 x_7 后，构造辅助问题：

$$\begin{aligned}
\min \quad & W = x_6 + x_7 \\
\text{s.t.} \quad & x_1 - 2x_2 + x_3 + x_4 = 11 \\
& -4x_1 + x_2 + 2x_3 - x_5 + x_6 = 3 \\
& -2x_1 + x_3 + x_7 = 1 \\
& x_1, x_2, x_3, x_4, x_5, x_6, x_7 \geqslant 0
\end{aligned} \qquad (2\text{-}31)$$

注意：辅助问题的目标函数为人工变量 x_6 和 x_7 之和的最小值。用单纯形表求解此问题，如表 2-17 所示。

表 2-17 例 2-12 第一阶段辅助问题单纯形表求解

C_B		c_j	0	0	0	0	0	1	1	b
	X_B		x_1	x_2	x_3	x_4	x_5	x_6	x_7	
0	x_4		1	−2	1	1	0	0	0	11
1	x_6		−4	1	2	0	−1	1	0	3
1	x_7		−2	0	[1]	0	0	0	1	1→
	$\bar{c}_j$		6	−1	−3↑	0	1	0	0	$W=4$
0	x_4		3	−2	0	1	0	0	−1	10
1	x_6		0	[1]	0	0	−1	1	−2	1→
0	x_3		−2	0	1	0	0	0	1	1
	$\bar{c}_j$		0	−1↑	0	0	1	0	3	$W=1$
0	x_4		3	0	0	1	−2	2	−5	12
0	x_2		0	1	0	0	−1	1	−2	1
0	x_3		−2	0	1	0	0	0	1	1
	$\bar{c}_j$		0	0	0	0	0	1	1	$W=0$

可知辅助问题的最优解为：

$$\boldsymbol{X}^* = (x_1^*, x_2^*, x_3^*, x_4^*, x_5^*, x_6^*, x_7^*)^\mathrm{T} = (0,1,1,12,0,0,0)^\mathrm{T}, \quad W^* = 0$$

$W^* = 0$ 说明该最优解中人工变量 x_6 和 x_7 都为 0，可进入第二阶段。

第二阶段：以 $\boldsymbol{X}_B = (x_4, x_2, x_3)^\mathrm{T}$ 为原始问题的基变量向量，以 $\boldsymbol{X}^* = (x_1^*, x_2^*, x_3^*, x_4^*, x_5^*)^\mathrm{T} = (0, 1, 1, 12, 0)^\mathrm{T}$ 为基本可行解，求解原始问题的最优解。在实际计算时，可从第一阶段最优单纯形表 2-17 中删去 x_6 和 x_7 两列，将所有变量的目标函数系数还原为原始问题的目标函数系数，然后继续用单纯形表法求解。求解过程如表 2-18 所示。

表 2-18 例 2-12 第二阶段题单纯形表求解

C_B		c_j	3	−2	−1	0	0	b
	X_B		x_1	x_2	x_3	x_4	x_5	
0	x_4		[3]	0	0	1	−2	12→
−2	x_2		0	1	0	0	−1	1
−1	x_3		−2	0	1	0	0	1
	$\bar{c}_j$		1↑	0	0	0	−2	$Z=-3$
3	x_1		1	0	0	$\frac{1}{3}$	$-\frac{2}{3}$	4
−2	x_2		0	1	0	0	−1	1
−1	x_3		0	0	1	$\frac{2}{3}$	$-\frac{4}{3}$	9
	$\bar{c}_j$		0	0	0	$-\frac{1}{3}$	$-\frac{4}{3}$	$Z=1$

则原始问题的最优解为：
$$\boldsymbol{X}^* = (x_1^*, x_2^*, x_3^*, x_4^*, x_5^*, x_6^*, x_7^*)^{\mathrm{T}} = (4, 1, 9, 0, 0, 0, 0)^{\mathrm{T}}, \quad Z^* = 1 \quad (2\text{-}32)$$

从例 2-12 的求解过程可知，两阶段法中第一阶段的目的，可以理解为寻找辅助问题中所有人工变量为非基变量（取值为 0）的基本可行解，任何一个这样的基本可行解都可以作为求解原始问题的初始基本可行解。如果不存在这样的基本可行解，说明人工变量中至少有一个不可能为零，第一阶段求解结果必为 $\min W > 0$。与判定定理 2.8 的推理类似，这说明原始问题不存在可行域，即有以下判定定理：

判定定理 2.10 两阶段法求解线性规划问题时，如果第一阶段辅助问题的最优目标函数值不为 0，则原始问题无可行解。

另外，两阶段法的第二阶段也应进行有无界解判定[⊖]，但由于第二阶段本质上就是利用第一阶段得到的可行基求解原始问题，所以此时的有无界解判定就是对原始问题的判定。

三、退化与循环

定义 2.5（退化解） 有基变量取值为 0 的基本可行解称为**退化解**（degenerate solution）。

在应用单纯形法选择出基变量时，如果出现多个相等的最小比值，则一定会出现退化解：有多个相等最小比值时应选择最小比值所对应的任意一个基变量作为出基变量；由最小比值的数学意义不难推导出，对应于相等最小比值但未被选择为出基变量的基变量在下一个基本可行解中的取值将变为 0，该基本可行解为退化解。

求解过程中若出现退化解，可能会造成目标函数在后续的若干次迭代中并未优化的现象——如果取值为零的基变量在下一次迭代中被选择为出基变量，那么就会继续出现有基变量等于零、且目标函数值不变的迭代结果，最极端时还会出现死**循环**——某个基变量组合重复出现，永远无法取得最优解。

例 2-13 求解线性规划问题
$$\max \quad Z = 4x_1 + 3x_3$$
$$\begin{aligned}
\text{s.t.} \quad & x_1 - x_2 && \leqslant 4 \\
& 2x_1 && + x_3 \leqslant 8 \\
& x_1 + x_2 + x_3 && \leqslant 6 \\
& x_1, x_2, x_3 \geqslant 0
\end{aligned}$$

解：首先，将问题变换为标准形式：
$$\max \quad Z = 4x_1 + 3x_3$$
$$\begin{aligned}
\text{s.t.} \quad & x_1 - x_2 + x_4 && = 4 \\
& 2x_1 + x_3 + x_5 && = 8 \\
& x_1 + x_2 + x_3 + x_6 && = 6 \\
& x_1, x_2, x_3, x_4, x_5, x_6 \geqslant 0
\end{aligned}$$

建立此问题的初始单纯形表，如表 2-19 所示，并确定入基变量和出基变量。

⊖ 第一阶段不可能出现有无界解的情形，这是由辅助问题的构造方式决定的。

表 2-19 例 2-13 的初始单纯形表

c_j		4	0	3	0	0	0	
C_B	X_B	x_1	x_2	x_3	x_4	x_5	x_6	b
0	x_4	[1]	−1	0	1	0	0	4→
0	x_5	2	0	1	0	1	0	8
0	x_6	1	1	1	0	0	1	6
$\bar{c}_j$		4↑	0	3	0	0	0	$Z=0$

显然，入基变量应选择 x_1，但是在选择出基变量时，约束矩阵第 1、2 行出现了相等的最小比值 $\frac{4}{1} = \frac{8}{2}$。任意选择 x_4 为出基变量，迭代得到表 2-20。

表 2-20 例 2-13 的第 1 次迭代结果

c_j		4	0	3	0	0	0	
C_B	X_B	x_1	x_2	x_3	x_4	x_5	x_6	b
4	x_1	1	−1	0	1	0	0	4
0	x_5	0	[2]	1	−2	1	0	0→
0	x_6	0	2	1	−1	0	1	2
$\bar{c}_j$		0	4↑	3	−4	0	0	$Z=16$

表 2-20 中出现了基变量为 0 的现象（$x_5=0$），此解为退化解。继续求解，x_2 入基，x_5 出基，但是最小比值为 0，由最小比值的数学意义可知，在下一个基本可行解中 x_2 的值不能增加到正值，仍然为零，因此目标函数值也不能得到优化（仍然为 16），如表 2-21 所示。

表 2-21 例 2-13 的第 2 次迭代结果

c_j		4	0	3	0	0	0	
C_B	X_B	x_1	x_2	x_3	x_4	x_5	x_6	b
4	x_1	1	0	$\frac{1}{2}$	0	$\frac{1}{2}$	0	4
0	x_2	0	1	$[\frac{1}{2}]$	−1	$\frac{1}{2}$	0	0→
0	x_6	0	0	0	1	−1	1	2
$\bar{c}_j$		0	0	1↑	0	−2	0	$Z=16$

此解仍为退化解。继续求解，变量 x_3 为入基变量，x_2 为出基变量，仍然出现最小比值为 0 的现象，得到的基本可行解仍然为退化解。

理论上，退化现象可能会导致无限的循环，不过，绝大多数用单纯形法求解时出现退化解的线性规划模型（特别是实际问题的线性规划模型）往往不会出现循环，本例虽然目标函数在几次迭代中未得到优化，但并未出现循环（即某个基变量组合重复出现）的情况，再经过两次迭代即可求得最优解，如表 2-22 所示。

表 2-22 例 2-13 的第 3 次迭代结果

c_j		4	0	3	0	0	0	
C_B	X_B	x_1	x_2	x_3	x_4	x_5	x_6	b
4	x_1	1	−1	0	1	0	0	4
3	x_3	0	2	1	−2	1	0	0
0	x_6	0	0	0	[1]	−1	1	2→
$\bar{c}_j$		0	−2	0	2↑	−3	0	$Z=16$

在表 2-22 中，选择 x_4 为入基变量，因为 x_4 在第 2 行中的系数为负，第 2 行不参与最小比值的计算，最小比值 $\min\left\{\dfrac{4}{1},\dfrac{2}{1}\right\}=\dfrac{2}{1}$ 产生在第 3 行且不再为 0，说明在下一个基本可行解中，x_4 可以增至正值 2，目标函数能够得到优化，如表 2-23 所示。

表 2-23　例 2-13 的第 4 次迭代结果

	c_j	4	0	3	0	0	0	
C_B	X_B	x_1	x_2	x_3	x_4	x_5	x_6	b
4	x_1	1	−1	0	0	1	−1	2
3	x_3	0	2	1	0	−1	2	4
0	x_4	0	0	0	1	−1	1	2
	$\bar{c}_j$	0	−2	0	0	−1	−2	$Z=20$

最后，从表 2-23 可读出最优解：
$$\boldsymbol{X}^* = (x_1^*, x_2^*, x_3^*, x_4^*, x_5^*, x_6^*)^\mathrm{T} = (2,0,4,2,0,0)^\mathrm{T}, \quad Z^* = 20$$

退化现象的本质是线性规划问题的多个基本可行解对应于可行域的同一个顶点。在本例中，表 2-20、表 2-21、表 2-22 的三个基本可行解在数值上都等于 $(4,0,0,0,0,2)^\mathrm{T}$，只不过因为它们是由不同的基变量组合得出的，这三个基本可行解被人为区分成了三个不同的解，但它们在空间上都对应于可行域的同一个顶点。

在应用单纯形法求解线性规划问题时，选择出基变量时出现了相等的最小比值，都会得到退化解，这是单纯形法特有的问题。如果非基变量的个数 n_N，选择出基变量时相等最小比值的个数为 n_r（其中 $n_r \geqslant 2$，$n_r=1$ 表明最小比值为唯一，不会出现退化），则相同的基本可行解的个数为 $C_{n_N+n_r-1}^{n_r-1}$ 个。这是因为，相同最小比值的个数为 n_r，则下一个基本可行解中会有 n_r-1 个基变量的取值为 0，而又有 n_N 个为 0 的非基变量，所以相同的基本可行解的个数就是从 n_N+n_r-1 个 0 中取出 n_r-1 个作为基变量取值的组合数。例如，例 2-13 中共有 3 个非基变量，在选择出基变量时出现了 2 个相等的最小比值，所以相同的基本可行解的个数为 $C_{3+2-1}^{2-1} = C_4^1 = 4$ 个。表 2-24 列出了例 2-13 中的所有可能的基变量组合，可知，本例中共有 4 个基本可行解对应于同一个顶点（用单纯形法求解时只计算出了 3 个）。

表 2-24　例 2-13 的所有基本可行解

	X_B	基本解			X_B	基本解
1	$(x_1, x_2, x_3)^\mathrm{T}$	—	11	$(x_2, x_3, x_4)^\mathrm{T}$	$(0, -2, 8, 2, 0, 0)^\mathrm{T}$
2	$(x_1, x_2, x_4)^\mathrm{T}$	$(4, 2, 0, 2, 0, 0)^\mathrm{T}$	12	$(x_2, x_3, x_5)^\mathrm{T}$	$(0, -4, 10, 0, -2, 0)^\mathrm{T}$
3	$(x_1, x_2, x_5)^\mathrm{T}$	$(5, 1, 0, 0, -2, 0)^\mathrm{T}$	13	$(x_2, x_3, x_6)^\mathrm{T}$	$(0, -4, 8, 0, 0, 2)^\mathrm{T}$
4	$(x_1, x_2, x_6)^\mathrm{T}$	$(4, 0, 0, 0, 0, 2)^\mathrm{T}$	14	$(x_2, x_4, x_5)^\mathrm{T}$	$(0, 6, 0, 10, 8, 0)^\mathrm{T}$
5	$(x_1, x_3, x_4)^\mathrm{T}$	$(2, 0, 4, 2, 0, 0)^\mathrm{T}$	15	$(x_2, x_4, x_6)^\mathrm{T}$	—
6	$(x_1, x_3, x_5)^\mathrm{T}$	$(4, 0, 2, 0, -2, 0)^\mathrm{T}$	16	$(x_2, x_5, x_6)^\mathrm{T}$	$(0, -4, 0, 0, 8, 10)^\mathrm{T}$
7	$(x_1, x_3, x_6)^\mathrm{T}$	$(4, 0, 0, 0, 0, 2)^\mathrm{T}$	17	$(x_3, x_4, x_5)^\mathrm{T}$	$(0, 0, 6, 4, 2, 0)^\mathrm{T}$
8	$(x_1, x_4, x_5)^\mathrm{T}$	$(6, 0, 0, -2, -4, 0)^\mathrm{T}$	18	$(x_3, x_4, x_6)^\mathrm{T}$	$(0, 0, 8, 4, 0, -2)^\mathrm{T}$
9	$(x_1, x_4, x_6)^\mathrm{T}$	$(4, 0, 0, 0, 0, 2)^\mathrm{T}$	19	$(x_3, x_5, x_6)^\mathrm{T}$	—
10	$(x_1, x_5, x_6)^\mathrm{T}$	$(4, 0, 0, 0, 0, 2)^\mathrm{T}$	20	$(x_4, x_5, x_6)^\mathrm{T}$	$(0, 0, 0, 4, 8, 6)^\mathrm{T}$

为避免退化解出现时求解的"死循环"，可以采用查尼斯（A. Charnes）在 1952 年提出的**摄动法**、丹齐格在 1954 年提出的**字典序法**或布兰德（R. Bland）在 1976 年提出的 **Bland 规则**。Bland 规则被认为是操作相对简单且高效的方法，其约定为：取有正检验数的非基变量中下标最小的作为入基变量；在相等最小比值所对应的基变量中，取下标最小

的基变量作为出基变量。实际上，例 2-13 的求解过程就在无意中就采取了这种规则。

摄动法则约定从相等最小比值对应的基变量中选择下标最大的作为出基变量。如采用摄动法求解例 2-13，其单纯形表求解过程如表 2-25 所示。

表 2-25　采用摄动法求解例 2-13 时的单纯形表

c_j		4	0	3	0	0	0	
C_B	X_B	x_1	x_2	x_3	x_4	x_5	x_6	b
0	x_4	1	−1	0	1	0	0	4
0	x_5	[2]	0	1	0	1	0	8→
0	x_6	1	1	1	0	0	1	6
$\bar{c}_j$		4↑	0	3	0	0	0	$Z=0$
0	x_4	0	−1	$-\frac{1}{2}$	1	$-\frac{1}{2}$	0	0
4	x_1	1	0	$\frac{1}{2}$	0	$\frac{1}{2}$	0	4
0	x_6	0	1	$[\frac{1}{2}]$	0	$-\frac{1}{2}$	1	2→
$\bar{c}_j$		0	0	1↑	0	−2	0	$Z=16$
0	x_4	0	0	0	1	−1	1	2
4	x_1	1	0	0	0	1	−1	2
3	x_3	0	2	1	0	−1	2	4
$\bar{c}_j$		0	−6	0	0	−1	−2	$Z=20$

表 2-25 采取了摄动法，迭代次数大为减少。所以，Bland 规则和摄动法的求解效率因问题而异。

第三节　改进单纯形法

单纯形法的基本工作过程就是通过迭代改变基变量组合得到新的基本可行解，进而不断优化目标函数值的过程。在应用单纯形表求解线性规划问题时，需要完整地计算每张单纯形表，以作为计算检验数以及下一张单纯形表的数据来源。但如果仔细探究单纯形法通过改变基变量组合进行优化这个过程的本质，就会发现，单纯形表法中许多看似必须的计算过程实际上影响了求解的效率。

针对这个问题，本部分介绍一种效率较高的单纯形解法——改进单纯形法（Revised simplex method）。通过学习将了解到，由于基本可行解是选择基变量组合的结果，在基变量组合已知的前提下，基本可行解的迭代优化计算所需的全部信息可以从（标准形式的）"原始"问题模型取得。

改进单纯形法主要是用矩阵形式完成，下面先用矩阵形式来介绍最大值问题单纯形法的过程，对于最小值问题，只需修改相应的规则即可。

一、单纯形法的矩阵形式

1. 得到初始基本可行解

应用单纯形法的第一步是（通过选定初始可行基）确定初始基本可行解。初始可行基一经确定，其对应的初始基本可行解就是唯一确定的。

为了讨论方便，继续沿用前面的假设：假设线性规划约束方程组系数矩阵 A 的前 m 个系数列向量恰好构成一个可行基 B，也就是

$$A = (B, N)$$

其中，可行基 $B=(p_1, p_2, \cdots, p_m)$ 为基变量向量 $X_B=(x_1, x_2, \cdots, x_m)^T$ 在系数矩阵 A 中对应的列向量构成的矩阵，$N=(p_{m+1}, p_{m+2}, \cdots, p_n)$ 为非基变量向量 $X_N=(x_{m+1}, x_{m+2}, \cdots, x_n)^T$ 的系数列向量构成的矩阵。则约束方程组 $AX=b$ 可以改写为

$$AX = (B, N)\binom{X_B}{X_N} = b \Rightarrow BX_B + NX_N = b \tag{2-3}$$

用 B^{-1} 表示基矩阵 B 的逆矩阵[⊖]，则将式 (2-3) 两边同时左乘 B^{-1}，得到

$$X_B + B^{-1}NX_N = B^{-1}b \tag{2-33}$$

此时基变量向量 X_B 在约束方程组中的系数矩阵为单位矩阵，而非基变量向量 X_N 的系数矩阵变为 $B^{-1}N$。特别地，对于包括基变量在内的任意变量 x_j，其系数列向量为 $B^{-1}p_j$，其中，p_j 为 x_j 在"原始"系数矩阵 A 中的列向量。

对式 (2-33)，令非基变量 $X_N=0$，则有

$$X_B = B^{-1}b \tag{2-34}$$

即初始基本可行解为 $X=\binom{X_B}{X_N}=\binom{B^{-1}b}{0}$。

同时还可以得到当前的目标函数值：将式 (2-34) 代入目标函数 $Z=CX$，得到

$$Z = CX = (C_B, C_N)\binom{B^{-1}b}{0} = C_B B^{-1} b \tag{2-35}$$

其中，C_B 和 C_N 分别表示 X_B 和 X_N 在目标函数中的系数向量。

2. 基本可行解的最优检验及判定

假设当前的基本可行解为 $X=\binom{B^{-1}b}{0}$，根据单纯形法的原理，要判断其是否最优，只需判断增加非基变量的值是否会使目标函数值得到改善，亦即是否存在有正检验数的非基变量。可将目标函数 Z 典则化（表示为只含非基变量向量 X_N 的表达式）：将式 (2-33) 化为 $X_B=B^{-1}b-B^{-1}NX_N$ 代入目标函数 Z，有

$$Z = CX = (C_B, C_N)\binom{X_B}{X_N} = C_B X_B + C_N X_N \tag{2-36}$$
$$= C_B(B^{-1}b - B^{-1}NX_N) + C_N X_N$$
$$= C_B B^{-1} b + (C_N - C_B B^{-1} N)X_N$$

与前面式 (2-8) 中关于检验数的定义一致，这里定义

$$\overline{C}_N = C_N - C_B B^{-1} N \tag{2-37}$$

为 X_N 的检验向量。特别地，对于任意非基变量 x_j，其检验数 $\overline{c}_j$ 为：

$$\overline{c}_j = c_j - C_B B^{-1} p_j \tag{2-38}$$

这样，式 (2-36) 可进一步改写为：

$$Z = C_B B^{-1} b + \overline{C}_N X_N \tag{2-39}$$

下面对基本可行解进行最优检验及判定：

(1) 由判定定理 2.1，如果 $\overline{C}_N$ 中不存在正的分量（即 $\overline{c}_j \leqslant 0$，$\forall x_j \in X_N$），则当前的

⊖ 一个矩阵是可逆的，当且仅当其中的向量组必须是线性无关的。而根据 B 的定义，其中的向量组必须为线性无关，所以 B 是可逆矩阵。

基本可行解为最优解；

（2）由判定定理 2.2，如果取得最优解的同时，存在有非基变量的检验数 $\bar{c}_j=0$（即 $\bar{c}_j=0$，$\forall x_j \in \boldsymbol{X_N}$），则此问题有无穷多最优解；

（3）对于一个非最优的基本可行解，由判定定理 2.3，对 $\overline{\boldsymbol{C}}_N$ 中任意一个正分量 $\bar{c}_k$，如果其在由式（2-33）所决定的约束方程组中的列向量 $\boldsymbol{B}^{-1}\boldsymbol{p}_k$ 不存在正的分量（即 $\bar{c}_k>0$，$\exists x_k \in \boldsymbol{X_N}$ 且 $(\boldsymbol{B}^{-1}\boldsymbol{p}_k)_i \leqslant 0$，$\forall i=1,\cdots,m$），则此问题有无界解（详见下文选择出基变量的最小比值准则部分）。

3. 迭代得到相邻的更优的基本可行解

如前所述，如果 $\overline{\boldsymbol{C}}_N$ 中存在正的分量，则需要进行基变换（选择入基变量和出基变量），并进行迭代。

（1）**选择入基变量**。选择 $\overline{\boldsymbol{C}}_N$ 中的最大正分量所对应的变量为入基变量，即
$$\bar{c}_k = \max\{\bar{c}_j | \bar{c}_j > 0, x_j \in \boldsymbol{X_N}\},$$
则 x_k 为入基变量。

（2）**选择出基变量**。当入基变量为 x_k 时，需要在 $\boldsymbol{X_B}=(x_1, x_2, \cdots, x_m)$ 中选择一个作为出基变量。因其他非基变量取值仍为 0，可将式（2-33）移项并改写为以下形式：
$$\boldsymbol{X_B} = \boldsymbol{B}^{-1}\boldsymbol{b} - \boldsymbol{B}^{-1}\boldsymbol{p}_k x_k$$
对于任意当前的基变量 x_i，有
$$x_i = (\boldsymbol{B}^{-1}\boldsymbol{b})_i - (\boldsymbol{B}^{-1}\boldsymbol{p}_k)_i x_k \tag{2-40}$$
其中，$(\boldsymbol{B}^{-1}\boldsymbol{b})_i$ 和 $(\boldsymbol{B}^{-1}\boldsymbol{p}_k)_i$ 分别表示向量 $\boldsymbol{B}^{-1}\boldsymbol{b}$ 和 $\boldsymbol{B}^{-1}\boldsymbol{p}_k$ 中的第 i 个分量（$i=1,\cdots,m$）。与单纯形法原理中关于出基变量选择方法的分析相同：x_k 是入基变量表明它将从 0 增大为正值，但根据式（2-40），为了保证解的可行性，x_k 的最大增大幅度是对于所有的 i，在 $(\boldsymbol{B}^{-1}\boldsymbol{p}_k)_i > 0$ 条件下，所有比值 $\dfrac{(\boldsymbol{B}^{-1}\boldsymbol{b})_i}{(\boldsymbol{B}^{-1}\boldsymbol{p}_k)_i}$ 中最小的那一个（$i=1,\cdots,m$），即
$$\frac{(\boldsymbol{B}^{-1}\boldsymbol{b})_q}{(\boldsymbol{B}^{-1}\boldsymbol{p}_k)_q} = \min\left\{\frac{(\boldsymbol{B}^{-1}\boldsymbol{b})_i}{(\boldsymbol{B}^{-1}\boldsymbol{p}_k)_i} \Big| (\boldsymbol{B}^{-1}\boldsymbol{p}_k)_i > 0, i=1,\cdots,m\right\} \tag{2-41}$$
则此最小比值所在约束方程对应的基变量 x_q 为出基变量。这正是最小比值准则式（2-13）的矩阵化表述。同时，问题有无界解（最小比值准则失效）的条件也可由此得出：当 x_k 存在正的检验数 $c_k>0$，同时向量 $\boldsymbol{B}^{-1}\boldsymbol{p}_k$ 中的所有分量小于或等于 0（即 $(\boldsymbol{B}^{-1}\boldsymbol{p}_k)_i \leqslant 0$，$\forall i=1,\cdots,m$）。

（3）**迭代**。确定了入基变量和出基变量，就得到了新的基变量向量。这里假设：新的基变量向量为 $\boldsymbol{X_{B'}}$，基矩阵变为 $\boldsymbol{B}'$，非基矩阵变为 $\boldsymbol{N}'$，为方便表述，将 $\boldsymbol{B}'$ 前移为 $\boldsymbol{A}$ 的前 m 个列向量，则 $\boldsymbol{A}=(\boldsymbol{B}', \boldsymbol{N}')$，且
$$\boldsymbol{AX} = \boldsymbol{b} \Rightarrow (\boldsymbol{B}', \boldsymbol{N}')\begin{pmatrix}\boldsymbol{X_{B'}} \\ \boldsymbol{X_{N'}}\end{pmatrix} = \boldsymbol{b} \Rightarrow \boldsymbol{B}'\boldsymbol{X_{B'}} + \boldsymbol{N}'\boldsymbol{X_{N'}} = \boldsymbol{b}$$
则用 $\boldsymbol{B}'^{-1}$ 左乘以上约束方程组的两端，得到
$$\boldsymbol{X_{B'}} + \boldsymbol{B}'^{-1}\boldsymbol{N}'\boldsymbol{X_{N'}} = \boldsymbol{B}'^{-1}\boldsymbol{b} \tag{2-42}$$
令非基变量 $\boldsymbol{X_{N'}}=\boldsymbol{0}$，则 $\boldsymbol{X_{B'}}=\boldsymbol{B}'^{-1}\boldsymbol{b}$，新的基本可行解为 $\boldsymbol{X}'=\begin{pmatrix}\boldsymbol{B}'^{-1}\boldsymbol{b} \\ \boldsymbol{0}\end{pmatrix}$。

式（2-42）实际上就是 $\boldsymbol{X_{B'}}$ 作为基变量向量时对应的新的约束方程组：将 $\boldsymbol{X_{B'}}$ 在原始方程中的系数列向量构成的矩阵（亦即基矩阵 $\boldsymbol{B}'$）变换成一个单位矩阵，非基变量向量 $\boldsymbol{X_{N'}}$

在 A 的系数列向量构成的矩阵 N' 变换为 $B'^{-1}N$。其实也可以一般化的说，包括基变量在内的任意变量 x_j 在原始问题约束方程组中的系数列向量 p_j 将变换为 $B'^{-1}p_j$。同时，原始方程组右端的常数向量 b 将变换为 $B'^{-1}b$。

通过对比不难发现：在前面的基本单纯形法中，新的约束方程组是通过一系列初等行变换得到的；而在这里是通过左乘（由基变量向量 X_B 所确定的）基矩阵的逆矩阵 B^{-1} 得到。这两种过程实际上是等价的：对线性方程组进行一系列初等行变换，等价于在方程组两端同时左乘一系列初等矩阵（B^{-1} 就是这一系列初等矩阵的积）。只不过这里的变换不是像单纯形（表）解法中那样依赖于前一次迭代得到的约束方程组（单纯形表），而是直接对原始问题的约束方程组进行变换得到。

二、改进单纯形法的原理及过程

改进单纯形法的所用到的原理与前面所介绍的单纯形法没有任何不同，但它充分利用了单纯形法矩阵形式表述所得出的一些规律，从而变得更为高效。下面结合一个例子来说明改进单纯形法的工作原理和过程。

回顾例 2-7 中所讨论的线性规划问题。其标准形式为：

$$\max \quad Z = 5x_1 + 4x_2 + 2x_3$$
$$\text{s.t.} \quad 8x_1 + 4x_2 + 5x_3 + x_4 \quad\quad = 320$$
$$\quad\quad\quad 2x_1 + 2x_2 + x_3 \quad\quad + x_5 = 100$$
$$\quad\quad\quad x_1, x_2, x_3, x_4, x_5 \geq 0$$

其单纯形表法的求解过程如表 2-26 所示。

表 2-26 求解例 2-7 的单纯形表

表	c_j		5	4	2	0	0	b
	C_B	X_B	x_1	x_2	x_3	x_4	x_5	
Ⅰ	0	x_4	[8]	4	5	1	0	320→
	0	x_5	2	2	1	0	1	100
	$\bar{c}_j$		5↑	4	2	0	0	$Z=0$
Ⅱ	5	x_1	1	$\frac{1}{2}$	$\frac{5}{8}$	$\frac{1}{8}$	0	40
	0	x_5	0	[1]	$-\frac{1}{4}$	$-\frac{1}{4}$	1	20→
	$\bar{c}_j$		0	$\frac{3}{2}$↑	$-\frac{9}{8}$	$-\frac{5}{8}$	0	$Z=200$
Ⅲ	5	x_1	1	0	$\frac{3}{4}$	$\frac{1}{4}$	$-\frac{1}{2}$	30
	4	x_2	0	1	$-\frac{1}{4}$	$-\frac{1}{4}$	1	20
	$\bar{c}_j$		0	0	$-\frac{3}{4}$	$-\frac{1}{4}$	$-\frac{3}{2}$	$Z=230$

1. 若干重要的数学符号

在说明改进单纯形法的基本原理和过程之前，有必要回顾和定义几个将频繁使用的重要数学符号。

在前面的内容中，我们已经知道了以下数学符号的含义：

A "原始"约束方程组的系数矩阵；

X_B　　基变量向量，即由基变量构成的列向量；

B　　基矩阵，即基变量向量 X_B 在"原始"约束方程组中的系数列向量所组成的矩阵；

c_j　　变量 x_j 在"原始"目标函数中的系数；

C_B　　基变量向量 X_B 在"原始"目标函数中的系数所组成的行向量；

$\bar{c}_j$　　非基变量 x_j 的检验数（特别地，当 x_j 为基变量时，其检验数为 0）。

而在改进单纯形法中，还需要进一步明确定义以下几个重要符号：

p_j　　"原始"列，即变量 x_j 对应的原始约束方程组中的系数列向量；

b　　"原始"常数向量，即原始约束方程组中的右端常数列向量；

$\bar{p}_j$　　新列，即 p_j 迭代后的结果；

$\bar{b}$　　新常数向量，即由 b 迭代后的结果。

注意到，在 A、B、c_j、C_B，特别是 p_j 和 b 的定义中强调"原始"，指出数据的来源是原始问题模型；而新提出的 $\bar{p}_j$ 和 $\bar{b}$ 则表示数据是迭代之后的结果。

首先通过例 2-7 来强化上面引入的几个重要符号。

（1）p_j 和 b。试着写出本例中的 p_j 和 b：

$$p_1 = \binom{8}{2}, p_2 = \binom{4}{2}, p_3 = \binom{5}{1}, p_4 = \binom{1}{0}, p_5 = \binom{0}{1}, b = \binom{320}{100}$$

注意，p_j 和 b 来源于原始模型中的约束方程组，因此它们的值是固定不变的。

（2）B。根据定义，基矩阵 B 是 X_B 在原始约束方程组中的系数列向量所组成的矩阵，说明 X_B 发生变化时，B 也会随之变化。表现在单纯形表中，同一个问题的不同轮次的迭代所得出的表都有相应的 B。

例如，表 2-26 之表 Ⅱ 中的基变量向量为 $X_B = (x_1, x_5)^T$，则 $B = (p_1, p_5) = \begin{pmatrix} 8 & 0 \\ 2 & 1 \end{pmatrix}$；

当然，还可以任意人为地指定基变量向量，例如指定 $X_B = (x_4, x_2)^T$ 时，$B = (p_4, p_2) = \begin{pmatrix} 1 & 4 \\ 0 & 2 \end{pmatrix}$。

（3）$\bar{p}_j$ 和 $\bar{b}$。由定义可知，$\bar{p}_j$ 和 $\bar{b}$ 是确定了 X_B 时迭代得到的结果，换言之，$\bar{p}_j$ 和 $\bar{b}$ 的值同样取决于 X_B。

在表 2-26 中，$X_B = (x_1, x_5)^T$，对应的 $\bar{p}_j$ 和 $\bar{b}$ 分别为

$$\bar{p}_1 = \binom{1}{0}, \bar{p}_2 = \begin{pmatrix} \frac{1}{2} \\ 1 \end{pmatrix}, \bar{p}_3 = \begin{pmatrix} \frac{5}{8} \\ -\frac{1}{4} \end{pmatrix}, \bar{p}_4 = \begin{pmatrix} \frac{1}{8} \\ -\frac{1}{4} \end{pmatrix}, \bar{p}_5 = \binom{0}{1}, \bar{b} = \binom{40}{20}$$

2. 改进单纯形法的基本原理

（1）$\bar{p}_j$、$\bar{b}$ 与 p_j、b 的关系。

因为 $\bar{p}_j$ 和 $\bar{b}$ 分别是 p_j 和 b 在确定了基变量向量 X_B 后迭代得到的结果，根据上一小节的分析可知[⊖]，

[⊖] 特别地，如果初始基本可行解所对应的基矩阵是一个单位矩阵，那么对于初始基本可行解或初始表，根据公式 (2-43) 和式 (2-44)，必有 $\bar{p}_j = B^{-1} p_j = p_j$，$\bar{b} = B^{-1} b = b$，此时可以分别把 p_j 和 b 考虑为 $\bar{p}_j$ 和 $\bar{b}$ 的特例。

$$\overline{p}_j = B^{-1} p_j \tag{2-43}$$
$$\overline{b} = B^{-1} b \tag{2-44}$$

例如表 2-26 之表 Ⅱ，有 $X_B = (x_1, x_5)^T$。然后，从原始方程中读出

$$B = \begin{pmatrix} 8 & 0 \\ 2 & 1 \end{pmatrix}$$

经过计算㊀，得出

$$B^{-1} = \begin{pmatrix} \dfrac{1}{8} & 0 \\ -\dfrac{1}{4} & 1 \end{pmatrix}$$

于是，可通过矩阵运算得出表 Ⅱ 的各列：

$$\overline{p}_1 = B^{-1} p_1 = \begin{pmatrix} \dfrac{1}{8} & 0 \\ -\dfrac{1}{4} & 1 \end{pmatrix} \begin{pmatrix} 8 \\ 2 \end{pmatrix} = \begin{pmatrix} 1 \\ 0 \end{pmatrix} \qquad \overline{p}_2 = B^{-1} p_2 = \begin{pmatrix} \dfrac{1}{8} & 0 \\ -\dfrac{1}{4} & 1 \end{pmatrix} \begin{pmatrix} 4 \\ 2 \end{pmatrix} = \begin{pmatrix} \dfrac{1}{2} \\ 1 \end{pmatrix}$$

$$\overline{p}_3 = B^{-1} p_3 = \begin{pmatrix} \dfrac{1}{8} & 0 \\ -\dfrac{1}{4} & 1 \end{pmatrix} \begin{pmatrix} 5 \\ 1 \end{pmatrix} = \begin{pmatrix} \dfrac{5}{8} \\ -\dfrac{1}{4} \end{pmatrix} \qquad \overline{p}_4 = B^{-1} p_4 = \begin{pmatrix} \dfrac{1}{8} & 0 \\ -\dfrac{1}{4} & 1 \end{pmatrix} \begin{pmatrix} 1 \\ 0 \end{pmatrix} = \begin{pmatrix} \dfrac{1}{8} \\ -\dfrac{1}{4} \end{pmatrix}$$

$$\overline{p}_5 = B^{-1} p_5 = \begin{pmatrix} \dfrac{1}{8} & 0 \\ -\dfrac{1}{4} & 1 \end{pmatrix} \begin{pmatrix} 0 \\ 1 \end{pmatrix} = \begin{pmatrix} 0 \\ 1 \end{pmatrix} \qquad \overline{b} = B^{-1} b = \begin{pmatrix} \dfrac{1}{8} & 0 \\ -\dfrac{1}{4} & 1 \end{pmatrix} \begin{pmatrix} 320 \\ 100 \end{pmatrix} = \begin{pmatrix} 40 \\ 20 \end{pmatrix}$$

同理，当 $X_B = (x_1, x_2)^T$ 时（如表 Ⅲ），$B = \begin{pmatrix} 8 & 4 \\ 2 & 2 \end{pmatrix}$，计算得 $B^{-1} = \begin{pmatrix} \dfrac{1}{4} & -\dfrac{1}{2} \\ -\dfrac{1}{4} & 1 \end{pmatrix}$，然后可以根据式 (2-43) 和式 (2-44) 计算出表 Ⅲ 中的所有 $\overline{p}_j$ 和 $\overline{b}$。

需要说明的是，上面把表 2-26 之表 Ⅱ、Ⅲ 中所有的 $\overline{p}_j$ 都进行了计算，只是为了说明 $\overline{p}_j$ 与 p_j，以及 $\overline{b}$ 与 b 之间的关系。其实在改进单纯形法中，并不需要计算所有的 $\overline{p}_j$，这也是它之所以被称为"改进单纯形法"的一个重要原因。

(2) 改进单纯形法的基本过程。

如果按照单纯形（表）解法对求解步骤的描述方式，最大值问题改进单纯形法的求解步骤为：

第 1 步　初始化　将线性规划问题转化为标准形式，确定初始基变量向量，求出初始基本可行解；

第 2 步　计算非基变量检验数　计算当前基变量向量 X_B 所确定的基矩阵 B 的逆 B^{-1}，并由式 (2-38) 计算所有非基变量的检验数 $\overline{c}_j$；

$$\overline{c}_j = c_j - C_B B^{-1} p_j \tag{2-38}$$

第 3 步　最优检验　如果所有非基变量的检验数小于等于 0，则当前基本可行解为最

㊀ 逆矩阵可通过引用增广矩阵（B/I），利用高斯消元法（即初等行变换）使左边的矩阵变成单位矩阵 I，则右边得到的矩阵就是 B^{-1}。

优解，此最优解中 $X_B = \bar{b} = B^{-1}b$，并根据判定定理 2.2 进一步判断最优解的个数，否则继续；

第 4 步 迭代 选择正检验数最大的非基变量 x_k 作为入基变量。根据式（2-43）和式（2-44）计算主元列 $\bar{p}_k$ 和新常数 $\bar{b}$，即 $\bar{p}_k = B^{-1}p_k$，$\bar{b} = B^{-1}b$。然后利用最小比值准则公式⊖

$$\frac{(\bar{b})_q}{(\bar{p}_k)_q} = \min\left\{\frac{(\bar{b})_i}{(\bar{p}_k)_i} \mid (\bar{p}_k)_i > 0, i = 1, \cdots, m\right\} \tag{2-45}$$

则选择 x_q 为出基变量［其中，$(\bar{b})_i$ 和 $(\bar{p}_k)_i$ 分别表示 $\bar{b}$ 和 $\bar{p}_k$ 的第 i 个分量］，得到新的基变量向量，返回**第 2 步**。如果最小比值准则失效（即 $\bar{p}_k$ 中的所有分量小于或等于 0），则该问题有无界解，停止计算。

改进单纯形法的步骤与前面的单纯形（表）解法有以下三点不同：

首先，检验数计算公式不同。注意到在第 2 步中计算检验数所用的公式是式（2-38），而前面的单纯形表解法使用的公式为式（2-26）。

我们已经知道了 $\bar{p}_j = B^{-1}p_j$，所以这两个公式实际上是等价的：

$$\bar{c}_j = c_j - C_B\bar{p}_j = c_j - C_BB^{-1}p_j$$

为简化计算，有时可引入向量 $Y = C_BB^{-1}$，称 Y 为单纯形乘子，代入有，

$$\bar{c}_j = c_j - Yp_j \tag{2-46}$$

与式（2-26）相比，式（2-38）的重要意义在于，可以不需要求出"当前"约束方程组即可计算出所有非基变量的检验数，其计算所需的数据全部来源于原始模型。

其次，不需要完整地求出新的约束方程组。出基变量的选择，只需要知道当前约束方程组的右端新常数向量 $\bar{b}$ 和入基变量 x_k 所在的主元列 $\bar{p}_k$ 即可，而 $\bar{b}$ 和 $\bar{p}_k$ 可以直接根据公式（2-43）和（2-44）求出，其数据同样来源于原始模型，所以不需要像单纯形（表）法一样依赖于上一次迭代得到约束方程组。

最后，正因为非基变量的检验数 $\bar{c}_j$ 的计算并不需要知道 $\bar{p}_j$，所以有无界解的判定不再立即在最优检验后进行；同时，由于新约束方程组的系数矩阵只计算入基变量 x_k 所在的主元列 $\bar{p}_k$，因此有无界解的判定只对入基变量进行。也即，即使还存在有其他有正检验数的非基变量，也不去检验是否出现了符合有无界解的条件。

以上的三个特点（特别是前两点），使得改进单纯形法极大地提升了计算的效率。

下面用例题来演示改进单纯形法的求解过程，因为所有计算结果都取决于基变量向量 X_B，因此本书表述的改进单纯形法以基变量向量作为划分迭代的边界。

例 2-14 用改进单纯形法求解例 2-7。已知其标准形式为：

$$\begin{aligned}
\max \quad & Z = 5x_1 + 4x_2 + 2x_3 \\
\text{s.t.} \quad & 8x_1 + 4x_2 + 5x_3 + x_4 = 320 \\
& 2x_1 + 2x_2 + x_3 + x_5 = 100 \\
& x_1, x_2, x_3, x_4, x_5 \geq 0
\end{aligned}$$

解：（1）初始基变量向量 $X_B = (x_4, x_5)^T$：

此时有 $B = (p_4, p_5) = \begin{pmatrix} 1 & 0 \\ 0 & 1 \end{pmatrix} = B^{-1}$，根据公式（2-38）计算出所有非基变量的检

⊖ 式（2-45）是将式（2-43）和（2-44）代入式（2-41）得来。

验数：

$$\bar{c}_1 = c_1 - C_B B^{-1} p_1 = 5 - (0,0)\begin{pmatrix} 1 & 0 \\ 0 & 1 \end{pmatrix}\begin{pmatrix} 8 \\ 2 \end{pmatrix} = 5$$

$$\bar{c}_2 = c_2 - C_B B^{-1} p_2 = 4 - (0,0)\begin{pmatrix} 1 & 0 \\ 0 & 1 \end{pmatrix}\begin{pmatrix} 4 \\ 2 \end{pmatrix} = 4$$

$$\bar{c}_3 = c_3 - C_B B^{-1} p_3 = 2 - (0,0)\begin{pmatrix} 1 & 0 \\ 0 & 1 \end{pmatrix}\begin{pmatrix} 5 \\ 1 \end{pmatrix} = 2$$

由计算结果可知，当前基本可行解不是最优解，选择 x_1 作为入基变量。在应用最小比值准则选择出基变量时，需要知道右端常数向量 $\bar{b}$ 和入基变量 x_1 对应的主元列 $\bar{p}_1$。因为 B^{-1} 为单位矩阵，所以 $\bar{b} = b = \begin{pmatrix} 320 \\ 100 \end{pmatrix}$，$\bar{p}_1 = p_1 = \begin{pmatrix} 8 \\ 2 \end{pmatrix}$，得比值：

$$\min\left\{\frac{320}{8}, \frac{100}{2}\right\} = \frac{320}{8}$$

选择最小比值对应的基变量 x_4 作为出基变量。于是，新的基变量向量为 $X_B = (x_1, x_5)^T$。

(2) 基变量向量 $X_B = (x_1, x_5)^T$。

此时不必急于计算出新的基本可行解的具体数值，而是从判断新的基本可行解是否最优开始。

当前的 $B = (p_1, p_5) = \begin{pmatrix} 8 & 0 \\ 2 & 1 \end{pmatrix}$，计算得 $B^{-1} = \begin{pmatrix} \dfrac{1}{8} & 0 \\ -\dfrac{1}{4} & 1 \end{pmatrix}$，则非基变量 x_2，x_3，x_4 的检验数分别为：

$$\bar{c}_2 = c_2 - C_B B^{-1} p_2$$
$$\bar{c}_3 = c_3 - C_B B^{-1} p_3$$
$$\bar{c}_4 = c_4 - C_B B^{-1} p_4$$

为计算方便，可先将上述三式中的同类项，即单纯形乘子 $Y = C_B B^{-1}$ 计算出来：

$$Y = C_B B^{-1} = (5,0)\begin{pmatrix} \dfrac{1}{8} & 0 \\ -\dfrac{1}{4} & 1 \end{pmatrix} = \left(\dfrac{5}{8}, 0\right)$$

得 $\bar{c}_2 = \dfrac{3}{2}$，$\bar{c}_3 = -\dfrac{9}{8}$，$\bar{c}_4 = -\dfrac{5}{8}$。可知当前的基本可行解不是最优解，且 x_2 为入基变量。

在确定出基变量时，需要知道当前基本可行解对应的右端新常数向量 $\bar{b}$ 和入基变量 x_2 所在的主元列 $\bar{p}_2$。根据式 (2-43) 和式 (2-44)，得

$$\bar{p}_2 = B^{-1} p_2 = \begin{pmatrix} \dfrac{1}{2} \\ 1 \end{pmatrix}; \quad \bar{b} = B^{-1} b = \begin{pmatrix} 40 \\ 20 \end{pmatrix}$$

应用最小比值准则，$\min\left\{\dfrac{40}{\frac{1}{2}}, \dfrac{20}{1}\right\} = \dfrac{20}{1}$，最小比值在第二行找到，取其对应的 x_5 为出基变量。新的基变量向量为 $X_B = (x_1, x_2)^T$。

(3) 基变量组合 $X_B = (x_1, x_2)^T$

已知 $\boldsymbol{B}=(\boldsymbol{p}_1, \boldsymbol{p}_2)=\begin{pmatrix} 8 & 4 \\ 2 & 2 \end{pmatrix}$，计算得，$\boldsymbol{B}^{-1}=\begin{pmatrix} \frac{1}{4} & -\frac{1}{2} \\ -\frac{1}{4} & 1 \end{pmatrix}$，求得非基变量 x_3, x_4, x_5 的检验数分别为：$\bar{c}_3=-\frac{3}{4}$，$\bar{c}_4=-\frac{1}{4}$，$\bar{c}_5=-\frac{3}{2}$，所有 $\bar{c}_j$ 为负，当前的基本可行解就是最优解。

下面求最优解的值，由

$$\boldsymbol{X}_B = \bar{\boldsymbol{b}} = \boldsymbol{B}^{-1}\boldsymbol{b} = \begin{pmatrix} \frac{1}{4} & -\frac{1}{2} \\ -\frac{1}{4} & 1 \end{pmatrix}\begin{pmatrix} 320 \\ 100 \end{pmatrix} = \begin{pmatrix} 30 \\ 20 \end{pmatrix}$$

即问题的最优解为

$$\boldsymbol{X}^* = (x_1^*, x_2^*, x_3^*, x_4^*, x_5^*)^T = (30, 20, 0, 0, 0)^T$$

同时还可利用式（2-35）求出目标函数的最优值

$$Z^* = \boldsymbol{C}_B \boldsymbol{B}^{-1} \boldsymbol{b} = 230$$

从例 2-14 的求解过程可见，改进单纯形法的原理与单纯形（表）法没有不同，但由于前面所述的三个特点，其计算需求大幅减少。表 2-27 列出了例 2-14 求解过程计算的所有数据在单纯形表中的位置，与表 2-26 的全表计算形成了鲜明的对照。

表 2-27　用改进单纯形法求解例 2-7 对应在单纯形表中的数据

表	c_j		5	4	2	0	0	
	C_B	X_B	x_1	x_2	x_3	x_4	x_5	b
I	0	x_4	[8]	4	5	1	0	320→
	0	x_5	2	2	1	0	1	100
	$\bar{c}_j$		5↑	4	2	0	0	
II	5	x_1		$\frac{1}{2}$				40
	0	x_5		[1]				20→
	$\bar{c}_j$			$\frac{3}{2}$↑	$-\frac{9}{8}$	$-\frac{5}{8}$		
III	5	x_1						30
	4	x_2						20
	$\bar{c}_j$				$-\frac{3}{4}$	$-\frac{1}{4}$	$-\frac{3}{2}$	$Z=230$

相对于单纯形（表）解法，改进单纯形法更适用于计算机求解工具的另一个原因是其对存储需求的大幅降低。在单纯形法中，对每一次迭代的结果都需要分配新的存储空间，并在下一次迭代从新的物理地址中调用数据；而在改进单纯形法中，如例 2-14 所示，所有计算（包括基矩阵 $\boldsymbol{B}$、判断最优以及选择入基变量所需的检验数 $\bar{c}_j$、判断出基变量的最小比值准则所需的 $\bar{\boldsymbol{b}}$ 和 $\bar{\boldsymbol{p}}_j$，以及最优解 $\boldsymbol{X}_B^*$ 和最优目标函数值 Z^*）的数据需求皆来源于问题的原始模型（c_j、p_j、b 分别是目标函数系数、原始约束方程组的系数矩阵列向量和右端常数向量）。这意味着在计算机求解时，只需要在固定的地址存储原始模型，每次迭

代所调用的数据地址不变。对于变量数和约束条件都很多的大型线性规划模型而言，这将更为显著地减少对计算机缓存的需求，从而降低计算的成本。

为了更直观地与单纯形表法对应，可以把各计算要素的矩阵表达式填入单纯形表中，如表 2-28 所示。

表 2-28 单纯形表中改进单纯形法对应的要素及计算公式

		c_j	
		x_j	
C_B	X_B	$\overline{p}_j = B^{-1} p_j$	$\overline{b} = B^{-1} b$
		$\overline{c}_j = c_j - C_B B^{-1} p_j$	$Z = C_B B^{-1} b$

根据表 2-28，只需确定了基变量向量 X_B，就可得到 B^{-1}，进而计算出迭代中需要的所有数据。因此也可以说，X_B 及其所确定 B^{-1} 的是改进单纯形法的关键，而表 2-28 是改进单纯形法乃至整个单纯形法的本质。

例 2-15 用改进单纯形法求解例 1-8：

$$\max \ Z = 3x_1 + 5x_2$$
$$\text{s.t.} \ \ x_1 \leqslant 4$$
$$x_2 \leqslant 6$$
$$3x_1 + 2x_2 \leqslant 18$$
$$x_1, x_2 \geqslant 0$$

解：首先将问题模型变换为标准形式：

$$\max \ Z = 3x_1 + 5x_2$$
$$\text{s.t.} \ \ x_1 + x_3 = 4$$
$$x_2 + x_4 = 6$$
$$3x_1 + 2x_2 + x_5 = 18$$
$$x_1, x_2, x_3, x_4, x_5 \geqslant 0$$

通过观察发现，可选择 x_3，x_4，x_5 作为初始的基变量。

（1）初始基变量向量 $X_B = (x_3, x_4, x_5)^T$。

于是有 $B = (p_3, p_4, p_5) = \begin{pmatrix} 1 & 0 & 0 \\ 0 & 1 & 0 \\ 0 & 0 & 1 \end{pmatrix}$，则 $B^{-1} = \begin{pmatrix} 1 & 0 & 0 \\ 0 & 1 & 0 \\ 0 & 0 & 1 \end{pmatrix}$。

非基变量 x_1 和 x_2 的检验数为：

$$\overline{c}_1 = c_1 - C_B B^{-1} p_1 = 3$$
$$\overline{c}_2 = c_2 - C_B B^{-1} p_2 = 5$$

$\overline{c}_1$ 和 $\overline{c}_2$ 皆为正数，当前的解不是最优解，选择 x_2 作为入基变量。

选择出基变量需计算 $\overline{b}$ 和 $\overline{p}_2$，因为 B^{-1} 为单位矩阵，所以有

$$\overline{p}_2 = p_2 = \begin{pmatrix} 0 \\ 1 \\ 2 \end{pmatrix}, \overline{b} = b = \begin{pmatrix} 4 \\ 6 \\ 18 \end{pmatrix}$$

应用最小比值准则，有 $\min\left\{\dfrac{6}{1}, \dfrac{18}{2}\right\} = \dfrac{6}{1}$，选择 x_4 作为出基变量。

(2) 基变量向量 $X_B = (x_3, x_2, x_5)^T$。

同理，X_B 决定了 $B = (p_3, p_2, p_5) = \begin{pmatrix} 1 & 0 & 0 \\ 0 & 1 & 0 \\ 0 & 2 & 1 \end{pmatrix}$，求得 $B^{-1} = \begin{pmatrix} 1 & 0 & 0 \\ 0 & 1 & 0 \\ 0 & -2 & 1 \end{pmatrix}$

非基变量 x_1 和 x_4 的检验数[⊖]为：
$$\overline{c}_1 = c_1 - C_B B^{-1} p_1 = 3$$
$$\overline{c}_4 = c_4 - C_B B^{-1} p_4 = -5$$

$\overline{c}_1$ 仍为正数，当前的解不是最优解，选择 x_1 为入基变量。

寻找出基变量：
$$\overline{p}_1 = B^{-1} p_1 = \begin{pmatrix} 1 \\ 0 \\ 3 \end{pmatrix} \quad \overline{b} = B^{-1} b = \begin{pmatrix} 4 \\ 6 \\ 6 \end{pmatrix}$$

应用最小比值准则，有 $\min\left\{\dfrac{4}{1}, \dfrac{6}{3}\right\} = \dfrac{6}{3}$，所以选择 x_5 作为出基变量。

(3) 基变量向量 $X_B = (x_3, x_2, x_1)^T$。

同理，此时 $B = (p_3, p_2, p_1) = \begin{pmatrix} 1 & 0 & 1 \\ 0 & 1 & 0 \\ 0 & 2 & 3 \end{pmatrix}$，求得 $B^{-1} = \begin{pmatrix} 1 & \frac{2}{3} & -\frac{1}{3} \\ 0 & 1 & 0 \\ 0 & -\frac{2}{3} & \frac{1}{3} \end{pmatrix}$

非基变量 x_4 和 x_5 的检验数为：
$$\overline{c}_4 = c_4 - C_B B^{-1} p_4 = -3$$
$$\overline{c}_5 = c_5 - C_B B^{-1} p_5 = -1$$

因为所有非基变量检验数为负，所以当前的解为最优解。

求出最优解和目标函数的最优值：
$$X_B = \overline{b} = B^{-1} b = \begin{pmatrix} 2 \\ 6 \\ 2 \end{pmatrix}, \quad Z = C_B B^{-1} b = C_B \overline{b} = 36$$

即问题的最优解和目标函数的最优值为：
$$X^* = (x_1^*, x_2^*, x_3^*, x_4^*, x_5^*)^T = (2, 6, 2, 0, 0)^T, \quad Z^* = 36$$

在上面给出的例子中，问题的原始模型在标准化之后都可以直接读出初始基本可行解。对于无法直接得到初始基本可行解的线性规划模型，在应用改进单纯形法求解时应结合人工变量法。

最后需要再次强调的是，改进单纯形法并不是对单纯形法或单纯形表法的补充，应将它视为单纯形法的本质过程。掌握改进单纯形法的原理和过程，对于进一步理解线性规划的其他内容，如对偶理论和灵敏度分析，都很有帮助。

本章小结

本章先对约束条件全部为"≤"不等式的最大值问题为求解对象，介绍了线性规划单纯形解法的原理和过程，以及其在表格上的作业过程——单纯形表法。然后，根据单

⊖ 可引入 $Y = C_B B^{-1}$ 来简化计算过程，略。

纯形法的原理和过程，将单纯形法的应用扩展至目标为求最小值的问题，以及无法直接取得初始基本可行解的线性规划问题（人工变量法），并讨论了退化现象的成因和处理方法。本章最后介绍了提升单纯形法计算效率的改进单纯形法，它是单纯形法的本质过程，也是后面相关内容的理论和工具基础。

习题

一、单纯形法及其扩展

1. 将下列线性规划问题变换为标准形式。

   (1) min $Z = -3x_1 + 4x_2 - 2x_3 + 5x_4$
       s.t. $4x_1 - x_2 + 2x_3 - x_4 = -2$
            $x_1 + x_2 + 3x_3 - x_4 \leqslant 14$
            $-2x_1 + 3x_2 - x_3 + 2x_4 \geqslant 2$
            $x_1, x_2 \geqslant 0, x_3 \leqslant 0, x_4$ 无限制

   (2) max $Z = 2x_1 + 3x_2$
       s.t. $x_1 + x_2 \leqslant 3$
            $2x_1 - x_2 \geqslant 2$
            $x_1 \geqslant 0, x_2$ 无限制

2. 请穷举出下列线性规划问题的所有基本解，指出其中的基本可行解和最优解。

   (1) max $Z = x_1 + x_2$
       s.t. $2x_1 + 3x_2 \leqslant 6$
            $2x_1 + x_2 \leqslant 4$
            $x_1, x_2 \geqslant 0$

   (2) min $Z = 3x_1 - x_2 + 2x_3 - 4x_4$
       s.t. $2x_1 + 3x_2 + x_3 + 2x_4 = 12$
            $x_1 + x_2 - x_3 + 2x_4 = 8$
            $x_1, x_2, x_3, x_4 \geqslant 0$

3. 应用单纯形表法求解下列线性规划问题。

   (1) max $Z = -x_1 + 5x_2 + 2x_3$
       s.t. $x_1 + x_2 - x_3 \leqslant 16$
            $-x_1 + 2x_2 + x_3 \leqslant 32$
            $2x_1 + 3x_2 + 2x_3 \leqslant 60$
            $x_1, x_2, x_3 \geqslant 0$

   (2) min $Z = -3x_1 - 3x_2 - x_3$
       s.t. $x_1 + x_2 \leqslant 12$
            $-x_1 + x_2 + 3x_3 \leqslant 14$
            $3x_1 + x_2 + x_3 \leqslant 16$
            $x_1, x_2, x_3 \geqslant 0$

   (3) max $Z = 4x_1 + 5x_2 + 4x_3$
       s.t. $x_1 + x_2 + x_3 \leqslant 8$
            $x_1 + 3x_2 + x_3 \leqslant 21$
            $x_1 + 2x_2 + x_3 \leqslant 15$
            $x_1, x_2, x_3 \geqslant 0$

   (4) min $Z = x_1 + 2x_2 + x_3$
       s.t. $x_1 + x_2 \geqslant 12$
            $x_1 - x_3 \leqslant 4$
            $x_1, x_2, x_3 \geqslant 0$

4. 分别应用大 M 法和两阶段法求解下列线性规划问题。

   (1) max $Z = x_1 + 2x_2 + 3x_3$
       s.t. $2x_1 + 3x_2 + 5x_3 \geqslant 10$
            $2x_1 + 5x_2 + 7x_3 = 15$
            $x_1, x_2, x_3 \geqslant 0$

   (2) max $Z = 12x_1 + 15x_2 + 10x_3$
       s.t. $x_1 + x_2 + 2x_3 \geqslant 5$
            $x_1 + 3x_2 + 5x_3 \leqslant 9$
            $15x_1 + 6x_2 - 5x_3 \leqslant 15$
            $x_1, x_2, x_3 \geqslant 0$

   (3) min $Z = x_1 + x_2 - x_3$
       s.t. $x_1 + 2x_2 + 3x_3 = 12$
            $2x_1 + x_2 - 4x_3 = 8$
            $x_1, x_2, x_3 \geqslant 0$

   (4) min $Z = -2x_1 + 4x_2$
       s.t. $-x_1 + 4x_2 \geqslant 1$
            $x_1 + x_2 \geqslant 1$
            $x_1, x_2 \geqslant 0$

5. 某求最大值的线性规划问题求解过程中得到以下单纯形表：

表 2-29

c_j		3	1	-1	0	-1	1	b
C_B	X_B	x_1	x_2	x_3	x_4	x_5	x_6	
	x_3	α	-2		0			1
	x_5	-3	3		-2			ϕ
	x_6	-6	β		-1			3
$\bar{c}_j$								

其中，α、β、ϕ 为未知常数。请将

表 2-29 中空白的部分补充完整，并分别求出当 α、β、ϕ 满足什么条件时，有以下结论：
(1) 当前表为最优表，但有无穷多最优解；
(2) 下一个基本可行解为退化解；
(3) 本问题有无界解；
(4) 当前基本解为可进一步优化的可行解，且 x_2 为入基变量，x_5 为出基变量；
(5) 当前的基本可行解为退化解。

二、改进单纯形法

6. 应用改进单纯形法求解下列线性规划问题。

(1) max $Z = -6x_1 + 3x_2 - 3x_3$
s.t. $2x_1 + x_2 \leqslant 8$
$-4x_1 - 2x_2 + 3x_3 \leqslant 14$
$x_1 - 2x_2 + x_3 \leqslant 18$
$x_1, x_2, x_3 \geqslant 0$

(2) min $Z = 10x_1 + 9x_2$
s.t. $x_1 \leqslant 8$
$x_2 \leqslant 10$
$5x_1 + 3x_2 \geqslant 45$
$x_1, x_2 \geqslant 0$

(3) max $Z = -x_1 + x_2 + 2x_3$
s.t. $x_1 + 2x_2 - x_3 \leqslant 10$
$-2x_1 + 4x_2 + 2x_3 \leqslant 40$
$2x_1 + 3x_2 + x_3 \leqslant 30$
$x_1, x_2, x_3 \geqslant 0$

(4) max $Z = 5x_1 + 4x_2 + 3x_3$
s.t. $x_1 + x_2 + x_3 \leqslant 32$
$3x_1 + x_2 + x_3 \leqslant 84$
$2x_1 + 3x_2 + x_3 \leqslant 60$
$x_1, x_2, x_3 \geqslant 0$

7. 应用改进单纯形法证明：线性规划问题
max $Z = 4x_1 + 5x_2 + 2x_3 + 3x_4$
s.t. $x_1 + 3x_2 + x_3 + 2x_4 \leqslant 10$
$2x_1 + x_2 + 3x_3 + x_4 \leqslant 10$
$x_1, x_2, x_3, x_4 \geqslant 0$

存在一个以 x_1 和 x_2 为基变量的最优解。

三、线性规划问题的 Excel 规划求解

8. 应用 Excel 软件的规划求解工具求解习题 3、4 和 6。

案例2-1 XD户外家具厂生产计划问题

XD 户外家具厂是华南地区一家专业生产和销售户外用桌椅的小企业，主要产品包括木质的折叠椅、木质的餐桌、仿藤质的沙发、仿藤质的餐桌以及木质的中柱伞。除了单独销售这五种产品以外，企业还向市场打包销售以下产品，具体包括：户外桌椅套件 1（4件木制的折叠椅、1件木质的餐桌、1件木质的中柱伞和1件竹质烟灰缸）、户外桌椅套件 2（4件仿藤质的沙发、1件仿藤质的餐桌、1件木质的中柱伞和1件玻璃烟灰缸）、户外桌椅套件 3（6件木质的折叠椅、1件仿藤质的餐桌、1件木质的中柱伞和1件玻璃烟灰缸）和户外桌椅套件 4（3件仿藤质的沙发、1件木质的餐桌、1件木质的中柱伞和1件竹质烟灰缸）。其中，竹质和玻璃烟灰缸为公司的外部采购品，作为打包套件销售赠送的小礼品。

随着国内户外休闲市场的繁荣，XD 户外家具厂通过收购的方式在华东地区和华中地区开设了两家分厂，主要服务当地市场。由于不同地区的居民消费能力、原材料采购价格以及员工工资水平不相同，XD 户外家具厂在不同地区生产这些产品的成本和市场售价并不相同。并且，不同地区对这些产品的需求水平也有较大差异。

表 2-30 分别给出了不同分厂生产这些产品的单位成本，和市场零售价格数据（由于套件的生产和销售需要增加额外的外包装成本和烟灰缸的采购成本，因此套件成本要略高于其各单件成本之和）。

表 2-30 不同工厂生产产品的单位可变成本和收益 （单位：元）

产品名称	华南地区工厂		华东地区工厂		华中地区工厂	
	单位成本	单位售价	单位成本	单位售价	单位成本	单位售价
木质折叠椅	50	80	60	80	70	85
木质餐桌	190	270	180	260	200	260

(续)

产品名称	华南地区工厂		华东地区工厂		华中地区工厂	
	单位成本	单位售价	单位成本	单位售价	单位成本	单位售价
仿藤质沙发	75	90	70	90	65	90
仿藤质餐桌	160	240	150	230	150	240
木质中柱伞	30	45	30	50	30	45
户外桌椅套件1	450	625	480	620	530	670
户外桌椅套件2	530	630	490	630	450	635
户外桌椅套件3	520	740	570	740	620	760
户外桌椅套件4	475	570	450	560	455	560

同样，不同工厂中机器设备的不同，以及员工素质的高低，造成了生产相同产品的单位劳动力消耗也不相同。具体数据如表 2-31 所示（单位：小时）。

表 2-31　不同工厂生产产品的劳动力消耗和最大生产能力

产品名称	华南地区工厂		华东地区工厂		华中地区工厂	
	生产用时	包装用时	生产用时	包装用时	生产用时	包装用时
木质折叠椅	1.0	0.5	1.5	0.5	1.0	0.5
木质餐桌	1.5	1.0	2.0	2.5	2.0	2.0
仿藤质沙发	2.0	1.0	3.0	2.0	2.5	2.0
仿藤质餐桌	3.0	1.5	4.0	2.0	4.5	1.5
木质中柱伞	0.5	0.5	0.5	0.5	0.5	0.5
可用工时数	9 500	7 200	9 600	7 600	9 800	8 000

另外，工厂包装套件还需要花费额外的人工，且不同工厂包装套件消耗的人工也不相同（不同套件的消耗基本相同），如表 2-32 所示。

表 2-32　不同工厂包装套件的工时和产能

	华南地区工厂	华东地区工厂	华中地区工厂
单位包装工时	1.0	1.5	2.0
可用工时数	600	700	750

根据工厂销售部门提供的数据，未来两个月将进入到本年度产品需求的高峰期，不同地区对不同产品的需求大致估计如表 2-33 所示。

表 2-33　未来两个月的市场需求预测

产　品	华南地区工厂	华东地区工厂	华中地区工厂
木质折叠椅	[1 000, 2 000]	[1 200, 1 800]	[1 000, 2 000]
木质餐桌	[200, 800]	[0, 1 000]	[0, 500]
仿藤质沙发	[800, 1 800]	[1 000, 1 500]	[800, 1 600]
仿藤质餐桌	[500, 1 200]	[200, 900]	[100, 600]
木质中柱伞	[600, 2 500]	[500, 2 000]	[100, 1 400]
户外桌椅套件1	[0, 200]	[0, 250]	[50, 200]
户外桌椅套件2	[0, 150]	[0, 100]	[0, 120]
户外桌椅套件3	[0, 150]	[0, 200]	[100, 250]
户外桌椅套件4	[50, 100]	[0, 100]	[0, 80]

现已知生产成本（表 2-30 中单位成本）每个月都将上涨 10%。为此，并考虑工厂的生产能力，工厂生产部门将采用库存的方式抵抗通货膨胀，即在头一个月多生产一些产品，将其留

到第2个月销售。但是，这样的生产和库存策略会给工厂带来5%的库存成本（单位产品生产成本的5%）。并且，由于产品的运输成本较高，工厂不会采用跨地区供货的方式满足需求，即不同地区生产的产品仅供该地区市场的需求。

根据当前面临的实际情况，工厂应该如何安排这两个月的产品生产（2个月后，工厂不再留有这些产品的成品库存），从而获得最大的利润？

案例2-2　JadeCo.玉器工艺品厂生产计划问题

JadeCo. 玉器工艺品厂是一家玉器手工作坊。作坊中的熟练技师都是一个家庭的家庭成员，主要工作就是将玉石原材料用机器打磨，并在上面雕刻12生肖图案。这些12生肖玉产品主要是销往全国各地的玉制品商店。由于从事玉器加工已经有三代，JadeCo. 厂的玉器主要以批发的形式向外供货，并不租用店面进行零售。

目前，家庭成员的大致分工如下：爷爷、父亲、二弟和三妹作为作坊的熟练技师，负责玉器的雕刻加工，大哥主要负责销售和客户，奶奶和母亲负责饮食。由于玉器雕刻的技术要求较高，加工一件玉器通常需要花费6个小时，而玉石成本则相对较低，只需要30元/件。

作坊每天早上9点开工，中午12点吃饭，下午1点继续开工，6点关门。每个星期工作6天，休息1天。

由于是家庭产业，四位在作坊中工作的家庭成员每月领到3000元的工资，并在年底的时候根据一年的玉器销售收入进行分红。

今年年初，厂里负责销售的大哥将去年年末接到的订单进行汇总，得到了2~6月的玉制品订单，具体数量如表2-34所示。其中，由于3月份国内将召开一年一度的玉制品展销和订购会，因此玉器的需求量要比其他几个月份多出五成左右。

表2-34　2~6月玉制品订单情况

	2月	3月	4月	5月	6月
订单数量	300	450	250	320	290

如果按照正常的作息时间加工产品，肯定无法按时交货。因此，通过家庭会议，作坊决定采用两个方案：

方案1：加班生产。每位熟练技师每月最多可加班26小时，即每天多工作1小时，而因此可以获得100元/小时的额外加班费；

方案2：从外面招熟练技术工人。招徕的技术工人将与家庭成员一起工作，但是按照每月4500元的水平发放工资，加班则按照100元/小时的统一标准计算加班费。为了吸引员工，新招员工第一个月将获得额外的2000元的安家费。如果被辞退，员工还会获得1500元的辞工补偿。

由于产品需求变化较大，作坊也可以通过提前生产，并利用库存进行供货。如果是这样的话，作坊需要为每件玉制品成品额外支付20元/月的库存成本（按照月末的库存量计算库存总成本）。

经过盘点，今年1月份JadeCo.还有50件成品玉器库存。并且，假定市场上熟练技术工人可以立即被招到，不会出现少工的情况。现在问：

(1) 在当前的需求基础上，应该如何安排生产，才是最经济的方式？

(2) 如果每人每天的最长加班时间上升为2小时，生产计划是否发生变化？

(3) 如果招聘员工的基本工资上升为5000元/月，作坊的生产计划又如何调整？

第三章

线性规划的对偶理论

学习目标

- 掌握写出任意线性规划问题的对偶问题的方法
- 掌握对偶问题的性质
- 掌握对偶变量的经济意义——影子价格
- 掌握对偶单纯形法
- 掌握灵敏度分析方法
- 了解参数规划的分析方法
- 了解 Excel 规划求解工具灵敏度分析报告的解读

数学科学中的对偶（duality）现象是一种非常重要的现象，它几乎影响了数学科学的所有分支。线性规划中的对偶现象，也是线性规划这门学科发展早期最为重要的发现之一。它揭示了一个有趣的现象：任意一个线性规划问题都有一个与其关联的线性规划问题，这两个相互对应的问题被称为"原问题"（primal problem）和"对偶问题"（dual problem），它们不仅在数学形式上呈一定的对称关系，而且在目标函数值、基本解上都有一定的对应。

线性规划的对偶理论最早由美国科学家冯·诺依曼于 1947 年（与丹齐格提出单纯形法同一年）提出，并在次年由艾尔伯特·塔克（Albert Tucker）提出了严格的证明。1956 年，塔克和库恩（Harold William Kuhn）提出了互补松弛定理，进一步丰富了对偶理论及其应用领域。对偶理论对线性规划求解算法最重要的贡献，是 1954 年莱姆基（Willi Lemke）提出的对偶单纯形法（dual simplex method），以及 1956 年托马斯·萨迪（Thomas L. Saaty）和奥查德－海耶斯（William Orchard-Hays）等人提出的线性规划的灵敏度分析和参数规划方法。

本章以前面沿用的生产计划问题例题为引例，引出线性规划的对偶理论，分析原问题与对偶问题在表达形式、目标函数、基本解以及最优解之间的关系（第一、二节）；在第三节，介绍对偶单纯形法；第四节综合运用第二章介绍的单纯形法和本章的对偶理论、对偶单纯形法，介绍灵敏度分析与参数线性规划的原理和方法。

第一节　对偶线性规划模型

一、引例

在例 1-1 中，F 公司以利润最大化为目标，用本周所采购的原材料 320 千克 M_1 和 100 千克 M_2 安排三种产品 A、B、C 的周生产计划，如果设三种产品的产量分别为 x_1，x_2，x_3，则其线性规划模型为：

$$\begin{aligned}
\max\ & Z = 5x_1 + 4x_2 + 2x_3 \\
\text{s.t.}\ & 8x_1 + 4x_2 + 5x_3 \leqslant 320 \\
& 2x_1 + 2x_2 + x_3 \leqslant 100 \\
& x_1, x_2, x_3 \geqslant 0
\end{aligned} \tag{3-1}$$

现考虑另一种情况，如果 F 公司临时决定不安排生产，而是将本周所采购的原材料 M_1 和 M_2 全部转让出售，那么这两种原材料的单位转让收益分别应为多少才是可接受的？

设原材料 M_1 和 M_2 的单位转让收益分别为 y_1 和 y_2，那么决策者应这样考虑，如果将生产一件产品 A 所使用的原材料转让出去，其利润不应低于生产并出售一件产品 A 所取得的利润，于是有：

$$8y_1 + 2y_2 \geqslant 5$$

同理，对于产品 B 和产品 C 有：

$$4y_1 + 2y_2 \geqslant 4$$
$$5y_1 + y_2 \geqslant 2$$

将原材料全部转让的总收益（目标函数）为：

$$W = 320y_1 + 100y_2$$

如果对上式的目标函数取最大值，显然得到的线性规划问题没有意义，因为从约束条件来看，目标函数最大则该问题有无界解（目标函数可以取无穷大）。如果对目标函数取最小值，则得到的线性规划模型为：

$$\begin{aligned}
\min\ & W = 320y_1 + 100y_2 \\
\text{s.t.}\ & 8y_1 + 2y_2 \geqslant 5 \\
& 4y_1 + 2y_2 \geqslant 4 \\
& 5y_1 + y_2 \geqslant 2 \\
& y_1 \geqslant 0, y_2 \geqslant 0
\end{aligned} \tag{3-2}$$

式（3-2）可以理解为，将全部原材料 M_1 和 M_2 转让出售时，至少有多少收益不至于造成机会损失。那么出售是否会造成机会损失又该如何判定？显然，这要看将原材料 M_1 和 M_2 全部用于最优生产计划时的收益有多少。结合实际背景不难引出以下两个观察：

（1）将原材料 M_1 和 M_2 全部出售所获得的利润不应低于用最优生产计划安排生产所能获得的利润。

（2）由式（3-2）所求得的最优解为转让单位原材料 M_1 和 M_2 的可接受利润，这种利润的形成机制与该资源的市场价格没有直接的关系，其本质上取决于最优生产计划[⊖]。

抛开问题的实际背景，单从数学的角度观察以上引出的两个线性规划问题，不难发现两个问题之间的一些关系特征。如果将式（3-1）称为**原问题**，那么称式（3-2）为式（3-1）的**对偶问题**（其中，称 y_1，y_2 为**对偶变量**），则原问题与对偶问题在问题模型的表述上存在如下的关系：

⊖ 关于 y_1 和 y_2 的经济解释，详见本章第二节第三部分关于影子价格的介绍。

(1) 原问题的目标函数系数（行）向量对应于对偶问题约束条件的右端常数（列）向量。同理，原问题约束条件的右端常数（列）向量对应于对偶问题的目标函数系数（行）向量；

(2) 原问题与对偶问题约束不等式的不等号方向相反；

(3) 如果原问题的目标函数是求最大值，则对偶问题的目标函数是求最小值，反之亦然；

(4) 原问题约束条件中变量的系数矩阵，正好是对偶问题约束条件中变量系数矩阵的转置，因此，原问题的约束条件的个数等于对偶问题变量的个数。同理，对偶问题约束条件的个数等于原问题变量的个数。

上述的对偶关系可以一般化地表示为

原问题 max $Z = c_1 x_1 + c_2 x_2 + \cdots + c_n x_n$

s.t. $a_{11} x_1 + a_{12} x_2 + \cdots + a_{1n} x_n \leqslant b_1$

$a_{21} x_1 + a_{22} x_2 + \cdots + a_{2n} x_n \leqslant b_2$

$\vdots \quad \vdots \quad \ddots \quad \vdots \quad \vdots$

$a_{m1} x_1 + a_{m2} x_2 + \cdots + a_{mn} x_n \leqslant b_m$

$x_i \geqslant 0 (i = 1, 2, \cdots, n)$

与

对偶问题 min $W = b_1 y_1 + b_2 y_2 + \cdots + b_m y_m$

s.t. $a_{11} y_1 + a_{21} y_2 + \cdots + a_{m1} y_m \geqslant c_1$

$a_{12} y_1 + a_{22} y_2 + \cdots + a_{m2} y_m \geqslant c_2$

$\vdots \quad \vdots \quad \ddots \quad \vdots \quad \vdots$

$a_{1n} y_1 + a_{2n} y_2 + \cdots + a_{mn} y_m \geqslant c_n$

$y_j \geqslant 0 (j = 1, 2, \cdots, m)$

令

$$\boldsymbol{A} = \begin{pmatrix} a_{11} & a_{12} & \cdots & a_{1n} \\ a_{21} & a_{22} & \cdots & a_{2n} \\ \vdots & \vdots & \ddots & \vdots \\ a_{m1} & a_{m2} & \cdots & a_{mn} \end{pmatrix}, \quad \boldsymbol{X} = \begin{pmatrix} x_1 \\ x_2 \\ \vdots \\ x_n \end{pmatrix}, \quad \boldsymbol{b} = \begin{pmatrix} b_1 \\ b_2 \\ \vdots \\ b_m \end{pmatrix}$$

$\boldsymbol{C} = (c_1, c_2, \cdots, c_n), \quad \boldsymbol{Y} = (y_1, y_2, \cdots, y_m)$

则上述关系可以表示为以下的矩阵形式：

$$\begin{array}{ll} \text{原问题} & \text{对偶问题} \\ \max \quad Z = \boldsymbol{CX} & \min \quad W = \boldsymbol{Yb} \\ \text{s.t.} \quad \boldsymbol{AX} \leqslant \boldsymbol{b} & \text{s.t.} \quad \boldsymbol{YA} \geqslant \boldsymbol{C} \\ \boldsymbol{X} \geqslant \boldsymbol{0} & \boldsymbol{Y} \geqslant \boldsymbol{0} \end{array} \quad (3-3)$$

原问题与对偶问题各系数之间的关系还可以更为直观地以表格形式（见表 3-1）。

表 3-1 原问题与对偶问题的关系

		原问题					右端		
		x_1	x_2	$\cdots$	x_n				
对偶问题	y_1	a_{11}	a_{12}	$\cdots$	a_{1n}	$\leqslant$	b_1	目标函数系数 (min W)
	y_2	a_{21}	a_{11}	$\cdots$	a_{2n}	$\leqslant$	b_2	
	$\vdots$	$\vdots$	$\vdots$	$\ddots$	$\vdots$	$\vdots$	$\vdots$	
	y_m	a_{m1}	a_{m1}	$\cdots$	a_{mn}	$\leqslant$	b_m	
	右端	$\geqslant$	$\geqslant$	$\cdots$	$\geqslant$			
		c_1	c_2	$\cdots$	c_n			
		目标函数系数 (max Z)						

不难知道，对偶问题的对偶是原问题。式（3-3）中的对偶问题可改写为：
$$\max \quad -W = -Yb$$
$$\text{s.t.} \quad -YA \leqslant -C$$
$$Y \geqslant 0$$

其对偶问题为：
$$\min \quad W' = -CX$$
$$\text{s.t.} \quad -AX \geqslant -b \quad (3-4)$$
$$X \geqslant 0$$

显然，式（3-4）与式（3-3）的原问题等价。

二、对偶模型

以上对原问题和对偶问题关系的描述，实际上给出了写出一个线性规划模型的对偶问题的方法，但这只适用于一类特殊的问题，即**对称型线性规划问题**，它满足这样的要求：原问题的所有变量非负，所有约束条件均为不等式（求最大值问题时不等号为"$\leqslant$"，求最小值问题时不等号为"$\geqslant$"）。不满足这些条件的问题，称为非对称型线性规划问题。在这一类问题中，原问题可能包含不满足非负约束的变量，例如"$\leqslant 0$"或没有符号限制；约束条件有时会出现"$\leqslant$""$\geqslant$""$=$"约束并存的现象。

写出非对称模型的对偶问题的思路，是将模型转化为对称形式，写出其对偶问题，再转化回与原问题对偶的形式。下面通过一个例子来介绍这种问题的处理方法。

例 3-1 求以下问题的对偶问题
$$\max \quad Z = x_1 - 2x_2 + x_3$$
$$\text{s.t.} \quad x_1 + 2x_2 - x_3 \leqslant 2$$
$$x_1 - x_2 + x_3 = 1$$
$$2x_1 + x_2 + x_3 \geqslant 2$$
$$x_1 \geqslant 0, x_2 \leqslant 0, x_3 \text{ 无符号限制}$$

解： 首先，将表达式和变量变换为符合对称型问题的形式：

$$x_1 - x_2 + x_3 = 1 \Leftrightarrow \begin{cases} x_1 - x_2 + x_3 \geqslant 1 \\ x_1 - x_2 + x_3 \leqslant 1 \end{cases} \Leftrightarrow \begin{cases} -x_1 + x_2 - x_3 \leqslant -1 \\ x_1 - x_2 + x_3 \leqslant 1 \end{cases}$$
$$2x_1 + x_2 + x_3 \geqslant 2 \Leftrightarrow -2x_1 - x_2 - x_3 \leqslant -2$$

对 $x_2 \leqslant 0$，可作变量代换，令 $x_2' = -x_2$，代入原问题，就得到 $x_2' \geqslant 0$。对于自由变量 x_3，可令 $x_3 = x_3' - x_3''$，其中 $x_3', x_3'' \geqslant 0$。这样，原问题化为：

$$\max \quad Z = x_1 + 2x_2' + x_3' - x_3''$$
$$\text{s.t.} \quad x_1 - 2x_2' - x_3' + x_3'' \leqslant 2$$
$$-x_1 - x_2' - x_3' + x_3'' \leqslant -1$$
$$x_1 + x_2' + x_3' - x_3'' \leqslant 1$$
$$-2x_1 + x_2' - x_3' + x_3'' \leqslant -2$$
$$x_1, x_2', x_3', x_3'' \geqslant 0$$

其对偶问题为：
$$\min \quad W = 2u_1 - u_2 + u_3 - 2u_4$$
$$\text{s.t.} \quad u_1 - u_2 + u_3 - 2u_4 \geqslant 1$$

$$-2u_1 - u_2 + u_3 + u_4 \geqslant 2$$
$$-u_1 - u_2 + u_3 - u_4 \geqslant 1$$
$$u_1 + u_2 - u_3 + u_4 \geqslant -1$$
$$u_1, u_2, u_3, u_4 \geqslant 0$$

再化简○,令 $y_1 = u_1$,$y_2 = -u_2 + u_3$,$y_3 = -u_4$,并将最后两个不等式约束合并为一个等式约束,得到对偶问题:

$$\min \quad W = 2y_1 + y_2 + 2y_3$$
$$\text{s.t.} \quad y_1 + y_2 + 2y_3 \geqslant 1$$
$$2y_1 - y_2 + y_3 \leqslant -2$$
$$-y_1 + y_2 + y_3 = 1$$
$$y_1 \geqslant 0, y_3 \leqslant 0, y_2 \text{ 无符号限制}$$

事实上,对于一般的线性规划问题,无论其是否为对称型,原问题与对偶问题在表达式上的对应关系都可以用表 3-2 来归纳。只要熟悉其中的规律,就可以迅速地写出任意一个线性规划模型的对偶问题,而不需要像例 3-1 做烦琐的变换。

表 3-2 线性规划对偶问题关系对照表

max Z 原问题或对偶问题	min W 对偶问题或原问题
变量的个数 n	约束条件的个数 n
约束条件的个数 m	变量的个数 m
目标函数中第 j 个变量的系数	第 j 个约束条件的右端常数项
第 i 个约束条件的右端常数项	目标函数中第 i 个变量的系数
系数矩阵 $\boldsymbol{A}$	系数矩阵 $\boldsymbol{A}^{\mathrm{T}}$
第 j 个变量 $\begin{cases} \geqslant 0 \\ \text{无符号限制} \\ \leqslant 0 \end{cases}$	第 j 个约束条件 $\begin{cases} \geqslant \\ = \\ \leqslant \end{cases}$
第 i 个约束条件 $\begin{cases} \leqslant \\ = \\ \geqslant \end{cases}$	第 i 个变量 $\begin{cases} \geqslant 0 \\ \text{无符号限制} \\ \leqslant 0 \end{cases}$

例 3-2 求下列线性规划的对偶问题。

$$\min \quad W = 2y_1 + y_2 - y_3$$
$$\text{s.t.} \quad y_1 + y_2 - y_3 = 1$$
$$y_1 - y_2 + y_3 \geqslant 2$$
$$y_2 + y_3 \leqslant 3$$
$$y_1 \geqslant 0, y_2 \leqslant 0, y_3 \text{ 无符号限制}$$

解:根据表 3-2 直接写出对偶问题。

$$\max \quad Z = x_1 + 2x_2 + 3x_3$$
$$\text{s.t.} \quad x_1 + x_2 \leqslant 2$$
$$x_1 - x_2 + x_3 \geqslant 1$$

○ 化简的原则是使新得出的对偶问题与原问题的系数能体现出对偶关系。

$$-x_1 + x_2 + x_3 = -1$$
$$x_1 \text{ 无符号限制}, x_2 \geqslant 0, x_3 \leqslant 0$$

第二节 对偶问题的性质

原问题与对偶问题并非仅仅在表示形式上对称，对偶问题的性质揭示出了原问题与对偶问题在目标函数值和解上都有密切的关联性。

一、目标函数值的关联性

由于非对称型问题可以转换为对称型问题，为讨论方便，下面所涉及的原问题和对偶问题都采用如式（3-3）的对称型形式。

定理 3.1 弱对偶定理（weak duality theorem） 如果互为对偶的线性规划问题

原问题 　　　　　　对偶问题
max $Z = CX$ 　　　min $W = Yb$
s.t. $AX \leqslant b$ 　　　s.t. $YA \geqslant C$
　　　$X \geqslant 0$ 　　　　　　$Y \geqslant 0$

分别有可行解 X^0 和 Y^0，则有 $CX^0 \leqslant Y^0 b$。

弱对偶定理表明最大值问题任一可行解的目标函数值总是不大于它的对偶问题（最小值问题）的任一可行解的目标函数值○。例如，引例中原问题取可行解 $x_1 = 10, x_2 = 10, x_3 = 0$，则目标函数 $Z = CX = 90$；对偶问题取可行解 $y_1 = 1, y_2 = 1$，目标函数 $W = Yb = 420 > Z$。

从定理 3.1 又可以推出以下的重要推论：

推论 3.1 最大值问题（原问题）的任一可行解的目标函数值是其对偶问题最优目标函数值的下界；最小值问题（对偶问题）的任一可行解的目标函数值是其原问题最优目标函数值的上界。

推论 3.2 互为对偶的两个线性规划问题，如果其中一个可行且有无界解，则另一个问题无可行解。

由推论 3.2 还可以逆推出以下结论：

推论 3.3 互为对偶的两个线性规划问题，如果其中一个有可行解且另一个无可行解，则前者有无界解。

例 3-3 应用对偶理论证明线性规划问题

$$\max \quad Z = x_1 + x_2$$
$$\text{s.t.} \quad -x_1 + x_2 \leqslant -2$$
$$4x_1 + x_2 \leqslant 4$$
$$x_1, x_2 \geqslant 0$$

的对偶问题有无界解。

○ 本节主要定理的证明见本章附录。

证明： 首先，用图解法求解原问题，发现原问题无可行域（见图3-1），说明原问题无可行解。

对偶问题的模型为：

$$\begin{aligned} \min \quad & W = -2y_1 + 4y_2 \\ \text{s.t.} \quad & -y_1 + 4y_2 \geqslant 1 \\ & y_1 + y_2 \geqslant 1 \\ & y_1, y_2 \geqslant 0 \end{aligned}$$

只要对偶问题有一个可行解，则称对偶问题可行。任取 $y_1 = 0$，$y_2 = 1$，显然能满足对偶问题的约束条件。

综上，原问题无可行解且对偶问题有可行解，根据推论3.3，可知对偶问题有无界解。证毕。

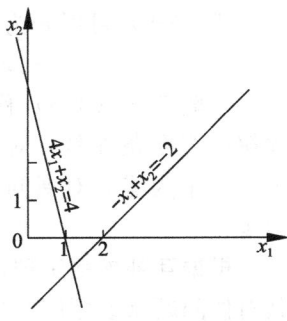

图 3-1

定理 3.2 最优解判别定理（complementary optimal solutions theorem） 如果存在可行解 X^0 和 Y^0 使得原问题和对偶问题有相等的目标函数值，即 $Y^0 b = CX^0$，那么 X^0 和 Y^0 分别为原问题和对偶问题的最优解。

定理 3.3 主对偶定理（strong duality theorem） 如原问题与对偶问题均可行，则两者必有最优解，且最优值相等。

例如，引例中原问题取可行解 $x_1 = 30$，$x_2 = 20$，$x_3 = 0$，对偶问题取可行解 $y_1 = \dfrac{1}{4}$，$y_2 = \dfrac{2}{3}$，又有 $Z = W = 230$，所以这两个可行解分别为原问题和对偶问题的最优解。

另外，主对偶定理还引出了一个重要的推论：

推论 3.4 如果 B 是原问题的最优基，则对偶问题的最优解为 $Y^* = C_B B^{-1}$。

实际上，这个推论被包含在主对偶定理的证明过程中（详见附录）。

二、解的互补关联性

以上介绍了原问题与对偶问题基本性质的一些定理，下面将原问题和对偶问题标准化，对它们之间的关系性质做进一步探讨。

定理 3.4 互补松弛定理（complementary slackness theorem） 有互为对偶的

$$\begin{array}{ll} \text{原问题} & \text{对偶问题} \\ \max \quad Z = CX & \min \quad W = Yb \\ \text{s.t.} \quad AX \leqslant b & \text{s.t.} \quad YA \geqslant C \\ \quad\quad X \geqslant 0 & \quad\quad Y \geqslant 0 \end{array}$$

在原问题和对偶问题中分别引入松弛向量 $U = (u_1, u_2, \cdots, u_m)^T$ 和剩余向量 $V = (v_1, v_2, \cdots, v_n)$，则其标准形式分别为：

$$\begin{array}{ll} \max \quad Z = CX & \min \quad W = Yb \\ \text{s.t.} \quad AX + U = b & \text{s.t.} \quad YA - V = C \\ \quad\quad X, U \geqslant 0 & \quad\quad Y, V \geqslant 0 \end{array}$$

设 X^0 和 Y^0 分别为原问题和对偶问题的可行解，U^0 和 V^0 则分别为其可行解所对应的松弛向量和剩余向量的取值，则当且仅当

$$V^0 X^0 = Y^0 U^0 = 0 \tag{3-5}$$

时 X^0 和 Y^0 分别为原问题和对偶问题的最优解。

式（3-5）可展开为

$$v_j^0 x_j^0 = y_i^0 u_i^0 = 0, \quad j = 1,2,\cdots,n; i = 1,2,\cdots,m \tag{3-6}$$

一般把式（3-6）称为**互补松弛条件**。可以这样理解，原问题和对偶问题都取得最优解的充要条件是：对偶问题的约束条件中的剩余变量 v_j^0 和原问题中的变量 x_j^0 必须至少有一个为零，对偶问题的变量 y_i^0 和原问题约束条件中的松弛变量 u_i^0 必须至少有一个为零。

根据互补松弛定理，只要知道了原问题（或其对偶问题）的最优解，就可以迅速求出其对偶问题（或原问题）的最优解。

例 3-4 已知线性规划问题

$$\max Z = 3x_1 + 4x_2 + 2x_3 + 5x_4 + x_5$$
$$\text{s.t.} \quad x_1 + 3x_2 + 2x_3 + 3x_4 + x_5 \leqslant 6$$
$$4x_1 + 6x_2 + 5x_3 + 7x_4 + x_5 \leqslant 15$$
$$x_j \geqslant 0, j = 1,2,3,4,5$$

的对偶问题的最优解为 $Y^* = (y_1^*, y_2^*) = \left(\dfrac{1}{3}, \dfrac{2}{3}\right)$，试用互补松弛定理找出原问题的最优解。

解： 先写出其对偶问题

$$\min W = 6y_1 + 15y_2$$
$$\text{s.t.} \quad y_1 + 4y_2 \geqslant 3$$
$$3y_1 + 6y_2 \geqslant 4$$
$$2y_1 + 5y_2 \geqslant 2$$
$$3y_1 + 7y_2 \geqslant 5$$
$$y_1 + y_2 \geqslant 1$$
$$y_1, y_2 \geqslant 0$$

在原问题和对偶问题中各自引入松弛向量和剩余向量将问题标准化，有

原问题
$$\max Z = 3x_1 + 4x_2 + 2x_3 + 5x_4 + x_5$$
$$\text{s.t.} \quad x_1 + 3x_2 + 2x_3 + 3x_4 + x_5 + u_1 = 6$$
$$4x_1 - 6x_2 + 5x_3 + 7x_4 + x_5 + u_2 = 15$$
$$x_j \geqslant 0, u_i \geqslant 0, j = 1,2,3,4,5; i = 1,2$$

对偶问题
$$\min W = 6y_1 + 15y_2$$
$$\text{s.t.} \quad y_1 + 4y_2 - v_1 = 3$$
$$3y_1 + 6y_2 - v_2 = 4$$
$$2y_1 + 5y_2 - v_3 = 2$$
$$3y_1 + 7y_2 - v_4 = 5$$
$$y_1 + y_2 - v_5 = 1$$
$$y_1, y_2 \geqslant 0, v_j \geqslant 0, j = 1,2,3,4,5$$

将 $y_1^* = \dfrac{1}{3}$，$y_2^* = \dfrac{2}{3}$ 代入对偶问题，有

$$v_1^* = 0, \quad v_2^* = 1, \quad v_3^* = 2, \quad v_4^* = \dfrac{2}{3}, \quad v_5^* = 0$$

根据互补松弛条件又有
$$u_1^* = 0, \quad u_2^* = 0, \quad x_2^* = x_3^* = x_4^* = 0$$
代入原问题，得
$$x_1^* + x_5^* = 6$$
$$4x_1^* + x_5^* = 15$$
这是一个二元一次方程组，求解得 $x_1^* = 3$，$x_5^* = 3$，故原问题的最优解为：
$$\boldsymbol{X}^* = (x_1^*, x_2^*, x_3^*, x_4^*, x_5^*)^\mathrm{T} = (3,0,0,0,3)^\mathrm{T}, \quad Z^* = 12.$$

定理 3.5 互补基本解定理（complementary basic solutions property） 设原问题和对偶问题的标准形式分别为：

原问题　　　　　　对偶问题
max　$Z = \boldsymbol{CX}$　　　　min　$W = \boldsymbol{Yb}$
s.t.　$\boldsymbol{AX} + \boldsymbol{U} = \boldsymbol{b}$　　s.t.　$\boldsymbol{YA} - \boldsymbol{V} = \boldsymbol{C}$
　　　　$\boldsymbol{X}, \boldsymbol{U} \geqslant \boldsymbol{0}$　　　　　　$\boldsymbol{Y}, \boldsymbol{V} \geqslant \boldsymbol{0}$

则原问题某个基本解的检验数对应其对偶问题的一个基本解：
$$(\boldsymbol{Y} \mid \boldsymbol{V}) = (-\overline{\boldsymbol{C}}_U \mid -\overline{\boldsymbol{C}})$$
且其目标函数值相等。其中，$\boldsymbol{U}$ 和 $\boldsymbol{V}$ 分别为原问题和对偶问题标准化时引入的松弛向量和剩余向量，$\overline{\boldsymbol{C}}$ 和 $\overline{\boldsymbol{C}}_U$ 分别为 $\boldsymbol{X}$ 和 $\boldsymbol{U}$ 的检验数向量。

需要注意的是，定理 3.5 中的原问题为对称型最大值问题，如果原问题为对称型最小值问题，则对偶问题的基本解与原问题检验数的对应关系不再取相反数。

仍以引例为例，将原问题和对偶问题标准化后，有

原问题　　　　　　　　　　对偶问题
max　$Z = 5x_1 + 4x_2 + 2x_3$　　　　min　$W = 320y_1 + 100y_2$
s.t.　$8x_1 + 4x_2 + 5x_3 \leqslant 320$　　s.t.　$8y_1 + 2y_2 \geqslant 5$
　　　$2x_1 + 2x_2 + x_3 \leqslant 100$　　　　$4y_1 + 2y_2 \geqslant 4$
　　　$x_1, x_2, x_3 \geqslant 0$　　　　　　　　$5y_1 + y_2 \geqslant 2$
　　　　　　　　　　　　　　　　　　　　　$y_1 \geqslant 0, y_2 \geqslant 0$

写出求解原问题的初始单纯形表，并表示出原问题和对偶问题的基本解在表中位置，得到表 3-3：

表 3-3　引例原问题初始表及对照关系

		原问题变量			原问题松弛变量		
		x_1	x_2	x_3	x_4	x_5	
0	x_4	8	4	5	1	0	320
0	x_5	2	2	1	0	1	100
检验数		5	4	2	0	0	$Z=0$
		对偶问题剩余变量			对偶问题变量		
		y_3	y_4	y_5	y_1	y_2	

由表 3-3 可得出原问题的一个基本解为：$\boldsymbol{X} = (0, 0, 0, 320, 100)^\mathrm{T}$；由定理 3.5，可知其对应的对偶问题的基本解为 $\boldsymbol{Y} = (0, 0, -5, -4, -2)$，它们有相同的目标函数值 $Z = W = 0$。类似地，可以通过指定基变量组合，来找出原问题所有基本解所对应的对偶问题的基本解，表 3-4 按照目标函数值从小到大的顺序列出引例中所有 10 组基本解，其中第 7 组基本解分别为原问题和对偶问题的最优解。

表 3-4 引例原问题和对偶问题的所有基本解

序号	原问题 max Z 基本解	可行	$Z=W$	对偶问题 min W 可行	基本解
1	$(0, 0, 0, 320, 100)^T$	是	0	否	$(0, 0, -5, -4, -2)$
2	$(0, 0, 0, 64, 0, 36)^T$	是	128	否	$\left(\frac{2}{2}, 0, -\frac{9}{5}, -\frac{12}{5}, 0\right)$
3	$(0, 50, 0, 120, 0)^T$	是	200	否	$(0, 2, -1, 0, 0)$
4	$(0, 30, 40, 0, 0)^T$	是	200	否	$(0, 2, -1, 0, 0)$
5	$(40, 0, 0, 0, 20)^T$	是	200	否	$\left(\frac{5}{8}, 0, 0, -\frac{3}{2}, \frac{9}{8}\right)$
6	$(0, 0, 100, -180, 0)^T$	否	200	否	$(0, 2, -1, 0, 0)$
7	$(30, 20, 0, 0, 0)^T$	是	230	是	$\left(\frac{1}{4}, \frac{3}{2}, 0, 0, \frac{3}{4}\right)$
8	$(50, 0, 0, -80, 0)^T$	否	250	是	$\left(0, \frac{5}{2}, 0, 1, \frac{1}{2}\right)$
9	$(90, 0, -80, 0, 0)^T$	否	290	否	$\left(-\frac{1}{2}, \frac{9}{2}, 0, 3, 0\right)$
10	$(0, 80, 0, 0, -60)^T$	否	320	是	$(1, 0, 3, 0, 3)$

注:表中对偶问题的第 3、4、6 个基本解都是 $(0, 2, -1, 0, 0)$,但它们分别是基变量取 (y_1, y_2, y_3)、(y_2, y_3, y_4) 和 (y_2, y_3, y_5) 时的基本解。

原问题和对偶问题的最优单纯形表⊖如表 3-5 和表 3-6 所示。

表 3-5 引例原问题的最优单纯形表

		原问题变量			原问题松弛变量		
		x_1	x_2	x_3	x_4	x_5	
5	x_1	1	0	$\frac{3}{4}$	$\frac{1}{4}$	$-\frac{1}{2}$	30
4	x_2	0	1	$-\frac{1}{4}$	$-\frac{1}{4}$	1	20
检验数		0	0	$-\frac{3}{4}$	$-\frac{1}{4}$	$-\frac{3}{2}$	$Z=230$
		对偶问题剩余变量			对偶问题变量		
		y_3	y_4	y_5	y_1	y_2	

表 3-6 引例对偶问题的最优单纯形表

		对偶问题变量		对偶问题剩余变量			
		y_1	y_2	y_3	y_4	y_5	
320	y_1	1	0	$-\frac{1}{4}$	$\frac{1}{4}$	0	$\frac{1}{4}$
100	y_2	0	1	$\frac{1}{2}$	-1	0	$\frac{3}{2}$
0	y_5	0	0	$-\frac{3}{4}$	$\frac{1}{4}$	1	$\frac{3}{4}$
检验数		0	0	30	20	0	$W=230$
		原问题松弛变量		原问题变量			
		x_4	x_5	x_1	x_2	x_3	

⊖ 本例中对偶问题需要用大 M 法或两阶段法求解,表 3-6 为大 M 法最优表去掉人工变量所在列的结果,也可以是两阶段法第二阶段的最优表。

根据定理 3.5，原问题最优表（如表 3-5 所示）中松弛变量 x_4，x_5 的检验数的相反数就是对偶问题最优解中原有决策变量 y_1，y_2 的取值；同理，对偶问题最优表（如表 3-6 所示）中剩余变量 y_3，y_4，y_5 的检验数就是原问题最优解中原有决策变量 x_1，x_2，x_3 的取值（注意：这里不是相反数）。因此，当原问题和对偶问题都可行时，从任意一个问题的最优单纯形表中可以直接读出其对偶问题的最优解。

三、对偶变量的经济意义——影子价格

由前面介绍的对偶问题的性质可知，利用有限的 m 种资源生产 n 种产品以获取最大利润 Z 的生产计划问题，其最优目标函数值可以表示为：

$$Z^* = \boldsymbol{C_B}\boldsymbol{B}^{-1}\boldsymbol{b} = \boldsymbol{Y}^*\boldsymbol{b} = \sum_{i=1}^{m} b_i y_i^* \tag{3-7}$$

其中，$\boldsymbol{b}=(b_1, b_2, \cdots, b_m)^{\mathrm{T}}$ 表示这 m 种资源的限量，$\boldsymbol{Y}^* = (y_1^*, y_2^*, \cdots, y_m^*)$ 为对偶问题的最优解（不含引入的剩余变量部分）。对式 (3-7) 取 $b_i(i=1,\cdots,m)$ 的偏导数，有：

$$\frac{\partial Z^*}{\partial b_i} = y_i^* \tag{3-8}$$

式 (3-8) 表明：第 i 种资源供应量的单位增量对最优总利润 Z^* 的边际贡献为 y_i^*，由于此边际贡献表现为货币形式，通常称 y_i^* 为第 i 种资源的**影子价格**。

例如，引例是利用有限的两种原材料 M_1 和 M_2 生产三种产品 A、B、C 的问题，M_1 和 M_2 的影子价格就是其对偶问题的最优解。又由定理 3.5，可知影子价格与原问题最优单纯形表的对应关系：对于最优生产计划问题，最优单纯形表中某个资源约束所引入的松弛变量检验数的绝对值，就是该资源的影子价格。对于引例，可直接从最优表 3-5 中读出 M_1 和 M_2 的影子价格分别为 $y_1^* = \frac{1}{4}$ 元和 $y_2^* = \frac{3}{2}$ 元，亦即当资源 M_1 的供应量增加 1 千克时，可以为最优总利润 Z^* 带来 $\frac{1}{4}$ 元的边际贡献；当资源 M_2 的供应量增加 1 千克时，此边际贡献值为 $\frac{3}{2}$ 元。

结合引例，可进一步分析影子价格在经济活动分析中的经济意义：

(1) 某种资源的影子价格表明了该资源的稀缺性，影子价格越高则该资源越稀缺。

(2) 影子价格应被理解为一种机会成本或附加价值。由影子价格的数学意义可知，其为增加单位资源时对最优生产计划的总利润所带来的边际贡献。因此，某种资源的影子价格大于零，应购入**一定数量**的该资源用于扩大生产；反之，当影子价格为 0 时，则不应购入该资源或应卖出该资源富余的部分。在引例中，如果原材料 M_1 和 M_2 的影子价格均为正数，则单独买入一定数量的 M_1 或 M_2 都会增加最优生产计划的总利润。

(3) 资源的市场价格是已知的且相对稳定的，而影子价格则取决于最优生产计划，根据由推论 3.4，影子价格向量为 $\boldsymbol{Y}^* = \boldsymbol{C_B}\boldsymbol{B}^{-1}$，可知最优生产计划中产品的利润发生变化（也即 $\boldsymbol{C_B}$ 发生变化）、最优生产计划中的产品组合或单位资源消耗发生变化（也即 $\boldsymbol{B}$ 发生变化），都将引起 $\boldsymbol{Y}^*$ 亦即影子价格的变化，在本章第四节的灵敏度分析中将会看到这种现象。

(4) 影子价格只是一种边际价格，它只是相应的资源在发生微量的变化时为最优总利润带来的边际贡献。虽然第 (2) 点中指出，有正影子价格的资源应买入用于扩大生产，但又如第 (3) 点的说明，由于影子价格的易变性，不能简单地理解为影子价格为正时，就应无限制地大规模地购入相应资源以扩大生产，合适的购入数量有一个具体的范围。这在灵敏度分析的相关内容中也会有体现。

(5) 根据定理 3.4（互补松弛定理），最优生产计划中某种资源未充分利用时（该资源约束中的松弛变量取值为正），其影子价格必然为 0，但这并不说明该资源在生产中没有贡献，而应理解为增加该资源的供应量不会为企业带来利润或产出的增加。相反，如果某种资源具有正的影子价格，必然说明最优生产计划中该资源已经消耗完毕，如引例中已消耗完的两种原材料 M_1 和 M_2 都有正的影子价格。

另外必须强调，以上关于影子价格的分析，是当原问题的目标函数为求最大利润（生产计划问题引例）的前提下得到的，本书所有关于影子价格的分析全部都是针对此类问题。特别强调这一点，是因为对原问题目标函数的定义不同，例如定义为最大销售收入时，影子价格的具体经济意义也会有差别，此时以上的分析就是不完全正确乃至是错误的，这也不难解释为什么某些书籍中对影子价格的经济解释与本书存在一定的差异[○]。

第三节 对偶单纯形法

在介绍这部分内容之前，为了便于进行区分和对比，先把到目前为止前面所介绍的单纯形法进一步界定为**基本单纯形法**。首先需声明的是：本节所介绍的对偶单纯形法并不是求解对偶问题的单纯形法，而是应用对偶原理和单纯形法来求解原问题的一种方法。

下面引入对偶可行基的概念，并探讨其与原问题最优解之间的关系。

原问题引入松弛向量 U 之后有标准形式

$$\begin{aligned} \max \quad & Z = CX \\ \text{s.t.} \quad & AX + U = b \\ & X, U \geqslant 0 \end{aligned} \tag{3-9}$$

如果式（3-9）存在一个基 B（B 不一定是可行基），则原有变量 X 的检验数为

$$\overline{C} = C - C_B B^{-1} A \tag{3-10}$$

对于引入的松弛向量 U，由于其目标函数系数为 0，其在约束矩阵中为单位矩阵 I，所以其检验数为：

$$\overline{C}_U = 0 - C_B B^{-1} I = -C_B B^{-1} \tag{3-11}$$

则当原问题的最优化条件满足时，有

$$\overline{C} = C - C_B B^{-1} A \leqslant 0$$
$$\overline{C}_U = -C_B B^{-1} \leqslant 0$$

令 $Y = C_B B^{-1}$，则以上两式可以合并为：

$$C - YA \leqslant 0$$
$$-Y \leqslant 0$$

亦即

$$YA \geqslant C$$

[○] 对于目标函数定义为最大销售收入的问题，则式（3-8）同样成立，但其意义是增加 1 单位该资源对最大销售收入的边际贡献，这个数字在某些书籍中也同样定义为影子价格。但此时不能以影子价格是否为正作为买入或卖出该资源的依据，因为此时的影子价格中包含了成本，需要参照该资源的市场价格才能做出买入或卖出的决策。具体为：当某种资源的影子价格高于市场价格时，意味着买入单位该资源用于扩大生产带来的最优总收入增加值高于购买该资源的支出，亦即有正的附加价值，应做出购入决策；反之亦然，当某种资源的影子价格低于市场时，则不应买入该资源，或者应卖出该资源富余的部分。

$$Y \geqslant 0 \tag{3-12}$$

式（3-12）表明对偶问题的约束条件得到了满足，此时对偶问题取得的基本解为可行解。

以上推理可以综合为：当原问题的某个基 B 使得其最优化条件得到满足时，对偶问题取得基本可行解，称此基 B 为**对偶可行基**。再进一步，如果 B 既是对偶可行基，又是原问题的可行基，则原问题取得最优解，此时 B 为最优基。于是有以下定理：

定理 3.6 B 是最优基的充要条件是：B 是可行基，同时又是对偶可行基。

根据定理 3.6，如果用可行基与对偶可行基来描述第二章介绍的基本单纯形法，其运算过程是首先找到一个可行基（对应于初始基本可行解），如果此基不满足最优化条件（或者说此可行基不是对偶可行基），则通过循环往复的基变换，直到取得某个可行基能满足最优化条件（亦即取得某个对偶可行基），从而求得最优解。简言之，基本单纯形法求解过程，是在始终保持基的可行性的前提下，通过基变换逐步找到一个对偶可行基。

与基本单纯形法相对照，对偶单纯形法的思路是，从一个对偶可行基出发（此基对原问题不一定可行），在始终保持基的对偶可行性的前提下，通过基变换逐步找到一个可行基。

下面给出在单纯形表中应用对偶单纯形法的步骤：

第 1 步 初始化 将线性规划问题转化为标准形式后，对约束方程组进行变换，找到一个对偶可行基，即满足以下条件：①在约束方程组系数矩阵中找到 m 个列向量构成一个单位矩阵作为基 B，常数向量中可以有负数；②由 B 所确定的初始基本解，其对应的所有非基变量的检验数 $\bar{c}_j$ 必须符合最优条件（最大值问题中检验数全部非正，最小值问题中检验数全部非负）；

第 2 步 可行性检验 观察基本解，如果该解可行（即常数向量 b 中全部元素非负），则当前解为最优解；如果该解不可行（即 b 中存在至少一个负数元素），则转到第 3 步；

第 3 步 迭代 ①选择出基变量：如果有

$$b_k = \min\{b_i | b_i < 0, i = 1, \cdots, m\} \tag{3-13}$$

则选择基变量 x_k 为出基变量；

②选择入基变量：如最小比值⊖为

$$\left|\frac{\bar{c}_l}{a_{kl}}\right| = \min\left\{\left|\frac{\bar{c}_j}{a_{kj}}\right| \bigg| a_{kj} < 0, \forall x_j \in \boldsymbol{X}_N\right\} \tag{3-14}$$

则选择非基变量 x_l 为入基变量，如果最小比值准则失效（即对所有 j，都有 $a_{kj} \geqslant 0$ 时），该问题无可行解⊖；

⊖ 注意，此准则中使用了绝对值，这样这个准则可同时适用于最大值问题和最小值问题的求解。

⊖ 当选择了 x_k 为出基变量时，一个原有的非基变量将变为基变量。与基本单纯形法选择出基变量的最小比值准则类似，式（3-14）的意义在于找到检验数率先变为 0 的那个非基变量 x_l 作为入基变量。否则，如果选择较大比值对应的非基变量作为入基变量，则新得到的基中，x_l 仍为非基变量，但其检验数 $\bar{c}_l$ 将不符合最优化条件（亦即，新基对偶不可行）。式（3-14）中要求 $a_{kj} < 0$，是因为在 $a_{kj} \geqslant 0$ 的情况下，非基变量 x_j 的值增加将不会使出基变量 x_k 的值增大为 0 而成为非基变量；进一步，如果所有 $a_{kj} \geqslant 0$，$\forall j$，则出基变量所在行的约束方程不能成立——等式左边为非负数，而右边为负数（或者说，无论选择哪个非基变量作为入基变量，都不可能使 x_k 的值增大为 0）——此时最小比值准则失效，问题无可行解。

③进行基变换：以 x_l 所在的列为主元列，以 a_{kl} 为主元素进行矩阵行变换，使得新的基变量向量在系数矩阵中的列向量构成一个单位矩阵，得到新的单纯形表。转入**第 2 步**。

由此可以得出对偶单纯形法与基本单纯形法在实施步骤上的一些差异：

首先，在（初始）单纯形表中，基本单纯形法与对偶单纯形法有不同的要求：前者要求"保持基的可行性"，表现为保证右端常数向量始终为非负；后者要求"保证基的对偶可行性"，表现为所有检验数始终满足最优化条件（即最大值问题的检验数全部为非正，最小值问题的检验数全部为非负），而右端常数向量中可以有负的元素，此即对偶单纯形法步骤中第 1 步的要求。因此，对偶单纯形法并不是所有线性规划问题的通用解法，它只能从检验数已经符合最优化条件的基本解开始求解。

其次，正因为对基的可行性和对偶可行性要求的差异，两种方法在迭代时选择入基变量与出基变量的准则和顺序也不同：在基本单纯形法中，选择入基变量的规则是尽可能提高目标函数优化的速率，其最小比值准则的意义在于保证基变换后基的可行性；在对偶单纯形法中，先是选择右端常数向量中最小负数所在约束方程对应的基变量作为出基变量［见式（3-13）］，从而更快地提升基的可行性，再通过式（3-14）选择入基变量，使得新基仍然满足最优化条件（亦即基的对偶可行性）。

最后，两种方法对最优解的判别也存在差异：基本单纯形法中，检验数符合最优化条件时问题取得最优解；对偶单纯形法中，常数向量全部非负时，问题取得最优解。

例 3-5 用对偶单纯形法求解引例中的对偶问题：

$$\begin{aligned} \min \quad & W = 320y_1 + 100y_2 \\ \text{s.t.} \quad & 8y_1 + 2y_2 \geqslant 5 \\ & 4y_1 + 2y_2 \geqslant 4 \\ & 5y_1 + y_2 \geqslant 2 \\ & y_1 \geqslant 0, y_2 \geqslant 0 \end{aligned}$$

解：模型中的约束条件都是"$\geqslant$"不等式，在引入剩余变量后约束方程组中无法直接找到初始基变量组合。在基本单纯形法中，这类问题通常采用人工变量法（大 M 法或两阶段法）求解。但是进一步观察，这个模型符合一定的条件：如果标准化后所有约束方程两端同乘以 -1，就可使引入的剩余变量成为基变量；目标函数系数皆为正数，如果填入单纯形表，则初始表的检验数均为非负，满足最小值问题的最优化条件，尽管此时得到的初始基本解不可行，却能够应用对偶单纯形法求解。

对于本例，为了使用由 c_j、$\boldsymbol{C_B}$、$\boldsymbol{x}$、$\boldsymbol{b}$、$\bar{c}_j$ 等符号所表述的单纯形表来完成计算，将变量符号 y 暂换为 x。引入剩余变量，改写得到以下模型：

$$\begin{aligned} \min \quad & W = 320x_1 + 100x_2 \\ \text{s.t.} \quad & -8x_1 - 2x_2 + x_3 = -5 \\ & -4x_1 - 2x_2 + x_4 = -4 \\ & -5x_1 - x_2 + x_5 = -2 \\ & x_1, x_2, x_3, x_4, x_5 \geqslant 0 \end{aligned}$$

由上式可以找到一个以 $(x_3, x_4, x_5)^\mathrm{T}$ 为基变量向量的对偶可行基，建立初始单纯形表 3-7。

表 3-7 初始对偶单纯形表

c_j		320	100	0	0	0	b
C_B	X_B	x_1	x_2	x_3	x_4	x_5	
0	x_3	[−8]	−2	1	0	0	−5→
0	x_4	−4	−2	0	1	0	−4
0	x_5	−5	−1	0	0	1	−2
	$\bar{c}_j$	320↑	100	0	0	0	$W=0$
比值		$\left\|\dfrac{320}{-8}\right\|$	$\left\|\dfrac{100}{-2}\right\|$				

因为常数向量 b 中含有小于零的元素，此基本解不是最优解。选择并标示 b 中最小负元素 −5 所对应的基变量 x_3 为出基变量，第 1 行为主元行。再分别计算各非基变量的检验数与出基变量所在行对应负元素比值的绝对值，如表 3-7 下方所示，则最小比值为：

$$\min\left\{\left|\frac{320}{-8}\right|,\left|\frac{100}{-2}\right|\right\}=\left|\frac{320}{-8}\right|$$

故选择并标示 x_1 为入基变量，第 1 列为主元列。然后，以主元行与主元列中交叉位置的主元素 −8 为中心进行迭代，使新的基变量向量在新的单纯形表中的列向量构成单位矩阵，得到表 3-8。

表 3-8

c_j		320	100	0	0	0	b
C_B	X_B	x_1	x_2	x_3	x_4	x_5	
320	x_1	1	$\dfrac{1}{4}$	$-\dfrac{1}{8}$	0	0	$\dfrac{5}{8}$
0	x_4	0	[−1]	$-\dfrac{1}{2}$	1	0	$-\dfrac{3}{2}$→
0	x_5	0	$\dfrac{1}{4}$	$-\dfrac{5}{8}$	0	1	$\dfrac{9}{8}$
	$\bar{c}_j$	0	20↑	40	0	0	$W=200$
比值			$\left\|\dfrac{20}{-1}\right\|$	$\left\|\dfrac{40}{-\frac{1}{2}}\right\|$			

同理，常数向量 b 中含有小于零的元素，当前的基本解不是最优解，选择 x_4 为出基变量。又因最小比值为：

$$\min\left\{\left|\frac{20}{-1}\right|,\left|\frac{40}{-\frac{1}{2}}\right|\right\}=\left|\frac{20}{-1}\right|$$

选择 x_2 为入基变量。迭代得到表 3-9。

表 3-9

c_j		320	100	0	0	0	b
C_B	X_B	x_1	x_2	x_3	x_4	x_5	
320	x_1	1	0	$-\dfrac{1}{4}$	$\dfrac{1}{4}$	0	$\dfrac{1}{4}$
100	x_2	0	1	$\dfrac{1}{2}$	−1	0	$\dfrac{3}{2}$
0	x_5	0	0	$-\dfrac{3}{4}$	$\dfrac{1}{4}$	1	$\dfrac{3}{4}$
	$\bar{c}_j$	0	0	30	20	0	$W=230$

表 3-9 中常数向量中 b 的所有元素都为非负，问题已经取得最优解。将变量符号由 x 换回 y，本问题的最优解为：

$$Y^* = (y_1^*, y_2^*, y_3^*, y_4^*, y_5^*) = \left(\frac{1}{4}, \frac{3}{2}, 0, 0, \frac{3}{4}\right), \quad W^* = 230$$

求解结束，此结果与表 3-6 一致。

在熟练掌握后，上述计算过程可以直接用连续的单纯形表完成，最小比值的计算可放在表外或不再列示。例 3-5 的完整计算过程如表 3-10 所示。

表 3-10　例 3-5 对偶单纯形法求解过程

C_B	c_j	320	100	0	0	0	b
	X_B	x_1	x_2	x_3	x_4	x_5	
0	x_3	[−8]	−2	1	0	0	−5 →
0	x_4	−4	−2	0	1	0	−4
0	x_5	−5	−1	0	0	1	−2
	$\bar{c}_j$	320↑	100	0	0	0	$W=0$
320	x_1	1	$\frac{1}{4}$	$-\frac{1}{8}$	0	0	$\frac{5}{8}$
0	x_4	0	[−1]	$-\frac{1}{2}$	1	0	$-\frac{3}{2}$ →
0	x_5	0	$\frac{1}{4}$	$-\frac{5}{8}$	0	1	$\frac{9}{8}$
	$\bar{c}_j$	0	20↑	40	0	0	$W=200$
320	x_1	1	0	$-\frac{1}{4}$	$\frac{1}{4}$	0	$\frac{1}{4}$
100	x_2	0	1	$\frac{1}{2}$	−1	0	$\frac{3}{2}$
0	x_3	0	0	$-\frac{3}{4}$	$\frac{1}{4}$	1	$\frac{3}{4}$
	$\bar{c}_j$	0	0	30	20	0	$W=230$

例 3-6　用对偶单纯形法求解线性规划问题：

$$\min \quad Z = 3x_1 + 4x_2 + 5x_3$$
$$\text{s.t.} \quad x_1 + 2x_2 + 3x_3 \geqslant 5$$
$$2x_1 + 2x_2 + x_3 \geqslant 6$$
$$x_1, x_2, x_3 \geqslant 0$$

解：与例 3-5 类似，引入剩余变量 x_4, x_5 将模型标准化后再转化为以下形式：

$$\min \quad Z = 3x_1 + 4x_2 + 5x_3$$
$$\text{s.t.} \quad -x_1 - 2x_2 - 3x_3 + x_4 \qquad = -5$$
$$-2x_1 - 2x_2 - x_3 \qquad + x_5 = -6$$
$$x_1, x_2, x_3, x_4, x_5 \geqslant 0$$

则以 x_4, x_5 为基变量可以得到一个对偶可行基（非基变量的检验数全部符合最优化条件），建立单纯形表求解此问题，完整过程为：

表 3-11 例 3-6 的对偶单纯形表求解过程

c_j		3	4	5	0	0	
C_B	X_B	x_1	x_2	x_3	x_4	x_5	b
0	x_4	-1	-2	-3	1	0	-5
0	x_5	$[-2]$	-2	-1	0	1	$-6 \rightarrow$
	$\bar{c}_j$	$3\uparrow$	4	5	0	0	$Z=0$
0	x_4	0	$[-1]$	$-\dfrac{5}{2}$	1	$-\dfrac{1}{2}$	$-2 \rightarrow$
3	x_1	1	1	$\dfrac{1}{2}$	0	$-\dfrac{1}{2}$	3
	$\bar{c}_j$	0	$1\uparrow$	$\dfrac{7}{2}$	0	$\dfrac{3}{2}$	$Z=9$
4	x_2	0	1	$\dfrac{5}{2}$	-1	$\dfrac{1}{2}$	2
3	x_1	1	0	-2	1	-1	1
	$\bar{c}_j$	0	0	1	1	1	$Z=11$

最终表中常数向量 b 中的所有元素都为非负，问题已经取得最优解

$$X^* = (x_1^*, x_2^*, x_3^*, x_4^*, x_5^*)^T = (1,2,0,0,0)^T, Z^* = 11$$

在例 3-5 和例 3-6 中，如果不采用对偶单纯形法，而是采用基本单纯形法，那么只能通过引入人工变量，用大 M 法或两阶段法来求解，计算过程将相对烦琐。

但是，这并不能说明——对于任何问题，或者对于需要引入人工变量来求解的问题，都可以用对偶单纯形法来求解。实际上，大多数线性规划问题甚至不符合对偶单纯形法异常苛刻的适用条件：初始基本解必须对应于一个对偶可行基，或者更直观地说，初始基本解所对应的所有非基变量的检验数必须符合最优化条件。例 3-5 和例 3-6 之所以可以直接应用对偶单纯形法，仅仅是因为其问题模型正好符合了这个适用条件。如果上述两例的目标函数改为求最大值，或者将其目标函数中任意一个变量的系数换为负数，则对偶单纯形法都不再适用。

虽然如此，某些情况下又必定会出现对偶单纯形法的适用条件，这也使得对偶单纯形法有较为广泛的应用。在灵敏度分析和参数规划中的某些特定问题，以及整数规划问题的某些求解方法中，采用对偶单纯形法将极大地提升求解效率。

第四节 灵敏度分析与参数线性规划

线性规划问题的最优解，通常是在假定问题模型中的 a_{ij}、b_i、c_j（$i=1, \cdots, m$；$j=1, \cdots, n$）都为已知常数的前提下求解得到的。对于许多实际问题，这些系数都是采用经验法或统计预测方法得到的估计值。由于认知能力有限，人们建立的数学模型中的某些系数常常与现实状况存在一定的偏差，模型的最优解不一定就是实际的最优解；另一方面，即使数学模型很好地反映出了现实状况，但环境的多变性也会使现时条件下成立的最优解在短期内就变得不再最优。

例如，在生产计划问题例 1-1 中，产品市场的销售状况发生变化将会影响产品的销售价格，进而影响产品的利润系数 c_j；资源供应量的变化，就会影响到 b_i；技术进步会影响

产品的生产工艺和原材料消耗,将导致模型中约束条件的系数 a_{ij} 发生变化。当这些变化发生时,已经求得的最优生产组合可能不再是最优解。

所以,仅仅求出给定系数设定下特定线性规划问题的最优解无法完全满足现实生产经营活动的需求,还需要进一步解决以下几个问题:

(1) 当某个系数发生变化时,原来求得的最优解有没有变化或有什么样的变化?
(2) 当某个系数在一个什么样的范围内变化时,原来求得的最优解或最优基不变?
(3) 当某个系数的变化已经引起最优解变化时,如何用最简单的方法求得新的最优解?

这就是**灵敏度分析**(sensitivity analysis,又称敏感性分析)的主要任务,本章主要讨论灵敏度分析的以下几种情况:

(1) 目标函数系数的变化。
(2) 右端常数向量的变化。
(3) 约束条件的变化,包括:
 - 加入新的决策变量;
 - 约束矩阵系数列向量的变化;
 - 增加新的约束条件。

灵敏度分析的起点一般为最优单纯形表,而基本的分析工具是在改进单纯形法部分得出的矩阵形式的单纯形表(见表 3-12),通过它可以更直接地观察不同系数的变化所带来的影响。

需说明的是,表 3-12 中的计算公式应灵活运用。例如,如果问题已经给出了最优单纯形表,则当前的 $\overline{p}_j$ 不需要用公式 $\overline{p}_j = B^{-1} p_j$ 就可以直接从表中读出,进而检验数 $\overline{c}_j$ 也可以直接用 $\overline{c}_j = c_j - C_B \overline{p}_j$ 来计算。

表 3-12 矩阵形式的单纯形表

		c_j	
		x_j	
C_B	X_B	$\overline{p}_j = B^{-1} p_j$	$\overline{b} = B^{-1} b$
		$\overline{c}_j = c_j - C_B B^{-1} p_j$	$Z = C_B B^{-1} b$

下面用一个例子来说明灵敏度分析的各种情况。

例 3-7 在例 1-1 中,F 公司每周根据采购的原材料 M_1 和 M_2 安排产品 A、B 和 C 的生产活动,已知生产三种产品的单件资源消耗和利润如表 1-1 所示,求 F 公司最优的周产品生产组合。

表 1-1 三种产品的基本信息表

单位消耗 \ 资源 \ 产品	产品 A	产品 B	产品 C	可用资源(单位:千克)
原材料 M_1	8	4	5	320
原材料 M_2	2	2	1	100
单位产品利润(单位:元/件)	5	4	2	

以 x_1, x_2 和 x_3 分别为本周生产产品 A、B 和 C 的数量,其线性规划模型为:

$$\max \quad Z = 5x_1 + 4x_2 + 2x_3$$
$$\text{s.t.} \quad 8x_1 + 4x_2 + 5x_3 \leqslant 320$$
$$2x_1 + 2x_2 + x_3 \leqslant 100$$
$$x_1, x_2, x_3 \geqslant 0$$

例 2-7 中用单纯形表法求解了这个模型。其中，初始表如表 3-13 所示。

表 3-13 例 2-7 的初始单纯形表

c_j		5	4	2	0	0	b
C_B	X_B	x_1	x_2	x_3	x_4	x_5	
0	x_4	8	4	5	1	0	320
0	x_5	2	2	1	0	1	100
	$\bar{c}_j$	5	4	2	0	0	$Z=0$

经过两次迭代，得到最优表（见表 3-14）。

表 3-14 例 2-7 的最优单纯形表

c_j		5	4	2	0	0	b
C_B	X_B	x_1	x_2	x_3	x_4	x_5	
5	x_1	1	0	$\frac{3}{4}$	$\frac{1}{4}$	$-\frac{1}{2}$	30
4	x_2	0	1	$-\frac{1}{4}$	$-\frac{1}{4}$	1	20
	$\bar{c}_j$	0	0	$-\frac{3}{4}$	$-\frac{1}{4}$	$-\frac{3}{2}$	$Z=230$

最优解为 $x_1^*=30$，$x_2^*=20$，即：最优的周产品生产组合为 30 件 A，20 件 B，不生产 C，总利润为 230 元。

下面我们将看到，灵敏度分析有助于分析某些条件的变化对最优产品生产组合的影响，并且提供了找到新的最优生产组合的方法。

一、目标函数系数的变化

1. 目标函数中非基变量系数的变化

由表 3-12 可知，目标函数中非基变量系数的变化只会通过该非基变量的检验数来影响当前基本解的最优性。

例 3-8 例 3-7 中产品 C 的单位利润在什么范围内变化时，原最优解仍为最优？当产品 C 的单位利润增加至 4 元时，最优解是什么？

解：改变产品 C 的单位利润，实际上就是改变原最优解中非基变量 x_3 的目标函数系数 c_3。因为

$$\bar{c}_3 = c_3 - \boldsymbol{C_B}\boldsymbol{\bar{p}}_3 = c_3 - (5,4)\begin{pmatrix} \frac{3}{4} \\ -\frac{1}{4} \end{pmatrix} = c_3 - \frac{11}{4}$$

欲使表 3-14 仍为最优，只需满足 $c_3 - \frac{11}{4} \leqslant 0$。换句话说，只要产品 C 的单位利润小于 $\frac{11}{4}$ 元，生产它就不合算。

当产品 C 的单位利润增至 4 元，则有

$$\bar{c}_3 = c_3 - \frac{11}{4} = \frac{5}{4} > 0$$

这时生产 C 可以增加总利润，表 3-14 不再最优。为了得到新的最优解，可将 $c_3=4$ 和 $\bar{c}_3=\dfrac{5}{4}$ 填入原最优表 3-14 继续求解：x_3 入基，由最小比值准则，x_1 出基，迭代结果如表 3-15 所示：

表 3-15

c_j		5	4	4	0	0	
C_B	X_B	x_1	x_2	x_3	x_4	x_5	b
5	x_1	1	0	$\left[\dfrac{3}{4}\right]$	$\dfrac{1}{4}$	$-\dfrac{1}{2}$	30 →
4	x_2	0	1	$-\dfrac{1}{4}$	$-\dfrac{1}{4}$	1	20
$\bar{c}_j$		0	0	$\dfrac{5}{4}$ ↑	$-\dfrac{1}{4}$	$-\dfrac{3}{2}$	$Z=230$
4	x_3	$\dfrac{4}{3}$	0	1	$\dfrac{1}{3}$	$-\dfrac{2}{3}$	40
4	x_2	$\dfrac{1}{3}$	1	0	$-\dfrac{1}{6}$	$\dfrac{5}{6}$	30
$\bar{c}_j$		$-\dfrac{5}{3}$	0	0	$-\dfrac{2}{3}$	$-\dfrac{2}{3}$	$Z=280$

于是，新的最优生产组合是 30 件产品 B，40 件产品 C，此时的最大利润为 280 元。

2. 目标函数中基变量系数的变化

在例 3-7 中，最优解对应的基变量为 x_1、x_2，现考虑改变 x_1 的目标函数系数，亦即产品 A 的单位利润 c_1。分析可知，当 c_1 在一定的范围内变化时，表 3-14 最优解将不受影响；当 c_1 下降至某一水平，生产 A 就不再合算；当 c_1 增加至某一水平时，也可能导致其他产品的生产变得不合算。

例 3-9 例 3-7 中产品 A 的单位利润在什么范围内变化时，原最优解维持最优？当 A 的单位利润增加至 10 元时，最优解是什么？

解： 由表 3-12 可知，目标函数中基变量系数的变化会通过影响所有非基变量的检验数来影响当前基本解的最优性，并进一步改变目标函数值。由于 x_1 为基变量，计算 x_1 的检验数没有意义（c_1 在一定范围内变化时必有 $\bar{c}_1=0$），但是 c_1 的变化同时影响了 $\boldsymbol{C_B}$，根据非基变量检验数算式 $\bar{c}_j=c_j-\boldsymbol{C_B}\bar{\boldsymbol{p}}_j$，有

$$\bar{c}_3=c_3-\boldsymbol{C_B}\bar{\boldsymbol{p}}_3=2-(c_1,4)\begin{pmatrix}\dfrac{3}{4}\\-\dfrac{1}{4}\end{pmatrix}=3-\dfrac{3}{4}c_1\leqslant 0$$

$$\bar{c}_4=c_4-\boldsymbol{C_B}\bar{\boldsymbol{p}}_4=0-(c_1,4)\begin{pmatrix}\dfrac{1}{4}\\-\dfrac{1}{4}\end{pmatrix}=1-\dfrac{1}{4}c_1\leqslant 0$$

$$\bar{c}_5=c_5-\boldsymbol{C_B}\bar{\boldsymbol{p}}_5=0-(c_1,4)\begin{pmatrix}-\dfrac{1}{2}\\1\end{pmatrix}=-4+\dfrac{1}{2}c_1\leqslant 0$$

即当 c_1 在 [4, 8] 范围内时，表 3-14 保持最优，当前的解仍为最优解。如果 $c_1=10$，将

有 $\bar{c}_5>0$,表 3-14 不再最优,可应用单纯形法求出新的最优解。

表 3-16

c_j		10	4	2	0	0	b
C_B	X_B	x_1	x_2	x_3	x_4	x_5	
10	x_1	1	0	$\frac{3}{4}$	$\frac{1}{4}$	$-\frac{1}{2}$	30
4	x_2	0	1	$-\frac{1}{4}$	$-\frac{1}{4}$	[1]	20→
$\bar{c}_j$		0	0	$-\frac{5}{2}$	$-\frac{3}{2}$	1↑	$Z=380$
10	x_1	1	$\frac{1}{2}$	$\frac{5}{8}$	$\frac{1}{8}$	0	40
0	x_5	0	1	$-\frac{1}{4}$	$-\frac{1}{4}$	1	20
$\bar{c}_j$		0	-1	$-\frac{9}{4}$	$-\frac{5}{4}$	0	$Z=400$

新的最优生产组合为 40 件产品 A,最大利润为 400 元。

3. 基变量和非基变量的目标函数系数同时变化

例 3-10 如果例 3-7 中产品 A、B、C 的单位利润变为 6、3、4 元,最优解是什么?

解: 同时改变三种产品的利润,则目标函数变为 $Z=6x_1+3x_2+4x_3$,与例 3-9 类似,求出所有非基变量的检验数:

$$\bar{c}_3 = c_3 - C_B\bar{p}_3 = 4-(6,3)\begin{bmatrix}\frac{3}{4}\\-\frac{1}{4}\end{bmatrix} = \frac{1}{4}$$

$$\bar{c}_4 = c_4 - C_B\bar{p}_4 = 0-(6,3)\begin{bmatrix}\frac{1}{4}\\-\frac{1}{4}\end{bmatrix} = -\frac{3}{4}$$

$$\bar{c}_5 = c_5 - C_B\bar{p}_5 = 0-(6,3)\begin{bmatrix}-\frac{1}{2}\\1\end{bmatrix} = 0$$

由于 $\bar{c}_3>0$,最优解将发生变化,可应用单纯形法求出新的最优解(略)。

二、右端常数向量 b 的变化

由表 3-12 可知,常数向量 b 与非基变量的检验数没有直接的关系,因此当一个问题取得最优解时,b 的变化不会影响解的最优性。但由式 $X_B=\bar{b}=B^{-1}b$ 可知,b 的变化必然首先影响解的数值。

例 3-11 在例 3-7 中,如果原材料 M_1 的周供应量由 320 千克增至 360 千克,最优解有什么变化? M_1 的周供应量 b_1 在什么范围内变化时,原生产组合(仅生产 A 和 B)仍为最优组合?当 b_1 增加至 500 时,最优解是什么?

解：初始右端常数向量 $\boldsymbol{b}$ 由 $\binom{320}{100}$ 变为 $\binom{360}{100}$ 时，由

$$\overline{\boldsymbol{b}} = \boldsymbol{B}^{-1}\boldsymbol{b}, \quad \boldsymbol{B}^{-1} = \begin{pmatrix} \dfrac{1}{4} & -\dfrac{1}{2} \\ -\dfrac{1}{4} & 1 \end{pmatrix}$$

则以原最优表（如表 3-14 所示）的 x_1 和 x_2 作为基变量组合时，$\overline{\boldsymbol{b}}$ 变为

$$\overline{\boldsymbol{b}} = \begin{pmatrix} \dfrac{1}{4} & -\dfrac{1}{2} \\ -\dfrac{1}{4} & 1 \end{pmatrix} \binom{360}{100} = \binom{40}{10}$$

$\overline{\boldsymbol{b}}$ 中所有元素仍为非负，因此表 3-14 中的基仍为最优基（x_1，x_2 仍为最优基变量组合），但最优解变为 $x_1=40$，$x_2=10$，$x_3=0$，即最优生产组合为 40 件 A 和 10 件 B，且最优利润变为 240 元，较原最优利润增加了 10 元。

原材料 M_1 的供应量的增加，在维持最优基不变的同时增加了最优利润，但这并不说明其供应量无限增大仍然能保持当前的基为最优基。M_1 的周供应量为 b_1，以 $\boldsymbol{b}^*$ 表示初始常数向量，有

$$\boldsymbol{b}^* = \binom{b_1}{100}$$

进而有

$$\overline{\boldsymbol{b}} = \boldsymbol{B}^{-1}\boldsymbol{b}^* = \begin{pmatrix} \dfrac{1}{4} & -\dfrac{1}{2} \\ -\dfrac{1}{4} & 1 \end{pmatrix} \binom{b_1}{100} = \begin{pmatrix} \dfrac{1}{4}b_1 - 50 \\ -\dfrac{1}{4}b_1 + 100 \end{pmatrix}$$

要维持表 3-14 的最优基仍为最优，应满足 $\overline{\boldsymbol{b}} \geqslant 0$。亦即

$$\frac{1}{4}b_1 - 50 \geqslant 0$$

$$-\frac{1}{4}b_1 + 100 \geqslant 0$$

因此，只要 b_1 落在 [200，400] 内，就可以维持产品 A、B 的最优生产组合，在这个区间内，最优解为：

$$x_1 = \frac{1}{4}b_1 - 50, \quad x_2 = -\frac{1}{4}b_1 + 100, \quad x_3 = 0$$

当 b_1 增至 500 时超出了该范围，$\boldsymbol{b} = \binom{500}{100}$，则 $\overline{\boldsymbol{b}}$ 为

$$\overline{\boldsymbol{b}} = \begin{pmatrix} \dfrac{1}{4} & -\dfrac{1}{2} \\ -\dfrac{1}{4} & 1 \end{pmatrix} \binom{500}{100} = \binom{75}{-25}$$

即 $x_2=-25$，此基本解不可行，表 3-14 不再最优。此时可将 $\overline{\boldsymbol{b}}$ 填入原最优表，继续应用对偶单纯形法求出新的最优解，见表 3-17。

表 3-17

c_j		5	4	2	0	0	b
C_B	X_B	x_1	x_2	x_3	x_4	x_5	
5	x_1	1	0	$\frac{3}{4}$	$\frac{1}{4}$	$-\frac{1}{2}$	75
4	x_2	0	1	$-\frac{1}{4}$	$\left[-\frac{1}{4}\right]$	1	$-25\rightarrow$
$\bar{c}_j$		0	0	$-\frac{3}{4}$	$-\frac{1}{4}\uparrow$	$-\frac{3}{2}$	$Z=275$
5	x_1	1	1	$\frac{1}{2}$	0	$\frac{1}{2}$	50
0	x_4	0	-4	1	1	-4	100
$\bar{c}_j$		0	-1	$-\frac{1}{2}$	0	$-\frac{5}{2}$	$Z=250$

新的最优生产计划为生产 50 件产品 A，最大利润为 250 元。

由例 3-11 可知，常数向量 b 的变化虽然不会直接影响非基变量的检验数，但是却可能使得 $\bar{b}$ 中出现负元素从而影响原最优基的可行性，进而使最优解发生变化。进一步，正因为 b 的变化不会直接影响非基变量的检验数，那么只要 b 的变化没有造成最优基的变化，则资源的影子价格保持不变，此时可直接用影子价格乘以新增/减少的资源数量得出最优利润的变化。在本例中，只要 b_1 落在 [200，400] 内，最优基维持不变，原材料 M_1 和 M_2 的影子价格仍然分别为 $\frac{1}{4}$ 和 $\frac{3}{2}$，M_1 周供应量的增量 Δb_1 所带来的最优利润增值为 $\frac{1}{4}\Delta b_1$。但当 $b_1=500$ 时，最优基（在 b_1 超过 400 时已经）发生了变化，原材料 M_1 和 M_2 的影子价格分别变为 0 和 $\frac{5}{2}$，就不能再简单地使用影子价格乘以资源的增量来计算其对最优利润的贡献了。

另外，根据影子价格的经济意义，还可将例 3-11 进一步复杂化。

例 3-12 假设 F 公司在采购完本周的 320 千克的 M_1 后，原材料市场上 M_1 发生了缺货，如需再购进 M_1 则需在原价的基础上另外承担 0.2 元/千克的溢价，问：在保持产品 A、B 仍为最优组合的前提下，F 公司是否应购入 M_1 扩大生产？如应购入 M_1，应购入多少？

解：理解影子价格的经济意义有助于解决这个问题：在原最优表 3-14 中，M_1 的影子价格为 $\frac{1}{4}$ 元，这表明以原价购进 1 千克 M_1 用于扩大生产将为最优利润带来 $\frac{1}{4}$ 元的边际贡献。在本例中，虽然 M_1 的价格上涨了 0.2 元/千克，但是剔除此额外成本后，购入 M_1 仍然能产生正的边际贡献（$0.25-0.2=0.05$ 元/千克），正确的决策是应继续采购 M_1。再由例 3-11 的分析可知，只要 M_1 的供应量在 200～400 之间时，原最优基仍为最优基，产品 A、B 仍为最优生产组合，亦即 F 公司最多应再采购 $400-320=80$ 千克 M_1 用于扩大生产，能带来的额外收益为 $0.05\times80=4$ 元。

相反，如果 M_1 的涨价幅度超过了 0.25 元，例如为 0.4 元/千克，那么购入 1 千克 M_1 会使最优利润减少 $0.4-0.25=0.15$ 元，此时 F 公司不仅不应买入 M_1，更合理的决策应为卖出 $320-200=120$ 千克的 M_1，可减少的机会损失为 $0.15\times120=18$ 元。

三、约束条件的变化

1. 引入新的决策变量

例 3-13 在例 3-7 中,经过技术创新,F 公司已经具备了生产一种市场需求旺盛的新产品 D 的能力。生产 1 件产品 D 消耗 3 千克 M_1 和 2 千克 M_2,单位利润为 3 元。问:此时的最优解是什么?当产品 D 的单位利润为 4 元时,最优解又是什么?

解: 引入新产品 D,相当于在原线性规划模型的标准形式中引入一个新的决策变量 x_6,当产品 D 的单位利润为 3 元时,有以下线性规划模型:

$$\max \quad Z = 5x_1 + 4x_2 + 2x_3 + 3x_6$$
$$\text{s.t.} \quad 8x_1 + 4x_2 + 5x_3 + x_4 + \quad\quad 3x_6 = 320$$
$$2x_1 + 2x_2 + x_3 \quad\quad + x_5 + 2x_6 = 100$$
$$x_1, x_2, x_3, x_4, x_5, x_6 \geqslant 0$$

对于这类问题,不需要重新求解整个模型。可以将 x_6 考虑为当前最优解中的非基变量,只要其检验数满足最优条件,即 $\bar{c}_6 \leqslant 0$($\bar{c}_6$ 的实际意义为生产一件产品 D 对总利润的贡献),则原最优表中的最优产品组合仍为最优。因为

$$\bar{c}_6 = c_6 - \boldsymbol{C}_B \boldsymbol{B}^{-1} \boldsymbol{p}_6 = 3 - (5, 4) \begin{pmatrix} \frac{1}{4} & -\frac{1}{2} \\ -\frac{1}{4} & 1 \end{pmatrix} \begin{pmatrix} 3 \\ 2 \end{pmatrix}$$

$$= 3 - \left(\frac{1}{4}, \frac{3}{2}\right) \begin{pmatrix} 3 \\ 2 \end{pmatrix} = -\frac{3}{4} < 0$$

说明生产产品 D 不能使最优利润增加,原组合仍为最优组合。

产品 D 的单位利润为 4 元时,$\bar{c}_6 = \frac{1}{4} > 0$,说明生产 D 可增加最优利润,这时的处理方法是在原最优表 3-14 中增加一列,得到表 3-18。

表 3-18

c_j			5	4	2	0	0	4	
C_B	X_B		x_1	x_2	x_3	x_4	x_5	x_6	b
5	x_1		1	0	$\frac{3}{4}$	$\frac{1}{4}$	$-\frac{1}{2}$	$-\frac{1}{4}$	30
4	x_2		0	1	$-\frac{1}{4}$	$-\frac{1}{4}$	1	$\frac{5}{4}$	20
$\bar{c}_j$			0	0	$-\frac{3}{4}$	$-\frac{1}{4}$	$-\frac{3}{2}$	$\frac{1}{4}$	$Z=230$

需要注意的是,表 3-18 中 x_6 所在列的系数列向量应为基变量向量取 $(x_1, x_2)^T$ 时的结果,即:

$$\bar{\boldsymbol{p}}_6 = \boldsymbol{B}^{-1} \boldsymbol{p}_6 = \begin{pmatrix} \frac{1}{4} & -\frac{1}{2} \\ -\frac{1}{4} & 1 \end{pmatrix} \begin{pmatrix} 3 \\ 2 \end{pmatrix} = \begin{pmatrix} -\frac{1}{4} \\ \frac{5}{4} \end{pmatrix}$$

继续求解表 3-18 可得到新的最优解。

2. 约束矩阵中系数列向量的变化

在生产计划问题中,改变生产单位某产品的资源消耗系数,等价于改变对应决策变量 x_j 在约束矩阵系数列向量 $\boldsymbol{p}_j$。这里需注意区分 x_j 是最优表 3-14 中的基变量还是非基变量:

如果 x_j 为非基变量,例如产品 C 的原材料消耗系数 $\boldsymbol{p}_3$ 发生变化时,判断和求解的方法与前一种情况相同,即检查 x_j 的检验数 $\bar{c}_j$ 是否满足最优条件;

而如果 x_j 是基变量(例如产品 A 或产品 B 的资源消耗系数 $\boldsymbol{p}_1$ 或 $\boldsymbol{p}_2$ 发生变化),那么 $\boldsymbol{p}_j$ 的变化将引起基矩阵的 $\boldsymbol{B}$ 变化。由表 3-12 知,$\boldsymbol{B}$ 的变化将影响单纯形法迭代过程中几乎所有的计算项目,问题只能重新迭代。

3. 引入新的约束条件

例 3-14 在例 3-7 中,由于劳动力市场出现劳动力短缺,F 公司每周能够使用的劳动力工时被限制在 720 个小时,而生产单位产品 A、B、C 分别需要 12、10、6 个小时。问:此时的最优解是什么?

解: 此即在例 3-7 的原始模型中增加一个新的约束条件:
$$12x_1 + 10x_2 + 6x_3 \leqslant 720$$

对于这一类问题,不应急于写出新的线性规划模型,首先应检验原最优解是否满足新引入的约束条件,如果满足,则原最优解不受新约束的影响仍为最优。

在本例中,将原最优解 $x_1=30$,$x_2=20$,$x_3=0$ 代入新引入的约束条件,有
$$12x_1 + 10x_2 + 6x_3 = 560 < 720$$

因此原最优解维持不变。

再来看原最优解无法满足新约束条件的情况。

例 3-15 如果例 3-14 中每周能够使用的劳动力工时为 480 个小时,最优解是什么?

解: 显然,因为 $12x_1 + 10x_2 + 6x_3 = 560 > 480$ 当前最优解不满足新的约束条件。这时,可以将新约束加入原始模型,作为一个新的问题重新求解,但这不是灵敏度分析推崇的方式。较为便捷的作法是:将新约束条件加入原最优表,经过简单的改写,就可以应用对偶单纯形法求出新的最优解。

在新约束条件中加入松弛变量 x_6 使之成为等式约束 $12x_1 + 10x_2 + 6x_3 + x_6 = 480$,添加到原最优表 3-14 成为约束矩阵的第三行,见表 3-19:

表 3-19

C_B	X_B	c_j						b
		5	4	2	0	0	0	
		x_1	x_2	x_3	x_4	x_5	x_6	
?	?	1	0	$\frac{3}{4}$	$\frac{1}{4}$	$-\frac{1}{2}$	0	30
?	?	0	1	$-\frac{1}{4}$	$-\frac{1}{4}$	1	0	20
?	?	12	10	6	0	0	0	480
	$\bar{c}_j$	?	?	?	?	?	?	$Z=?$

由于新加入的第三行打破了原有的格局,由表 3-19 无法直接确定基变量组合,不能

继续使用单纯形表法求解。但又因为这一类问题有其特殊性,可以对第三行进行适当处理——用第三行减去第一行的 12 倍,再减去第二行的 10 倍——由 x_1、x_2 和 x_6 构成基变量组合,得到表 3-20。

表　3-20

c_j		5	4	2	0	0	0	b
C_B	X_B	x_1	x_2	x_3	x_4	x_5	x_6	
5	x_1	1	0	$\frac{3}{4}$	$\frac{1}{4}$	$-\frac{1}{2}$	0	30
4	x_2	0	1	$-\frac{1}{4}$	$-\frac{1}{4}$	1	0	20
0	x_6	0	0	$-\frac{1}{2}$	$-\frac{1}{2}$	$[-4]$	1	$-80\rightarrow$
$\bar{c}_j$		0	0	$-\frac{3}{4}$	$-\frac{1}{4}$	$-\frac{3}{2}\uparrow$	0	$Z=230$

用对偶单纯形法求解,得

表　3-21

c_j		5	4	2	0	0	0	b
C_B	X_B	x_1	x_2	x_3	x_4	x_5	x_6	
5	x_1	1	0	$\frac{13}{16}$	$\frac{5}{16}$	0	$-\frac{1}{8}$	40
4	x_2	0	1	$-\frac{3}{8}$	$-\frac{3}{8}$	0	$\frac{1}{4}$	0
0	x_5	0	0	$\frac{1}{8}$	$\frac{1}{8}$	1	$-\frac{1}{4}$	20
$\bar{c}_j$		0	0	$-\frac{9}{16}$	$-\frac{1}{16}$	0	$-\frac{3}{8}$	$Z=200$

新的最优生产组合为只生产 40 件 A,最大利润为 200 元,少于引入新约束前的 230 元。

无论何时,向一个线性规划问题引入新的约束条件,最优的目标函数值总是劣于或等于原来的最优值,换句话说,引入新的约束条件不可能改善线性规划问题的最优值。

四、参数线性规划

前面介绍的灵敏度分析所涉及的问题多数是一个系数的变化如何影响最优解和最优目标函数值。在许多实际问题中,常常有若干个系数同步变化的情况。例如生产计划问题中,可能面临不同产品价格的同步变化,或者若干资源供应量的同步变化。当线性规划模型中的若干个系数是某个参数的线性函数时,这时的灵敏度分析就被称为**参数线性规划**(parameter linear programming)。

与灵敏度分析类似,参数线性规划的任务是:研究线性规划问题的最优解、目标函数值以及其他特征随参数 μ 取值不同时的不变性和变化规律。对于生产计划问题,这里主要探讨两种情况:

(1) 目标函数系数中包含参数 μ 的情况,其参数线性规划模型为:

$$\max \quad Z = (\boldsymbol{C} + \mu \boldsymbol{C}')\boldsymbol{X}$$
$$\text{s. t.} \quad \boldsymbol{AX} \leqslant \boldsymbol{b}$$
$$\boldsymbol{X} \geqslant \boldsymbol{0}$$

其中，$C+\mu C'$ 为利润向量，C 为固定利润向量，C' 为利润随参数 μ 变动的速率向量。

（2）右端常数向量 b 中包含参数 μ 的情况，其参数线性规划模型为：

$$\max \quad Z = CX$$
$$\text{s. t.} \quad AX \leqslant b + \mu b'$$
$$X \geqslant 0$$

其中，$b+\mu b'$ 为资源供应量向量，b 为固定供应量向量，b' 为资源供应量随参数 μ 变动的速率向量。

参数线性规划通常在单纯形表上完成，其求解步骤为：

第1步 求解出 $\mu=0$ 时的最优单纯形表，然后将 $\mu C'$ 或 $\mu b'$ 反映进去，并求出保持当前最优解（最优基）时允许 μ 值变化的范围；

第2步 当 μ 值的已知范围已经覆盖了 $(-\infty, +\infty)$ 或给定的求解区域时，求解结束；

第3步 向 μ 值的已知范围外增大或减少 μ 值，找到一个相邻的区间：在此区间内有新的最优基，且此最优基维持不变，用基本单纯形法或对偶单纯形法求出此时新的最优解，返回**第2步**。

1. 目标函数系数向量 C 中包含参数 μ

例 3-16 假设例 3-7 中产品 A、B、C 的单位利润 c_1, c_2, c_3 分别为参数 μ 的函数

$$c_1 = 5 - \mu, \quad c_2 = 4 - 2\mu, \quad c_3 = 2 + \mu$$

则线性规划模型为：

$$\max \quad Z = (5-\mu)x_1 + (4-2\mu)x_2 + (2+\mu)x_3$$
$$\text{s. t.} \quad 8x_1 + 4x_2 + 5x_3 \leqslant 320$$
$$2x_1 + 2x_2 + x_3 \leqslant 100$$
$$x_1, x_2, x_3 \geqslant 0$$

求 μ 在区间 $(-\infty, +\infty)$ 内变化时，最优解及最优目标函数值的变化。

解：首先，令 $\mu=0$，求出问题的最优单纯形表，然后将 μ 反映到最优单纯形表中。由于本例目标函数中决策变量的常数部分与例 3-7 相同，可直接改写例 3-7 的最优表 3-14 的目标函数部分，计算非基变量的检验数，得到表 3-22。

表 3-22

C_B	X_B	c_j	$5-\mu$	$4-2\mu$	$2+\mu$	0	0	b
			x_1	x_2	x_3	x_4	x_5	
$5-\mu$	x_1		1	0	$\frac{3}{4}$	$\frac{1}{4}$	$-\frac{1}{2}$	30
$4-2\mu$	x_2		0	1	$-\frac{1}{4}$	$-\frac{1}{4}$	1	20
	$\bar{c}_j$		0	0	$\frac{-3+5\mu}{4}$	$\frac{-1-\mu}{4}$	$\frac{-3+3\mu}{2}$	$Z=230-70\mu$

要使表 3-22 为最优表，所有非基变量的检验数必须非正，亦即要求 $\mu \in \left[-1, \frac{3}{5}\right]$，此时的最优解为 $x_1^* = 30$，$x_2^* = 20$，最优值为 $Z^* = 230 - 70\mu$。

向 μ 值的已知范围 $\left[-1, \frac{3}{5}\right]$ 外减小 μ 值。观察表 3-22，当 $\mu < -1$ 时，$\bar{c}_4 > 0$，取 x_4 为入基变量，由表 3-22 迭代得到表 3-23。

表 3-23

c_j		$5-\mu$	$4-2\mu$	$2+\mu$	0	0	
C_B	X_B	x_1	x_2	x_3	x_4	x_5	b
0	x_4	4	0	3	1	-2	120
$4-2\mu$	x_2	1	1	$\frac{1}{2}$	0	$\frac{1}{2}$	50
	$\bar{c}_j$	$1+\mu$	0	2μ	0	$-2+\mu$	$Z=200-100\mu$

由表 3-23 可知，当 $\mu\in(-\infty,-1)$ 时，所有非基变量取值为负，表 3-23 恒为最优表，此时的最优解为 $x_1^*=0$，$x_2^*=50$，$x_3^*=0$，最优值为 $Z^*=200-100\mu$。

此时 μ 值的已知范围为 $\left(-\infty,\frac{3}{5}\right]$，向此范围外增大 μ 值。由表 3-22 可知，当 $\mu>\frac{3}{5}$ 时，$\bar{c}_3>0$，取 x_3 为入基变量，由表 3-22 迭代得到表 3-24。

表 3-24

c_j		$5-\mu$	$4-2\mu$	$2+\mu$	0	0	
C_B	X_B	x_1	x_2	x_3	x_4	x_5	b
$2+\mu$	x_3	$\frac{4}{3}$	0	1	$\frac{1}{3}$	$-\frac{2}{3}$	40
$4-2\mu$	x_2	$\frac{1}{3}$	1	0	$-\frac{1}{6}$	$\frac{5}{6}$	30
	$\bar{c}_j$	$1-\frac{5}{3}\mu$	0	0	$-\frac{2}{3}\mu$	$-2+\frac{7}{3}\mu$	$Z=200-20\mu$

当 $\mu\in\left(\frac{3}{5},\frac{6}{7}\right]$ 时，表 3-24 为最优表（所有非基变量检验数非正），最优解为 $x_2^*=30$，$x_3^*=40$，最优值为 $Z^*=200-20\mu$；当 $\mu>\frac{6}{7}$ 时，有 $\bar{c}_5>0$，表 3-24 不再最优，取 x_5 为入基变量，由表 3-24 继续迭代得到表 3-25。

表 3-25

c_j		$5-\mu$	$4-2\mu$	$2+\mu$	0	0	
C_B	X_B	x_1	x_2	x_3	x_4	x_5	b
$2+\mu$	x_3	$\frac{8}{5}$	$\frac{4}{5}$	1	$\frac{1}{5}$	0	64
0	x_5	$\frac{2}{5}$	$\frac{6}{5}$	0	$-\frac{1}{5}$	1	36
	$\bar{c}_j$	$\frac{9-13\mu}{5}$	$\frac{12-14\mu}{5}$	0	$\frac{-2-\mu}{5}$	0	$Z=128+64\mu$

观察表 3-25，当 $\mu\in\left(\frac{6}{7},+\infty\right)$ 时，所有非基变量取值为负，表 3-25 恒为最优表。此时最优解为 $x_3^*=64$，最优值为 $Z^*=128+64\mu$。

至此，就求出了最优解和最优目标函数值随 μ 在区间 $(-\infty,+\infty)$ 内变化的全部结果，最优目标函数值 Z^* 与 μ 的函数关系为：

$$Z^*=\begin{cases}200-100\mu & \mu\in(-\infty,-1)\\ 230-70\mu & \mu\in\left[-1,\frac{3}{5}\right]\\ 200-20\mu & \mu\in\left(\frac{3}{5},\frac{6}{7}\right]\\ 128+64\mu & \mu\in\left(\frac{6}{7},+\infty\right)\end{cases}$$

图 3-2 为 Z^* 与 μ 的函数关系图。

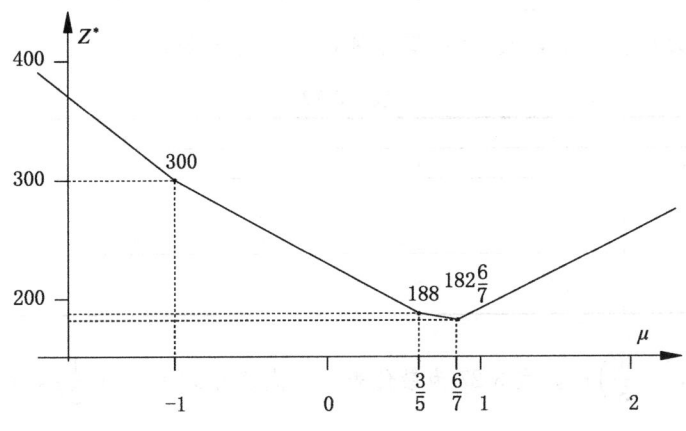

图 3-2 Z^* 与 μ 的函数关系图

2. 右端常数向量 b 中包含参数 μ

例 3-17 假设例 3-7 中原材料 M_1 和 M_2 的供应量 b_1 和 b_2 分别为参数 μ 的函数
$$b_1 = 320 - 2\mu, \quad b_2 = 100 + \mu$$
则线性规划模型为：
$$\max \quad Z = 5x_1 + 4x_2 + 2x_3$$
$$\text{s. t.} \quad 8x_1 + 4x_2 + 5x_3 \leqslant 320 - 2\mu$$
$$2x_1 + 2x_2 + x_3 \leqslant 100 + \mu$$
$$x_1, x_2, x_3 \geqslant 0$$

求 μ 在区间 $(-\infty, +\infty)$ 内变化时，最优解及最优目标函数值的变化。

解：令 $\mu = 0$，求得最优单纯形表 3-14。要将 μ 反映进最优表，可以直接计算 $\overline{b} = B^{-1} b$，也可以计算增量 $\Delta \overline{b} = B^{-1} \Delta b$：

$$\Delta \overline{b} = \begin{pmatrix} \frac{1}{4} & -\frac{1}{2} \\ -\frac{1}{4} & 1 \end{pmatrix} \begin{pmatrix} -2\mu \\ \mu \end{pmatrix} = \begin{pmatrix} -\mu \\ \frac{3}{2}\mu \end{pmatrix}$$

再将 $\Delta \overline{b}$ 加到表 3-9 的常数列中，得到表 3-26。

表 3-26

c_j		5	4	2	0	0	b
C_B	X_B	x_1	x_2	x_3	x_4	x_5	
5	x_1	1	0	$\frac{3}{4}$	$\frac{1}{4}$	$-\frac{1}{2}$	$30 - \mu$
4	x_2	0	1	$-\frac{1}{4}$	$-\frac{1}{4}$	1	$20 + \frac{3}{2}\mu$
	$\overline{c}_j$	0	0	$-\frac{3}{4}$	$-\frac{1}{4}$	$-\frac{3}{2}$	$Z = 230 + \mu$

当 $\mu \in \left[-\frac{40}{3}, 30 \right]$ 时，表 3-26 为最优表，最优解为 $x_1^* = 30 - \mu$，$x_2^* = 20 + \frac{3}{2}\mu$，$x_3^* = 0$，最优值为 $Z^* = 230 + \mu$。

当 $\mu < -\dfrac{40}{3}$ 时，$\bar{b}_2 = 20 + \dfrac{3}{2}\mu < 0$，表 3-26 中的基本解不可行。用对偶单纯形法求出新的最优解：取 x_2 为出基变量，x_4 为入基变量，迭代得表 3-27。

表 3-27

c_j		5	4	2	0	0	b
C_B	X_B	x_1	x_2	x_3	x_4	x_5	
5	x_1	1	1	$\dfrac{1}{2}$	0	$\dfrac{1}{2}$	$50 + \dfrac{1}{2}\mu$
0	x_4	0	-4	1	1	-4	$-80 - 6\mu$
$\bar{c}_j$		0	-1	$-\dfrac{1}{2}$	0	$-\dfrac{5}{2}$	$Z = 250 + \dfrac{5}{2}\mu$

当 $\mu \in \left[-100, -\dfrac{40}{3}\right)$ 时，表 3-27 为最优表，最优解为 $x_1^* = 50 + \dfrac{1}{2}\mu$，$x_2^* = 0$，$x_3^* = 0$，最优值为 $Z^* = 250 + \dfrac{5}{2}\mu$。继续减小 μ，当 $\mu < -100$ 时，$\bar{b}_1 = 50 + \dfrac{1}{2}\mu < 0$，表 3-27 的基本解不可行，应取 x_1 为出基变量，但此时应用对偶单纯形法的最小比值准则失效（非基变量在约束矩阵第一行中的系数全部为正），说明当 $\mu < -100$ 时问题无可行解。实际上，从问题的原始模型也可以直接判定：$\mu < -100$ 以及 $\mu > 160$ 时问题不仅无可行解，而且无实际意义。

此时 μ 值的已知范围为 $(-\infty, 30]$，μ 值还可增大至 30 以上。回到表 3-26，观察可知，当 $\mu > 30$ 时，该基本解不可行。应用对偶单纯形法，取 x_1 为出基变量，取 x_5 为入基变量，迭代得到表 3-28。

表 3-28

c_j		5	4	2	0	0	b
C_B	X_B	x_1	x_2	x_3	x_4	x_5	
0	x_5	-2	0	$-\dfrac{3}{2}$	$-\dfrac{1}{2}$	1	$-60 + 2\mu$
4	x_2	2	1	$\dfrac{5}{4}$	$\dfrac{1}{4}$	0	$80 - \dfrac{1}{2}\mu$
$\bar{c}_j$		0	0	$-\dfrac{3}{4}$	$-\dfrac{1}{4}$	$-\dfrac{3}{2}$	$Z = 320 - 2\mu$

同理，当 $\mu \in (30, 160]$，表 3-28 为最优表，最优解为 $x_1^* = 0$，$x_2^* = 80 - \dfrac{1}{2}\mu$，$x_3^* = 0$，最优值为 $Z^* = 320 - 2\mu$。当时 $\mu > 160$，同样面临最小比值失效，问题无可行解且无实际意义。

综上，最优目标函数值 Z^* 与 μ 的函数关系为：

$$Z^* = \begin{cases} \text{无可行解} & \mu \in (-\infty, -100) \\ 250 + \dfrac{5}{2}\mu & \mu \in \left[-100, -\dfrac{40}{3}\right) \\ 230 + \mu & \mu \in \left[-\dfrac{40}{3}, 30\right] \\ 320 - 2\mu & \mu \in (30, 160] \\ \text{无可行解} & \mu \in (160, +\infty) \end{cases}$$

其函数关系图如图 3-3 所示。

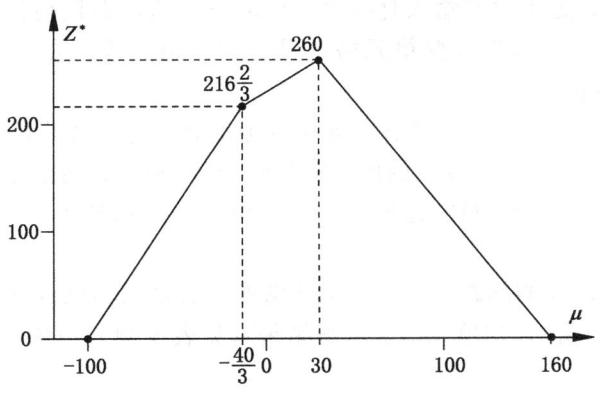

图 3-3　Z^* 与 μ 的函数关系图

五、用 Excel 规划求解工具进行灵敏度分析

在第一章第三节中，我们已经介绍了利用 Excel 的规划求解工具求解线性规划问题的方法。利用 Excel 规划求解工具所生成的报告，还可以进行简单的灵敏度分析。

第一章第三节通过例 1-13 演示了如何用 Excel 规划求解工具求解生产计划问题例 1-1（亦即本章所使用的例 3-7），为了得到更具可读性的报表，例 1-13 中推荐使用更具直观性的输入方式（见图 1-26），其计算结果如图 1-27 所示。

下面继续以例 1-13 为例，介绍 Excel 的三份规划求解报告及进行灵敏度分析的方法。

首先，要得到求解结果报告，可在求解时弹出的规划求解结果窗口中单击选择所有三份报告，如图 3-4 所示，在当前工作簿中就会自动生成三个新的工作表"运算结果报告 1"、"敏感性报告 1"和"极限值报告 1"（见图 1-27 底部）。

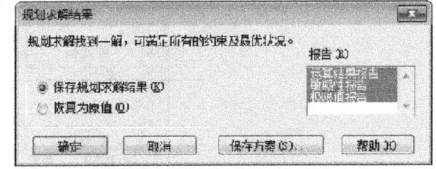

图 3-4　规划求解结果

1. 运算结果报告

例 1-13 得出的运算结果报告如图 3-5 所示。

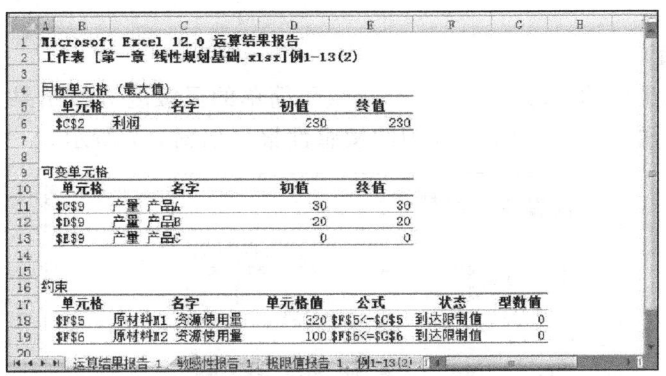

图 3-5　运算结果报告

"运算结果报告"显示了关于模型的目标函数（目标单元格）、决策变量（可变单元格）以及约束的信息。对于目标单元格和可变单元格，规划求解工具会显示出其初始值和

最终值。所谓初始值，是指模型输入时该单元格的设定值，而最终值是 Excel 求解出的某个最优解。在例 1-13 中，由于可变单元格未设定初始值，所以在运算结果报告中其初值和目标单元格的初始都为 0。

在约束条件方面，报告中显示了各单元格的地址和名称、最终的值、公式以及两个称为状态（status）和型值数（slack）的值。"状态"有三种：到达限制值、未到限制值和不满足约束。"型值数"（slack）指的是最终的约束单元格值和初始约束值（或者其边界值）之差。

图 3-5 显示，例 1-13 的问题模型取得最优解时两种原材料已经达到限制值，松弛变量取值为 0（即型值数的值），与单纯形法求解结果（见表 3-14）一致。

2. 极限值报告

"极限值报告"列出了目标单元格及其极限值，以及可变单元格的地址、名称及其极限值（见图 3-6）。其中：

（1）下限/上限极限：在保持其他可变单元格固定情况下，一个可变单元格可以达到的最小值/最大值；

（2）目标式结果：当可变单元格的值是下限极限或上限极限时，目标单元格的值。

图 3-6 显示，例 1-13 中，当问题取得极限值时，在保持其他产品产量不变的前提下，产品 A 的产量极限值为 0~30。当 A 的产量为下限 0 时，目标函数值为 80；当 A 的产量取上限时，目标函数值为 230，由此可知 A 对极限值的贡献为 150。

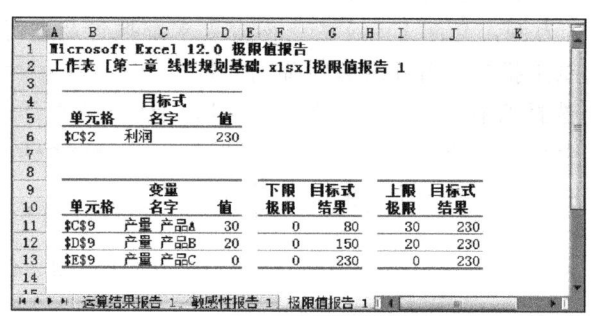

图 3-6 极限值报告

3. 敏感性报告

规划求解工具生成的"敏感性报告"提供了简单的灵敏度分析结果。对于线性规划模型，这个报告包含两个部分，例 1-13 中的敏感性报告如图 3-7 所示。

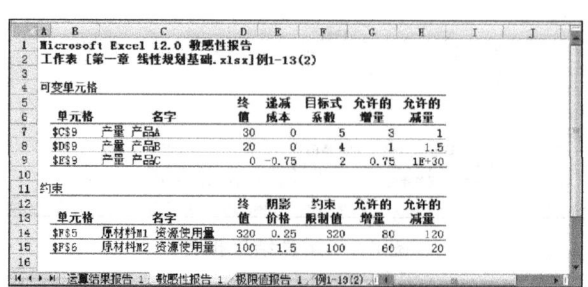

图 3-7 敏感性报告

在上方的"可变单元格"部分，显示各单元格的地址、单元格名称、终值（即最优解)、目标式系数，以及下列信息：

(1) 递减成本 (reduced cost)：是指该可变单元格增加 1 时，目标单元格的增量。如图 3-7 所示，例 1-13 的最优解中产品 A、B、C 的递减成本分别为 0、0、-0.75。结合例 1-13 的实际背景，每种产品的递减成本（取绝对值）可以理解为生产该产品的单位机会成本或机会损失⊖。回顾检验数的数学意义，递减成本在数值上恰好就是决策变量的检验数［参见单纯形法求解结果（见表 3-14）的检验数］。

(2) 允许的增量/减量：是指在维持当前最优解不变的前提下，该可变单元格的目标函数系数可以增加/减小的量。如图 3-7 所示，例 1-13 在保持当前最优解不受影响的前提下，产品 A 的目标函数系数最多可以增加 3 或减小 1，此结论与例 3-9 第一问的结果一致；产品 B 的目标函数系数最多可以增加 1 或减小 1.5；产品 C 的目标函数系数最多可以增加 0.75，或者减小到负无穷大（1E+30 表示 10^{30}），此结论与例 3-8 第一问的结论一致。

"敏感性报告"的下方的"约束"部分，除显示出每个约束单元格的地址、名称、终值和限制值之外，还包括：

(1) 阴影价格：又称为影子价格，指该约束条件右边的常数增加 1 时，目标单元格的增加量。如图 3-7 所示，例 1-13 中原材料 M_1 和 M_2 的影子价格分别为 0.25 和 1.5，与单纯形法求解结果（见表 3-14）一致。

(2) 允许的增量/减量：是指在维持当前最优基不变的前提下，该约束条件右边常数的可增加量或可减小量。如图 3-7 所示，例 1-13 中原材料 M_1 最多可增加 80 或减少 120（与例 3-11 第二问的求解结果一致），M_2 最多可增加 60 或减少 20。

Excel 规划求解工具中提供的报告，特别是敏感性报告，可以完成简单的灵敏度分析，但其局限性也是很明显的：对于决策变量在目标函数中系数 c_j 的分析，只提供保持当前最优解的前提下的变动范围，而不提供 c_j 超出此范围时的结果；同理，对于约束条件右端常数 b_i 的变动范围，也只针对保持当前最优基的情况；不提供约束条件系数矩阵 A 的各种可能变化所带来的结果。当需要更多的分析结果时，如果仅仅使用规划求解工具，可行的做法是：根据敏感性报告提供的结果来修改模型中的系数，重新规划求解得到新的结果和新的敏感性报告。

另外，Excel 的开放性为有基本开发能力的人提供了进一步优化规划求解工具的可能性，已经有不少学者使用 Excel 的 VBA、宏、公式，开发出了更高级的规划求解工具插件或者宏。例如美国印第安那大学的 Albright 和 Winston 开发的适用于各种版本 Excel 的 SolverTable 插件⊜，可以提供更好的灵敏度分析结果。

本章小结

本章在前三节介绍了线性规划中非常重要的一部分内容：对偶理论和对偶单纯形法，理解线性规划的对偶特征对于提高求解某些特殊的线性规划问题以及灵敏度

⊖ 从影子价格角度，其在数值上等于生产单位该产品带来的利润减去因生产该产品所消耗的资源价值（资源数量乘以资源的影子价格）。产品 A 和 B 属于最优产品组合，不存在机会成本。对于产品 C，其单位利润为 2，消耗 5 个单位 M_1（影子价格为 0.25）和 1 个单位 M_2（影子价格为 1.5），所以其机会损失为 2-(0.25×5+1.5×1)=-0.75 的绝对值 0.75。换句话说，只有产品 C 的单位利润增加 0.75，即 c_3=2.75 时，才不会有此机会成本。

⊜ 免费下载地址为：http://www.kelley.iu.edu/albrightbooks/Free_downloads.htm。

分析的效率，都有重要的意义；第四节介绍灵敏度分析和参数规划是线性规划用于实际管理时常常涉及的问题——特定系数的变化对问题最优解的影响及得出新的最优解的方法，其分析和求解需要综合运用本章与前面两章的知识点。

 习题

一、对偶理论的应用

1. 已知线性规划问题：

$$\max \quad Z = x_1 + x_2$$
$$\text{s.t.} \quad -x_1 + x_2 + x_3 \leqslant 2$$
$$-2x_1 + x_2 - x_3 \leqslant 1$$
$$x_i \geqslant 0, i = 1, 2, 3$$

试应用对偶理论证明该问题有无界解。

2. 写出下列问题的对偶问题：

(1) $\min \quad Z = 2x_1 + x_2 + 3x_3 + x_4$
$\text{s.t.} \quad x_1 + x_2 + x_3 + x_4 \leqslant 5$
$\quad 2x_1 - x_2 + 3x_3 \quad\quad = -4$
$\quad x_1 - \quad\quad x_3 + x_4 \geqslant 1$
$\quad x_1, x_2 \geqslant 0, x_3, x_4$ 无限制

(2) $\min \quad Z = -3x_1 + 4x_2 - 2x_3 + 5x_4$
$\text{s.t.} \quad 4x_1 - x_2 + 2x_3 - x_4 = -2$
$\quad x_1 + x_2 + 3x_3 - x_4 \leqslant 14$
$\quad -2x_1 + 3x_2 - x_3 + 2x_4 \geqslant 2$
$\quad x_1, x_2 \geqslant 0, x_3 \leqslant 0, x_4$ 无限制

(3) $\max \quad Z = 2x_1 + 3x_2$
$\text{s.t.} \quad x_1 + x_2 \leqslant 3$
$\quad 2x_1 - x_2 \geqslant 2$
$\quad x_1 \geqslant 0, x_2$ 无限制

3. 已知线性规划问题

$$\max \quad Z = 2x_1 + x_2$$
$$\text{s.t.} \quad x_2 \leqslant 10$$
$$2x_1 + 5x_2 \leqslant 60$$
$$x_1 + x_2 \leqslant 18$$
$$3x_1 + x_2 \leqslant 44$$
$$x_i \geqslant 0, i = 1, 2$$

的最优解为 $x_1 = 13, x_2 = 5$，试用对偶理论求其对偶问题的最优解。

4. 已知线性规划问题

$$\min \quad W = 2x_1 + 3x_2 + 5x_3 + 2x_4 + 3x_5$$
$$\text{s.t.} \quad x_1 + x_2 + 2x_3 + x_4 + 3x_5 \geqslant 4$$
$$2x_1 - x_2 + 3x_3 + x_4 + x_5 \geqslant 3$$
$$x_j \geqslant 0, j = 1, 2, 3, 4, 5$$

的对偶问题的最优解为 $Y^* = (y_1^*, y_2^*) = \left(\dfrac{4}{5}, \dfrac{3}{5}\right)$；$Z^* = 5$。试用互补松弛定理找出原问题的最优解。

二、对偶单纯形法的应用

5. 用对偶单纯形法求解下列线性规划问题

(1) $\min \quad Z = x_1 + 2x_2 + 3x_3 + 4x_4$
$\text{s.t.} \quad x_1 + 3x_2 + 2x_3 + 3x_4 \geqslant 30$
$\quad 2x_1 + x_2 + 3x_3 + x_4 \geqslant 20$
$\quad x_j \geqslant 0, j = 1, 2, 3, 4$

(2) $\min \quad Z = 4x_1 + 12x_2 + 18x_3$
$\text{s.t.} \quad x_1 \quad\quad + 3x_3 \geqslant 3$
$\quad 2x_2 + 2x_3 \geqslant 5$
$\quad x_j \geqslant 0, j = 1, 2, 3$

(3) $\min \quad Z = 6x_1 + 3x_2 + 2x_3$
$\text{s.t.} \quad 6x_1 + 3x_2 + 5x_3 \geqslant 10$
$\quad 3x_1 + x_2 + 2x_3 \geqslant 4$
$\quad x_j \geqslant 0, j = 1, 2, 3$

(4) $\min \quad Z = 6x_1 + 3x_2 + 5x_3 + 4x_4$
$\text{s.t.} \quad 4x_1 + 2x_2 + 3x_3 + 2x_4 \geqslant 4$
$\quad 2x_1 + 4x_2 + 7x_3 + x_4 \geqslant 5$
$\quad 3x_1 + 8x_2 + x_3 + 4x_4 \geqslant 4$
$\quad x_j \geqslant 0, j = 1, 2, 3, 4$

三、灵敏度分析与参数规划

6. 有线性规划问题

$$\max \quad Z = 2x_1 + 3x_2 + x_3$$
$$\text{s.t.} \quad x_1 + x_2 + x_3 \leqslant 3$$
$$x_1 + 4x_2 + 7x_3 \leqslant 9$$
$$x_j \geqslant 0, j = 1, 2, 3$$

首先求出它的最优解，然后在其他条件不变的前提下，分别讨论下列各种情况：

(1) 目标函数中变量 x_1 的系数 c_1 的变化范围，使最优解保持不变；

(2) 当右端常数向量 $b = (3, 9)^T$ 变为 $b' = (6, 9)^T$，讨论最优解的变化；

(3) 第一个约束条件右端常数 b_1 的变化范围，使最优基保持不变；

(4) 约束条件中 x_1 的系数列向量由 $(1,1)^T$ 变为 $(1,2)^T$，讨论最优解的变化；

(5) 增加约束条件 $x_1+2x_2+3x_3\leqslant 10$，讨论最优解的变化。

7. 某公司生产 A、B、C 三种产品，需要两种资源——劳动力和原材料，作最优生产计划表，使总利润最大。以下的线性规划模型有助于回答这个问题。

$$\max \quad Z = 3x_1 + x_2 + 5x_3$$
$$\text{s.t.} \quad 6x_1 + 3x_2 + 5x_3 \leqslant 45 \text{（劳动力）}$$
$$3x_1 + 4x_2 + 5x_3 \leqslant 30 \text{（原材料）}$$
$$x_1, x_2, x_3 \geqslant 0$$

其中 x_1，x_2，x_3 为产品 A、B、C 的产量，利润单位为元，劳动力和原材料的单位分别为小时和千克。引入松弛变量 x_4，x_5，上述模型的最优表如表 3-29 所示。

表 3-29 最优单纯形表

c_j		3	1	5	0	0	
C_B	X_B	x_1	x_2	x_3	x_4	x_5	b
3	x_1	1	$-\frac{1}{3}$	0	$\frac{1}{3}$	$-\frac{1}{3}$	5
5	x_3	0	1	1	$-\frac{1}{5}$	$\frac{2}{5}$	3
$\bar{c}_j$		0	-3	0	0	-1	$Z=30$

请回答下列问题：

(1) 求当前最优解不变条件下，产品 A 的单位利润区间。求 $c_1=2$ 的最优解。

(2) 当可用原材料增至 80 千克时，求最优解。

(3) 当前最优解下，劳动力和原材料的影子价格分别是多少？

(4) 因市场供应短缺，额外采购原材料用于扩大生产须支付高于原价 0.8 元/千克的单位价格，问公司是否应购入扩大生产？最多购入多少时，最优生产组合保持不变？如果售价高于原价 1.5 元/千克时，结果又应该是什么？

(5) 由于技术进步，单位产品 B 的原材料消耗减至 1.5 千克，这是否影响最优解？为什么？

(6) 增加"检查"约束条件 $2x_1+x_2+3x_3\leqslant 15$，最优解是否变化？如有变化，求出新的最优解。

四、参数线性规划

8. 如果将习题 6、7 中的线性规划模型分别改为参数线性规划问题：

(1) $\max \quad Z = (2-\mu)x_1 + (3-2\mu)x_2 + (1+\mu)x_3$
$$\text{s.t.} \quad x_1 + x_2 + x_3 \leqslant 3$$
$$x_1 + 4x_2 + 7x_3 \leqslant 9$$
$$x_j \geqslant 0, j = 1,2,3$$

(2) $\max \quad Z = 3x_1 + x_2 + 5x_3$
$$\text{s.t.} \quad 6x_1 + 3x_2 + 5x_3 \leqslant 45 + 2\mu$$
$$3x_1 + 4x_2 + 5x_3 \leqslant 30 + \mu$$
$$x_1, x_2, x_3 \geqslant 0$$

试分析 μ 在区间 $(-\infty, +\infty)$ 变化时，最优目标函数值 Z^* 与 μ 的函数关系，并用关系图表示出来。

附录 3A 本章部分定理的证明

定理 3.1 弱对偶定理

如果互为对偶的线性规划问题

原问题	对偶问题
$\max \quad Z = CX$	$\min \quad W = Yb$
s.t. $\quad AX \leqslant b$	s.t. $\quad YA \geqslant C$
$\quad X \geqslant 0$	$\quad Y \geqslant 0$

分别有可行解 X^0 和 Y^0，则有 $CX^0 \leqslant Y^0 b$。

证明： X^0 和 Y^0 分别为原问题和对偶问题的可行解，则有 $AX^0 \leqslant b$ 和 $Y^0 A \geqslant C$，对前者两边左乘 Y^0，对后者两边右乘 X^0，则有 $Y^0 A X^0 \leqslant Y^0 b$ 和 $Y^0 A X^0 \geqslant CX^0$，故有 $CX^0 \leqslant Y^0 A X^0 \leqslant Y^0 b$。得证。

定理 3.2 最优解判别定理

如果存在可行解 X^0 和 Y^0 使得原问题和对偶问题有相等的目标函数值，即 $Y^0 b = CX^0$，那么 X^0 和 Y^0 分别为原问题和对偶问题的最优解。

证明： 由定理 3.1，对于任意的可行解 X，

都有 $Y^0b \geqslant CX$，而 $Y^0b = CX^0$，于是 $CX^0 \geqslant CX$，可知 X^0 为原问题的最优解，同理可证 Y^0 为对偶问题的最优解。得证。

定理 3.3 主对偶定理

如原问题与对偶问题均可行，则两者必有最优解，且最优值相等。

证明： 由定理 3.1 的推论 3.1，可知原问题和对偶问题的目标函数有界，故必定有最优解。下面证明原问题与对偶问题的最优值相等。

将原问题标准化为

$$\max \quad Z = CX$$
$$\text{s.t.} \quad AX + U = b$$
$$X, U \geqslant 0$$

其中，$U = (u_1, u_2, \cdots, u_m)^T$ 为引入的松弛向量。

如果原问题取得了最优解 X^0，设最优基为 B，那么原有变量 X 的检验数必满足

$$\overline{C} = C - C_B B^{-1} A \leqslant 0 \quad (3\text{-}15)$$

对于引入的松弛向量 U，由于其目标函数系数为 0，其在约束矩阵中为单位矩阵 I，所以其检验数为：

$$\overline{C}_U = 0 - C_B B^{-1} I = -C_B B^{-1} \leqslant 0 \quad (3\text{-}16)$$

则式 (3-15) 和式 (3-16) 可以合并为：

$$C - C_B B^{-1} A \leqslant 0 \quad (3\text{-}17)$$
$$-C_B B^{-1} \leqslant 0$$

令

$$Y^0 = C_B B^{-1} \quad (3\text{-}18)$$

则式 (3-17) 可改写为：

$$C - Y^0 A \leqslant 0$$
$$-Y^0 \leqslant 0$$

也就是

$$Y^0 A \geqslant C \quad (3\text{-}19)$$
$$Y^0 \geqslant 0$$

此时对偶问题

$$\min \quad W = Yb$$
$$\text{s.t.} \quad YA \geqslant C \quad (3\text{-}20)$$
$$Y \geqslant 0$$

的约束条件得到满足，说明 Y^0 为对偶问题的可行解，此时对偶问题的目标函数值为 $W = Y^0 b = C_B B^{-1} b$。又已知原问题取得了最优解 X^0，原问题的最优目标函数值为 $Z^* = CX^0 = C_B B^{-1} b$。原问题与对偶问题目标函数值相等，由定理 3.2，$Y^0 = C_B B^{-1}$ 为对偶问题的最优解（此亦即推论 3.4 的证明）得证。

定理 3.4 互补松弛定理

有互为对偶的

原问题	对偶问题
$\max \quad Z = CX$	$\min \quad W = Yb$
s.t. $AX \leqslant b$	s.t. $YA \geqslant C$
$X \geqslant 0$	$Y \geqslant 0$

在原问题和对偶问题中分别引入松弛向量 $U = (u_1, u_2, \cdots, u_m)^T$ 和剩余向量 $V = (v_1, v_2, \cdots, v_n)$，则其标准形式分别为：

$\max \quad Z = CX$	$\min \quad W = Yb$
s.t. $AX + U = b$	s.t. $YA - V = C$
$X, U \geqslant 0$	$Y, V \geqslant 0$

设 X^0 和 Y^0 分别原问题和对偶问题的可行解，U^0 和 V^0 则分别为其可行解所对应的松弛向量和剩余向量的取值，则当且仅当 $V^0 X^0 = Y^0 U^0 = 0$ 时 X^0 和 Y^0 分别为原问题和对偶问题的最优解。

证明： 在式 $AX^0 + U^0 = b$ 两边同时左乘 Y^0，在 $Y^0 A - V^0 = C$ 两边同时右乘 X^0，得到

$$Y^0 A X^0 + Y^0 U^0 = Y^0 b$$
$$Y^0 A X^0 - V^0 X^0 = CX^0 \quad (3\text{-}21)$$

必要性： 如果 X^0 和 Y^0 分别为原问题和对偶问题的最优解，则有 $Y^0 b = CX^0$，已知 $Y^0, U^0, V^0, X^0 \geqslant 0$，由式 (3-21) 必有 $Y^0 U^0 = V^0 X^0 = 0$。

充分性： 如果 $Y^0 U^0 = V^0 X^0 = 0$，则由式 (3-21) 得出 $Y^0 A X^0 = Y^0 b$，$Y^0 A X^0 = CX^0$，由定理 3.2，X^0 和 Y^0 分别为原问题和对偶问题的最优解。得证。

定理 3.5 互补基本解定理

设原问题和对偶问题的标准形式分别为：

原问题	对偶问题
$\max \quad Z = CX$	$\min \quad W = Yb$
s.t. $AX + U = b$	s.t. $YA - V = C$
$X, U \geqslant 0$	$Y, V \geqslant 0$

则原问题某个基本解的检验数对应其对偶问题的一个基本解 $(Y | V) = (-\overline{C}_U | -\overline{C})$，且其目标函数值相等。其中，$U$ 和 V 分别为原问题和对偶问题标准化时引入的松弛向量和剩余

向量，$\overline{C}$ 和 $\overline{C}_U$ 分别为 X 和 U 的检验数向量。

证明： 设 B 是原问题的一个基，其基本解为 $X_B = B^{-1}b$。根据检验数计算公式，决策向量 X 和松弛向量 U 的检验数分别为：

$$\overline{C} = C - C_B B^{-1} A \qquad (3\text{-}22)$$

$$\overline{C}_U = 0 - C_B B^{-1} I = -C_B B^{-1} \qquad (3\text{-}23)$$

现在来分析检验数与对偶问题解之间的关系：令对偶问题的一个解为

$$Y = C_B B^{-1} \qquad (3\text{-}24)$$

则由式（3-23）有

$$Y = -\overline{C}_U \qquad (3\text{-}25)$$

将式（3-24）代入对偶问题的约束条件，结合式（3-22）得到

$$V = C_B B^{-1} A - C = -\overline{C} \qquad (3\text{-}26)$$

将式（3-25）与（3-26）合并，得到对偶问题的解 $(Y \mid V) = (-\overline{C}_U \mid -\overline{C})$。

另外，由于标准化的原问题和对偶问题有相同的变量个数 $m+n$ 个，其中原问题的基变量个数为 m 个，于是原问题的所有检验数 $\overline{C}$ 和 $\overline{C}_U$ 中至少有 m 个分量为 0，则以上对偶问题的解至少有 m 个分量为 0 作为非基变量，此解为对偶问题的基本解。定理得证。

第四章

整 数 规 划

学习目标
- 掌握各类整数线性规划问题的建模方法和技巧
- 掌握求解各类整数规划问题的分枝定界法
- 了解求解整数规划问题的割平面法
- 掌握用 Excel 求解整数规划问题方法

要将一个实际问题建模为线性规划模型,一个必须满足的前提假设是变量取值的可分性假设,即所有的决策变量必须可以连续取值。然而,许多具体问题通常要求决策变量必须是整数,例如,车辆调度问题中的车辆数必须为整数;人员安排问题中的人数必须为整数;某些生产计划问题中的产品有不可分割性(例如汽车),其数量也必须为整数。这时所建立的数学规划模型还要求决策变量满足整数约束,这类数学规划问题被称为整数规划(integer programming, IP) 问题。

严格来说,按数学模型中函数表达式的性质,整数规划问题也应分为线性和非线性的整数规划,但因为非线性的整数规划问题尚未有成熟而准确的解法,因此在运筹学领域,常常把整数规划仅作为线性规划的一个分支。在本书中,将整数规划等同于整数线性规划(integer linear programming, ILP)。

整数规划模型虽然只是在线性规划模型中增加了决策变量的整数约束,但是其求解过程却变得非常复杂。如果简单地忽视整数约束而直接用单纯形法等解法求解问题模型,再将最优解中相关决策变量通过"四舍五入"等方式取整,这时得到的"最优解"可能不再是问题的可行解;或者虽然是可行解,但却不是实际上的最优解。因此,关于整数规划的研究,主要集中在其数学模型的求解方法上。

本章的内容分为三个部分,首先介绍整数规划的数学模型,然后介绍两种求解方法,最后介绍应用 Excel 求解整数规划问题的方法。

第一节 整数规划的数学模型

根据全部还是部分决策变量必须满足整数约束,可将整数规划问题划分为两类:前者称为**纯整数规划**(pure integer programming,PIP),后者称为**混合整数规划**(mixed integer programming,MIP)。

根据整数变量取值的范围,整数规划问题还可分为**一般整数规划**和 **0-1 整数规划**(binary integer programming,BIP)。前者是指整数变量的取值可以是任意非负整数,而后者要求决策变量只能取值 0 或者 1。

显然,整数规划建模过程与第一章中介绍的线性规划建模过程一致,只是增加了相关变量取整的约束。

一、一般整数规划问题

一般整数规划问题的数学模型为:

$$\begin{aligned} \max \quad & Z = \boldsymbol{CX} \\ \text{s.t.} \quad & \boldsymbol{AX} \leqslant \boldsymbol{b} \\ & \boldsymbol{X} \geqslant \boldsymbol{0}, \text{且 } \boldsymbol{X}^{(I)} \text{ 为整数}(\boldsymbol{X}^{(I)} \subseteq \boldsymbol{X}) \end{aligned} \quad (4\text{-}1)$$

其中,$\boldsymbol{X}^{(I)}$ 为要求取整数的决策变量集[○]。

下面给出几个有代表性的整数规划应用问题及其建模过程。

例 4-1(生产计划问题) 某工厂利用原材料 A、B 生产甲、乙两种产品(单位:件),其单位资源消耗(单位:公斤/件)、单位产品利润(单位:千元/件)及资源限量(单位:公斤)如表 4-1 所示。

表 4-1

单位消耗＼产品 原材料	产品甲	产品乙	资源限量
原材料 A	2	1	10
原材料 B	3	6	40
单位产品利润	10	15	

问:甲、乙各生产多少件可使总利润最大?

解:根据问题描述,(1)决策变量:设甲、乙的产量分别为 x_1、x_2 件;

(2)目标函数:利润总额为 $Z = 10x_1 + 15x_2$,求最大值;

(3)约束条件:生产所消耗的原料数量不超过资源限量;变量的非负约束及整数约束。

于是该问题的数学模型如下:

$$\begin{aligned} \max \quad & Z = 10x_1 + 15x_2 \\ \text{s.t.} \quad & 2x_1 + x_2 \leqslant 10 \\ & 3x_1 + 6x_2 \leqslant 40 \\ & x_1, x_2 \geqslant 0 \text{ 且为整数} \end{aligned} \quad (4\text{-}2)$$

例 4-2(人力资源问题) L 通信公司在 2008 年开通了一条 24 小时客服热线。2010 年年底,公司在客户电话调查和回访中发现热线的服务能力严重不足:70%的客户抱怨通常需要等待 5 分钟以上才能接通客服代表。根据 2010 年第四季度该热线的电话接入日志,要保证合理的接通率和等待时间,除了需对硬件进行扩容之外,该热线每天各时段的在岗

○ 特别地,当 $\boldsymbol{X}^{(I)} = \boldsymbol{X}$ 时,问题为纯整数规划问题;当 $\boldsymbol{X}^{(I)} \subset \boldsymbol{X}$ 时,问题为混合整数规划问题。

客服代表人数至少必须满足如表 4-2 所示的水平。

目前,公司的客服代表分为 5 个班组,分别服务于不同时间段(8 小时工作制),不同班组客服代表的日薪如表 4-3 所示。

表 4-2 热线各时段客服代表需求

时间段	客服代表需求人数	时间段	客服代表需求人数
06:00~08:00	48	16:00~18:00	73
08:00~10:00	79	18:00~20:00	82
10:00~12:00	65	20:00~22:00	43
12:00~14:00	87	22:00~24:00	52
14:00~16:00	64	24:00~06:00	15

表 4-3 客服代表班组工作时间和薪酬数据

班组编号	工作时间	日薪(元/人)
1	06:00~14:00	170
2	08:00~16:00	160
3	12:00~20:00	175
4	16:00~24:00	180
5	22:00~06:00	195

问:L 公司至少需要多少客服代表并如何分配,才能在保证服务质量的前提下实现人力资源成本最小?

解:此类轮班问题通常可先建立班组、工作时段与能力需求的二维表,在本例中即表 4-4。不过需要注意,本例中客服代表需求数据表 4-2 中的时间段划分与表 4-3 中班组工作时间并不同步。

表 4-4 客服代表工作时段与人数需求

时间段	班组 1	班组 2	班组 3	班组 4	班组 5	客服代表需求人数
06:00~08:00	√					48
08:00~10:00	√	√				79
10:00~12:00	√	√				65
12:00~14:00	√	√	√			87
14:00~16:00		√	√			64
16:00~18:00			√	√		73
18:00~20:00			√	√		82
20:00~22:00				√		43
22:00~24:00				√	√	52
24:00~06:00					√	15

注:填有√的单元格代表单元格所属班组(列)的客服代表在该时间段(行)工作。

从表 4-4 可以确定任意时段正在上班的客服代表可能属于哪几个班组,例如 8~10 点上班的客服代表应属于班组 1 或班组 2。这样,只须将决策变量设为:用 x_i 表示第 i 个班组中客服代表的数量($i=1,\cdots,5$),就可以完成建模。

$$\min\ Z = 170x_1 + 160x_2 + 175x_3 + 180x_4 + 195x_5$$

$$\text{s.t.}\quad \begin{aligned} x_1 &\geqslant 48 \\ x_1 + x_2 &\geqslant 79 \\ x_1 + x_2 &\geqslant 65 \\ x_1 + x_2 + x_3 &\geqslant 87 \\ x_2 + x_3 &\geqslant 64 \\ x_3 + x_4 &\geqslant 73 \\ x_3 + x_4 &\geqslant 82 \\ x_4 &\geqslant 43 \\ x_4 + x_5 &\geqslant 52 \\ x_5 &\geqslant 15 \\ x_i &\geqslant 0\ \text{且为整数},\ i=1,2,3,4,5 \end{aligned}$$

二、0-1 整数规划问题

0-1 整数规划问题的特殊之处在于要求（全部或某些）决策变量只能取 0 或 1，其数学模型可以表示为：

$$\begin{aligned}\max\quad & Z = \boldsymbol{CX} \\ \text{s. t.}\quad & \boldsymbol{AX} \leqslant \boldsymbol{b} \\ & \boldsymbol{X} \geqslant \boldsymbol{0}, \text{且 } \boldsymbol{X}^{(\text{B})} = \boldsymbol{0} \text{ 或 } 1 (\boldsymbol{X}^{(\text{B})} \subseteq \boldsymbol{X}) \end{aligned} \tag{4-3}$$

其中 $\boldsymbol{X}^{(\text{B})}$ 为要求取 0 或 1 的决策变量集。如果把 0-1 整数规划问题看成是一般整数规划问题的特例，其模型又可写成：

$$\begin{aligned}\max\quad & Z = \boldsymbol{CX} \\ \text{s. t.}\quad & \boldsymbol{AX} \leqslant \boldsymbol{b} \\ & \boldsymbol{X}^{(\text{I})} \leqslant 1 \\ & \boldsymbol{X} \geqslant \boldsymbol{0}, \text{且 } \boldsymbol{X}^{(\text{I})} \text{ 为整数}(\boldsymbol{X}^{(\text{I})} \subseteq \boldsymbol{X}) \end{aligned} \tag{4-4}$$

对于问题描述中包含了诸如"是/否"、"有/无"的二选一决策的问题，常常可以把相关的决策变量设为 0-1 变量[⊖]，再进行线性规划建模。由于这种问题在现实中非常普遍，0-1 整数规划得到了非常的应用，下面通过几个典型的例题给出 0-1 整数规划的应用。

例 4-3（设点问题） 某市在其 5 个规划片区规划消防站设点，要求任意一个片区发生火警时，本片区或来自其他片区的消防车可以在 15 分钟内赶到。虽然在各片区各设一个消防站可以解决此问题，但为提高资源利用率，市政府提出消防站数量应尽可能少。根据测定，消防车在不同片区间的行驶时间如表 4-5 所示。

表　4-5

行驶时间　目的地 出发地	片区 1	片区 2	片区 3	片区 4	片区 5
片区 1	0	12	18	26	25
片区 2	12	0	19	34	15
片区 3	18	19	0	10	25
片区 4	26	34	10	0	14
片区 5	25	15	25	14	0

问：该市应该在哪些点设消防站，可使设点数量最少？建立本问题的数学模型。

解：由表 4-5 的每一行，可知在该片区设立消防站，其消防车可以在 15 分钟内到达哪些片区，如片区 1 设立消防站可惠及片区 1 和片区 2。但这样思考并不利于写出约束条件。另一种思路是，如果某个片区 i 发生火警，至少在哪些片区有消防站才能保证 15 分钟内可以有消防车到达片区 i？例如，对于片区 1，在片区 1 和片区 2 必须至少有 1 个消防站才能满足要求。根据这个思路就可写出本问题的数学模型。

设 0-1 变量 x_i：

$$x_i = \begin{cases} 1 & \text{在片区 } i \text{ 设消防站} \\ 0 & \text{在片区 } i \text{ 不设消防站} \end{cases}$$

⊖ 亦称为二元变量（Binary Variable）或布尔变量（Boolean Variable）。

则本问题的数学模型为:
$$\begin{aligned}
\min \quad & Z = x_1 + x_2 + x_3 + x_4 + x_5 \\
\text{s.t.} \quad & x_1 + x_2 \geqslant 1 \\
& x_1 + x_2 + x_5 \geqslant 1 \\
& x_3 + x_4 \geqslant 1 \\
& x_3 + x_4 + x_5 \geqslant 1 \\
& x_2 + x_4 + x_5 \geqslant 1 \\
& x_i = 0 \text{ 或 } 1, \quad i = 1, \cdots, 5
\end{aligned}$$

另外,细心观察可知,以上模型中可将第 2、4 个约束条件略去。

例 4-4(背包问题) 某家庭计划自驾野外露营,出发前需考虑携带的物品,各物品的压缩体积及重要程度如表 4-6 所示。由于其自驾车最大容纳的物品体积为 650 升,不可能所有物品都能装入车中。

表 4-6 各物品的重量和重要性

编号	1	2	3	4	5	6	7	8	9
物品	食物	帐篷	衣物	洗漱	防晒防雨	厨具	摄影	通信	医疗
体积(10 升)	25	35	15	4	3	10	15	18	6
效用(10 分制)	10	8	6	7	4	6	8	9	8

问:该家庭应选择哪些物品出行?建立此问题的数学模型。

解:定义 0-1 变量 $x_i (i = 1, \cdots, 9)$ 为:
$$x_i = \begin{cases} 1 & \text{携带物品 } i \\ 0 & \text{不携带物品 } i \end{cases}$$

本问题的数学模型为:
$$\begin{aligned}
\max \quad & Z = 10x_1 + 8x_2 + 6x_3 + 7x_4 + 4x_5 + 6x_6 + 8x_7 + 9x_8 + 8x_9 \\
\text{s.t.} \quad & 25x_1 + 35x_2 + 15x_3 + 4x_4 + 3x_5 + 10x_6 + 15x_7 + 18x_8 + 6x_9 \leqslant 65 \quad (4\text{-}5)\\
& x_i = 0 \text{ 或 } 1, \quad i = 1, \cdots, 9
\end{aligned}$$

例 4-4 问题为一个典型的一维 **0-1 背包问题**(knapsack problem)。一维 0-1 背包问题的问题描述通常为:给定一组有不同的体积(或重量)和价值的物品和一个容积(或承量能力)有限的背包,应选择哪些物品放入背包,可使背包内物品的总效用(价值)最高?

当背包有多个限制,例如需同时满足容积、承重能力等 m 个约束时,此时的问题就扩展为多维 0-1 背包问题,其数学模型为:
$$\begin{aligned}
\max \quad & Z = c_1 x_1 + c_2 x_2 + \cdots + c_n x_n \\
\text{s.t.} \quad & a_{11} x_1 + a_{12} x_2 + \cdots + a_{1n} x_n \leqslant b_1 \\
& a_{21} x_1 + a_{22} x_2 + \cdots + a_{2n} x_n \leqslant b_2 \\
& \quad \vdots \qquad \vdots \qquad \ddots \qquad \vdots \quad \vdots \\
& a_{m1} x_1 + a_{m2} x_2 + \cdots + a_{mn} x_n \leqslant b_m \\
& x_1, x_2, \cdots, x_n = 0 \text{ 或 } 1
\end{aligned} \quad (4\text{-}6)$$

其中,x_i 为是否选择物品 i 的 0-1 决策变量,c_i 为物品 i 的效用(价值)系数,b_j 为背包第 j 个约束的允许上限,a_{ji} 为物品 i 第 j 个属性的取值。

0-1 背包问题中每种物品只能带 1 件，另外还有每种物品可带多件的整数背包问题。背包问题的建模思路还可以扩展到其他一些问题。

例 4-5 某企业有 1 500 万元资金，可用于投资 5 个互不排斥且生命周期都为 5 年的项目。已知这 5 个项目的投资成本及未来 5 年收益的净现值如表 4-7 所示。

表 4-7

	项目 1	项目 2	项目 3	项目 4	项目 5
成本（万元）	850	430	360	120	100
总收益（万元）	1785	817	720	216	210

问：该企业应投资哪些项目可使总收益最大？

解：定义 0-1 变量 $x_i (i=1,\cdots,5)$ 为：

$$x_i = \begin{cases} 1 & \text{投资项目 } i \\ 0 & \text{不投资项目 } i \end{cases}$$

则本问题的 0-1 整数规划模型为：

$$\max Z = 1785x_1 + 817x_2 + 720x_3 + 216x_4 + 210x_5$$
$$\text{s.t.} \quad 85x_1 + 43x_2 + 36x_3 + 12x_4 + 10x_5 \leq 150$$
$$x_i = 0 \text{ 或 } 1, \quad i=1,\cdots,5$$

例 4-6 有 5 项任务需要 5 个员工独立完成，由于能力差异，不同员工完成同一任务的执行成本不同。表 4-8 给出了员工 i 完成任务 j 的执行成本 $c_{ij}(i,j=1,\cdots,5)$。

表 4-8 各员工完成各项任务的执行成本

执行成本 c_{ij}	任务 1	任务 2	任务 3	任务 4	任务 5
员工 1	5	8	7	4	6
员工 2	2	5	6	5	4
员工 3	3	6	4	3	8
员工 4	1	4	3	1	6
员工 5	6	2	8	6	3

问：如何指派任务可以最经济地完成各项任务。

解：（1）决策变量：定义 0-1 变量 $x_{ij}(i,j=1,\cdots,5)$：

$$x_{ij} = \begin{cases} 1 & \text{将任务 } j \text{ 分配给员工 } i \\ 0 & \text{不将任务 } j \text{ 分配给员工 } i \end{cases}$$

（2）目标函数：本问题的目标为总成本最低，即：

$$\min Z = \sum_{j=1}^{5} \sum_{i=1}^{5} c_{ij} x_{ij}$$

（3）约束条件：首先，每个员工只能执行 1 项任务，有：

$$x_{11} + x_{12} + x_{13} + x_{14} + x_{15} = 1$$
$$x_{21} + x_{22} + x_{23} + x_{24} + x_{25} = 1$$
$$x_{31} + x_{32} + x_{33} + x_{34} + x_{35} = 1$$
$$x_{41} + x_{42} + x_{43} + x_{44} + x_{45} = 1$$

$$x_{51} + x_{52} + x_{53} + x_{54} + x_{55} = 1$$

同时,每项任务只能分配给 1 个员工,有:

$$x_{11} + x_{21} + x_{31} + x_{41} + x_{51} = 1$$
$$x_{12} + x_{22} + x_{32} + x_{42} + x_{52} = 1$$
$$x_{13} + x_{23} + x_{33} + x_{43} + x_{53} = 1$$
$$x_{14} + x_{24} + x_{34} + x_{44} + x_{54} = 1$$
$$x_{15} + x_{25} + x_{35} + x_{45} + x_{55} = 1$$

加入变量的 0-1 取值约束,就可写出本问题的 0-1 整数规划模型(略)。

将 n 项任务分配给 n 个人,约定每人只能完成一项工作,每项工作也只能由一个人来完成,但由于每个人能力各不相同,完成各项工作的收益和成本不同。根据不同的问题背景,可要求得到总利润最大或总成本最小的指派方案。这类问题在运筹学中被称为一种专门的问题:**指派问题**(assignment problem)。如果用整数规划方式来建模求解,通常的做法是定义 0-1 变量 $x_{ij}(i,j=1,\cdots,n)$ 表示第 i 个人是否被指派完成第 j 项任务(0 代表不指派,1 代表指派),则指派问题的数学模型为:

$$\max/\min \quad Z = \sum_{j=1}^{n}\sum_{i=1}^{n}(c_{ij}x_{ij})$$

$$\text{s.t.} \quad \sum_{i=1}^{n} x_{ij} = 1 \quad (j=1,\cdots,n) \tag{4-7}$$

$$\sum_{j=1}^{n} x_{ij} = 1 \quad (i=1,\cdots,n)$$

$$x_{ij} = 0 \text{ 或 } 1, \quad (i,j=1,\cdots,n)$$

其中,c_{ij} 表示由第 i 人完成任务 j 时产生的利润或成本($i,j=1,\cdots,n$),两组约束条件分别表示每项任务只能由一个人完成、每个人只能完成一项任务。从解法上,指派问题除了可以用整数规划方式求解之外,还有更简洁的解法,详细见第五章运输问题的相关内容。

例 4-7(含有互斥项目的计划) 将例 4-4 改为:某家庭计划自驾野外露营,出发前需考虑携带的物品,各物品的压缩体积及重要程度如表 4-6 所示。

表 4-9 各物品的重量和重要性

编号	1	2	3	4	5	6	7	8	9
物品	食物	帐篷	衣物	洗漱	防晒防雨	厨具	摄影	通信	医疗
体积(10 升)	25	35	15	4	3	10	15	18	6
重要性(10 分制)	10	8	6	7	4	6	8	9	8

由于其自驾车最大容纳的物品体积为 800 升,不可能所有物品都能装入车中。另外,还需满足以下条件:

(1)如果携带食物,就必须携带野外厨具和洗漱用品;
(2)通信设备和应急医疗用品至少要携带 1 件;
(3)帐篷和防晒防雨最多只能选择 1 项;
(4)野外厨具、摄影器材和通信设备最多选 2 项。

问:该家庭应选择哪些物品出行?建立此问题的数学模型。

解： 定义 0-1 变量 $x_i(i=1,\cdots,9)$ 为决策变量，且令
$$x_i = \begin{cases} 1 & \text{携带物品 } i \\ 0 & \text{不携带物品 } i \end{cases}$$

在新加入的约束条件中，关键在于第（1）个条件，它可表示为 $x_1 \leqslant x_4$ 和 $x_1 \leqslant x_6$，这样当 $x_1=1$ 时，x_4 和 x_6 都必须取 1。其他的约束条件都很容易用 0-1 变量表示出来。

综上，本问题的 0-1 整数规划模型为：

$$\begin{aligned}
\max \quad & Z = 10x_1 + 8x_2 + 6x_3 + 7x_4 + 4x_5 + 6x_6 + 8x_7 + 9x_8 + 8x_9 \\
\text{s.t.} \quad & 25x_1 + 35x_2 + 15x_3 + 4x_4 + 3x_5 + 10x_6 + 15x_7 + 18x_8 + 6x_9 \leqslant 80 \\
& x_1 - x_4 \leqslant 0 \\
& x_1 - x_6 \leqslant 0 \\
& x_8 + x_9 \geqslant 1 \\
& x_2 + x_5 \leqslant 1 \\
& x_6 + x_7 + x_8 \leqslant 2 \\
& x_i = 0 \text{ 或 } 1, \quad i = 1,\cdots,9
\end{aligned}$$

例 4-8（含有互斥约束条件的计划） 某公司用两种原料 E1 和 E2 生产 A、B 两种产品，生产过程均需经过甲、乙两道工序，甲、乙两道工序分别消耗原料 E1 和 E2，且各可以采取 2 种生产工艺。两种产品采取不同工艺时的单位原料消耗、利润和原料限制如表 4-10 所示。

表 4-10

单位资源消耗（公斤）	工序甲		工序乙		单位利润（元）
	甲 1	甲 2	乙 1	乙 2	
产品 A	8	9	2	1	50
产品 B	4	3	2	3	40
原料限量（公斤）	原料 E1 640		原料 E2 200		

约定产品数量为整数，甲工序可以混合使用甲 1 和甲 2 两种工艺，而乙工序只能在乙 1 和乙 2 中选择一种工艺。问：该公司应如何安排生产可使利润最大？

解： 设生产产品 A、B 的数量分别为 x_1 和 x_2 件；为区分甲工序中不同工艺生产产品的数量，再将用甲 1 和甲 2 工艺生产的 A 和 B 的数量分别定义为 x_{11}、x_{12} 和 x_{21}、x_{22}。

则 E1 的原料限量约束可写为：
$$\begin{aligned}
& 8x_{11} + 9x_{12} + 4x_{21} + 3x_{22} \leqslant 640 \\
& x_{11} + x_{12} = x_1 \\
& x_{21} + x_{22} = x_2
\end{aligned}$$

工序乙只能选择乙 1 和乙 2 两种工艺中的一种，如果采用了乙 1 工艺，则 E2 的原料限量约束条件为：
$$2x_1 + 2x_2 \leqslant 200 \tag{4-8}$$

否则，约束条件应为
$$x_1 + 3x_2 \leqslant 200 \tag{4-9}$$

这两个约束条件不能简单地放入问题模型中，否则就不符合问题的描述。这时我们称这两个约束条件为**相互排斥的约束条件**。

处理互斥约束的惯用方法，是对每个互斥约束引入一个 0-1 变量。在本例中，对两个互斥约束分别引入 0-1 变量 y_1 和 y_2，令：

$$y_1 = \begin{cases} 0 & \text{使用乙 1 工艺} \\ 1 & \text{不使用乙 1 工艺} \end{cases}$$

$$y_2 = \begin{cases} 0 & \text{使用乙 2 工艺} \\ 1 & \text{不使用乙 2 工艺} \end{cases}$$

然后，将式（4-8）和式（4-9）改写并合并为

$$2x_1 + 2x_2 \leqslant 200 + M_1 y_1$$
$$x_1 + 3x_2 \leqslant 200 + M_2 y_2$$
$$y_1 + y_2 = 1$$
$$y_1, y_2 = 0 \text{ 或 } 1$$

其中，M_1 和 M_2 为任意大的正数。这样，就能保证只有一种工艺会被选择：当不使用乙 1 工艺时，$y_1 = 1$ 时，$y_2 = 0$，第 2 个约束变为 $x_1 + 3x_2 \leqslant 200$，第 1 个约束变成 $2x_1 + 2x_2 \leqslant 200 + M_1$，为冗余约束。反之亦然。

综上，整个问题的数学模型为：

$$\max \quad Z = 50x_1 + 40x_2$$
$$\text{s. t.} \quad 8x_{11} + 9x_{12} + 4x_{21} + 3x_{22} \leqslant 640$$
$$x_{11} + x_{12} - x_1 = 0$$
$$x_{21} + x_{22} - x_2 = 0$$
$$2x_1 + 2x_2 - M_1 y_1 \leqslant 200$$
$$x_1 + 3x_2 - M_2 y_2 \leqslant 200$$
$$y_1 + y_2 = 1$$
$$y_1, y_2 = 0 \text{ 或 } 1$$
$$x_i, x_{ij} \geqslant 0 \text{ 且为整数}, \quad i, j = 1, 2$$

由例 4-8 的建模中对互斥约束的处理，可得出含有互斥约束条件的实际问题在建模时的一般性处理方法：

当 p 个约束条件

$$\sum_{j=1}^{n} (a_{ij} x_j) \leqslant b_i \quad (i = 1, \cdots, p)$$

中的 $q(q \leqslant p)$ 个约束与其余的 $p - q$ 个相互排斥，或者说 p 个约束条件中有且只有 q 个可同时生效时，可以引入 p 个 0-1 变量 $y_i (i = 1, \cdots, p)$：

$$y_i = \begin{cases} 0 & \text{约束条件 } i \text{ 有效} \\ 1 & \text{约束条件 } i \text{ 冗余} \end{cases}$$

则以下的数学描述就可实现这样的目的：

$$\begin{cases} \sum_{j=1}^{n} (a_{ij} x_j) \leqslant b_i + M_i y_i \\ \sum_{j=1}^{p} y_j = p - q \end{cases} \quad (i = 1, \cdots, p)$$

其中，M_i 为任意大的正数。

同理，当问题描述变为"p 个约束条件中最多有 q 个可同时生效时"，其数学描述为

$$\begin{cases} \sum_{j=1}^{n}(a_{ij}x_j) \leqslant b_i + M_i y_i \\ \sum_{j=1}^{p} y_j \geqslant p - q \end{cases} \quad (i=1,\cdots,p)$$

0-1 整数规划还被常常被用于存在固定成本的实际问题的建模。

例 4-9（固定成本问题） 某公司生产三种不同规格的产品（产品数量为整数），已知生产各产品的单位资源消耗、单位可变成本、固定成本和市场售价，以及公司的原材料储备如表 4-11 所示。

表 4-11

资源消耗（公斤/件）		产品1	产品2	产品3	原料限量
	原料 A	1	2	4	200
	原料 B	2	3	4	300
市场价格（元/件）		5	7	10	
可变成本（元/件）		1	1	3	
固定成本（元）		50	70	90	

问：如何制定生产计划可获得最多的利润？

解：(1) 决策变量：设产品 i 的产量为 x_i；定义 0-1 变量 $y_i(i=1,2,3)$ 为：

$$y_i = \begin{cases} 0 & 不生产产品\ i \\ 1 & 生产产品\ i \end{cases}$$

(2) 目标函数：利润最大化

$$\max Z = (5-1)x_1 - 50y_1 + (7-1)x_2 - 70y_2 + (10-3)x_3 - 90y_3$$

(3) 约束条件：首先需满足资源限量约束

$$x_1 + 2x_2 + 4x_3 \leqslant 200$$
$$2x_1 + 3x_2 + 4x_3 \leqslant 300$$

其次，产品 i 的产量 x_i、是否生产产品 i 的决策 y_i 是分别定义的，但它们必须保持联动——如果产品 i 的产量大于 0，y_i 必须为 1；而产品 i 的产量为 0 时，y_i 必须为 0。否则，就有可能出现未生产产品 i 却减去了固定成本，或者生产了产品 i 却未减去固定成本的错误。

可通过引入以下约束条件来实现 x_i 与 y_i 的联动：

$$x_1 \leqslant M_1 y_1$$
$$x_2 \leqslant M_2 y_2$$
$$x_3 \leqslant M_3 y_3$$

其中，M_1、M_2、M_3 为任意大的正数。即，只要 $y_i = 0$，则 x_i 必须为 0，$y_i = 1$ 时，x_i 可取任意正整数。

综上，本问题的数学模型为

$$\begin{aligned}
\max \quad & Z = 4x_1 - 50y_1 + 6x_2 - 70y_2 + 7x_3 - 90y_3 \\
\text{s.t.} \quad & x_1 + 2x_2 + 4x_3 \leqslant 200 \\
& 2x_1 + 3x_2 + 4x_3 \leqslant 300 \\
& x_1 \quad\quad\quad\quad\quad - M_1 y_1 \leqslant 0 \\
& \quad\quad x_2 \quad\quad\quad - M_2 y_2 \leqslant 0 \\
& \quad\quad\quad\quad x_3 - M_3 y_3 \leqslant 0 \\
& x_i \geqslant 0 \text{ 且为整数}, y_i = 0 \text{ 或 } 1, \quad i=1,2,3
\end{aligned}$$

0-1 整数规划模型的应用非常广泛，以上的典型问题只是其中一小部分，这里不再赘述。

第二节 一般整数规划问题的解法

在介绍整数规划问题的解法之前，需先引入松弛问题的定义。对于一般整数规划问题：

$$\begin{aligned} \max\ & Z = \boldsymbol{CX} \\ \text{s.t.}\ & \boldsymbol{AX} \leqslant \boldsymbol{b} \\ & \boldsymbol{X} \geqslant \boldsymbol{0},\text{且 }\boldsymbol{X}^{(\mathrm{I})} \text{ 为整数}(\boldsymbol{X}^{(\mathrm{I})} \subseteq \boldsymbol{X}) \end{aligned} \tag{4-1}$$

去掉其整数约束，得到的线性规划问题

$$\begin{aligned} \max\ & Z = \boldsymbol{CX} \\ \text{s.t.}\ & \boldsymbol{AX} \leqslant \boldsymbol{b} \\ & \boldsymbol{X} \geqslant \boldsymbol{0} \end{aligned} \tag{4-10}$$

称为原始整数规划问题的**松弛问题**（LP Relaxation）。

直觉上，求解整数规划问题 [式 (4-1)] 可以通过先求解其松弛问题 [式 (4-10)] 的最优解，再将松弛问题最优解中的非整数解采取诸如"四舍五入"等取整方法来得到原始整数规划问题的最优解。那么这种思路是否正确呢？

例 4-10（引例） 求解例 4-1 的问题模型

$$\begin{aligned} \max\ & Z = 10x_1 + 15x_2 \\ \text{s.t.}\ & 2x_1 + x_2 \leqslant 10 \\ & 3x_1 + 6x_2 \leqslant 40 \\ & x_1, x_2 \geqslant 0 \text{ 且为整数} \end{aligned} \tag{4-2}$$

下面尝试采取对松弛问题的最优解取整的思路来求解本问题。

首先，先写出式 (4-2) 的松弛问题（即忽略式 (4-2) 中的整数约束条件），引入松弛变量 x_3，x_4 将模型标准化：

$$\begin{aligned} \max\ & Z = 10x_1 + 15x_2 \\ \text{s.t.}\ & 2x_1 + x_2 + x_3 = 10 \\ & 3x_1 + 6x_2 + x_4 = 40 \\ & x_i \geqslant 0, i = 1, 2, 3, 4 \end{aligned} \tag{4-11}$$

然后，用单纯形法求解式 (4-11) 得到：

表 4-12 求解式 (4-11) 的最优单纯形表

	c_j		10	15	0	0	
C_B	X_B		x_1	x_2	x_3	x_4	b
10	x_1		1	0	$\frac{2}{3}$	$-\frac{1}{9}$	$\frac{20}{9}$
15	x_2		0	1	$-\frac{1}{3}$	$\frac{2}{9}$	$\frac{50}{9}$
	$\bar{c}_j$		0	0	$-\frac{1}{9}$	$-\frac{11}{9}$	$Z = \frac{950}{9}$

即松弛问题式 (4-11) 的最优解为 $\boldsymbol{X}^* = (x_1, x_2)^\mathrm{T} = \left(2\frac{2}{9}, 5\frac{5}{9}\right)^\mathrm{T}$，$Z^* = 105\frac{5}{9}$。由于该最优解不满足整数约束，如果对 x_1，x_2 采取"四舍五入"的方式取整，得到的解为 $(2, 6)^\mathrm{T}$，

将此解代入式（4-2）的约束条件，第二个约束无法满足，可知此解为非可行解。

还可进一步尝试对 x_1，x_2 分别向前、向后取整的各种可能性。表 4-13 给出了这些取值组合是否为原始问题式（4-2）的可行解及其对应的目标函数值。

表 4-13

x_1	x_2	原始问题的可行解？	原始问题的 Z 值
2	5	是	95
3	5	否	—
2	6	否	—
3	6	否	—

那么表 4-13 中唯一的可行解 $\boldsymbol{X}=(2，5)^\mathrm{T}$ 是否为原始整数规划问题的最优解呢？仍不得而知。

由此可见，简单地对松弛问题的最优解进行取整并不能够保证得到的解为最优解，有时甚至会得到非可行解。又正因为如此，线性规划的单纯形法不能直接用于求解整数规划问题，这也说明了为什么关于整数规划的研究更多地聚焦于求解方法。

一、穷举法

对于可行域是非空有界的纯整数规划问题，其可行解的数量一定是有限的，当问题中决策变量的数量较少，且决策变量的取值范围较小时，可用穷举法（枚举法）求解。

例 4-11 用穷举法求解例 4-10。

$$\begin{aligned} \max \quad & Z = 10x_1 + 15x_2 \\ \text{s.t.} \quad & 2x_1 + x_2 \leqslant 10 \\ & 3x_1 + 6x_2 \leqslant 40 \\ & x_1, x_2 \geqslant 0 \text{ 且为整数} \end{aligned} \quad (4\text{-}2)$$

解：因为例 4-10 的问题模型式（4-2）的可行域是封闭的，只有两个决策变量且决策变量的允许取值的范围都比较小，可以结合穷举和类似两变量线性规划的图解法来求解。

首先画出式（4-2）的可行域，并标出可行域中所有整数解，如图 4-1 所示。

图 4-1 中，所有可行的整数解标示为浅色圆点，松弛问题［式（4-11）］的最优解用黑色实心圆点标示。本问题的可行整数解总共有 29 个（亦即本问题的可行域为 29 个点），其对应的目标函数值 Z 如表 4-14 所示。

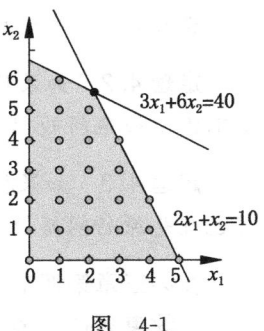

图 4-1

表 4-14 所有可行整数解及其目标函数值

$(x_1, x_2)^\mathrm{T}$	Z	$(x_1, x_2)^\mathrm{T}$	Z	$(x_1, x_2)^\mathrm{T}$	Z	$(x_1, x_2)^\mathrm{T}$	Z	$(x_1, x_2)^\mathrm{T}$	Z	$(x_1, x_2)^\mathrm{T}$	Z	$(x_1, x_2)^\mathrm{T}$	Z
$(0, 0)^\mathrm{T}$	0	$(0, 1)^\mathrm{T}$	15	$(0, 2)^\mathrm{T}$	30	$(0, 3)^\mathrm{T}$	45	$(0, 4)^\mathrm{T}$	60	$(0, 5)^\mathrm{T}$	75	$(0, 6)^\mathrm{T}$	90
$(1, 0)^\mathrm{T}$	10	$(1, 1)^\mathrm{T}$	25	$(1, 2)^\mathrm{T}$	40	$(1, 3)^\mathrm{T}$	55	$(1, 4)^\mathrm{T}$	70	$(1, 5)^\mathrm{T}$	85	$(1, 6)^\mathrm{T}$	100
$(2, 0)^\mathrm{T}$	20	$(2, 1)^\mathrm{T}$	35	$(2, 2)^\mathrm{T}$	50	$(2, 3)^\mathrm{T}$	65	$(2, 4)^\mathrm{T}$	80	$(2, 5)^\mathrm{T}$	95		
$(3, 0)^\mathrm{T}$	30	$(3, 1)^\mathrm{T}$	45	$(3, 2)^\mathrm{T}$	60	$(3, 3)^\mathrm{T}$	75	$(3, 4)^\mathrm{T}$	90				
$(4, 0)^\mathrm{T}$	40	$(4, 1)^\mathrm{T}$	55	$(4, 2)^\mathrm{T}$	70								
$(5, 0)^\mathrm{T}$	50												

表 4-14 中最大的 Z 值对应的点就是本问题的最优解：$\boldsymbol{X}^* = (1, 6)^{\mathrm{T}}$，$Z^* = 100$。求解结束。

这时我们可以回答前面遗留下的问题——"$(2, 5)^{\mathrm{T}}$ 是不是原始问题的最优解？"答案是："否"。这个结果表明，对松弛问题的最优解采取各种不同的取整方法所取得的可行解中，目标函数值最优的那个，也不一定就是原始问题的最优解。

需明确的是，将穷举法应用于求解一般的纯整数规划问题时，必须满足两个前提：一是其松弛问题的可行域是有界的，否则无法穷举完所有的可行整数解；二是变量的数量和取值范围都要比较小。

在例 4-10 的模型式（4-2）中，约束条件使得 x_1 和 x_2 分别只能取 $0 \sim 5$ 和 $0 \sim 6$ 的整数值（否则将得到非可行解），需穷举的整数组合个数最多为 $6 \times 7 = 42$ 个，计算量相对不大。对于变量数较多，变量取值范围较大的整数规划模型，需要穷举的整数组合数量可能远超出计算能力。例如，如果模型中有 10 个决策变量，都可以取 $\{0, 1, 2, 3\}$ 中的整数值，则需要穷举的整数组合数量为 4^{10} 个；决策变量的取值范围的增大，还会使计算需求以指数级增加。这时穷举法就失去了意义。

为了解决整数规划的求解方法问题，美国应用数学家 Ralph Edward Gomory 于 1958 年提出了割平面法（Gomory's cutting-plane method）；1960 年，Ailsa H. Land 和 Alison G. Doig 提出了针对离散规划问题的分枝定界法（branch and bound approach）[⊖]。这两种方法被认为是适用于整数规划问题的最成熟的解法，前者主要应用于纯整数规划，后者则同时适用于纯整数/混合整数规划。此后发展起来的分枝-分割方法（branch and cut approach）结合了这两种方法的特点。

下面介绍分枝定界法和割平面法。它们在原理上都是基于整数规划（原始）问题 A 及其松弛问题 B 之间的以下关系：

定理 4.1 整数规划问题 A 的可行域被包含在松弛问题 B 的可行域内。

定理 4.2 如果原始问题 A 和其松弛问题 B 都存在最优解，则原始问题 A 的最优解必定不优于松弛问题 B 的最优解。

定理 4.3 如果松弛问题 B 的最优解同时满足原始问题 A 中的整数约束，那么此最优解也就是原始问题 A 的最优解。

在第三章第四节的灵敏度分析中我们已经知道："无论何时，向一个线性规划问题引入新的约束条件，最优的目标函数值总是劣于或等于原来的最优值。"而整数规划（原始）问题 A 可以被认为是在松弛问题 B 中增加了新的约束条件（即决策变量的整数约束），定理 4.1 和定理 4.2 得以证明。如果松弛问题 B 的最优解本身满足了整数约束，那么整数约束可以视为冗余的约束，定理 4.3 得证。

根据以上三个性质，分枝定界法和割平面法分别利用一定的规则不断向松弛问题中添加约束条件，从而构造出一系列的衍生问题，直到衍生问题的最优解为符合要求的整数解

⊖ A. H. Land, A. G. Doig. An Automatic Method of Solving Discrete Programming Problems [J]. 1960, 28 (3): 497-520.

时，此最优解就是原始整数规划问题的最优解。在整个求解过程中，原始问题可行域中不包括整数解的部分被逐步移除。

二、分枝定界法

分枝定界技术是一种求解优化问题的通用思想，其潜在的逻辑和过程是：由于原始问题的复杂程度使其无法直接求解，可将问题的可行域分割成若干个足够小的子集，从而把原始问题分解成若干个足够小的可以直接求解的子问题，此为**分枝过程**（branching）；对于每个子集及其对应的子问题，考察其最优解是否足够好，是否可能包含原始问题的最优解，此为**定界过程**（bounding）；结束某些子问题的分枝过程，并根据定界过程的结果，放弃那些不可能包含原始问题最优解的子集及子问题，此为**剪枝过程**（fathoming）。

分枝定界技术及其衍生形式在运筹学的许多领域得到了成功的应用，它能有效地求解离散优化（discrete optimization）和组合优化（combinatorial optimization）问题，而这种方法名声大噪更多是源于其在整数规划问题求解中的成功应用。

下面通过一个例子的分枝定界求解过程，来描述这种方法的三个主要过程：分枝、定界和剪枝。

例 4-12 用分枝定界法求解例 4-10。

$$\begin{aligned}\max\quad & Z = 10x_1 + 15x_2 \\ \text{s.t.}\quad & 2x_1 + x_2 \leqslant 10 \\ & 3x_1 + 6x_2 \leqslant 40 \\ & x_1, x_2 \geqslant 0 \text{ 且为整数}\end{aligned} \quad (4\text{-}2)$$

解：按照约定，将原始问题式（4-2）称为问题 A，其松弛问题

$$\begin{aligned}\max\quad & Z = 10x_1 + 15x_2 \\ \text{s.t.}\quad & 2x_1 + x_2 \leqslant 10 \\ & 3x_1 + 6x_2 \leqslant 40 \\ & x_1, x_2 \geqslant 0\end{aligned} \quad (4\text{-}12)$$

称为问题 B。

用单纯形法求解松弛问题 B，其最优解为 $\boldsymbol{X} = (x_1, x_2)^\mathrm{T} = \left(2\dfrac{2}{9}, 5\dfrac{5}{9}\right)^\mathrm{T}$，其中 x_1 和 x_2 都不满足整数约束，需要开始分枝定界的迭代，每次迭代包含了分枝、定界和剪枝过程。

分枝过程：

选择一个要求取整，但在 $\boldsymbol{X}$ 中取值非整数的变量（通常按变量的下标顺序选择）x_1 作为分枝变量。因为 $x_1 = 2\dfrac{2}{9}$，且问题 B 在 $2 < x_1 < 3$ 内不可能取得整数解，将这一部分切割掉，则可行域就缩小成两个子集：一个是原可行域中符合 $x_1 \leqslant 2$ 的部分，另一个是原可行域中符合 $x_1 \geqslant 3$ 的部分，如图 4-2 所示。

这个过程也可以认为是通过向问题 B 分别添加约束 $x_1 \leqslant 2$ 和 $x_1 \geqslant 3$，从而将问题 B 分枝为两个子问题，用 B_1 和 B_2 表示，此时的分枝树如图 4-3 所示。

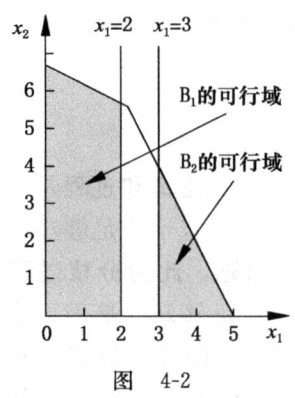
图 4-2

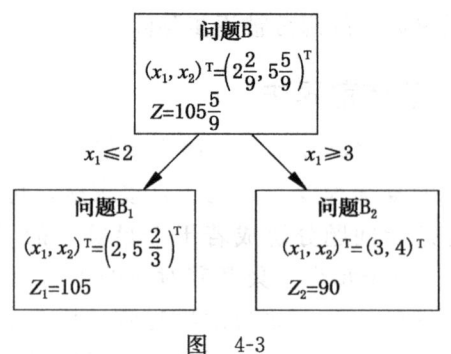
图 4-3

其中

$$
\begin{array}{ll}
\text{子问题 } B_1 & \text{子问题 } B_2 \\
\max\ Z = 10x_1 + 15x_2 & \max\ Z = 10x_1 + 15x_2 \\
\text{s.t.}\ 2x_1 + x_2 \leqslant 10 & \text{s.t.}\ 2x_1 + x_2 \leqslant 10 \\
\quad\ \ 3x_1 + 6x_2 \leqslant 40 & \quad\ \ 3x_1 + 6x_2 \leqslant 40 \\
\quad\ \ x_1 \leqslant 2 & \quad\ \ x_1 \geqslant 3 \\
\quad\ \ x_1, x_2 \geqslant 0 & \quad\ \ x_1, x_2 \geqslant 0
\end{array}
$$

其最优解和最优值分别为[一]：

$$X_1 = (x_1, x_2)^T = \left(2, 5\frac{2}{3}\right)^T, Z_1 = 105 \qquad X_2 = (x_1, x_2)^T = (3, 4)^T, Z_2 = 90$$

这就是分枝过程。一般来说，对一个（不满足整数约束的）最优解 X_I 已知的待分枝松弛问题或子问题 B_I，通常按变量的下标顺序在 X_I 中选定一个不满足整数约束的变量 x_i。假定在 X_I 中 $x_i = b_i$，b_i 不是整数，用 $[b_i]$ 表示小于 b_i 的最大整数，那么分枝过程就是通过向问题 B_I 分别添加约束 $x_i \leqslant [b_i]$ 和 $x_i \geqslant [b_i] + 1$，从而将问题 B_I 转化为两个分枝子问题 B_{I1} 和 B_{I2}。

定界过程：

对于每个可行域（子集）及其对应的（子）问题，需要确定其最优解是否足够好，即是否可能包含原始问题的最优解，这时需要有一个数值作为参照对象，才能判断每个子问题的"好"与"差"，这个数值被称为**界**，约定用 Z^* 表示。

这里约定，"界"的确定方法是：对每个已经求解了的且最优解满足整数约束的（子）问题 $B_{Ij}(j=1, 2)$，在其目标函数值 Z_{Ij} 与现有的界 Z^* 中选择数值较优的作为 Z^* 的值，且此界所对应的解作为备选最优解。由这种确定方式可知，当问题的分枝继续增加时，界 Z^* 的值也需要不断更新。另外，由于在问题刚开始求解时，界 Z^* 是不存在的，这时可以人为确定一个数值作为初始的界：对于最大值问题，界 Z^* 的初始值设为 $-\infty$；对于最小值问题，界 Z^* 的初始值设为 $+\infty$[二]。

回到例题中，在初始状态下，设定界为 $Z^* = -\infty$；求解完松弛问题 B 以后，因为其

[一] 可从问题 B 的最优表（表 4-12），利用第三章第四节中关于添加约束条件的灵敏度方法，使用对偶单纯形法求解 B_1 和 B_2 的最优解，求解过程略。

[二] 在不同的运筹学书籍（教材）中，界的定义方法会有不同。有些书中将界定义为每个子问题最优目标函数值的整数部分，而不要求是满足整数约束的最优解的目标函数值；有些书中还将界区分为上界和下界。当界的定义方式不同时，某些求解过程会有一些差异，但原理都是一致的。

最优解不满足整数约束，界仍为 $Z^* = -\infty$；在求解完子问题 B_1 和 B_2 后，B_2 的解 $\boldsymbol{X}_2 = (x_1, x_2)^T = (3, 4)^T$ 满足整数约束，其最优值 $Z_2 = 90$ 优于当前的界 $Z^* = -\infty$，因此将界 Z^* 的值更新为 $Z^* = Z_2 = 90$，并将 $\boldsymbol{X}_2$ 作为备选最优解。

剪枝过程：

所谓剪枝，是指根据规则剔除掉某个子问题，不再对该问题继续进行分枝。当一个子问题 $B_{Ij}(j=1, 2)$ 符合以下三个条件的任意一个时，就应将该问题剪枝，否则应对该子问题继续分枝：

(1) 子问题 B_{Ij} 有满足整数约束的最优解；

(2) 子问题 B_{Ij} 无可行解；

(3) 子问题 B_{Ij} 有不满足整数约束的最优解，且其最优目标函数值 Z_{Ij} 劣于当前的界 Z^*。

关于条件 (1)，既然已经取得了满足整数约束的最优解，继续分枝也不可能求得比当前解更好的解，应剪枝（即停止分枝）；关于条件 (2)，如果一个问题无可行解，继续分枝也必然无可行解，应剪枝；关于条件 (3)，如果一个子问题 B_I 的目标函数值 Z_I 劣于当前的界 Z^*，继续对 B_{Ij} 进行分枝，即使能得到满足整数约束的最优解，其目标函数值也不可能比当前的界 Z^* 更好，没有必要继续分枝。

回到例题中，子问题 B_1 不满足以上三个条件中的任意一个，应继续分枝；子问题 B_2 符合条件 (1)，剪枝。

以上的分枝、定界和剪枝过程完成了一次迭代，可用分枝树表示为：

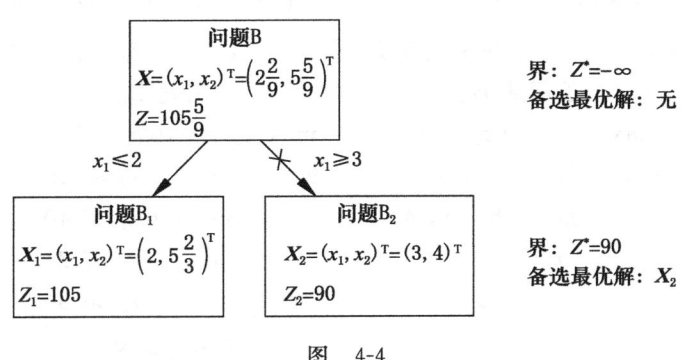

图 4-4

图中用"×"表示对该子问题剪枝。

由此，可以正式地表述分枝定界法的求解步骤：

初始化 先人为指定现有的界 Z^*（对于最大值问题，$Z^* = -\infty$；对于最小值问题，$Z^* = +\infty$）；求解原始问题 A 的松弛问题 B 的最优解 $\boldsymbol{X}$。如果问题 B 有无界解，则原始问题有无界解；如果问题 B 无可行解，则原始问题无可行解；如果 $\boldsymbol{X}$ 为满足整数约束的最优解，则 $\boldsymbol{X}$ 就是原始问题 A 的最优解；否则，将以下的迭代步骤应用于问题 B。

迭代

分枝： 选择求解过程中最早构造的且未被剪枝的一个子问题 B_I ⊖，按变量下标顺序选择其最优解 $\boldsymbol{X}_I$ 中第 1 个取值为非整数 b_i 的变量 x_i 作为分枝变

⊖ 虽然选择哪个子问题进行分枝并没有严格的规定，但按构造的先后次序选择子问题进行分枝，则可能加快求解速度，减少不必要的分枝过程。

量，将 $x_i \leqslant [b_i]$ ⊖ 和 $x_i \geqslant [b_i]+1$ 分别添加到问题 B_I，形成 B_I 的两个子问题 B_{I1} 和 B_{I2}，并求解这两个问题。

定界： 对 B_I 的每个子问题 $B_{Ij}(j=1,2)$，如果其最优解 X_{Ij} 满足整数约束，则将其目标函数值 Z_{Ij} 与现有的界 Z^* 进行比较：如果 Z_{Ij} 优于 Z^*，则将 Z^* 的值更新为 Z_{Ij}，将 X_{Ij} 作为备选最优解；否则维持当前的界和备选最优解不变。

剪枝： 对每个子问题 $B_{Ij}(j=1,2)$，如果其符合下述任意一个条件，则停止其分枝过程：

(1) 子问题 B_{Ij} 有满足整数约束的最优解；

(2) 子问题 B_{Ij} 无可行解；

(3) 子问题 B_{Ij} 有不满足整数约束的最优解，且其最优目标函数值 Z_{Ij} 劣于当前的界 Z^*。

最优检验 如果所有分枝的末端不存在未被剪枝的子问题时，当前的界 Z^* 就是原始问题的最优值，当前的备选最优解就是原始问题的最优解。否则，返回**迭代**步骤。

下面继续求解例 4-12。

第 2 次迭代 对问题 B_1：

分枝： 问题 B_1 的最优解为 $\boldsymbol{X}_1 = (x_1, x_2)^T = \left(2, 5\frac{2}{3}\right)^T$，因为 x_1 已经满足整数约束，选择 x_2 为分枝变量，向问题 B_1 中分别引入 $x_2 \leqslant 5$ 和 $x_2 \geqslant 6$，形成两个子问题 B_{11} 和 B_{12}：

$$
\begin{array}{ll}
\text{子问题 } B_{11} & \text{子问题 } B_{12} \\
\max \quad Z = 10x_1 + 15x_2 & \max \quad Z = 10x_1 + 15x_2 \\
\text{s.t.} \quad 2x_1 + x_2 \leqslant 10 & \text{s.t.} \quad 2x_1 + x_2 \leqslant 10 \\
\qquad 3x_1 + 6x_2 \leqslant 40 & \qquad 3x_1 + 6x_2 \leqslant 40 \\
\qquad x_1 \leqslant 2 & \qquad x_1 \leqslant 2 \\
\qquad x_2 \leqslant 5 & \qquad x_2 \geqslant 6 \\
\qquad x_1, x_2 \geqslant 0 & \qquad x_1, x_2 \geqslant 0
\end{array}
$$

其可行域如图 4-5 所示，求解得其最优解和最优值分别为：

$\boldsymbol{X}_{11} = (x_1, x_2)^T = (2, 5)^T, Z_{11} = 95 \qquad \boldsymbol{X}_{12} = (x_1, x_2)^T = \left(1\frac{1}{3}, 6\right)^T, Z_{12} = 103\frac{1}{3}$

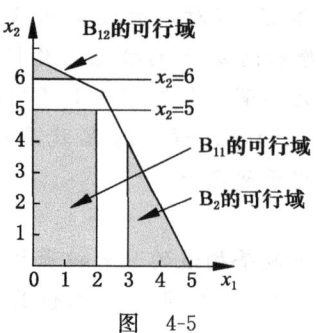

图 4-5

⊖ 其中 $[b_i]$ 表示小于 b_i 的最大整数。

定界：问题 B_{11} 取得了整数解且目标函数值优于当前的界 $Z^* = 90$，因此将当前的界更新为 Z_{11}，即 $Z^* = 95$，备选最优解改为 $\boldsymbol{X}_{11}$。

剪枝：问题 B_{11} 取得了满足整数约束的最优解，剪枝；问题 B_{12} 整仍未取得整数解，且其最优值大于当前的界，应继续分枝。

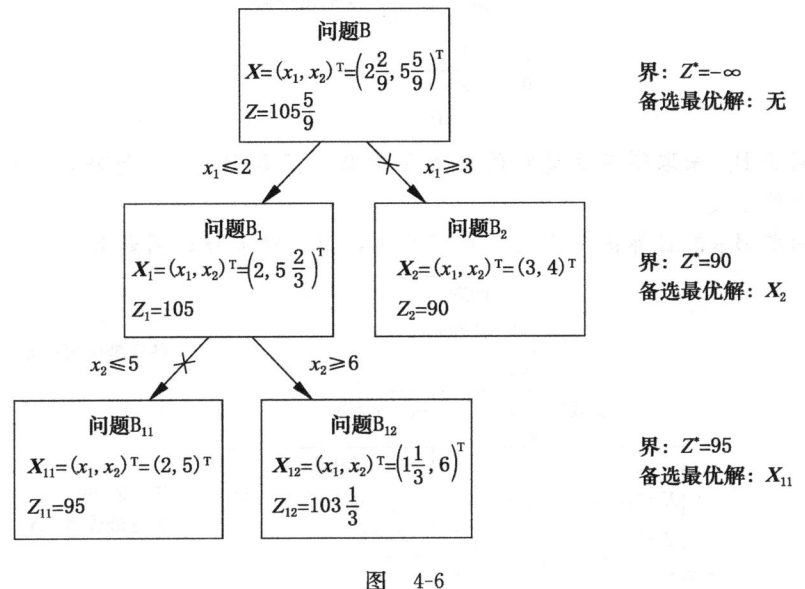

图 4-6

最优检验：仍存在未被剪枝的子问题，应继续迭代。

第 3 次迭代对问题 B_{12}：

分枝：问题 B_{12} 为唯一未被剪枝的子问题，在其最优解中选择不满足整数约束的 x_1 为分枝变量，向问题 B_{12} 中分别引入 $x_1 \leqslant 1$ 和 $x_1 \geqslant 2$，并与原有约束条件合并⊖，形成两个子问题 B_{121} 和 B_{122}。

$$
\begin{array}{ll}
\text{子问题 } B_{121} & \text{子问题 } B_{122} \\
\max \quad Z = 10x_1 + 15x_2 & \max \quad Z = 10x_1 + 15x_2 \\
\text{s.t.} \quad 2x_1 + x_2 \leqslant 10 & \text{s.t.} \quad 2x_1 + x_2 \leqslant 10 \\
\quad\quad 3x_1 + 6x_2 \leqslant 40 & \quad\quad 3x_1 + 6x_2 \leqslant 40 \\
\quad\quad x_1 \leqslant 1 & \quad\quad x_1 = 2 \\
\quad\quad x_2 \geqslant 6 & \quad\quad x_2 \geqslant 6 \\
\quad\quad x_1, x_2 \geqslant 0 & \quad\quad x_1, x_2 \geqslant 0
\end{array}
$$

子问题 B_{121} 的可行域如图 4-7 所示（子问题 B_{122} 无可行域），求解得其最优解和最优值分别为：

$$\boldsymbol{X}_{121} = (x_1, x_2)^{\mathrm{T}} = \left(1, 6\frac{1}{6}\right)^{\mathrm{T}}, Z_{121} = 102\frac{1}{2} \quad \text{子问题 } B_{122} \text{ 无可行解}$$

⊖ 在子问题 B_{121} 中，$x_1 \leqslant 1$ 与原有约束 $x_1 \leqslant 2$ 合并为 $x_1 \leqslant 1$；在子问题 B_{122} 中，$x_1 \geqslant 2$ 与原有约束 $x_1 \leqslant 2$ 合并为 $x_1 = 2$。

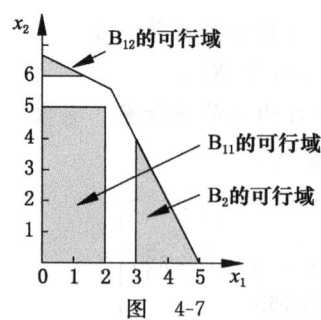

图 4-7

定界：问题 B_{121} 未取得满足整数约束的最优解，问题 B_{122} 无可行解，因此维持当前的界和备选最优解不变。

剪枝：问题 B_{121} 的目标函数值大于当前的界，应继续分枝；问题 B_{122} 无可行解，剪枝。

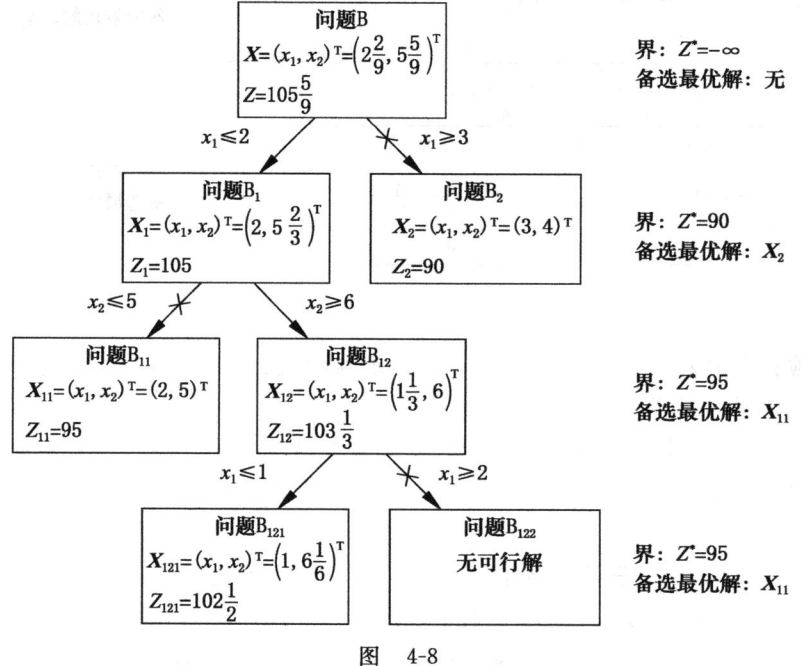

图 4-8

最优检验：仍存在未被剪枝的子问题，应继续迭代。

第 4 次迭代对问题 B_{121}：

分枝：问题 B_{121} 的最优解为 $X_{121}=(x_1, x_2)^T = \left(1, 6\frac{1}{6}\right)^T$，选择不满足整数约束的 x_2 为分枝变量，向问题 B_{121} 中分别引入 $x_2 \leqslant 6$ 和 $x_2 \geqslant 7$，并与原有约束条件合并，形成两个子问题 B_{1211} 和 B_{1212}。

子问题 B_{1211}

$$\begin{aligned}
\max \quad & Z = 10x_1 + 15x_2 \\
\text{s.t.} \quad & 2x_1 + x_2 \leqslant 10 \\
& 3x_1 + 6x_2 \leqslant 40 \\
& x_1 \leqslant 1 \\
& x_2 = 6 \\
& x_1, x_2 \geqslant 0
\end{aligned}$$

子问题 B_{1212}

$$\begin{aligned}
\max \quad & Z = 10x_1 + 15x_2 \\
\text{s.t.} \quad & 2x_1 + x_2 \leqslant 10 \\
& 3x_1 + 6x_2 \leqslant 40 \\
& x_1 \leqslant 1 \\
& x_2 \geqslant 7 \\
& x_1, x_2 \geqslant 0
\end{aligned}$$

问题 B_{1211} 的可行域如图 4-9 所示,其最优解和最优目标函数值为:$X_{1211}=(x_1,x_2)^T=(1,6)^T$,$Z_{1211}=100$;问题 B_{1212} 无可行域(无可行解)。

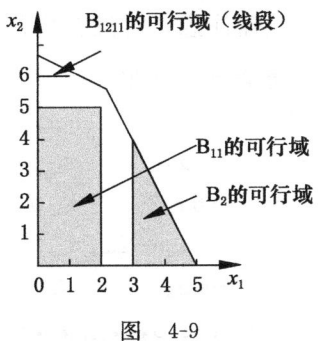

图 4-9

定界:问题 B_{1211} 的最优解 X_{1211} 满足整数约束,且其最优值 Z_{1211} 大于当前的界 $Z^*=95$,更新当前的界为 Z_{1211},即 $Z^*=100$,并将备选最优解改为 X_{1211}。

剪枝:问题 B_{1211} 取得了满足整数约束的最优解,剪枝;问题 B_{1212} 无可行解,剪枝。

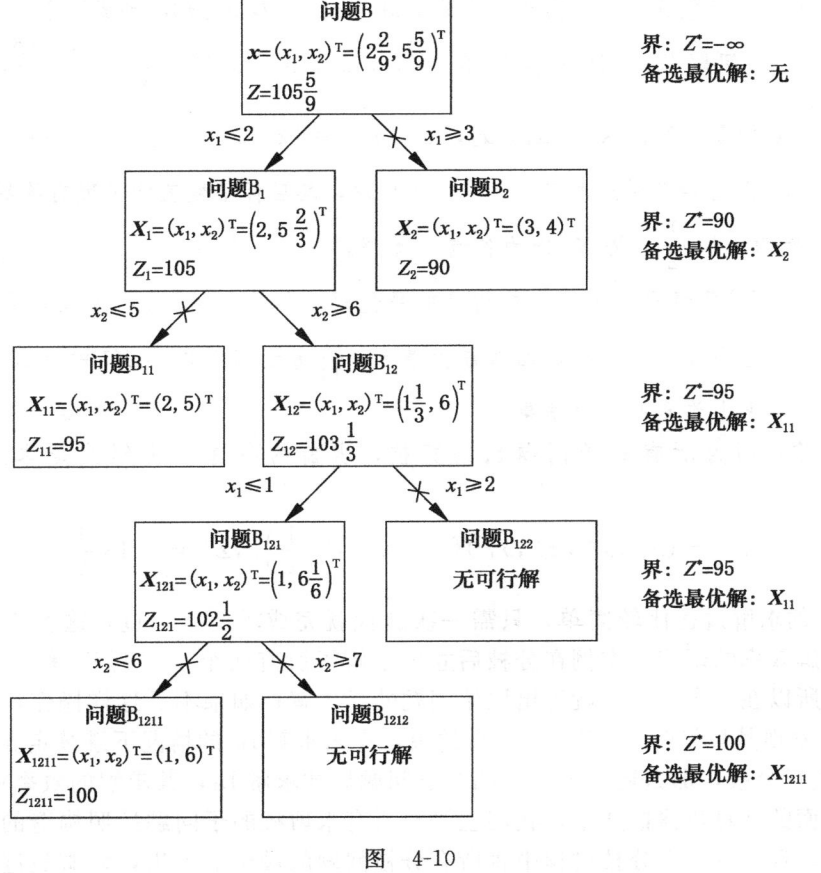

图 4-10

最优检验:由此时的分枝树图 4-10,所有分枝的末端已经不存在未被剪枝的子问题,表明已经取得了原始问题的最优解——当前的界为 $Z^*=100$,当前的备选最优解为 $X_{1211}=(x_1,x_2)^T=(1,6)^T$,因此原始问题的最优解为:

$$\boldsymbol{X}^* = (x_1^*, x_2^*)^{\mathrm{T}} = (1,6)^{\mathrm{T}}, Z^* = 100$$

例 4-12 是应用分枝定界法求解纯整数规划问题的例子,显然,分枝定界法还可无差异地用于求解混合整数规划问题,只需注意,对没有整数约束的变量不进行分枝。

例 4-13 应用分枝定界法求解混合整数规划问题

$$\min \quad Z = -7x_1 + 2x_2 - 4x_3 + x_4$$
$$\begin{aligned}
\text{s.t.} \quad -x_1 + x_2 + x_3 &\leqslant 1 \\
-5x_2 + 6x_3 &\leqslant 0 \\
2x_1 \quad\quad - x_3 - 2x_4 &\leqslant 3 \\
5x_1 \quad\quad + x_3 \quad\quad &\leqslant 10 \\
x_i \geqslant 0, i = 1,2,3,4, \text{且 } & x_1, x_2, x_3 \text{ 为整数}
\end{aligned}$$

解:初始化:将界设为 $Z^* = +\infty$,求得松弛问题 B 的最优解为:$\boldsymbol{X} = (x_1, x_2, x_3, x_4)^{\mathrm{T}} = \left(\frac{7}{4}, \frac{3}{2}, \frac{5}{4}, 0\right)^{\mathrm{T}}$。

第 1 次迭代

分枝:取 x_1 为分枝变量,向问题 B 中分别引入 $x_1 \leqslant 1$ 和 $x_1 \geqslant 2$,形成两个子问题 B_1 和 B_2(模型略),解得:问题 B_1 的最优解为 $\boldsymbol{X}_1 = (x_1, x_2, x_3, x_4)^{\mathrm{T}} = \left(1, \frac{12}{11}, \frac{10}{11}, 0\right)^{\mathrm{T}}$,$Z_1 = -8\frac{5}{11}$;问题 B_2 的最优解为 $\boldsymbol{X}_2 = (x_1, x_2, x_3, x_4)^{\mathrm{T}} = \left(2, 0, 0, \frac{1}{2}\right)^{\mathrm{T}}$,$Z_2 = -13\frac{1}{2}$。

定界:问题 B_2 已经取得满足整数约束的最优解,其目标函数值优于现有的界 $Z^* = +\infty$,因此将 Z^* 更新为 $-13\frac{1}{2}$,将 $\boldsymbol{X}_2$ 作为备选最优解。

剪枝:问题 B_2 已经取得满足整数约束的最优解,剪枝;问题 B_1 虽未取得满足整数约束的最优解,但也不应继续分枝,因为最优值 $-8\frac{5}{11}$ 劣于当前的界 $Z^* = -13\frac{1}{2}$,继续分枝也不可能取得比当前界更好的结果。

最优检验:因为所有的子问题已经剪枝,当前的备选最优解就是本问题的最优解,即:

$$\boldsymbol{X}^* = (x_1^*, x_2^*, x_3^*, x_4^*)^{\mathrm{T}} = \left(2, 0, 0, \frac{1}{2}\right)^{\mathrm{T}}, Z^* = -13\frac{1}{2}$$

例 4-13 的求解过程比较简单,只需一次迭代就完成求解。不过,这里需要注意求解的方式对求解效率的影响。本例在分枝后立即求解了所有两个子问题 B_1 和 B_2,再进行定界和剪枝,所以在一次迭代后就得出原始问题的最优解;如果不是这样操作,而是在求解完问题 B_1 后,发现其最优解 $\boldsymbol{X}_1$ 不满足整数约束,在未求解 B_2 的情况下继续定界和剪枝,然后又对 B_1 进行分枝,那么还需再求解四个子问题后才求解 B_2,其求解的效率将大大降低。所以,在前面的计算步骤描述中,我们主张对所有未剪枝的子问题按照构造的先后次序进行分枝过程,且在每一次分枝过程中将所有分枝问题的最优解求出,以避免进行不必要的计算。

三、割平面法

分枝定界法求解整数规划问题的思路,是利用原始问题 A 与其松弛问题 B 的解之间的关系性质（定理 4.1～定理 4.3），将松弛问题 B 的可行域切割成若干个子集及各子集对应的子问题，并查清各个子问题中的最优整数解，从而求出原始问题 A 的最优整数解。

同样基于定理 4.1～定理 4.3，求解整数规划还有另一种思路——既然松弛问题 B 的可行域包含了原始问题 A 的可行域，那么可以在保证所有整数可行解不被切除的前提下，从外围最大幅度地切割松弛问题 B 的可行域，使得整数解尽可能暴露在缩小后的可行域的边界上，这时得到的衍生问题为 B′，求解此问题，就可以得到原始问题的最优解。

例如，例 4-10 中松弛问题 B 的可行域为图 4-11a 中的 OABC。如果能将图 4-11b 中的多边形 FEDBC 从可行域中切除，剩余的部分 OADEF 就包含了原始问题 A 中所有的整数可行解，且所有顶点都是整数可行解，以这个可行域构造一个问题 B 的衍生问题 B′，就可以直接应用单纯形法求解出原始问题 A 的最优解。

切割可行域可以通过向松弛问题中添加约束条件来完成。上面的例子中，观察

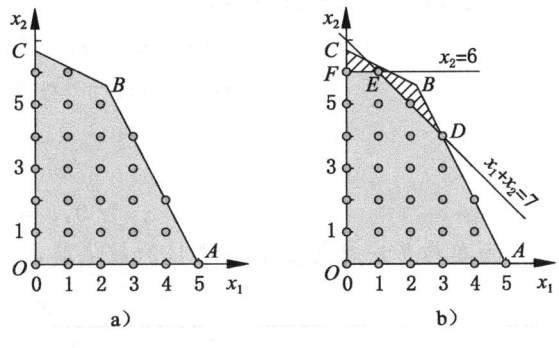

图 4-11

图 4-11a 可知，切割松弛问题 B 的可行域等价于在松弛问题 B 中加入两个约束条件 $x_2 \leqslant 6$ 和 $x_1 + x_2 \leqslant 7$，即引入两条直线：$x_2 = 6$ 和 $x_1 + x_2 = 7$，分别将 $x_2 > 6$ 和 $x_1 + x_2 > 7$ 的部分切除，就可以达到目的。

但是在求解决策变量数超过两个的实际问题时，无法直接观察到应引入哪些约束条件，这时应有更为规范的操作方法。引入某个约束条件，得到松弛问题 B 的一个衍生问题 B_1，其中问题 B_1 必须包括问题 B 的所有整数可行解，且有部分整数可行解将暴露在问题 B_1 可行域的边界上。求解问题 B_1 的最优解 X_1，如果 X_1 满足整数约束，它就是原始问题 A 的最优解；如果 X_1 不满足整数约束，说明原始问题 A 的最优解仍不在问题 B_1 的可行域的边界上，应继续引入一个约束条件，从外围切割问题 B_1 的可行域。重复以上过程，直至某个衍生问题 B_l 取得整数最优解 X_l 时，X_l 就是原始问题 A 的最优解。此即**割平面法**求解整数规划问题的思路，求解过程中添加的约束条件被称为**割平面方程**或**切割方程**。

割平面法有许多变形形式，但其基本思想是相同的，本书只介绍 Gomory 割平面法。

例 4-14 用割平面法求解纯整数规划问题

$$\max \quad Z = x_1 + 2x_2$$
$$\text{s.t.} \quad \frac{1}{8}x_1 + \frac{1}{5}x_2 \leqslant \frac{3}{2}$$
$$x_1 \leqslant 8$$
$$x_2 \leqslant 4$$
$$x_1, x_2 \geqslant 0 \text{ 且为整数}$$

解： 对于纯整数规划问题，割平面法要求原始问题 A 的约束条件中所有变量的系数和右端的常数为整数（具体原因将在后面说明），而本例问题模型中第一个约束条件不符合这个要求，可对该式两端同乘以 40，得到下式：

$$\max \ Z = x_1 + 2x_2$$
$$\text{s.t.} \ 5x_1 + 8x_2 \leqslant 60$$
$$x_1 \leqslant 8$$
$$x_2 \leqslant 4$$
$$x_1, x_2 \geqslant 0 \text{ 且为整数}$$

以此问题作为原始问题 A。去掉整数约束,得到其松弛问题 B,引入松弛变量 x_3,x_4,x_5,将问题 B 标准化为:

$$\max \ Z = x_1 + 2x_2$$
$$\text{s.t.} \ 5x_1 + 8x_2 + x_3 = 60$$
$$x_1 + x_4 = 8 \tag{4-13}$$
$$x_2 + x_5 = 4$$
$$x_i \geqslant 0, i = 1, 2, 3, 4, 5$$

用单纯形法求解松弛问题 B 的最优解,最优表为:

表 4-15

c_j		1	2	0	0	0	b
C_B	X_B	x_1	x_2	x_3	x_4	x_5	
1	x_1	1	0	$\frac{1}{5}$	0	$-\frac{8}{5}$	$\frac{28}{5}$
0	x_4	0	0	$-\frac{1}{5}$	1	$\frac{8}{5}$	$\frac{12}{5}$
2	x_2	0	1	0	0	1	4
$\overline{c_j}$		0	0	$-\frac{1}{5}$	0	$-\frac{2}{5}$	$Z = \frac{68}{5}$

即松弛问题 B 的最优解为 $\boldsymbol{X} = (x_1, x_2)^T = \left(5\frac{3}{5}, 2\frac{2}{5}\right)^T$,$Z^* = 13\frac{3}{5}$,此解不满足整数约束,不是原始问题 A 的最优解。

第 1 次迭代

(1) 构造割平面方程。选择 $\boldsymbol{X}$ 中不满足整数约束的决策变量 x_1,由最优表 4-15 写出其所在的约束方程:

$$x_1 + \frac{1}{5}x_3 - \frac{8}{5}x_5 = \frac{28}{5} \tag{4-14}$$

将式(4-14)中非基变量的系数和右端的常数分别拆分为一个(不大于原系数的最大)整数与一个非负的真分数(非负的纯小数)之和。

对于式(4-14),可将 x_3 的系数 $\frac{1}{5}$ 拆分为 $0 + \frac{1}{5}$,x_5 的系数 $-\frac{8}{5}$ 拆分为 $-2 + \frac{2}{5}$,右端常数 $\frac{28}{5}$ 拆分为 $5 + \frac{3}{5}$,则式(4-14)可写为:

$$x_1 + \left(0 + \frac{1}{5}\right)x_3 + \left(-2 + \frac{2}{5}\right)x_5 = 5 + \frac{3}{5} \tag{4-15}$$

移项整理,将式(4-15)中系数为整数的表达式、整数常数放在等式的左端,其他部分放在等式的右端,得到:

$$x_1 - 2x_5 - 5 = -\frac{1}{5}x_3 - \frac{2}{5}x_5 + \frac{3}{5} \tag{4-16}$$

一方面，在不考虑整数约束时，必有 $-\frac{1}{5}x_3 - \frac{2}{5}x_5 \leqslant 0$，则式（4-16）可弱化为：

$$x_1 - 2x_5 \leqslant 5 + \frac{3}{5} \tag{4-17}$$

或者说，$x_1 - 2x_5$ 的取值满足以下两个不等式之一：

$$x_1 - 2x_5 \leqslant 5 \tag{4-18}$$

$$5 < x_1 - 2x_5 \leqslant 5\frac{3}{5} \tag{4-19}$$

如果考虑整数约束，则式（4-18）成立，式（4-19）不成立，因为 $x_1 - 2x_5$ 不会落在不包含整数的区间 $\left(5, 5\frac{3}{5}\right]$ 内。只要将式（4-18）作为约束条件添加到问题 B 中，就可以在保留问题 B 的所有整数可行解的同时，将属于式（4-19）的区域从问题 B 的可行域中切割掉。因此，式（4-18）可称为**割平面条件**。

另一方面，在考虑整数约束时，对于式（4-16）又有以下分析结论：

- 式（4-16）的左端取值必为整数。这是因为式（4-13）决定了当 x_1 和 x_2 为整数时，松弛变量 x_3，x_4，x_5 也必定为整数[一]；
- 式（4-16）等式关系决定了右端的取值也必为整数；
- 进一步，式（4-16）两端的取值必定是 $\leqslant 0$ 的整数。

关于最后一点，可以采取反证法来证明：设等式两端的取值都为 y，对于右端，有：

$$-\frac{1}{5}x_3 - \frac{2}{5}x_5 + \frac{3}{5} = y$$

移项得：

$$-\frac{1}{5}x_3 - \frac{2}{5}x_5 = -\frac{3}{5} + y \tag{4-20}$$

如果 y 不是 $\leqslant 0$ 的整数，那么它必定是 $\geqslant 1$ 的整数，此时式（4-20）的右端必为正数，而左端显然为非正数，该式不成立。所以，必有

$$x_1 - 2x_5 - 5 \leqslant 0 \tag{4-21}$$

$$-\frac{1}{5}x_3 - \frac{2}{5}x_5 + \frac{3}{5} \leqslant 0 \tag{4-22}$$

且式（4-21）与式（4-22）完全等价。又注意到式（4-21）恰好就是前面推导出的割平面条件式（4-18），因此式（4-22）是与式（4-18）完全等价的割平面条件。

将式（4-22）改写为 $-\frac{1}{5}x_3 - \frac{2}{5}x_5 \leqslant -\frac{3}{5}$，引入松弛变量 x_6 标准化为

$$-\frac{1}{5}x_3 - \frac{2}{5}x_5 + x_6 = -\frac{3}{5} \tag{4-23}$$

这就是一个**割平面方程**[二]。

[一] 如果原始问题的模型中，当约束条件存在变量系数或右端常数为非整数，这时须对该约束条件两端同乘以某个常数，使变量系数和右端常数全部化为整数后，再进行标准化，这时引入的松弛变量或剩余变量取值也必定为整数。这正是本例开始求解时要将第 1 个约束条件两端同乘以 40 的原因。

[二] 从式（4-16）可知，此处的割平面方程也可由式（4-16）的左端得出 $x_1 - 2x_5 + x_6 = 5$，但写为式（4-23），更便于后面的对偶单纯形法计算。

需要特别注意的是，为方便后续的计算，割平面法中有两个约定：一是通常使用分拆整理后所得方程右端的代数式来构造割平面方程，或者说，用包含真分数项的割平面条件来构造割平面方程。例如在这里，选择式（4-22）[而不是式（4-18）]作为割平面条件；另一个约定是，在用割平面条件构造割平面方程（即标准化）之前，应将割平面条件写为"$\leqslant$"的不等式。例如在这里，是将式（4-22）改写为 $-\frac{1}{5}x_3 - \frac{2}{5}x_5 \leqslant -\frac{3}{5}$ 而不是 $\frac{1}{5}x_3 + \frac{2}{5}x_5 \geqslant \frac{3}{5}$。关于这两个约定的具体原因将在后面讨论。

以上方法可以一般化为：

1）从最优单纯形表的基变量组合 $\boldsymbol{X}_B$ 中选择一个取值非整数的基变量 x_{B_i}，从最优表中读出其约束方程：

$$x_{B_i} + \sum_{j \in N} a_{ij} x_j = b_i \tag{4-24}$$

其中，N 表示非基变量的下标集合。

2）将式（4-24）中的 a_{ij} 和 b_i 分别分拆为一个整数和一个非负的真分数（非负的纯小数）之和，即：

$$\begin{aligned} a_{ij} &= [a_{ij}] + f_{ij}, \quad 0 \leqslant f_{ij} < 1 \\ b_i &= [b_i] + f_i, \quad 0 \leqslant f_i < 1 \end{aligned} \tag{4-25}$$

其中，$[a_{ij}]$ 和 $[b_i]$ 分别表示不大于 a_{ij} 和 b_i 的最大整数，f_{ij} 和 f_i 分别表示 a_{ij} 和 b_i 分拆后的真分数部分，则式（4-24）可改写为：

$$x_{B_i} + \sum_{j \in N} ([a_{ij}] + f_{ij}) x_j = [b_i] + f_i$$

移项得

$$x_{B_i} + \sum_{j \in N} [a_{ij}] x_j - [b_i] = -\sum_{j \in N} f_{ij} x_j + f_i \tag{4-26}$$

其中，必有 $-\sum_{j \in N} f_{ij} x_j + f_i \leqslant 0$，或者改写为 $-\sum_{j \in N} f_{ij} x_j \leqslant -f_i$，引入松弛变量 x_s 标准化为：

$$-\sum_{j \in N} f_{ij} x_j + x_s = -f_i \tag{4-27}$$

则式（4-27）就是一个割平面方程。

下面回到例题，继续完成本次迭代。

(2) 构造并求解衍生问题。 上面得到了割平面方程式（4-23），将其加入松弛问题 B 的标准形式式（4-13），得到衍生的问题 B_1 为

$$\begin{aligned} \max \quad & Z = x_1 + 2x_2 \\ \text{s.t.} \quad & 5x_1 + 8x_2 + x_3 = 60 \\ & x_1 + x_4 = 8 \\ & x_2 + x_5 = 4 \\ & -\frac{1}{5} x_3 - \frac{2}{5} x_5 + x_6 = -\frac{3}{5} \\ & x_i \geqslant 0, i = 1, \cdots, 6 \end{aligned} \tag{4-28}$$

可重新求解此问题，但根据灵敏度分析的相关内容可知：当引入的约束为有效约束时，可直接在求解松弛问题 B 的最优单纯形表 4-15 中加入一行一列，得到表 4-16。

表 4-16

c_j		1	2	0	0	0	0	b
C_B	X_B	x_1	x_2	x_3	x_4	x_5	x_6	
1	x_1	1	0	$\frac{1}{5}$	0	$-\frac{8}{5}$	0	$\frac{28}{5}$
0	x_4	0	0	$-\frac{1}{5}$	1	$\frac{8}{5}$	0	$\frac{12}{5}$
2	x_2	0	1	0	0	1	0	4
0	x_6	0	0	$-\frac{1}{5}$	0	$\left[-\frac{2}{5}\right]$	1	$-\frac{3}{5}$
$\bar{c}_j$		0	0	$-\frac{1}{5}$	0	$-\frac{2}{5}$ ↑	0	$Z=\frac{68}{5}$

以 x_6 为出基变量，x_5 为入基变量㊀，应用对偶单纯形法求解得最优表为：

表 4-17

c_j		1	2	0	0	0	0	b
C_B	X_B	x_1	x_2	x_3	x_4	x_5	x_6	
1	x_1	1	0	1	0	0	-4	8
0	x_4	0	0	-1	1	0	4	0
2	x_2	0	1	$-\frac{1}{2}$	0	0	$\frac{5}{2}$	$\frac{5}{2}$
0	x_5	0	0	$\frac{1}{2}$	0	1	$-\frac{5}{2}$	$\frac{3}{2}$
$\bar{c}_j$		0	0	0	0	0	-1	$Z=13$

从最优表读出问题 B_1 的最优解：$\boldsymbol{X}_1 = (x_1, x_2)^T = \left(8, \frac{5}{2}\right)^T$，$Z_1^* = 13$。第 1 次迭代完成。

从第 1 次迭代的计算过程，可以解释前面提到的关于构造割平面方程的两个约定。

（1）为什么是用式（4-23）作为割平面方程，而不是用式（4-21）构造割平面方程 $x_1 - 2x_5 + x_6 = 5$ 来添加到松弛问题 B 中继续求解？

答：如果将添加到松弛问题 B 中，那么在应用灵敏度分析方法求解新的最优解时，加入原最优单纯形表 4-15 后，得到：

表 4-18

c_j		1	2	0	0	0	0	b
C_B	X_B	x_1	x_2	x_3	x_4	x_5	x_6	
		1	0	$\frac{1}{5}$	0	$-\frac{8}{5}$	0	$\frac{28}{5}$
		0	0	$-\frac{1}{5}$	1	$\frac{8}{5}$	0	$\frac{12}{5}$
		0	1	0	0	1	0	4
		1	0	0	0	-2	1	5
$\bar{c}_j$								

㊀ 因为最小比值相等，也可选择 x_3 为入基变量。

表 4-18 需要通过变换（用第 4 行减去第 1 行）才能确定基变量组合并继续计算，而变换的结果实际上正好就是表 4-16。而用式（4-23）作为割平面方程则可以直接得到能立即求解的表 4-16。

（2）为什么要将式（4-22）改写为 $-\frac{1}{5}x_3 - \frac{2}{5}x_5 \leqslant -\frac{3}{5}$ 而不是 $\frac{1}{5}x_3 + \frac{2}{5}x_5 \geqslant \frac{3}{5}$，再通过标准化构造割平面方程？

答：如果将式（4-22）改写为后者，则需要引入剩余变量标准化为

$$\frac{1}{5}x_3 + \frac{2}{5}x_5 - x_6 = \frac{3}{5}$$

并作为约束条件添加到问题 B 后，应用灵敏度分析方法求解新的最优解时，还需将上式两端同乘以 -1 才能应用对偶单纯形法求解；而如果一开始将割平面条件写为 $-\frac{1}{5}x_3 - \frac{2}{5}x_5 \leqslant -\frac{3}{5}$，则不会有此步骤。因此通常的做法是将割平面条件写为 "$\leqslant$" 的不等式。

以上通过一次迭代的过程介绍了割平面法的求解原理。下面继续根据这个原理，完成例 4-14 的求解过程。

第 2 次迭代

（1）构造割平面方程。

问题 B_1 的最优解 X_1 中，x_2 不满足整数约束，从其最优表 4-17 中读出 x_2 作为基变量所在行的约束方程：

$$x_2 - \frac{1}{2}x_3 + \frac{5}{2}x_6 = \frac{5}{2}$$

上式可写为：

$$x_2 + \left(-1 + \frac{1}{2}\right)x_3 + \left(2 + \frac{1}{2}\right)x_6 = 2 + \frac{1}{2}$$

$$\rightarrow x_2 - x_3 + 2x_6 - 2 = -\frac{1}{2}x_3 - \frac{1}{2}x_6 + \frac{1}{2}$$

(4-29)

那么必有 $-\frac{1}{2}x_3 - \frac{1}{2}x_6 + \frac{1}{2} \leqslant 0$，即 $-\frac{1}{2}x_3 - \frac{1}{2}x_6 \leqslant -\frac{1}{2}$，标准化得到割平面方程：

$$-\frac{1}{2}x_3 - \frac{1}{2}x_6 + x_7 = -\frac{1}{2}$$

(4-30)

（2）构造并求解衍生问题 B_2。

将式（4-30）作为新的约束条件加入到问题 B_1 中，得到衍生问题 B_2。求解问题 B_2：将式（4-30）添加到问题 B_1 的最优表 4-17 中，再应用对偶单纯形法求得最优表。

表 4-19

	c_j	1	2	0	0	0	0	0	b
C_B	X_B	x_1	x_2	x_3	x_4	x_5	x_6	x_7	
1	x_1	1	0	0	0	0	-5	2	7
0	x_4	0	0	0	1	0	5	-2	1
2	x_2	0	1	0	0	0	3	-1	3
0	x_5	0	0	0	0	1	-3	1	1
0	x_3	0	0	1	0	0	1	-2	1
	$\bar{c}_j$	0	0	0	0	0	-1	0	$Z=13$

问题 B_2 的最优解为 $\boldsymbol{X}_2 = (x_1, x_2)^T = (7, 3)^T$，$Z_2^* = 13$。此解满足整数约束，$\boldsymbol{X}_2$ 就是原始问题 A 的最优解：
$$\boldsymbol{X}^* = (x_1^*, x_2^*)^T = (7, 3)^T, \quad Z^* = 13$$

例 4-14 只有两个决策变量，还可以在图上观察割平面法的求解过程。图 4-12 中，阴影区域为该问题的可行域，黑色实心圆点表示其对应问题的最优解，浅色圆点表示整数可行解。其中，图 4-12a 是松弛问题 B 的可行域。

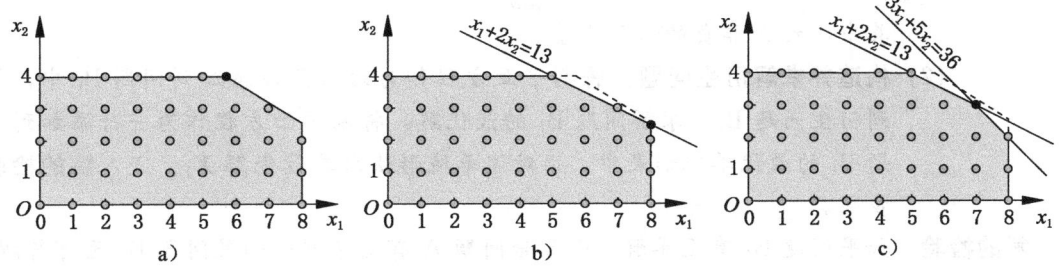

图 4-12　例 4-14 求解过程在图上的表现

第 1 次迭代中引入了割平面方程式（4-23），为了在图上表示出来，需将割平面方程转换为只包含决策变量 x_1 和 x_2 的形式。由式（4-16）可知，式（4-23）等价于
$$x_1 - 2x_5 - 5 \leqslant 0$$
由式（4-13）的第三个约束条件又可以得到 $x_5 = 4 - x_2$，代入上式得
$$x_1 + 2x_2 \leqslant 13$$
表明此迭代将切除了松弛问题 B 可行域中直线 $x_1 + 2x_2 = 13$ 右上方的区域，所有原有的整数可行解全部保留，此衍生问题 B_1 的最优解对应于点 $\left(8, \dfrac{5}{2}\right)$，见图 4-12b。

同理，由式（4-29）可知，第 2 次迭代中引入的割平面方程式（4-30）等价于
$$x_2 - x_3 + 2x_6 - 2 \leqslant 0$$
又由式（4-23）、式（4-13）可知 $x_6 = -\dfrac{3}{5} + \dfrac{1}{5}x_3 + \dfrac{2}{5}x_5$，$x_5 = 4 - x_2$ 和 $x_3 = 60 - 5x_1 - 8x_2$，代入上式得
$$3x_1 + 5x_2 \leqslant 36$$
表明第 2 次迭代在保留所有的整数可行解的同时，将问题 B_1 可行域中直线 $3x_1 + 5x_2 = 36$ 右上方的区域切除，此时得到的最优解对应于点 $(7, 3)$，满足整数约束，见图 4-12c。此即原始问题的最优解。

综上，可将求解纯整数规划问题的割平面法的求解步骤归纳如下：

初始化　观察问题模型，如果约束条件中存在非整数的变量系数或右端常数，则通过等价变换将所有非整数系数和常数化为整数值，以此问题作为原始问题 A；然后，应用单纯形法求解原始问题 A 的松弛问题 B 的最优解 $\boldsymbol{X}$。进入**解的检验**步骤。

迭代　（1）**构造割平面方程**：从问题 B_I 的最优解 $\boldsymbol{X}_I$ 任选 1 个取值为非整数 b_i 的基变量 x_{B_i}，由问题 B_I 的最优单纯形表写出 x_{B_i} 作为基变量所在的约束方程
$$x_{B_i} + \sum_{j \in N} a_{ij} x_j = b_i \tag{4-24}$$
其中，N 表示非基变量的下标集合。将式（4-24）中的 a_{ij} 和 b_i 分别分

拆为

$$a_{ij} = [a_{ij}] + f_{ij}, \quad 0 \leqslant f_{ij} < 1$$
$$b_i = [b_i] + f_i, \quad 0 \leqslant f_i < 1$$

其中，$[a_{ij}]$ 和 $[b_i]$ 分别表示不大于 a_{ij} 和 b_i 的最大整数，f_{ij} 和 f_i 分别表示 a_{ij} 和 b_i 分拆后的真分数部分，则割平面方程为：

$$-\sum_{j \in N} f_{ij} x_j + x_s = -f_i \tag{4-27}$$

其中，x_s 为非负的松弛变量。

(2) 构造并求解衍生问题：将割平面方程作为约束条件添加到问题 B_I 中，得到衍生问题 B_J。求解问题 B_J 的最优解：将割平面方程作为一行添加到问题 B_I 的最优单纯形表中，用对偶单纯形法求其最优解 X_J。进入**解的检验**步骤。

解的检验 如果问题 B_J 有无界解，则原始问题 A 有无界解；如果问题 B_J 无可行解，则原始问题 A 无可行解；如果 X 为满足整数约束的最优解，则原始问题 A 的最优解就是 X_J；否则，回到**迭代**步骤。

例 4-14 的求解过程，只经过两次割平面就找到了原始问题的最优解。研究表明，对于某些问题，选择不同的基变量构造割平面方程，迭代效率会有差异（这里不再讨论）。另一个发现是，对于某些看似简单的问题，有时需要多次迭代（切割）才能完成求解。

例 4-15 用割平面法求解例 4-10：

$$\begin{aligned}
\max \quad & Z = 10x_1 + 15x_2 \\
\text{s. t.} \quad & 2x_1 + x_2 \leqslant 10 \\
& 3x_1 + 6x_2 \leqslant 40 \\
& x_1, x_2 \geqslant 0 \text{ 且为整数}
\end{aligned} \tag{4-2}$$

解：初始化：问题模型中不存在非整数的变量系数和常数，无须处理。

已知松弛问题 B 的标准形式

$$\begin{aligned}
\max \quad & Z = 10x_1 + 15x_2 \\
\text{s. t.} \quad & 2x_1 + x_2 + x_3 = 10 \\
& 3x_1 + 6x_2 + x_4 = 40 \\
& x_i \geqslant 0, i = 1, 2, 3, 4
\end{aligned}$$

求解的最优单纯形表为：

表 4-12 求解式 (4-11) 的最优单纯形表

	c_j		10	15	0	0	b
C_B	X_B		x_1	x_2	x_3	x_4	
10	x_1		1	0	$\frac{2}{3}$	$-\frac{1}{9}$	$\frac{20}{9}$
15	x_2		0	1	$-\frac{1}{3}$	$\frac{2}{9}$	$\frac{50}{9}$
	$\bar{c}_j$		0	0	$-\frac{1}{9}$	$-\frac{11}{9}$	$Z = \frac{950}{9}$

即，松弛问题 B 的最优解为 $\boldsymbol{X}=(x_1, x_2)^\mathrm{T}=\left(2\dfrac{2}{9}, 5\dfrac{5}{9}\right)^\mathrm{T}$，$Z^*=105\dfrac{5}{9}$，此解不满足整数约束，不是原始问题 A 的最优解。

第 1 次迭代

(1) 构造割平面方程。

选择基变量 x_1 在最优表 4-12 中约束方程：

$$x_1+\dfrac{2}{3}x_3-\dfrac{1}{9}x_4=2\dfrac{2}{9}$$

并改写为：

$$x_1+\left(0+\dfrac{2}{3}\right)x_3+\left(-1+\dfrac{8}{9}\right)x_4=2+\dfrac{2}{9}$$

移项整理得：

$$x_1+0\cdot x_3-x_4-2=-\dfrac{2}{3}x_3-\dfrac{8}{9}x_4+\dfrac{2}{9}$$

以右端表达式 $\leqslant 0$ 构造割平面方程：

$$-\dfrac{2}{3}x_3-\dfrac{8}{9}x_4+x_5=-\dfrac{2}{9} \tag{4-31}$$

(2) 构造并求解衍生问题 B_1。

将割平面方程式 (4-31) 加入问题 B 的最优单纯形表 4-12，应用对偶单纯形法求解得到衍生问题 B_1 的最优表。

表 4-20

C_B	c_j X_B	10 x_1	15 x_2	0 x_3	0 x_4	0 x_5	b
10	x_1	1	0	0	-1	1	2
15	x_2	0	1	0	$\dfrac{2}{3}$	$-\dfrac{1}{2}$	$\dfrac{17}{3}$
0	x_3	0	0	1	$\dfrac{4}{3}$	$-\dfrac{3}{2}$	$\dfrac{1}{3}$
$\bar{c}_j$		0	0	0	0	$-\dfrac{5}{2}$	$Z=105$

从最优表读出问题 B_1 最优解：$\boldsymbol{X}_1=(x_1, x_2)^\mathrm{T}=\left(2, 5\dfrac{2}{3}\right)^\mathrm{T}$，$Z_1^*=105$。此解不满足整数约束，应继续迭代。

第 2 次迭代

(1) 构造割平面方程。

问题 B_1 的最优解 $\boldsymbol{X}_1$ 中，x_2 不满足整数约束，从最优表 4-20 的中读出 x_2 作为基变量所在行的约束方程：

$$x_2+\dfrac{2}{3}x_4-\dfrac{1}{2}x_5=\dfrac{17}{3}$$

上式可分拆整理为：

$$x_2-x_5-5=-\dfrac{2}{3}x_4-\dfrac{1}{2}x_5+\dfrac{2}{3}$$

得到割平面方程：

$$-\dfrac{2}{3}x_4-\dfrac{1}{2}x_5+x_6=-\dfrac{2}{3} \tag{4-32}$$

(2) 构造并求解衍生问题 B_2。

将式（4-32）作为新的约束条件加入到最优表中，应用对偶单纯形法求得最优表：

表 4-21

c_j		10	15	0	0	0	0	
C_B	X_B	x_1	x_2	x_3	x_4	x_5	x_6	b
10	x_1	1	0	$\frac{7}{10}$	0	0	$-\frac{1}{10}$	$\frac{23}{10}$
15	x_2	0	1	$-\frac{2}{5}$	0	0	$\frac{1}{5}$	$\frac{27}{5}$
0	x_4	0	0	$\frac{3}{10}$	1	0	$-\frac{9}{10}$	$\frac{7}{10}$
0	x_5	0	0	$-\frac{2}{5}$	0	1	$-\frac{4}{5}$	$\frac{2}{5}$
$\bar{c}_j$		0	0	-1	0	0	-2	$Z=104$

问题 B_2 的最优解为 $\boldsymbol{X}_2 = (x_1, x_2)^T = \left(2\frac{3}{10}, 5\frac{2}{5}\right)^T$，$Z_2^* = 104$。还须继续迭代（略）。虽然从图 4-11 来看，本例只需要两次切割就能得到最优解，但在应用割平面法求解时，可行域的收敛速度没有想象中那么快，需要多次（>4）切割才能找到最优解。

可行域收敛速度很慢，经常需要过多的迭代，是用割平面法求解实际问题时常常碰到的现象，因此这种方法的低求解效率被许多学者诟病。如果在求解过程中结合分枝定界法来缩小可行域，不仅可以大幅提高求解的效率，还可以求解混合整数规划问题，基于这种思想的算法被称为**分枝切割算法**，本书不作介绍。

第三节　0-1 整数规划问题的解法

0-1 整数规划问题可以被认为是一种特殊的一般整数规划问题，只不过决策变量的取值只能为 0 和 1，因此，适用于一般整数规划问题的解法都可以经过简单的变化，用于 0-1 整数规划问题的求解。

一、求解前的预处理

由于 0-1 变量的取值只能是 0 或者 1，通常在求解 0-1 整数规划问题前通过观察确定某些变量的取值，或者将问题模型中冗余的约束条件剔除掉，或者直接判断问题无可行解，从而简化问题求解过程。

例如，假定有三个 0-1 变量 x_1，x_2，x_3，那么下面的约束条件可以进一步简化：

$$4x_1 + x_2 \leqslant 2 \quad \xrightarrow{x_1 \text{不能为} 1} \quad x_1 = 0$$

$$6x_1 + x_2 - 3x_3 \leqslant 2 \quad \xrightarrow{x_1 \text{不能为} 1} \quad x_1 = 0$$

$$2x_1 + x_2 - 3x_3 \geqslant 1 \quad \xrightarrow{x_3 \text{不能为} 1} \quad x_3 = 0 \text{ 且 } 2x_1 + x_2 \geqslant 1$$

$$4x_1 + x_2 - 4x_3 \geqslant 2 \quad \xrightarrow{x_1 \text{必须为} 1, \text{且} x_3 \text{必须为} 0} \quad x_1 = 1, x_3 = 0$$

但须注意，简化后须与原表达式等价，例如上面的第三式，简化后不能少了 $2x_1 + x_2 \geqslant 1$。

同理，类似 $2x_1 + x_2 + 3x_3 \leqslant 6$ 或 $2x_1 - 2x_2 + x_3 \leqslant 3$ 的约束条件可以判定为冗余约束而

剔除掉，而如果一个问题包含如 $x_1+x_2+3x_3 \geqslant 6$ 或 $-2x_1-x_2+x_3 \geqslant 2$ 的约束条件，则可直接判定该问题无可行解。

二、隐枚举法

与一般性整数规划问题类似，对于变量个数较少的纯 0-1 整数规划问题，用穷举（枚举）法可以简单、直观地求出最优解。用穷举法求解变量个数为 n 的问题需要检验 2^n 个解，因此当 n 较大（例如 >10）时这种方法是没有意义的。不过，因为 0-1 纯整数规划问题有其特殊性，人们提出了一些变形的穷举法，能减少计算量或者穷举的次数，大幅提高求解的效率，这类方法统称为**隐枚举法**（implicit enumeration）。

如果引入分枝定界法中"界"的概念，那么以下步骤就是一种求解 0-1 纯整数规划问题的隐枚举法。

初始化 先人为指定现有的界 Z^*（对于最大值问题，$Z^* = -\infty$；对于最小值问题，$Z^* = +\infty$）。

枚举 对于一个变量取值组合 $\boldsymbol{X}_i$

  第 1 步 最优检验 判断其目标函数值 Z_i 是否优于或等于现有的界 Z^*：如果否，进入**结束检验**步骤；如果是，进入**第 2 步**。

  第 2 步 可行检验 检验 $\boldsymbol{X}_i$ 是否为可行解（是否满足所有约束条件）：如果否（只要有一个约束条件不满足），进入**结束检验**步骤；如果是，进入**第 3 步**。

  第 3 步 更新界 Z^* 及备选最优解 如果当前的界 $Z^* = Z_i$，则将 $\boldsymbol{X}_i$ 添加到备选最优解集合中；否则，将当前的界 Z^* 更新为 Z_i，备选最优解更新为 $\boldsymbol{X}_i$。

结束检验 如果所有可能的取值组合已全部查清，则当前的界 Z^* 就是最优目标函数值，当前的备选最优解就是问题的最优解；如果还有未查清的取值组合，则进入下一个取值组合，返回**枚举**步骤。

例 4-16 用隐枚举法求解 0-1 整数规划问题：

$$\max \quad Z = 2x_1 + 3x_2 + x_3$$
$$\begin{aligned} \text{s.t.} \quad & x_1 - x_2 + 2x_3 \leqslant 2 \\ & 3x_1 + x_2 + 2x_3 \geqslant 2 \\ & 3x_1 + 2x_2 + 3x_3 \geqslant 3 \\ & 2x_1 + x_2 + x_3 \leqslant 4 \\ & x_1, x_2, x_3 = 0 \text{ 或 } 1 \end{aligned}$$

解：观察问题模型，可知第四个约束是冗余的约束，则可求解以下的等价问题：

$$\max \quad Z = 2x_1 + 3x_2 + x_3$$
$$\begin{aligned} \text{s.t.} \quad & x_1 - x_2 + 2x_3 \leqslant 2 & (1)\\ & 3x_1 + x_2 + 2x_3 \geqslant 2 & (2)\\ & 3x_1 + 2x_2 + 3x_3 \geqslant 3 & (3)\\ & x_1, x_2, x_3 = 0 \text{ 或 } 1 \end{aligned}$$

本例是一个最大值问题，首先将界设定为 $Z^* = -\infty$，则本例的求解过程见表 4-22。

表 4-22 隐枚举法求解过程

序号	变量取值组合 X	当前的界 Z^*	目标函数 Z	约束条件 (1)	约束条件 (2)	约束条件 (3)	更新的界 Z^*	备选最优解
1	$(0, 0, 0)^T$	$-\infty$	0	√	×			
2	$(0, 0, 1)^T$	$-\infty$	1	√	√	√	1	$(0, 0, 1)^T$
3	$(0, 1, 0)^T$	1	3	√	×			
4	$(1, 0, 0)^T$	1	2	√	√	√	2	$(1, 0, 0)^T$
5	$(0, 1, 1)^T$	2	4	√	√	√	4	$(0, 1, 1)^T$
6	$(1, 0, 1)^T$	4	3					
7	$(1, 1, 0)^T$	4	5	√	√	√	5	$(1, 1, 0)^T$
8	$(1, 1, 1)^T$	5	6	√	√	√	6	$(1, 1, 1)^T$

注：符号"√"和"×"分别表示满足和不满足该约束条件。

表 4-22 中，对于一个变量取值组合，先计算其目标函数值，如果其小于当前的界，则转入下一个组合，如第 6 个组合；如果任意一个约束条件不满足（在表中用"×"表示），则转入下一个组合，而不需再判断剩余的约束是否满足，如第 1、3 个组合；只有在该组合的目标函数值优于当前的界且满足所有约束条件时，才更新当前的界和备选最优解。显然，表 4-22 中最后一个备选最优解和最后更新的解就是本问题的最优解和最优值：

$$X^* = (1,1,1)^T, \quad Z^* = 6$$

由此可见，隐枚举法不需要将所有变量取值组合代入所有的约束一一检验（对目标函数值与当前界的比较判断已经先排除了一部分解为最优解的可能性），所以其计算量比穷举法要少[⊖]。

三、分枝定界法

用于求解一般整数规划问题的分枝定界法，也可以用于求解 0-1 整数规划问题，只是在松弛问题的定义和分枝过程上有些许不同。

1. 0-1 整数规划问题的松弛问题

如果将 0-1 整数规划问题视为特殊的一般整数规划问题，则其数学模型可写为：

$$\begin{aligned} \max \quad & Z = CX \\ \text{s. t.} \quad & AX \leqslant b \\ & X^{(I)} \leqslant 1 \\ & X \geqslant 0, \text{且 } X^{(I)} \text{ 为整数}(X^{(I)} \subseteq X) \end{aligned} \quad (4-4)$$

去掉式 (4-4) 中的整数约束后，得到松弛问题 B：

$$\begin{aligned} \max \quad & Z = CX \\ \text{s. t.} \quad & AX \leqslant b \\ & X^{(I)} \leqslant 1 \\ & X \geqslant 0, X^{(I)} \subseteq X \end{aligned}$$

2. 分枝过程的规则

由于 0-1 变量只有两个取值，在应用分枝定界法求解 0-1 整数规划问题时，只需将分

⊖ 实际上，前面所介绍的分枝定界法也符合这些特征，所以分枝定界法在本质上也是一种隐枚举法。

枝过程的规则改为：

选择求解过程中最早构造的且未被剪枝的一个子问题 B_I，按变量下标顺序选择第 1 个取值为 b_i，且 $0<b_i<1$ 的变量 x_i 作为分枝变量，将 $x_i=0$ 和 $x_i=1$ 分别添加到问题 B_I，形成 B_I 的两个子问题 B_{I1} 和 B_{I2}，并求解这两个问题。

例 4-17　用分枝定界法求解例 4-5 的问题模型：

$$\max \quad Z = 1\,785x_1 + 817x_2 + 720x_3 + 216x_4 + 210x_5$$
$$\text{s. t.} \quad 85x_1 + 43x_2 + 36x_3 + 12x_4 + 10x_5 \leqslant 150$$
$$x_i = 0 \text{ 或 } 1, i = 1, \cdots, 5$$

解：初始化：这是一个最大值问题，将界设为 $Z^* = -\infty$。求解松弛问题 B：

$$\max \quad Z = 1\,785x_1 + 817x_2 + 720x_3 + 216x_4 + 210x_5$$
$$\text{s. t.} \quad 85x_1 + 43x_2 + 36x_3 + 12x_4 + 10x_5 \leqslant 150$$
$$x_i \leqslant 1$$
$$x_i \geqslant 0, i = 1, \cdots, 5$$

求得其最优解为：$\boldsymbol{X} = (x_1, x_2, x_3, x_4, x_5)^{\mathrm{T}} = \left(1, \dfrac{19}{43}, 1, 0, 1\right)^{\mathrm{T}}$，$Z = 3\,076$。

由于问题的特殊性（目标函数为和的形式且只有一个约束条件），在求解本问题松弛问题 B 的最优解时，还可以结合例 4-5 的实际背景。5 个项目的投资回报率分别为 210%、190%、200%、180% 和 210%，要使投资回报最大，可将各项目暂时视为可部分投资的项目，按单位资金收益率最大的原则进行分配，则应优先投资项目 1、3、5，剩余的 190 万用于"部分"投资项目 2，由此也可得到松弛问题 B 的最优解为 $\left(1, \dfrac{19}{43}, 1, 0, 1\right)^{\mathrm{T}}$。

第 1 次迭代　对松弛问题 B

分枝：取 x_2 为分枝变量，向问题 B 中分别引入 $x_2 = 0$ 和 $x_2 = 1$，形成两个子问题 B_1 和 B_2：

子问题 B_1

$$\max \quad Z = 1\,785x_1 + 817x_2 + 720x_3 + 216x_4 + 210x_5$$
$$\text{s. t.} \quad 85x_1 + 43x_2 + 36x_3 + 12x_4 + 10x_5 \leqslant 150$$
$$x_2 = 0$$
$$x_i \leqslant 1$$
$$x_i \geqslant 0, i = 1, \cdots, 5$$

子问题 B_2

$$\max \quad Z = 1\,785x_1 + 817x_2 + 720x_3 + 216x_4 + 210x_5$$
$$\text{s. t.} \quad 85x_1 + 43x_2 + 36x_3 + 12x_4 + 10x_5 \leqslant 150$$
$$x_2 = 1$$
$$x_i \leqslant 1$$
$$x_i \geqslant 0, i = 1, \cdots, 5$$

求解得其最优解和最优值分别为：

$$\boldsymbol{X}_1 = (1,0,1,1,1)^{\mathrm{T}}, Z_1 = 2\,931 \qquad \boldsymbol{X}_2 = \left(1,1,\dfrac{1}{3},0,1\right)^{\mathrm{T}}, Z_2 = 3\,052$$

定界：问题 B_1 已经取得满足 0-1 约束的最优解，其目标函数值优于现有的界 $Z^* = -\infty$，因此将 Z^* 更新为 $2\,931$，将 $\boldsymbol{X}_1$ 作为备选最优解。

剪枝：问题 B_1 已经取得满足 0-1 约束的最优解，剪枝；问题 B_2 未取得 0-1 约束的最优解，且其最优值 $3\,052$ 优于当前的界 $Z^* = 2\,931$，应继续分枝。

最优检验：仍存在未被剪枝的子问题，应继续迭代。

第 2 次迭代　对子问题

分枝：取 x_3 为分枝变量，向问题 B_2 中分别引入 $x_3=0$ 和 $x_3=1$，形成两个子问题 B_{21} 和 B_{22}：

子问题 B_{21}

$$\begin{aligned}
\max \quad & Z = 1\,785x_1 + 817x_2 + 720x_3 \\
& + 216x_4 + 210x_5 \\
\text{s.t.} \quad & 85x_1 + 43x_2 + 36x_3 + 12x_4 + 10x_5 \leqslant 150 \\
& x_2 = 1 \\
& x_3 = 0 \\
& x_i \leqslant 1 \\
& x_i \geqslant 0, i = 1, \cdots, 5
\end{aligned}$$

子问题 B_{22}

$$\begin{aligned}
\max \quad & Z = 1\,785x_1 + 817x_2 + 720x_3 \\
& + 216x_4 + 210x_5 \\
\text{s.t.} \quad & 85x_1 + 43x_2 + 36x_3 + 12x_4 + 10x_5 \leqslant 150 \\
& x_2 = 1 \\
& x_3 = 1 \\
& x_i \leqslant 1 \\
& x_i \geqslant 0, i = 1, \cdots, 5
\end{aligned}$$

求解得其最优解和最优值分别为：

$$\boldsymbol{X}_{21} = (1,1,0,1,1)^{\mathrm{T}}, Z_{21} = 3\,028 \qquad \boldsymbol{X}_{22} = \left(\frac{71}{85},1,1,0,0\right)^{\mathrm{T}}, Z_{22} = 3\,028$$

定界：问题 B_{21} 已经取得满足 0-1 约束的最优解，其目标函数值优于现有的界 $Z^* = 2\,931$，因此将 Z^* 更新为 $3\,028$，将 $\boldsymbol{X}_{21}$ 作为备选最优解。

剪枝：问题 B_{21} 已经取得满足 0-1 约束的最优解，剪枝；问题 B_{22} 虽未取得 0-1 约束的最优解，但其最优值 $3\,028$ 并不优于（等于）当前的界 $Z^* = 3\,028$，继续分枝也无法取得更优的解，剪枝。

最优检验：已经不存在未被剪枝的子问题，则当前的备选最优解就是原始问题的最优解：

$$\boldsymbol{X}^* = (x_1^*, x_2^*, x_3^*, x_4^*, x_5^*)^{\mathrm{T}} = (1,1,0,1,1)^{\mathrm{T}}, \quad Z^* = 3\,028$$

求解结束。其求解分枝树如图 4-13 所示。

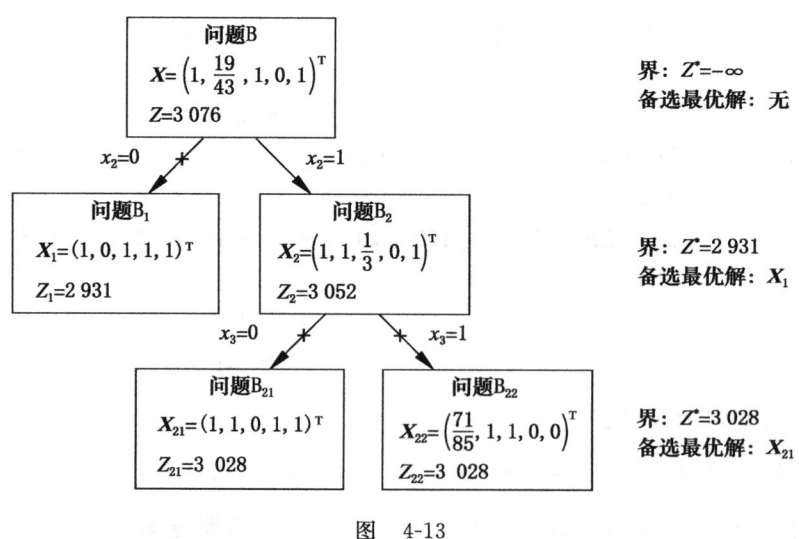

图 4-13

另外，求解纯整数规划的割平面法也可以无差别地应用于 0-1 纯整数规划问题的求解，而分枝切割算法还可适用于 0-1 混合整数规划问题的求解。关于这些方法，本书不作介绍，请有兴趣的读者参阅相关的专著。

第四节 用 Excel 求解整数规划问题

整数规划问题的一般解法（分枝定界法和割平面法），本质上是通过不断添加约束条件构造原始问题的衍生问题，利用隐枚举技术或缩小原始问题的可行域，在衍生问题中找到满足整数约束的最优解的过程。由于衍生问题都是线性规划问题，可以将 Excel 作为辅助工具来完成求解过程。

事实上，Excel 规划求解工具本身就集成了整数约束规则，在添加约束对话框中部的下拉项中，可以选择 "int" 和 "bin"，分别表示整数（integer）和 0-1 二进制数（binary number），如图 4-14 所示。

借助这个对话框，可以引入任意单元格（包括变量和表达式）的整数或 0-1 约束，使得 Excel 规划求解工

图 4-14

具能直接用于求解所有类型的整数规划问题，而没有必要通过烦琐的迭代来逐步找到问题的最优解。

例 4-18 用 Excel 规划求解工具求解例 4-1。

解：由第一章第三节中介绍的例 1-13 可知，用 Excel 规划求解工具求解实际问题时，不一定要输入数学规划模型。根据问题背景来输入数学模型，并合理地组织数据单元格及其注释的位置，则模型本身及其求解报告都有更强的可读性。结合例 4-1 的实际背景，本例的数学模型输入结果如图 4-15 所示。

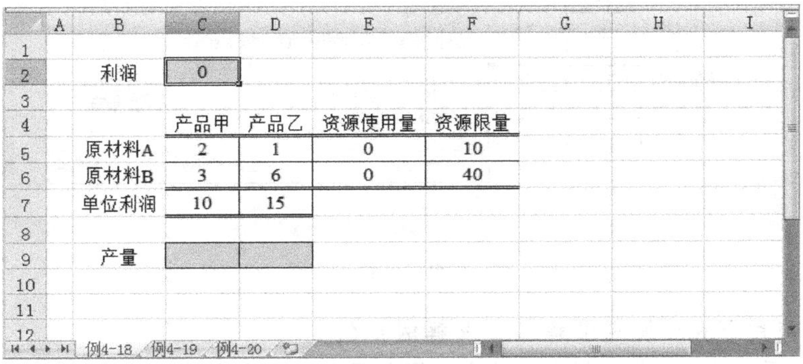

图 4-15

图 4-15 中，以有底色的空白单元格表示 Excel 求解的结果。E5、E6 和 C2 单元格中分别为两种资源实际使用量和总利润的计算公式：

单元格	公式
E5	=SUMPRODUCT($C$9:$D$9,C5:D5)
E6	=SUMPRODUCT($C$9:$D$9,C6:D6)
C2	=SUMPRODUCT($C$9:$D$9,C7:D7)

"规划求解" 对话框中各参数设置如图 4-16 所示：

"约束" 中有一行：$C$9:$D$9=整数，这就是变量的整数约束，添加这个约束的方

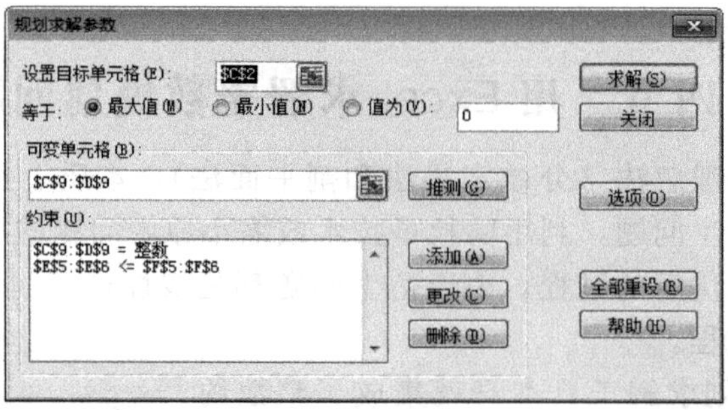

图 4-16

法是:单击"添加"按钮打开"添加约束"对话框,选择了决策变量所在区域 C9:D9 后,单击对话框中部的下拉列表并选择"int"项,如图 4-17 所示。

在选项中勾选了"采用线性模型"和"假定非负"后(下同),求解计算结果如图 4-18 所示。

规划求解结果对话框显示:"规划求解找到一解,可满足所有的约束及最优状况",表明已经取得最优解:产品甲和产品乙各生产 1 件和 6 件,可取得最大利润 100 千元。

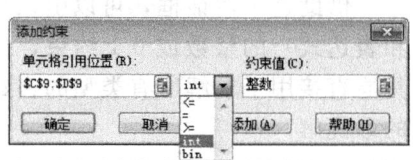

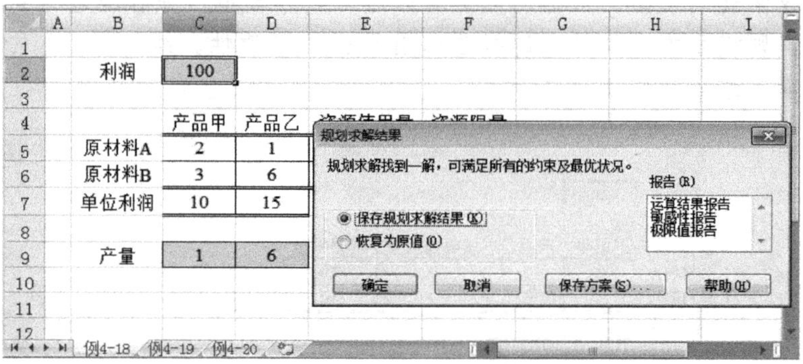

图 4-17

图 4-18

例 4-19 应用 Excel 规划求解工具求解例 4-4。

解: 例 4-4 是一个 0-1 背包问题,结合问题背景在工作表中输入数学模型,如图 4-19 所示。

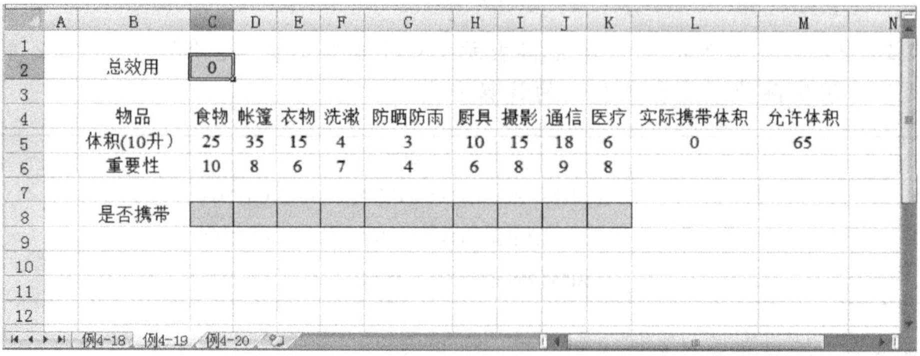

图 4-19

其中,"是否携带"一行表示各个物品携带与否的 0-1 变量。实际携带体积和总效用单元格中的计算公式如下:

单元格	公式
L5	=SUMPRODUCT($C$8:$K$8,C6:K6)
C2	=SUMPRODUCT($C$8:$K$8,C5:K5)

"规划求解参数"对话框中各参数设置如图 4-20 所示。

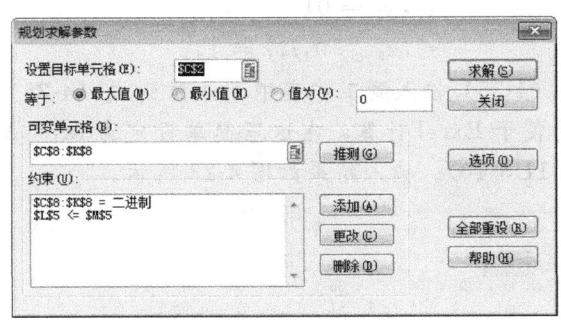

图 4-20

"约束"中第一行"$C$8:$K$8=二进制"是变量的 0-1 约束,添加此约束的方法是:单击"添加"按钮打开"添加约束"对话框,选择了决策变量所在区域 C8:K8 后,单击对话框中部的下拉列表并选择"bin"项,如图 4-21 所示。

最终计算结果如图 4-22 所示。

本问题的最优解为:携带除去帐篷、衣物、通信设备以外的其他所有物品,可取得最大的总效用。

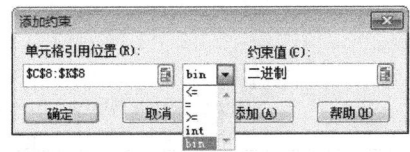

图 4-21

	A	B	C	D	E	F	G	H	I	J	K	L	M	N
1														
2		总效用	43											
3														
4		物品	食物	帐篷	衣物	洗漱	防晒防雨	厨具	摄影	通信	医疗	实际携带体积	允许体积	
5		体积(10升)	25	35	15	4	3	10	15	18	6	63	65	
6		重要性	10	8	6	7	4	6	8	9	8			
7														
8		是否携带	1	0	0	1	1	1	1	0	1			
9														
10														
11														
12														

图 4-22

下面再来看一个稍微复杂的问题:既包含整数,又包含 0-1 变量的整数规划问题。

例 4-20 应用 Excel 规划求解工具求解例 4-8。

解:例 4-8 中包含了互斥的约束条件,用数学模型更易于处理,所以直接求解例 4-8 所建立的整数规划模型。

$$
\begin{aligned}
\max \quad & Z = 50x_1 + 40x_2 \\
\text{s. t.} \quad & 8x_{11} + 9x_{12} + 4x_{21} + 3x_{22} \leqslant 640 \\
& x_{11} + x_{12} - x_1 = 0 \\
& x_{21} + x_{22} - x_2 = 0 \\
& 2x_1 + 2x_2 - M_1 y_1 \leqslant 200 \\
& 2x_1 + 3x_2 - M_2 y_2 \leqslant 200 \\
& y_1 + y_2 = 1 \\
& y_1, y_2 = 01 \\
& x_i, x_{ij} \geqslant 0, i, j = 1, 2
\end{aligned} \tag{4-35}
$$

将以上数学模型式（4-35）输入到工作表中。注意到式（4-35）中有两个取值未知的极大正数 M_1 和 M_2，为便于 Excel 计算，在这里简单设定为 $M_1 = M_2 = 1\times10^{10}$（在 Excel 中用科学计数法显示为 $1E+10$）。输入结果如图 4-23 所示。

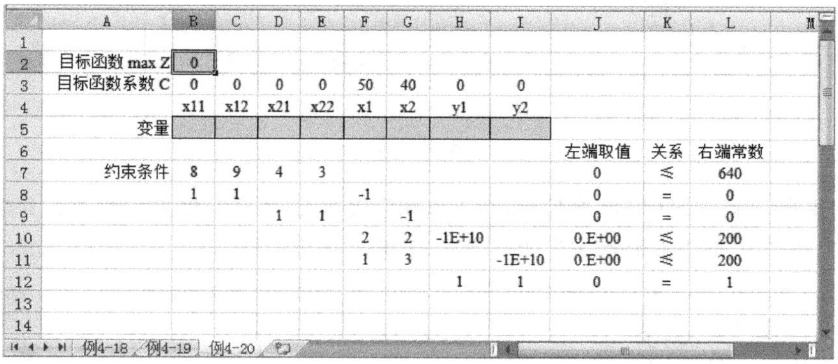

	A	B	C	D	E	F	G	H	I	J	K	L
1												
2	目标函数 max Z	0										
3	目标函数系数 C	0	0	0	0	50	40	0	0			
4		x11	x12	x21	x22	x1	x2	y1	y2			
5	变量											
6										左端取值	关系	右端常数
7	约束条件	8	9	4	3					0	≤	640
8		1	1			-1				0	=	0
9				1	1		-1			0	=	0
10						2	2	-1E+10		0.E+00	≤	200
11						1	3		-1E+10	0.E+00	≤	200
12								1	1	0	=	1
13												
14												

例4-18 例4-19 例4-20

图 4-23　本问题的 Excel 基本模型

其中，B5:I5 为决策变量单元格；B2 为目标函数单元格，其计算公式为“=SUMPRODUCT($B$5:$I$5,B3:I3)”。

除去变量的整数约束和 0-1 取值约束，图 4-23 中各约束条件左端取值的输入公式分别为：

单元格	公式
J7	=SUMPRODUCT($B$5:$I$5,B7:I7)
J8	=SUMPRODUCT($B$5:$I$5,B8:I8)
J9	=SUMPRODUCT($B$5:$I$5,B9:I9)
J10	=SUMPRODUCT($B$5:$G$5,B10:G10)+ROUND(H5,1)*H10
J11	=SUMPRODUCT($B$5:$G$5,B11:G11)+ROUND(I5,1)*I11
J12	=SUMPRODUCT($B$5:$I$5,B12:I12)

注意：单元格 J10 和 J11 中，在计算 M_1y_1 和 M_2y_2 时，利用 Round 函数对 y_1 和 y_2 进行了个位的四舍五入取整⊖。

⊖ 由于 Excel 的浮点计算会产生误差，0-1 变量 y_1 和 y_2 的计算结果可能只是无限逼近 0 或 1，但并不是恰好等于 0 或 1，在一般情况下可以忽略这种误差带来的影响，但在式（4-35）的第 4、5 个约束中，因为 y_1 和 y_2 的系数 M_1 和 M_2 是极大的正数，此时这种误差就会影响计算结果。本例求解结果为 $y_1=0$，但在 Excel 中的实际结果，y_1 只是接近 0 而不等于 0，当规划求解选项中的精度为默认的 10^{-6}，而且 $M_1=M_2=1\times10^{10}$ 时，此时 M_1y_1 的值达到了 2 位数，如果不予干预对结果的影响会很大。处理的方法有几种，一是如文中，在计算 M_1y_1 和 M_2y_2 时对 y_1 和 y_2 的取值四舍五入，那么一定能保证 $M_1y_1=0$；另一种方法是将 M_1 和 M_2 的数量级减小，或者（在规划求解选项对话框中）大幅提高规划求解的精度。

"规划求解参数"对话框中各参数设置如图 4-24 所示。

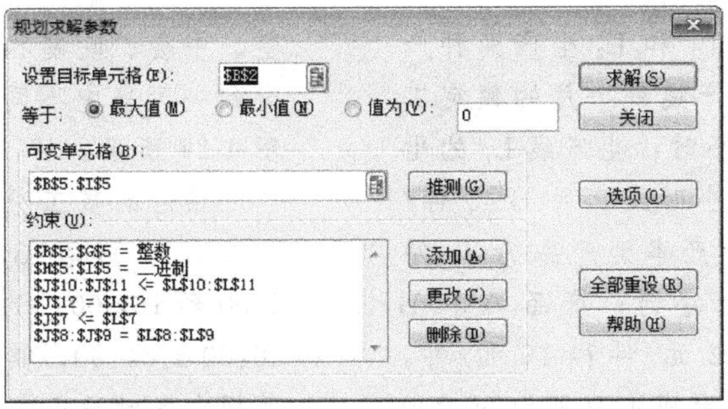

图 4-24 本问题的规划求解参数设置

求解得到最优解，如图 4-25 所示。

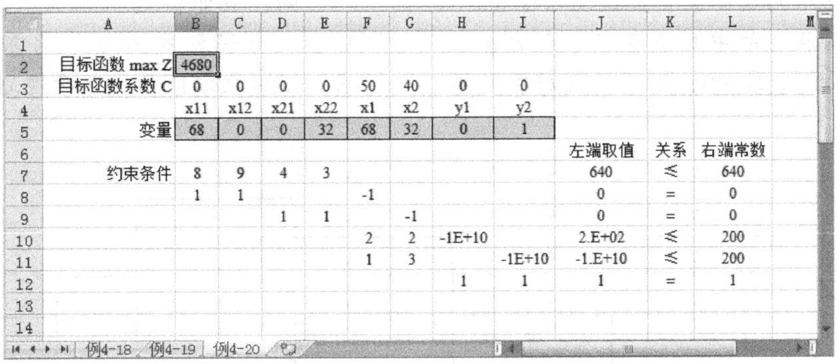

	A	B	C	D	E	F	G	H	I	J	K	L
1												
2	目标函数 max Z	4680										
3	目标函数系数 C	0	0	0	0	50	40	0	0			
4		x11	x12	x21	x22	x1	x2	y1	y2			
5	变量	68	0	0	32	68	32	0	1			
6										左端取值	关系	右端常数
7	约束条件	8	9	4	3					640	≤	640
8		1	1			-1				0	=	0
9				1	1		-1			0	=	0
10						2	2	-1E+10		2.E+02	≤	200
11						1	3		-1E+10	-1.E+10	≤	200
12								1	1	1	=	1
13												
14												

图 4-25 本问题的最优解

由最优解可知，该公司应生产 68 件产品 A 和 32 件产品 B。其中，在甲工序，产品 A 用甲 1 工艺生产，产品 B 用甲 2 工艺生产；在乙工序中选择乙 1 工艺。

由上面的例题可知，Excel 几乎可以求解所有类型的、复杂的整数规划问题。当问题模型中包含了整数约束或 0-1 约束时，都不能生成"敏感性报告"和"极限值报告"，在选择"敏感性报告"和/或"极限值报告"时，都会得到如下的提示。

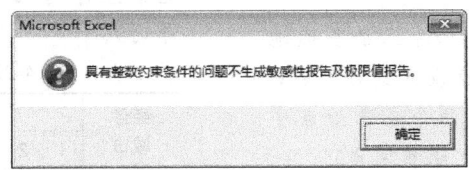

图 4-26 Excel 给出的提示对话框

本章小结

本章介绍了一般整数规划问题、0-1 整数规划问题的建模，以及求解这两类问题的一般求解方法，包括分枝定界法、割平面法、隐枚举法等，并介绍了用 Excel 规划求解工具求解各种整数规划问题的方法。相比于一般线性规划问题而言，整数线性规划更强调其建模思路和技巧的学习，特别是 0-1 变量的应用技巧。对于整数规划问题的求解而言，简单的整数规划问题可以用分枝定界法进行求解，而复杂或大规模（整数决策变量较多）的整数规划问题必须用工具软件进行求解。

习题

1. 某工厂用两条生产线 L_1 和 L_2 生产两种产品 A 和 B。这两条生产线每个月的额定工时分别为 600 和 800 小时,生产线 L_1 的生产率为产品 A 60 件/小时或产品 B 45 件/小时,生产线 L_2 的生产率为产品 A 35 件/小时或产品 B 40 件/小时;产品 A 和 B 的单位售价分别为 12 元/件和 16 元/件,生产产品 A 和 B 的固定成本分别为 60 000 元和 80 000 元。

   问:应如何安排生产可实现利润最大化?试建立本问题的混合整数规划模型。

2. 某大型社区临街的中式快餐店每天的营业时间为 8:00 到 24:00。根据社区居民对早餐、中餐、晚餐和夜宵的需求不同,统计得到一天当中不同时间对服务员的需求如图 4-27 所示。

   该店的员工分为两类。第一类是正式员工,分别在 3 个 8 小时时段上班: 8:00 到 16:00、12:00 到 20:00,以及 16:00 到 24:00,其工作时薪为 14 元/小时,且规定各时段正式员工数量不能少于 3 人;第二类是钟点工,可在 8:00 到 24:00 的任何时间工作,其工作时薪为 12 元/小时。

   问:应如何雇用正式员工和钟点工,可在人力资源成本最小的基础上满足需求?试建立本问题的整数规划模型。

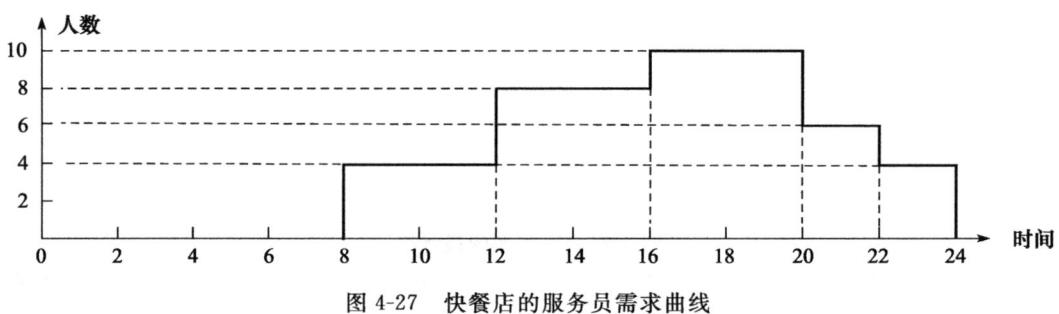

图 4-27 快餐店的服务员需求曲线

3. 某公司计划在东、西、南三个地区建立销售网点,总共有 7 个备选地点 A_i($i=1$, $\cdots$, 7)可供选择。现要求所设立的销售网点必须满足以下条件:
   - 在东部地区,A_1,A_2,A_3 三个备选地点中至多选择两个地点设立销售网点;
   - 在西部地区,A_4,A_5 两个备选地点中至少选择一个地点设立销售网点;
   - 在南部地区,A_6,A_7 两个备选地点只能选一个设立销售网点;
   - 出于市场环境的考虑,如果方案中选择了 A_2 地点,必须选择在 A_5 同时设立销售网点。

   若在备选地点 A_i 设立销售网点需要投资 b_i 万元,每年获得利润 c_i 万元。问:如果总投资预算为 B 万元,在哪些备选地点设立网点可获得最多的利润?试建立本问题的数学模型。

4. 某短途航空公司有 10 条联飞线路,可经停 9 个城市。表 4-23 给出了这 10 条飞行路线经停的城市和飞行总小时数(单位: 小时)。

表 4-23 飞行路线数据表

经停城市	备选飞行线路									
	1	2	3	4	5	6	7	8	9	10
A	√		√						√	
B		√	√	√	√					
C				√		√	√	√		
D	√							√		√
E					√	√				
F								√	√	
G	√						√			
H				√		√			√	
I	√	√		√		√				
飞行时间	4	6	5	6	7	4	6	5	5	7

注:"√"表示经停该城市

试从这 10 条线路中选择 3 条线路,既能够满足飞行总时间最少的要求,又能够经停 9 个城市至少一次。请给出本问题的 0-1 整数规划模型。

5. 某小提琴手作坊根据顾客提出的定制需求生产小提琴,价格和固定成本因定制需而异。由于作坊的熟练技师有限(12 人),该手工作坊只能挑选部分订单,甚至只能部分完成订单所要求的数量。

目前,作坊收到来自 3 家交响乐队的小提琴订单。表 4-24 给出了与此订单相关的制作成本和价格(单位:元)。

表 4-24

	订单 1	订单 2	订单 3
订单数量(把)	3	4	5
价格(元/把)	3 000	4 000	1 000
固定成本(元)	4 000	3 000	0
技师需求(人/把)	2	3	2

问:各订单各应接受多少把,可获得最多的利润?试建立本问题的整数规划模型。

6. 习题 5 中,如果定制小提琴的价格并非固定,而是由制作的数量确定订单的总价。表 4-25 给出了具体数据(单位:元)。

表 4-25 各订单不同制作数量的总价格

制作数量	订单 1	订单 2	订单 3
0	0	0	0
1	2 000	3 000	3 000
2	3 000	4 000	4 000
3	4 000	5 000	5 000
4		6 000	6 000
5			7 000

问:此时各订单各应接受多少台,可获得最多的利润?试建立本问题的 0-1 整数规划模型。

7. 某地决定对下辖的 8 个相邻的镇投资建立不超过 4 个生活污水处理厂用于集中处理这 8 个镇的生活污水,单个污水处理厂的设计处理能力为 20 万立方米/小时。目前,各镇郊区都有一片可用于建设污水处理厂的规划用地,其征用成本如表 4-26 所示。

表 4-26 8 个镇的建厂用途的土地补偿费
(单位:万元)

镇	1	2	3	4	5	6	7	8
成本	100	120	200	160	180	90	140	150

污水处理厂建立之后,还须将各镇污水引流至处理厂,所以需要在镇之间挖设沟渠埋置管道。除了地质条件因素,污水排放量不同,管道建设成本也有差异,如表 4-27 所示。

表 4-27 8 个镇建设污水管道的建设成本
(单位:元/千立方米·小时)

城镇	1	2	3	4	5	6	7	8
1		2 000		4 000		1 000		
2				2 400		3 000		4 500
3	8 000				2 400		1 800	
4			2 400		2 400			1 900
5		4 000				2 000	4 000	
6			2 200	3 600			1 400	
7	4000			3 000				2 700
8		2 700			2 800			

上表中的行表示排污的镇,列为建立污水处理厂的镇,空缺项表示不可行的方案。建立在镇 i 郊区的污水处理厂与镇 i 之间无须建立管道,即成本为 0。

各镇的污水总排量可按常住人口数粗略估计,大致的比例为每千人每小时产生 500 立方米的生活污水,各镇常住人口数如表 4-28 所示。

表 4-28 8 个镇的常住人口数量
(单位:千人)

镇	1	2	3	4	5	6	7	8
人口	100	200	90	180	150	120	60	130

问:应如何建厂,并如何铺设管道,可最经济地满足 8 个镇污水处理需求?给出本问题的整数规划模型。

8. 某工厂生产 A 和 B 两种型号的产品,其生产过程须经过甲、乙、丙三个流水线车间加工,其中,乙车间有两条加工效率不同的流水线乙 1 和乙 2(相关数据如表 4-29 所示)。

表 4-29

单位产品加工时耗	甲	乙1	乙2	丙	产品利润（单位：万元）
产品 A	3	3	2	2	25
产品 B	7	5	4	1	40
车间额定工时	250	150	120	100	

已知乙车间的两条流水线只能任选一条使用，问：如何安排生产可获得最大的利润。建立本问题的整数规划模型。

9. 将以下问题化为一个混合 0－1 整数规划问题：

max $Z = x_1 + 2x_2 + 5x_3$

s.t. $|-x_1 + 10x_2 - 3x_3| \geq 25$

$2x_1 + x_2 + 3x_3 \leq 15$

$x_i \geq 0 \ (i=1, 2, 3)$

10. 有 4 项任务需要在一台机器上完成，已知各项任务的时间消耗、完成的最后期限和延工的罚款（假定时间从 0 开始）如表 4-30 所示。

表 4-30

任务编号	持续时间	到期时间	延期罚款
1	5	25	19
2	20	22	12
3	15	35	34
4	16	50	20

问：应该如何安排操作顺序可以最经济地完成这 4 项任务？

11. E 物流公司每天凌晨将 GP 日报从郊区的印刷厂运往城市的 5 个分销点，并由这 5 个分销点向全市所有书报亭、订购报纸的单位分发报纸。在充分回避了交通拥堵路段后，有如表 4-31 所示的 6 条运输路线可供选择，各路线表示货运车从印刷厂出发，依次访问各个分销点后，再回到印刷厂。

表 4-31 备选运输路线

运输路线	访问顺序
1	1-3-4
2	4-3-5
3	1-2-5
4	2-3-5
5	1-4-2
6	1-3-5

已知印刷厂与各分销点之间的行驶距离如表 4-32 所示。

表 4-32 距离表

（单位：公里）

	印刷厂	分销点1	分销点2	分销点3	分销点4	分销点5
印刷厂		10	13	15	9	8
分销点1	10		16	4	9	5
分销点2	13	16		7	11	10
分销点3	15	4	7		8	9
分销点4	9	8	10	7		6
分销点5	8	5	10	9	5	

问：选择哪些运输路线，可以在满足将报纸送达各分销点的前提下使车辆的总行驶里程最短？试建立本问题的 0-1 整数规划模型（提示：本题建模思路与习题 4 类似，不过需要自行计算各运输路线的行驶距离）。

12. 某少年体校游泳教练带领 3 名学生选手参加市青少年游泳锦标赛，根据比赛规则，每位选手最多只能参加 2 项比赛，而且一项比赛只允许一个学校的最多一名选手参赛。根据报名成绩，教练估计出这 3 名选手参加 5 个单项比赛的获胜的可能性，如表 4-33 所示。

表 4-33 3 名学生参加各项比赛的获胜可能性

胜率 选手\项目	50 米蛙泳	50 米蝶泳	50 米自由泳	50 米仰泳	100 米自由泳
选手 1	39%	65%	69%	66%	57%
选手 2	64%	84%	24%	90%	22%
选手 3	59%	45%	55%	31%	50%

问：教练应该安排哪些学生参加哪些比赛项目，能使该校的总比赛成绩最好？试建立本问题的整数规划模型。

13. 图 4-28 给出了某地区高速公路各路段小型乘用车收费情况（单位：元）。

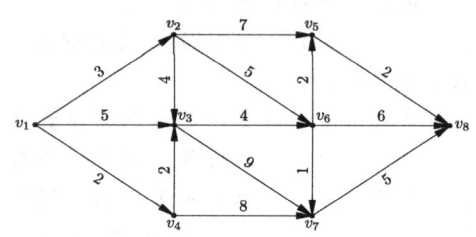

图 4-28

问：某司机计划从 v_1 入口上高速，并从 v_8 下高速，应该如何选择道路，实现出行成本最低？试建立本问题的 0-1 整数规划模型（提示：可结合第一章中的转运问题线性规划模型，将此问题视为运输量为 1 的转运问题）。

14. 某电信公司需要在如图 4-29 所示的"井"字形住宅区的街道上安装投币电话，图中每个阴影部分为一个街道。为了方便用户，电信公司希望任意一名路人最多只需走到相邻的街区就可以找到一台投币电话。例如，图 4-29 中黑点所示的行人可到星号所在位置找到投币电话。从成本的角度考虑，电信公司最多在每条道路上安装一台电话。另外，根据市政的设计规定，为减少交叉路口的障碍物，投币电话不能够安装在交叉路口（包括转角、三岔和十字路口），例如，图中三角形所示的位置不能作为投币电话的安装地点。

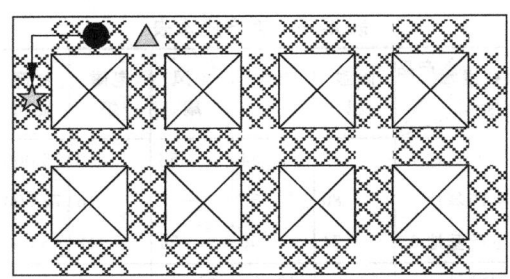

图 4-29

已知每个街道最多只能安装一台投币电话，问：最少需要安装多少台投币电话才能满足上述要求？试建立此问题的 0-1 整数规划模型。

15. 下表给出了 2 组英文单词，每组单词数相同，皆为 6 个。每个单词由 4 个字母所组成。

表 4-34　2 组 12 个单词

	1	2	3	4	5	6
第 1 组	HEAT	PAST	PROF	STOP	FOOT	AREA
第 2 组	FORT	HOPE	SPAR	THAT	TREE	STAR

这 2 组英文单词实际上仅由 9 个字母 A、E、F、H、O、P、R、S、T 组成。现在用数字 1～9 表示这 9 个字母，使得这 2 组英文单词的数字值之和最为接近。以单词 HEAT 为例，如果字母 H、E、A、T 分别用 1、2、3、4 代替，那么单词 HEAT 的数字值之和为 10（＝1＋2＋3＋4）。

试将本问题建模为一个指派问题，只写出指派成本表。（提示：将数字 1～9 "指派"给 9 个字母）

16. 求解以下纯整数规划问题。

(1) max $Z=4x_1+6x_2$
s.t. $5x_1+7x_2 \leqslant 35$
$4x_1+9x_2 \leqslant 36$
$x_1, x_2 \geqslant 0$ 且为整数

(2) min $Z=5x_1+4x_2$
s.t. $2x_1+3x_2 \geqslant 7$
$6x_1+4x_2 \geqslant 10$
$x_1, x_2 \geqslant 0$ 且为整数

(3) max $Z=3x_1+3x_2$
s.t. $2x_1+5x_2 \leqslant 16$
$6x_1+5x_2 \leqslant 27$
$x_1, x_2 \geqslant 0$ 且为整数

(4) max $Z=3x_1+2x_2$
s.t. $2x_1+5x_2 \leqslant 9$
$2x_1+x_2 \leqslant 9$
$x_1, x_2 \geqslant 0$ 且为整数

17. 求解以下 0-1 整数规划问题。
max $Z=9x_1+7x_2+4x_3+2x_4+2x_5$
s.t. $15x_1+12x_2+7x_3+4x_4+5x_5 \leqslant 35$
$x_1, x_2, x_3, x_4, x_5=0$ 或 1

18. 求解以下混合整数规划问题。
max $Z=3x_1+3x_2+x_3$
s.t $x_1-x_2-x_3 \leqslant 5$
$-x_1+x_2+2x_3 \leqslant 4$
$x_1+2x_2-3x_3 \leqslant 3$
$x_i \geqslant 0, i=1,2,3$ 且 x_1, x_2 为整数

19. 求解以下纯整数规划问题。
(1) max $Z=7x_1+10x_2$
s.t. $-x_1+3x_2 \leqslant 6$
$7x_1+x_2 \leqslant 35$
$x_1, x_2 \geqslant 0$ 且为整数

(2) max $Z = 2x_1 + 3x_2 + x_3$
s.t. $x_1 - x_2 \leq \dfrac{5}{4}$
$-x_1 + 6x_2 \leq 5$
$-x_1 + x_2 + x_3 \leq 5$
$x_1, x_2, x_3 \geq 0$ 且为整数

(3) max $Z = 3x_1 + x_2 + 3x_3$
s.t. $-x_1 + 2x_2 + x_3 \leq 4$
$4x_2 - 3x_3 \leq 2$
$x_1 - 3x_2 + 2x_3 \leq 3$
$x_1, x_2, x_3 \geq 0$ 且为整数

20. 应用 Excel 求解习题 15~19。

案例4-1 BetterLife集团生产计划问题

日用小家电生产企业 BetterLife 集团拥有三个生产基地，生产自有品牌的各种小家电，并同时提供代工生产服务，即 OEM 厂商。这三个生产基地各有特点，基地 1 所处的华南地区发展较早，行业内主要的家电生产企业都在该地区建立了自己的生产工厂。通过几十年的发展，该地区云集了与家电制造相关的大批配套产品的小企业，例如电源开关、电缆电线、注塑加工、纸箱包装等，形成了相当规模的产业集群。但是，近几年由于人力成本逐步上升，该生产基地正逐步丧失其以往的竞争力。

生产基地 2 则临近外贸港口，在国际物流方面具有比较明显的优势。并且，BetterLife 集团与海港集团建立的长期货代服务合同，对于代工生产的产品在进出口报关、通关，产品的保税和出口退税方面具有一定的优势。

生产基地 3 则是在国家西部大开发政策引导下，通过与 A 城市的招商引资部门洽谈而新建的专属科技园。在此建厂，生产企业能够以相对沿海和经济发达地区低廉的成本获得一线工人。并且，企业也能够从政府的税收方面获得较大的优惠和补偿。但是，生产基地的一期工程建设，生产线的生产能力只有前两个生产基地的 40。

今年年初，公司拿到国外代工生产订单包括咖啡机 4 万台、电磁炉 3 万台、电风扇 3 万台和除湿机 2 万台，并要求公司 5 月份将产品运往欧洲。为此，公司考虑在三个生产基地的加工线上同时生产，才能够按照合同要求按时交货。

经过生产计划部门提供的数据，公司现在三个生产基地能够在规定的时间内提供生产能力分别为 7.5 万台、7.5 万台和 4.5 万台（由于公司具有丰富的代工经历，虽然产品不同，但是公司的生产线和技术工人可以无差别生产）。

目前，已经知道不同产品在不同的生产基地生产，所需要支付的单位成本（单位：元/台）如表 4-35 所示。

表 4-35 生产成本表

单位成本\产品 产地	除湿机	咖啡机	电风扇	电磁炉	生产能力
生产基地 1	82	54	56	48	75 000
生产基地 2	80	58	—	46	75 000
生产基地 3	74	60	54	42	45 000
需求量	20 000	40 000	30 000	30 000	

问题：1. 针对以上所述的生产成本以及生产能力，试确定公司的最佳生产计划安排。

2. 如果公司为了避免生产出的产品质量有差异，决定不拆单生产，即一类产品如果确定在一个生产基地生产，那么所有数量的该产品都必须在该生产基地完成生产。在这个指导思想下，公司的最优生产计划安排应如何修改？

案例4-2 LightCo.公司生产计划问题

LightCo. 公司是一家生产水晶灯的中型企业，其生产的吊顶水晶灯主要安装在星级酒店、大型商场等大堂中。目前，LightCo. 公司的水晶灯主要有 3 种型号，CL-R2.5H2.0、CL-R3.5H4.0 和 CL-R5.0H7.0。字母 R 表示水晶灯的直径，H 表示水晶灯的高度，例

如 CL-R2.5H2.0 表示直径为 2.5 米、高度为 2.0 米的一款水晶灯。除了这 3 种标准的水晶灯以外，企业还为客户订制各种造型和式样的水晶灯。例如，LightCo. 2010 年为俄罗斯一家教堂设计了一款高度为 10 米、宽度为 8 米的 8 层水晶灯。

目前，LightCo. 公司在华南地区灯具集群地区中山市和东莞市各设立 1 条生产线，主要生产上面所述的 3 种主力产品。

与竞争对手相比，LightCo. 公司所采用的水晶珠全部来自埃及。与国内生产的水晶坠饰相比，埃及水晶的透明度要明显高于国产水晶，且切面平整、不毛糙、平滑，几乎没有任何杂质。但是，埃及水晶的价格是国产水晶的 3～10 倍。因此，公司每个月从埃及进口的水晶珠数量保持不变。

当前，公司的生产部门需要根据订单的情况来制定未来 8 个月的生产计划。表 4-36 给出了未来 6 个月、3 种产品的需求情况（单位：盏）。

表 4-36 LightCo. 公司的产品需求数据

需求\月份产品	3月	4月	5月	6月	7月	8月	9月	10月
CL-R2.5H2.0	50	35	40	60	30	45	40	30
CL-R3.5H4.0	40	50	50	40	50	35	30	60
CL-R5.0H7.0	30	40	30	80	90	55	50	20

由于水晶灯的用途特点，产品订单不允许延期供货，但是公司可以通过备货的形式应对生产能力与需求之间的矛盾。

公司的两个生产线的产品生产能力以及生产成本（单位：万元）如表 4-37 所示：

表 4-37 LightCo. 公司的生产能力和生产成本数据

产能\项目生产线	生产能力			单位生产成本		
	CL-R2.5H2.0	CL-R3.5H4.0	CL-R5.0H7.0	CL-R2.5H2.0	CL-R3.5H4.0	CL-R5.0H7.0
中山工厂	50	70	65	1.2	1.3	3
东莞工厂	90	65	85	1	1.6	2.5

三种成品的库存成本和当前库存水平如表 4-38 所示：

表 4-38 LightCo. 公司的库存信息

	CL-R2.5H2.0	CL-R3.5H4.0	CL-R5.0H7.0
库存成本	350	450	500
当前库存量	70	60	45

另外，在两条生产线上生产产品，都需要考虑固定成本。表 4-39 给出了不同生产线上生产 3 种产品所需要花费的固定成本（单位：万元）。

表 4-39 生产线固定成本

固定成本\产品生产线	CL-R2.5H2.0	CL-R3.5H4.0	CL-R5.0H7.0
中山工厂	10	9	14
东莞工厂	12	10	8.5

在此情景下，LightCo. 公司应该如何安排生产，从而使得生产成本最低？

第五章

运输问题

学习目标
- 掌握标准运输问题的表上作业法的原理和方法
- 掌握非标准运输问题的标准化处理方式
- 掌握典型应用问题的运输问题建模技巧
- 掌握求解指派问题的匈牙利法
- 掌握运输问题的 Excel 规划求解方法

人们在生产经营和生活实践中，常常会碰到将某种物资从若干个产地运输到另外若干个销地，要求总运费最小的问题，这一类问题及其衍生问题统称为运输问题（transportation problem）。

运输问题的数学定义在 1941 年由美国数学家希契科克（Frank Lauren Hitchcock）给出，但有关运输问题的研究可以回溯到 1781 年法国数学家蒙日（Gaspard Monge）的研究工作。1920~1930 年，苏联数学家托尔斯泰（A. N. Tolstoy）针对铁路交通路线问题建立了运输问题的数学模型[1]，并最早提出了运输方案最优判定的闭回路法。对线性规划问题起到开拓工作的坎托罗维奇对运输问题的研究同样作出了非常重要的贡献，以至于运输问题也被称为蒙日-坎托罗维奇运输问题（Monge-Kantorovich transportation problem）[2]。

任意两地间运输费用与运输量满足比例关系的运输问题，也可以看作一种特殊的线性规划问题，本章首先介绍了这一类问题在满足产销平衡约束时，基于单纯形思想的求解方法，详细介绍了其中的三个主要操作过程：初始基本可行方案的确定、基本可行方案的最优判定和基本可行案的改进；然后，探讨了变形的运输问题应如何转化才能适应这种解法；另外，一些从问题描述上与运输没有任何关系，但其数学模型与运输问题相类似，也

---

[1] A. Schrijver. *Combinatorial Optimization-Polyhedra and Efficiency. Volume A：Algorithms and Combinatorics* [M]. Springer-Verlag. 2003.
[2] I. Grattan-Guinness. *Companion Encyclopedia of the History & Philosophy of the Mathematical Sciences* [M]. The Johns Hopkins University Press. 2003.

可以转化为特定形式的运输问题来处理，本章也将探讨这类问题的建模和求解。最后，第五节简单介绍了运输问题的 Excel 求解。

第一节　运输问题的数学模型

运输问题通常可抽象为：从 m 个产地向 n 个销地[⊖]运输某种物资，产地 i 到销地 j 的单位运费是 c_{ij}（呈比例关系），产地 i 的产量是 a_i，销地 j 的销量是 b_j，$i=1,2,\cdots,m$；$j=1,2,\cdots,n$，要求找到使得总运费最小的运输方案。

当问题满足总产量与总销量相等，即 $\sum_{i=1}^{m}a_i=\sum_{j=1}^{n}b_j$ 的情况时，这类问题称为**标准运输问题**，或者**产销平衡运输问题**。设从产地 i 到销地 j 的运输量为 x_{ij}，则标准运输问题的模型为：

$$\min \quad Z = \sum_{j=1}^{n}\sum_{i=1}^{m}(c_{ij}x_{ij}) \tag{5-1a}$$

$$\text{s.t.} \quad \sum_{j=1}^{n}x_{ij}=a_i,\quad (i=1,\cdots,m) \tag{5-1b}$$

$$\sum_{i=1}^{m}x_{ij}=b_j,\quad (j=1,\cdots,n) \tag{5-1c}$$

$$x_{ij}\geqslant 0 \tag{5-1d}$$

其中，目标函数式（5-1a）表示总运费最小；约束条件式（5-1b）表示产量约束，即由 i 供应的总量应等于其总产量；约束条件式（5-1c）表示销量约束，即供应给 j 的总量应等于其销量；最后，式（5-1d）表示所有的运输量都必须是非负的。

若将式（5-1）的约束方程组（5-1b）和（5-1c）展开，其增广矩阵为：

$$\boldsymbol{A} = \begin{bmatrix} \overset{x_{11}}{1} & \overset{x_{12}}{1} & \overset{\cdots}{\cdots} & \overset{x_{1n}}{1} & \overset{x_{21}}{} & \overset{x_{22}}{} & \overset{\cdots}{} & \overset{x_{2n}}{} & \overset{\cdots}{} & \overset{x_{m1}}{} & \overset{x_{m2}}{} & \overset{\cdots}{} & \overset{x_{mn}}{} & \Big| & a_1 \\ & & & & 1 & 1 & \cdots & 1 & & & & & & \Big| & a_2 \\ & & & & & & \ddots & & & & & & & \Big| & \vdots \\ & & & & & & & & & 1 & 1 & \cdots & 1 & \Big| & a_m \\ 1 & & & & 1 & & & & & 1 & & & & \Big| & b_1 \\ & 1 & & & & 1 & & & & & 1 & & & \Big| & b_2 \\ & & \ddots & & & & \ddots & & & & & \ddots & & \Big| & \vdots \\ & & & 1 & & & & 1 & & & & & 1 & \Big| & b_n \end{bmatrix} \tag{5-2}$$

（右端顶，m 行，n 行）

观察可知，各变量 x_{ij} 在 $\boldsymbol{A}$ 中系数列向量 $\boldsymbol{p}_{ij}$ 的结构为：

$$\boldsymbol{p}_{ij} = (\underbrace{0,\cdots,0,\overset{\text{第}i\text{分量为}1}{1},0,\cdots,0,\underset{\text{第}m+j\text{分量为}1}{1},0,\cdots,0})^{\mathrm{T}} \tag{5-3}$$

在 $\boldsymbol{p}_{ij}$ 的所有 $m+n$ 个分量中，只有第 i 和第 $j+m$ 分量为 1，其他分量全为 0，这是标准运输问题线性规划模型的一个重要特征。

⊖ 问题表述也可以是 m 个"供应方"和 n 个"需求方"等形式，为表述方便，以下皆以"产地"和"销地"来表述。另外，对"运输成本"和"运输费用"也不进行特别区分。

例 5-1 FreshFruit 公司旗下有 3 个苹果种植基地，预计年产量分别为 75、125 和 100 吨，近期该公司与 4 个不同地区的客户签订了今年的苹果供应合同，其销量分别为 80、65、70 和 85 吨。根据合同条款，Fresh-Fruit 公司需要委托专门的物流公司进行运输。由于交通条件差异，从 3 个基地到 4 个客户所在地的单位运费不同，其运价表如表 5-1 所示（单位：百元/吨）。其中，约定用 A_i 表示种植基地 i，用 B_j 表示客户 j。

表 5-1 运价表

单位运费\销地\产地	B_1	B_2	B_3	B_4	产量
A_1	9	10	13	17	75
A_2	7	8	14	16	125
A_3	20	14	8	14	100
销量	80	65	70	85	300

问：采取什么样的运输方案，可使 FreshFruit 公司支出的运输费用最少？

解：由表 5-1 可知，总产量和总销量都是 300 吨，因此这是一个标准运输问题。设 x_{ij} 为从种植基地 i 运输给客户 j 的苹果重量，则本问题的线性规划模型为：

$$\min \ Z = 9x_{11} + 10x_{12} + 13x_{13} + 17x_{14} + 7x_{21} + 8x_{22}$$
$$+ 14x_{23} + 16x_{24} + 20x_{31} + 14x_{32} + 8x_{33} + 14x_{34} \tag{5-4a}$$

$$\text{s.t.} \quad x_{11} + x_{12} + x_{13} + x_{14} = 75 \tag{5-4b}$$
$$x_{21} + x_{22} + x_{23} + x_{24} = 125 \tag{5-4c}$$
$$x_{31} + x_{32} + x_{33} + x_{34} = 100 \tag{5-4d}$$
$$x_{11} + x_{21} + x_{31} = 80 \tag{5-4e}$$
$$x_{12} + x_{22} + x_{32} = 65 \tag{5-4f}$$
$$x_{13} + x_{23} + x_{33} = 70 \tag{5-4g}$$
$$x_{14} + x_{24} + x_{34} = 85 \tag{5-4h}$$
$$x_{ij} \geqslant 0, i = 1,2,3; j = 1,2,3,4$$

其中，式 (5-4b)～式 (5-4d) 为产量约束，而式 (5-4e)～式 (5-4h) 为需求约束。

从模型本身来看，在所有 7 个约束条件 [式 (5-4b)～式 (5-4h)] 中，任意一个方程都可以由其他的 6 个方程得出，所以模型中实际上包含了一个冗余的约束条件。换句话来说，可将式 (5-4b)～式 (5-4h) 中的任意一个约束条件去掉。

推广到有 m 个产地 n 个销地的标准运输问题，式 (5-1) 中的 $m+n$ 个约束条件中同样包含了一个冗余的约束，或者说只需列出其中的任意 $m+n-1$ 个即可。回顾线性规划部分，这说明式 (5-1) 的基本可行解和最优解必然只包含 $m+n-1$ 个基变量，这是标准运输问题的另一个重要特征，也是以下将介绍的运输问题表上作业法的关键。

第二节 标准运输问题的表上作业法

作为一种特殊的线性规划问题，标准运输问题模型并不包含天然的基变量和初始基本可行解，求解时需要在式 (5-1) 中的每个等式中引入人工变量，过程较为烦琐。

对于标准运输问题，在某种特殊形式的表格上来应用单纯形法，可使求解过程大大简化，这种方法叫作**运输问题的表上作业法**，有时也称为**流线型单纯形表法**（streamlined simplex method）。需特别强调的是，用表上作业法求解运输问题，产销平衡是一个基本前提。关于不符合这一条件的其他一般运输问题，在后面再进一步推广。

由于运输问题表上作业法实际上是单纯形法在运输表格上的应用,所以其计算过程也是由一个初始基本可行解开始,通过迭代逐步逼近最优解的过程,如果称每一个基本可行解为一个可行的"运输方案",则运输问题表上作业法的步骤可描述如下:

初始化 给出初始基本可行方案;

迭代 **第 1 步** **基本可行方案的最优判定**,判断当前基本可行方案是否最优。如果不是,进入第 2 步;

第 2 步 **基本可行方案的改进**,然后返回第 1 步。

一个运输问题从问题表述到求解结束,一般会使用三种类型的表格。其中用于问题表述的表格称为运价表,例如例 5-1 的运价表 5-1;第二种用于表上作业法的迭代求解,称为**运输作业表**(transportation tableau);第三种用于列出检验数,称为**检验数表**。

表上作业法使用的作业表中,用 A_i 表示第 i 个产地,用 B_j 表示第 j 个销地,每个运输量单元格 A_iB_j 除了填写各对产销关系 ij 发生的运输量 x_{ij},还需列出两者之间的单位运费 c_{ij},各个数量在表格中的位置如表 5-2 所示,运输量填写在大的单元格内,单位运费填写于包含在大单元格右上角的小单元内。求解例 5-1 的空白作业表如表 5-3,将此约定为本书表上作业法使用的通用格式。

表 5-2 运输模型各数量在作业表中的位置

销地 产地	B_1	B_2	B_3	B_4	产量
A_1	c_{11} x_{11}	c_{12} x_{12}	c_{13} x_{13}	c_{14} x_{14}	a_1
A_2	c_{21} x_{21}	c_{22} x_{22}	c_{23} x_{23}	c_{24} x_{24}	a_2
A_3	c_{31} x_{31}	c_{32} x_{32}	c_{33} x_{33}	c_{34} x_{34}	a_3
销量	b_1	b_2	b_3	b_4	Σ

表 5-3 运输问题作业表

销地 产地	B_1	B_2	B_3	B_4	产量
A_1	9	10	13	17	75
A_2	7	8	14	16	125
A_3	20	14	8	14	100
销量	80	65	70	85	300

在开始操作前,先定义两种类型的变量及其对应的单元格:**基变量**对应于作业表中填写了运输量的单元格(以下称为**基变量格**),而非基变量对应于空单元格(以下称为**非基变量格**)。

下面依次介绍表上作业法的三个重要的计算过程:给出初始基本可行方案、基本可行方案的最优判定和基本可行方案的改进。

一、给出初始基本可行方案

根据前面的分析,运输问题的基本可行方案是指包含有 $m+n-1$ 个取值非负的运输量的运输方案。一个初始基本可行方案是运输问题表上作业法求解的起点,这个方案并不要求是优化的。当然,如果通过简单的计算能得到一个接近最优解的初始基本可行方案,则能减少最优定与改进方案的迭代次数。

给出初始基本可行方案的常用方法有三种:①西北角法;②最小元素法;③伏格尔法。这三种方法都是通过简单迭代得到一个初始基本可行方案,每次迭代过程在作业表的某个单元格填入一个数字,以下约定这个过程称作**指派**,填入的数值一般是该单元格的**最大允许指派运输量**,亦即迭代到当前状态时,该单元格所在行剩余的产量与所在列剩余的销量两者较小的那一个。这样，三种方法的区别就在于，基于什么原则来选择指派运输量的单元格。

1. 西北角法

顾名思义，西北角法（northwest-corner method）就是从作业表的西北角往东南角逐步填写运输量的方法，其迭代步骤为：

第 1 步 对作业表中未被划去的最西北角的单元格（元素）进行指派（填入该单元格所在行与列剩余产量与销量中较小的数值，下同）；

第 2 步 此时该单元格所在的行或列将饱和，如果：

（1）行和列只有一个饱和，则划去饱和的行或列；

（2）该单元格是最后一个未被划去的单元格，则划去其所在的行和列；

（3）该单元格不是最后一个未被划去的单元格，且该单元格所在行和列同时饱和，则应先在此行或此列的其他任意 1 个未被划去的单元格填一个"0"，再同时划去相应的行和列[⊖]。

第 3 步 在未被划去的单元格重复第 1~2 步。

应用西北角法，例 5-1 的初始基本可行方案可这样得出：

迭代 1：最西北角的单元格是 A_1B_1 格，填入其最大允许指派量 75。此时 A_1 的产量已经用尽，用直线划去 A_1 行，同时，将 B_1 列的剩余销量更新为 5，如表 5-4 所示。

迭代 2：作业表中未被划去的最西北角的单元格是 A_2B_1，填入其最大允许指派量 5，于是 B_1 的销量已满足，用直线划去 B_1 列，同时将 A_2 行的剩余产量修改为 120，如表 5-5 所示。

表 5-4 西北角法第 1 次迭代

销地 产地	B_1	B_2	B_3	B_4	产量
A_1	9 75	10	13	17	75̶ 0
A_2	7	8	14	16	125
A_3	20	14	8	14	100
销量	8̶0̶,5	65	70	85	300

表 5-5 西北角法第 2 次迭代

销地 产地	B_1	B_2	B_3	B_4	产量
A_1	9 75	10	13	17	75̶ 0
A_2	7 5	8	14	16	1̶2̶5̶ 120
A_3	20	14	8	14	100
销量	8̶0̶,5̶,0	65	70	85	300

依此步骤进行，直至第 6 次迭代只剩下 A_3B_4 格，将该单元格的最大指派量 85 填入，同时将 A_3 行和 B_4 列划去。结果如表 5-6 所示。

这样，用西北角法求出的初始基本可行方案（见表 5-7）为：从 A_1 运 75 单位到 B_1；从 A_2 运 5 单位到 B_1，运 65 单位到 B_2，运 55 单位到 B_3；从 A_3 运 15 单位到 B_3，运 85 单位到 B_4。

$$总运费 = 75 \times 9 + 5 \times 7 + 65 \times 8 + 55 \times 14 + 15 \times 8 + 85 \times 14 = 3\ 310$$

[⊖] 将这个填写 0 的操作视为一次迭代，并且将这个 0 也看成是一个基变量的取值（填入的单元格成为基变量格），以保证初始基本可行方案中基变量格的个数为 $m+n-1$。对应于单纯形法的内容，基变量格取值为 0 的解称为运输问题的退化解。在最小元素法、伏格尔法中同理。

表 5-6 西北角法第 6 次迭代

销地\产地	B_1	B_2	B_3	B_4	产量
A_1	9 ~~75~~	10	13	17	~~75~~ 0
A_2	7 ~~5~~	8 ~~65~~	14 ~~55~~	16	~~125~~ ~~120~~ ~~55~~ 0
A_3	20	14	8 ~~15~~	14 ~~85~~	~~100~~ ~~85~~ 0
销量	~~80,5,0~~	~~65,0~~	~~70,15,0~~	~~85,0~~	300

表 5-7 西北角法初始基本可行方案

销地\产地	B_1	B_2	B_3	B_4	产量
A_1	9 75	10	13	17	75
A_2	7 5	8 65	14 55	16	125
A_3	20	14	8 15	14 85	100
销量	80	65	70	85	300

2. 最小元素法

由于西北角法未考虑运输成本，得到的方案可能与最优解相差甚远。如果按照单位运费由低到高的次序来选择指派运输量的单元格，得到的初始方案应该更接近最优解，这种得到初始基本可行解的方法称为**最小元素法**（minimum cell cost method 或 least-cost method）。

第 1 步 选择一个未被划去的且单位运费最小的单元格（元素）进行指派；

第 2 步 此时该单元格所在的行或列将饱和，如果：

(1) 行和列只有一个饱和，则划去饱和的行或列；

(2) 该单元格是最后一个未被划去的单元格，则划去其所在的行和列；

(3) 该单元格不是最后一个未被划去的单元格，且该单元格所在行和列同时饱和，则应先在此行或此列的其他任意 1 个未被划去的单元格填一个"0"，再同时划去相应的行和列。

第 3 步 在未被划去的单元格重复第 1～2 步。

应用最小元素法求解例 5-1 的初始基本可行方案的过程如下：

迭代 1：单位运费最小的格是 A_2B_1 格，填入此格的最大允许指派量 80，然后划去饱和的 B_1 列，同时将 A_2 行剩余产量更新为 45，如表 5-8 所示。

迭代 2：未被划去的且单位运费最小的单元格是 A_2B_2 或 A_3B_3，可任选其一进行指派。这里选择 A_2B_2 进行指派，将产量已经饱和的 A_2 行划去，将 B_2 列的剩余销量更新为 20，如表 5-9 所示。

表 5-8 最小元素法第 1 次迭代

销地\产地	B_1	B_2	B_3	B_4	产量
A_1	9	10	13	17	75
A_2	7 80	8	14	16	~~125~~ 45
A_3	20	14	8	14	100
销量	~~80~~,0	65	70	85	300

表 5-9 最小元素法第 2 次迭代

销地\产地	B_1	B_2	B_3	B_4	产量
A_1	9	10	13	17	75
A_2	7 80	8 45	14	16	~~125~~ ~~45~~ 0
A_3	20	14	8	14	100
销量	~~80~~,0	~~65~~,20	70	85	300

依此进行，当所有单元格都被划去后（第 6 次迭代），得到表 5-10。

用最小元素法得到的初始基本可行方案（见表 5-11）的总运费为。
$$总运费 = 20\times10+55\times17+80\times7+45\times8+70\times8+30\times14=3\,035$$

表 5-10　最小元素法第 6 次迭代

产地\销地	B_1	B_2	B_3	B_4	产量
A_1	9	10　20	13	17　55	75/5/0
A_2	7　80	8　45	14	16	125/45/0
A_3	20	14	8　70	14　30	100/30/0
销量	80,0	65,20,0	70,0	85,55,0	300

表 5-11　最小元素法初始基本可行方案

产地\销地	B_1	B_2	B_3	B_4	产量
A_1	9	10　20	13	17　55	75
A_2	7　80	8　45	14	16	125
A_3	20	14	8　70	14　30	100
销量	80	65	70	85	300

这个方案显然优于由西北角法得出的方案。

3. 伏格尔法

最小元素法每次迭代都选择单位运费最低的单元格来指派运输量，但有时会因此不得不在后续的迭代中将一些数值较大的运输量填写到单位运费高昂的单元格中，使得前面迭代带来的节约失去了意义。

伏格尔法（Vogel's approximation method）在最小元素法的基础上，引入了决策分析中后悔值的思想：如果存在一个与最低单位运费差异不大的另一个次低单位运费，那么选择最低单位运费所在的单元格指派运输量所带来的节约就不多，事后后悔的可能性就会较大；反之，如果最低单位运费与次低单位运费差异较大，则后悔的可能性就较小。以下约定，将一行或一列中最低与次低单位运费的差异称为**差值**。

例如，对表 5-3：

（1）在 A_1 行，最低单位运费为 9（对应于单元格 A_1B_1），次低单位运费为 10（对应于单元格 A_1B_2），其差值为 1，那么给次低者指派运输量会使每单位运费多出 1 的运费；

（2）再看 A_3 行，最低单位运费为 8（对应于单元格 A_3B_3），次低单位运费为 14（对应于单元格 A_3B_2 或 A_3B_4），其差值为 6，意味着选择给次低者指派运输量则会使每单位运费多出 6 的运费。

比较以上两种情况，优先在 A_3 行以最小元素进行指派显然比在 A_1 行以最小元素进行指派带来的后悔值更小。

可以认为，伏格尔法就是根据最小最大后悔值原理，在每次迭代中对每个未饱和产地和销地分别计算差值，然后再选择差值最大的产地或销地中的最小元素来指派运输量。其步骤为：

第 1 步　对未被划去的行（列），分别计算最低单位运费与次低单位运费的差，记为行（列）差[⊖]。

第 2 步　从所有的行差与列差之中选最大值，
　　　　（1）如果最大差值是某个列差，则在该列中选择单位运费最低的单元格

[⊖] 当某行（列）存在两个相同的最低单位运费时，记其行（列）差为 0；当某行（列）只剩一个单元格时，其行（列）差不存在。

进行指派;

(2) 如果最大差值是某个行差,从该行中选择单位运费最低的单元格进行指派。

如果出现多个相等的最大差值,则在这些差值中任选一个,并选择相应的单元格进行指派。

第 3 步 此时该单元格所在的行或列将饱和,如果:

(1) 行和列只有一个饱和,则划去饱和的行或列;

(2) 该单元格是最后一个未被划去的单元格,则划去其所在的行和列;

(3) 该单元格不是最后一个未被划去的单元格,且该单元格所在行和列同时饱和,则应先在此行或此列的其他任意 1 个未被划去的单元格填一个"0",再同时划去相应的行和列。

第 4 步 在未被划去的行和列重复第 1~3 步。

每次迭代分别在作业表的右侧和下方增加一列和一行,用于填写行差和列差。例 5-1 初始基本可行方案的求解过程如下:

迭代 1:对表 5-3,先计算行差,A_1 行的行差为最低与次低单位之差 $10-9=1$,同理,A_2 行与 A_3 行的行差分别为 1 和 6,将这 3 个数字填入作业表右侧的行差列;再计算列差,B_1 列的列差为 $9-7=2$,B_2、B_3 和 B_4 列的列差分别为 2、5 和 2,将这 4 个数字填入作业表下方的列差行。在所有差值中,用圆圈标出最大差值 6,并在此最大差值产生的 A_3 行中选择单位运费最小的 A_3B_3 进行指派,填入运输量 70;将饱和的 B_3 列划去,并将 A_3 的剩余产量更新为 30,得到表 5-12。

迭代 2:对表 5-12 得到的结果,重新计算所有行差和列差,最大差值为 2,同时出现在 B_1、B_2 和 B_4 列,可任选一个。本例选择 B_1 列,则对列单位运费最小的 A_2B_1 单元格进行指派;将饱和的 B_1 列划去,并将 A_2 行的剩余产量更新为 45,如表 5-13 所示。

表 5-12 伏格尔法第 1 次迭代

销地 产地	B_1	B_2	B_3	B_4	产量	行差
A_1	9	10	13	17	75	1
A_2	7	8	14	16	125	1
A_3	20	14	8 70	14	1̶0̶0̶ 30	⑥
销量	80	65	7̶0̶,0	85	300	
列差	2	2	5	2		

表 5-13 伏格尔法第 2 次迭代

销地 产地	B_1	B_2	B_3	B_4	产量	行差
A_1	9	10	13	17	75	1
A_2	7 80	8	14	16	1̶2̶5̶ 45	1
A_3	20	14	8 70	14	1̶0̶0̶ 30	0
销量	8̶0̶,0	65	7̶0̶,0	85	300	
列差	②	2		2		

按此规则继续下去,第 3~5 次迭代分别在作业表的 A_2B_2 填入 45、A_1B_2 填入 20、A_3B_4 填入 30,并相应地依次划去 A_2 行、B_2 列和 A_3 行。到第 6 次迭代,未被划去的单元格只剩 A_1B_4,填入剩余运输量 55,同时划去 A_1 行和 B_4 列。表 5-14 给出了伏格法计算的结果以及前 5 次迭代的行差和列差,其中,行差在作业表右侧从左至右列出,列差在作业表下方由上至下列出。如果某行(列)已经饱和,或者该行(列)只剩余 1 个未被划去的单元格,则用空白单元格表示不再计算其差值。

由伏格尔法得到的初始基本可行方案(见表 5-14)与最小元素法得到的结果(见表 5-11)

完全一致。

表 5-14 伏格尔法的结果及各迭代行差和列差

销地\产地	B_1	B_2	B_3	B_4	产量	行差			
A_1	9	10 20	13	17 55	1̶7̶5̶ 5̶5̶ 0	1	1	7	⑦
A_2	7 80	8 45	14	16	1̶2̶5̶ 4̶5̶ 0	1	1	⑧	
A_3	20	14	8 70	14 30	1̶0̶0̶ 3̶0̶ 0	⑥	0	0	0
销量	8̶0̶,0	6̶5̶,2̶0̶,0	7̶0̶,0	8̶5̶,5̶5̶,0	300				
列差	2	2	5	2					
	②	2		2					
		2		2					
		4		3					
				③					

一般来说，从与最优解的接近程度，伏格尔法得到的基本可行方案通常优于最小元素法和西北角法，最小元素法在多数情况下优于西北角法。西北角法虽然得出的结果"质量"较差，但它能作为一种基本方法，是因为其迭代过程中不需要进行相对复杂的比较，对于 m 和 n 都很大的大型运输问题，它往往能够更快地得到一个初始基本可行方案。为了继续说明表上作业法的求解原理，以下关于例 5-1 的解法均以西北角法得出的初始可行方案为出发点。

这里有必要做一点补充，对于例 5-1，应用三种方法给出的都是初始基本可行方案，"可行"是指所有运输量非负，而"基本"是指方案中有 $m+n-1=6$ 个基变量格。鉴于以上操作中未出现需要手动添加 0 运输量的情况，下面举一个例子来看这种情况的处理。

例 5-2 应用最小元素法确定表 5-15 所示运输问题的初始基本可行方案。

解： 最小元素法前 3 次迭代得到的结果如表 5-16 所示。

表 5-15 运价表

单位运费\产地\销地	B_1	B_2	B_3	B_4	产量
A_1	6	5	3	4	4
A_2	4	4	7	5	6
A_3	7	6	5	8	3
销量	2	4	3	4	

表 5-16

销地\产地	B_1	B_2	B_3	B_4	产量
A_1	6	5	3 3	4 1	4̶ 1̶ 0
A_2	4 2	4	7	5	6̶ 4
A_3	7	6	5	8	3
销量	2,0	4	3,0	4,3	13

迭代 4：在未被划去的单元格中，A_2B_2 的单位运费最小，填入 4 后 A_2 行与 B_2 列同时饱和，同时划去 A_2 行与 B_2 列，结果如表 5-17 所示。

继续最后一次迭代，将 3 填入 A_3B_4 后划去 A_3 行与 B_4 列。得到的初始运输方案如表 5-18 所示。必须指出，虽然这个方案有实际意义，但这并不是一个初始基本可行方案，因为方案中只有 5 个基变量，而不是 $m+n-1=6$ 个，原因在于第 4 次迭代未经任何处理就划去了同时饱和的 A_2 行与 B_2 列。后面将会看到，这种方案将无法继续求解。

表 5-17

销地 产地	B_1	B_2	B_3	B_4	产量
A_1	6	5	3 3	4 1	4 1 0
A_2	4 2	4 ④	7	5	6 4 0
A_3	7	6	5	8	3
销量	2,0	4,0	3,0	4,3	13

表 5-18

销地 产地	B_1	B_2	B_3	B_4	产量
A_1	6	5	3 3	4 1	4
A_2	4 2	4 4	7	5	6
A_3	7	6	5	8 3	3
销量	2	4	3	4	13

根据最小元素法（包括西北角法和伏格尔法）的迭代过程描述，第 4 次迭代在表 5-16 的 A_2B_2 单元格填入 4 后，可在 A_2 行与 B_2 列中未被划去的单元格（即 A_3B_2 或 A_2B_4）中任选 1 个填入 0，再将 A_2 行与 B_2 列划去。选择在 A_3B_2 或 A_2B_4 填写这个 0 的运输量，将得到两个不同的中间结果，如表 5-19 所示和表 5-20 所示。

表 5-19

销地 产地	B_1	B_2	B_3	B_4	产量
A_1	6	5	3 3	4 1	4 1 0
A_2	4 2	4 ④	7	5 ⓪	6 4 0
A_3	7	6	5	8	3
销量	2,0	4,0	3,0	4,3	13

表 5-20

销地 产地	B_1	B_2	B_3	B_4	产量
A_1	6	5	3 3	4 1	4 1 0
A_2	4 2	4 ④	7	5	6 4 0
A_3	7	6 ⓪	5	8	3
销量	2,0	4,0	3,0	4,3	13

这两个中间结果完成最后一次迭代后，得到的初始基本可行方案分别为表 5-21 和表 5-22。

表 5-21

销地 产地	B_1	B_2	B_3	B_4	产量
A_1	6	5	3 3	4 1	4
A_2	4 2	4 4	7	5 0	6
A_3	7	6	5	8 3	3
销量	2	4	3	4	13

表 5-22

销地 产地	B_1	B_2	B_3	B_4	产量
A_1	6	5	3 3	4 1	4
A_2	4 2	4 4	7	5	6
A_3	7	6 0	5	8 3	3
销量	2	4	3	4	13

这两个方案虽然实际数值与表 5-18 没有任何区别，但是由于多了这个运输量为 0 的单元格，它们的基变量数都是 $m+n-1=6$ 个，从而是可以继续求解的方案，只不过因包含数值为 0 的基变量格，这两个方案是**退化解**。对于一般的问题，在迭代中间出现同时饱和的行和列时，可填写这个 0 运输量的选择范围会更大，也就是会得到更多可能的初始基

本可行方案，虽然它们在数值上完全一致，但从运输问题表上作业法的角度，这些方案是完全不同的。

二、基本可行方案的最优判定

类似于单纯形法，判断一个运输方案是否最优，可以通过检验是否存在这样的非基变量格：令其运输量从 0 变为 1，总运费将减少。如果存在这样的非基变量格，则当前方案就不是最优的。在运输问题表上作业法中，称这个数量为（对应于非基变量 x_{ij} 的）**非基变量格 A_iB_j 的检验数**，表示为 $\bar{c}_{ij}$，其数学意义为**非基变量格增加 1 单位运输引起的总运费的净变化**。

在运输问题中，计算非基变量格检验数的常用方法有闭回路法和位势法。

1. 闭回路法

定义 5.1 闭回路 在运输问题表上作业法中，以某非基变量格为起点，其余顶点均为基变量格的由横向与纵向路径构成的闭合回路[⊖]，称为该非基变量格的**闭回路**（closed loop）。从数学上，非基变量格 A_{i_1,j_1} 对应变量 x_{i_1,j_1} 的闭回路的表示形式为：

$$(x_{i_1,j_1}, x_{i_1,j_2}, x_{i_2,j_2}, x_{i_2,j_3}, \cdots, x_{i_p,j_q}, x_{i_p,j_1})$$

式中有偶数个元素，且除 x_{i_1,j_1} 之外的所有变量均为基变量。

根据此定义，可得出西北角法初始基本可行方案中的所有 6 个非基变量格的闭回路，如表 5-23 至表 5-28 所示。

表 5-23 A_1B_2 格的闭回路

销地 产地	B_1	B_2	B_3	B_4	产量
A_1	9 75	10	13	17	75
A_2	7 5	8 65	14 55	16	125
A_3	20	14	8 15	14 85	100
销量	80	65	70	85	300

表 5-24 A_1B_3 格的闭回路

销地 产地	B_1	B_2	B_3	B_4	产量
A_1	9 75	10	13	17	75
A_2	7 5	8 65	14 55	16	125
A_3	20	14	8 15	14 85	100
销量	80	65	70	85	300

表 5-25 A_1B_4 格的闭回路

销地 产地	B_1	B_2	B_3	B_4	产量
A_1	9 75	10	13	17	75
A_2	7 5	8 65	14 55	16	125
A_3	20	14	8 15	14 85	100
销量	80	65	70	85	300

表 5-26 A_2B_4 格的闭回路

销地 产地	B_1	B_2	B_3	B_4	产量
A_1	9 75	10	13	17	75
A_2	7 5	8 65	14 55	16	125
A_3	20	14	8 15	14 85	100
销量	80	65	70	85	300

⊖ 不区分顺时针和逆时针方向。

表 5-27 A_3B_1 格的闭回路

销地\产地	B_1	B_2	B_3	B_4	产量
A_1	9 75	10	13	17	75
A_2	7 5	8 65	14 55	16	125
A_3		10 20	14	8 15	14 85	100
销量	80	65	70	85	300

表 5-28 A_3B_2 格的闭回路

销地\产地	B_1	B_2	B_3	B_4	产量
A_1	9 75	10	13	17	75
A_2	7 5	8 65	14 55	16	125
A_3		10 20	14	8 15	14 85	100
销量	80	65	70	85	300

不难证明，一个基本可行运输方案中，任意一个非基变量格一定有且只有唯一的闭回路。在上面的例子中，任意一个非基变量格都画不出第 2 条闭回路。另一方面，对于基变量格数不足 $m+n-1$ 的运输方案，必定有非基变量格找不到闭回路，例如例 5-2 的表 5-18 中，大部分的非基变量格都找不到闭回路。

闭回路可能呈现出各种不同的形态，图 5-1 给出了几种常见的形态。对于较大的运输问题，还会有形态更为复杂的闭回路。

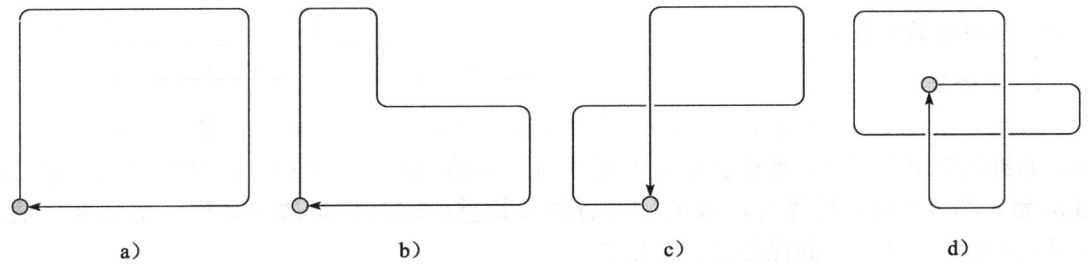

图 5-1 几种常见的闭回路形态

如前所述，非基变量格的检验数等于该非基变量格的运输量从 0 增加到 1 时总运费的净变化。试着考虑这样一个过程：当一个非基变量格 A 的运输量从 0 变为 1，为了保证运输量的平衡，必然要求某个与 A 相关的基变量格 B 的运输量减少 1 个单位；而 B 的运输量减少 1 单位，又必然要求另外某个基变量格 C 的运输量增加 1 单位，由此形成连锁反应。不难发现，只有当运输量的变化发生在闭回路上时，整个问题的产量和销量约束才能保持平衡。

由此可以得到非基变量格检验数的闭回路计算方法：记录该非基变量格闭回路依次经过的顶点的序号（其中出发的非基变量格为 1），然后用奇数号顶点格的单位运费之和，减去偶数号顶点格的单位运费之和。

表 5-29 中标出了非基变量格 A_1B_2（对应于非基变量 x_{12}）的闭回路上各顶点单元格在计算检验数时的符号，可知其检验数为：
$$\bar{c}_{12} = c_{12} - c_{11} + c_{21} - c_{22} = 10 - 9 + 7 - 8 = 0$$

同理，由表 5-30 可得出非基变量格 A_1B_4（对应于非基变量 x_{14}）的检验数：
$$\bar{c}_{14} = c_{14} - c_{11} + c_{21} - c_{23} + c_{33} - c_{34} = 17 - 9 + 7 - 14 + 8 - 14 = -5$$

表 5-29

销地 产地	B_1	B_2	B_3	B_4	产量
A_1	9　75 ⊖	10 ⊕	13	17	75
A_2	5 ⊕ 7	8　65 ⊖	14　55	16	125
A_3	20	14	8　15	14　85	100
销量	80	65	70	85	300

表 5-30

销地 产地	B_1	B_2	B_3	B_4	产量
A_1	9　75 ⊖	10	13	17 ⊕	75
A_2	5 ⊕ 7	8　65	14　55 ⊖	16	125
A_3	20	14	8　15 ⊕	14　85 ⊖	100
销量	80	65	70	85	300

对于其他的非基变量格，有

$$\bar{c}_{13} = 13 - 9 + 7 - 14 = -3 \qquad \bar{c}_{24} = 16 - 14 + 8 - 14 = -4$$
$$\bar{c}_{31} = 20 - 7 + 14 - 8 = 19 \qquad \bar{c}_{32} = 14 - 8 + 14 - 8 = 12$$

对于每个基本可行解，通常用**检验数**表来记录所有非基变量格的检验数，本例中西北角法初始基本可行方案的检验数表如表 5-31 所示。

因为表 5-31 中存在负的检验数，因此当前方案不是最优方案。

表 5-31 检验数表

	B_1	B_2	B_3	B_4
A_1		0	-3	-5
A_2				-4
A_3	19	12		

2. 位势法

检验一个基本可行解是否最优，需要计算 $mn-(m+n-1)$ 个非基变量（格）的检验数，如果采用闭回路法计算检验数则需要找出所有的 $mn-(m+n-1)$ 条闭回路。显然，当 m 和 n 都很大时，计算检验数的工作将异常繁重，这时**位势法**（又称为**对偶变量法**，dual variable method）的优势就非常显著。

回顾第三章的对偶理论可知，线性规划问题基本可行解的检验数与对偶问题决策变量的值存在一定的关系，结合运输问题线性规划模型的特征，利用对偶变量来确定检验数 c_{ij} 的取值将变得很简洁。推导如下：

如果引入 $u_1, u_2, \cdots, u_m$ 和 $v_1, v_2, \cdots, v_n$ 分别作为问题模型式（5-1）中前 m 个约束方程和后 n 个约束方程对应的对偶变量，且约定用 $\boldsymbol{Y}$ 表示对偶向量，即：

$$\boldsymbol{Y} = (u_1, u_2, \cdots, u_m, v_1, v_2, \cdots, v_n)$$

则式（5-1）的对偶问题为：

$$\max W = \sum_{i=1}^{m} a_i u_i + \sum_{j=1}^{n} b_j v_j \qquad (5\text{-}5a)$$

$$\text{s.t.} \quad u_i + v_j \leqslant c_{ij} \qquad (5\text{-}5b)$$

$$u_i, v_j \text{ 无符号限制}$$

$$(i = 1, \cdots, m; j = 1, \cdots, n)$$

根据对偶理论中互补基本解定理的证明，原问题决策变量 x_j 的检验数可表示为：

$$\bar{c}_j = c_j - \boldsymbol{C_B}\boldsymbol{B}^{-1}\boldsymbol{p}_j = c_j - \boldsymbol{Y}\boldsymbol{p}_j$$

于是，运输问题（5-1）中所有变量 x_{ij} 的检验数可表示为：

$$\bar{c}_{ij} = c_{ij} - \boldsymbol{Y}\boldsymbol{p}_{ij}$$
$$= c_{ij} - (u_1, u_2, \cdots, u_m, v_1, v_2, \cdots, v_n)\boldsymbol{p}_{ij}$$

而由式（5-3）可知 p_{ij} 中只有第 i 和 $j+m$ 个分量为 1，其他全部为 0，则上式可简化为：
$$\bar{c}_{ij} = c_{ij} - (u_i + v_j) \tag{5-6}$$
此式可以分解为两个部分，一部分是基变量的检验数，另一部分是非基变量的检验数。

基变量部分：一个基本可行解（方案）中必定有 $m+n-1$ 个基变量，又知基变量的检验数必为 0，所以式（5-6）中与基变量对应的 $m+n-1$ 个式子满足 $c_{ij}-(u_i+v_j)=0$，或者写为
$$c_{ij} = u_i + v_j, \quad \forall x_{ij} \text{ 为基变量} \tag{5-7}$$

非基变量部分：
$$\bar{c}_{ij} = c_{ij} - (u_i + v_j), \quad \forall x_{ij} \text{ 为非基变量} \tag{5-8}$$

利用式（5-8）即可计算所有非基变量的检验数，但式中所有的对偶变量 u_i 和 v_j 都是未知量，应先求解方程组（5-7）来确定所有 u_i 和 v_j 的取值——式（5-7）是一个由 $m+n-1$ 个等式组成的、包含 $m+n$ 个变量的方程组，解不唯一，不过一旦人为确定了其中任意一个 u_i（或 v_j）的数值，那么其他的对偶变量的取值也就能唯一确定。

这种方法需要通过求解式（5-7）得到对偶变量的取值从而最终确定非基变量的检验数，因而又被称为对偶变量法，人们常把对偶变量的取值俗称作**位势**。又由于分别与运输作业表的第 i 行和第 j 列相对应，u_i 和 v_j 常常称为**行位势**和**列位势**。

进一步，如果所有非基变量的检验数非负，由结合式（5-7）和式（5-8），必有 $c_{ij} \geqslant u_i + v_j$，（$\forall x_i = 1, \cdots, m; j = 1, \cdots, n$），而这正好是对偶问题（5-5）的约束条件式（5-5b），说明对偶问题也取得了可行解。根据对偶理论，当原问题的一个可行解同时也是对偶可行解时，当前的可行解就是最优解。否则，当前的基本可行解非最优，还要继续优化。

综上，用位势法计算非基变量格检验数的步骤为：

第 1 步　对于所有的基变量 x_{ij}，令任意一个 u_i 或 v_j 为任意常数（一般可找到基变量格较多的行或列），令其对应的一个 u_i 或 v_j 为 0，然后利用式 $c_{ij}=u_i+v_j$ 求出所有的 u_i 和 v_j。

第 2 步　对于所有的非基变量 x_{ij}，用式 $\bar{c}_{ij}=c_{ij}-(u_i+v_j)$ 求解其检验数。

下面回到例题，用位势法求西北角法初始基本可行方案表 5-7 中所有非基变量格的检验数。

由表 5-7 可知，x_{11}、x_{21}、x_{22}、x_{23}、x_{33} 和 x_{34} 为基变量，先求解以下方程组：
$$\begin{cases} c_{11} = u_1 + v_1 = 9 \\ c_{21} = u_2 + v_1 = 7 \\ c_{22} = u_2 + v_2 = 8 \\ c_{23} = u_2 + v_3 = 14 \\ c_{33} = u_3 + v_3 = 8 \\ c_{34} = u_3 + v_4 = 14 \end{cases}$$

由于 6 个方程中包含了 7 个变量，该方程组无唯一解，但可以通过人为指定任意一个变量的取值来确定其他变量的取值。由于求解只涉及加减计算，放在表格中求解更加直观，可以在表 5-7 的右侧增加一列行位势 u_i，在底部增加一行列位置 v_i，并经过简单计算，将各个对偶变量的取值填入相应的位置，如表 5-32 所示。

表 5-32 的对偶变量取值的过程如下：在所有行或列中，A_2 行的基变量数最多（3 个），如果先取定 u_2 的值，能更快地计算出其他对偶变量的值。于是令 $u_2=0$，则可以立即得出

$$v_1 = 7-0 = 7, \quad v_2 = 8-0 = 8,$$
$$v_3 = 14-0 = 14$$

由以上的第 1 和 3 式又分别可以求出

$$u_1 = 9-7 = 2, \quad u_3 = 8-14 = -6$$

再由以上的第 2 式得出

$$v_4 = 14-(-6) = 20$$

这样就得到了一组对偶变量的取值，可以利用式 $\bar{c}_{ij} = c_{ij} - (u_i + v_j)$ 计算所有非基变量格的检验数。

表 5-32

销地 产地	B_1	B_2	B_3	B_4	产量	u_i
A_1	9 75	10	13	17	75	$u_1=2$
A_2	7 5	8 65	14 55	16	125	$u_2=0$
A_3	20	14 15	8	14 85	100	$u_3=-6$
销量	80	65	70	85	300	
v_j	$v_1=7$	$v_2=8$	$v_3=14$	$v_4=20$		

$\bar{c}_{12} = c_{12} - (u_1+v_2) = 10-(2+8) = 0, \quad \bar{c}_{13} = c_{13} - (u_1+v_3) = 13-(2+14) = -3$

$\bar{c}_{14} = c_{14} - (u_1+v_4) = 17-(2+20) = -5, \quad \bar{c}_{24} = c_{24} - (u_2+v_4) = 16-(0+20) = -4$

$\bar{c}_{31} = c_{31} - (u_3+v_1) = 20-(7-6) = 19, \quad \bar{c}_{32} = c_{32} - (u_3+v_2) = 14-(8-6) = 12$

此时的检验数表见表 5-33。

此结果与用闭回路法得到的检验数表 5-31 完全一致，但位势法的计算过程更为简便。

表 5-33 位势法检验数表

	B_1	B_2	B_3	B_4
A_1		0	-3	-5
A_2				-4
A_3	19	12		

三、基本可行方案的改进

根据检验数的意义，检验数为负值的非基变量格增加运输量可以减少总运费，而在所有检验数为负的非基变量格中，选择绝对值最大的负检验数所在非基变量格作为入基变量，则能最有效地减少总运费；同时，某非基变量格运输量的增加，必然导致其闭回路上各个顶点单元格运输量的变化，这时需要确定该非基变量格能增大运输量的上限，以及哪一个原有的基变量格的运输量会降为 0 而成为非基变量。由此，得到一个改进的运输方案的优化方法为：

第 1 步 选择绝对值最大的负检验数所在的非基变量格作为入基变量格；

第 2 步 令调整量 $\theta = \min\{$闭回路中偶数号顶点格的运输量$\}$，θ 就是入基变量能增加运输量的上限；

第 3 步 令闭回路上奇数号顶点格的运输量增加 θ，偶数号顶点格的运输量减少 θ，其他格运量不变；

第 4 步 将一个⊖偶数号顶点格中的 0 删去（变成空单元格），表明其成为非基变量格。

下面改进例 5-1 由西北角法给出的初始基本可行方案（见表 5-7）。根据检验数表 5-33（或表 5-31），该方案有三个非基变量格的检验数为负数，应选择 A_1B_4 格作为入基变量格；再由表 5-30 可知，调整量 θ 为 A_1B_4 的闭回路上偶数号顶点格 A_1B_1、A_2B_3 和 A_3B_4 中的最小运输量 $\theta = \min\{75, 55, 85\} = 55$；则调整方法为：该闭回路上所有奇数号顶点格的运输量增加 55，所有偶数号顶点格的运输量减少 55；A_2B_3 格是在调整完毕后唯一一个运输

⊖ 这里强调"一个"，是因为：如果在闭回路上偶数号顶点格的运量有两个或两个以上取得相同的最小值 θ 时，调整完毕后这几个单元格的运输量都会变为 0，为了保证基变量的个数仍然为 $m+n-1$ 个，可约定让闭回路上第一个运量为 0 的格出基（变成空单元格），其他为运输量为 0 的单元格仍然保留作基变量格。

量变为 0 的单元格，将此 0 删去使 A_2B_3 格成为非基变量格。

这样就得到了一个改进的运输方案，如表 5-34 所示，但这个方案是否最优，还需重新回到迭代的第 1 步进行最优判定，如果仍存在检验数为负的非基变量，则该方案还需进一步改进。

表 5-34 改进的运输方案

销地 产地	B_1	B_2	B_3	B_4	产量
A_1	9 20	10	13	17 55	75
A_2	7 60	8 65	14	16	125
A_3	20	14	8 70	14 30	100
销量	80	65	70	85	300

经计算，表 5-34 所示方案的检验数表 5-35 中所有非基变量检验数均为非负，表明该方案已经是最优运输方案：A_1 运 20 单位到 B_1，运 55 单位到 B_4；A_2 运 60 单位到 B_1，运 65 单位到 B_2；A_3 运 70 单位到 B_3，运 30 单位到 B_4，此时最小总运费为：

表 5-35 表 5-34 方案的检验数表

	B_1	B_2	B_3	B_4
A_1		0	2	
A_2			5	1
A_3	14	7		

最小总运费 $= 20\times 9 + 55\times 17 + 60\times 7 + 65\times 8 + 70\times 8 + 30\times 14 = 3\,035$（百元）

需说明的是，这个最优方案并不是唯一的最优方案。非基变量格 A_1B_2 的检验数 $\bar{c}_{12}$ 为 0，意味着沿着 A_1B_2 的闭回路进行调整时，令 x_{12} 为 $[0, 20]$ 内的任意值，总运费都将维持不变。实际上，例 5-1 用伏格尔法和最小元素法所得到的初始基本可行方案本身就是一个不同于表 5-34 的最优方案（已满足所有非基变量的检验数非负，请读者自行验证）。

以上分别介绍了标准运输问题表上作业法中的三个关键步骤的具体操作方法。需要特别指出的是，运输问题中经常会出现有退化的基本可行方案——出现了有运输量为 0 的基变量格。这种现象在大型的运输问题中非常普遍。退化解带来的影响体现在基本可行方案的改进中。若运输量为 0 的基变量格 B 出现在某个有负检验数的非基变量格 A 的闭回路的偶数号顶点上，以此非基变量格 A 作为入基变量时，其闭回路上的调整量 $\theta = 0$ 看似没有意义。遇到这种问题时的处理方式是，仍然以调整量 $\theta = 0$ 进行调整：在非基变量格 A 中填 0（入基），将基变量格 B 中的 0 删除（出基）⊖，然后将这个结果作为一个新的运输方案，继续进行检验优化。具体计算过程不再赘述。

第三节　扩展的运输问题

一、非标准运输问题

表上作业法只适用于满足了产销平衡约束的、目标函数为最小运费的标准运输问题。

⊖ 需注意的是，如果该闭回路上有多个偶数号顶点基变量格取值为 0，则应删除且只删除其中一个。

在更多现实问题中,产销常常是不平衡的,有时评价的标准不是运费最小化,而是运输利润最大化,这里将这些问题统称为**非标准运输问题**。可先将非标准运输问题转化为一个等价的标准问题,再使用表上作业法求解。以下对这些情况分别进行探讨。

1. 产销不平衡的运输问题

当问题背景为供过于求,总产量≥总销量,即 $\sum_{i=1}^{m} a_i \geqslant \sum_{j=1}^{n} b_j$ 时,在应用表上作业法之前需将此问题转化为产销平衡的运输问题。可引入一个虚拟销地(dummy-demand)B_{n+1},令其销量 b_{n+1} 为

$$b_{n+1} = \sum_{i=1}^{m} a_i - \sum_{j=1}^{n} b_j$$

且从所有产地 A_i 到 B_{n+1} 的单位运费全部设为0,即 $c_{i,n+1}=0$,这时得到一个等价的产销平衡运输问题,其线性规划模型为

$$\min Z = \sum_{j=1}^{n+1} \sum_{i=1}^{m} (c_{ij} x_{ij})$$

$$\text{s. t.} \quad \sum_{j=1}^{n+1} x_{ij} = a_i, \quad (i=1,\cdots,m)$$

$$\sum_{i=1}^{m} x_{ij} = b_j, \quad (j=1,\cdots,n,n+1)$$

$$x_{ij} \geqslant 0$$

例 5-3 将例 5-1 的相关数据变为:FreshFruit 的三个苹果种植基地的年产量分别为 75、125 和 120 吨,四地客户的需求分别为 80、65、70 和 85 吨,其运价表为表 5-36(单位:百元/吨),求总运费最小的运输方案。

表 5-36 运价表

单位运费\\销地\\产地	B_1	B_2	B_3	B_4	产量
A_1	9	10	13	17	75
A_2	7	8	14	16	125
A_3	20	14	8	14	120
销量	80	65	70	85	320 / 300

解: 此问题为供过于求的运输问题,引入一个销量为过剩产量 320-300=20 吨的虚拟销地 B_5,且从各产地到 B_5 的单位运费为0,则得到的运价表为表 5-37。

其运输作业表(空表)如表 5-38 所示,求解过程略(下同)。

表 5-37 例 5-3 等价标准运输问题的运价表

单位运费\\销地\\产地	B_1	B_2	B_3	B_4	B_5	产量
A_1	9	10	13	17	0	75
A_2	7	8	14	16	0	125
A_3	20	14	8	14	0	120
销量	80	65	70	85	20	320

表 5-38 表 5-37 的运输作业表

销地\\产地	B_1	B_2	B_3	B_4	B_5	产量
A_1	9	10	13	17	0	75
A_2	7	8	14	16	0	125
A_3	20	14	8	14	0	120
销量	80	65	70	85	20	320

因为从各种植基地到虚拟的 B_5 并不会发生实际的运输,所以表 5-37 所得到的等价运

输问题中将这部分虚拟运输的单位费用全部设为 0。但在有些供过于求的运输问题中，超过需求部分的产量需要承担一些额外的成本费用，例如下面这个问题。

例 5-4 将例 5-1 的相关数据变为：FreshFruit 的三个苹果种植基地的年产量分别为 85、130 和 115 吨，客户的需求分别为 80、65、70 和 85 吨，其运价表为表 5-39（单位：百元/吨）。对于未销售出去的苹果，各种植基地需额外支出存储费用，分别为 4、1 和 2（单位：百元/吨）。如果将存储费用视为广义的运输成本，求总成本最小的运输方案。

表 5-39　运价表

单位运费＼销地＼产地	B_1	B_2	B_3	B_4	产量
A_1	9	10	13	17	85
A_2	7	8	14	16	130
A_3	20	14	8	14	115
销量	80	65	70	85	330 / 300

解：对于这个供过于求的运输问题，同样需要虚拟一个销地 B_5，其销量为产量超过销量的 30 吨，但这时从各种植基地到虚拟销地 B_5 的成本就不再是 0，而是因存储带来的单位费用。综上，可得到本问题等价标准运输问题的广义运价表 5-40。

这时，就可以通过求解表 5-40 所示的标准运输问题来得到原始问题的最优运输方案。

表 5-40　等价标准运输问题的广义运价表

单位运费＼销地＼产地	B_1	B_2	B_3	B_4	B_5	产量
A_1	9	10	13	17	4	85
A_2	7	8	14	16	1	130
A_3	20	14	8	14	2	115
销量	80	65	70	85	30	330

对于供不应求的运输问题，有总产量$\leqslant$总销量，亦即 $\sum_{i=1}^{m} a_i \leqslant \sum_{j=1}^{n} b_j$，在应用表上作业法之前，这种问题的处理方式与供过于求情况下的处理方式类似：引入一个虚拟产地（dummy-supplier）A_{m+1}，令其产量为

$$a_{m+1} = \sum_{j=1}^{n} b_j - \sum_{i=1}^{m} a_i$$

然后将 A_{m+1} 到所有销地 B_j 的单位运费设为 $c_{m+1,j}=0$。如果供不应求的部分会产生额外的、与销量成比例的成本费用（如缺货损失），且可将这些费用视为广义的运输费用时，则应将虚拟产地 A_{m+1} 到所有销地 B_j 的单位运费设为相应的费用。这里不再赘述。

2. 产地运出量的下限或销地的最低需求必须满足的运输问题

当某些产地的运出量至少要满足一个规定的下限时，这种产销不平衡的问题称为产地运出量的下限必须满足的运输问题。类似地，还有销地的最低需求必须满足的问题。这类问题也可以转化为产销平衡运输问题来求解。

例 5-5 将例 5-1 的运价表改为表 5-41，且规定基地 1、2 必须至少运出 72、115 吨，基地 3 必须全部运出。另外，因道路施工影响，从苹果种植基地 3 无法向客户 1 供货。求最优的运输方案。

解：根据题目设定，总销量为 300（=80+65+70+85），且有：

(1) 当 A_1 和 A_2 的运出量为规定的下限时，总运出量为 72+115+100=287<300，

表 5-41　运价表

单位运费＼销地＼产地	B_1	B_2	B_3	B_4	产量
A_1	9	10	13	17	78
A_2	7	8	14	16	135
A_3	—	14	8	14	100
销量	80	65	70	85	

注：从 A_3 至 B_1 不能发生运输，表示为"—"。

供不应求；

（2）当 A_1 和 A_2 的运出量为全部产量时，总运出量为 $78+135+100=313>300$，供过于求。

可通过以下的方式将这个问题转化为一个等价的产销平衡运输问题：

（1）构造一个虚拟销地 B_5，其销量为最大运出量超过总销量的部分 $313-300=13$；

（2）对于运出量有下限的产地，可将其产量分为两个部分——运出量下限和剩余产量。对于 A_1，其产量可划分为

$$A_1 \text{ 的产量 } a_1 = \text{运出量下限 } a_{1_1} + \text{剩余产量 } a_{1_2}$$

对 A_2 同理。于是有：

$$a_{1_1}=72, \quad a_{1_2}=6, \quad a_{2_1}=115, \quad a_{2_2}=20$$

这相当于把 A_1 和 A_2 人为地划分成为四个产地 A_{1_1}、A_{1_2}、A_{2_1} 和 A_{2_2}。

因为运出量下限必须全部运出，所以 A_{1_1}、A_{2_1} 以及 A_3 不能供给 B_5，将从 A_{1_1}、A_{2_1} 和 A_3 到 B_5 的单位运输费用设为无穷大，用 M 表示；B_5 的销量只能由剩余的产量 A_{1_2} 和 A_{2_2} 来满足，因为不发生实际运输，将 A_{1_2} 和 A_{2_2} 至 B_5 的单位运输费用设为 0。

（3）因为 A_3 不能向 B_1 供应，A_3 至 B_1 的单位运输费用设为 M。

根据上述设定，可得出原始问题的一个等价问题，其运价表如表 5-42 所示。

表 5-42 例 5-5 等价标准运输问题的运价表

单位运费\产地\销地	B_1	B_2	B_3	B_4	B_5	产量
A_{1_1}	9	10	13	17	M	72
A_{1_2}	9	10	13	17	0	6
A_{2_1}	7	8	14	16	M	115
A_{2_2}	7	8	14	16	0	20
A_3	M	14	8	14	M	100
销量	80	65	70	85	13	313

解此问题，即可得出原始问题的最优运输方案。

对于此类含有多个单位运费为 M 的问题，在使用运输问题表上作业法时，有必要对一个细节给出注解。首先用西北角法求出本问题的初始基本可行方案，得表 5-43。表中给出了用位势法（令 $u_3=0$ 时）计算得到的所有对偶变量取值。

由此可计算出此方案中所有非基变量格的检验数，得到检验数表 5-44。

表 5-43 表 5-42 问题的西北角法初始基本可行方案

销地\产地	B_1	B_2	B_3	B_4	B_5	产量	u_i
A_{1_1}	9 72	10	13	17	M	72	$u_1=2$
A_{1_2}	9 6	10	13	17	0	6	$u_2=2$
A_{2_1}	7 2	8 65	14 48	16	M	115	$u_3=0$
A_{2_2}	7	8	14 20	16	0	20	$u_4=0$
A_3	M	14	8 2	14 85	M 13	100	$u_5=-6$
销量	80	65	70	85	13	313	
v_j	$v_1=7$	$v_2=8$	$v_3=14$	$v_4=20$	$v_5=M+6$		

表 5-44 方案的检验数表（错误）

	B_1	B_2	B_3	B_4	B_5
A_{1_1}		0	-3	-5	-8
A_{1_2}		0	-3	-5	$-M-8$
A_{2_1}				-4	-6
A_{2_2}	0	0		-4	$-M-6$
A_3	$M-1$	12			

然而此表，特别是加了底色的单元格从严格意义上说是错误的。原因在于运价表 5-42 中填入了多个 M 用于表示无穷大，但该表中每个 M 都是不同的。在表 5-43 中，由于 A_3B_5 单元格为基变量格，所以 $v_5=M+6$ 中的这个 M 是单属于 A_3B_5 格的，但是在继续计算各非基变量格的检验数时，这个 M 与其他单元格的 M 被作为同类项进行了合并，例如非基变量格 $A_{1_1}B_5$ 的检验数。

如果对不同单元格中的单位运费 M 进行区分，例如，分别用 $M_{1,5}$ 和 $M_{3,5}$ 来表示 A_1B_5 格和 A_3B_5 格的单位运费，则有 $v_5=M_{3,5}+6$，那么 $A_{1_1}B_5$ 格的检验数应为
$$c_{1_1,5} = M_{1_1,5} - [2+(M_{3,5}+6)] = M_{1_1,5} - M_{3,5} - 8$$
但由于两个无穷大之差可以为任意数，计算没有意义。

一般来说，如果所有无穷大单位运费统一用"M"表示时，当出现以下情况时，可以根据以下的规则来确定该非基变量格的检验数：

（1）当该非基变量格本身的单位运费就为 M 时，该单元格的检验数就是 M；

（2）在用闭回路法或位势法计算非基变量格检验数的算式中，一旦有 $+M$ 项，则令该格的检验数为 M，而不论是否有 $-M$ 项出现。

只要脱离具体的数值计算，回到运输问题检验数的意义，以及引入 M 的初衷，就可以直接得出上述第（1）点规则，原因是，引入 M 是为了避免该单元格产生非 0 的运输量，那么无论如何计算，该单元格的检验数都应为无穷大，其他的结果都将违背这个初衷；如果该单元格的检验数为一个不大的正实数，那么意味着该单元格增加 1 单位的运输量只会给总运费带来不大的损失，这显然未达到引入 M 的初衷；在某些精心构造的问题中，简单对 M 进行同类项合并还可以得到单位运费为 M 的单元格检验数为负的荒谬结果。

对于第（2）点，如果某非基变量格的检验数算式中出现了 $+M$ 项，必定意味着在闭回路的奇数号顶点上存在单位运费为 M 的基变量格，沿此闭回路增加运输量必定使总运费变为无穷大，因此也可直接确定该单元格的检验数为 M。

根据以上规则，表 5-43 方案的检验数表应为表 5-45。

表 5-45 表 5-43 方案的检验数表（正确）

	B_1	B_2	B_3	B_4	B_5
A_{1_1}		0	-3	-5	M
A_{1_2}		0	-3	-5	$-M-8$
A_{2_1}				-4	M
A_{2_1}	0	0		-4	$-M-6$
A_3	M	0			

其实，如果在给出初始基本解时采取了伏格尔法，就能最大限度地避免初始基本可行解中出现单位运费为 M 的单元格成为基变量格，从而避免在计算检验数时误将不同的 M 当作同类项合并。不过，在计算单位运费为 M 的非基变量格的检验数时，应用上述规则仍能极大地提升求解效率。

3. 最大值问题

在某些运输问题中，运输方案的评价标准不是运输成本费用而是利润或收益，此时的运输问题就变成最大值问题。

例 5-6 求表 5-46 的最优运输方案。

解：表 5-46 为产销平衡的运输利润表，这种问题的求解有三种思路：

表 5-46 运输利润表

单位利润\销地\产地	B_1	B_2	B_3	产量
A_1	17	18	16	80
A_2	14	17	12	80
A_3	15	16	14	40
销量	60	90	50	200

(1) 找出利润矩阵 C 中的最大数 M_c，即 $M_c = \max\{c_{ij}\}$，构造另一个运费矩阵 $C'_{m \times n}$，其中 $c'_{ij} = M_c - c_{ij}$，即 C' 中的任一元素 c'_{ij} 是 M_c 减去 C 中的对应元素 c_{ij} 的差。然后，以 C' 为单位运费构造运价表，利用表上作业法来求解最优运输方案。

按照这种思路，则例 5-6 的求解方法如下：找出利润表中的最大数 $M_c = 18$，用 M_c 减去表中的各个数字，得出一张新表，如表 5-47 所示求解过程略。

(2) 由于 $\max Z = \min -Z$，可以构造另一个运费矩阵 $C'_{m \times n}$，其中 $c'_{ij} = -c_{ij}$，即利

表 5-47 运价表

单位运费\销地产地	B_1	B_2	B_3	产量
A_1	1	0	2	80
A_2	4	1	6	80
A_3	3	2	4	40
销量	60	90	50	200

润系数的相反数作为成本系数，然后利用表上作业法求解最优运输方案。显然，这种方法与上一种方法之间只是在单位运费上差了一个常数，即最大利润 M_c。

(3) 对标准运输问题表上作业法进行一定的变换，可以得到求解最大值运输问题的表上作业法：初始基本可行方案可以用西北角法、最大元素法或以利润最大为目标的伏格尔法给出。最优方案的判定准则是所有非基变量格的检验数为非正，检验可使用闭回路法和位势法；进行基本可行方案改进时，只需将入基变量的选择标准改为正检验数最大。这样，就可以直接对利润表 C 采用表上作业法求解。

二、转运问题

运输问题表上作业法针对的是产地直接供应给销地、产销平衡，且不存在第三方转运点作为中间节点的标准运输问题，而现实问题常常会有（若干个）转运点，这一类运输问题称为**转运问题**（transshipment problem）。

转运问题可以建模为以总运费最小为目标，以各节点流入流出量平衡为约束条件的线性规划问题，例如第一章中的例 1-5 的线性规划建模问题就是一个典型的分销转运问题。

如果要应用表上作业法求解转运问题，必须先将转运问题转化为一个等价的标准运输问题，其基本思路为——将转运点本身同时视为产地和销地，具体为：

(1) 确定标准运输问题中的产地和销地：转运点既是产地也是销地，也就是说，标准运输问题中的产地为原始转运问题中的产地和所有的转运点，销地为原始问题中的销地和所有的转运点。

(2) 确定各产地的产量和销地的销量：将原始转运问题中产地的产量和销地的销量直接移植入标准运输问题；转运点的产量和销量相同，数值都为经过该转运点的最大可能转运量。

(3) 确定各产地与销地之间的单位运输费用：将原始问题中已知的两地之间的单位运输费用移植入标准运输问题；各转运点到其自身的单位运输费用为 0；对于原始转运问题中不存在的运输路线，单位运费为无穷大，用任意大的正数 M 表示。

以上的转换得到的运价表一定满足产销平衡，可直接用表上作业法求解。

例 5-7 某汽车物流公司的运输分销网络如图 5-2 所示。其中，节点 1～3 为汽车制造工厂，节点 6～8 为经销商，节点 4 和 5 为分销中心。试根据图中所示的单位运费和供需情况，确定总费用最低的运输方案。

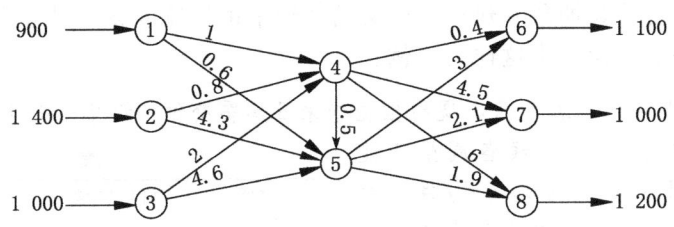

图 5-2 某汽车物流公司的运输分销网络

解：这是一个以节点 1~3 为产地，节点 6~8 为销地，节点 4 和 5 为转运点的转运问题，可以建立线性规划模型求解（略），以下将这个问题转化为一个标准的运输问题。

（1）确定转化的标准运输问题中的产地和销地：产地有原有产地节点 1、2、3 和转运点 4、5；销地为原有销地节点 6、7、8 和转运点 4、5；

（2）确定各产地的产量和销量。原有产地和销地的产销量数值不变。当转运点 4 作为销地时，节点 1、2、3 是其产地，所以其最大可能销量为 1、2、3 的总产量 3 300，这也是它作为产地时的最大可能销量；对于转运点 5，虽然转运点 4 也是它的产地，但由 1、2、3、4 供应给它的最大可能销量也是 3 300，这也是它作为产地时的最大可能销量。

（3）根据图 5-2 设定产、销节点之间的单位运费；令任意点到其自身的单位运费为 0；如果图中某两点之间没有连线，则令其单位运费为无穷大，表示为 M。

于是得到本问题等价标准运问题的运价表 5-48，求解过程略。

表 5-48　例 5-7 等价标准运输问题的运价表

单位运费＼销地＼产地	4	5	6	7	8	产量
1	1	0.6	M	M	M	900
2	0.8	4.3	M	M	M	1 400
3	2	4.6	M	M	M	1 000
4	0	0.5	0.4	4.5	6	3 300
5	M	0	3	2.1	1.9	3 300
销量	3 300	3 300	1 100	1 000	1 200	9 900

例 5-7 中，所有转运点都是纯转运点。在一些更复杂的问题中，某些转运点本身也是产地或销地，这时需要注意的是这类产地或销地运输量的确定。表 5-49 总结了转运问题中各类不同节点及运输量在转化为标准运输问题之后对应的要素。

表　5-49

转运问题中的节点	转化后标准运输问题中的节点
产量为 a_i 的纯产地 A_i →	产量为 a_i 的产地 A_i
销量为 b_j 的纯销地 B_j →	销量为 b_j 的销地 B_j
纯转运点 T_k →	产量为 V 的产地 T_k、销量为 V 的销地 T_k
自有产量为 a'_l 的转运点 T'_l →	产量为 $a'_l + V$ 产地 T'_l、销量为 V 的销地 T'_l
自有销量为 b'_q 的转运点 T'_q →	产量为 V 的产地 T'_q、销量为 $b'_q + V$ 销地 T'_q

注：V 表示原始转运问题中该转运点的最大可能转运量（不包含其自身的产量）。

另外，转运问题还可以作为一个最小费用流问题来处理，详见图论中的相关论述。

三、其他问题

一些应用问题虽然与物资运输、分销没有任何联系，但是由于其问题背景与运输问题有相似的形式，亦可将其抽象并建模为广义的产销平衡运输问题，从而采用运输问题的表上作业法进行求解。下面给出这样的示例。

例 5-8 某企业生产某种产品，现要根据未来 6 周需交付的订单来安排生产计划。各周需交付的订单数量（件）、生产线各周生产能力（件）以及各周的生产成本（元/件）如表 5-50 所示。由于库存和资金占用因素，每件存储 1 周的费用为 0.2 元。在不允许推迟交付订单的前提下，应怎样安排生产可保证总成本最小？试将此生产计划问题建模为一个运输问题。

表 5-50

时间	订单数量	生产能力	生产成本
第 1 周	1 400	1 550	3.53
第 2 周	1 350	1 500	3.61
第 3 周	1 260	1 500	3.63
第 4 周	1 340	1 600	3.58
第 5 周	1 700	1 650	3.62
第 6 周	1 650	1 600	3.45

解： 设将第 i 周生产第 j 周交付的产品数量为 x_{ij}，其中 $i=1,\cdots,6$；$i \leqslant j \leqslant 6$，则第 i 周生产并存储至第 j 周交付的产品的单件成本可按下表计算：

表 5-51

生产周次 i \ 交付周次 j	1	2	3	4	5	6
1	3.53	3.53+0.2	3.53+0.4	3.53+0.6	3.53+0.8	3.53+1.0
2		3.61	3.61+0.2	3.61+0.4	3.61+0.6	3.61+0.8
3			3.63	3.63+0.2	3.63+0.4	3.63+0.6
4				3.58	3.58+0.2	3.58+0.4
5					3.62	3.62+0.2
6						3.45

可将此问题看成是由各周同时作为产地和销地、各周的产量和订单交付量作为产量和销量、以单位生产及存储成本作为单位运费、求总运费最小的广义运输问题。

这里有两点需要注意：

（1）由于未来 6 周的总生产能力大于总订单数量，建模时应将问题考虑为一个供过于求的问题，可通过引入虚拟销地（销量为 700）来将问题转化为产销平衡的运输问题；

（2）生产与交付在时间上有先后次序，只能用当周生产的数量及库存来满足当前及未来的需求，因此对于 $j < i$，应有单位运费 $c_{ij} = M$，其中 M 为任意大的正数。这样，本问题得到的广义产销平衡运输问题运价表为：

表 5-52 例 5-8 的广义标准运输问题运价表

产地 \ 单位运价 \ 销地	B_1	B_2	B_3	B_4	B_5	B_6	B_7	产量
A_1	3.53	3.73	3.93	4.13	4.33	4.53	0	1 550
A_2	M	3.61	3.81	4.01	4.21	4.41	0	1 500
A_3	M	M	3.63	3.83	4.03	4.23	0	1 500
A_4	M	M	M	3.58	3.78	3.98	0	1 600
A_5	M	M	M	M	3.62	3.82	0	1 650
A_6	M	M	M	M	M	3.45	0	1 600
销量	1 400	1 350	1 260	1 340	1 700	1 650	700	9 400

其中，B_7 列为虚拟销地。求解此等价问题，各产地的产量安排就对应于原始问题中

未来 4 周的最优生产计划。求解过程略。

在产品的单位生产成本随时间呈波动性的情况下，提前安排一部分产量的生产用于交付未来的订单，可能获得比准时生产更低的总成本。这时，就可以将问题按照与例 5-8 类似的方式转化为一个标准运输问题来处理。一般来说，这类问题中各要素与转化后的标准运输问题中各要素的对应关系如表 5-53 所示。

表 5-53　各要素与转化后标准运输问题各要素的对应关系

原始问题	标准运输问题
生产期 i	产地 i
生产期 i 的生产能力 a_i	产地 i 的产量 a_i
交付期 j	销地 j
交付期 j 需交付产品数 b_j	销地 j 的销量 b_j
第 i 期生产第 j 期交付的单位成本 c_{ij}	产地 i 至销地 j 的单位运费 c_{ij}

其中，第 i 期生产第 j 期交付的单位成本 c_{ij} 包括单位生产成本与其他单位成本之和，如单位产品的库存成本、缺货成本和资金占用成本等。

第四节　指派问题

本书在第四章中通过例 4-6 引出了将 n 项任务分配给 n 个人，实现总成本最小化或利润最大化的指派问题，并将指派问题建模为 0-1 整数规划问题，其数学模型为：

$$\begin{aligned}
\max/\min \quad & Z = \sum_{j=1}^{n}\sum_{i=1}^{n}(c_{ij}x_{ij}) \\
\text{s.t.} \quad & \sum_{i=1}^{n} x_{ij} = 1, \quad (j=1,\cdots,n) \\
& \sum_{j=1}^{n} x_{ij} = 1, \quad (i=1,\cdots,n) \\
& x_{ij} = 0 \text{ 或 } 1, \quad (i,j=1,\cdots,n)
\end{aligned} \tag{4-7}$$

当式（4-7）中的 c_{ij} 表示的是由第 i 个人完成第 j 项任务的成本，且问题以最小成本为目标时，指派问题就可以视为一种特殊的运输问题：由 n 个产地向 n 个销地运输某种物资，各产地的产量和各销地的销量均为 1 件，从产地 i 向销地 j 运输的单位运费为 c_{ij} 的标准运输问题。两者的对应关系如表 5-54 所示。

表 5-54　指派问题与其标准运输问题的对应关系

指派问题	标准运输问题
第 i 人	产地 i
第 i 人的任务数 $a_i=1$	产地 i 的产量 $a_i=1$
任务 j	销地 j
任务 j 的完成人数 $b_j=1$	销地 j 的销量 $b_j=1$
第 i 人执行任务 j 的成本 c_{ij}	产地 i 至销地 j 的单位运费 c_{ij}

经过以上转化，就可以将运输问题表上作业法用于求解以最小成本为目标的指派问题。例如，例 4-6（数据见表 4-8）对应的标准运输问题的作业表如表 5-55 所示，求解略。

表 4-8 各员工完成各项任务的执行成本

执行成本 c_{ij}	任务1	任务2	任务3	任务4	任务5
员工1	5	8	7	4	6
员工2	2	5	6	5	4
员工3	3	6	4	3	8
员工4	1	4	3	1	6
员工5	6	2	8	6	3

表 5-55

销地\产地	B_1	B_2	B_3	B_4	B_5	产量
A_1	5	8	7	4	6	1
A_2	2	5	6	5	4	1
A_3	3	6	4	3	8	1
A_4	1	4	3	1	6	1
A_5	6	2	8	6	3	1
销量	1	1	1	1	1	5

专门用于求解指派问题的算法是**匈牙利法**（Hungarian algorithm），由库恩于 1955 年提出，由于两位匈牙利数学家 Dénes Kőnig 和 Jenő Egerváry 的前期研究为该算法的提出奠定了基础，该算法以"匈牙利"命名。

匈牙利法适合求解目标为最小值的指派问题，其求解步骤非常简单。对 $n \times n$ 费用矩阵实施如下步骤：

第 1 步 各行减去该行的最小元素，各列减去该列的最小元素；

第 2 步 判定方案是否最优；

　　方法：用最少数量的直线覆盖 0 元素，如果直线数量等于 n，则可通过观察读出最优方案：在矩阵中找出 n 个 0 元素，其中任意两个 0 不在同一行或同一列，则这些 0 元素就对应着最优指派方案。如直线数量少于 n，转到第 3 步。

第 3 步 找出未被直线覆盖的元素中最小元素 θ。未被直线覆盖的元素 $-\theta$，直线交叉位置的元素 $+\theta$，其他元素不变，返回第 2 步。

例 5-9 用匈牙利法求解例 4-6。

解：由于问题是目标为成本最小的指派问题，可直接使用匈牙利法求解。本例的求解过程如图 5-3 所示。

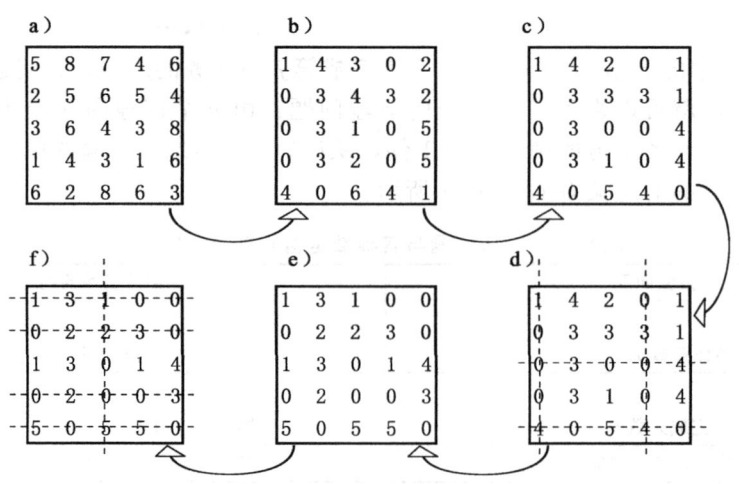

图 5-3 例 5-9 的求解过程

（1）写出原始矩阵，见图 5-3a，各行减去最小元素后得图 5-3b，各列再减去最小元素后得图 5-3c；

（2）试用最少的直线划去图 5-3c 所有的 0 元素，最少可用 4 条直线（见图 5-3d），小于矩阵的阶数 5，说明还无法直接读出最优指派，转下一步；

（3）图 5-3d 中未被直线覆盖元素的最小值为 1，则未被直线覆盖的元素减去 1，直线交叉位置的元素加上 1，得图 5-3e；

（4）试用最少的直线划去图 5-3e 所有的 0 元素，最少需用 5 条直线（见图 5-3f），等于矩阵的阶数 5，说明已可直接读出最优指派。

1	3	1	0	**0**
0	2	2	3	0
1	3	**0**	1	4
0	2	0	**0**	3
5	**0**	5	5	0

1	3	1	**0**	0
0	2	2	3	**0**
1	3	**0**	1	4
0	2	0	0	3
5	**0**	5	5	0

图 5-4 最优指派矩阵

最优指派方案有两个，见图 5-4 中加了阴影的 0 元素。

方案 1：员工 1→任务 5，员工 2→任务 1，员工 3→任务 3，员工 4→任务 4，员工 5→任务 2

方案 2：员工 1→任务 4，员工 2→任务 5，员工 3→任务 3，员工 4→任务 1，员工 5→任务 2

两个方案必有相等的最小总费用，读出任一指派方案对应于原始矩阵中的费用数值，即可计算指派的最小总费用：

$$最小总费用=4+4+4+1+2=15$$

需注意，匈牙利法只能直接用于求解 $n\times n$ 的、c_{ij} 为成本，且目标求最小值的标准指派问题。一般的指派问题，先要转化为标准指派问题的形式，再应用匈牙利法来求解。具体为：

（1）对于 c_{ij} 为利润，且目标为求最大值的指派问题，可采取的转换方法与求运输利润最大化的运输问题处理方式相同，有两种方法：①找出利润矩阵 C 的最大数 M_c，即 $M_c=\max\{c_{ij}\}$，建立另一个费用矩阵 $C'_{n\times n}$，其中 $c'_{ij}=M_c-c_{ij}$，即 C' 中的任一元素 c'_{ij} 是 M_c 减去 C 中的对应元素 c_{ij} 的差，再对 C' 实施匈牙利法；②利用 $\max Z=\min -Z$ 的原理，构造 C'，其中 $c'_{ij}=-c_{ij}$，再对 C' 实施匈牙利法。求解得到的最优指派方案，就是原始问题的最优指派方案。

这两种方法得到的费用矩阵各项元素只相差一个常数 M_c，所以求解结果一致。

（2）任务和人员数量不对等的 $m\times n$ 指派问题（$m\neq n$），可采用与产销不平衡运输问题类似的处理方式，通过引入虚拟的任务或虚拟的人员，使矩阵变为方阵，并将虚拟活动的费用全部设为 0，再应用匈牙利法求解。计算结果中针对这些虚拟人员或任务发生的指派，称为**虚拟指派**。

（3）对于一个人可以做多件事的情况，可以将一个人变成多个费用系数相同的人；当指定某个人不能做某件事时，可令此人做该件事的费用系数为足够大的正数 M。

第五节 运输问题的 Excel 求解

由于运输问题本质上为线性规划问题，用 Excel 求解运输问题与求解一般的线性规划问题没有差异，换句话说，在用 Excel 求解运输问题时，并不要求将问题先转化为产销平衡的、目标为求最小值的标准运输问题。

例 5-10 用 Excel 求解例 5-1 中的运输问题。

解：由于运输问题的决策变量和单位运费均为二维，可以采用矩阵的形式来分别输入变量区域和单位运费区域，这种输入方式也使得数据的表示更为直观。本例问题模型输入的结果如图 5-5 所示，图中用有底色的单元格来存放主要的求解结果。

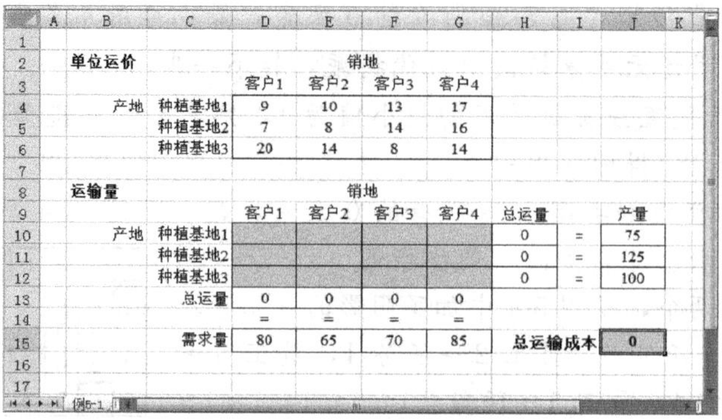

图 5-5

图中的上半部分用于输入单位运费，下半部分留出相应的区域用于存放决策变量的求解结果，同时输入各产地和销地总运输量的计算公式、目标产量和需求量的数值，在右下角输入总运费的计算公式。需要输入公式的单元格及其中的公式见表 5-56。"规划求解参数"对话框中各参数设置如图 5-6 所示。

表 5-56

单元格	公式
H10	=SUM（D10:G10）
H11	=SUM（D11:G11）
H12	=SUM（D12:G12）
D13	=SUM（D10:D12）
E13	=SUM（E10:E12）
F13	=SUM（F10:F12）
G13	=SUM（G10:G12）
J15	=SUMPRODUCT（D4:G6，D10:G12）

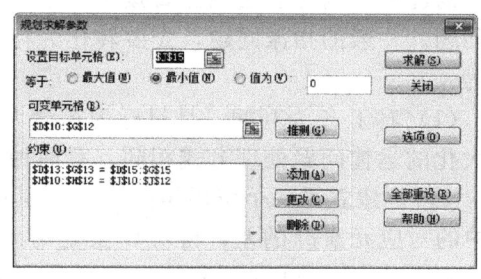

图 5-6

完成以上设定，求解结果如图 5-7。

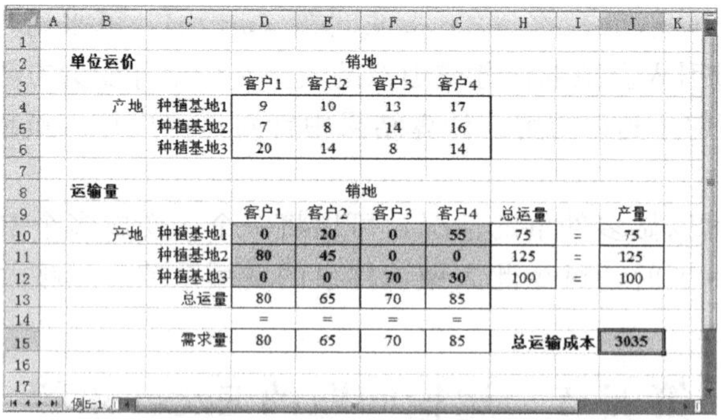

图 5-7

此结果与最小元素法和伏格尔法直接求得的最优运输方案（见表 5-11）一致，仍需说明，Excel 无法判断线性规划问题的解是否唯一，在运输问题中也是如此。

例 5-11 用 Excel 求解例 5-3 中的供过于求的运输问题。

解： 由于采用的是线性规划的求解方式，而不是表上作业法的求解方式，不需要像原例题中那样将问题转化为产销平衡的运输问题再输入 Excel 表格求解。除了产量的数值之外，本例的基础数据输入和公式与前面一例完全相同。在规划求解参数设置中，本例与上例的主要区别在于产量约束的约束条件式为："H10:H12<=J10:J12"。下图给出了求解的结果。

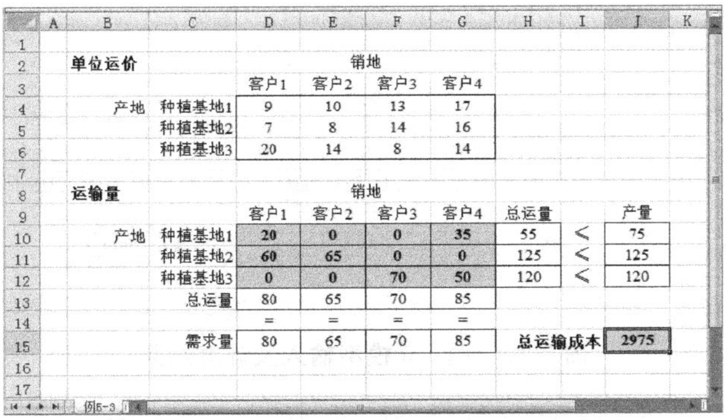

图 5-8

例 5-12 用 Excel 求解例 5-4 中的供过于求，但多余产量需支出存储费用的问题。

解：本例除了在产量基础数据与上例不同之外，因为需计算存储费用，还需先计算未销出的产量，而总运输成本的定义也发生了变化。

本例的数据输入及运算结果如图 5-9 所示。

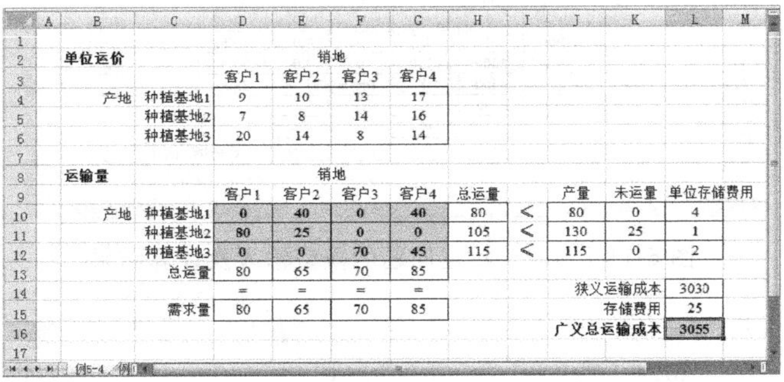

图 5-9

其中，与前例中不同的 Excel 公式为：

表 5-57

单元格	公式	单元格	公式
K10	=J10-H10	L14	=SUMPRODUCT (D4:G6, D10:G12)
K11	=J11-H11	L15	=SUMPRODUCT (K10:K12, L10:L12)
K12	=J12-H12	L16	=SUM (L14:L15)

由于用 Excel 求解运输问题（包括指派问题）的模型输入方式大同小异，图 5-10～图 5-12 给出例 5-5、例 5-7 和例 5-9 的 Excel 输入和计算结果。

这里需要注意，转运问题的构造相对复杂，无法像一般运输问题一样直接采用矩阵来输入原始问题的运价表和决策变量，所以图 5-11 中输入的基础数据是与原始问题等价的标准运输问题的运价表（见表 5-48）和决策变量矩阵。另外，由于 Excel 并不知道 M 表示任意大正数，所以在对应的单元格输入一个比问题模型中数值数量级更大的数值 10 000 来代替 M。对于转运问题，除了以输入原始线性规划问题表达式的方式、本例的方式输入模型之外，还可作为一个最小费用流问题输入 Excel（见图论中的相关表述），但本质上都是用线性规划的方式求解。

单位运价

		销地			
		客户1	客户2	客户3	客户4
产地	种植基地1	9	10	13	17
	种植基地2	7	8	14	16
	种植基地3	10,000	14	8	14

运输量

		销地							
		客户1	客户2	客户3	客户4	总运量		下限	上限
产地	种植基地1	0	17	0	55	72	∈	72	78
	种植基地2	80	48	0	0	128	∈	115	135
	种植基地3	0	0	70	30	100	∈	100	100
	总运量	80	65	70	85				
		=	=	=	=				
	需求量	80	65	70	85	总运输成本		3029	

图 5-10 例 5-5 模型输入及计算结果

单位运价

		销地				
		4	5	6	7	8
产地	1	1	0.6	10000	10000	10000
	2	0.8	1.3	10000	10000	10000
	3	2	4.6	10000	10000	10000
	4	0	0.5	0.4	4.5	6
	5	10000	0	3	2.1	1.9

运输量

		销地							
		4	5	6	7	8	总运量		产量
产地	1	0	900	0	0	0	900	=	900
	2	1400	0	0	0	0	1400	=	1400
	2	1000	0	0	0	0	1000		1000
	4	900	1300	1100	0	0	3300		3300
	5	0	1100	0	1000	1200	3300	=	3300
	总运量	3300	3300	1100	1000	1200			
		=	=	=	=	=			
	需	3300	3300	1100	1000	1200	总运输成本		9130

图 5-11 例 5-7 转运问题的模型输入及计算结果

费用表

	任务1	任务2	任务3	任务4	任务5
员工1	5	8	7	4	6
员工2	2	5	6	5	4
员工3	3	6	4	3	8
员工4	1	4	3	1	6
员工5	6	2	8	6	3

指派表

	任务1	任务2	任务3	任务4	任务5	合计		目标
员工1	0	0	0	0	1	1	=	1
员工2	1	0	0	0	0	1	=	1
员工3	0	0	1	0	0	1	=	1
员工4	0	0	0	1	0	1	=	1
员工5	0	1	0	0	0	1	=	1
合计	1	1	1	1	1			
	=	=	=	=	=			
目标	1	1	1	1	1		总费用	15

图 5-12 例 5-9 指派问题的模型输入及计算结果

求解例 5-9 的指派问题时，输入的方式为其标准运输问题的作业表 5-55，图 5-12 中计算的结果给出了匈牙利法求解的两个最优指派方案中的一个。

本章小结

本章所介绍的运输问题，是线性规划问题的一个延伸分支，其线性规划建模于一般线性规划问题并无特殊之处，但由于标准运输问题在线性规划模型上的特殊性，其求解方法可以比基本单纯形法更为简洁。所以从逻辑结构上，本章对运输问题的主体内容是围绕标准运输问题的所特有的求解方法展开：首先介绍了产销平衡运输问题的表上作业求解方法；在此基础上，介绍了将非标准的运输问题、转运问题，以及与运输看似无关的问题转化为标准运输问题的一般处理方式，从而使表上作业法具有更为普遍的意义；此外，指派问题可以作为运输问题来求解，但应用匈牙利算法将使求解过程更为简洁。最后介绍的运输问题 Excel 解法，本质上又回到了一般线性规划问题的建模与求解思路。

习题

1. 应用表上作业法求解表 5-58 所示运输问题，给出各个基本可行方案和检验数表，并用闭回路法判断解的最优性。

   要求：初始基本可行方案用西北角法给出。

   表 5-58

单位运费 销地 产地	B_1	B_2	B_3	B_4	供应量
A_1	3	9	8	6	6
A_2	12	25	7	10	10
A_3	6	11	13	14	7
需求量	3	5	9	6	

2. 应用表上作业法求解表 5-59 所示运输问题，给出各个基本可行方案和检验数表，并用位势法判断解的最优性。

   要求：初始基本可行方案分别用最小元素法和伏格尔法给出（其中伏格尔法应参照教材中表 5-14 标出行差和列差），且求出最小总运费。

   表 5-59

单位运费 销地 产地	B_1	B_2	B_3	B_4	B_5	供应量
A_1	8	15	20	14	4	40
A_2	5	7	6	9	8	20
A_3	3	9	10	16	13	15
需求量	10	20	15	16	14	

3. 有 3 个牧业基地向 4 个城市提供鲜奶，4 个城市每日的鲜奶需求量为 16、30、24 和 30 千升，3 个基地的每日鲜奶供应量分别为 30、40 和 50 千升。已知运送每千升鲜奶的费用如表 5-60 所示（单位：千元）。试确定最经济的鲜奶运输方案，且求出最小总运费。

   表 5-60

单位运费 销地 产地	城市 A	城市 B	城市 C	城市 D
牧业基地 1	3	2	4	5
牧业基地 2	2	3	5	3
牧业基地 3	1	4	2	4

4. 假定习题 3 中城市 A 每天最低需求和总需求量分别为 14 和 24 千升，城市 C 每天最低需求和总需求量分别为 25 和 40 千升，其他城市需求量无变化（见表 5-61）。

   表 5-61

单位运费 销地 产地	城市 A	城市 B	城市 C	城市 D	供应量
牧业基地 1	3	2	4	5	30
牧业基地 2	2	3	5	3	40
牧业基地 3	1	4	2	4	50
最低需求	14	30	25	30	
总需求	24	30	40	30	

   在各销地最低需求必须满足的前提下，如果以最经济的方式运出各产地的所有产量：用最小元素法找到初始可行方案，然后求解该问题，且求出最小总运费。

5. 某干果公司从 3 个水果生产基地进货，在 4 个加工厂将水果加工成干果。假定 3 个水果基地的产量、4 个加工厂的需求量，以及单位水果的运价如表 5-62 所示。在各销地最低需求必须满足的前提下，如果以最经济的方式运出各产地的所有产量：求总成本最低的运输方案（写出与此问题等价的产销平衡运输问题的运价表，不需计算）。

表 5-62

单位运费\销地 产地	加工厂1	加工厂2	加工厂3	加工厂4	供应量
水果基地1	16	14	22	17	50
水果基地2	14	13	19	15	60
水果基地3	19	不可行	23	20	55
最低需求	30	70	10	20	
总需求	50	70	30	不限制	

6. 已知2个供应方 A_1、A_2 以及3个需求方 B_1、B_2、B_3 的运输问题的运价表如表 5-63 所示。由于违约成本比较低，供应方 A_1、A_2 在运输成本较高的情景下可选择违约；同样，由于缺货损失比较低，需求方 B_1、B_2、B_3 也可以在运输成本较低的情景下选择违约。问：根据表中所示的缺货成本、违约成本，以及运输成本，如何安排运输可使得总运营成本最低（且求出最小总运营成本）？

表 5-63

单位运费\销地 产地	B_1	B_2	B_3	供应量	违约成本
A_1	4	6	8	200	5
A_2	7	2	4	100	4
需求量	50	100	100		
缺货成本	5	4	6		

7. 某水产品销售公司每天从3个水产品养殖场采购新鲜产品运往4个批发市场。3个养殖场每天提供的水产品数量为2 500、3 000、4 500千克，4个批发市场每日的需求量分别为2 000、2 500、3 000、2 500千克。根据表 5-64 所示3个养殖场的采购成本价和4个批发市场的批发价格（单位：元/千克），公司应如何安排运输，可使得总利润最大（求出最大利润）？

表 5-64

	养殖场1	养殖场2	养殖场3	
采购价格	5	4	6	
	市场1	市场2	市场3	市场4
批发价格	11	10	12	11

8. 某公司要将某种物资从甲、乙两处运往 A、B、C，其中甲、乙的运出量分别为 120 和 85 吨，A、B、C 的到货量要求为 55、65、85 吨。物资可以直接从甲、乙两处运到目的地，也可以经中转点转运，且甲、乙和 A、B、C 都可以作为中转节点。已知各地点之间的行驶距离如表 5-65 所示（单位：公里），假设各路线上的吨运费与行驶距离成正比，试确定一个最优的调运方案。将此问题建模为一个标准运输问题（写出运价表，不需求解）。

表 5-65

距离\目的地 出发地	甲	乙	A	B	C
甲		6	5	8	6
乙	5		8	6	9
A				7	6
B			5		2
C			4	6	

9. High-Tech 公司在 P_1、P_2 和 P_3 三个城市的分厂生产某种高科技产品，然后经由 D1 和 D2 两个城市的分销中心向 C1、C2、C3 和 C4 四个城市进行供应。各地产量、各地需求量、线路网络以及各城市间的单位产品的运费如图 5-13 所示。试建立本问题的标准（产销平衡）运输问题模型。

10. 对习题9中 D1 和 D2 分销中心的性质进行一些变化，其中，城市 D1 在作为分销中心的同时，也有生产功能，其产量为 100；城市 D2 在作为分销中心的同时，也消费 50 的产品。各地产量、各地需求量、线路网络以及各城市间的单位产品的运费如图 5-14 所示。试建立本问题的标准（产销平衡）运输问题模型。

11. 某小型电动机制造厂未来5个季度的产品需求为 200、150、350、250 和 400 台，正常生产能力分别为 180、240、450、300 和 310 台，单位生产成本为 1 000、950、1 150、1 020 和 1 060 元。由于不能延期供货，厂方需要通过加班满足需求。已知加班生产的最大生产能力为正常生产能力的 50%，而生产成本也比正常生产要多 50%。另外，已生产而未交货的产品每个季度将有 40 元的单件库存成本。试建立本问题的标准运输问题模型。

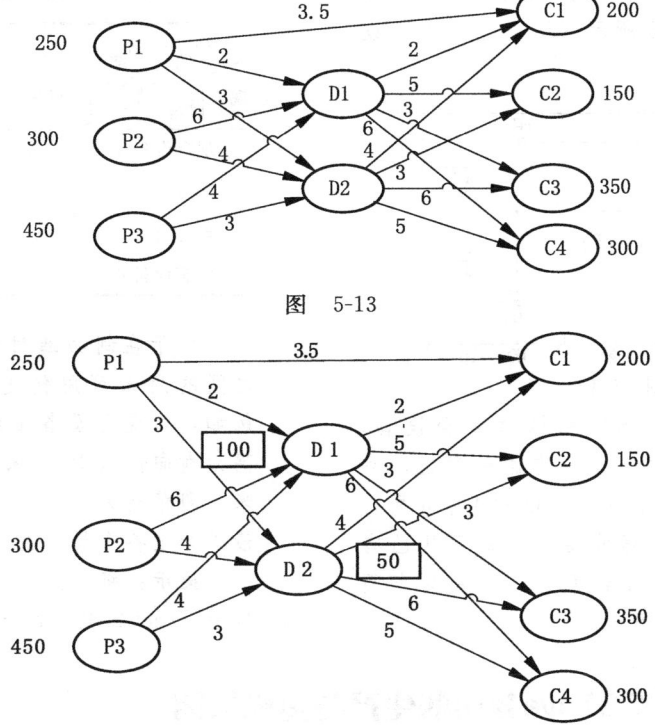

图 5-13

图 5-14

12. 一项工作由连续的5项任务组成，现有的5个员工独立完成这5项任务所需的时间如表5-66所示，如何将这5项任务指派给这5个员工（每人1项任务，每项任务由1个人完成）可使该工作的完成时间最短？

表 5-66

所需时间\任务 员工	任务1	任务2	任务3	任务4	任务5
员工1	3	9	2	3	7
员工2	6	1	5	6	6
员工3	9	4	7	11	3
员工4	2	5	4	2	1
员工5	8	6	2	5	5

13. 在习题12中，由于员工5离职，指定员工4必须完成2项任务，此时4个员工独立完成这5项任务所需的时间如表5-67所示。问：应如何指派可使该工作的完成时间最短？

表 5-67

所需时间\任务 员工	任务1	任务2	任务3	任务4	任务5
员工1	3	9	2	3	7
员工2	6	1	5	6	6
员工3	9	4	7	11	3
员工4	2	5	4	2	1

14. 在习题12中，如果问题背景（表5-65中的数字）改为利润，问：应如何指派可使总利润最大？

15. 某公司有五名销售经理，欲派遣到5个地区去，经评估他们到各地的销售额如表5-68所示，问如何派遣可使公司的销售额最大？

表 5-68

销售额\地区 人员	地区1	地区2	地区3	地区4	地区5
经理1	450	530	720	700	700
经理2	500	620	650	650	860
经理3	600	720	860	860	540
经理4	570	620	460	730	600
经理5	800	430	560	840	540

16. 已知某车间内 4 台设备（编号为 1～4）的布局如图 5-15 所示（图中虚线表示设备之间的传送带）。

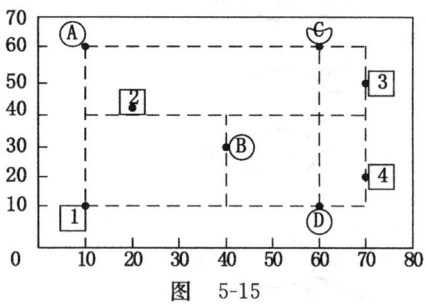

图 5-15

现需要在此车间内增加 4 台设备。要求新设备必须安置在传送带旁边，且只能选择图中标记为 A～D 的 4 个位置。

根据工艺流程的要求，每天从已有 4 台设备到新增 4 台设备的在制品车间内物流次数见表 5-69。

表 5-69 设备之间在制品物流频率表

物流频率 现有设备	新增设备 1	新增设备 2	新增设备 3	新增设备 4
现有设备 1	10	2	4	3
现有设备 2	7	1	9	5
现有设备 3	0	8	6	2
现有设备 4	11	4	0	7

由于在制品通过传送带运输，设备之间的距离可用传送带的长度来测量。例如，从现有设备 1 到备选地点 B 的距离为横向传送带 30 米加上纵向传送带 20 米，即距离为 50 米。试找出运输总距离最短的设备布局方案。

提示：将此问题建模为指派问题。

17. 应用 Excel 工具求解上面所有练习题。

案例 5-1　CSToys 公司的生产与运输策略

CSToys 公司代工生产玩具公仔，这些玩具公仔最终由 FastFood 快餐连锁店作为儿童套餐的一部分销售给顾客。伴随着以该玩具公仔为主题的动画片的热播，前来快餐店购买儿童套餐的顾客对于 Coo 公仔的服饰颜色搭配有着不同的需求。为此，CSToys 公司必须根据订单要求，生产 50 种不同服饰颜色搭配的 Coo 公仔。

面对品种如此多的产品需求，且需求有着明显的地区差异，CSToys 公司如果仅从自身经济成本的角度出发生产玩具，必然导致一些不流行款式的 Coo 公仔滞销损失。而如果根据顾客的订单来生产，那么每次生产的不同款 Coo 公仔数量非常少，生产成本非常高。CSToys 公司必须直面的另一个困难是，公司的几个工厂都建立在人力成本相对比较低的西南地区，当东北和华北地区的订单到来时，公司不得不采取航空运输的方式将玩具及时送到 FastFood 快餐连锁店指定的仓库。因此，公司面临高额的生产成本和物流成本。

同时，CSToys 公司代工的多个品牌玩具订单都面临着这样类似的问题：虽然这些玩具多数都有基本相同的主要部件，但是由于搭配了许多不同的颜色、饰物或者配件，导致产品型号众多。随着这几年的生产经营，此类订单占公司总订单的七成，且有不断上升的趋势。

针对此现状，BetterOR 咨询公司给出的解决方案是通过实施供应量管理里延迟生产策略（postponement strategy）来应对公司面临的大批量小品种生产运营问题。具体来说就是在玩具生产工厂以外的地区，建立几个半成品仓库，这些半成品仓库同时兼具一定的加工能力。对于 Coo 公仔而言，CSToys 公司的几个工厂都仅生产不上色的半成品，然后将半成品运往各地的半成品仓库。当公司收到具体款式和数量要求的订单后，由半成品仓库内的加工车间班组负责上色并包装，然后通过公路运输发送到 FastFood 快餐连锁店指定的仓库。这种供应策略的最大优势体现在工厂可以实现大规模生产而降低成本，而半成品仓库的加工车间可以实现定制服务。另外，可以在选择半成品仓库时考虑交货地点的地理位置，从而降低运输成本。

经过慎重考虑，CSToys 公司决定在现有 4 个工厂的基础上增设 5 个半成品仓库和 4 个成品仓库：5 个半成品仓库分别招聘了 30～50 名工人负责玩具的最终加工、组装和包装；4个成品仓库的设立则综合考虑公司长期稳定的几个大客户的交货地点。

由于公司生产的玩具体积小、重量轻，产品在工厂与仓库之间的运输都统一采用箱式货车运输，运输成本（单位：千元/车）如表 5-70 和表 5-71 所示。

表 5-70　工厂到半成品仓库之间的运输成本

单位运费＼半成品仓库＼工厂	W1	W2	W3	W4	W5
F1	3.0	6	7.5	1.5	1.5
F2	7.5	7.5	4.5	4.5	6.0
F3	7.5	10.5	4.5	7.5	10.5
F4	3.0	4.5	7.5	4.5	6.0

表 5-71　半成品仓库到成品仓库之间的运输成本

单位运费＼成品仓库＼半成品仓库	W6	W7	W8	W9
W1	6.5	5.5	6	8
W2	7.0	5.0	4.0	7.0
W3	7.0	8.0	4.5	3.0
W4	8.0	6.0	3.2	2.5
W5	5.0	4.0	3.0	6.4

今年，公司收到二季度的 Coo 玩具订单合计 36 箱车，并要求分别运送到 4 个成品仓库（W6～W9 的需求数量分别为 10 车、8 车、8 车和 10 车）。

CSToys 公司生产计划部根据当前 4 个工厂的实际生产情况，决定将此订单的生产比较平均地分配给 4 个工厂共同完成，具体为 F1 工厂 8 车，F2 工厂 11 车，F3 工厂 8 车和 F4 工厂 9 车。

同时，考虑到半成品仓库生产加工的固定成本，公司决定从现有的 5 个半成品仓库中选择 4 个仓库进行加工。由于 W1～W3 的人工成本比较低，公司决定选择这 3 个半成品仓库，并从 W4 和 W5 两个半成品仓库中挑选一个仓库共同完成加工任务。具体加工分配为 W1～W3 仓库分别加工 10、12、6 车玩具，而 W4 或 W5 仓库完成剩下的 8 车玩具的加工。

现在已经知道每个半成品仓库加工玩具的固定成本见表 5-72。

表 5-72　半成品仓库生产的固定成本

（单位：万元）

单位运费＼销地＼产地	W1	W2	W3	W4	W5
固定成本	2.4	2.8	2.6	4.5	4.4

问题：

1. 如果从成本的考虑，应该选择 W4 还是 W5 作为半成品仓库进行加工？又应该如何安排产品的运输？
2. 当 W4 和 W5 的固定成本发生什么样的变化时，公司才会考虑改变策略？
3. 如果不考虑半成品仓库的加工能力，并且不指定半成品仓库的加工量（假定 5 个半成品仓库的加工成本相同），公司应该如何分配运输和加工，使得总运营成本最低？

第六章

目 标 规 划

学习目标

- 掌握目标规划的各要素和基本概念
- 掌握目标规划的建模方法和步骤
- 掌握两变量目标规划的图解法
- 了解目标规划的单纯形解法和 Excel 解法

用线性规划来解决实际问题时，除了要满足比例性、可加性、可分性和确定性四个假设之外，通常还假设实际问题的求解目标是单一的，而且其约束条件是可以严格满足的。但在真实世界中，这种假设是非常理想化和不切实际的，因为现实决策问题通常都有多重的、可能相互冲突的目标，其约束条件也不一定是必须全部严格满足的硬约束。这时，线性规划方法就显示出其弊端或不适用性。目标规划（goal programming）的提出，正是为了消除，或至少部分填补这种方法与实际应用之间的空白。

目标规划被认为由查尼斯（A. Charnes）和库珀（W. Cooper）创立。20 世纪 50 年代，查尼斯和库珀为美国通用电气公司研究管理人员的收入确定方法时，使用了他们提出的"约束回归"（constrained regression）方法，并认识到这种方法可以扩展到一类新的问题——多目标的，且约束条件除硬约束外，还可包含软约束的问题。后来，他们在 1961 年将这种方法正式命名为目标规划[⊖]。

目标规划目前已被视为运筹学的一个分支，其研究内容包括线性目标规划、非线性目标规划、线性整数目标规划、0-1 线性目标规划以及对偶目标规划等。由于线性目标规划是在线性规划的基础上发展起来的，它与线性规划在模型和求解方法上有高度的相似性，也有许多学者认为线性目标规划是线性规划的扩展。另外，从求解问题的分类角度，目标规划也常常被划分到多准则决策（multiple criteria decision making，MODM）的范畴中。

[⊖] Charnes, A., Cooper, W. W. (1961). *Management Models and Industrial Applications of Linear Programming*, Vols. 1 and 2. New York: John Wiley.

本书仅讨论线性目标规划,以下简称为目标规划。本章的内容是这样安排的:第一节通过引例,介绍目标规划的模型和建模方法;第二节介绍目标规划模型的图解法;第三节介绍求解目标规划模型的单纯形法;第四节介绍用 Excel 求解目标规划的方法。

第一节 目标规划的数学模型

一、引例

下面结合一个例子来看什么是目标规划,并介绍目标规划中涉及的一些基本概念。

在例 1-1 中,F 公司每周需要根据表 1-1 确定产品 A、B、C 的产量,以获取最大的利润。

表 1-1

单位消耗 \ 产品 \ 资源	产品 A	产品 B	产品 C	可用资源(千克)
原材料 M_1	8	4	5	320
原材料 M_2	2	2	1	100
单位产品利润(元/件)	5	4	2	

以产品 A、B 和 C 的产量 x_1、x_2 和 x_3 为决策变量,求解其线性规划模型

$$\max \quad Z = 5x_1 + 4x_2 + 2x_3$$
$$\text{s. t.} \quad 8x_1 + 4x_2 + 5x_3 \leqslant 320$$
$$2x_1 + 2x_2 + x_3 \leqslant 100$$
$$x_1, x_2, x_3 \geqslant 0$$

得到最优解为:$x_1^* = 30$,$x_2^* = 20$,最优目标函数值 $Z^* = 230$,即应生产 30 件 A 和 20 件 B,最大利润为 230 元。

以上问题的求解目标是唯一的——利润最大化。但现实中,企业往往会有多个目标,比如我们把例 1-1 变成以下的问题。

例 6-1 F 公司每周需要根据表 1-1 确定产品 A、B、C 的产量,在满足资源约束的前提下,按优先次序满足以下的目标:

(1) 利润最好不少于 200 元;
(2) 产品 B 为产品 A 的补充件,其产量最好低于产品 A 的一半;
(3) 产品 C 为战略性产品,其产量最好不低于 5 件;
(4) 原材料 M_2 最好全部使用完且不超量;
(5) 原材料 M_1 比较稀缺,最好至少有 10 千克的剩余。

问: F 公司应如何安排生产计划,能够尽可能达成以上的经营目标?

解: 仍然设产品 A,B 和 C 的产量 x_1,x_2 和 x_3 为决策变量,如果按照线性规划的建模思路,这个问题相当于在满足原问题模型约束条件的基础上,另外增加几个约束条件,得到的一个没有目标函数的不等式组:

$$8x_1 + 4x_2 + 5x_3 \leqslant 320 \tag{6-1a}$$

$$2x_1 + 2x_2 + x_3 \leqslant 100 \qquad (6\text{-}1b)$$
$$x_1, x_2, x_3 \geqslant 0 \qquad (6\text{-}1c)$$
$$5x_1 + 4x_2 + 2x_3 \geqslant 200 \qquad (6\text{-}2)$$
$$x_1 - 2x_2 \geqslant 0 \qquad (6\text{-}3)$$
$$x_3 \geqslant 5 \qquad (6\text{-}4)$$
$$2x_1 + 2x_2 + x_3 = 100 \qquad (6\text{-}5)$$
$$8x_1 + 4x_2 + 5x_3 \leqslant 310 \qquad (6\text{-}6)$$

其中，式（6-1）为原问题中的约束条件，式（6-2）～式（6-6）分别为本例中提出的五个子目标。可知，符合上述不等式组的解，就是本问题的解。经过计算，该不等式组无解，说明上述不等式组出现了相互矛盾。

回顾问题描述，在实际背景下，该问题显然是有解的。实际上，本问题前三个优先级的目标［式（6-2）～式（6-4）］是可以完全达成的，第（4）、（5）个目标虽然无法完全达成，但是是允许妥协的——只需要在前几个目标达成的基础上，尽可能满足即可。

问题出在建模的方式上，以上模型将 5 个原本有优先次序的、允许妥协的目标变成了必须同时严格满足的目标。因此，一个在现实中有解的多目标决策问题，以线性规划的思路建模可能就无解了。

目标规划的提出，正是针对这类线性规划无法解决的实际问题。

二、目标规划的基本概念

下面介绍目标规划及其数学模型中的有关概念。

目标规划问题是这样一类问题：在满足刚性约束的前提下，求解一组决策变量的取值，使得不同优先级别目标的实现值与目标值之间的偏差尽可能小的线性规划问题。

要理解以上定义，首先须了解实现值与目标值、偏差变量、刚性约束与柔性约束、达成函数、优先级以及权重的概念。

1. 目标值、实现值与偏差变量

在目标规划中，描述各个目标的数学表达式称为**目标表达式**（goal function）⊖。对某个目标表达式期望的取值水平（不论是不超过、不少于还是等于），称为该目标的**目标值**（aspiration level）。当决策变量 $x_j(j=1, 2, \cdots, n)$ 的取值确定以后，某个目标表达式的实际取值称为该目标的**实现值**（achieved level），又称为**决策值**。

例如，例 6-1 中第（1）个目标为利润目标，其目标表达式为 $5x_1 + 4x_2 + 2x_3$，对此目标的期望值为 200，则其目标值为 200；第（2）个目标可描述为产品 A 的产量要超过产品 B 产品的 2 倍，其目标表达式可写为 $x_1 - 2x_2$，此时目标值为 0；同理，第（3）个目标的表达式 x_3，目标值为 5。

显然，实现值与目标值之间可能会存在差异，这种差异的大小在决策（确定决策变量取值）前是无法预知的，是随决策变量变化而变化的，因此称实现值与目标值之间的差异为**偏差变量**（deviation variables）。因建模的需要以及适应线性规划中对变量的非负要求，偏差变量又分为**正偏差量**（positive deviation），代表实现值超过目标值的偏差，记为 d^+，

⊖ 虽然也可译为目标函数，但为区别于线性规划中的目标函数（objective function），在此使用"目标表达式"的称法。

以及**负偏差量**（negative deviation），代表实现值未达到目标值的偏差，记为 d^-，且有 d^+，$d^- \geqslant 0$。又因为对于某个目标，其决策值不可能既超过目标值，又未达到目标值，必有 $d^+ \times d^- = 0$。

例如，例 6-1 中，如果某个满足了约束条件式（6-1）的决策为 $x_1 = 25$，$x_2 = 13$，$x_3 = 5$，则对于第（1）个目标，其实现值为 $5x_1 + 4x_2 + 2x_3 = 187$，未达到目标值 200，如果用 d_1^+ 和 d_1^- 表示该目标的正负偏差量，则有 $d_1^+ = 0$ 和 $d_1^- = 13$；对于第（2）个目标，其实现值为 $x_1 - 2x_2 = -1$，未达到目标值 0，如果用 d_2^+ 和 d_2^- 表示该目标的正负偏差量，则有 $d_2^+ = 0$ 和 $d_2^- = 1$；同理，对于第（3）个目标，因为实现值等于目标值 5，有 $d_3^+ = 0$ 和 $d_3^- = 0$。

2. 刚性约束、柔性约束与达成函数

在目标规划中，必须严格满足的约束条件称为**刚性约束**（rigid constraints），也可将其理解为必须满足的**硬目标**（hard goals）。显然，刚性约束中不会含有偏差变量。与线性规划相同，在目标规划中，不满足刚性约束的解，为非可行解。例 6-1 中的式（6-1）就是刚性约束。

与刚性约束相对，目标规划中允许某些目标的决策值与目标值存在偏差，这类目标称为**软目标**（soft goals）[⊖]，其所对应的约束条件称为**柔性约束**（soft constraints）。由偏差变量的定义可知，如果某个目标中的正负偏差变量用 d_i^- 和 d_i^+ 表示，必有"目标表达式 = 目标值 $- d_i^- + d_i^+$"，为了符合线性规划右端仅保留常数的表达习惯，此式又可写为：

$$\text{目标表达式} + d_i^- - d_i^+ = \text{目标值}$$

此即柔性约束的表达式。

例如，对例 6-1 中的第（1）个目标，其柔性约束为：

$$5x_1 + 4x_2 + 2x_3 + d_1^- - d_1^+ = 200$$

同理，对于第（2）、（3）个目标，其柔性约束分别为：

$$x_1 - 2x_2 + d_2^- - d_2^+ = 0$$
$$x_3 + d_3^- - d_3^+ = 5$$

对每个目标，决策者会表达出对决策值与目标值之间关系的期望——超过、不超过或恰好等于。但仅从柔性约束本身，无法判断决策者究竟是期望达到哪一种。在柔性约束的基础上，通过引入一个称为**达成函数**（achievement function）的表达式来表示决策者的期望。由目标规划问题的定义可知，对于任一目标，决策者的期望是使决策值与目标值的偏差尽可能小，因此达成函数是仅含偏差变量，且目标是使偏差变量取最小值的目标函数 $\min f(d_i^-, d_i^+)$。这样，通过控制达成函数中的偏差变量，就可以表达出决策者对目标的各种期望。

对于某个目标，如果决策者希望决策值：

（1）超过目标值，则达成函数为 $\min d_i^-$。可理解为希望有正偏差，不希望有负偏差，所以要求 $\min d_i^-$。因为 $d_i^- = 0$ 时，必有 $d_i^+ \geqslant 0$；即使 $d_i^- > 0$ 导致 $d_i^+ = 0$，该达成函数也会使 d_i^- 尽可能小从而减少决策值与目标值的偏差。

（2）不超过目标值，则达成函数为 $\min d_i^+$。同理，可理解为希望有负偏差，不希望有正偏差，所以要求 $\min d_i^+$。因为 $d_i^+ = 0$ 时，必有 $d_i^- \geqslant 0$；即使 $d_i^+ > 0$ 导致 $d_i^- = 0$，该达成函数也会使 d_i^+ 尽可能小。

（3）恰好等于目标值，则有 $\min(d_i^- + d_i^+)$，亦即正、负偏差量都要尽可能地小，当 $d_i^- = d_i^+ = 0$ 时，决策值等于目标值。

⊖ 为方便表述，本章后面的内容所说的"目标"皆表示软目标。

这样，我们就可以分别写出例 6-1 中的各个目标，例如，第（1）个目标"利润最好不少于 200 元"，其柔性约束为

$$5x_1 + 4x_2 + 2x_3 + d_1^- - d_1^+ = 200$$

该目标的表述等价于希望不要有负偏差或负偏差尽可能小，因此其达成函数为：

$$\min d_1^-$$

对于第（2）个目标"产品 B 为产品 A 的补充件，其产量最好低于产品 A 的一半"，其目标的表达式为：

$$\min d_2^-$$

$$x_1 - 2x_2 + d_2^- - d_2^+ = 0$$

对于第（4）个目标"原材料 M_2 最好全部使用完且不超量"，其目标的表达式为：

$$\min(d_4^- + d_4^+)$$

$$2x_1 + 2x_2 + x_3 + d_4^- - d_4^+ = 100$$

3. 优先级与权重

以上的分析只是针对单个目标，当问题中有多个主次不同的目标，且各个目标之间可能存在矛盾时，就需要以某种方式将各个目标的达成函数合并成一个单一的达成函数。但是，这种合并不能是简单的合并，例如简单相加或者对各个目标进行随意加权后再相加。一方面，不同目标中的对象和偏差量的度量单位可能是完全不同的，例 6-1 中第（1）个目标的对象是利润，偏差量的单位是元，而第（2）、（3）个目标的对象是产量，偏差量的单位是件，显然这些达成函数简单相加是不成立的；另一方面，简单合并不同目标的达成函数，可其假设是各目标是平等的，但现实中多个目标往往会区分主次，而且常常会出现主要目标可实现，次要目标无法完全实现的情况。

对于存在有多个主次不同目标的问题，目标规划通过引入**优先级**（priority level）来为不同目标的达成函数加权。具体为，在合并达成函数时，将目标按重要程度进行优先级排序，第 1 优先级目标的达成函数乘以优先因子 P_1，第 2 优先级目标的达成函数乘以 P_2，依次类推，第 L 优先级目标的达成函数乘以优先因子 P_L，且规定

$$P_1 \gg P_2 \gg \cdots P_l \gg P_{l+1} \gg \cdots \gg P_L$$

其中，符号"$\gg$"表示"远远大于"，或者认为 $P_l > MP_{l+1}$，M 是一个充分大的正实数，表示 P_l 比 P_{l+1} 高一个数量级（$l=1$，$2\cdots$，L）。在引入优先级之后，整个问题的达成函数就能保证优先实现 P_1 级的目标，在此基础上再考虑 P_2 级目标的实现，然后依此类推。

另外，某些实际问题中同一优先级下可能有多个目标，这些目标的重要程度还可以有差异，只不过这种差异不是数量级上的，目标规划用**权重**（weight）来区分这种差异。在建模时，可以根据决策者的需求，对该优先级 P_l 下某个目标 k 的达成函数以**权系数** w_{lk} 加权后再相加。

优先级的划分，以及同一优先级下多个目标的权重的设定，没有普适性的规则，而应根据决策者的需求和偏好来确定。在不同的问题背景或决策者偏好下，同一个目标的优先级或其在某个优先级中的权系数都可能有不同的设定 ⊖。

根据上述概念，可以写出例 6-1 的目标规划模型。

首先，依例 6-1 设定决策变量。问题中要求"满足资源约束"，此为刚性约束条件：

⊖ 因此在解题时，如果遇到同一优先级下多个目标但又未约定权重的设定规则的情况时，可认为各目标同等重要，即应设各目标的权系数都为 1，而不应自作主张地设定权系数。

$$8x_1 + 4x_2 + 5x_3 \leqslant 320$$
$$2x_1 + 2x_2 + x_3 \leqslant 100$$
$$x_1, x_2, x_3 \geqslant 0$$

其次,将问题中的五个目标分别定为五个优先级 P_1,…,P_5(本问题不包含一个优先级中有多个目标的情形)。分别写出这五个目标的柔性约束及其对应的达成函数。

优先级	柔性约束	达成函数
P_1	$5x_1 + 4x_2 + 2x_3 + d_1^- - d_1^+ = 200$	$\min d_1^-$
P_2	$x_1 - 2x_2 + d_2^- - d_2^+ = 0$	$\min d_2^-$
P_3	$x_3 + d_3^- - d_3^+ = 5$	$\min d_3^-$
P_4	$2x_1 + 2x_2 + x_3 + d_4^- - d_4^+ = 100$	$\min (d_4^- + d_4^+)$
P_5	$8x_1 + 4x_2 + 5x_3 + d_5^- - d_5^+ = 310$	$\min d_5^+$

最后,以优先级将各目标的达成函数加权合并,加入刚性约束、柔性约束,以及决策变量与偏差变量的非负约束,写出整个问题目标规划模型。

$$\begin{aligned}
\min \quad & Z = P_1 d_1^- + P_2 d_2^- + P_3 d_3^- + P_4(d_4^- + d_4^+) + P_5 d_5^+ \\
\text{s.t.} \quad & 8x_1 + 4x_2 + 5x_3 \leqslant 320 \\
& 2x_1 + 2x_2 + x_3 \leqslant 100 \\
& 5x_1 + 4x_2 + 2x_3 + d_1^- - d_1^+ = 200 \\
& x_1 - 2x_2 + d_2^- - d_2^+ = 0 \\
& x_3 + d_3^- - d_3^+ = 5 \\
& 2x_1 + 2x_2 + x_3 + d_4^- - d_4^+ = 100 \\
& 8x_1 + 4x_2 + 5x_3 + d_5^- - d_5^+ = 310 \\
& x_1, x_2, x_3, d_i^+, d_i^- \geqslant 0, i = 1, \cdots, 5
\end{aligned}$$

其中,整个问题的达成函数可以写为上式所示的"和"的形式,也可以写为"集合"的形式:

$$\min\{P_1 d_1^-, P_2 d_2^-, P_3 d_3^-, P_4(d_4^- + d_4^+), P_5 d_5^+\}$$

三、目标规划的数学模型及建模步骤

综合以上分析,对于一个有 K 个目标,L 个优先等级($L \leqslant K$)的目标规划问题,其数学模型的一般形式为:

$$\min \quad Z = \sum_{l=1}^{L} \left\{ P_l \cdot \sum [w_{lk} \cdot f(d_k^-, d_k^+)] \right\} \quad k = 1, 2, \cdots, K \tag{6-7}$$

$$\text{s.t.} \quad \sum_{j=1}^{n} a_{ij} x_j \leqslant (=, \geqslant) b_i, \quad i = 1, 2, \cdots, m \tag{6-8}$$

$$\sum_{j=1}^{n} c_{kj} x_j + d_k^- - d_k^+ = g_k, \quad k = 1, 2, \cdots, K \tag{6-9}$$

$$x_j \geqslant 0, d_k^+, d_k^- \geqslant 0 \quad j = 1, 2, \cdots, n; \quad k = 1, 2, \cdots, K \tag{6-10}$$

其中式(6-7)为整个问题的达成函数,$f(d_k^-, d_k^+)$ 为第 k 个目标的达成函数,依决策者对实现值的期望是超过、不超过或是等于目标值 g_k 而取 d_k^-、d_k^+ 或 $d_k^- + d_k^+$,对于同属于第 l 优先级下的多个目标,用 w_{lk} 表示各目标的权系数;式(6-8)为刚性约束;式(6-9)为柔性约束;式(6-10)是决策变量、偏差变量的非负约束。

由此，还可得出目标规划问题建模步骤：

第1步 设定问题的决策变量；

第2步 列出问题的刚性约束；

第3步 根据决策者的需求和偏好，设定各个目标的优先级，当有多个目标属于同一个优先级时，还需根据约定设定各个目标的权重；然后，写出各个目标的柔性约束和各优先级的达成函数；

第4步 用优先因子和权系数为各个目标的达成函数加权，写出整个问题的达成函数；

第5步 写出决策变量与偏差变量的非负约束。

下面来看几个目标规划建模的例子。

例 6-2 在例 6-1 中，假定不要求严格满足资源约束，且各优先级的目标依次如下：

（1）利润最好不少于 180 元；

（2）产品 A 的产量最好不多于 25 件、产品 B 的产量最好不少于 15 件、产品 C 的产量最好不少于 5 件，且根据单位产品的利润确定权系数；

（3）原材料 M_2 最好全部使用完，不足时可购入，原材料 M_1 比较稀缺，最好至少有 10 千克的剩余。

问：F 公司应如何安排生产计划，能够尽可能达成以上的经营目标？

解：首先设定决策变量，用 x_1、x_2 和 x_3 表示产品 A、B 和 C 的产量。

问题中没有刚性约束条件，目标的优先级为三个：P_1、P_2、P_3。写出各个目标的柔性约束及各优先级的达成函数。

优先级	柔性约束	达成函数
P_1	$5x_1+4x_2+2x_3+d_1^--d_1^+=180$	$\min d_1^-$
P_2	$x_1+d_2^--d_2^+=25$ $x_2+d_3^--d_3^+=15$ $x_3+d_4^--d_4^+=5$	$\left.\begin{array}{l}\min d_2^+\\ \min d_3^-\\ \min d_4^-\end{array}\right\} \min(5d_2^++4d_3^-+2d_4^-)$
P_3	$2x_1+2x_2+x_3+d_5^--d_5^+=100$ $8x_1+4x_2+5x_3+d_6^--d_6^+=310$	$\left.\begin{array}{l}\min d_5^-\\ \min d_6^+\end{array}\right\} \min(d_5^-+d_6^+)$

其中，P_2、P_3 优先级中分别有三个和两个目标。P_3 优先级中的两个目标未约定权重的设定规则，因此视两个目标同等重要，不设权系数。

最后，合并各优先级的达成函数，加入决策变量和偏差变量的非负约束，就可得到本问题的完整目标规划模型：

$$\min \ Z = P_1 d_1^- + P_2(5d_2^+ + 4d_3^- + 2d_4^-) + P_3(d_5^- + d_6^+)$$
$$\text{s.t.} \ 5x_1+4x_2+2x_3+d_1^--d_1^+=180$$
$$x_1+d_2^--d_2^+=25$$
$$x_2+d_3^--d_3^+=15$$
$$x_3+d_4^--d_4^+=5$$
$$2x_1+2x_2+x_3+d_5^--d_5^+=100$$
$$8x_1+4x_2+5x_3+d_6^--d_6^+=310$$
$$x_1,x_2,x_3,d_i^+,d_i^-\geqslant 0, i=1,\cdots,6$$

例 6-3 电子产品生产企业 HF 公司通过采购半成品生产 A、B、C 三种型号的手机。

这三种手机在同一流水线上生产，每件的生产工时消耗分别为 5 分钟、7 分钟、12 分钟，利润分别为每台 140 元、210 元、384 元。生产线正常运转时间为 250 小时/月，加班满负荷运转时最多有 400 小时/月。

HF 公司的决策者提出的月经营目标按优先级排序为：

(1) 尽可能充分利用生产线的正常工时，工时不够用时可以加班；

(2) 希望 A、B、C 的产量至少达到 700 台、750 台、500 台，根据单位工时的利润比例设定权系数；

(3) 加班工时最好不超过 40 小时/月；

(4) 希望 A、B、C 的产量尽可能超过月销售量预测的最低水平 800 台、900 台、550 台，根据单位工时的利润比例设定权系数。

问：各产品应生产多少才能达成上述经营目标？建立本问题的目标规划模型。

解：首先设定决策变量：设 A、B、C 的产量分别为 x_1, x_2, x_3。

本问题的刚性约束为（注意时间的单位为分钟，下同）：
$$5x_1 + 7x_2 + 12x_3 \leqslant 24\,000$$

所有目标分为四个优先级 P_1, P_2, P_3, P_4，其中 P_2 和 P_4 下各有三个目标，其权系数比例为：
$$\frac{140}{5} : \frac{210}{7} : \frac{384}{12} = 14 : 15 : 16$$

依此可写出各个目标的柔性约束及各优先级的达成函数。

优先级	柔性约束	达成函数
P_1	$5x_1 + 7x_2 + 12x_3 + d_1^- - d_1^+ = 15\,000$	$\min d_1^-$
P_2	$x_1 + d_2^- - d_2^+ = 700$ $x_2 + d_3^- - d_3^+ = 750$ $x_3 + d_4^- - d_4^+ = 500$	$\min d_2^-$ $\min d_3^-$ $\bigg\}\min(14d_2^- + 15d_3^- + 16d_4^-)$ $\min d_4^-$
P_3	$5x_1 + 7x_2 + 12x_3 + d_5^- - d_5^+ = 17\,400$	$\min d_5^+$
P_4	$x_1 + d_6^- - d_6^+ = 800$ $x_2 + d_7^- - d_7^+ = 900$ $x_3 + d_8^- - d_8^+ = 550$	$\min d_6^-$ $\min d_7^-$ $\bigg\}\min(14d_6^- + 15d_7^- + 16d_8^-)$ $\min d_8^-$

本问题的完整目标规划模型为：
$$\min Z = P_1 d_1^- + P_2(14d_2^- + 15d_3^- + 16d_4^-) + P_3 d_5^+ + P_4(14d_6^- + 15d_7^- + 16d_8^-)$$

$$\text{s.t.} \quad 5x_1 + 7x_2 + 12x_3 \leqslant 24\,000$$
$$5x_1 + 7x_2 + 12x_3 + d_1^- - d_1^+ = 15\,000$$
$$x_1 + d_2^- - d_2^+ = 700$$
$$x_2 + d_3^- - d_3^+ = 750$$
$$x_3 + d_4^- - d_4^+ = 500$$
$$5x_1 + 7x_2 + 12x_3 + d_5^- - d_5^+ = 17\,400$$
$$x_1 + d_6^- - d_6^+ = 800$$
$$x_2 + d_7^- - d_7^+ = 900$$
$$x_3 + d_8^- - d_8^+ = 550$$
$$x_1, x_2, x_3, d_i^+, d_i^- \geqslant 0, i = 1, \cdots, 8$$

例 6-4 SD 公司下属三个工厂生产某种产品来满足四个地区的需求，各工厂的产量、各地的需求量以及从各工厂到四地的单位产品运输费用如表 6-1 所示。

表 6-1

	地区 1	地区 2	地区 3	地区 4	产量
工厂 1	4	3	5	7	250
工厂 2	3	4	3	6	200
工厂 3	5	4	3	4	400
需求量	100	200	400	300	

如果仅要求运输费用最小,在将该问题转化为产销平衡问题后,用运输问题表上作业法求解得最低总运费为 2 750 元。但是考虑到各地的不同情况和运输中可能存在的问题,该公司在确定最后运输方案时还需考虑其他几个目标,按重要程度依次为:

P_1:地区 3 为重点销售地区,其需求应优先全部满足;
P_2:用于供应地区 2 的产品中,工厂 1 的产品不少于 80 件;
P_3:为平衡各地需求,每个地区用户需求的满足率应不低于 90%;
P_4:由于交通条件的限制,应尽量避免从工厂 2 运输至地区 2;
P_5:尽可能减少总运费。

问: SD 公司应如何安排运输,以实现上述目标?建立本问题的目标规划模型。

解: 第五章中所介绍的运输问题线性规划建模和求解方法(包括表上作业法)针对的是单目标优化的运输问题,显然就不适用于类似本例的多目标问题。

首先,设定决策变量:设 x_{ij} 表示从工厂 i 到地区 j 的运输量($i=1, 2, 3; j=1, 2, 3, 4$)。这里隐含了两个刚性约束,一是工厂 i 的供应量 S_i 不能超过产量

$$\begin{aligned} x_{11} + x_{12} + x_{13} + x_{14} &\leqslant 250 \\ x_{21} + x_{22} + x_{23} + x_{24} &\leqslant 200 \\ x_{31} + x_{32} + x_{33} + x_{34} &\leqslant 400 \end{aligned} \quad (6\text{-}11)$$

二是地区 j 的需求满足量 Q_j 不应超过其需求量

$$\begin{aligned} x_{11} + x_{21} + x_{31} &\leqslant 100 \\ x_{12} + x_{22} + x_{32} &\leqslant 200 \\ x_{13} + x_{23} + x_{33} &\leqslant 400 \\ x_{14} + x_{24} + x_{34} &\leqslant 300 \end{aligned} \quad (6\text{-}12)$$

题目中已经给出了五个优先级,其中 P_3 优先级下有四个目标(未指定各目标的权重),P_5 下的目标"尽可能减少总运费"未给定目标值,可以以原最低总运费 2 750 为目标值,而其达成函数应以减少与最优运费之间的正偏差量为目的(由于上述目标的引入必定会使得总运费高于原最低总运费)。实际上,在未给定原最低总运费时,也可以以 0 为目标值。

依此可写出各个目标的柔性约束及各优先级的达成函数。

优先级	柔性约束	达成函数
P_1	$x_{13} + x_{23} + x_{33} + d_1^- - d_1^+ = 400$	$\min d_1^-$
P_2	$x_{12} + d_2^- - d_2^+ = 80$	$\min d_2^-$
P_3	$x_{11} + x_{21} + x_{31} + d_3^- - d_3^+ = 90$ $x_{12} + x_{22} + x_{32} + d_4^- - d_4^+ = 180$ $x_{13} + x_{23} + x_{33} + d_5^- - d_5^+ = 360$ $x_{14} + x_{24} + x_{34} + d_6^- - d_6^+ = 270$	$\min (d_3^- + d_4^- + d_5^- + d_6^-)$
P_4	$x_{22} + d_7^- - d_7^+ = 0$	$\min d_7^+$
P_5	$\sum_{i=1}^{3} \sum_{j=1}^{4} a_{ij} x_{ij} + d_8^- - d_8^+ = 2\,750$	$\min d_8^+$

其中，a_{ij} 表示从工厂 i 到地区 j 的单位运输费用。另外，P_4 的目标一定不会出现 $d_7^->0$ 的情况，否则没有实际意义，因为运输量 x_{22} 不可能小于 0；根据前面的分析，P_5 的目标中也一定不会出现 $d_8^->0$ 的情况。所以在写出模型时，可将偏差变量 d_7^- 和 d_8^- 去掉，即使不去掉，也不会影响模型的求解结果。

综上，本问题的完整目标规划模型为：

$$\min \quad Z = P_1 d_1^- + P_2 d_2^- + P_3(d_3^- + d_4^- + d_5^- + d_6^-) + P_4 d_7^+ + P_5 d_8^+$$

$$\text{s.t.} \quad x_{11} + x_{12} + x_{13} + x_{14} \leqslant 250$$
$$x_{21} + x_{22} + x_{23} + x_{24} \leqslant 200$$
$$x_{31} + x_{32} + x_{33} + x_{34} \leqslant 400$$
$$x_{11} + x_{21} + x_{31} \leqslant 100$$
$$x_{12} + x_{22} + x_{32} \leqslant 200$$
$$x_{13} + x_{23} + x_{33} \leqslant 400$$
$$x_{14} + x_{24} + x_{34} \leqslant 300$$
$$x_{13} + x_{23} + x_{33} + d_1^- - d_1^+ = 400$$
$$x_{12} + d_2^- - d_2^+ = 80$$
$$x_{11} + x_{21} + x_{31} + d_3^- - d_3^+ = 90$$
$$x_{12} + x_{22} + x_{32} + d_4^- - d_4^+ = 180$$
$$x_{13} + x_{23} + x_{33} + d_5^- - d_5^+ = 360$$
$$x_{14} + x_{24} + x_{34} + d_6^- - d_6^+ = 270$$
$$x_{22} + d_7^- - d_7^+ = 0$$
$$\sum_{i=1}^{3} \sum_{j=1}^{4} a_{ij} x_{ij} + d_8^- - d_8^+ = 2\,750$$
$$x_{ij}, d_k^+, d_k^- \geqslant 0, i=1,2,3; j=1,2,3,4, k=1,\cdots,8$$

第二节 两变量目标规划问题的图解法

目标规划模型中对目标进行了优先级的区分，这决定了其求解过程是一个分级进行的过程：对于有 L 个优先级的目标规划问题，先在可行域内寻找满足 P_1 级目标的解，然后在保证 P_1 级目标不被打破的前提下，再寻找满足 P_2 级目标的解，依次类推。如果用解空间的概念，这种分级求解过程又可以表述为：在可行域 R_0 内找到满足 P_1 级目标的解空间 R_1，再以 R_1 为可行域寻找满足 P_2 级目标的解空间 R_2，依次类推，直至在 R_{L-1} 内寻找级 P_L 目标的解空间 R_L，其中

$$D \supseteq R_1 \supseteq R_2 \supseteq \cdots \supseteq R_l \supseteq \cdots \supseteq R_L$$

从目标规划模型的表达式可知，在最理想的情况下，问题的达成函数取值为 0 时，所有目标的实现值与目标值不存在偏差，或者说所有目标都达成。但这往往是非常理想化的情况，实际问题通常有某些优先级 $P_l(1 \leqslant l \leqslant L)$ 的目标是无法完全实现的，只能尽量减少偏差的幅度。因此，目标规划的最终求解结果与线性规划意义上的最优解（optimum solution）不同，通常只能称为**满意解**（satisficing solution）。满意解的称谓表明，求解结果只能保证优先级较高的目标得以实现或部分实现，不保证优先级低的目标能实现。

与线性规划类似，图解法可用于求解只包含两个决策变量的目标规划问题，其求解步骤为：

第1步　在坐标平面第一象限表示出由刚性约束所确定的可行域，以此可行域为初始解空间 R_0；

第2步　选定 P_1 优先级的目标，进入第3步；

第3步　在 R_{l-1} 中找到满足 P_l 级目标的解空间 R_l，进入第4步；

第4步　当所有优先级的目标都处理完时，求解结束，问题的满意解就是目前得到的解空间；或者，如果 R_l 为一个点，求解结束，问题的满意解就是该点的坐标。如果上述条件皆不满足，则转到下一个优先级，返回**第3步**。

当某个优先级只包含一个目标时，第3步中找出解空间的方法为：画出该目标的柔性约束去掉正、负偏差变量后所代表的直线，并用箭头标出该目标达成函数中的偏差变量增大的方向；然后，在与箭头相反方向的区域内（亦即该目标的达成函数取值为0的区域内），找到与前一优先级的解空间 R_{l-1} 重合的部分，从而得到 P_l 级目标的解空间 R_l；如果两者没有重合的部分，则 P_l 级目标的解空间 R_l 就是在 R_{l-1} 的边界上与柔性约束对应的直线最为接近的部分。

例 6-5　用图解法求解目标规划问题。

$$\min \quad Z = P_1 d_1^+ + P_2 d_2^+ + P_3 d_3^-$$

$$\text{s.t.} \quad x_1 + x_2 \leqslant 4 \quad (1)$$

$$-x_1 + 4x_2 + d_1^- - d_1^+ = 8 \quad (2)$$

$$x_1 + d_2^- - d_2^+ = 3 \quad (3)$$

$$2x_1 + 4x_2 + d_3^- - d_3^+ = 4 \quad (4)$$

$$x_1, x_2, d_i^-, d_i^+ \geqslant 0, i = 1, 2, 3$$

解：由于决策变量非负，解空间必在第一象限内。首先画出刚性约束式（1）的边界线 $x_1 + x_2 = 4$，得到解空间 R_0，即图 6-1a 中的三角形 OAB；

对 P_1 优先级目标，去掉其柔性约束式（2）中的偏差变量，得到 $-x_1 + 4x_2 = 8$，画出这条直线；该目标的达成函数为 $\min d_1^+$，在该直线上用箭头表示出 d_1^+ 增大的方向。这表明在直线 $-x_1 + 4x_2 = 8$ 上以及直线右下方（箭头相反的方向），都有 $d_1^+ = 0$，其在 OAB 内的部分为 OAFG（如图 6-1b 所示），即解空间 R_1 为四边形 OAFG；

同理，对于 P_2 优先级目标，去掉其柔性约束式（3）中的偏差变量，画出 $x_1 = 3$；要得到 $\min d_2^+$，用箭头表示出 d_2^+ 增大的方向。此时的解空间 R_2 为图 6-1c 中的五边形 ODEFG；

继续，画出 P_3 优先级目标对应的直线 $2x_1 + 4x_2 = 4$，标出使 d_3^- 增大的方向，在 ODEFG 内找到此时的解空间 R_3 为图 6-1d 中的六边形 CDEFGH。

所有的目标已经处理完，解空间 CDEFGH（图 6-1d 中的阴影区域）就是本问题的满意解。显然，在这个区域内的所有点，都能使得达成函数取值为0，所有的目标都能达成。

在更多的实际问题中，有些优先级的目标是无法完全满足的，此时的满意解可能是一条线段或者一个点。为方便对比，在例 6-5 的约束式（4）前加入两个优先级的目标，得到以下问题模型。

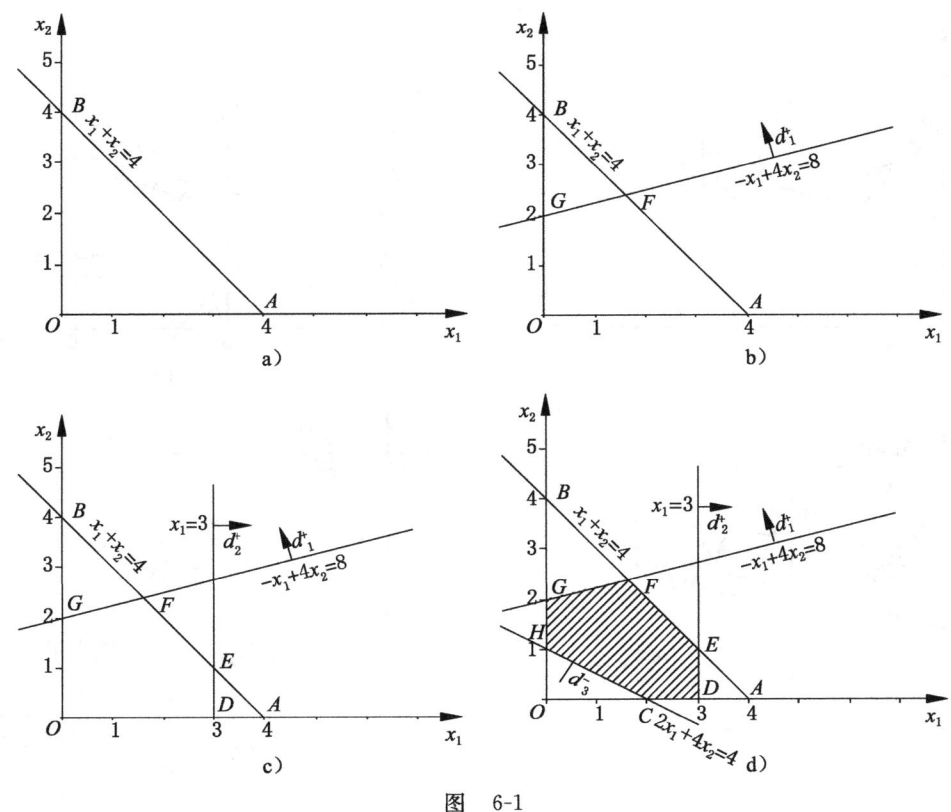

图 6-1

例 6-6 用图解法求解以下目标规划模型。

$$\min \quad Z = P_1 d_1^+ + P_2 d_2^+ + P_3 d_3^- + P_4 d_4^- + P_5 d_5^-$$

$$\text{s.t.} \quad x_1 + x_2 \leqslant 4 \tag{1}$$

$$-x_1 + 4x_2 + d_1^- - d_1^+ = 8 \tag{2}$$

$$x_1 + d_2^- - d_2^+ = 3 \tag{3}$$

$$x_1 + d_3^- - d_3^+ = 6 \tag{4}$$

$$5x_2 + d_4^- - d_4^+ = 26 \tag{5}$$

$$2x_1 + 4x_2 + d_5^- - d_5^+ = 4 \tag{6}$$

$$x_1, x_2, d_i^-, d_i^+ \geqslant 0, i = 1, 2, 3, 4, 5$$

解：本例的刚性约束、前两个优先级（P_1、P_2）与例 6-5 一样，在处理完 P_2 时，解空间 R_2 与例 6-5 一样，为图 6-2a 中的五边形 ODEFG；

对于 P_3 优先级目标，去掉其柔性约束式（4）中的偏差变量，画出 $x_1=6$；要求 $\min d_3^-$，用箭头表示出 d_3^- 增大的方向，如图 6-2b 所示。观察发现，满足 $d_3^-=0$ 的区域在 $x_1=6$ 的右侧，与上一优先级的解空间 ODEFG 无交集，表明该目标无法完全实现。但是，可以尽可能减少此目标实现时的偏差量 d_3^-：在 ODEFG 内，使 d_3^- 取值最小的区域为线段 DE。这样，解空间 R_3 为线段 DE；

同理，对于 P_4 优先级目标，画出直线 $5x_2=26$，并标出其达成函数要求取最小值的 d_4^- 增大的方向，如图 6-2c 所示。因为使得 $d_4^-=0$ 的区域与 R_3（即线段 DE）无交集，这个目标也无法完全实现，而线段 DE 内使 d_4^- 取值最小的部分显然为点 E，即此时的解空间 R_4 收缩到点 E。

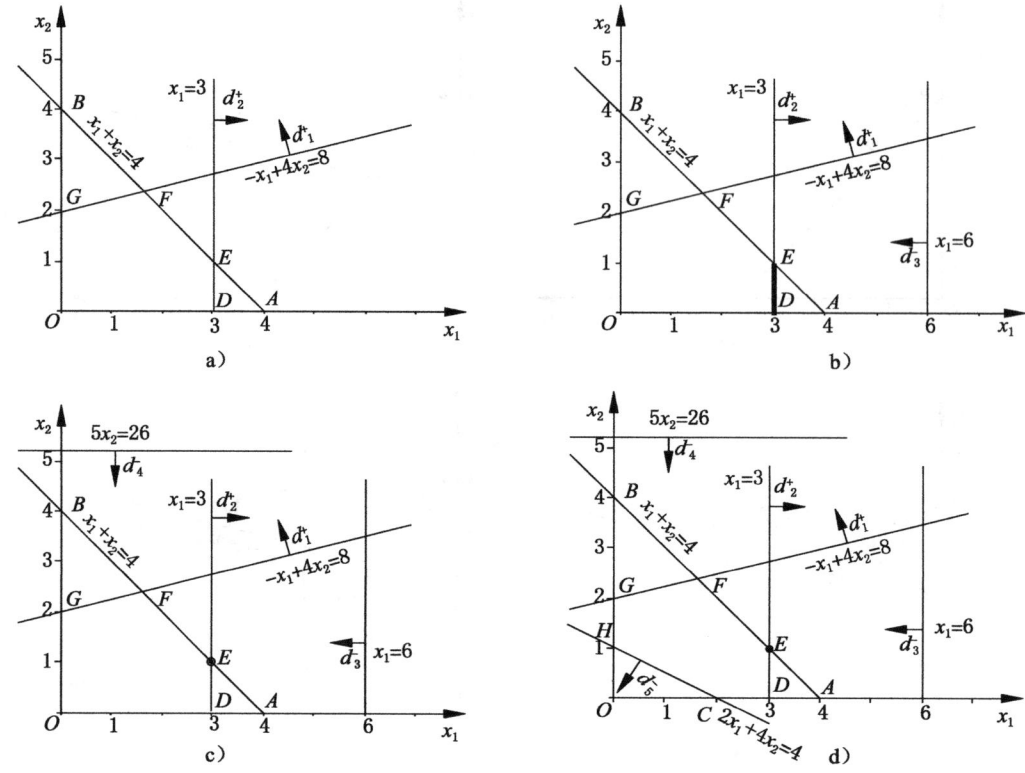

图 6-2

至此，已经求解出问题的满意解：点 E 为直线 $x_1+x_2=4$ 与 $x_1=3$ 的交点 $x_1=3$，$x_2=1$。即使考虑 P_5 优先级的目标，其满意解也只能是点 E，如图 6-2d 所示，否则就会破坏前面优先级目标的实现。所以，在用图解法求解两决策变量的目标规划问题时，当问题的解空间收缩到一个点，该点就是问题的满意解，无需再考虑尚未处理的目标。

例 6-5 和例 6-6 介绍的是用图解法求解各优先级中只包含一个目标的问题。应用图解法求解只有两个决策变量且一个优先级 P_l 下有多个目标的目标规划模型时，确定 P_l 优先级的解空间 R_l 的过程就会变得比较复杂。

将例 6-6 问题模型中的第 1、2 个目标，第 3、4 个目标分别合并到一个优先级下，各赋予权系数，并去掉原 P_5 级目标，得到以下问题。

例 6-7 用图解法求解以下目标规划问题。

$$\min\ Z = P_1(d_1^+ + 5d_2^+) + P_2(3d_3^- + 2d_4^-)$$

$$\text{s.t.}\quad x_1 + x_2 \leqslant 4 \tag{1}$$

$$-x_1 + 4x_2 + d_1^- - d_1^+ = 8 \tag{2}$$

$$x_1 + d_2^- - d_2^+ = 3 \tag{3}$$

$$x_1 + d_3^- - d_3^+ = 6 \tag{4}$$

$$5x_2 + d_4^- - d_4^+ = 26 \tag{5}$$

$$x_1, x_2, d_i^-, d_i^+ \geqslant 0, i=1,2,3,4$$

解： 本例的刚性约束式（1）与例 6-5 一样，在处理完刚性约束后，解空间 R_0 为图 6-3a 中的三角形 OAB；

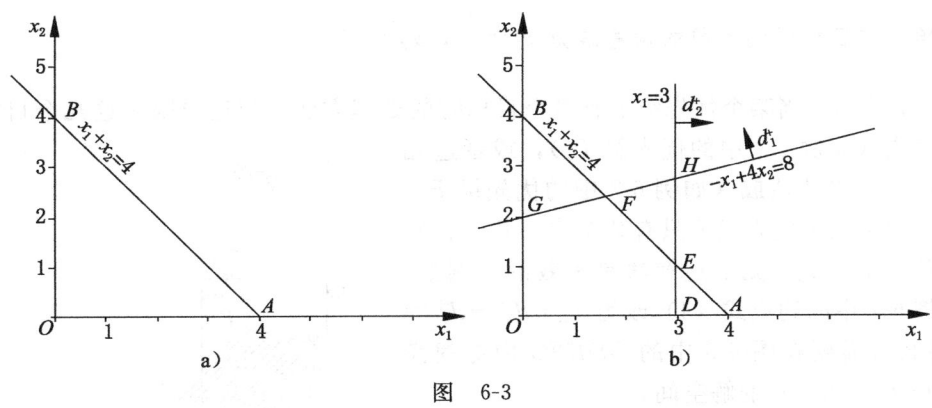

图 6-3

在优先级 P_1 下有两个目标，需要一起考虑，分别去掉柔性约束式（2）、（3）中的偏差变量并画出其代表的直线 $-x_1+4x_2=8$ 和 $x_1=3$，并分别标出 d_1^+ 和 d_2^+ 增大的方向，如图 6-3b 所示。要同时满足优先级 P_1 的两个目标，必须在 $ODHG$ 与 R_0（即 OAB）的交集 $ODEFG$ 内，这样就得到了满足优先级 P_1 的解空间 R_1 为 $ODEFG$ 内。在 R_1 内必有 $d_1^+=d_2^+=0$，那么无论这两个目标的权系数是多少，优先级 P_1 都可以在 R_1 内完全实现。这说明，当同一优先级下有多个目标，而且这些目标可以同时完全实现时，权系数没有意义，问题很容易解决。

继续求解，在优先级 P_2 下有两个目标，分别去掉柔性约束式（4）、（5）中的偏差变量并画出其代表的直线 $x_1=6$ 和 $5x_2=26$，并分别标出 d_3^- 和 d_4^- 增大的方向，如图 6-4 所示。

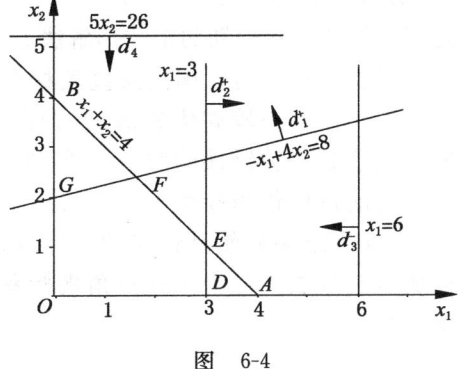

图 6-4

根据图 6-4，优先级 P_2 下的两个目标都无法完全达成，d_3^- 和 d_4^- 都大于零，但在 $ODEFG$ 内应能找到某个解空间 R_2 能使得 $3d_3^-+2d_4^-$ 尽可能小。由于问题的特殊性——d_3^- 和 d_4^- 都大于零，那么必有 $d_3^+=d_4^+=0$，则问题模型中的约束式（4）和（5）可改写为：

$$x_1+d_3^-=6 \qquad 即 \qquad d_3^-=6-x_1$$
$$5x_2+d_4^-=26 \qquad\qquad d_4^-=26-5x_2$$

然后，将 d_3^- 和 d_4^- 代入 P_2 的达成函数，得到

$$\min(3d_3^-+2d_4^-)=\min[70-(3x_1+10x_2)] \qquad (6\text{-}13)$$

去掉式（6-13）中的常数部分，该达成函数可以变为一个最大值问题 $\max Z'=3x_1+10x_2$。或者说，寻找 R_2 的问题可以转化成一个线性规划问题：在 $ODEFG$ 中寻找使得目标函数 $\max Z'=3x_1+10x_2$ 取得最优解的问题。由于只有两个决策变量，这个问题的解可以用线性规划问题的图解法找到。

如图 6-5 所示，该线性规划问题的最优解在 F 点达到，即直线 $x_1+x_2=4$ 与 $-x_1+4x_2=8$ 的交点，其坐标为 $x_1=\dfrac{8}{5}$，$x_2=\dfrac{12}{5}$。这样，整个问题

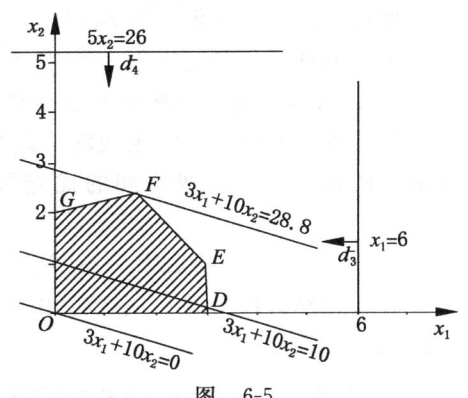

图 6-5

求解完毕，本目标规划问题的满意解为 $x_1 = \dfrac{8}{5}$，$x_2 = \dfrac{12}{5}$。

例 6-7 演示了当某个优先级下有多个目标时的处理方法，但这只限于这几个目标可同时完全达成（如例 6-7 中的优先级 P_1），或者这几个目标都不能单独达成（如例 6-7 中的优先级 P_2）的情况。如果某个优先级下只有某个或某几个目标可以单独完全达成，则上述解法是无效的。例如，如果将例 6-7 中的约束式（4）改为 $x_1 + d_3^- - d_3^+ = 2.5$，那么就需要在图 6-6 中的 ODEFG 内寻找满足 $\min(3d_3^- + 2d_4^-)$ 的解空间。

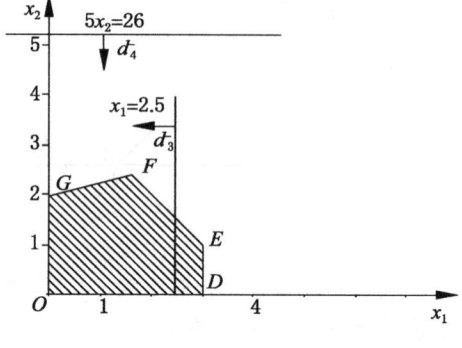

图 6-6

d_3^+ 是一个无法确定的变量（可以为 0，也可以为正数），d_3^- 的表达式为
$$d_3^- = 6 - x_1 + d_3^+$$

此时 $\min(d_3^- + 2d_4^-) = \min[70 - (3x_1 + 10x_2 - 3d_3^+)]$，无法通过简单的图解法在 ODEFG 中找到 $\max Z' = 3x_1 + 10x_2 - 3d_3^+$ 的最优解。这类问题需要借助其他的方法才能处理，例如目标规划的单纯形解法。

需要注意的是，国内某些教材在遇到此类问题时提出的处理方法是简单地将权系数较高的目标作为较高优先级的目标来处理，虽然在相关例题中的求解结果恰好是正确的，但这是一种错误的解法。在例 6-7 中，对于优先级 P_2 的两个目标，如果简单将权系数高的目标作为高优先级的目标先行处理，那么得到的满意解是点 E，即 $x_1 = 3$，$x_2 = 1$，这个结果显然是错误的。针对这个问题，左光纪（2001）借用仿射坐标与直角坐标变换的方法，提出了在直角坐标系中确定此类目标规划问题的解空间的方法[⊖]，在此不再赘述。

第三节 目标规划的单纯形解法

目标规划方法得以迅速发展并被广泛用于解决现实问题，一个非常重要的原因是线性规划的单纯形解法可几乎无差异地用于目标规划模型的求解。目标规划模型本质上是求解最小值的线性规划模型，应用单纯形法求解时，需要将偏差变量视为决策变量，将达成函数视为线性规划的目标函数，单纯形求解得到的最优解就是目标规划的满意解。

使用单纯形法求解目标规划模型时，解的判定可直接使用最小值问题的三个判定定理：最优解判定（判定定理 2.4），解数量的判定（判定定理 2.5）和无界解判定（判定定理 2.6）。入基变量、出基变量选择规则和迭代的方法也没有任何不同，但需要注意目标规划模型的特点所带来的特定问题：此时的目标函数是偏差变量的函数，而偏差变量在目标函数中的系数是数量级不同的优先级，因此某个非基变量的检验数 $\bar{c}_j$ 是优先级的线性组合：
$$\bar{c}_j = \alpha_{j1}P_1 + \alpha_{j2}P_2 + \cdots + \alpha_{jl}P_l + \alpha_{j,l+1}P_{l+1} + \cdots + \alpha_{jL}P_L$$

其中，α_{jl} 为检验数中 P_l 的系数。由于 $P_1 \gg P_2 \gg \cdots P_l \gg P_{l+1} \gg \cdots \gg P_L$，可以得出以下两个

⊖ 左光纪. 目标规划中权系数的几何意义 [J]. 运筹与管理，2001，10（4）：23-26.

针对目标规划的单纯形法求解规则：

(1) **检验数符号的判断规则**：$\bar{c}_j$ 的符号取决于按优先级次序第 1 个非零 α_{jl} 的符号 ($l=1,2,\cdots,L$)，即，当 $\alpha_{j1}<0$ 时，恒有 $\bar{c}_j<0$；只有在 $\alpha_{j1}=\alpha_{j2}=\cdots=\alpha_{j,l-1}=0$，且 $\alpha_{jl}<0$ 时，才有 $\bar{c}_j<0(l=1,2,\cdots,L)$。

(2) **$\bar{c}_j$ 数值的比较规则**：因为要选择有最小负检验数的非基变量作为入基变量，当存在多个有负检验数的非基变量时，需比较检验数的数值。然而，不同优先级的系数不可比，所以应按优先级次序，从 P_1 优先级开始比较 α_{j1} 的大小，且仅在较高的优先级的系数上相等时，才继续比较下一优先级系数的大小。

在加入以上规则后，应用单纯形法求解就能保证较高优先级的目标优先得到满足。

例 6-8 用单纯形法求解例 6-5。

解：在问题模型中的式 (1) 中引入松弛变量 x_3，得到标准化的模型：

$$\min \ Z = P_1 d_1^+ + P_2 d_2^+ + P_3 d_3^-$$

$$\text{s.t.} \quad \begin{aligned} x_1 + x_2 + x_3 &= 4 \\ -x_1 + 4x_2 + d_1^- - d_1^+ &= 8 \\ x_1 + d_2^- - d_2^+ &= 3 \\ 2x_1 + 4x_2 + d_3^- - d_3^+ &= 4 \\ x_i, d_i^-, d_i^+ \geqslant 0, i=1,2,3 \end{aligned}$$

以 x_3, d_1^-, d_2^-, d_3^- 为基变量建立初始单纯形表（见表 6-2）。

表 6-2

C_B	c_j	0	0	0	0	P_1	0	P_2	P_3	0	b
	基变量	x_1	x_2	x_3	d_1^-	d_1^+	d_2^-	d_2^+	d_3^-	d_3^+	
0	x_3	1	1	1	0	0	0	0	0	0	4
0	d_1^-	−1	4	0	1	−1	0	0	0	0	8
0	d_2^-	1	0	0	0	0	1	−1	0	0	3
P_3	d_3^-	2	[4]	0	0	0	0	0	1	−1	4→
$\bar{c}_j$	P_1	0	0	0	0	1	0	0	0	0	
	P_2	0	0	0	0	0	0	1	0	0	
	P_3	−2	−4↑	0	0	0	0	0	0	1	

表 6-2 中，非基变量的检验数 $\bar{c}_j$ 的计算方法与单纯形法相同。例如 x_1 的检验数 $\bar{c}_1$ 为：

$$\bar{c}_1 = 0 - (0,0,0,P_3)\begin{pmatrix} 1 \\ -1 \\ 1 \\ 2 \end{pmatrix} = -2P_3$$

为便于表述，表 6-2 中的检验数 $\bar{c}_j$ 行分为三行，分别记录 P_1、P_2、P_3 在 $\bar{c}_j$ 中的系数。例如，$\bar{c}_1$ 在表 6-2 中记为 $\begin{pmatrix} 0 \\ 0 \\ -2 \end{pmatrix}$。同理，可计算出其他非基变量的检验数。由检验数符号的判断规则可知，x_1 和 x_2 有负的检验数，且后者检验数更小，选择 x_2 为入基变量，然后，由最小比值准则确定 d_3^- 为出基变量。继续迭代求出最优解（见表 6-3）。

表 6-3

c_j		0	0	0	0	P_1	0	P_2	P_3	0	b
C_B	基变量	x_1	x_2	x_3	d_1^-	d_1^+	d_2^-	d_2^+	d_3^-	d_3^+	
0	x_3	$\frac{1}{2}$	0	1	0	0	0	0	$-\frac{1}{4}$	$\frac{1}{4}$	3
0	d_1^-	-3	0	0	1	-1	0	0	-1	1	4
0	d_2^-	1	0	0	0	0	1	-1	0	0	3
0	x_2	$\frac{1}{2}$	1	0	0	0	0	0	$\frac{1}{4}$	$-\frac{1}{4}$	1
$\bar{c}_j$	P_1	0	0	0	0	1	0	0	0	0	
	P_2	0	0	0	0	0	0	0	1	0	
	P_3	0	0	0	0	0	0	0	1	0	

所有非基变量检验数非负，从最优解读出 $x_1^* = 0$，$x_2^* = 1$，这是本目标规划的一个满意解。又注意到最终表中非基变量 x_1、d_1^+、d_2^+、d_3^- 和 d_3^+ 的检验数为 0，可知本目标规划有无穷多满意解（该线性规划问题有无穷多最优解），分别以 x_1、d_1^+、d_2^+、d_3^- 和 d_3^+ 为入基变量，继续迭代求解，可得到更多最优的基本可行解，它们分别对应于图 6-1d 解空间 $CDEFGH$ 的其他顶点，其中表 6-3 得到的满意解 $x_1^* = 0$，$x_2^* = 1$ 对应于顶点 H。

例 6-9 将例 6-7 中的式（4）改为 $x_1 + d_3^- - d_3^+ = 2.5$，用单纯形法求解。

解： 将问题模型化为标准形式

$$\min \ Z = P_1(d_1^+ + 5d_2^+) + P_2(3d_3^- + 2d_4^-)$$

$$\text{s.t.} \quad \begin{aligned} x_1 + x_2 + x_3 &= 4 \\ -x_1 + 4x_2 + d_1^- - d_1^+ &= 8 \\ x_1 + d_2^- - d_2^+ &= 3 \\ x_1 + d_3^- - d_3^+ &= 2.5 \\ 5x_2 + d_4^- - d_4^+ &= 26 \\ x_1, x_2, x_3, d_i^-, d_i^+ \geqslant 0, i = 1, 2, 3, 4 \end{aligned}$$

以 x_3，d_1^-，d_2^-，d_3^-，d_4^- 为初始基变量组合，建立单纯形表求解。

表 6-4

c_j		0	0	0	0	P_1	0	$5P_1$	$3P_2$	0	$2P_2$	0	b
C_B	基变量	x_1	x_2	x_3	d_1^-	d_1^+	d_2^-	d_2^+	d_3^-	d_3^+	d_4^-	d_4^+	
0	x_3	1	1	1	0	0	0	0	0	0	0	0	4
0	d_1^-	-1	[4]	0	1	-1	0	0	0	0	0	0	8→
0	d_2^-	1	0	0	0	0	1	-1	0	0	0	0	3
$3P_2$	d_3^-	1	0	0	0	0	0	0	1	-1	0	0	$\frac{5}{2}$
$2P_2$	d_4^-	0	5	0	0	0	0	0	0	0	1	-1	26
$\bar{c}_j$	P_1	0	0	0	0	1	0	5	0	0	0	0	
	P_2	-3	$-10\uparrow$	0	0	0	0	0	0	3	0	2	
0	x_3	$\left[\frac{5}{4}\right]$	0	1	$-\frac{1}{4}$	$\frac{1}{4}$	0	0	0	0	0	0	2→
0	x_2	$-\frac{1}{4}$	1	0	$\frac{1}{4}$	$-\frac{1}{4}$	0	0	0	0	0	0	2
0	d_2^-	1	0	0	0	0	1	-1	0	0	0	0	3

(续)

c_j		0	0	0	P_1	0	$5P_1$	$3P_2$	0	$2P_2$	0	b
C_B	基变量	x_1	x_2	x_3	d_1^-	d_1^+	d_2^-	d_2^+	d_3^-	d_3^+	d_4^-	d_4^+	
$3P_2$	d_3^-	1	0	0	0	0	0	0	1	-1	0	0	$\frac{5}{2}$
$2P_2$	d_4^-	$\frac{5}{4}$	0	0	$-\frac{5}{4}$	$\frac{5}{4}$	0	0	0	0	1	-1	16
$\overline{c}_j$	P_1	0	0	0	0	1	0	5	0	0	0	0	
	P_2	$-\frac{11}{2}\uparrow$	0	0	$\frac{5}{2}$	$-\frac{5}{2}$	0	0	0	3	0	2	
0	x_1	1	0	$\frac{4}{5}$	$-\frac{1}{5}$	$\frac{1}{5}$	0	0	0	0	0	0	$\frac{8}{5}$
0	x_2	0	1	$\frac{1}{5}$	$\frac{1}{5}$	$-\frac{1}{5}$	0	0	0	0	0	0	$\frac{12}{5}$
0	d_2^-	0	0	$-\frac{4}{5}$	$\frac{1}{5}$	$-\frac{1}{5}$	1	-1	0	0	0	0	$\frac{7}{5}$
$3P_2$	d_3^-	0	0	$-\frac{4}{5}$	$-\frac{1}{5}$	$-\frac{1}{5}$	0	0	1	-1	0	0	$\frac{8}{9}$
$2P_2$	d_4^-	0	0	-1	-1	1	0	0	0	0	1	-1	14
$\overline{c}_j$	P_1	0	0	0	0	1	0	5	0	0	0	0	
	P_2	0	0	$\frac{22}{5}$	$\frac{7}{5}$	$-\frac{7}{5}$	0	0	0	3	0	2	

所有非基变量检验数非负,已经求得本问题的唯一满意解:$x_1=\frac{8}{5}$,$x_2=\frac{12}{5}$,对应于图 6-6 中的顶点 F。

从以上求解结果还可以看出,可以通过某一优先级的检验数来判断该优先级的目标是否完全满足。在表 6-4 最终表中,检验数中 P_1 行所有系数非负,该优先级的目标完全满足;P_2 行中有负系数 $-\frac{7}{5}$,说明该优先级的目标未完全满足,但如果想使级 P_2 目标完全满足,就会破坏 P_1 目标的实现(如果以 d_1^+ 为入基变量,以 x_1 为出基变量,则 d_1^+ 将增加到 8,破坏了原已满足 P_1 的优先级目标)。

第四节 用 Excel 求解目标规划问题

许多运筹学软件,包括 WinQSB、LiPS 和 LINSOLVE 等,都有专门求解目标规划问题的模块,其他求解工具,如 Excel、Matlab、Lingo 和 Lindo 等软件没有相关的模块。不过,如果将目标规划视为线性规划问题的扩展,加上两者求解过程的相似性,采用序贯解法,那么任何可以求解线性规划问题的软件都可以用于求解目标规划问题。

一、序贯解法

目标规划的**序贯解法**由 JP Ignizio 于 1976 年提出,其思想是将目标规划问题转化为一系列连续的线性规划问题来求解[⊖],其思路为:

首先,求解由刚性约束和 P_1 优先级目标构成的线性规划问题,得到解空间 R_1;

然后,以 R_1 为可行域,求解 P_2 优先级目标构成的线性规划问题,得到解空间 R_2;

⊖ JP Ignizio. *Goal programming and extensions* [M],Lexington Books,Lexington,MA,1976.

……

按优先级次序,依此类推。直到所有优先级 P_L 全部求解完成时,其解空间 R_L 就是目标规划的解;或者求 P_l 优先级($l \leqslant L$)得到的解空间 R_l 为一个点时,该点就是目标规划的解。

显然,本章第二节中介绍的图解法采用的就是序贯解法。下面以例 6-7 的问题模型为例演示序贯解法的求解过程。

例 6-10 用序贯解法求解例 6-7 的问题模型。

$$\min \ Z = P_1(d_1^+ + 5d_2^+) + P_2(3d_3^- + 2d_4^-)$$
$$\text{s.t.} \quad x_1 + x_2 \leqslant 4$$
$$-x_1 + 4x_2 + d_1^- - d_1^+ = 8$$
$$x_1 + d_2^- - d_2^+ = 3$$
$$x_1 + d_3^- - d_3^+ = 6$$
$$5x_2 + d_4^- - d_4^+ = 26$$
$$x_1, x_2, d_i^-, d_i^+ \geqslant 0, i = 1,2,3,4$$

解:首先,求解由刚性约束和 P_1 优先级目标构成的线性规划问题:

$$\min \ d_1^+ + 5d_2^+$$
$$\text{s.t.} \quad x_1 + x_2 \leqslant 4$$
$$-x_1 + 4x_2 + d_1^- - d_1^+ = 8 \tag{6-14}$$
$$x_1 + d_2^- - d_2^+ = 3$$
$$x_1, x_2, d_i^-, d_i^+ \geqslant 0, i = 1,2$$

式(6-14)的最优解中使目标完全达成,即

$$d_1^+ + 5d_2^+ = 0 \tag{6-15}$$

为保证下一优先级不破坏这个目标,将式(6-15)叠加到式(6-14)的约束条件中,得到不等式组

$$d_1^+ + 5d_2^+ = 0$$
$$x_1 + x_2 \leqslant 4$$
$$-x_1 + 4x_2 + d_1^- - d_1^+ = 8 \tag{6-16}$$
$$x_1 + d_2^- - d_2^+ = 3$$
$$x_1, x_2, d_i^-, d_i^+ \geqslant 0, i = 1,2$$

此即 P_1 优先级目标的解空间 R_1。

然后对 P_2 优先级目标,构造以 R_1 为可行域的线性规划问题,亦即将式(6-16)作为刚性约束加入到 P_2 优先级目标中,得到以下线性规划问题:

$$\min \ 3d_3^- + 2d_4^-$$
$$\text{s.t.} \quad d_1^+ + 5d_2^+ = 0$$
$$x_1 + x_2 \leqslant 4$$
$$-x_1 + 4x_2 + d_1^- - d_1^+ = 8$$
$$x_1 + d_2^- - d_2^+ = 3$$
$$x_1 + d_3^- - d_3^+ = 6$$
$$5x_2 + d_4^- - d_4^+ = 26$$
$$x_1, x_2, d_i^-, d_i^+ \geqslant 0, i = 1,2,3,4$$

此问题的最优解为 $x_{1^*}=\frac{8}{5}$，$x_{2^*}=\frac{12}{5}$，此即本目标规划问题的满意解。

二、用 Excel 求解目标规划问题

充分利用 Excel 中所包含的开发工具 VBA，可以开发出求解目标规划问题的插件和宏，本部分不涉及这样的内容，而是介绍如何用 Excel 实现目标规划问题的序贯解法。

例 6-11 用 Excel 实现例 6-10 的求解过程。

解： 首先，将问题模型中的系数输入 Excel 表格，如图 6-7 所示。

说明：变量的计算结果放在单元格 C4:L4 中；在第 6、7 行输入各优先级达成函数中偏差变量的系数，预留单元格 M6 和 M7 存放各达成函数的计算公式；在第 10 行输入刚性约束中变量的系数及右端常数，预留单元格 M10 存放刚性约束的左端取值的计算公式；同理，在第 12～15 行输入柔性约束中变量的系数及右端常数，预留单元格 M12:M15 存放各柔性约束的左端取值的计算公式。

M6 =SUMPRODUCT(C6:L6, $C$4:$L$4)

	A	B	C	D	E	F	G	H	I	J	K	L	M	N	O
3		变量	x1	x2	d1-	d1+	d2-	d2+	d3-	d3+	d4-	d4+			
4		变量的值													
5													达成函数		
6	优先级	P1				1		5					0		
7		P2							3		2		0		
8															
9													左端取值	关系	右端常数
10	刚性约束		1	1									0	≤	4
11															
12	柔性约束	P1	-1	4	1	-1							0	=	8
13			1				1	-1					0	=	3
14		P2	1						1	-1			0	=	6
15				5							1	-1	0	=	26

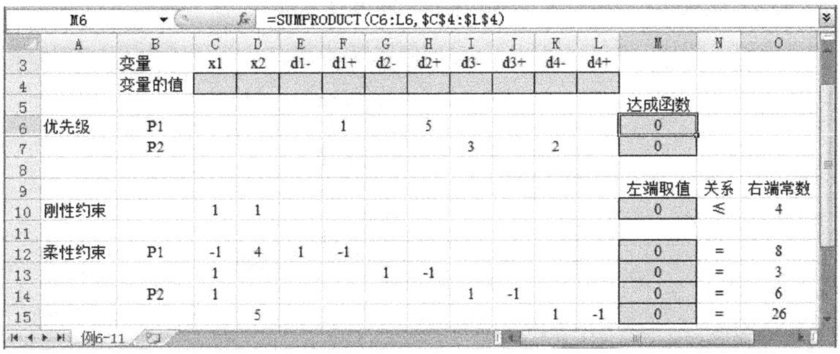

图 6-7

公式的输入方法：在单元格 M6 中输入公式

$$=\text{SUMPRODUCT}(C6:L6,\$C\$4:\$L\$4) \tag{6-17}$$

表示 P_1 优先级的达成函数 $d_1^+ + 5d_2^+$，注意，\$C\$4:\$L\$4 表示对变量区域 C4:L4 的绝对引用。虽然式（6-17）中包含了多余的变量和空的目标函数系数，但这样写，该公式就可以利用相对引用复制到 M7、M10，以及 M12:M15。公式输入完毕，用带框加灰色表示计算的结果。

下面开始计算。

(1) P_1 优先级。先计算满足刚性约束和 P_1 优先级的最优解：调用规划求解工具，选择 P_1 优先级的达成函数单元格 M6 目标函数为目标单元格，求最小值；选择 C4:L4 为可变单元格；添加刚性约束和 P_1 目标的柔性约束，即 M10≤O10 和 M12:M13＝O12:O13，如图 6-8 所示。并在选项中勾选“采用线性模型”和“假定非负”。

此即求解例 6-10 中的线性规划问题式（6-14）。求解，弹出“规划求解结果”窗口告知找到一解，主窗口结果如图 6-9 所示。

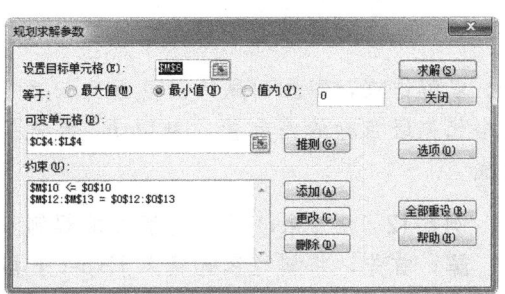

图 6-8

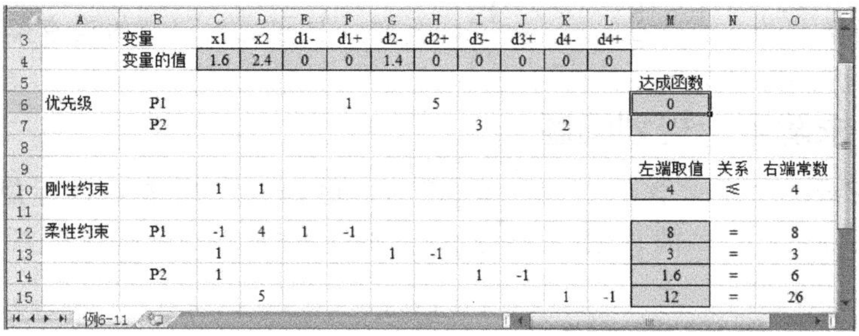

图 6-9

这时，P_1 优先级的达成函数取值为 0。在此基础上计算下一优先级 P_2 的最优解。

（2）P_2 优先级。调用规划求解工具，将目标单元格改为 P_2 优先级的达成函数单元格 M7；在原有约束条件的基础上，添加 P_2 目标的柔性约束，即 M14：M15＝O14：O15。除此之外，还需再添加一个约束：P_1 优先级的达成函数取值为 0，即 M6＝0，以保证优先级 P_2 的最优解不会破坏 P_1 优先级目标的实现，如图 6-10 所示。

完成以上操作后，规划求解参数对话框如图 6-11 所示。

图 6-10

图 6-11

求解，弹出窗口告知找到一解，主窗口结果如图 6-12 所示。

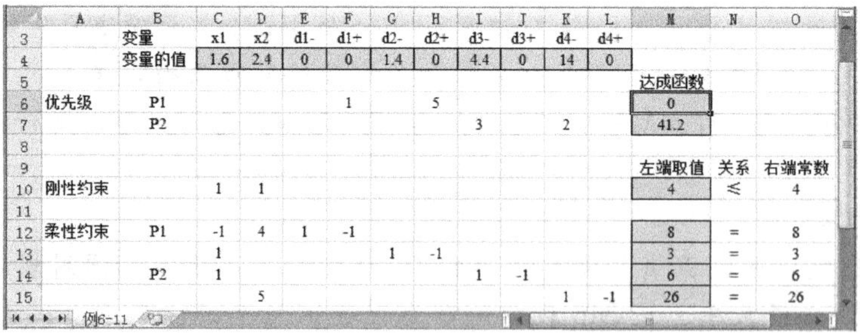

图 6-12

求解结束，即本问题的满意解为 $x_1=1.6$，$x_2=2.4$。从图 6-12 还可读出此满意解下两个优先级目标的偏差量，表明 P_1 优先级的目标完全达成，而 P_2 优先级的目标未完全达成。

例 6-12 用 Excel 及序贯解法求解例 6-4 的目标规划问题。

解： 首先，将模型数据输入 Excel 表格中，如图 6-13 所示。

由于变量数量太多（12 个决策变量和 16 个偏差变量），无法像例 6-11 那样将所有变量放在一行中，于是将决策变量与偏差变量分在两个区域中——代表运输量的决策变量 x_{11}，x_{12}，…，x_{33}放在 C2:F4，偏差变量放在 E10:T10。

下面自上而下进行说明：

(1) 用符号 F_i 和 D_j 分别表示工厂 i 和地区 j，在 G1 中输入"=SUM(C2:F2)"，表示工厂 1 的供应量 S_1，G2 和 G3 同理；在 C5 中输入"=SUM(C2:C4)"，表示地区 1 的需求满足量 Q_1，D5:F5 同理。在 I2:I4 输入各工厂供应量的上限，在 C7:F7 输入各地区需求的上限。这是为后面计算时输入刚性约束（运输问题需满足的供应约束和需求约束，即式（6-11）和式（6-12）做准备。

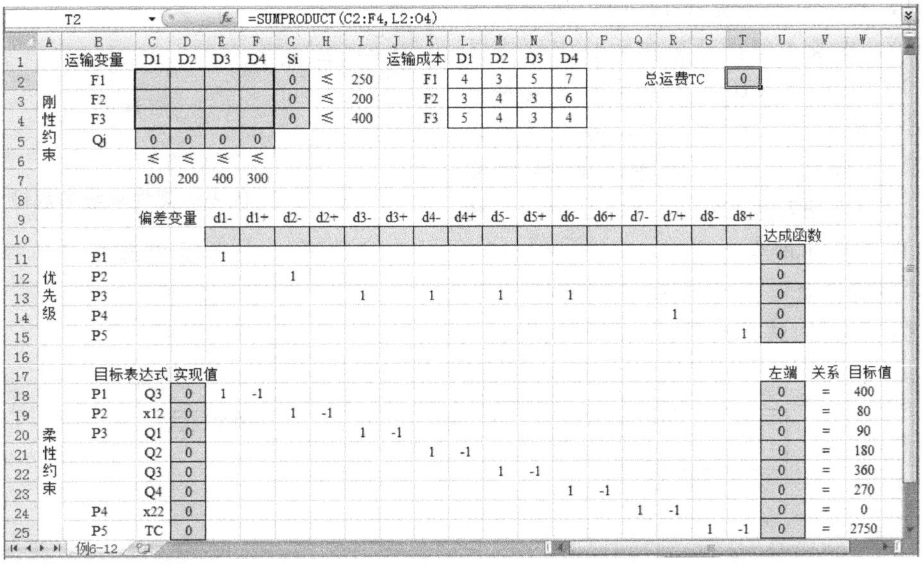

T2 =SUMPRODUCT(C2:F4,L2:O4)

	A	B	C	D	E	F	G	H	I	J	K	L	M	N	O	P	Q	R	S	T	U	V	W
1		运输变量	D1	D2	D3	D4	Si			运输成本		D1	D2	D3	D4								
2		F1					0	≤	250		F1	4	3	5	7		总运费TC			0			
3	刚	F2					0	≤	200		F2	3	4	3	6								
4	性	F3					0	≤	400		F3	5	4	3	4								
5	约	Qj	0	0	0	0																	
6	束		≤	≤	≤	≤																	
7			100	200	400	300																	
8																							
9			偏差变量		d1-	d1+	d2-	d2+	d3-	d3+	d4-	d4+	d5-	d5+	d6-	d6+	d7-	d7+	d8-	d8+			
10																					达成函数		
11		P1			1																0		
12	优	P2					1														0		
13	先	P3							1		1		1		1						0		
14	级	P4																1			0		
15		P5																		1	0		
16																							
17		目标表达式		实现值																	左端	关系	目标值
18		P1	Q3	0	1	-1															0	=	400
19		P2	x12	0			1	-1													0	=	80
20	柔	P3	Q1	0					1	-1											0	=	90
21	性		Q2	0							1	-1									0	=	180
22	约		Q3	0									1	-1							0	=	360
23	束		Q4	0											1	-1					0	=	270
24		P4	x22	0													1	-1			0	=	0
25		P5	TC	0															1	-1	0	=	2750

例6-12

图 6-13 模型数据输入

(2) 在 L2:O4 中填入单位运输成本，然后在单元格 T2 输入总运费的公式：

=SUMPRODUCT(C2:F4,L2:O4)

(3) 在 E11:T15 中输入各偏差变量在各优先级达成函数中的系数，然后输入达成函数计算公式：在单元格 U11 中输入公式

=SUMPRODUCT(E11:T11,$E$10:$T$10)

表示 P_1 优先级目标的达成函数，式中对偏差变量所在区域使用了绝对约束，因此将单元格 U11 复制到 U12 至 U15 即可完成其他优先级达成函数的输入。

(4) 输入柔性约束数据。首先，在 D18:D25 输入各柔性约束的目标表达式。例如，P_1 优先级的唯一目标是供应给地区 3 的 Q_3 应满足全部需求，其目标表达式就是 Q_3，因此可在 D18 中输入 Q_3 的公式"=SUM(E2:E4)"，或者直接引用单元格 E5，即输入"=E5"；其他单元格类似，特别地，P_5 优先级的唯一目标是总运费 TC 尽可能低，在 D25 单元格引用单元格 T2，即输入"=T2"。

然后，在 E18:T25 中输入各偏差变量在各柔性约束中的系数。接着，在 U18:U25 输入柔性约束左端的计算公式：在 U18 中输入

=D18+SUMPRODUCT(E18:T18,$E$10:$T$10)

再将单元格 U18 复制到 U19:U25。

最后，在 W18:W25 输入各柔性约束的目标值（即右端常数）。

与前面的例题一样，为了与手动输入的数据区分开来，将变量、公式所在单元格加了边框灰色底色；另外，对于一些关键的位置，如变量、表达式的关系等位置，用文字进行标注。

下面开始序贯求解。

(1) P_1 优先级。求解由刚性约束和 P_1 优先级的目标构成的线性规划问题。调用规划求解工具，在规划求解参数窗口中输入目标单元格、可变单元格和约束条件，如图 6-14 所示。

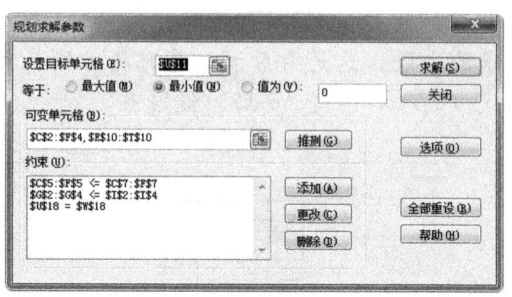

图 6-14 P_1 优先级规划求解参数设置

其中，目标单元格为 U11（P_1 优先级的达成函数），求最小值；可变单元格有两个区域，C2:F4 和 E10:T10，在用鼠标选定第一个区域后，输入半角符号“,”，再选择第二个区域；此时的约束条件除了刚性约束（C5:F5<=C7:F7 和 G2:G4<=I2:I4），还有 P_1 优先级目标的柔性约束（U18=W18）。输入完成后，在选项中选择“选择线性模型”和“假定非负”。

求解，得到的结果如图 6-15 所示。

	A	B	C	D	E	F	G	H	I	J	K	L	M	N	O	P	Q	R	S	T	U	V	W
1		运输变量	D1	D2	D3	D4	Si			运输成本		D1	D2	D3	D4								
2		F1	0	0	250	0	250	≤	250		F1	4	3	5	7		总运费TC			1700			
3	刚	F2	0	0	150	0	150	≤	200		F2	3	4	3	6								
4	性	F3	0	0	0	0	0	≤	400		F3	5	4	3	4								
5	约	Qj	0	0	400	0																	
6	束		≤	≤	≤	≤																	
7			100	200	400	300																	
8																							
9			偏差变量		d1-	d1+	d2-	d2+	d3-	d3+	d4-	d4+	d5-	d5+	d6-	d6+	d7-	d7+	d8-	d8+			
10					0	0	0	0	0	0	0	0	0	0	0	0	0	0	0	0	达成函数		
11		P1			1																0		
12	优	P2					1														0		
13	先	P3							1		1		1		1						0		
14	级	P4																1			0		
15		P5																		1	0		
16																							
17		目标表达式		实现值																	左端	关系	目标值
18		P1	Q3	400	1	-1															400	=	400
19		P2	x12	0			1	-1													0	=	80
20	柔	P3	Q1	0					1	-1											0	=	90
21	性		Q2	0							1	-1									0	=	180
22	约		Q3	400									1	-1							400	=	360
23	束		Q4	0											1	-1					0	=	270
24		P4	x22	0													1	-1			0	=	0
25		P5	TC	1700															1	-1	1700	=	2750

例6-12

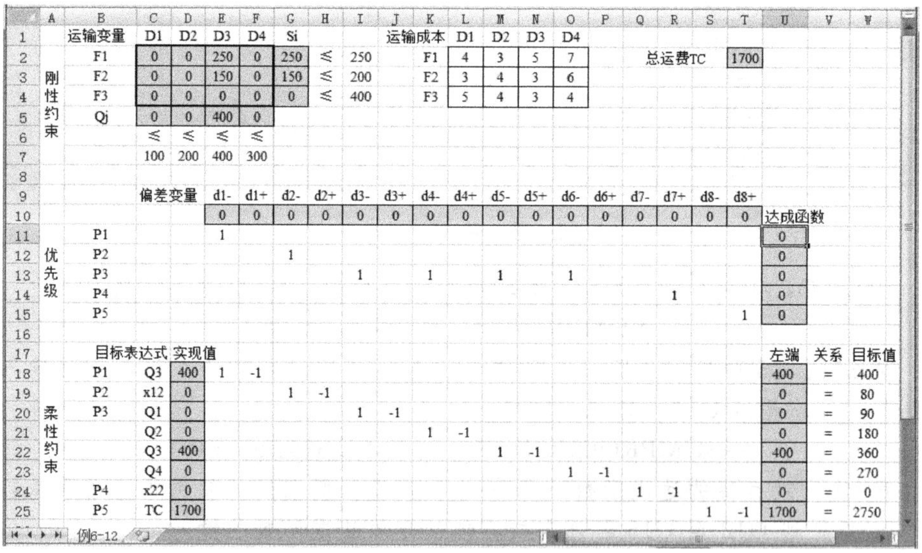

图 6-15 P_1 优先级求解结果

单元格 U11 的最优值为 0，即 P_1 优先级的目标完全满足。修改规划求解参数，继续求解。

(2) P_2 优先级。调用规划求解工具，将目标单元格改为 U12（P_2 优先级的达成函数）。

添加约束条件：首先，将 P_1 优先级达成函数的取值限定为 0，从而保证 P_1 优先级的目标不被破坏，即添加约束 U11=0，如图 6-16 所示。

然后，添加 P_2 优先级的柔性约束 U19=W19。操作完成后，规划求解参数窗口如图 6-17所示。

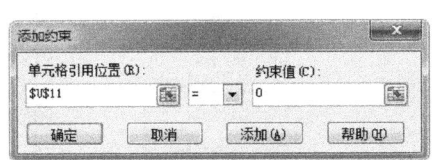

图 6-16 将 P_1 优先级达成函数最优值添加为 P_2 优先级的刚性约束

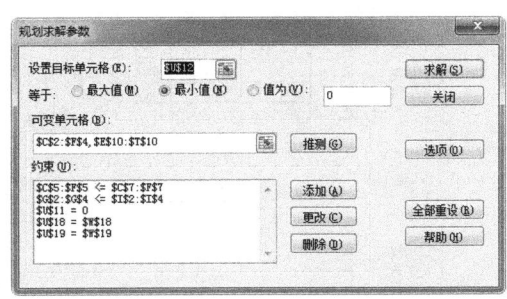

图 6-17 P_2 优先级规划求解参数设置

求解，得到的结果如图 6-18 所示。

	A	B	C	D	E	F	G	H	I	J	K	L	M	N	O	P	Q	R	S	T	U	V	W
1		运输变量	D1	D2	D3	D4	Si				运输成本	D1	D2	D3	D4								
2		F1	0	80	170	0	250	≤	250		F1	4	3	5	7			总运费TC		1780			
3	刚	F2	0	0	200	0	200	≤	200		F2	3	4	3	6								
4	性	F3	0	0	30	0	30	≤	400		F3	5	4	3	4								
5	约	Qj	0	80	400	0																	
6	束		≤	≤	≤	≤																	
7			100	200	400	300																	
8																							
9			偏差变量		d1-	d1+	d2-	d2+	d3-	d3+	d4-	d4+	d5-	d5+	d6-	d6+	d7-	d7+	d8-	d8+			
10					0	0	0	0	0	0	0	0	0	0	0	0	0	0	0	0	达成函数		
11		P1			1																0		
12	优	P2					1														0		
13	先	P3							1		1		1		1						0		
14	级	P4																1			0		
15		P5																		1	0		
16																							
17		目标表达式		实现值																	左端	关系	目标值
18		P1	Q3	400	1	-1															400	=	400
19		P2	x12	80			1	-1													80	=	80
20	柔	P3	Q1	0					1	-1											0	=	90
21	性		Q2	80							1	-1									80	=	180
22	约		Q3	400									1	-1							400	=	360
23	束		Q4	0											1	-1					0	=	270
24		P4	x22	0													1	-1			0	=	0
25		P5	TC	1780															1	-1	1780	=	2750

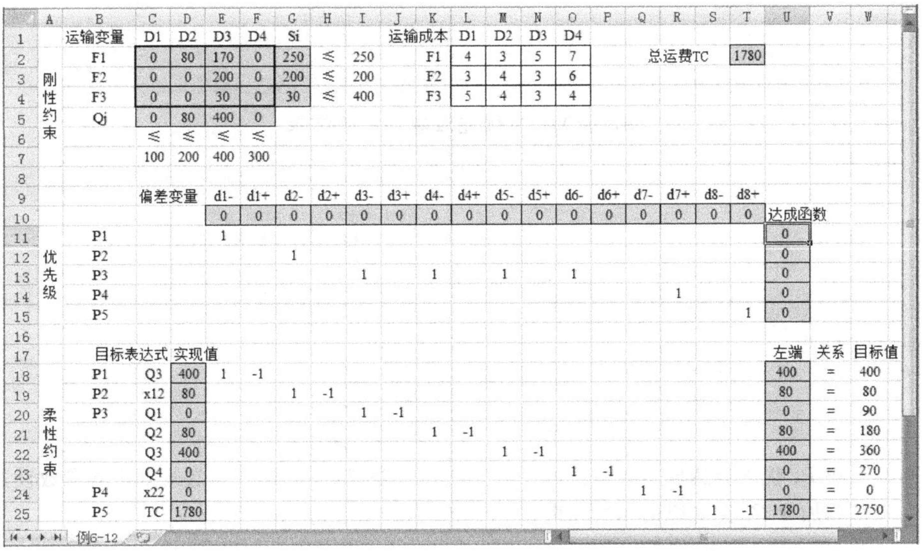

图 6-18 P_2 优先级求解结果

单元格 U12 的最优值为 0，表明 P_2 优先级的目标也完全满足。继续求解。

(3) P_3 优先级。修改规划求解参数：将目标单元格改为 U13（P_3 优先级的达成函数）；添加约束条件 U12＝0 和 U20:U23＝W20:W23，如图 6-19所示。

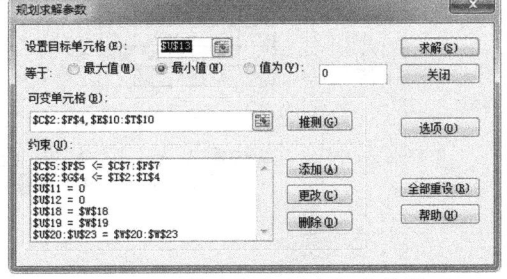

图 6-19 P_3 优先级规划求解参数设置

求解结果如图 6-20 所示。

此时，单元格 U12 的最优值为 90，说明 P_3 优先级目标未完全满足，但这是偏差量最小的结果。继续求解。

(4) P_4 优先级。修改规划求解参数：将目标单元格改为 U14（P_4 优先级的达成函数）；添加约束条件 U12＝90，表示在满足后面优先级目标的同时，不能破坏这个目前最满意的结果，如图 6-21所示。

添加 P_4 优先级目标的柔性约束 U24＝W24。规划求解参数对话框修改结果如图 6-22 所示。

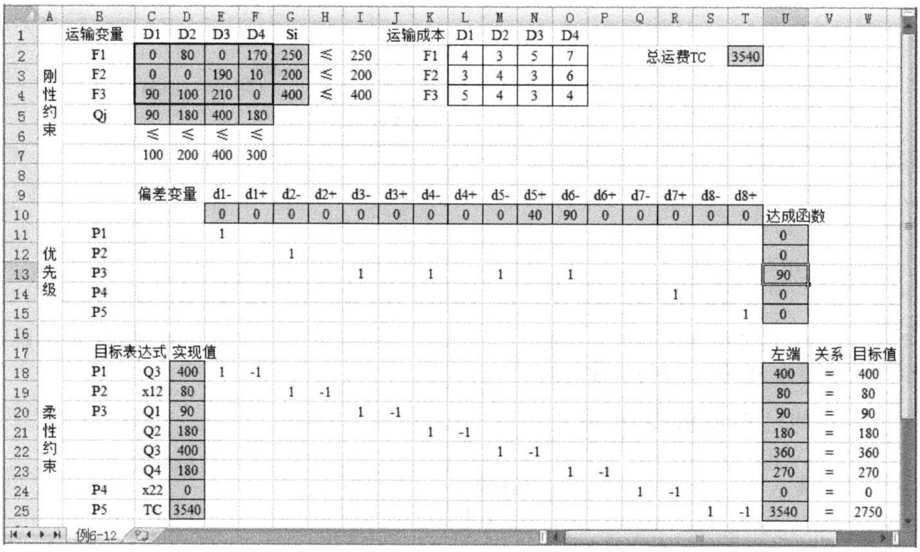

图 6-20 P_3 优先级规划求解结果

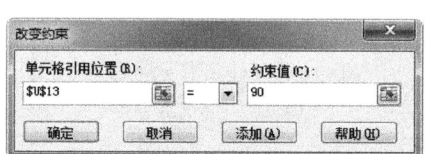

图 6-21 将 P_3 优先级达成函数最优值添加为 P_4 优先级的刚性约束

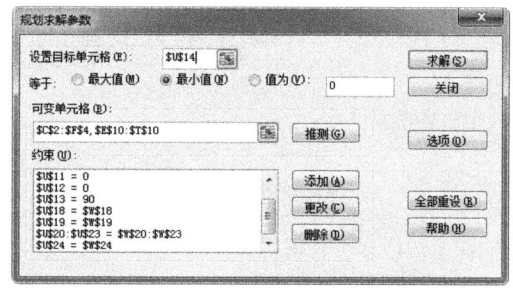

图 6-22 P_4 优先级规划求解参数设置

求解，结果如图 6-23 所示。

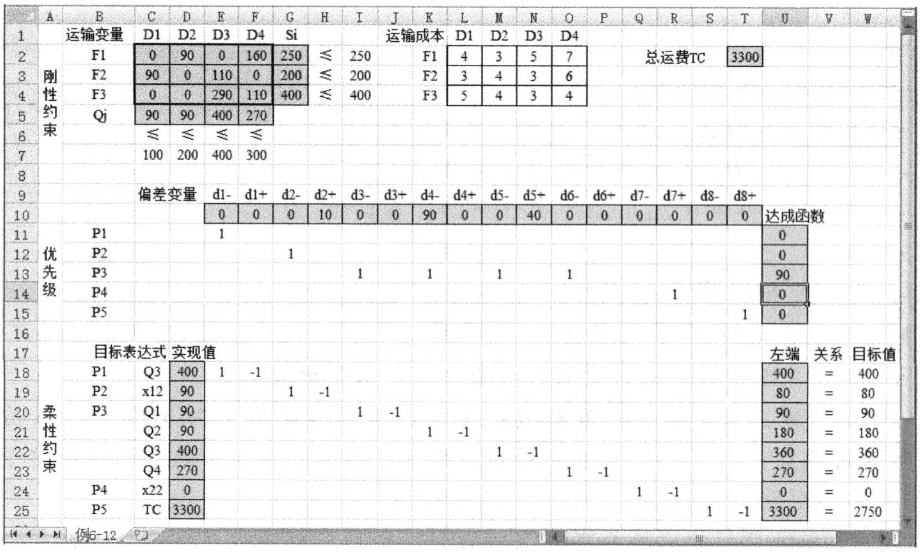

图 6-23 P_4 优先级规划求解结果

单元格 U14 的最优值为 0，表明 P_4 优先级的目标可完全满足。继续求解。

（5）P_5 优先级。修改规划求解参数：将目标单元格改为 U15（P_5 优先级的达成函数）；添加约束条件 U14 = 0 和 U25 = W25，如图 6-24 所示。

求解结果如图 6-25 所示。

单元格 U15 的最优值为 50，表明 P_5 优先级的目标未完全达成，此满意解的总运费超过最优运费 50。

图 6-24　P_5 优先级规划求解参数设置

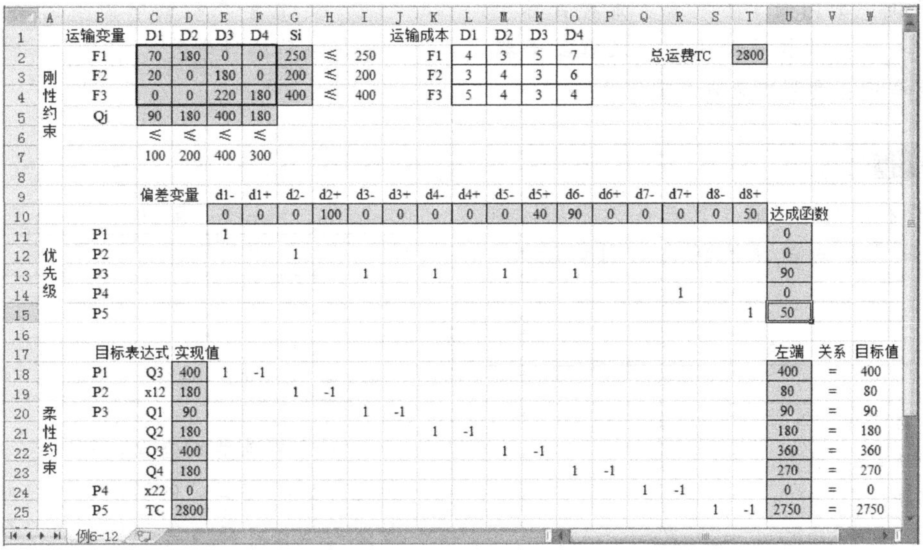

图 6-25　P_5 优先级规划求解结果

至此，已经求出了这个问题的一个满意解，其对应的运输方案见表 6-5。

表 6-5　满意运输方案

	地区 1	地区 2	地区 3	地区 4
工厂 1	70	180		
工厂 2	20		180	
工厂 3			220	180

以上两例介绍了如何使用序贯解法的思想，借助 Excel 的规划求解工具求解目标规划问题。这里需注意，由于 Excel 规划求解工具在求解线性规划问题时并不能说明是否有多个最优解，因此用它来求解目标规划问题时也无法得知满意解是唯一的还是一个区域。要得到更完整的解空间，还需借助其他软件工具，或目标规划的单纯形法等其他方法。

本章小结

本章由线性规划解决多目标问题的不足引出了目标规划问题，介绍了目标规划的相关概念、建模方法，求解两变量目标规划模型的图解法、求解一般目标规划模型的单纯形法，以及基于序贯解法的 Excel 求解方法。

严格来说，本章介绍的线性目标规划问题，也只是一种特殊的线性目标规划：目标划分为不同优先级的目标规划问题（pre-emptive GP 或 lexicographic GP）。线性目标规划的另一个变种是不含优先级的目标规划问题（non pre-emptive GP 或 weighted GP），其达成函数是以人为设定的、无数量级差异的权重对各目标加权。在不同问题背景下，这两种目标规划各有应用，但后者应用时需注意量纲不统一的问题。不论采取哪种目标规划方法，一旦涉及权重的设定，求解结果都会在一定程度上受到决策者主观因素的影响，因此有学者认为权重的设定应采取更为严谨的科学方法，如 AHP 法或互动方法。

站在决策科学的角度，目标规划属于多准则决策的范畴，在这个领域中，目标规划方法的一个广为争议的缺陷是，虽然它能求解变量和目标都很多的问题，但其得到的满意解可能不是结果帕累托最优的，这在一定程度上也限制了其应用的范围。因此在求解实际问题时，目标规划方法不一定是最合适的，应广泛借鉴该领域中更多的决策方法，才能保证决策的科学性。

习题

1. 某企业利用 3 种资源生产产品 A 和 B，生产单位产品的资源消耗及利润如表 6-6 所示。

表 6-6

产品	A	B
原材料（千克）	6	7
设备工时（小时）	5	6
劳动力（小时）	9	5
单位利润（百元）	30	25

该企业负责人提出了下述目标及其优先级别：

P_1：希望至少生产 8 件 A 产品和 10 件 B 产品，根据单位产品利润确定权系数；

P_2：希望节约资源使用量，其中：原材料用量不超过 90 千克，劳动力工时不超过 120 小时，设备工时不超过 110 小时；

P_3：希望至少实现利润 560 百元。

问：应如何安排生产计划以实现上述目标？试建立本问题的目标规划模型。

2. 某供货商 WH 公司从两个仓库 A_1 和 A_2 向三个工厂 B_1、B_2 和 B_3 提供某种原料，各仓库的供应量（吨）、各工厂的需求量（吨）及从各仓库到各工厂的单位运费（元/吨）如表 6-7 所示。

表 6-7

	B_1	B_2	B_3	供应量
A_1	11	5	13	4 000
A_2	9	11	4	5 000
需求量	3 500	3 000	4 000	

由于原料供不应求，WH 公司决定在优先保证特定工厂的需求、使总运输费用最小的同时，尽可能平衡各工厂的供货满足水平。具体为：

根据供求关系和公司经营条件，公司确定了下列目标：

P_1：满足工厂 B_1 的全部需求；

P_2：各工厂的需求至少满足 85%；

P_3：总运费最小；

P_4：从仓库 A_2 到工厂 B_2 只能用船运货，最小运量为 1 000 吨；

P_5：从仓库 A_1 到工厂 B_1、从仓库 A_1 到工厂 B_2 的公路正在大修，运量应尽可能少；

P_6：平衡工厂 B_1 和 B_2 的需求满足水平。

问：WH 公司应如何安排供货可实现上述目标？建立本问题的目标规划模型。

3. 分别用图解法和单纯形法求解下列目标规划模型：

(1) $\min Z = P_1 d_1^- + P_2 d_2^+ + P_3 d_3^-$

s.t. $5x_1 + 8x_2 \leq 40$

$5x_1 - 4x_2 + d_1^- - d_1^+ = 0$

$x_1 + x_2 + d_2^- - d_2^+ = 6$

$5x_1 + 2x_2 + d_3^- - d_3^+ = 10$

$x_1, x_2, d_i^-, d_i^+ \geq 0, i = 1, 2, 3$

(2) $\min Z = P_1(d_1^- + d_2^+) + P_2(d_3^- + d_3^+) + P_3 d_4^+$

s.t. $2x_1 + x_2 + d_1^- - d_1^+ = 8$

$7x_1 + 8x_2 + d_2^- - d_2^+ = 56$

$x_1 + x_2 + d_3^- - d_3^+ = 6$

$2x_1 + 5x_2 + d_4^- - d_4^+ = 20$

$x_1, x_2, d_i^-, d_i^+ \geq 0, i = 1, 2, 3, 4$

(3) $\min Z = P_1(d_1^- + d_1^+) + P_2(d_2^- + 2d_3^+) + P_3 d_4^+$

s.t. $2x_1 + x_2 + d_1^- - d_1^+ = 8$

$7x_1 + 8x_2 + d_2^- - d_2^+ = 56$

$x_1 + x_2 + d_3^- - d_3^+ = 6$

$2x_1 + 5x_2 + d_4^- - d_4^+ = 20$

$x_1, x_2, d_i^-, d_i^+ \geq 0, i = 1, 2, 3, 4$

(4) $\min Z = P_1(d_1^+ + d_2^+) + P_2 d_3^- + P_3(5d_1^- + 3d_2^-)$

s.t. $x_1 + d_1^- - d_1^+ = 4$

$3x_2 + d_2^- - d_2^+ = 10$

$x_1 + x_2 + d_3^- - d_3^+ = 6$

$x_1, x_2, d_i^-, d_i^+ \geq 0, i = 1, 2, 3$

4. 用 Excel 规划求解工具求解习题 3 中的目标规划模型。

第七章

图　　论

学习目标

- 掌握图与网络的基本概念
- 掌握最小树问题的一般解法
- 掌握最短路问题的原理和两种算法
- 掌握最大流问题的原理和算法
- 掌握最小费用（最大）流问题的原理和算法
- 了解各类问题的应用及 Excel 求解方法

图论（graph theory）是应用数学中以"图"（graph）为研究对象的一个分支，虽然称为图论，但它研究的不局限于可以在平面上描绘出来的图形，当问题中众多事物之间的关系可以成对表示时，这种表示形式的数学结构可以被认为是广义的图。

一般认为，18 世纪时对民间流传的柯尼斯堡七桥问题（seven bridges of Königsberg）的研究是图论研究的起点。东欧小城柯尼斯堡⊖被横穿市区的普雷格尔河划分为四个部分——河的两岸 A 和 B，以及河中的两个小岛 C 和 D，四地之间用七座桥（图 7-1中的 a、b、c、d、e、f、g）连接起来。要解决的问题是，一个人怎样才能一次走遍七座桥，且每座桥只走过一次，最后回到出发点？

1736 年，著名数学家欧拉（Leonhard Euler）在针对这个问题的论文"关于位置几何问题的解法"中证明了这种路径是不存在的：他将此问题抽象为对图 7-2 的一笔画问题，即能否从某一点开始，不重复地一笔画出这个图形。他证明并给出了这类问题是否有解的判定法则：如果图中有奇数条连边的节点超过两个，问题无解；如果这样的节点只有两个，则可从其中任意一个出发找到这样的路线；如果不存在这样的节点，则从任意一个节点出发都能找到满足要求的路线。由于这项开创性工作，欧拉被公认为图论及拓扑学的创始人。

⊖ 时属东普鲁士，现属于俄罗斯的加里宁格勒。

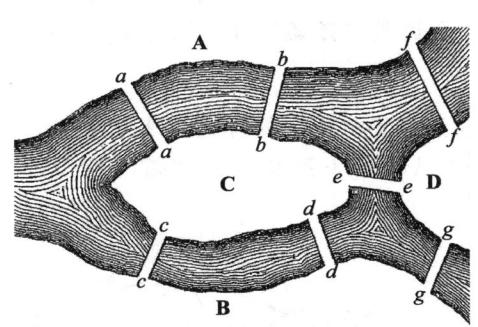
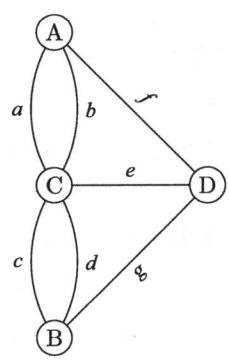

图 7-1　Königsberg 七桥　　　　　　图 7-2　Königsberg 抽象图

图论的另一个经典问题是古德里（Francis Guthrie）在 1852 年提出的"四色猜想"问题（four color problem，又称为四色问题或四色定理）：对于任何一张不包含飞地的地图，能否只用四种颜色，就能使具有公共边界的任意两个区域着上不同的颜色？在随后的一个世纪里，无数的数学家为了证明这个猜想绞尽脑汁，但都没有成功，该问题也因此成为近代三大数学难题之一。直到 1976 年，数学家阿佩尔（Kenneth Appel）和哈肯（Wolfgang Haken）借助计算机进行了 100 亿次判断，历时 1 200 小时才完成了该猜想的证明[⊖]。

图论最早的应用可以追溯到克希霍夫（Kirchhoff）在 1847 年对电路网络的分析，后来逐渐从工程领域拓展到运筹学、信息论、控制论、博弈论和计算机科学等领域中，用于解决物理、社会科学和经济领域的实际问题。20 世纪 50 年代以后，伴随着计算机大规模计算能力的提高，图论得到了进一步的发展。许多庞大、复杂的应用问题可以用图的形式重新定义和描述，已经发展出很多成熟的设计和优化方法。本章所介绍的内容，只是图论浩如烟海的内容中的一小部分。

第一节　图的基本概念

一、基本概念与分类

定义 7.1　图的定义　从组成要素上，图是由**节点**（node）[⊜]和**连线**（links）构成的。没有方向的连线称为**无向边**（undirected arc），简称**边**（edge）；有方向的连线称为**有向边**（directed arc），简称为**弧**（arc）。所有的边都是无向边的图称为**无向图**，所有的边都是有向边的图称为**有向图**，既包含无向边又包含有向边的图称为**混合图**。

在数学上，图可表示为 n 个节点的集合和 m 条边（弧）的集合构成的二元组。无向图通常表示为 $G=(V, E)$，其中非空集合 $V=\{v_1, v_2, \cdots, v_n\}$ 是节点集，$E=\{e_1, e_2, \cdots,$

⊖ 四色定理是第一个主要由计算机证明的定理，成为数学史上一系列新思维的起点，虽然并非所有数学家都接受这一证明。值得一提的是，四色定理的应用需满足一个基本的前提：地图中两个不连通的区域分属于不同的国家，一个典型的例外是美国的阿拉斯加州。

⊜ 亦可称为**顶点**（vertex）或点。

e_m} 是边集，边集 E 中的每条边与点集 V 中点的无序偶⊖相对应；有向图通常表示为 $G=(V, A)$，它与无向图的差异在于其连线集为有向边集（弧集）$A=\{a_1, a_2, \cdots, a_m\}$ 中的每条弧与点集 V 中点的有序偶相对应。

虽然从严格意义上有向图与无向图的连线及连线集有不同的称谓和表示形式，但为了简化表述，在不至于引起混淆的情况下，本书不从称谓上严格区分"弧"与"边"的区别，弧集也使用 $E=\{e_1, e_2, \cdots, e_m\}$ 表示。

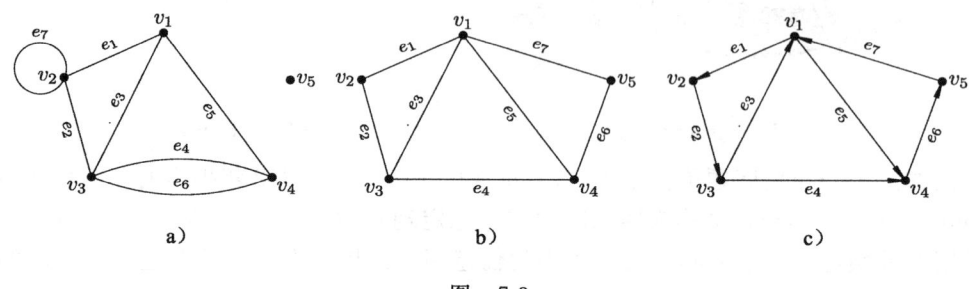

图 7-3

无向边和有向边分别可表示为端点的无序偶或有序偶形式。例如，图 7-3a 和 b 中的边 e_1 都可以写为 (v_1, v_2) 或 (v_2, v_1)，而图 c 中的弧 e_1 只能写成 (v_1, v_2)。

定义 7.2 节点与边的关系 如果一条边 $e=(v_i, v_j)$ 连接了两个节点 v_i 和 v_j，则称点 v_i 和 v_j 与边 e **相关联**，且 v_i 和 v_j 为 e 的**端点**；与一条公共边相关联的两个节点称为**邻接点**（adjacent vertices）；不与任何一条边相关联的点称为**孤立点**（isolated vertex）；关联一个公共节点的两条边称为**邻接边**（adjacent edges）；不与任何其他边相邻接的边称为**孤立边**（isolated edge）；关联到同一个节点（两个端点相同的）边称为**环**（loop）或**自回路**（self-loop）；关联到同一对端点的多条边称为**多重边**（multiple edges）；不包含环与多重边的图叫**简单图**（simple graph）。

例如，图 7-3a、b、c 中，v_1 与 v_2、v_3 与 v_4 互为邻接点，v_2 与 v_4、v_2 与 v_5 不邻接；e_1 与 e_2、e_1 与 e_3 互为邻接边，e_1 与 e_4、e_2 与 e_5 不邻接；图 7-3a 中，v_5 为孤立点，e_7 为环，e_4 和 e_6 是连接 v_3 与 v_4 的多重边。图 7-3b 和 c 不包含环和多重边，为简单图。

定义 7.3 赋权图或网络 边具有数量特征的图称为**赋权图**（weighted graph）或**赋权网络**（weighted network），表示为 $G=(V, E, W)$，其中实数权重集合 $W=\{w_{ij}\}$，w_{ij} 表示与边集 E 中相应边 $e_{ij}=(v_i, v_j)$ 的权重；相对地，边不具有数量特征的图称为**无权图**（unweighted graph）或**无权网络**（unweighted network）⊖。

例如，图 7-4a、b 分别是无向赋权图（网络）和有向赋权图（网络）。

⊖ 对于一个由两个对象构成的对（pair），如果需要考虑两个对象先后次序，则称这个对为**有序偶**（ordered pair）；相对地，如果无需考虑两个对象先后次序（两个对象先后次序不同时不存在差异），称此对为**无序偶**（unordered pair）。在离散数学中，两个元素 x 和 y 的无序偶通常用 (x, y) 表示，有序偶通常用 $\langle x, y \rangle$ 表示。在这里，为简化表述，约定都用 (x, y) 表示，但区分为：如果 (x, y) 为有序偶，则 $(x, y) \neq (y, x)$；如果 (x, y) 为无序偶，则 $(x, y)=(y, x)$。

⊖ 在本书的内容中，对"图"与"网络"不作严格区分。

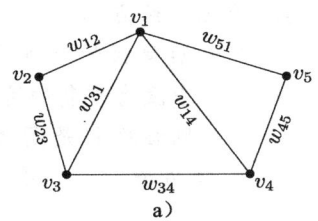
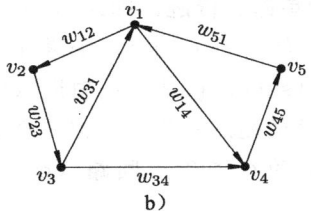

图 7-4

在用图论解决许多实际问题时，都需要考虑边的权重。边的权重 w_{ij} 可以根据实际问题来定义，例如长度、容量、成本、利润等。另外，当所有边的权重都为相等的非零常数时，赋权图就等价于无权图。

二、路径与圈

定义 7.4 路径或链　在图 G 中，一个点和边/弧的交错序列 $P=\{v_i,\ (v_i,\ v_j),\ v_j,\ \cdots,\ v_k,\ (v_k,\ v_l),\ v_l\}$ 称为 G 中由 v_i 到 v_l 的一条**路径**（path，简称"路"）或**链**（chain），v_i 和 v_l 分别称为路 P 的**起点和终点**。

以图 7-4b 为例，可以写出以下几条以 v_1 为起点的路：

$P_1 = \{v_1, (v_1, v_2), v_2, (v_2, v_3), v_3, (v_3, v_4), v_4, (v_4, v_5), v_5\}$

$P_2 = \{v_1, (v_1, v_2), v_2, (v_2, v_3), v_3, (v_3, v_1), v_1, (v_1, v_4), v_4, (v_4, v_5), v_5\}$

$P_3 = \{v_1, (v_1, v_2), v_2, (v_2, v_3), v_3, (v_3, v_4), v_4, (v_4, v_5), v_5, (v_5, v_1), v_1\}$

$P_4 = \{v_1, (v_1, v_2), v_2, (v_2, v_3), v_3, (v_3, v_4), v_4, (v_1, v_4), v_1\}$

$P_5 = \{v_1, (v_1, v_2), v_2, (v_2, v_3), v_3, (v_3, v_1), v_1, (v_1, v_4), v_4, (v_4, v_5), v_5, (v_5, v_1), v_1\}$

如图 7-5 所示。

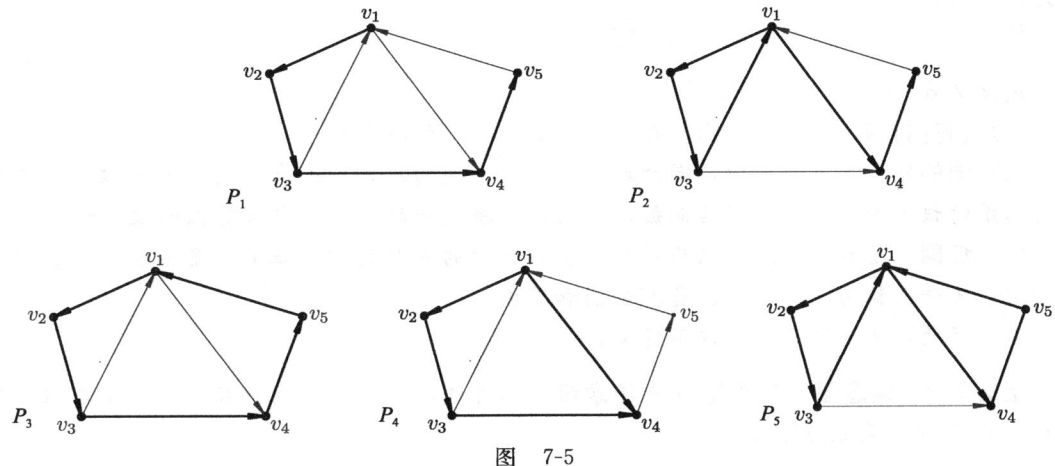

图 7-5

P_1、P_2 都是从 v_1 到 v_5 的路，其中 P_2 的中间再次经过了 v_1；P_3、P_4 和 P_5 的起点和终点都是 v_1，不过 P_5 中间再次经过了 v_1。对于这些情形，本章约定⊖将不同类型的路径定义为以下几种。

⊖ 不同书籍对相关术语尚未有统一的定义。

定义 7.5　简单路、行迹、回路与圈　对于起点为 v_i，终点为 v_l 的路 $P=\{v_i,(v_i,v_j),v_j,\cdots,v_k,(v_k,v_l),v_l\}$，如果 P 在去掉起点 v_i 后剩余的节点中没有重复的点，则称 P 为**简单路**（simple path）或**轨道**（track）；如果 P 中没有重复的边，则称 P 为**行迹**（trace）；如果路 P 的起点与终点为同一个点，即 $v_i = v_l$，则称路 P 是**闭合**的路径，否则为**开放**的路径；闭合的行迹称为**回路**（circuit）；至少包含两条边且闭合的简单路称为**圈**（cycle）。

按照上述定义，可将图 7-5 中的五条路分类如下：

由上例可知，简单路一定是行迹，但反过来不成立；圈一定是行迹，但反过来不成立；圈一定是简单路。本章仅讨论简单路。

另外需要注意，在圈 P_4 中包含了与路径方向相反的弧 (v_1, v_4)。这里定义：

定义 7.6　前向弧、后向弧　在有向图中，方向与路径前进方向一致的弧称为路的**前向弧**或正向弧，否则称为**后向弧**或反向弧。

表　7-1

路径	简单路	行迹	回路	圈
P_1	√	√		
P_2	√	√		
P_3	√	√	√	√
P_4	√	√	√	√
P_5		√	√	

由此，可进一步定义有向路和有向圈：

定义 7.7　有向路、有向圈　在有向图 G 中，不包含后向弧的路称为**有向路**；不包含后向弧的圈称为**有向圈**；一个图中如果不包含有向圈，则称此图**无圈**。

图 7-5 中，P_1、P_2、P_3 和 P_5 是有向路，P_3 是有向圈，圈 P_4 不是有向圈。带有后向弧的路或圈通常不具有实际意义，但对于某些问题的解法却有重要的数学意义，比如后面将介绍的最大流问题。

特别地，对于赋权图，还有以下定义：

定义 7.8　对于赋权图 G，有

(1) **(有向) 路的权**：(有向) 路中所有边 (弧) 的权之和；

(2) **圈的权**：在无向图中，圈的权为圈中所有边的权之和；有向图中圈的权为圈中所有前向弧的权之和，减去所有后向弧的权之和；有向圈的权是圈中所有弧的权之和；

(3) **负圈、正圈和零圈**：权为正数、负数和 0 的圈分别称为正圈、负圈和零圈；对于有向圈，又分别称为正有向圈、负有向圈和零圈。

由路径的定义，还可得出以下定义：

定义 7.9　连通图　如果图 G 中任意两点相连通，即任意两点存在至少一条路径，则图 G 为**连通图**，反之为**非连通图**。

在前面的例子中，只有图 7-3a 因为包含了孤立点 v_5 是非连通图，其他的图都是连通图。

三、图与子图

定义 7.10　子图　有两个图 $G=(V, E)$ 和 $G'=(V', E')$，如果 G' 的所有边和点都从属于 G，即 $V' \subseteq V$ 且 $E' \subseteq E$，则称 G' 为 G 的**子图**（subgraph）；与之相对，G 为 G' 的**母图**（supergraph）。

在图 7-6 中，b 图和 c 图都是 a 图的子图，a 图也可以认为是其自身的子图。

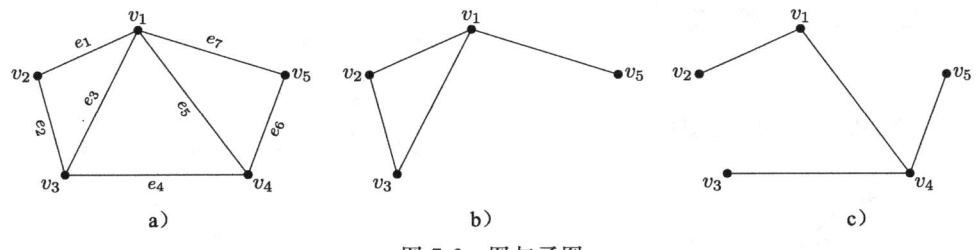

图 7-6　图与子图

定义 7.11　真子图、生成子图　设图 $G'=(V', E')$ 为 $G=(V, E)$ 的子图，如果子图 G' 不包含母图 $G=(V, E)$ 中所有的点或边，即 $V'\subset V$ 或 $E'\subset E$，则称 G' 是 G 的**真子图**（proper subgraph）；如果子图 G' 的点集等于母图 G 的点集，即 $V'=V$，则称 G' 为 G 的**支撑子图**（spanning subgraph）或**生成子图**。

例如，图 7-6 中的 b 图和 c 图都是 a 图的真子图，但只有 c 图是 a 图的支撑子图。

第二节　最小支撑树问题

在现实生产生活中，有一些设计问题可抽象成这样的一类图论问题：对于 n 个节点，如何用 $n-1$ 条边把它们连通，并使得距离或成本最小？比如：

(1) 高压电传输网络的设计；
(2) 有线通信网络（光纤网络、计算机网络、有线电话网络、有线电视网络等）的设计；
(3) 印刷电路板的布局设计以使布线最短；
(4) 连接若干地区的地下（供水、供暖）管网的设计等。

这一类问题就是最小支撑树问题。

一、基本概念及问题描述

下面用一个例子来引出最小支撑树问题的基本概念和问题描述。

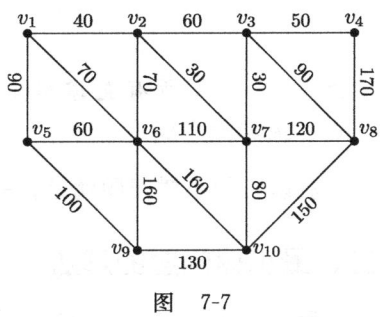

图　7-7

例 7-1　某学校准备为新校区的 10 栋教学科研大楼铺设光纤管网，需要开挖部分大楼间的路面进行施工。如果将各栋大楼分别视为一个节点，其网络图为图 7-7，各边上的数字表示各大楼之间可开挖路面的长度（单位：米）。问，应开挖哪些大楼之间的路面铺设管网，可以在保证各大楼之间的网络连通前提下，使路面总开挖长度最小？

对于这类铺设管网的问题，显然只要网络中没有孤立点，那么则任意两点之间就存在至少一条通路，可以保证网络的连通性。

图 7-8 给出了本例满足"10 栋大楼网络通连"的两个可行方案，对于这两个方案，再增加开挖任意一条路都会造成多余的施工，减少任意一条路的施工都会造成网络断路，所以本问题的最优方案一定是表现为不含圈的连通树；另一方面，不同的树型方案可能有不同的总开挖长度，图 7-8a 的总开挖长度为 840 米，图 7-8b 的总开挖长度为 830 米。显然，

在所有可能的树型方案中，总开挖长度最小的就是最优方案。

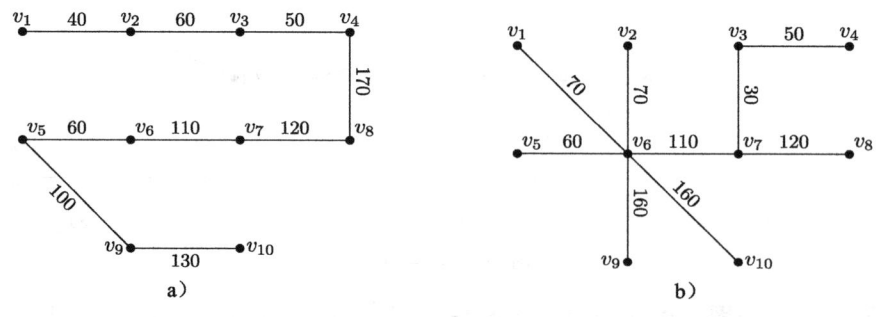

图 7-8

以上问题就是一个典型的最小支撑树的应用问题，即从网络图中寻找边权之和最小的支撑树的问题。在定义最小支撑树问题前，先要介绍树、支撑树和最小支撑树的概念。

定义 7.12 树 连通且不包含回路（圈）的无向图称为**树**（tree），通常用符号 $T = (V, E)$ 表示。

由定义可知，一个有 n 个节点的树必定有且只有 $n-1$ 条边，去掉树中任意一条边，树将变非连通图，而用一条边将树中任意两个非邻接的节点连接起来，则图中将出现唯一的一个回路。此外，树中任意两个节点间必定存在唯一的一条简单路径。

定义 7.13 支撑树 如果树 T 是图 G 的一个支撑子图，则称 T 为 G 的一个**支撑树**（spanning tree）。

结合前面关于支撑子图的定义，可知支撑树 T 的节点集必定等于其母图 G 的节点集。

定义 7.14 对于一个无向赋权网络 $G = (V, E, W)$，如果 $T = (V, E')$ 为 G 的一个支撑树，令 $W(T) = \sum_{(v_i, v_j) \in E'} w_{ij}$ 为树 T 的权，则满足

$$W(T^*) = \min\{W(T)\}$$

的树 T^*，即 G 所有支撑树中权最小的树，称为 G 的**最小支撑树**（minimum spanning tree），简称**最小树**。

所以，最小树问题就是在一个无向赋权网络中寻找边权总和最小的支撑树的问题。

二、最小树问题的解法

假定一个 n 节点的无向赋权连通网络 G 有 m 条边，其中必有 $m \geq n-1$。当 $m = n-1$ 时，G 就是其自身的支撑树。对于 $m > n-1$ 的情况，不难得出两种求解最小支撑树问题的方法：一种方法是基于生长的思想，从不含边的 n 个孤立点出发，在保证图中无圈的前提下，依次将权重最小的边加入图中，直到图中有 $n-1$ 条边时，就得到了 G 的最小支撑树，这种方法俗称**避圈法**，学名为 **Kruskal 算法**；与之相对的另一种方法是从母图 G 出发，在保证网络连通的前提下，依次将权重最大的边从图中拆解掉，从而逐步破掉 G 中的回路，当网络中只剩下 $n-1$ 条边时，得到 G 的最小支撑树，这种方法俗称**破圈法**。

1. 避圈法

对包含 n 个节点的无向赋权连通图 G，避圈法的做法是：

初始化　将图 G 的边按权值从小到大的次序排列，从无边的图出发，进入迭代；

迭代　**第 1 步(加边)**　从排列中顺序选择一条与图中已有边不构成圈的边，则将此边加入图中，进入第 2 步（结束判断）；

第 2 步(结束判断)　若图中已经有 $n-1$ 条边，则已经得到最小支撑树；否则，进入下一轮迭代，返回第 1 步（删边）。

例 7-2　用避圈法求解例 7-1。

解：本问题共有 10 个节点，最小树应有 9 条边。

初始化　首先将图 G 的边按权从小到大顺序排列：

(v_2,v_7), (v_3,v_7), (v_1,v_2), (v_3,v_4),
(v_2,v_3), (v_5,v_6), (v_1,v_6), (v_2,v_6),
(v_7,v_{10}), (v_1,v_5), (v_3,v_8), (v_5,v_9),
(v_6,v_7), (v_7,v_8), (v_9,v_{10}), (v_8,v_{10}),
(v_6,v_9), (v_6,v_{10}), (v_4,v_8)。

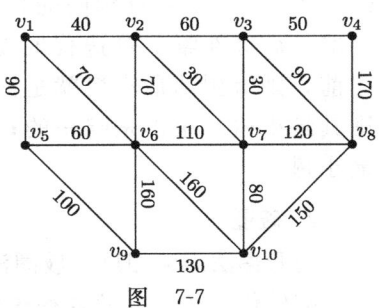

图　7-7

下面从无边图出发开始迭代，迭代过程如图 7-9 所示。

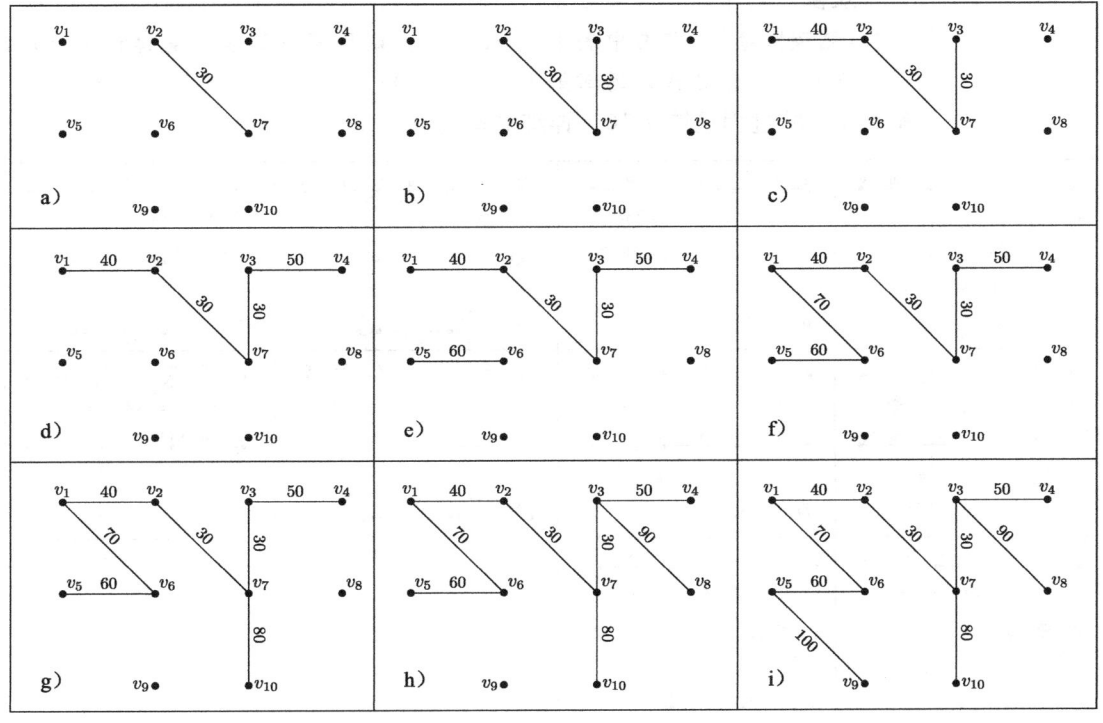

图　7-9

第 1 轮迭代　图中无边，顺序选择 (v_2, v_7) 加入图中，得到图 7-9a，此时边数为 1；

第 2 轮迭代　顺序选择 (v_3, v_7)，它与已有边不构成圈，加入图中，得到图 7-9b，此时边数为 2；同理，第 3、4 轮迭代分别加入边 (v_1, v_2) 和 (v_3, v_4)，得到图 7-9c 和 d，此时边数为 4；

第 5 轮迭代 顺序选择 (v_2, v_3),但它与已有边 (v_2, v_7) 和 (v_3, v_7) 构成圈,跳过此边,顺序选择下一条边 (v_5, v_6) 加入图中,得到图 7-9e,此时边数为 5;

继续迭代,在第 6、7、8、9 轮迭代分别将边 (v_1, v_6)、(v_7, v_{10})、(v_3, v_8) 和 (v_5, v_9) 加入图中,得到图 7-9i,此时边数为 9,迭代结束。

图 7-9e 就是本例的最小支撑树,按照此结果,最小总开挖长度为 550 米。

需要指出的是,最小树问题不一定有唯一解,当问题存在多条权重相同的边时,将这些边写入排列中的次序的不同,可能会造成求解结果的差异。本例中,边 (v_1, v_6) 和 (v_2, v_6) 有相同的权重 70,但初始化步骤中将边 (v_1, v_6) 排在了 (v_2, v_6) 之前,后者在第 7 轮迭代时被排除。如果初始化步骤中将 (v_2, v_6) 排在 (v_1, v_6) 之前,则得到的最小树就是图 7-10j。不难理解,如果问题中所有边的权重都相等时,则其最小树必定不是唯一的;而当问题中所有边的权重都不相同时,它必定有唯一的最小树。

2. 破圈法

与避圈法思路相反,破圈法的求解步骤为:

初始化 将图 G 的边按权值从大到小的次序排列,从原图开始迭代;

迭代 **第 1 步(删边)** 从排列中顺序选择一条与图中剩余边构成圈的边,则将此边从图中删除,进入第 2 步(结束判断);

第 2 步(结束判断) 若图中剩下 $n-1$ 条边,则已经得到最小支撑树;否则,进入下一轮迭代,返回第 1 步(删边);

用破圈法求解例 7-1 的过程见图 7-10,详细的迭代过程略。

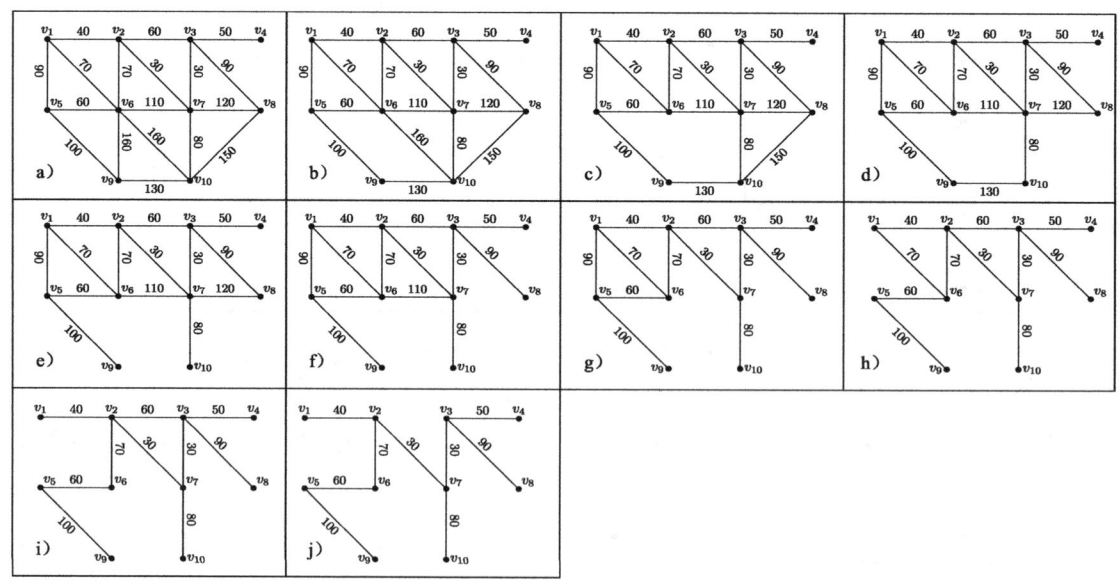

图 7-10

上面介绍的方法看似简单,但这些解法只适用于规模比较小又能够凭肉眼判断的问题,很多实际问题则需要借助计算机才求解。与图论的其他问题的研究重点类似,针对最小支撑树的算法研究主要集中在求解效率上。对于较复杂的最小支撑树问题,目前使用得比较多的算法是 Kruskal 算法和 Prim 算法，破圈法的应用则比较少。以上的算法以及最早的 Borůvka 算法从分类上都从属于贪婪算法，另外还有将最小支撑树问题分解成若干个子问题的并行算法，这里都不再做介绍。

第三节　最短路问题

一、问题定义及基本性质

最短路问题是图论的一个基本问题。从名称上来看，它适用于解决某些与长度有关的优化问题，如路线优化、生产线布局等，例如下面这个问题。

例 7-3　图 7-11 是某区域的道路网示意图，问：从 v_1 出发到达 v_8，选择怎样的路线总行程最短？

这就是最短路问题的典型例子，下面给出最短路问题的定义。

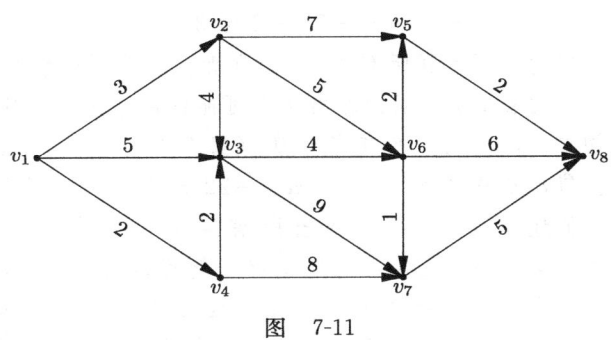

图　7-11

定义 7.15　最短路问题　给定一个有向赋权图[⊖] $G=(V, E, W)$，点集 $V=\{v_1, v_2, \cdots, v_n\}$，权重集合 W 中的每个元素 w_{ij} 表示弧 $e_{ij}=(v_i, v_j)$ 的长度权重，当弧 (v_k, v_j) 不存在时（即 $(v_k, v_j) \notin E$），$w_{kj}=+\infty$。指定 G 中起点 v_1 和终点 $v_j (j=2, \cdots, n)$，定义从 v_1 到 v_j 的所有有向路径 P 中弧权之和最小的路径 P^* 为从 v_1 到 v_j 的**最短路径**，其弧权之和 $W(P^*)$ 为从 v_1 到 v_j 的**最短距离**。这样，求解求从 v_1 到 v_j 的最短路和最短距离的问题就称为**最短路问题**。

许多实际问题中的数量特征都可以抽象为广义的长度，从而建模成最短路问题，如某些成本控制问题、社交网络中的关系分析，一个典型的例子是以下的设备更新问题。

例 7-4　某企业计划在下一年度购入并保证未来 6 年可以使用某种型号的设备一台，为降低由购置和维护产生的总成本，该企业需要决策未来更新设备的策略。各年年初，该企业可以购置新设备，同时出售旧设备回收一定的残值；也可以继续使用旧设备，但需根据设备的役龄（已使用年数）支付维护费用。已知该设备未来 6 年的预估购买价格（表 7-2，单位：万元）和各役龄年度的维护成本和出售回收的残值（表 7-3，单位：万元）。问，该企业应如何决策可使总成本最低。

表 7-2　该设备未来 6 个自然年度的报价

自然年度	第 1 年	第 2 年	第 3 年	第 4 年	第 5 年	第 6 年
购买价格	14	15	16	17	18	18

⊖ 如果把无向图中所有边都替换成两条方向相反且权重相同的弧，得到的有向图与无向图等价，因此本书仅探讨有向赋权图的最短路问题。

表 7-3　该设备按役龄的维护成本

役龄	第 1 年	第 2 年	第 3 年	第 4 年	第 5 年	第 6 年
维护成本	5	6	7	9	11	13
出售残值	4	3	2	2	1	0

如果将费用视为一种广义的长度，则这个问题就可以建模为一个最短路问题。

解：本问题总共有 6 个年度，如果定义时间点为每年年初，则共有 7 个时间点（视第 6 年年末为第 7 年年初），可先计算出一台设备在第 i 年年初购入并在第 j 年年初卖出，这个周期内产生的总成本 w_{ij}（$i=1,2,\cdots,6;i+1\leqslant j\leqslant 7$）。例如，在第 2 年年初购入一台设备并在第 5 年年初卖出，这段时间内该设备的总成本 w_{25} 为：

$$w_{25} = 第2年年初的购买价格 + 使用3年的总维护费用 - 使用3年后出售回收的残值$$
$$= 15 + (5+6+7) - 2 = 31$$

类似地，可计算所有的 w_{ij}，将所有结果汇总于表 7-4 中。

由表 7-4 可以计算出所有可能的决策结果，比如：第 1 年年初购买的设备在第 3 年年初更新，再在第 6 年年年底（第 7 年年初）出售，则总成本为 $w_{13}+w_{37}=22+56=78$。类似地，从表 7-4 中找出所有第 1 年初购置，第 7 年初出售的可能情况，就可以找到成本最低的更新策略。然而，因更新次数、更新时间点的可选择范围较大，穷举出所有可能性也是非常烦琐的。这时，用图来描述和解决这个问题就有明显的优势。

表 7-4　一台设备从购置到出售期间产生的成本

成本 w_{ij}		第 j 年年初出售					
		1	2	3	4	5	6	7
第 i 年年初购置	1		15	22	30	39	51	65
	2			16	23	31	47	61
	3				17	24	32	56
	4					18	25	33
	5						19	26
	6							19

用节点 v_i 表示自然年度 i，用弧 (v_i,v_j) 表示第 i 年初购置设备并在第 j 年初出售该设备，且其权重设为表 7-4 中的 w_{ij}，可以得到如图 7-12 的网络模型。

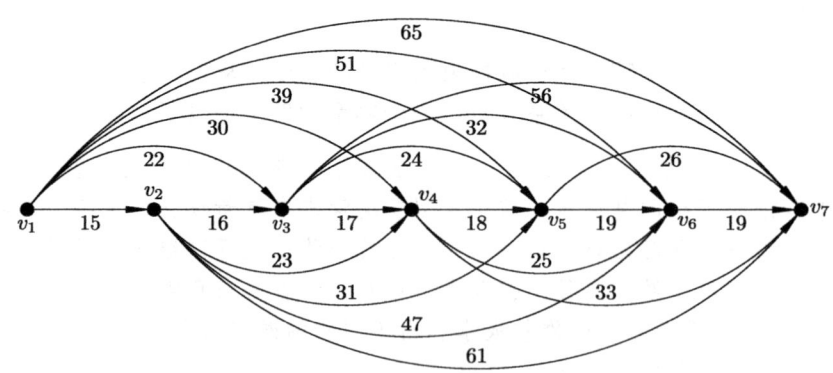

图 7-12　设备更新问题最短路网络

这样，这个设备更新问题就变成了图 7-12 从 v_1 到 v_7 的最短路问题。

最短路问题的常见算法包括 Dijkstra 算法、Floyd 算法、Bellman-Ford 算法及其改进版 SPFA 算法等，这些算法虽然在问题适用性和求解效率方面存在差异，但其算法的本质上都基于最短路径的一个性质：

定理 7.1　最短路径有最优子结构　如果 v_k 是图 G 中从 v_1 到 v_j 的最短路径 P 上的一

个节点，则从 v_1 沿 P 到 v_k 路径必定是从 v_1 到 v_k 的最短路径。

证明：当 v_k 是 v_1 或 v_j 本身时，定理显然成立；而当 v_k 是一个中间点时，可以用反证法来证明：如果有另一条 v_1 到 v_k 的最短路径 Q，那么从 v_1 到 v_j 就有另一条路径 P'——先从 v_1 沿 Q 到达 v_k，再从 v_k 沿 P 到达 v_j，可知 P' 的权重一定比 P 小，与 P 是从 v_1 到 v_j 的最短路径相矛盾。

如果约定用 d_j 表示从 v_1 到 v_j 的最短距离，假定在所有与 v_j 邻接的节点中有一点 v_k，它与 v_j 之间存在一条弧 (v_k, v_j)，则由定理 7.1 有

$$\begin{cases} d_1 = 0 & (7\text{-}1) \\ d_j \leqslant d_k + w_{kj} \quad k \neq j & (7\text{-}2) \end{cases}$$

其中对于式 (7-2)，当且仅当弧 (v_k, v_j) 在从 v_1 到 v_j 的最短路径上时，有 $d_j = d_k + w_{kj}$。这也就意味着，要找到从 v_1 到 v_j 的最短路径，等价于在所有与 v_j 相邻接的节点中找到这个未知的、使得 d_j 取得最小值的 v_j 的直接前趋节点[⊖]v_k，它满足 $d_j = \min\limits_{k \neq j}\{d_k + w_{kj}\}$，亦即求解以下的方程：

$$\begin{cases} d_1 = 0 \\ d_j = \min\limits_{k \neq j}\{d_k + w_{kj}\} \end{cases} \quad (7\text{-}3)$$

这个方程被称为最短路方程，又因为定理 7.1 来源于贝尔曼最优化原理（Bellman's principle of optimality）[⊖]，该方程又称为贝尔曼方程。对于不含负有向圈的有向图，以及不同时有正负边权的无向图的最短路问题[⊜]，上述原理都是成立的。

注意到方程 (7-3) 是一个递推方程：求 d_j 的值需要先知道 d_k，然而 d_k 未知，其求解仍要使用式 (7-3) 向前递推。在未学习动态规划解法的前提下，直接求解是异常困难的。现有最短路问题的算法，本质上都是从最短路问题的特征出发，通过"迭代"来求解式 (7-3) 的算法。

二、最短路问题的 Dijkstra 算法

Dijkstra 算法是最短路问题的基本算法之一，于 1956 年由荷兰计算机科学家 Edsger Dijkstra 提出，它适用于边权均为非负（$w_{ij} \geqslant 0$）的最短路问题的求解。Dijkstra 算法是一种标号算法，它为 V 中每一个节点 v_j 赋予一组由两个元素组成的标号：

(1) d_j：表示从 v_1 到 v_j 最短距离的上界（以下简称"**距离上界**"）；

(2) $pred_j$：表示使得 v_j 取得此距离上界 d_j 的那条路径中，v_j 的直接前趋节点（以下简称"**前趋节点**"）。

由这两个元素构成两类标号：

(1) **永久标号**（permanent labels）：当确定了 d_j 就是从 v_1 到 v_j 的最短距离时，v_j 的标号设为永久标号，简称 **P 标号**，表示为

⊖ **前趋**（predecessor）用于描述两个对象之间的先后关系，如果 x 位于 y 之前，则称 x 是 y 的前趋；特别地，如果 x 是 y 的前趋且 x 与 y 相邻，则称 x 是 y 的直接前趋（immediate predecessor）。

⊖ 贝尔曼最优化原理是动态规划的基本思想来源，而最短路问题的求解算法都是动态规划思想的应用，见第八章第二节。

⊜ 事实上，包含负有向圈的最短路问题没有实际意义，而同时含有正负边权的无向图的解法也异常复杂，所以本书中不涉及这两类问题。

$$P(v_j) = [d_j, pred_j]$$

一旦一个节点取得永久标号，则不再修改；

(2) **临时标号**（temporary labels）：当只能确定 d_j 是从 v_1 到 v_j 的最短距离上界时，v_j 的标号设为临时标号，简称 **T 标号**，表示为

$$T(v_j) = [d_j, pred_j]$$

Dijkstra 算法是一个迭代过程，在每次迭代中有两个任务：一是通过修改所有 T 标号点 v_j 的距离上界 d_j 及其前趋节点 $pred_j$ 来更新 v_j 的标号；二是从所有 T 标号点中选择一个转化为 P 标号点。这样，当迭代过程结束时，所有的点都转化为 P 标号点（亦即不存在 T 标号点），则所有点的距离上界就是 v_1 到该点的最短距离。该算法的具体步骤为：

初始化 将 v_1 的标号设为 P 标号 $P(v_1) = [0, -]$；对于每个 $v_j \neq v_1$，令 $T(v_j) = [w_{1j}, v_1]$，即 $d_j = w_{1j}$，$pred_j = v_1$⊖。然后，转入迭代步骤。

迭代 迭代包含以下三个步骤：

第 1 步 增加一个 P 标号点：找到一个满足

$$d_k = \min\{d_j | v_j \text{ 为 T 标号点}\}$$

的节点 v_k，将 v_k 的 T 标号变为 P 标号，然后进入第 2 步；

第 2 步 结束判断：如果图中所有的节点都是 P 标号点，迭代终止，从终点 v_t 由 $pred$ 反向追踪找出最短路径；否则，进入第 3 步；

第 3 步 修改 T 标号：v_k 是最后获得 P 标号的点，考察每个与 v_k 相邻的 T 标号点 v_j，比较 d_j 和 $d_k + w_{kj}$，如果

(1) $d_j < d_k + w_{kj}$，则不修改标号；

(2) $d_j > d_k + w_{kj}$，则把 d_j 修改为 $d_k + w_{kj}$，把 $pred_j$ 修改为 v_k；

(3) $d_j = d_k + w_{kj}$，则不修改 d_j，但需要将 v_k 追加到 $pred_j$ 中⊖。

本次迭代结束。返回第 1 步。

下面以例 7-3 的求解过程来理解 Dijkstra 算法的原理和步骤。

解：因为图中所有边权均为非负，可以使用 Dijkstra 算法求解。

初始化：给 v_1 标号 $P(v_1) = [0, -]$，即令 $d_1 = 0$，$pred_1 = -$；对于 v_1 之外的其他节点 v_j，其标号为 $T(v_j) = [w_{1j}, v_1]$，具体为：与 v_1 相邻的节点有 v_2、v_3 和 v_4，其标号分别为：

$$T(v_2) = [3, v_1], \quad T(v_3) = [5, v_1], \quad T(v_4) = [2, v_1]$$

对于与 v_1 不相邻的其他节点 $v_j (j = 5, 6, 7, 8)$，$w_{1j} = \infty$，因此其标号为 $T(v_j) = [\infty, v_1]$。标号结果如图 7-13 所示。

第 1 次迭代

第 1 步：在**所有的** T 标号节点 $v_j (j = 2, \cdots, 8)$ 中，选择 d_j 最小的节点 v_4，将其标号从 T 标号改为 P 标号，即 $P(v_4) = [2, v_1]$，见图 7-14a。

第 2 步：不是所有的点都是 P 标号点，进入下一步（以下不再提及此步骤）。

第 3 步：v_4 为最后取得 P 标号的点，考察与 v_4 相邻的 T 标号点 v_3，v_7，有

⊖ 起点 v_1 直接取得永久标号，$d_1 = 0$ 是已知条件，也即式 (7-3) 的约定，表示起点 v_1 到其自身的最短距离为 0，同时用"−"表示不存在 v_1 的前趋节点；对于其他节点 v_j，$d_j = w_{1j}$ 表示以 v_1 为前趋节点时 v_j 的距离上界为 w_{1j}；特别地，当 $(v_1, v_j) \notin E$ 时，即不存在 v_1 指向 v_j 的弧时，$w_{1j} = \infty$。

⊖ 即，v_j 以多个不同的 P 标号点作为前趋节点时有相等的距离上界，则这些前趋节点都要记录在 $pred_j$ 中。

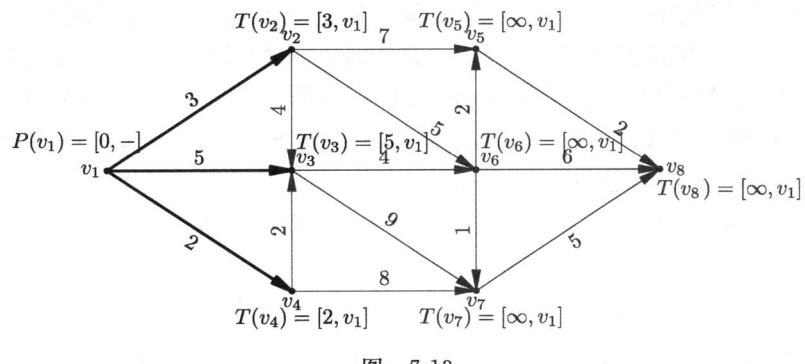

图 7-13

$\because (5=)d_3 > d_4 + w_{43}(=2+2=4)$，$\therefore$ 令 $d_3 = 4$，$pred_3 = v_4$，修改 v_3 的标号为 $T(v_3) = (4, v_4)$，表明以 v_4 为前趋节点时，v_3 的距离上界由 5 减小为 4。于是，将 v_3 的标号修改为 $T(v_3) = [4, v_4]$。同理，

$\because (\infty =)d_7 > d_4 + w_{47}(=2+8=10)$，$\therefore$ 令 $d_7 = 10$，$pred_7 = v_4$，修改 v_7 的标号为 $T(v_7) = [10, v_4]$。

至此，本次迭代完成，迭代结果如图 7-14b。

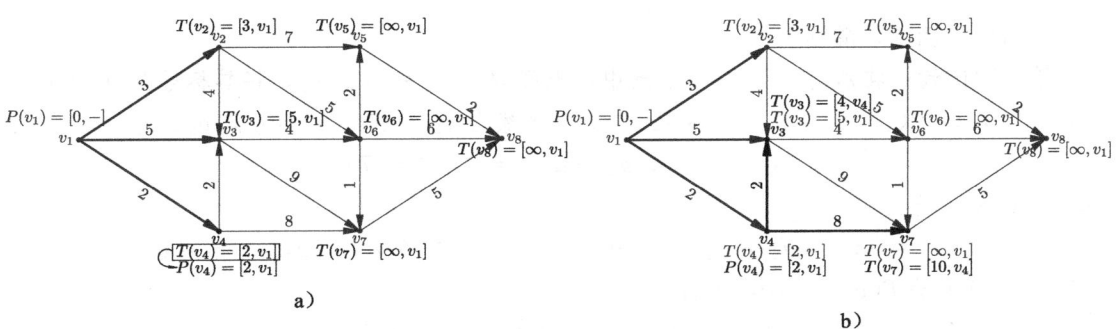

图 7-14

下面通过分析第 1 次迭代的过程来讲解 Dijkstra 算法的原理。

(1) 如果 v_j 是 P 标号点，则其标号中的 d_j 是从 v_1 到 v_j 的最短距离。

(2) 如果 v_j 是 T 标号点，则其标号中的 d_j 是从 v_1 到 v_j 最短距离的 "上界"。

实际上，T 标号点的 d_j 表示一类特殊路径的最短距离，这一类特殊的路径是：以某个 "现有的" P 标号点 v_i 为 v_j 的前趋节点的、从 v_1 到达 v_j 的路径。或者说，由 v_1 经过某条路径到达某个 "现有的" P 标号点 v_i，再经过弧 (v_i, v_j) 到达 v_j。由于 "现有的" P 标号点 v_i 可能有多个，所以这类路径可能会有多条，但其中一定有一条最短的。假设在这条最短路径上 v_j 的前趋 P 标号点是 v_k，根据最短路径具有最优子结构定理（定理 7.1），这条最短路径的长度必定为 $d_k + w_{kj}$。

由于这类特殊的路径只是从 v_1 到 v_j 所有可能路径中的一部分，所以 d_j 只能作为从 v_1 到 v_j 最短距离的 "上界"。不过，当所有的节点都是 P 标号点时，d_j 就是从 v_1 到 v_j 的最短距离。因此，Dijkstra 算法在每次迭代中只修改与 P 标号点相邻的 T 标号点，即只求上述特殊的最短距离；与此同时，每次迭代从所有 T 标号点中选择一个变为 P 标号点。最后，当所有节点都成为 P 标号点时，所有的最短距离上界 d_j 就是最短距离。

例如,第 1 次迭代中 v_3 标号的更新过程,就是寻找从 v_1 经过"现有"的 P 标号点(v_1 或 v_4),再经过连接该点与 T 标号点 v_3 的弧到达 v_3 的最短距离,经过比较(亦即迭代步骤中的第 3 步),发现以 v_4 为前趋节点比以 v_1 为前趋节点有更短的距离 $4<5$。这样,$d_3=4$ 就是由 v_1 到 v_3 且以某个现有 P 标号点为 v_3 前趋节点的所有路径中最短路径的长度,而 v_4 就是这时 v_3 的前趋节点,表示为 $pred_3=v_4$。

由此可知,不论 v_j 是否为 T 标号点,d_j 都符合下面的方程:

$$\begin{cases} d_1 = 0 \\ d_j = \min_{k \neq j}\{d_k + w_{kj} | v_k \text{ 为 P 标号点}\} \end{cases} \tag{7-4}$$

它与方程(7-3)的区别在于,当 v_j 为 T 标号点时,d_j 只是最短距离的"上界";而当所有 T 标号点都变为 P 标号点时,上述方程就等价于方程(7-3),此时问题得到求解。

进一步,根据算法步骤中迭代的第 1 步,每次迭代把所有 T 标号点中 d_j 数值最小的一个节点 v_k 变为 P 标号点,因为此时 d_k 就是从 v_1 到 v_k 的最短距离。如果这个结论不成立,那么必有另一个 T 标号节点 v_i 作为 v_k 的前趋节点时,可使从 v_1 到 v_k 的最短距离上界更小,也即 $d_i + w_{ik} < d_k$,但是,由于 $d_k < d_i$(因为 d_k 是所有 T 标号点中上界最小的),这样会推导出 $w_{ik} < 0$,这与问题特征中所有边权非负相矛盾。这也说明了为什么 Dijkstra 算法只适用于边权非负图的最短路问题。

下面回到例题,继续求解。

第 2 次迭代:在所有的 T 标号节点中,选择 d_j 最小的节点 v_2,将其标号从 T 标号改为 P 标号,即 $P(v_2)=[3, v_1]$,见图 7-15a。考察与 v_2 相邻的 T 标号点 v_3、v_5、v_6,有:

$$(4=)d_3 < d_2 + w_{23}(=3+4=7)$$

不修改 v_3 的标号;

$$\because (\infty=)d_5 > d_2 + w_{25}(=3+7=10), \therefore \diamondsuit\ d_5=10,\ pred_5=v_2,$$

修改 v_5 的标号为 $T(v_5)=[10, v_2]$;

$$\because (\infty=)d_6 > d_2 + w_{26}(=3+5=8), \therefore \diamondsuit\ d_6=8,\ pred_6=v_2,$$

修改 v_6 的标号为 $T(v_6)=[8, v_2]$。

迭代结果见图 7-15b。

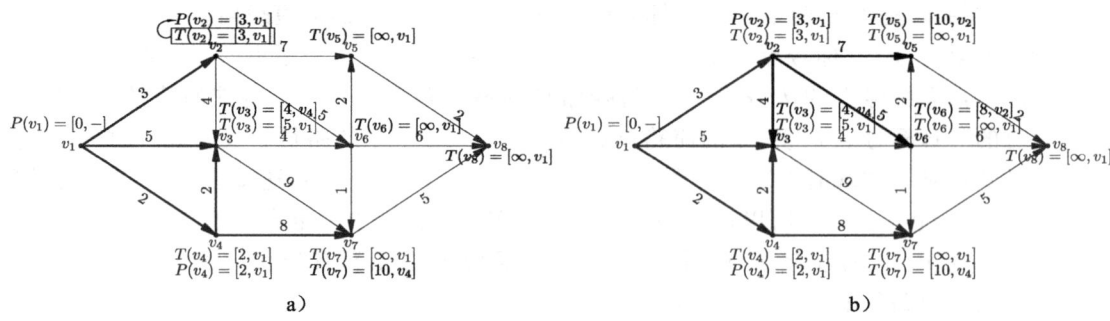

图 7-15

第 3 次迭代:将 T 标号点中 d_j 最小的 v_3 改为 P 标号,即 $P(v_3)=[4, v_4]$,见图 7-16a。

考察与 v_3 相邻的 T 标号点 v_6,v_7,有:

$\because (8=)d_6 = d_3 + w_{36}(=4+4=8)$，$\therefore 令 d_6 = 8$，$pred_6 = v_2 \& v_3$，修改 v_5 的标号为 $T(v_6)=[8, v_2 \& v_3]$；

$\because (10=)d_7 < d_3 + w_{37}(=4+9=13)$

不修改 v_7 的标号。其中，$d_6 = d_3 + w_{36}$ 说明 v_6 以 v_2 或者 v_3 为前趋节点时，最短距离上界相等（都为 8），这可能造成有多条最短路径的情况，所以需将 v_3 追加到 $pred_6$ 中。迭代结果见图 7-16b。

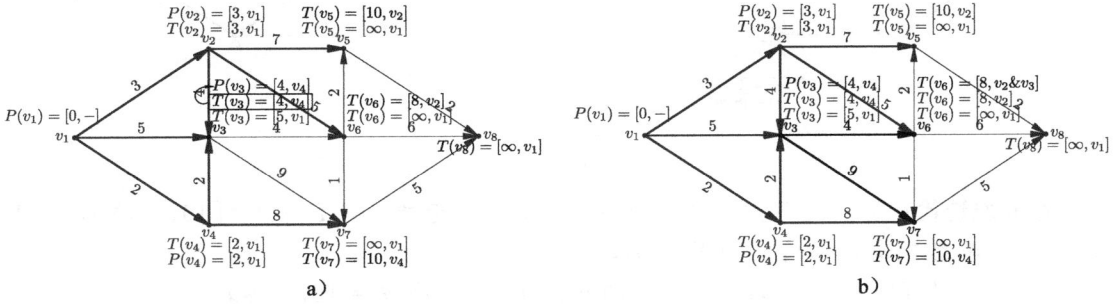

图 7-16

第 4 次迭代：将 T 标号点中 d_j 最小的 v_6 改为 P 标号，即 $P(v_6)=[8, v_2 \& v_3]$，见图 7-17a。考察与 v_6 相邻的 T 标号点 v_5，v_7，v_8，有：

$\because (10=)d_5 = d_6 + w_{65}(=8+2=10)$ $\therefore 令 d_5 = 10$，$pred_5 = v_2 \& v_6$

修改 v_5 的标号为 $T(v_5)=[10, v_2 \& v_6]$

$\because (10=)d_7 > d_6 + w_{67}(=8+1=9)$ $\therefore 令 d_7 = 9$，$pred_7 = v_6$

修改 v_7 的标号为 $T(v_7)=[9, v_6]$

$\because (\infty =)d_8 > d_6 + w_{68}(=8+6=14)$ $\therefore 令 d_8 = 14$，$pred_8 = v_6$

修改 v_8 的标号为 $T(v_8)=[14, v_6]$

迭代结果见图 7-17b。

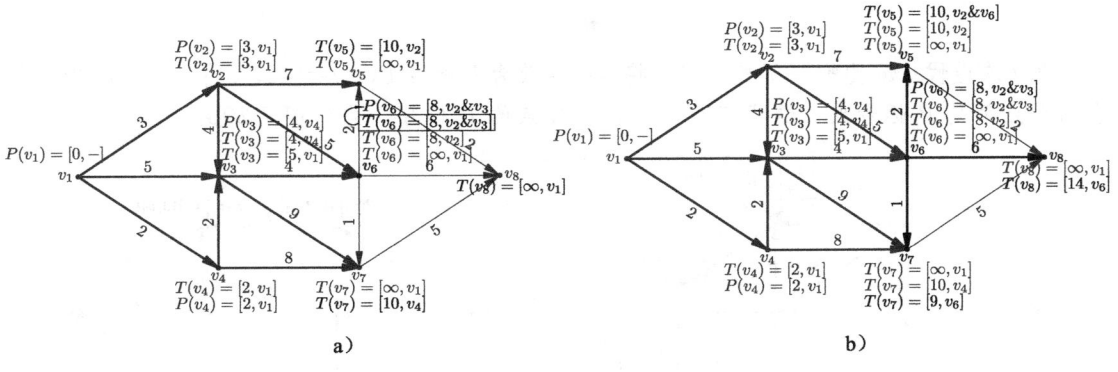

图 7-17

第 5 次迭代：将 T 标号点中 d_j 最小的 v_7 改为 P 标号，即 $P(v_7)=[9, v_6]$，见图 7-18a。考察与 v_7 相邻的 T 标号点 v_8，有：

$\because (14=)d_8 = d_7 + w_{78}(=9+5=14)$，$\therefore 令 d_8 = 14$，$pred_8 = v_6 \& v_7$，

修改 v_8 的标号为 $T(v_8)=[14, v_6 \& v_7]$。

迭代结果见图 7-18b。

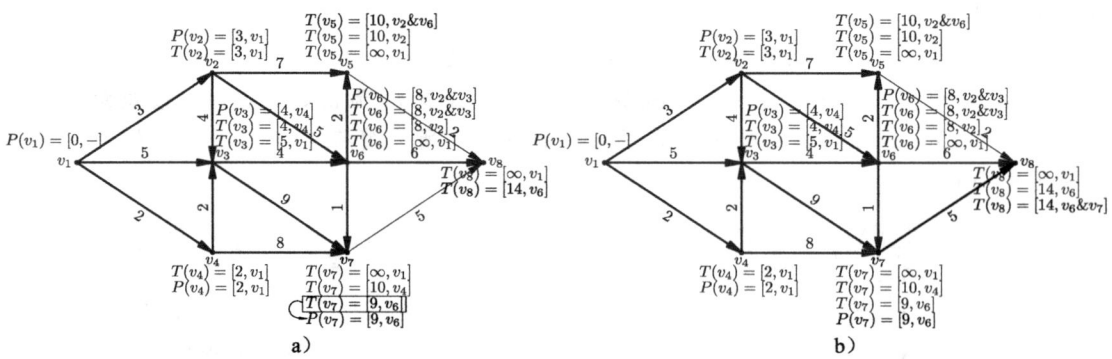

图 7-18

第 6 次迭代：将 T 标号点中 d_j 最小的 v_5 改为 P 标号，即 $P(v_5)=[10, v_2\&v_6]$，见图 7-19a。考察与 v_5 相邻的 T 标号点 v_8，有：

$$\because (14=)d_8 > d_5+w_{58}(=10+2=12) \quad \therefore 令 d_8=12, pred_8=v_5$$

修改 v_8 的标号为 $T(v_8)=[12, v_5]$。

迭代结果见图 7-19b。

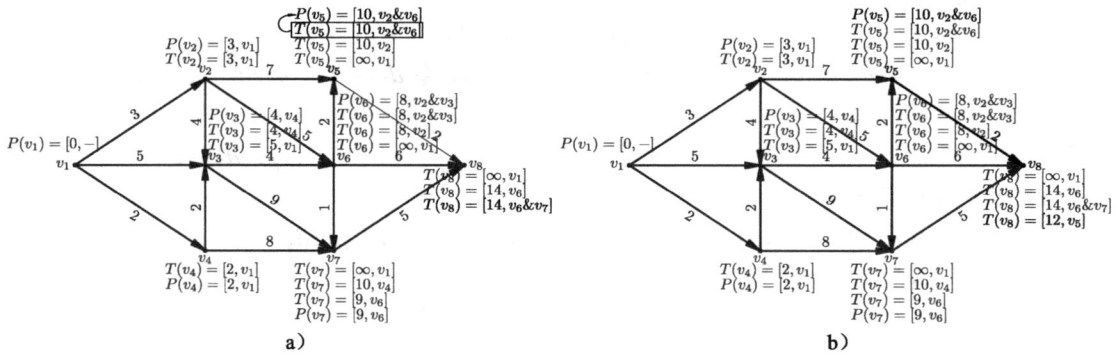

图 7-19

第 7 次迭代：v_8 为唯一 T 标号点，将其标号改为 P 标号 $P(v_8)=[12, v_5]$，见图 7-20a。所有的节点都是 P 标号点，迭代终止。只保留各点的 P 标号，得到图 7-20b。

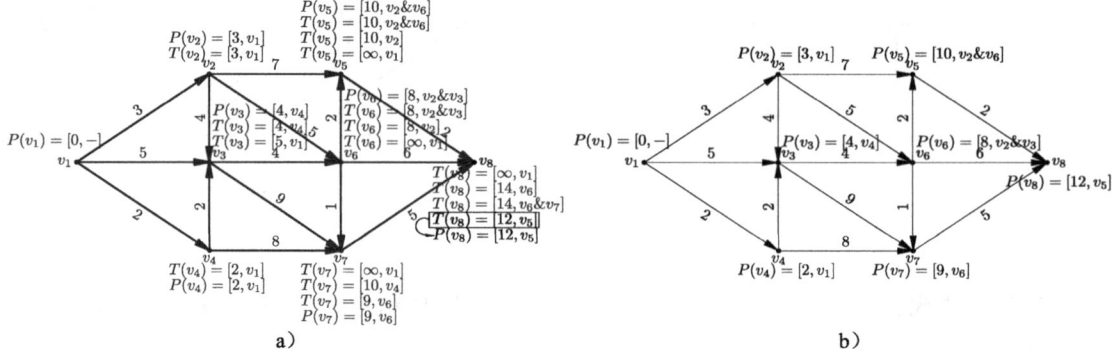

图 7-20

v_1 至 v_8 的最短路径长度 $d_8=12$。要找出最短路径，可由图 7-20b 中 v_8 的 $pred_8$ 标号

开始反向追踪。本例共有 3 条最短路径:

$$v_1 \to v_2 \to v_5 \to v_8$$
$$v_1 \to v_2 \to v_6 \to v_5 \to v_8$$
$$v_1 \to v_4 \to v_3 \to v_6 \to v_5 \to v_8$$

图 7-21 用加粗线标出了各条最短路径。求解结束。

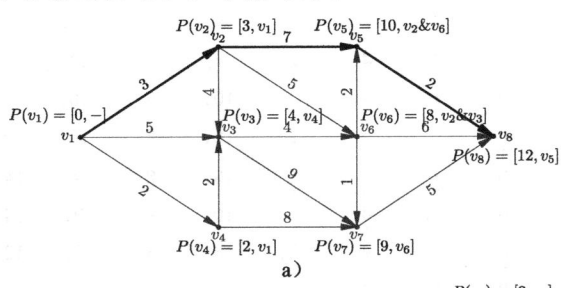

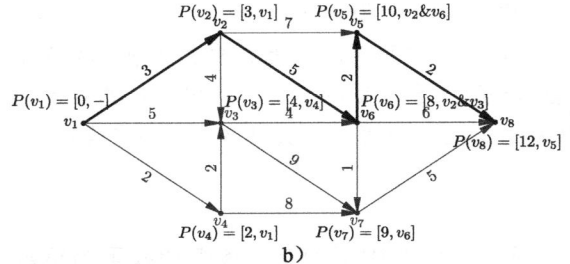

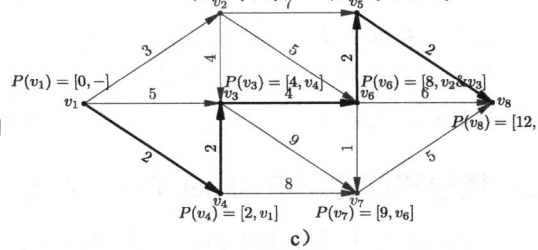

图　7-21

事实上，Dijkstra 算法的求解结果也给出了起点 v_1 到所有节点的最短距离和最短路径，例如 v_1 到 v_7 的最短距离为 9，最短路径为 $v_1 \to v_2 \to v_6 \to v_7$ 或 $v_1 \to v_4 \to v_3 \to v_6 \to v_7$。

对于适于书面求解的，节点集 V 和边集 E 都比较小的边权非负的最短路问题，可以根据 Dijkstra 算法的原理，对表述形式进行简化，我们将下面的方法称为**简化的 Dijkstra 标号法**。

引入表述式:

$$L_i = (d_1^{(i)}, d_2^{(i)}, \cdots, d_n^{(i)}) \tag{7-5}$$

其中，L_i 表示第 i 次迭代的结果，$d_j^{(i)}$ 表示在第 i 次迭代时 v_1 到 v_j 的最短距离或最短距离的上界。同时，用 $\overset{*}{d_j}$ 和 d_j 区分 v_j 是 P 标号点还是 T 标号点。

基于 Dijkstra 算法的原理，对于有 n 个节点的最短路问题，简化的 Dijkstra 标号法同样需要包括初始化在内共 n 次迭代才能对所有的节点完成 P 标号，其具体步骤如下:

初始化　写出 L_0 行，其中，$d_1^{(0)} = 0$，$d_j^{(0)} = w_{1j}$（$j = 2 \sim n$）。然后转到迭代步骤。

迭代　对于第 i 次迭代（$i \geqslant 1$）

第 1 步　**增加一个 P 标号点**: 在 L_{i-1} 行找到一个满足

$$d_k^{(i-1)} = \min\{d_j^{(i-1)} | v_j \text{ 为 } T \text{ 标号点}\}$$

的节点 v_k，在 L_i 行中，将 v_k 的 T 标号变为 P 标号，然后进入第 2 步;

第 2 步　**结束判断**: 如果所有的节点都是 P 标号点，迭代终止，从各节点 v_j 的前趋节点 $pred_j$ 反向追踪找出最短路径; 否则，进入第 3 步;

第 3 步　**修改 T 标号**: v_k 是最后获得 P 标号的点，考察每个与 v_k 相邻的 T 标号点 v_j。如果 $d_j^{(i)} = d_k + w_{kj}$，则将 v_k 追加到 $pred_j$; 如果 $d_j > d_k + w_{kj}$，则将 $pred_j$ 修改为 v_k; 否则不修改 $pred_j$。对于其他 P 标号点和 T 标号点，其 $d^{(i)}$ 的数值与第 L_{i-1} 行相同。本次迭代完成，返回第 1 步;

根据以上步骤描述，例 7-3 的求解可以简化为（各标号的具体计算过程略）：

$pred_j$			v_4		$v_2\&v_6$ $\cancel{v_2}$	$v_2\&v_3$ $\cancel{v_2}$	v_6 $\cancel{v_4}$	v_5 $v_6\&v_7$ $\cancel{v_6}$
	$-$	v_1	$\cancel{v_1}$	v_1	$\cancel{v_1}$	$\cancel{v_1}$	$\cancel{v_1}$	$\cancel{v_1}$
	(v_1,	v_2,	v_3,	v_4,	v_5,	v_6,	v_7,	v_8)
$L_0=$	(0,	3,	5,	2,	∞,	∞,	∞,	∞)
	$*$							
$L_1=$	(0,	3,	4,	2*,	∞,	∞,	10,	∞)
	$*$							
$L_2=$	(0,	3,	4,	2,	10,	8,	10,	∞)
	$*$	$*$		$*$				
$L_3=$	(0,	3,	4,	2,	10,	8,	10,	∞)
	$*$	$*$	$*$	$*$				
$L_4=$	(0,	3,	4,	2,	10,	8,	9,	14)
	$*$	$*$	$*$	$*$		$*$		
$L_5=$	(0,	3,	4,	2,	10,	8,	9,	14)
	$*$	$*$	$*$	$*$		$*$	$*$	
$L_6=$	(0,	3,	4,	2,	10,	8,	9,	12)
	$*$	$*$	$*$	$*$	$*$	$*$	$*$	
$L_7=$	(0,	3,	4,	2,	10,	8,	9,	12)
	$*$	$*$	$*$	$*$	$*$	$*$	$*$	$*$

最后一轮标号 L_7 中的数值就是从起点 v_1 到各点的最短距离。在上面的表述中，各节点 v_j 的前趋节点 $pred_j$ 在节点符号的上方记录，当 $pred_j$ 发生改变时，则划去旧的，并在其上方写出新的。从起点 v_1 到终点 v_8 及其他各点的最短路径同样可利用反向追踪求得（略）。

三、最短路问题的 Bellman-Ford 算法

Dijkstra 算法只能求解边权非负的最短路问题，当问题中至少有一条弧的权重为负数时，Dijkstra 算法失效。例如，图 7-22 中 v_1 到 v_3 的最短距离为 2，而用 Dijkstra 算法得到的结果是 3。

在 Dijkstra 算法中，一个节点 v_j 取得 P 标号后不再修改，其前提是以其他 T 标号节点 v_i 作为其前趋节点时，其最短距离上界不会减小，这个前提条件显然只有在边权全部非负的赋权网络中才成立。

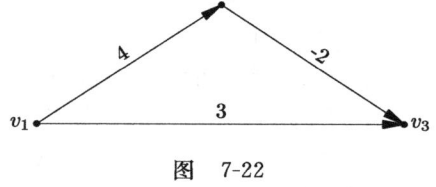

图 7-22

对于存在负边权的赋权有向图，求解指定点 v_1 到图中任意点 v_j 的最短距离，可使用一类称为**逐次逼近法**（successive approximation）的方法。逐次逼近法的算法思想也来源于贝尔曼最优化原理，这类方法包括 Bellman-Ford 算法、SPFA 算法（Bellman-Ford 算法的改进版本），以及 Floyd-Warshall 算法（简称 Floyd 算法），前两者适用于单源点最短路问题，而第三个方法则可以求出任意两点之间的最短路。本书仅介绍 Bellman-Ford 算法。

Bellman-Ford 算法由 Richard Bellman 和 Lester Ford 于 1956 年提出。其算法立足于一个基本事实，如果一个（不含负有向圈的）赋权有向图 G 中有 n 个节点，那么从起点 v_1 出发到达其他任意节点 v_j 的最短路所经过的弧的数量不会超过 $n-1$ 条。

定义 $d_j^{(k)}$ 为从 v_1 出发经过不超过 k 条弧到达 v_j 的最短距离（$k=1,\cdots,n-2$），Bellman-Ford 算法的计算思路为：先求出从 v_1 经过 1 条弧到达所有 v_j 的最短距离 $d_j^{(1)}$，以此值作为 v_j 的最短距离上界，这里称为第 1 层；再求出从 v_1 经过不超过 2 条弧到达所有 v_j 的最短距离 $d_j^{(2)}$，作为各点的最短距离上界（即第 2 层）；按此顺序求解下去，至多 $n-1$ 次就能找到从 v_1 到 v_j 的最短距离。在未求得从 v_1 到任意节点 v_j 的最短距离前，每求解一层，都一定会有若干节点的最短距离上界收敛；反之，如果第 $k+1$ 层的求解结果对于

所有节点 v_j 都有 $d_j^{(k+1)} = d_j^{(k)}$，则表明即使再增加外推的层数，从 v_1 到所有节点 v_j 的最短距离上界都将不再收敛，求解结束。

从数学上，这种算法本质上就是求解方程（7-3）的变形形式：

$$\begin{cases} d_1^{(1)} = 0, & \text{(7-6)} \\ d_j^{(1)} = w_{1j}, & j \neq 1 \text{(7-7)} \\ d_j^{(k+1)} = \min_{i \neq j}\{d_i^{(k)} + w_{ij}\} & 1 \leqslant k \leqslant n-2, 1 \leqslant j \leqslant n \text{(7-8)} \end{cases}$$

其中，式（7-6）和（7-7）约定 v_1 经过不超过 1 条弧到 v_1 和其他节点 v_j 的最短距离分别为 0 和弧 (v_1, v_j) 的权 w_{1j}；式（7-8）基于最短路径有最优子结构的原理，把对 v_j 第 $k+1$ 层的求解变成了向 v_i 第 k 层的结果中增加一条弧 (v_i, v_j) 的递推问题，这正是这种算法被归为"逐次逼近法"范畴的原因。

对于一个包含 n 个节点的赋权有向图 $G = (V, E, W)$，约定对任意 $(v_i, v_j) \notin E$，有 $w_{ij} = +\infty$，则 Bellman-Ford 算法的步骤为：

初始化 令

$$d_j^{(1)} = w_{1j} \quad (j = 1, 2, \cdots, n)$$

其中，约定 $d_1^{(1)} = 0$。然后，令 $k=1$，进入迭代步骤。

迭代 每次迭代包含以下 2 个步骤：

第 1 步　逼近 用 $d_j^{(k)}$ 表示第 k 层逼近的结果（$k = 1, 2, \cdots, n-2$），计算：

$$d_j^{(k+1)} = \min_{i \neq j}\{d_i^{(k)} + w_{ij}\} \quad (j = 1, 2, \cdots, n) \quad \text{(7-8)}$$

其中恒有 $d_1^{(k)} = 0$；进入第 2 步。

第 2 步　最优判断 如果满足

$$d_j^{(k+1)} = d_j^{(k)} \quad (j = 1, 2, \cdots, n) \quad \text{(7-9)}$$

则停止计算，$d_j^{(k+1)}(j = 1, 2, \cdots, n)$ 就是 v_1 到各点 v_j 的最短距离，进入"找出最短路径"步骤；否则，令 $k = k+1$，返回第 1 步。

找出最短路径 找出 v_j 的前趋节点 $pred_j$（即对各点 v_j 使式（7-8）得以成立的 v_i），然后通过反向追踪法找出最短路径。

例 7-5 用 Bellman-Ford 算法求解图 7-23 中 v_1 到 v_8 的最短路径和最短距离。

解：(1) 初始化（第 1 次迭代）：令 $d_j^{(1)} = w_{1j}$，则有

$d_1^{(1)} = 0, \quad d_2^{(1)} = 2,$
$d_3^{(1)} = 5, \quad d_4^{(1)} = 4,$
$d_5^{(1)} = d_6^{(1)} = d_7^{(1)} = d_8^{(1)} = +\infty$

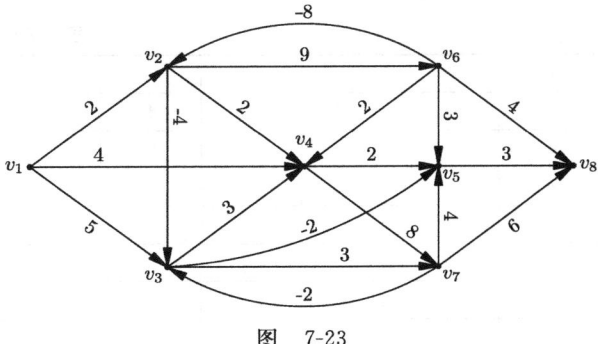

图 7-23

为便于计算，可把以上的数字填入表中，如表 7-5 所示，表格分为两部分，左边部分为边权表（第一列为 v_i，第一行为 v_j），右边部分以列的形式记录 $d_j^{(k)}$，表中的空单元格表示 $+\infty$。

表 7-5

w_{ij}	v_1	v_2	v_3	v_4	v_5	v_6	v_7	v_8	$d_j^{(1)}$
v_1		2	5	4					0
v_2			-4	2		9			2
v_3				3	-2		3		5
v_4					2		8		4
v_5								3	
v_6		-8		2	3		4		
v_7				-2	4			6	
v_8									

(2) 第 2 次迭代

逼近： $d_1^{(2)}=0$ 是已知条件，根据式（7-8）分别计算 $d_j^{(2)} j=2,\cdots,8$

$$d_2^{(2)} = \min_{i\neq 2}\{d_i^{(1)} + w_{i2}\} = \min\begin{cases} d_1^{(1)}+w_{12}, & d_3^{(1)}+w_{32}, & d_4^{(1)}+w_{42}, & d_5^{(1)}+w_{52} \\ d_6^{(1)}+w_{62}, & d_7^{(1)}+w_{72}, & d_8^{(1)}+w_{82} \end{cases}$$

由表 7-5 可知，w_{32}、w_{42}、w_{52}、w_{72}、w_{82} 以及 $d_5^{(1)}$、$d_6^{(1)}$、$d_7^{(1)}$、$d_8^{(1)}$ 都为 $+\infty$，因此上式可简化为：

$$d_2^{(2)} = \min\{d_1^{(1)} + w_{12}\} = 0 + 2 = 2$$

同理，

$$d_3^{(2)} = \min_{i\neq 3}\{d_i^{(1)} + w_{i3}\}$$
$$= \min\begin{cases} d_1^{(1)}+w_{13}, & d_2^{(1)}+w_{23}, & d_4^{(1)}+w_{43}, & d_5^{(1)}+w_{53} \\ d_6^{(1)}+w_{63}, & d_7^{(1)}+w_{73}, & d_8^{(1)}+w_{83} \end{cases}$$
$$= \min\{d_1^{(1)}+w_{13}, d_2^{(1)}+w_{23}\} = \min\{0+5, 2+(-4)\} = -2$$

类似地，其他各点的求解结果为

$$d_4^{(2)} = \min\{d_1^{(1)}+w_{14}, d_2^{(1)}+w_{24}, d_3^{(1)}+w_{34}\} = 4$$
$$d_5^{(2)} = \min\{d_3^{(1)}+w_{35}, d_4^{(1)}+w_{45}\} = 3 \qquad d_6^{(2)} = \min\{d_2^{(1)}+w_{26}\} = 11$$
$$d_7^{(2)} = \min\{d_3^{(1)}+w_{37}, d_4^{(1)}+w_{47}\} = 7 \qquad d_8^{(2)} = +\infty$$

在表 7-5 右边加入一列 $d_j^{(2)}$，将上述计算结果填入表中，得表 7-6。

表 7-6

w_{ij}	v_1	v_2	v_3	v_4	v_5	v_6	v_7	v_8	$d_j^{(1)}$	$d_j^{(2)}$
v_1		2	5	4					0	0
v_2			-4	2		9			2	2
v_3				3	-2		3		5	-2
v_4					2		8		4	4
v_5								3		3
v_6		-8		2	3		4			11
v_7				-2	4			6		8
v_8										

观察表 7-6 的结构可知，上述计算过程可以变成表格的列运算。例如，$d_2^{(2)}$ 的值就是 $d_j^{(1)}$ 列与边权表中 v_2 所在列对应元素之和的最小值，$d_4^{(2)}$ 的值就是 $d_j^{(1)}$ 列与边权表中 v_4

所在列对应元素之和的最小值。利用这个规律，就可以直接在表格内完成全部计算过程。

最优判断： 显然，对于任意 j，$d_j^{(2)} = d_j^{(1)}$ 不成立，需继续迭代。

按以上方式完成第 3、4、5 次迭代，得到表 7-7。此时对于任意 j，已经满足 $d_j^{(5)} = d_j^{(4)}$。$d_j^{(4)}$ 或 $d_j^{(5)}$ 列就是从 v_1 到各点 v_j 的最短距离。其中，从 v_1 到 v_8 的最短距离为 -1。

为了求出 v_1 到各点的最短路径，应先找到各点取得最短距离时的前趋节点，可以通过重复 $d_j^{(4)}$ 或 $d_j^{(5)}$ 列的计算过程来完成。例如，对于 v_3，

$$d_3^{(4)} = \min\{d_1^{(3)} + w_{13}, d_2^{(3)} + w_{23}, d_7^{(3)} + w_{73}\}$$
$$= \min\{0+5, 2+(-4), 1+(-2)\} = -2$$

说明 v_3 得到这个最短距离 -2 时，其前趋节点是 v_2。对应在表格中，v_3 列和 $d_j^{(3)}$ 列对应元素和的最小值出现 v_2 行，也可以据此判断 v_3 的前趋节点是 v_2。采用类似的方法，可以找出其他各点的前趋节点，并作为一列（$pred_j$ 列）追加到求解表格中，如表 7-7 所示。

表 7-7

w_{ij}	v_1	v_2	v_3	v_4	v_5	v_6	v_7	v_8	$d_j^{(1)}$	$d_j^{(2)}$	$d_j^{(3)}$	$d_j^{(4)}$	$d_j^{(5)}$	$pred_j$
v_1		2	5	4					0	0	0	0	0	—
v_2			-4	2		9			2	2	2	2	2	v_1
v_3				3	-2		3		5	-2	-2	-2	-2	v_2
v_4					2		8		4	4	1	1	1	v_3
v_5								3		3	-4	-4	-4	v_3
v_6		-8		2	3			4	11	11	11	11	11	v_2
v_7			-2		4			6	8	1	1	1	1	v_3
v_8										6	-1	-1	-1	v_5

然后，从 $pred_8$ 开始反向追踪：v_8 的前趋节点为 v_5，v_5 的前趋节点为 v_3，v_3 的前趋节点为 v_2，v_2 的前趋节点为 v_1。则从 v_1 到 v_8 的最短路径为 $v_1 \rightarrow v_2 \rightarrow v_3 \rightarrow v_5 \rightarrow v_8$，如图 7-24 所示。

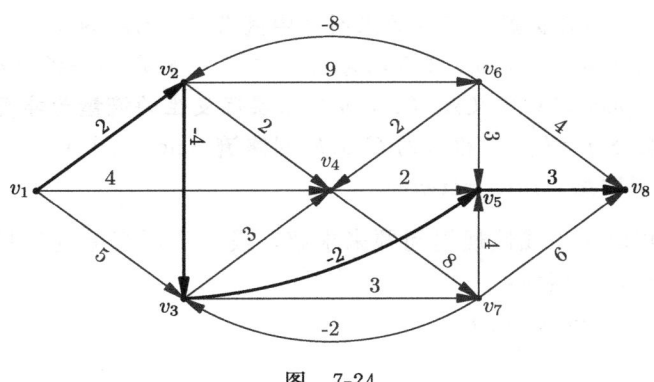

图 7-24

利用同样的方法，还可从表 7-10 中读出从 v_1 到其他任意节点的最短路径，解毕。

本节介绍的算法适用于求解单源点到其他所有节点的最短距离及最短路径，如果要求解图中任意两点之间的最短距离及路径，可以采用 Floyd-Warshall 算法求解，它的算法思想与 Bellman-Ford 算法一致。另外，以上算法的思想比较容易理解，但它们在计算的效率上并不是最优的，已经出现了各种提高计算效率的改进版本，如 SPFA 算法等。目前，最短路问题的算法已经被广泛地应用于现实问题的优化，或者成为某些领域的基本分析工具，如数据挖掘领域、数学优化领域。

第四节 最大流问题

许多现实问题都涉及流量的问题，例如物流、道路交通流、管道中的水流、电网中的电流、通信网络中的信息流、金融系统中的资金流等。当流的渠道容量受到限制的时候，人们很自然会提出两点之间最大流量是多少，以及如何达到并提升这个最大流量的问题。这就是最大流问题，它也是图论中的一个基本问题。

一、问题定义

例 7-6 考虑图 7-25 所示的 Petro 公司的天然气管道输送网络。图中的节点 v_s 为 Petro 公司的制气厂，v_t 为输送目的地的储气库，其他中间节点为流量检测和控制站；各点间的弧代表输送管道，其权值的两个数字分别表示容量和当前的流量。问：应如何利用输送管道，可以使从生产厂运输到目的地的天然气最多？

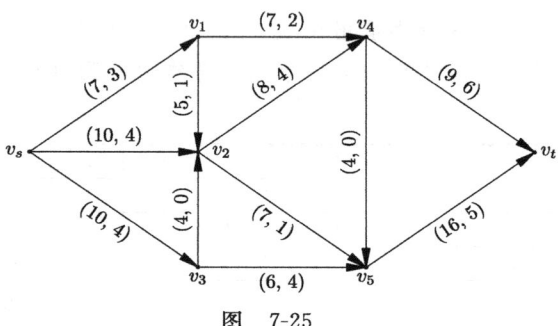

图 7-25

上例就是一个最大流问题的典型表述，如果说最短路问题的图 G 中各边的数量特征表示的是长度（也可以说最短路问题研究的是长度网络），那么最大流研究的问题中，各边的数量特征表示的就是容量和流量，其图（网络）模型是流量网络。

定义 7.16 流量网络、流量与流 给定一个连通的赋权有向图 $G=(V, E, C)$，指定唯一的一个节点 v_s 为**源点**（source），该点只有出弧而无入弧；指定另一点 v_t 为**汇点**（sink），该点只有入弧而无出弧，其余的点叫作**中间节点**（transshipment nodes）；集合 C 为非负容量集合，其元素 $c(v_i, v_j)$（简记为 c_{ij}）与 E 中的每一条弧 (v_i, v_j) 一一对应，称之为弧的**容量**（capacity）；定义弧 (v_i, v_j) 上实际发生的**流量**为非负数 $f(v_i, v_j)$（简记为 f_{ij}）。流量的集合 $f=\{f_{ij}\}$ 称为图 G 上的**网络流**（network flow），简称**流**。在此背景下，称图 G 为**流量网络**（flow network）。

最大流问题可以转化为线性规划问题来求解，设一个可行流的流量为 $v(f)$，则求解网络最大流的线性规划模型为：

$$\max v(f) \tag{7-10}$$

$$\text{s.t.} \sum_{(v_i, v_j)} f_{ij} - \sum_{(v_k, v_i)} f_{ki} = \begin{cases} v(f) & i=s \\ 0 & i \neq s, t \\ -v(f) & i=t \end{cases} \tag{7-11}$$

$$0 \leqslant f_{ij} \leqslant c_{ij} \quad (v_i, v_j) \in E \tag{7-12}$$

其中，式（7-10）为求可行流流量最大的目标函数；式（7-11）为**流量守恒条件**，表示源点 v_s 的流出量和汇点 v_t 的流入量都为 $v(f)$，中间节点 $v_i(i \neq s, t)$ 的流入量与流出量相等；式（7-12）为**容量限制条件**，表示每条弧上的流量必须非负且不能超过容量。

定义 7.17 可行流与最大流 在流量网络 G 中，同时满足容量限制条件和流量守恒条件的流，称为**可行流**；使得 $v(f)$ 取得最大值的可行流，就是网络 G 的**最大流**。

例 7-6 中图 7-25 给出的流就是一个可行流，当所有弧上的流量 $f_{ij}=0$ 时，有 $v(f)=0$，此时 f 就是一个最简单的可行流——**零流**。

由最大流问题的定义可知，求解例 7-6 等价于求解以下线性规划模型：

$$\begin{aligned}
\max \quad & v(f) \\
\text{s. t.} \quad & f_{s1}+f_{s2}+f_{s3}=v(f) \\
& f_{s1}-f_{12}-f_{14}=0 \\
& f_{s2}+f_{12}+f_{32}-f_{24}-f_{25}=0 \\
& f_{s3}-f_{32}-f_{35}=0 \\
& f_{14}+f_{24}-f_{45}-f_{4t}=0 \\
& f_{25}+f_{35}+f_{45}-f_{5t}=0 \\
& f_{4t}+f_{5t}=v(f) \\
& 0 \leqslant f_{ij} \leqslant c_{ij}
\end{aligned}$$

二、基本概念与定理

流量网络的最大流与两个基本概念有关，一个是网络 G 的割及其容量，另一个是可行流 f 的增广链。前者用于确定网络最大流的流量 $v(f)$ 的具体数值，而后者用于判断可行流 f 是否为最大流。

1. 割、割的容量与最大流

定义 7.18　割或截集　所谓**割**（cut）是指将图 $G=(V,E)$ 的节点集 V 分成两个子集：将 V 分割成 S 和 T，满足 $V=S\cup T$ 且 $S\cap T=\varnothing$，则此割表示为 (S,T)。对于割 (S,T)，由所有 $v_i\in S$ 且 $v_j\in T$ 的弧 (v_i,v_j) 组成的集合，称为割 (S,T) 的**割集**（cut set，或**截集**），即

$$\{(v_i,v_j)\in E\,|\,v_i\in S, v_j\in T\}.$$

最大流问题关注流量网络 $G=(V,E,C)$ 中使得 $v_s\in S$ 且 $v_t\in T$ 的割，通常称为 **s-t 割**（如无特别说明，以下所涉及的割都特指 s-t 割），则 s-t 割的割集就是所有始点在 S 中且终点在 T 中的弧的集合，其中 $v_s\in S$ 且 $v_t\in T$。

当一个连通的流量网络 G 的节点数超过 2 时，就会存在多个割，但割的数量一定是有限的。图 7-26 给出了例 7-6 的两个割。

对于图 7-26a 的割 (S,T)，有 $S=\{v_s,v_1,v_2,v_3\}$，$T=\{v_4,v_5,v_t\}$，其割集为
$$\{(v_1,v_4),(v_2,v_4),(v_2,v_5),(v_3,v_5)\};$$

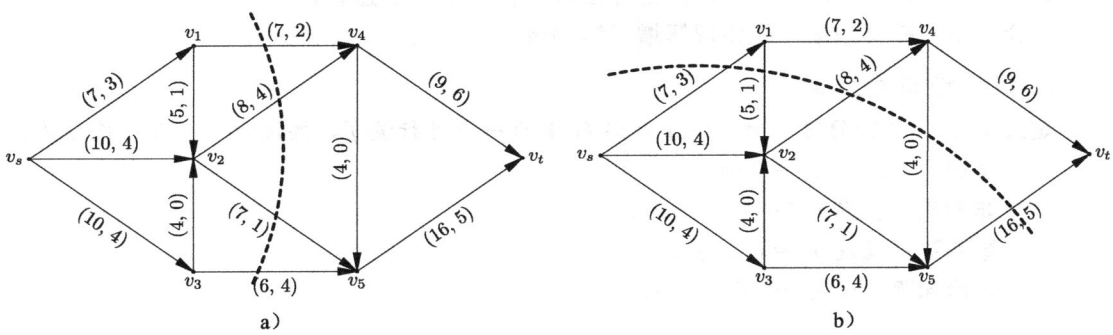

图　7-26

图 7-26b 的割 (S', T'), 有 $S'=\{v_s, v_2, v_3, v_5\}$, $T'=\{v_1, v_4, v_t\}$, 其割集为
$$\{(v_s,v_1),(v_2,v_4),(v_5,v_t)\}$$

注意，弧 (v_1, v_2) 和 (v_4, v_5) 不是 (S', T') 的割集中的弧，因为这两条弧的始点在 T' 中，与定义 7.18 不符。

定义 7.19 割的容量 设 (S, T) 为流量网络 G 中的一个割，则称其割集中所有弧的容量之和为该割的**容量**（或**截量**），记为 $c(S, T)$, 即

$$c(S,T) = \sum_{(v_i,v_j) \in (S,T)\text{的割集}} c_{ij} \tag{7-13}$$

例如，对于上面所举的两个割，有
$$c(S,T) = c_{14} + c_{24} + c_{25} + c_{35} = 7+8+7+6 = 28$$
$$c(S',T') = c_{s1} + c_{24} + c_{5t} = 7+8+16 = 31$$

结合割集的容量，容易理解流量网络 $G=(V, E, C)$ 中割集的意义：如果把割集中的所有弧移除掉（或者将这些弧的容量减小为 0），则网络中将不存在流量为正 $(v(f)>0)$ 的可行流。反过来看，一个可行流 f 的流量 $v(f)$ 在很大程度上取决于割的容量，更确切地说，任意一个可行流 f 的流量 $v(f)$, 都不会超过任一个割的容量 $c(S, T)$, 即

$$v(f) \leqslant c(S,T) \tag{7-14}$$

不同的割可能有不同的容量，定义流量网络 G 中容量最小的割，即满足
$$c(S^*,T^*) = \min\{c(S,T)\}$$

的割 (S^*, T^*) 为**最小割**⊖。那么，最小割的容量与最大流的流量之间的关系由以下定理给出：

定理 7.2 最大流—最小割定理 如果可行流 f^* 是流量网络 $G=(V, E, C)$ 中由源点 v_s 到汇点 v_t 的最大流，则其流量 $v(f^*)$ 一定等于分割 v_s 和 v_t 的最小割 (S^*, T^*) 的容量，即

$$v(f^*) = c(S^*,T^*)$$

定理 7.2 表明，最小割的割集就是平常意义上的"瓶颈"，找到最小割并提高其割集中弧的容量，就可以克服网络流量瓶颈，这也是求解最大流问题的一个重要意义。那么如何找到一个流量网络 G 的最小割呢？一种思路是穷举：既然流量网络 G 中割（s-t 割）的数量是有限的，穷举出所有的割然后找到容量最小的，但是对于节点数较多的网络，这种做法效率并不高。更可行的思路是通过算法求解网络的最大流 f^*, 在得到最大流的同时得出最小割，后面将介绍的一种增广链算法就提供了这样的途径。

在介绍增广链算法前，先要理解增广链的概念和意义。

2. 增广链与最大流

定义 7.20 弧的分类 对于流量网络 G 中的一个可行流 f, 按流量大小可将弧分为：

零流弧：满足 $f_{ij}=0$ 的弧；
非零流弧：满足 $0<f_{ij}\leqslant c_{ij}$ 的弧；
饱和弧：满足 $f_{ij}=c_{ij}$ 的弧；
非饱和弧：满足 $0\leqslant f_{ij}<c_{ij}$ 的弧。

⊖ 需注意，由于流量网络 G 中可能有容量相等的最小割，所以最小割不具有唯一性。

定义 μ 是图 G 中连接源点 v_s 和汇点 v_t 一条链，则链 μ 上的弧又可按方向分为两类：

前向弧：与链 μ 方向一致的弧，其集合记为 μ^+；

后向弧：与链 μ 方向相反的弧，其集合记为 μ^-。

对于图 7-25 给出的流，所有弧都是非饱和弧，(v_3, v_2) 和 (v_4, v_5) 为零流弧，其他都为非零流弧。

图 7-27 用加粗的线条给出了两条连接 v_s 到 v_t 的链。对于图 a、b 中给出的链 μ_a 和 μ_b，
$$\mu_a = \{v_s, (v_s, v_3), v_3, (v_3, v_5), v_5, (v_2, v_5), v_2, (v_2, v_4), v_4, (v_4, v_t), v_t\}$$
$$\mu_b = \{v_s, (v_s, v_1), v_1, (v_1, v_2), v_2, (v_3, v_2), v_3, (v_3, v_5), v_5, (v_5, v_t), v_t\}$$

分别有
$$\mu_a^+ = \{(v_s, v_3), (v_3, v_5), (v_2, v_4), (v_4, v_t)\}, \quad \mu_a^- = \{(v_2, v_5)\}$$
$$\mu_b^+ = \{(v_s, v_1), (v_1, v_2), (v_3, v_5), (v_5, v_t)\}, \quad \mu_b^- = \{(v_3, v_2)\}$$

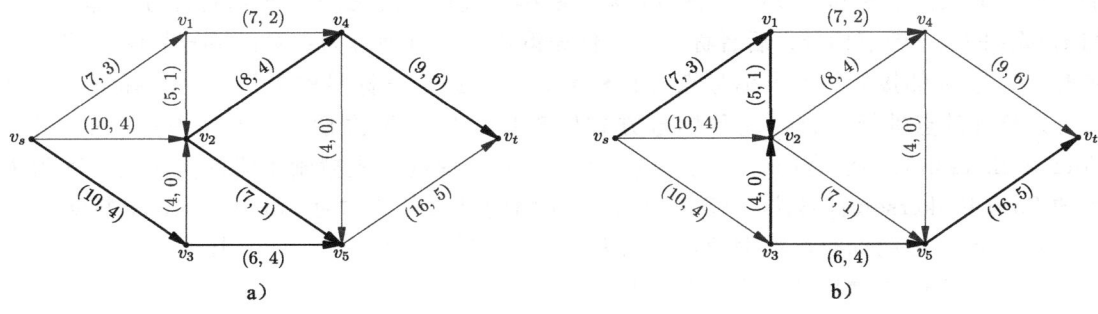

图 7-27

由以上弧的分类，可以定义一类特殊的链：

定义 7.21 增广链 给定流量网络 G 上的一个可行流 f，设 μ 是连接 v_s 到 v_t 的一条简单链，如果 μ 同时满足：

(1) 所有前向弧都是非饱和弧，即 $f_{ij} < c_{ij}$，$\forall (v_i, v_j) \in \mu^+$

(2) 所有后向弧都是非零流弧，即 $f_{ij} > 0$，$\forall (v_i, v_j) \in \mu^-$

则称 μ 是一条关于可行流 f 的**增广链**（augmenting path，或**增广路**）。

由定义可知，图 7-27 给出的两条连接 v_s 和 v_t 的链，μ_a 满足前向弧皆非饱和、后向弧皆非零流的要求，μ_a 为增广链；而 μ_b 不是增广链，因为其后向弧 (v_3, v_2) 为零流弧。需说明的是，增广链是简单链，链上点和边都不能重复，因此对于一个可行流 f 而言，增广链的数量是有限的。

增广链与网络最大流 f^* 之间的关系可以表述为以下的重要定理。

定理 7.3 增广链定理 假设 f^* 是给定流量网络 $G = (V, E, C)$ 的一个可行流，则当且仅当 G 中不存在关于流 f^* 的增广链时，f^* 是 G 的最大流。

由定义 7.21 可知，增广链就是流量可以提升的路径，由此，定理 7.3 实际上也给出了最大流问题的求解思路，简单来说就是找到增广链，然后有针对性地提升流量逐步剔除增广链从而得到新的可行流，直到某个可行流 f^* 中不再存在增广链时，它就是网络的最大流。这正是最大流问题增广链算法的通用思路。

三、最大流问题的 Ford-Fulkerson 标号算法

Ford-Fulkerson 标号法是最大流问题的通用算法，它从求解原理上属于增广链算法。增广链算法的第一步是通过搜索找到关于可行流 f 的增广链及增广链上可扩充的流量，Ford-Fulkerson 算法通过标号来完成这个过程。在标号搜索过程中，每个节点可能为以下三种状态之一：①已标号已检查；②已标号未检查；③未标号。

所谓**检查**，是指从一个已取得标号的节点 v_i 出发，搜寻与之邻接的其他未取得标号的节点 v_j，并根据 v_i 的标号得出 v_j 的标号。这样，v_i 的状态如果是"标号已检查"，说明 v_i 在取得标号后，已经为与其邻接的一个或所有节点得出了标号。究竟是为一个还是所有与 v_i 邻接的节点得出标号，是两种不同的搜索策略。前者称为深度优先策略，可以理解为：为了尽可能快找到一条 v_s 到 v_t 的增广链，对已标号节点 v_i 进行检查时，只为一个与 v_i 邻接的、与 v_t 较接近的未标号节点 v_j 标号，除非后续的过程最终无法令 v_t 取得标号，都不再为与 v_i 邻接的其他节点标号；后者称为广度优先策略，可以理解为：对已标号节点 v_i 进行检查时，为与 v_i 邻接的每个未标号点进行标号，且根据获得标号的先后次序选择下一个已标号未检查的点进行检查，这种标号方式体现出一定的层次性⊖。由检查策略的不同，Ford-Fulkerson 标号法有两种不同的变形形式，基于深度优先搜索策略的算法又被称为传统的 Ford-Fulkerson 标号法，基于广度优先策略的算法又被称为 Edmonds-Karp 算法。

对于节点 v_j 的标号，本书约定表示为 $[+v_i, \theta_j]$ 或 $[-v_i, \theta_j]$，其中：

(1) v_i 是 v_j 在增广链 μ 上的前趋节点；

(2) v_i 前面的符号"+"或"−"表明关联 v_i 与 v_j 的弧与增广链 μ 方向的关系：如果关联 v_i 与 v_j 的弧 (v_i, v_j) 为前向弧，则取"+"；反之，如果弧 (v_j, v_i) 为后向弧，则取"−"；

(3) θ_j 表示当 v_j 获得当前标号时为止，从 v_s 经各标号点到 v_j 的这条链上允许增广的流量。

在此标号规则下，当 v_t 取得标号时，可以通过反向追踪找到一条由 v_s 到 v_t 的增广链 μ；而 v_t 标号中的 θ_t 值，就是这条增广链 μ 可以扩充的流量，称为**可增广量**（augmentation）。当 μ 上增广了流量 θ_t 后得到一个新的可行流 f' 后，μ 将不再是增广链，于是再开始新一轮的"搜索—增广"的迭代过程。

根据上述约定，Ford-Fulkerson 标号法的每次迭代的两个过程如下：

1. **搜索过程**：本过程将找到流量网络 G 中关于当前可行流 f 的一条增广链 μ 及其可增广量 θ_t，否则将得到 G 的一个最大流 f^*。搜索过程通过以下的标号迭代过程完成：

   初始化 为 v_s 标号 $[-, \infty]$，即 v_s 在增广链上没有前趋节点，当前可增广量为 ∞。此时 v_s 成为已标号未检查的点，其他节点均为未标号点；

   标号步骤 取一个已标号未检查的点 v_i，根据检查策略，为 v_i 邻接的未标号点 v_j 标

⊖ "深度优先"和"广度优先"这两种方式来源于图论中用于搜索连通图的两种策略。简而言之，深度优先搜索（depth-first search）的基本思想是沿着树的深度遍历树的节点，尽可能深地搜索树的分支；广度优先搜索（breadth-first search）的基本思想是从一个节点 v_s 开始，访问 v_s 的各个未曾访问的邻接点 $v_1, v_2, \cdots, v_k$，再依次从 $v_1, v_2, \cdots, v_k$ 出发访问各自未被访问的邻接点。两者的区别在于：广度优先遍历是以层为顺序，将某一层上的所有节点都搜索到了之后才向下一层搜索；而深度优先遍历是将某一条枝桠上的所有节点都搜索到了之后，才转向搜索另一条枝桠上的所有节点。

号，规则为：

(1) 对于前向非饱和弧 (v_i, v_j)，给 v_j 标号 $[+v_i, \theta_j]$，其中
$$\theta_j = \min\{\theta_i, c_{ij} - f_{ij}\} \tag{7-15}$$

这时点 v_j 成为已标号未检查的点；

(2) 对于后向非零流弧 (v_j, v_i)，给 v_j 标号 $[-v_i, \theta_j]$，其中
$$\theta_j = \min\{\theta_i, f_{ji}\} \tag{7-16}$$

这时点 v_j 成为已标号未检查的点；

然后，进入结束判断步骤。

结束判断 根据以下条件判断本次搜索过程或整个求解过程是否结束：

(1) 如果 v_t 未取得标号，但仍存在已标号仍未检查的点，返回标号步骤；

(2) 如果 v_t 未取得标号，但所有已标号点都已检查，求解结束，当前的流就是最大流 f^*，并由本次搜索中所有已标号点构成最小割 (S^*, T^*) 中的 S^* 集合；

(3) 如果 v_t 已取得标号，本次搜索过程结束，由 v_t 的前趋节点开始反向追踪找到一条从 v_s 到 v_t 的增广链 μ，其可增广量为 θ_t，转入增广过程；

2. **增广过程**：本过程将得到 G 的一个新的可行流 $f' = \{f'_{ij}\}$，令

$$f'_{ij} = \begin{cases} f_{ij} + \theta_t & (v_i, v_j) \in \mu^+ \tag{7-17} \\ f_{ji} - \theta_t & (v_j, v_i) \in \mu^- \tag{7-18} \\ f_{ij} & (v_i, v_j) \notin \mu. \tag{7-19} \end{cases}$$

本次迭代结束。去掉所有的标号，对新的可行流 f' 开始下一次迭代。

实际上，搜索过程中增广链流量的可增广量 θ_t 的值由以下公式确定：

$$\theta_t = \min\{\min_{\mu^+}\{c_{ij} - f_{ij}\}, \min_{\mu^-}\{f_{ji}\}\}$$

即可增广量 θ_t 是增广链 μ 上所有前向非饱和弧的剩余流量与所有后向非零流弧流量的最小值，以上描述的搜索过程就是在增广链未知的情况下，通过迭代标号逐步找到增广链的同时得到这个最小值；在增广过程中，式 (7-17)~式 (7-19) 所确定的增广规则，就是在 μ 的所有前向弧增加 θ_t 的流量，在后向弧减少 θ_t 的流量。这样，调整后得到的新流 f' 仍为可行流。

下面，回到例题说明此算法求解过程。用标号法求解例 7-6 图 7-25 所示网络的最大流，弧旁的标记表示 (c_{ij}, f_{ij})。

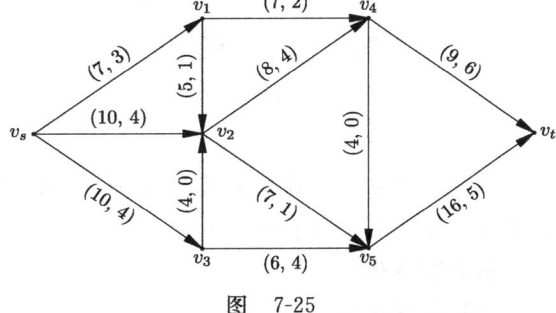

图 7-25

解： 首先对本例的搜索标号过程做两个约定：① 优先搜索位于图上部的增广链；② 采用传统 Ford-Fulkerson 算法，也就是在检查时采取深度优先策略：对已标号节点 v_i 进行检查时，只为一个与其邻接的、与 v_t 较接近的未标号节点 v_j 标号，除非后续的过程最终无法令 v_t 取得标号，都不再为与 v_i 邻接的其他节点标号。

第 1 次迭代

(1) 搜索过程。

初始化：给 v_s 标 $[-, \infty]$，即 $\theta_s = \infty$，见图 7-28a，此时 v_s 为已标号未检查的点；

标号 1：检查 v_s，(v_s, v_1) 为前向非饱和弧，有

$$\theta_1 = \min\{\theta_s, c_{s1} - f_{s1}\} = \min\{\infty, 7-3\} = 4,$$

所以给 v_1 标号 $[+v_s, 4]$，v_1 成为已标号未检查的点，见图 7-28b；

标号 2、3：同理，检查 v_1，由前向非饱和弧 (v_1, v_4)，给 v_4 标号 $[+v_1, 4]$；检查 v_4，由前向非饱和弧 (v_4, v_t)，给 v_t 标号为 $[+v_4, 3]$。至此，汇点 v_t 已获得标号（见图 7-28c），于是从 v_t 标号的第一部分开始反向追踪找出本次搜索得到的增广链 μ_1：

$$\mu_1 = \{v_s, (v_s, v_1), v_1, (v_1, v_4), v_4, (v_4, v_t), v_t\}.$$

(2) 增广过程。

可增广量 $\theta_t = 3$，设本次迭代得到的新可行流为 $f^{(1)} = \{f_{ij}^{(1)}\}$，注意到 μ_1 上各弧均为前向弧，由式 (7-17)～式 (7-19) 得到

$$f_{s1}^{(1)} = f_{s1} + \theta_t = 3 + 3 = 6, \quad f_{14}^{(1)} = f_{14} + \theta_t = 2 + 3 = 5, \quad f_{4t}^{(1)} = f_{4t} + \theta_t = 6 + 3 = 9,$$

其余的弧的流量不变，调整结果见图 7-28d。

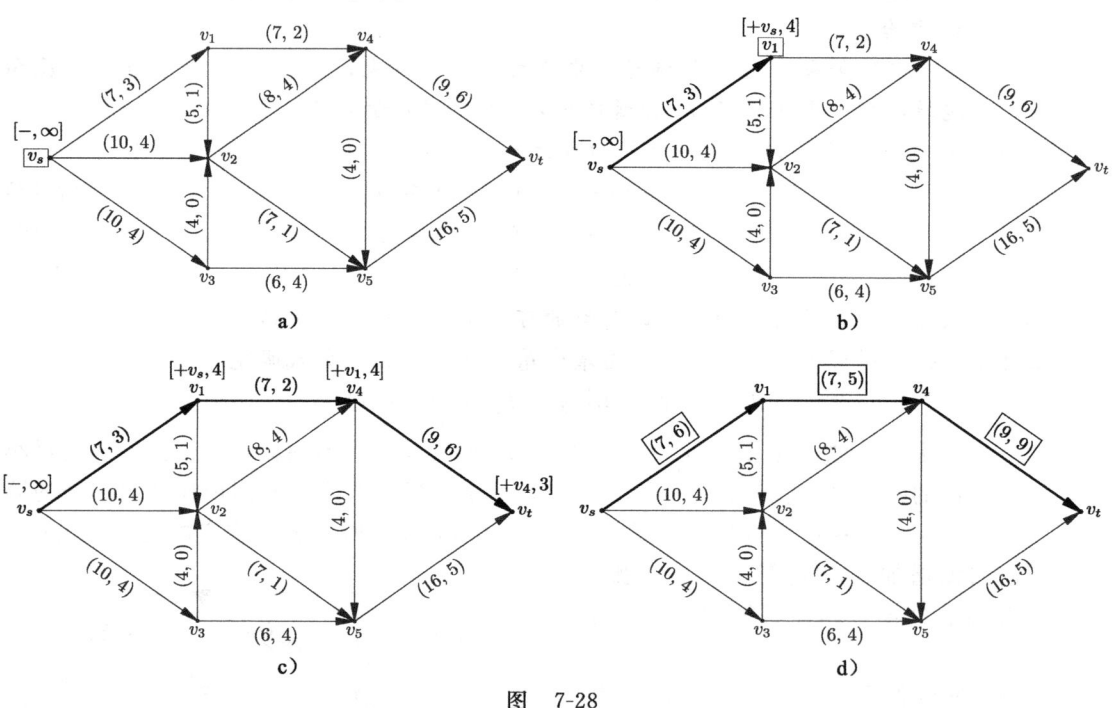

图 7-28

本次迭代结束，得到的可行流 $f^{(1)}$ 流量 $v(f^{(1)})$ 较初始状态增加了 3。去掉所有标号，以流 $f^{(1)}$ 为对象开始下一次迭代。

第 2 次迭代

(1) 搜索过程。

初始化、标号 1 及标号 2：给 v_s 标 $[-, \infty]$；检查 v_s，由前向非饱和弧 (v_s, v_1) 给 v_1 标号 $[+v_s, 1]$；检查 v_1，由前向非饱和弧 (v_1, v_4) 给 v_4 标号 $[+v_1, 1]$，v_4 成为已标号未检查的点，见图 7-29a；

标号 3：检查 v_4，(v_4, v_t) 为前向饱和弧，经过此弧无法为 v_t 标号，因此选择与 v_4 邻接的其他未标号点，可随意选择 v_5 或选择 v_2，这里选择 v_5，因 (v_4, v_5) 为前向非饱和弧，又有

$$\theta_5 = \min\{\theta_4, c_{45} - f_{45}\} = \min\{1, 4-0\} = 1,$$

所以 v_5 的标号为 $[+v_4, 1]$, v_5 成为已标号未检查的点, 见图 7-29b;

标号 4: 检查 v_5, 由前向非饱和弧 (v_5, v_t), 为 v_t 标号 $[+v_5, 1]$ (见图 7-29c), 反向追踪找出增广链 μ_2:

$$\mu_2 = \{v_s, (v_s, v_1), v_1, (v_1, v_4), v_4, (v_4, v_5), v_5, (v_5, v_t), v_t\}.$$

(2) 增广过程。

可增广量 $\theta_t = 1$, 设本次迭代得到的新可行流为 $f^{(2)} = \{f_{ij}^{(2)}\}$, 有

$$f_{s1}^{(2)} = f_{s1}^{(1)} + \theta_t = 5 + 2 = 7 \qquad f_{14}^{(2)} = f_{14}^{(1)} + \theta_t = 5 + 1 = 6$$

$$f_{45}^{(2)} = f_{45}^{(1)} + \theta_t = 0 + 1 = 1 \qquad f_{5t}^{(2)} = f_{5t}^{(1)} + \theta_t = 5 + 1 = 6$$

其余的弧的流量不变, 调整结果见图 7-29d。

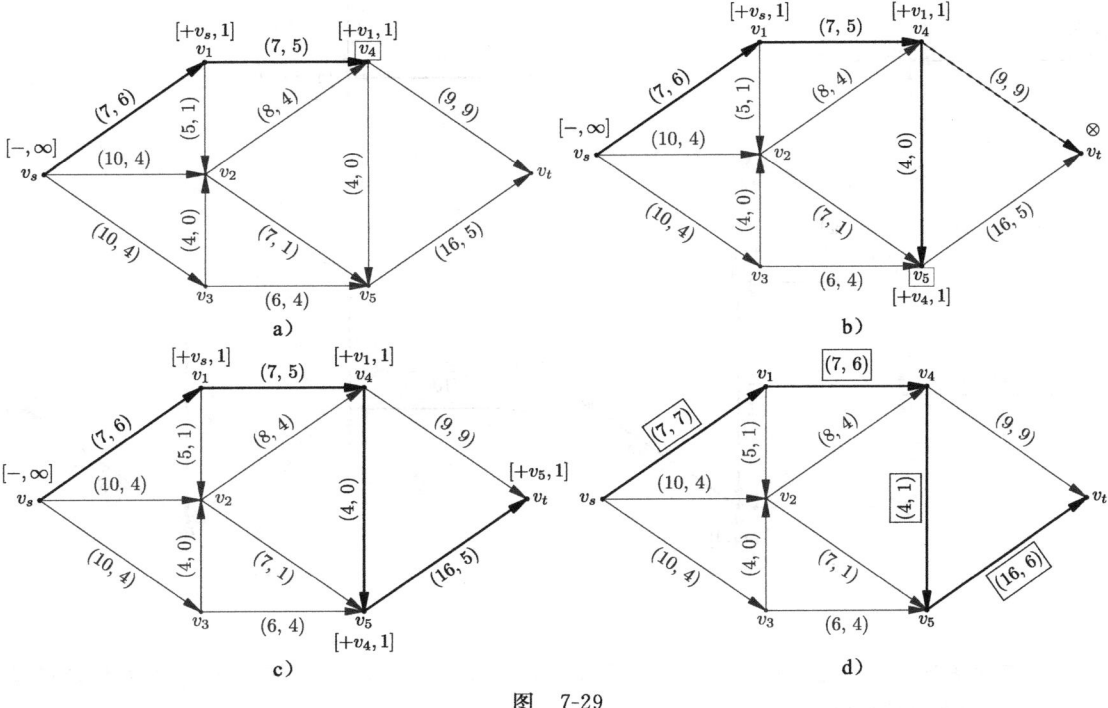

图 7-29

本次迭代结束, 得到的可行流 $f^{(2)}$ 流量 $v(f^{(2)})$ 较 $f^{(1)}$ 增加了 1。去掉所有标号, 以流 $f^{(2)}$ 为对象开始下一次迭代。

第 3 次迭代

(1) 搜索过程。

初始化及标号 1: 给 v_s 标 $[-, \infty]$; 检查 v_s, 跳过无法标号的 v_1, 给 v_2 标号 $[+v_s, 6]$, v_2 成为已标号未检查的点, 见图 7-30a;

标号 2: 检查 v_2, 可选择为 v_1、v_4 和 v_5 标号, 这里遵循从上至下的约定, 选择给 v_1 标号: 注意到 (v_1, v_2) 为后向非零流弧, 则 v_1 的 θ_1 标号确定方式为:

$$\theta_1 = \min\{\theta_2, f_{12}\} = \min\{6, 1\} = 1$$

所以给 v_1 标号 $[-v_2, 1]$, v_1 成为已标号未检查的点, 见图 7-30b。

标号 3-5: 依次给 v_4、v_5、v_t 标号 (过程略), 如图 7-30c, 增广链为 μ_3:

$$\mu_3 = \{v_s, (v_s, v_2), v_2, (v_1, v_2), v_1, (v_1, v_4), v_4, (v_4, v_5), v_5, (v_5, v_t), v_t\}.$$

(2) 增广过程。

可增广量 $\theta_t = 1$,增广时需注意,后向弧 (v_1, v_2) 的调整方式为

$$f_{12}^{(3)} = f_{12}^{(2)} - \theta_t = 1 - 1 = 0$$

其他弧上的增广调整的计算过程略,得到的新可行流 $f^{(3)}$ 见图 7-30d。进入下一次迭代。

注意:本次迭代中,在检查 v_2 时有意选择了 v_1 作为下一个标号点,主要意图是想说明如何为后向弧节点标号,以及增广过程中如何调整后向弧上的流量。如果在本例中不选择给 v_1 而是给 v_4 标号,不会影响最后的求解结果的正确性。但这并不意味着在求解所有最大流问题时都可以只对前向弧标号或只搜索仅含前向弧的增广链,否则最后的结果可能是错误的。

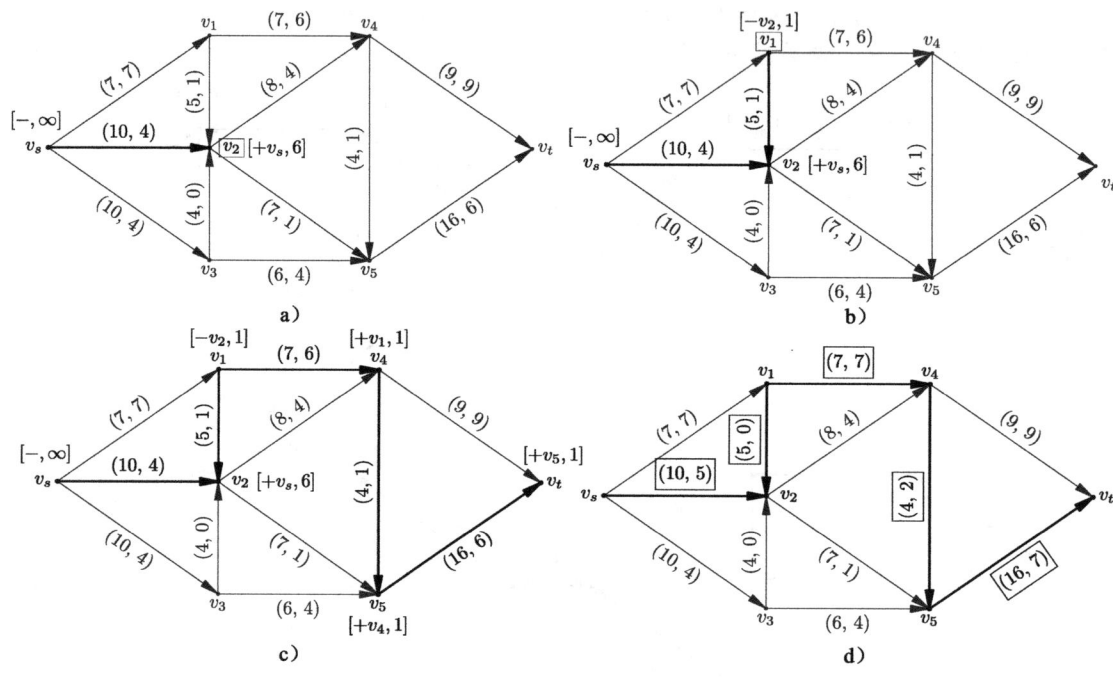

图 7-30

为简化表述,后面的迭代不再详细列出标号过程,只给出增广链标号的结果和增广结果(见图 7-31~图 7-35)。

第 4 次迭代

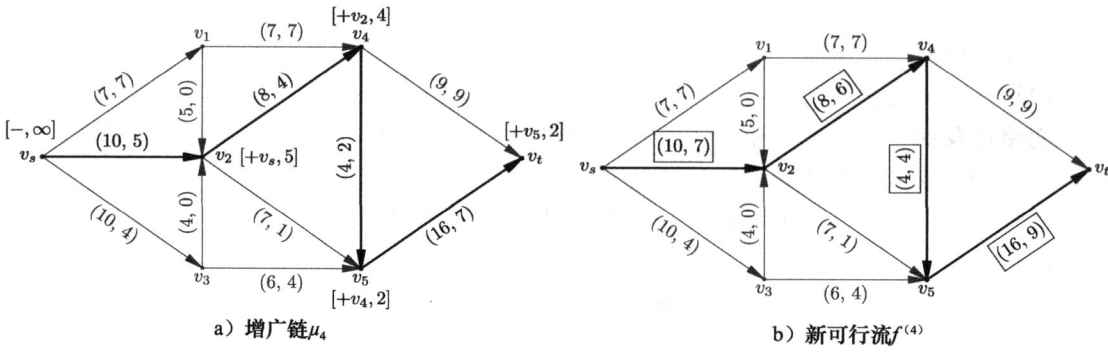

图 7-31

第 5 次迭代

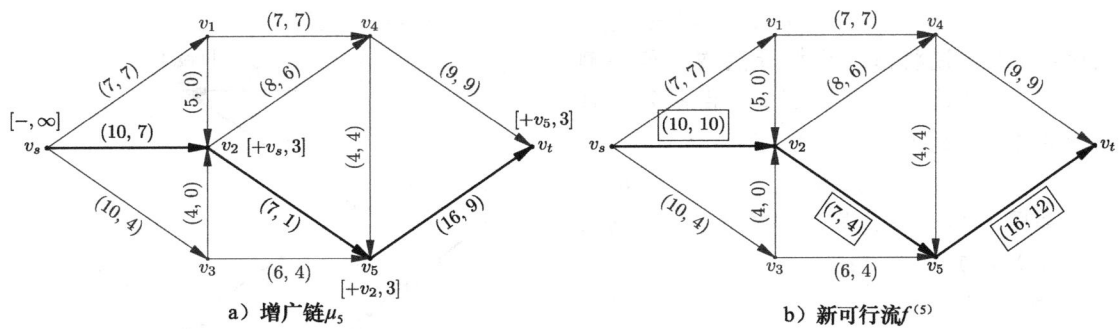

图 7-32

第 6 次迭代

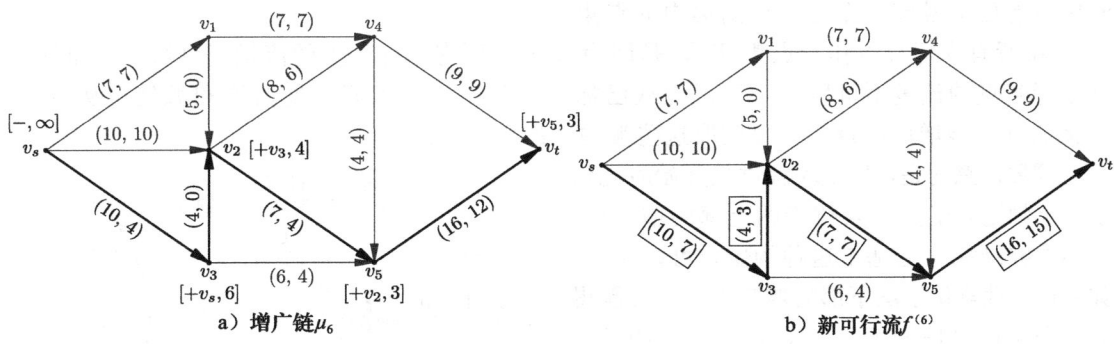

图 7-33

第 7 次迭代

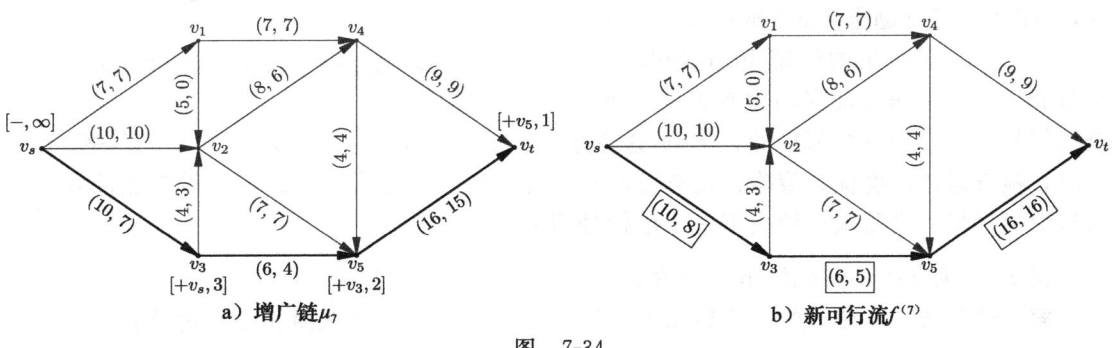

图 7-34

第 8 次迭代

本次迭代对可行流 $f^{(7)}$ 进行搜索寻找增广链,发现在所有已标号点都已经检查的情况下,v_t 仍无法取得标号,图 7-35 给出了一种所有已标号点都已检查的标号结果⊖。这表明图中已经不存在关于当前可行流的增广链(符合算法步骤关于搜索过程结束判断的第(2)个条件),所以当前的可行流 $f^{(7)}$ 就是最大流 f^*,由源点 v_s 或汇点 v_t 的流出或流入量可计

⊖ 根据深度优先检查策略,如果一次搜索过程中 v_t 未取得标号,则应重新检查现有的已标号点(即为该点的其他未标号邻接节点标号),那么当证明了 v_t 不可能取得标号时,所有可能取得标号的节点都已标号。"已标号点都已检查"的标号结果可能有多种,这些结果虽然标号的方式不同,各点的标号有差异,但已标号点的集合是一致的。这里只列出其中一种情况。

算最大流量 $v(f^*)$：

$$v(f^*) = f_{s1}^* + f_{s2}^* + f_{s3}^* = f_{4t}^* + f_{5t}^* = 25$$

同时，在最大流状态下已标号点构成最小割 (S^*, T^*) 中的点集 S^*。因此，由图 7-35 得出网络的最小割 (S^*, T^*)，有

$$S^* = \{v_s, v_1, v_2, v_3, v_4, v_5\}, \quad T^* = \{v_t\}$$

如图 7-36 所示，最小割集为 $\{(v_4, v_t), (v_5, v_t)\}$，其容量为：

$$c(S^*, T^*) = c_{4t} + c_{5t} = 9 + 16 = 25$$

求解完毕。

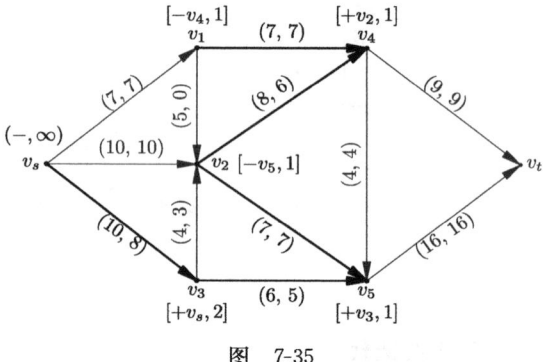

图 7-35

在确认取得最大流后，将最后一次的搜索中所有已标号节点作为最小割集中的点集 S^*，将所有未标号点作为点集 T^*，是因为从 v_s 到所有已标号点的流量仍可增广，而从 v_s 到未标号点的流量不可增广，而正是从已标号点到未标号点间的前向饱和弧使得从 v_s 至 v_t 无法进一步增广流量，所以应取这些弧构成最小割集。

需要注意的是，以上求解过程开始时先做了一个约定：优先搜索位于图上部的增广链，上述求解结果正是基于这种约定。可以想见，如果优先搜索位于图下部的增广链，就可能得到一个流量也是 $v(f^*)$ 的，但不同于图 7-36 的另一个最大流 f^*。从这个意义上，Ford-Fulkerson 标号算法在求解的顺序上具有随意性，所以最大流问题通常没有唯一解。

另外，上面采用的传统 Ford-Fulkerson 标号算法是基于深度优先的检查策略，即检

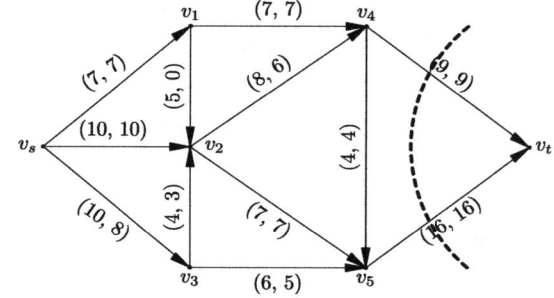

图 7-36 最大流 f^* 及最小割 (S^*, T^*)

查已标号点时只为一个邻接的、与 v_t 更接近的未标号节点标号。当采用 Edmonds-Karp 算法时，检查采用广度优先策略：检查已标号点时，为所有与其邻接的未标号节点标号，然后按取得标号的先后次序检查下一个已标号而未检查的节点。

例 7-7 用 Edmonds-Karp 算法求解例 7-6。

解：这里同样约定，在采用 Edmonds-Karp 算法求解时，优先对图上部的节点进行标号（相当于优先搜索位于图上部的增广链）。由于广度优先策略的搜索标号过程体现出一定的层次性，表现为：先标号并检查 v_s；再标号并检查与 v_s 有 1 条弧距离的节点；再标号并检查与 v_s 有 2 条弧距离的节点，依此类推。所以以下表述中用层次来表示搜索标号的结果。

第 1 次迭代

（1）**搜索过程**：图 7-37a 为 v_s 标号并检查后的结果（第 1 层），所有与 v_s 邻接的未标号点（即 v_1、v_2 和 v_3）都取得了标号，并成为已标号未检查的节点；图 7-37b 为第 1 层获得标号的节点检查后的结果（第 2 层）；图 7-37c 为第 2 层获得标号的节点检查后的结果（第 3 层），检查 v_4 后，v_t 已获得标号，标号停止。由 v_t 反向追踪找出增广链 $\mu_1 = \{v_s, (v_s, v_1), v_1, (v_1, v_4), v_4, (v_4, v_t), v_t\}$，可增广量 $\theta_t = 3$。

（2）**增广过程**：图 7-37d 给出了在 μ_1 上增广 3 个单位流量的结果：新的可行流 $f^{(1)}$。

第 2 次迭代：本次迭代的共 3 层搜索过程见图 7-38a～c，其中图 7-38c 给出了增广链，图 7-38d 为增广后得到的可行流 $f^{(2)}$。

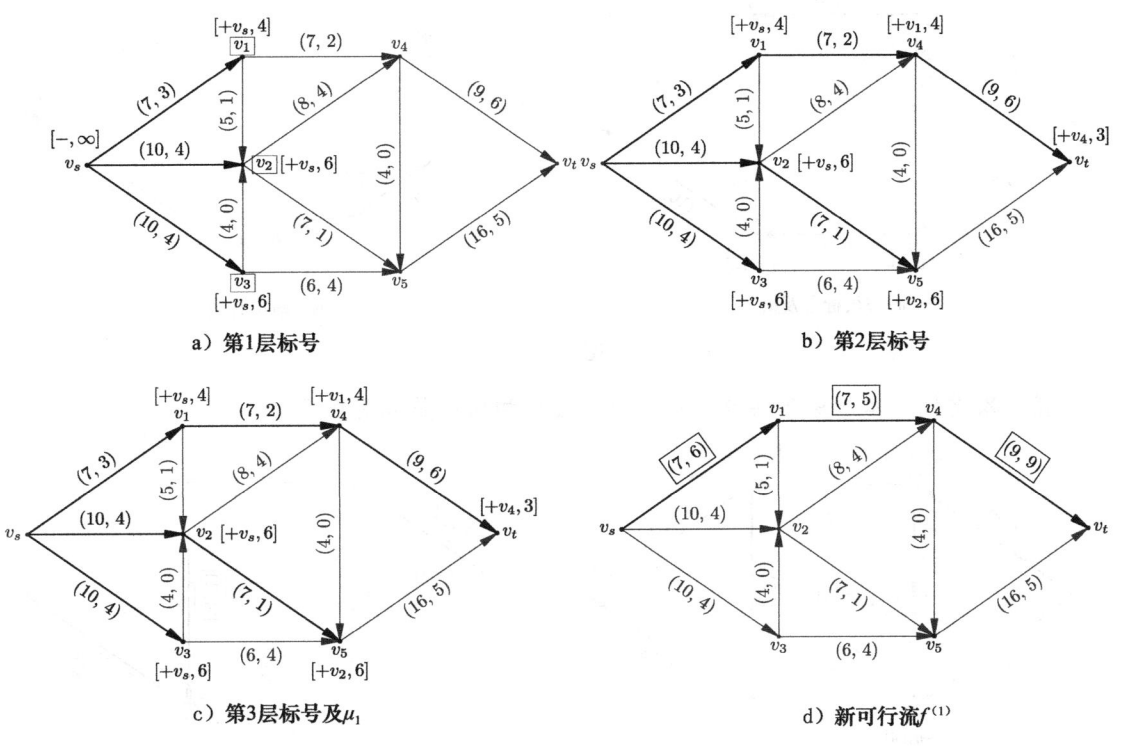

图　7-37

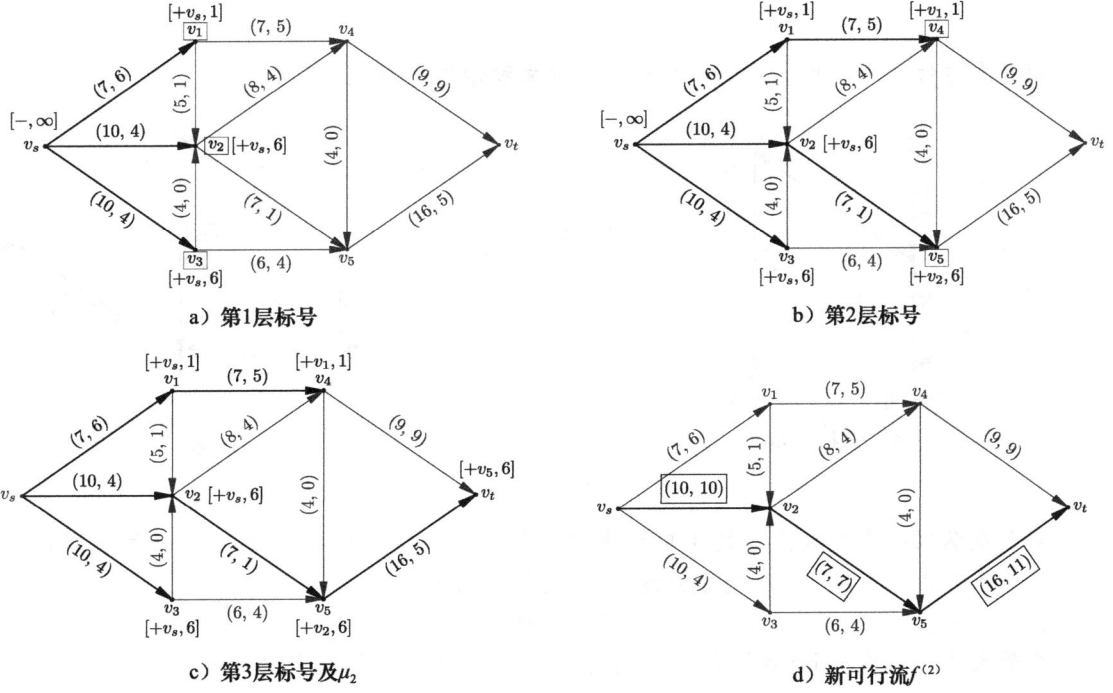

图　7-38

第 3 次迭代：本次迭代共有 3 层标号，搜索和增广结果见图 7-39。

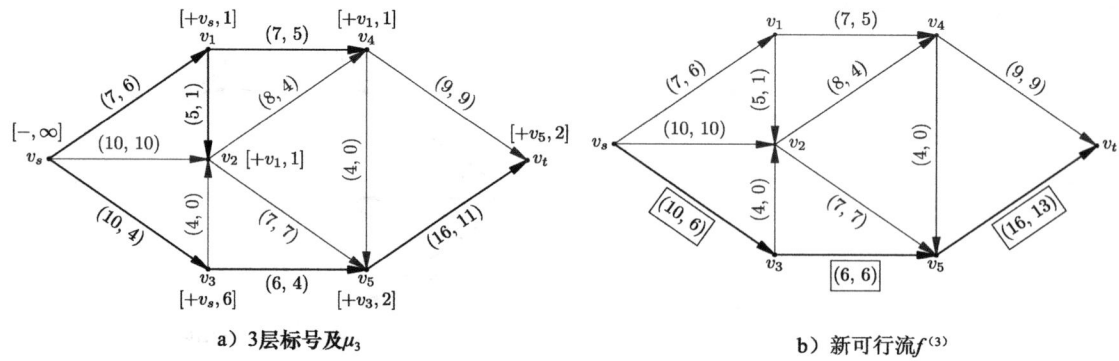

a) 3 层标号及 μ_3 b) 新可行流 $f^{(3)}$

图 7-39

第 4 次迭代：本次迭代共有 4 层标号，搜索和增广结果见图 7-40。

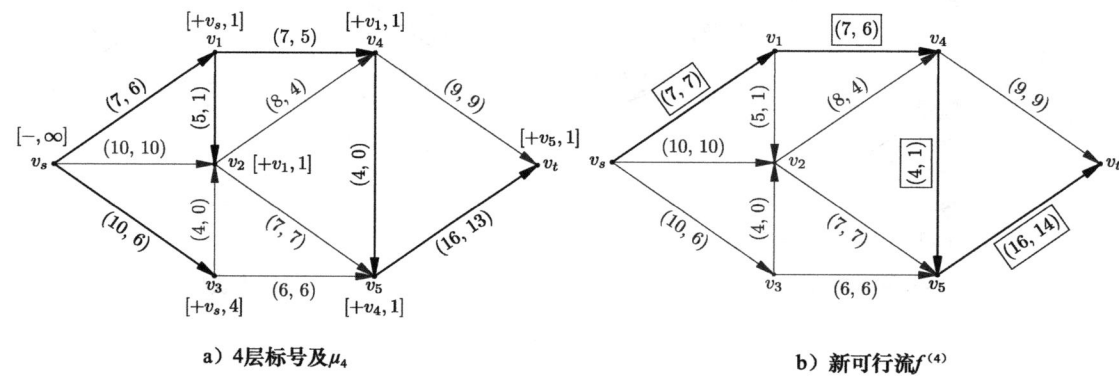

a) 4 层标号及 μ_4 b) 新可行流 $f^{(4)}$

图 7-40

第 5 次迭代：本次迭代共有 5 层标号，搜索和增广结果见图 7-41。

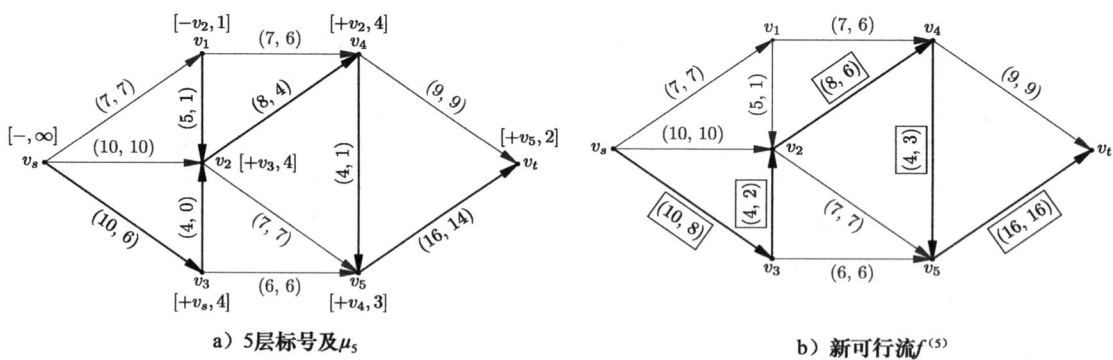

a) 5 层标号及 μ_5 b) 新可行流 $f^{(5)}$

图 7-41

第 6 次迭代：本次迭代经过 4 层搜索后，所有已标号点都已检查，但 v_t 无法取得标号，说明当前的可行流 $f^{(5)}$ 就是最大流 f^*（见图 7-42）。

由图 7-42 的标号结果可以得出最小割，见图 7-43。

此最大流与用传统 Ford-Fulkerson 算法得出的最大流（见图 7-36）不同，不过最小割是一致的。

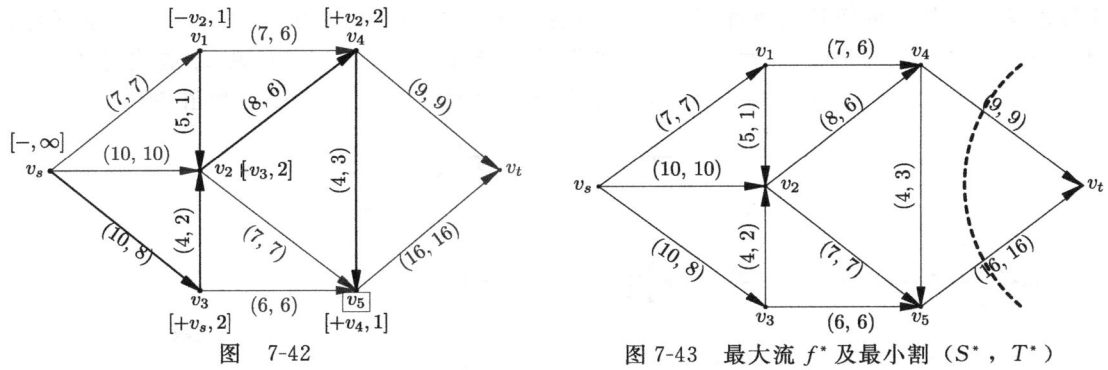

图 7-42

图 7-43 最大流 f^* 及最小割 (S^*, T^*)

从算法的运行过程来看，Edmonds-Karp 算法的标号检查次数较传统 Ford-Fulkerson 算法大为增加，不过其有效迭代次数从 7 次减少到 5 次。值得一提的是 Edmonds-Karp 算法的另一个特征：其每次迭代找到的增广链一定是当前可行流下经过弧数最少的增广链[⊖]，这是因为其搜索过程采取了广度优先策略。比较两种算法在例 7-6 的迭代次数和增广链所经过弧的数量，Edmonds-Karp 算法的 5 次有效迭代分别经过 3、3、3、4、5 条弧，而传统 Ford-Fulkerson 算法的 7 次迭代分别经过 3、4、5、4、3、4、3 条弧。这两种算法哪种效率更高取决于流量网络 G 中的节点数量 n、弧的数量 m 和最大流量 $v(f^*)$ 的数值。

以上介绍的是两种典型的增广链算法，同属增广链算法的还有最大容量增广链算法、容量变尺度算法等。除了增广链算法之外，还有一类算法称为预流推进算法，这里不再赘述。

四、最大流问题的扩展

1. 多源点、多汇点网络最大流问题

最大流问题的 Ford-Fulkerson 算法要求问题的网络模型 G 是只有单一源点使用该算法前 v_s 和单一汇点 v_t 的流量网络。如果一个实际问题的网络模型有多个源点和/或多个汇点，使用该算法前则需要将问题模型变换为只包含一个源点和一个汇点的等价网络模型。

具体来说，当一个网络 G 包含多个源点时，可以添加一个"虚拟"的源点，以及该"虚拟"源点指向原有各个源点的弧，并令这些新增的弧的容量为所连接源点的最大可能流量。同理，对于存在多个汇点的情况，可以添加一个"虚拟"的汇点，以及从原有各汇点指向该"虚拟"汇点的弧，并令这些新增的弧的容量为原汇点的最大可能流量。

例 7-8 例 7-6 的问题背景发生变化，Petro 公司分别在产地和目的地收购了两个天然气生产厂和一个储气库，并铺设了三条管道将它们连入现有的管网，变更后的网络如图 7-44 所示。问：在这种情况下，应如何利用输送管道，可以使从生产厂输送到目的地的天然气流量最大？

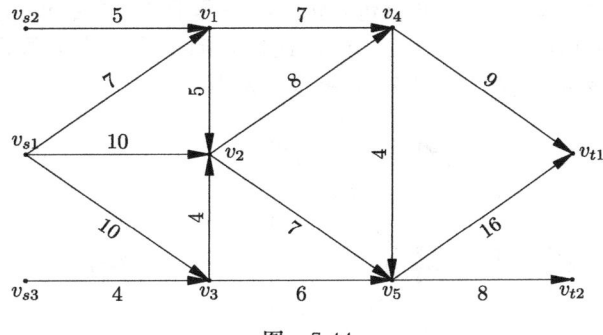

图 7-44

解： 为了能应用 Ford-Fulkerson

⊖ 由于从经过弧的数量少可以视为路径最短（将每条弧的长度设为 1），所以这种算法也被称为**最短增广链算法**。

算法求解这个最大流问题,首先需网络模型转化为只有一个源点和一个汇点的流量网络:增加一个"虚拟"的源点 v_{s0} 和一个"虚拟"的汇点 v_{t0},然后,增加从 v_{s0} 指向原有源点 v_{s1}、v_{s2}、v_{s3} 的弧,以及从原有汇点 v_{t1}、v_{t2} 指向"虚拟"汇点 v_{t0} 的弧,如图 7-45 所示。

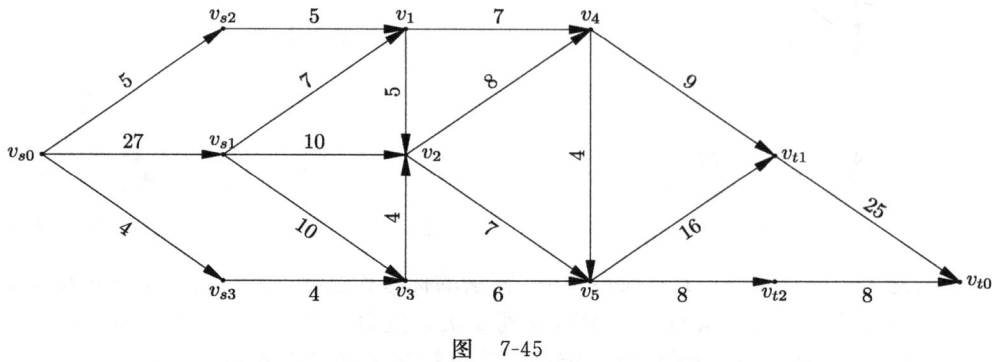

图 7-45

图 7-45 中各新增弧的容量由各原有源点或汇点的最大可能流量来确定。例如,(v_{s0},v_{s1})的容量 $c_{s0,s1}=c_{s1,1}+c_{s1,2}+c_{s1,3}=27$,弧($v_{t1}$,$v_{t0}$)的容量为 $c_{t1,t0}=c_{4,t1}+c_{5,t1}=25$。求解此流量网络的最大流就可以得到原始问题的解,求解过程略。

2. 节点有容量约束的网络的最大流问题

本章介绍的最大流问题的算法只针对弧有容量限制的流量网络,而不考虑节点本身的容量约束。在许多实际问题中,节点也常常受到容量约束,例如要求某个节点 v_i 上通过的流量不得超过某一个数值 x_i。

这时,也可将网络模型转化为只有弧有容量限制的流量网络,具体方式为:将节点 v_i 分拆为两个节点 v_{ia} 和 v_{ib} 及连接这两个节点的弧 (v_{ia},v_{ib}),且令此弧的容量为原网络中对节点 v_i 的容量限制 x_i,即,令 $c_{ia,ib}=x_i$;同时,将原网络中流入 v_i 的弧 (v_j,v_i) 替换为 (v_j,v_{ia}),将原网络中由 v_i 发出的弧 (v_i,v_k) 替换为 (v_{ib},v_k),此时 v_{ia} 和 v_{ib} 为无容量约束的节点,得到的流量网络与原网络模型等价。

例 7-9 在例 7-6 的天然气输送管道网络模型中(其零流如图 7-46 所示),如果规定节点 v_4 的最大天然气输送能力为 11,试求解其网络的最大流。

解: 按照以上方法描述,将 v_4 分拆为两个节点 v_{4a} 和 v_{4b},以及连接二者的弧 (v_{4a},v_{4b}),该弧的容量为 11;同时,将原网络中流入 v_4 的弧 (v_1,v_4) 和 (v_2,v_4) 分别替换为 (v_1,v_{4a}) 和 (v_2,v_{4a}),将原网络中由 v_4 发出的弧 (v_4,v_5) 和 (v_4,v_t) 替换为 (v_{4b},v_5) 和 (v_{4b},v_t),此时得到的是一个与原网络模型等价的、节点无容量约束的流量网络模型,如图 7-47 所示。求解过程略。

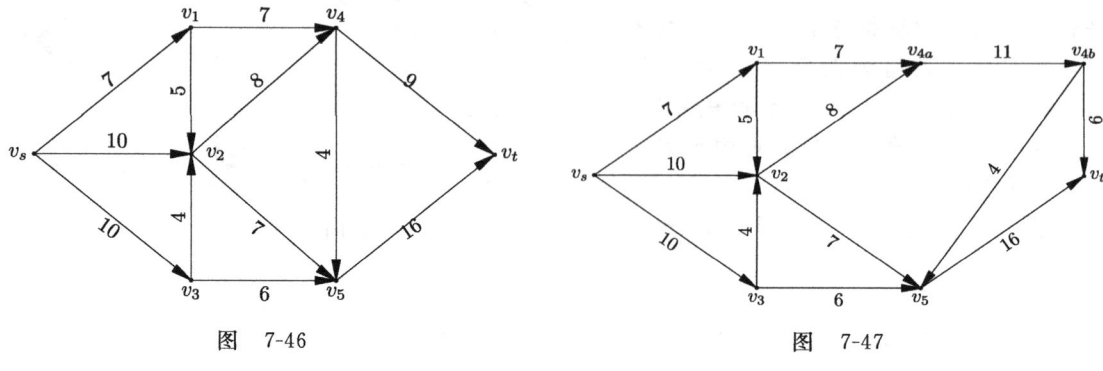

图 7-46　　　　　　　　　　图 7-47

第五节 最小费用（最大）流问题

由前面介绍的最大流问题可知，一个流量网络的最大流通常会有多种可能性。根据同样的原理，当指定了流量网络的（不超过最大流量的）目标流量时，这样的可行流也会有多种可能性。

如果单从流量的角度出发，这些流量相同的流并有没本质上的差异，但在许多实际问题中，流量的大小不是唯一的决策依据，因流量所产生的成本费用也是必须考虑的。例如一个公路运输网络流问题，要求在使得流量到达某一水平（或者最大流量）时，实现总运费最小的目标。当网络中各条边发生一单位流量产生的费用不同，但每条边上的费用与通过该边的流量呈线性关系时，这类问题就称为最小费用（最大）流问题。

一、问题定义

例 7-10 图 7-48 为 v_s 与 v_t 两地之间的交通运输网络，弧 (v_i, v_j) 上的数字标记 "$c_{ij}[r_{ij}]$" 中 c_{ij} 为弧 (v_i, v_j) 的容量，r_{ij} 表示在弧 (v_i, v_j) 上发生 1 单位流量产生的费用。问：应如何安排的各边的流量，使得总流量为 8 时产生的运输费用最小？以及，应如何安排各边的流量，使得网络在达到最大流时产生的运输费用最小？

例 7-10 就是一个典型的最小费用（最大）流问题。

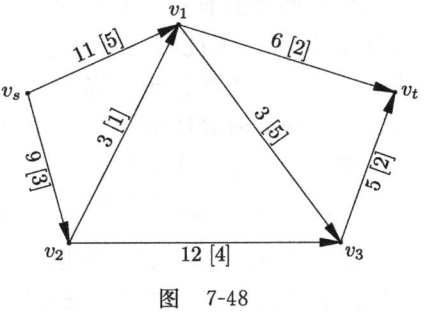

图 7-48

定义 7.22 最小费用（最大）流问题 给定一个流量网络 $G=(V, E, C)$，若令每一条弧 $(v_i, v_j) \in E$ 上发生 1 单位流量产生的费用为 $r_{ij} \geq 0$，并用 $R=\{r_{ij}\}$ 表示其集合，则称这个网络为**费用流量网络**，记为 $G=(V, E, C, R)$。求 G 的一个可行流，使得总流量 $v(f)=v$，且总费用 $r(f)$ 最小，其中，

$$r(f) = \sum_{(v_i, v_j) \in E} r_{ij} f_{ij}$$

这一类问题为目标流量为 v 的**最小费用流问题**。特别地，当 v 为网络的最大流量时 $v(f^*)$，此问题即为**最小费用（最大）流问题**。

类似最大流问题，最小费用（最大）流问题同样可以考虑为线性规划问题，只需把式 (7-10) ~式 (7-12) 的目标函数式改写成总费用 $r(f)$，并将总流量设定为 v，则其线性规划模型为：

$$\min \quad r(f) = \sum_{(v_i, v_j) \in E} r_{ij} f_{ij}$$

$$\text{s.t.} \quad \sum_{(v_i, v_j)} f_{ij} - \sum_{(v_k, v_i)} f_{ki} = \begin{cases} v & i = s \\ 0 & i \neq s, t \\ -v & i = t \end{cases}$$

$$0 \leq f_{ij} \leq c_{ij}, \quad (v_i, v_j) \in E$$

$$v \leq v(f^*)$$

上式中，当 v 为最大流量 $v(f^*)$ 时，得到的结果就是最小费用（最大）流。

二、求解最小费用（最大）流的对偶算法

撇开线性规划的求解方式，从图的特征出发，求解最小费用（最大）流问题可以有以下两种思路：

一种思路是先找到一个流量为 v 的可行流，在保持流量平衡的前提下，如果在不同的弧之间调整流量能使总费用减少，则调整得到一个新的流量仍然为 v 的可行流。然后继续在新流上检查、调整。一直这样迭代至无法调整时，得到的网络流为最小费用流。这种算法的特点是始终保持解的可行性（即保持流量仍然为 v），使费用不断向最优逼近。采取这种思路的算法有**网络单纯形法**（network simplex method）。

另一种思路承接了上一节介绍的最大流算法。以零流作为初始流（零流的费用为 0），在所有增广链中寻找一条增广 1 单位流量时费用增加最少的增广链，简称最小费用增广链。如果能找到最小费用增广链，在增广后流量不超过 v 的前提下，增广得到一个新的可行流。然后，将新流又作为初始流继续寻找最小费用增广链并进行增广。按此思路一直迭代下去，直到找到流量为 v 的最小费用流。这种思路的特点是先保证解的最优性（每次迭代的结果都是当前流量下费用最小的可行流），然后再使解向可行解逼近（流量达到 v 时为可行条件），因此这种算法被称为最小费用流的**对偶算法**（primal-dual min-cost flow algorithms）。不难推出，当 v 为网络的最大流量时，上述算法得出的就是最小费用（最大）流，而此时算法的终止条件为网络中不存在关于当前可行流的最小费用增广链。

本书仅介绍最小费用（最大）流的对偶算法。对偶算法需要把增广链与费用结合起来，因此有必要先定义增广链的费用，进而定义最小费用增广链。

定义 7.23 增广链的费用 f 是费用流量网络 $G=(V, E, C, R)$ 上的一个可行流，μ 是关于 f 的一条从源点 v_s 到汇点 v_t 的增广链，则

$$r(\mu) = \sum_{\mu^+} r_{ij} - \sum_{\mu^-} r_{ij} \tag{7-20}$$

称为**增广链 μ 的费用**。

容易理解，沿增广链 μ 以可增广量 $\theta=1$ 增广 f，得到的新可行流 f' 的流量 $v(f')=v(f)+1$，引起总费用 $r(f')$ 比 $r(f)$ 的增量为

$$r(f') - r(f) = \sum_{\mu^+} r_{ij}(f'_{ij} - f_{ij}) - \sum_{\mu^-} r_{ij}(f_{ij} - f'_{ij})$$
$$= \sum_{\mu^+} r_{ij} - \sum_{\mu^-} r_{ij} = r(\mu)$$

定义 7.24 最小费用增广链 如果可行流 f 是在流量为 $v(f)$ 的所有可行流中费用最小的流，而 μ^* 是关于 f 的所有增广链中的费用最小的增广链，则称 μ^* 为**最小费用增广链**。

并且有以下定理：

定理 7.4 若 f 是所有流量为 $v(f)$ 的流中费用最小的可行流，μ^* 是关于 f 的一条最小费用增广链，则 f 经 μ^* 增广流量 θ 得到的新可行流 f'，一定是流量为 $v(f)+\theta$ 的所有可行流中的最小费用流（证明略）。

于是，问题的求解过程可以归结为：先找到一个流量为 $v(f^{(0)})$ 的初始可行流 $f^{(0)}$（通常选择零流），然后寻找其最小费用增广链 μ^*，用可增广量 θ 将 $f^{(0)}$ 增广到 $f^{(1)}$，$f^{(1)}$ 的流量

为 $v(f^{(1)})=v(f^{(0)})+\theta$,则 $f^{(1)}$ 是在流量为 $v(f^{(0)})+\theta$ 的所有可行流中费用最小的流。然后,再以 $f^{(1)}$ 为初始流,重复上述过程。直到 $f^{(k)}$ 的流量为目标流量 v 时,$f^{(k)}$ 就是要求解的最小费用流;进一步,当 $f^{(k)}$ 找不出最小费用增广链时,$f^{(k)}$ 就是最小费用(最大)流。

接下来的问题就是:如果已知 f 是流量为 $v(f)$ 的最小费用流,如何找出关于 f 的最小费用增广链?

根据增广链费用的定义(定义 7.23)及其计算公式(7-20),容易联想到将费用看成是一种广义的长度。如果能将费用流量网络中的费用权重单独抽取出来,构造一个与当前可行流 f 对应的长度网络模型 L,亦即将 L 中每条弧 (v_i,v_j) 的权 l_{ij} 对应单位流量产生的费用 r_{ij},那么找到 L 中从 v_s 到 v_t 的最短路径,就找了可行流 f 的最小费用增广链。但是,由于最短路问题只涉及网络中的有向路(即不包含后向弧的路径);而增广链可以有后向弧,但又不能包含前向饱和弧和后向零流弧,因此,必须对长度网络 L 进行改造,才能用于实现以上目的。

下面任意给出例 7-10 图 7-48 的一个可行流 f',其中有一条增广链 $\mu_1=\{v_s,(v_s,v_2),v_2,(v_2,v_1),v_1,(v_1,v_t),v_t\}$,如图 7-49 所示。如果将费用权重集合 $R=\{r_{ij}\}$ 抽取出来构造一个长度辅助网络 L'(见图 7-50),则增广链 μ_1 的费用就是 μ_1 在图 7-50 中对应有向路的长度 $l_{s2}+l_{21}+l_{1t}=3+1+2=6$。

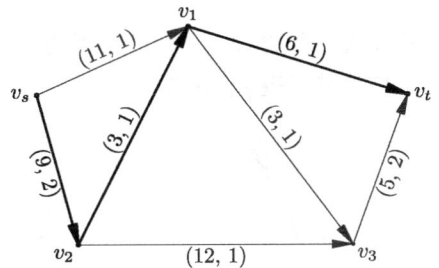

图 7-49 可行流 f' 及增广链 μ_1

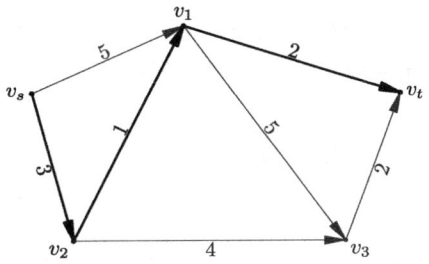

图 7-50 长度辅助网络 L'

但是,这只适用于 μ_1 在长度辅助网络中对应为有向路的情况。例如,图 7-51 给出了可行流 f' 的另一条增广链 $\mu_2=\{v_s,(v_s,v_1),v_1,(v_2,v_1),v_2,(v_2,v_3),v_3,(v_3,v_t),v_t\}$,因为 μ_2 中包含后向弧,其在长度网络 L' 中不是有向路,其路径长度没有意义。

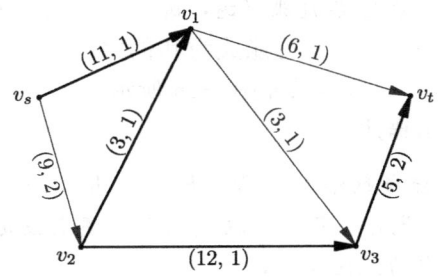

图 7-51 可行流 f' 及增广链 μ_2

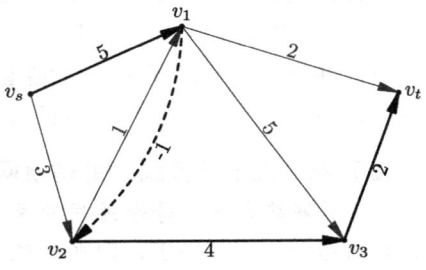

图 7-52 L' 中对弧 (v_2,v_1) 的处理

这时,可在 L' 中添加一条与弧 (v_2,v_1) 方向相反的弧 (v_1,v_2),且令其权重 $l_{12}=-r_{21}=-1$,这样就构造出了一条与 μ_2 对应的有向路,如图 7-52 所示,其路径长度正好就是由公式(7-20)计算的结果。但需注意,以上的处理方法只适用于非零流非饱和弧,而不适用于饱和弧和零流弧。同时,为了理解方便,上面的例子(包括下面的分析)只分析弧 (v_2,v_1) 的处理方式(由于可行流 f' 中的所有弧都是非零流非饱和弧,它们都应采取同样的处理方式)。

下面再来看可行流中存在饱和弧的情况，图 7-53 给出了另一个可行流 f''，图中加粗的弧构成的链 μ_3 不是一条增广链，所以在计算增广链的费用时，应避免计算其对应长度辅助网络中这条路径的长度。

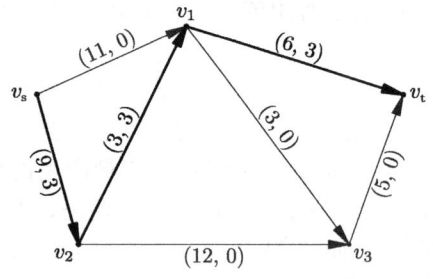

图 7-53 可行流 f'' 及非增广链 μ_3

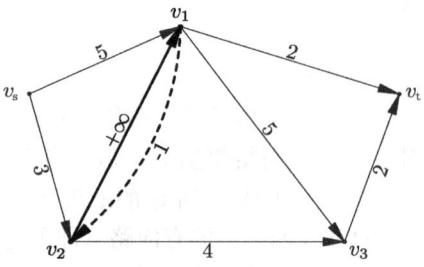

图 7-54 L'' 中对弧 (v_2, v_1) 的处理

此时的处理方法是将长度辅助网络 L'' 中弧 (v_2, v_1) 的权重设为 $l_{21}=+\infty$，于是 L'' 中对应于 μ_3 的路不再是有向路，从而避免了计算非增广链 μ_3 的费用。同时，由于弧 (v_2, v_1) 还可能成为其他增广链中的后向弧，所以还应添加一条与弧 (v_2, v_1) 方向相反的弧 (v_1, v_2)，且令其权重 $l_{12}=-r_{21}=-1$，如图 7-54 所示。

基于同样的原理，可知对可行流中零流弧的处理方式。如图 7-55 所示，因为增广链中不允许有后向零流弧，所以应避免计算可行流 f''' 中的非增广链 μ_4 的费用。

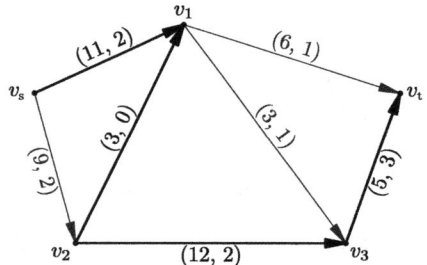

图 7-55 可行流 f''' 及非增广链 μ_4

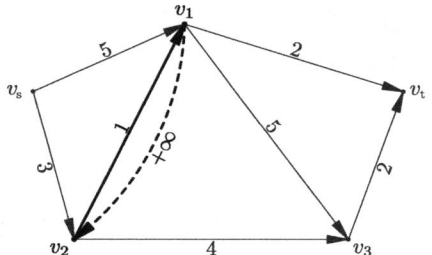

图 7-56 L''' 中对弧 (v_2, v_1) 的处理

处理方法是在对应的长度辅助网络 L''' 中添加一条与零流弧 (v_2, v_1) 方向相反的弧 (v_1, v_2)，令其权重 $l_{12}=+\infty$。同时，由于零流弧 (v_2, v_1) 可能成为其他增广链中的前向弧，所以在对应的长度网络 L''' 中保留其权重不变，处理结果如图 7-56 所示。

综上，一个可行流的辅助网络的构造方法可严格描述为：

定义 7.25 关于可行流 f 的辅助网络 对费用流量网络 $G=(V, E, C, R)$，有可行流 f，保持原网络各点，每条弧用两条方向相反的弧代替，各弧的权 l_{ij} 按如下规则设定：

(1) 当弧 $(v_i, v_j) \in E$，即新加弧与原网络 G 中的弧同向时，令
$$l_{ij} = \begin{cases} r_{ij} & \text{当 } f_{ij} < c_{ij} \\ +\infty & \text{当 } f_{ij} = c_{ij} \end{cases}$$

(2) 当弧 $(v_i, v_j) \notin E$，即新加弧与原网络 G 中的弧反向时，令
$$l_{ij} = \begin{cases} -r_{ji} & \text{当 } f_{ji} > 0 \\ +\infty & \text{当 } f_{ji} = 0 \end{cases}$$

并且将权重为 $+\infty$ 的弧从网络中去掉。这样得到的网络 $L(f)$ 称为关于可行流 f 的长度**辅助网络**（auxiliary network）。

通过引入辅助网络 $L(f)$，在 G 中寻找关于 f 的最小费用增广链的问题，就转化成了在辅助网络 $L(f)$ 中求解从 v_s 到 v_t 最短路的问题。

由上述分析和定义，可给出求解费用流量网络 G 中目标流量为 v 的最小费用流（或最小费用最大流）对偶算法的步骤：

初始化 以零流作为初始可行流，即 $f^{(0)}=\{0\}$。

迭代 每次迭代包含以下三个步骤：

第 1 步 根据定义 7.25 构造关于可行流 $f^{(k-1)}$ 的辅助网络 $L(f^{(k-1)})$，转第 2 步；

第 2 步 在辅助网络 $L(f^{(k-1)})$ 中求解从 v_s 到 v_t 的最短路。若不存在最短路，则 $f^{(k-1)}$ 已为最小费用最大流，算法结束；如果存在最短路 P，则转第 3 步；

第 3 步 对 G 中与辅助网络 $L(f^{(k-1)})$ 中最短路 P 相应的增广链 μ 进行增广：设 θ_t 为增广链上的可增广量，其计算公式为：
$$\theta_t = \min\{\min_{\mu^+}(c_{ij} - f_{ij}^{(k-1)}), \min_{\mu^-} f_{ji}^{(k-1)}\}$$

然后，计算 $v(f^{(k)}) = v(f^{(k-1)}) + \theta_t$，如果 $v(f^{(k)}) > v$，则以 $v - v(f^{(k-1)})$ 为增广量对增广链进行增广，此时得到的可行流 $f'^{(k-1)}$ 就是流量为 v 的最小费用流，算法结束；否则，以 θ_t 对增广链进行增广，然后用 $f^{(k)}$ 代替 $f^{(k-1)}$，返回第 1 步。

需要注意，由辅助网络的定义方式可知，$L(f)$ 中常常会包含权重为负值的弧，此时最短路径需要使用 Bellman-Ford 算法来求解。

下面用对偶算法求解例 7-1，即求图 7-48 中目标流量为 8 的最小费用流，以及最小费用最大流。弧 (v_i, v_j) 上的数字标记 "$c_{ij}[r_{ij}]$" 分别表示该弧的容量和单位流量的费用。

解：初始化： 将零流 $f^{(0)}=\{0\}$ 作为初始可行流，如图 7-57 所示，弧上标注的数字分别表示弧的容量和实际流量，即 (c_{ij}, f_{ij})，下同。

第 1 次迭代

根据定义 7.25 构造关于 $f^{(0)}$ 的辅助网络 $L(f^{(0)})$，如图 7-58 所示。

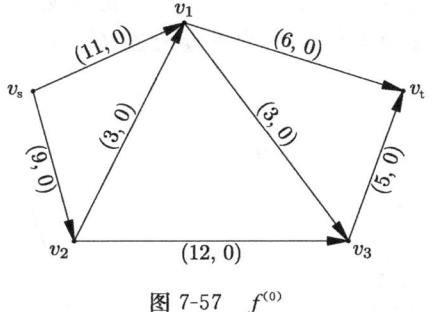
图 7-57 $f^{(0)}$

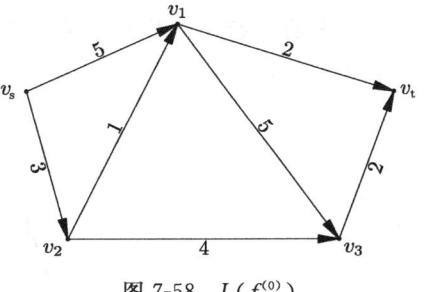
图 7-58 $L(f^{(0)})$

运用 Dijkstra 算法找出辅助网络 $L(f^{(0)})$ 中 v_s 到 v_t 的最短路为 $v_s \to v_2 \to v_1 \to v_t$，如图 7-59 所示。则 $\mu_1 = \{v_s, (v_s, v_2), v_2, (v_2, v_1), v_1, (v_1, v_t), v_t\}$ 为 $f^{(0)}$ 中的最小费用增广链，用最大流算法可知，此链上的可增广量为 $\theta_1 = 3$，增广后得到新流 $f^{(1)}$，如图 7-60 所示。此时，$v(f^{(1)}) = 3 < 8$，$r(f^{(1)}) = 18$。

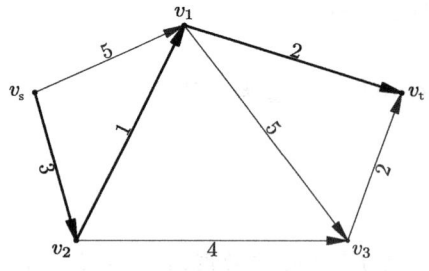

图 7-59 $L(f^{(0)})$ 中的最短路径

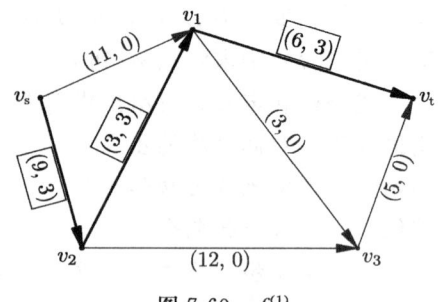

图 7-60 $f^{(1)}$

第 2 次迭代

对 $f^{(1)}$ 构造辅助网络 $L(f^{(1)})$，如图 7-61 所示。由于网络中有权重为负数的弧，用 Bellman-Ford 算法，计算得到最短路为 $v_s \to v_1 \to v_t$，在图 7-61 中用加粗线表示。则 $\mu_2=\{v_s,(v_s, v_1), v_1,(v_1, v_t), v_t\}$ 为 $f^{(1)}$ 中的最小费用增广链，可增广量为 $\theta_2=3$，增广后得到新流 $f^{(2)}$，如图 7-62 所示。

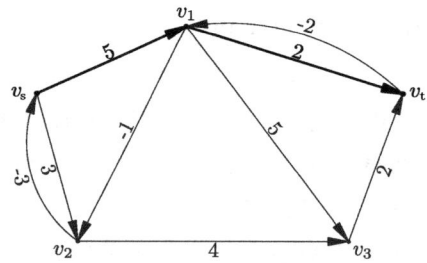

图 7-61 $L(f^{(1)})$ 及其最短路径

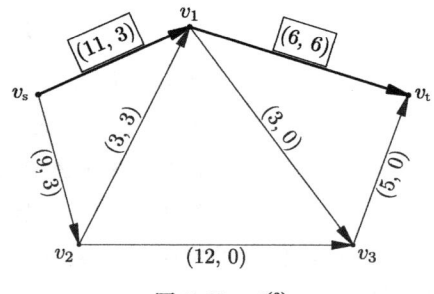

图 7-62 $f^{(2)}$

此时，$v(f^{(2)})=6<8$，$r(f^{(2)})=39$。

第 3 次迭代

对 $f^{(2)}$ 构造辅助网络 $L(f^{(2)})$，如图 7-63 所示。用 Bellman-Ford 算法找到其最短路为 $v_s \to v_2 \to v_3 \to v_t$，在图 7-63 中用加粗线标出。则 $\mu_3=\{v_s,(v_s, v_2), v_2,(v_2, v_3), v_3,(v_3, v_t), v_t\}$ 为 $f^{(2)}$ 中的最小费用增广链，可增广量为 $\theta_3=5$。

对于题目中要求的目标最小费用流，如果以可增广量 $\theta_3=5$ 进行增广，则得到的可行流流量将为 11，将超出问题要求的目标流量 8，因此只增广 $8-v(f^{(2)})=2$ 的流量将得到一个流量为 8 的可行流，其结果见图 7-64，此即流量为 8 的最小费用最大流 $f'^{(2)}$，其总费用为 $r(f'^{(2)})=57$。

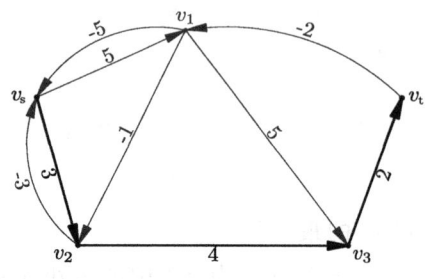

图 7-63 $L(f^{(2)})$ 及其最短路径

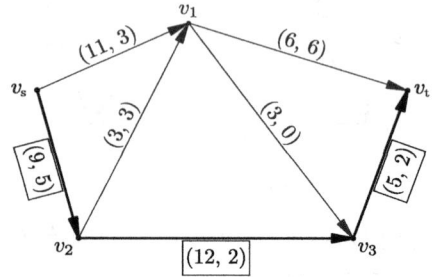

图 7-64 $f'^{(2)}$

若要得到最小费用最大流，则以可增广量 $\theta_3=5$ 进行增广，得到新流 $f^{(3)}$，如图 7-65

所示，此时，$v(f^{(3)})=11$，$r(f^{(3)})=84$。

求解最小费用最大流的第 4 次迭代

对 $f^{(3)}$ 构造辅助网络 $L(f^{(3)})$，如图 7-66 所示。

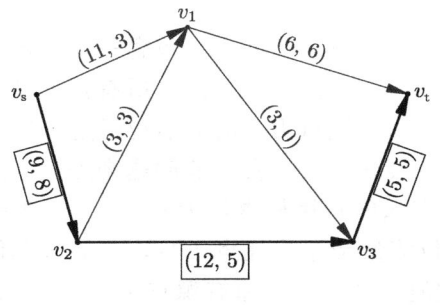
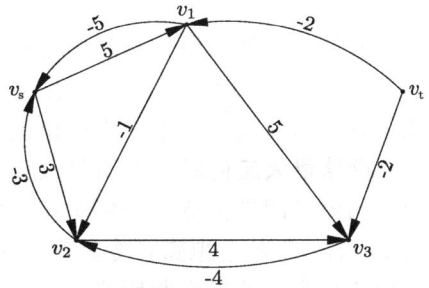

图 7-65　$f^{(3)}$　　　　　　　　　　　图 7-66　$L(f^{(3)})$

观察可知，$L(f^{(3)})$ 中不存在从 v_s 到 v_t 的有向路，亦即 $f^{(3)}$ 中找不到最小费用增广链，$f^{(3)}$ 就是所求的最小费用最大流，其中 $v(f^{(3)})=11$，$r(f^{(3)})=84$。求解结束。

例 7-10 的求解结果中，目标流量为 8 的最小费用流和最小费用最大流都得到了唯一的最优解，但这并不意味着最小费用（最大）流问题一定有唯一解。在对偶算法中，如果最后一次有效迭代（例如，如果在例 7-10 中的第 3 次迭代）有多条最小费用增广链，选择不同的增广方式来达到目标流量（或最大流量）将得到多个费用相同的最小费用（最大）流。

需要注意的是，对偶算法要求一定要从在当前流量下的最小费用流开始求解。如果不是从当前流量下的最小费用流开始进行以上的迭代过程，那么最后得到的一定不是最小费用（最大流），这是因为对偶算法只对增广的最优负责，而不对迭代之前的结果是否最优负责，这也说明了为什么对偶算法通常要求从零流开始求解。

以上将最小费用（最大）流问题视为一种特殊的最小费用流问题，实际上，最小费用流问题也可以转化为最小费用（最大）流问题来处理：对于目标流量为 v 的最小费用流问题，可以在源点 v_s 前虚拟一个源点 v_{s0}，并引入弧一条单位流量费用 $r_{s0,s}=0$，且容量 $c_{s0,s}=v$ 的弧 (v_{s0}, v_s)，求解此最小费用（最大）流问题，就能得到原始问题的最小费用流。

类似于最大流问题，最小费用流问题也可能出现有多源点多汇点的实际应用。这类问题在给出时，常常会给定每个源点 v_{si}（或每个汇点 v_{ti}）的容量约束 x_{si}。以多源点的最小费用流问题为例，在处理这种问题时，可虚拟一个总的源点 v_s，并虚拟出指向所有原有源点 v_{si} 的弧 (v_s, v_{si})，令这些弧的容量约束 $c_{s,si}=x_{si}$，单位流量费用为 $r_{s,si}=0$，求解此等价的问题即可得到原始问题的最小费用流。这种处理方式，实际上就是节点有容量限制的最大流问题的一个变形应用。

三、应用实例

最小费用流问题具有重要的理论意义，因为许多运筹学问题都可以看作一种特殊的最小费用流问题，例如：

（1）**运输问题**：一个标准的运输问题可以视为这样一种特殊的最小费用流问题：只含产地节点和销地节点，所有的弧都是由产地节点指向销地节点的弧，所有弧都没有容量约束。

(2) **指派问题**：由于指派问题可以视为所有产地节点的供应量为1，且所有销地节点的需求量为1的运输问题，所以它可以转化为最小费用流问题。

(3) **转运问题**：转运问题可以视为存在中间节点，且所有弧都没有流量约束的最小费用流问题。

(4) **最短路问题**：最短路问题可以视为这样一种最小费用流问题：包含一个产地节点（供应量为1）、一个销地节点（需求量也为1），以及若干中间转运节点，所有弧都没有流量约束，且以弧的长度权重作为单位流量成本，求解目标流量为1的最小费用流问题。

(5) **网络最大流问题**：网络最大流问题同样可以转化为最小费用流问题来处理。由最大流问题的流量网络构造一个费用流量网络：将所有弧的费用权重设为0，然后添加一条由源点 v_s 指向 v_t 的虚拟弧，令其容量无上限且单位流量费用为任意正数，然后求解使该网络目标流量为 v 的最小费用流问题。其中 v 的数值，必须大于原有源点 v_s 与汇点 v_t 最大可能流量中较小的那个数值。问题求解后去掉之前引入的弧 (v_s, v_t)，就得到原始网络的一个最大流。

例如，例7-6的最大流问题就可以转化为图7-67所示费用流量网络的最小费用（最大）流问题，各弧 (v_i, v_j) 上的标注为"$c_{ij}[r_{ij}]$"。

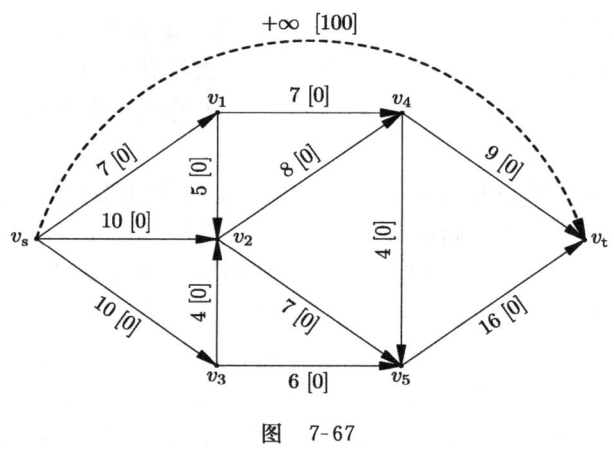

图 7-67

下面举一个例子，看如何将一个实际问题建模为最小费用流问题。

例7-11 某贸易公司经营的产品未来半年的市场需求量（单位：箱）以及进货价格（单位：万元/箱）如表7-8所示。

表7-8 某产品的市场需求与产品价格表

时间	1月	2月	3月	4月	5月	6月
市场需求	100	110	105	95	80	70
进货价格	65	68	75	80	84	88

由于预期产品的进货价格将有较大的增幅，且未来市场需求明确，公司决定提前进货以降低成本，这时需支付因提前进货带来的仓库租赁费用。已知租赁仓库的最大库存容量为150箱，每箱产品的库存成本为6万元/月（进货当月不计库存成本）。

假设公司每月初采购的产品能够立即入库，1月月初租赁仓库中产品数量为0，且在6月月底清空仓库，不留存货。试制定未来6个月的进货计划（不允许缺货），使得总成本最低。

解： 此问题可以采用多种与图论相关的分析方法和思路进行求解。例如，将本问题作为一个运输问题求解：每个月的供应量（最大可能进货量，即仓库的最大容量）为 150 箱，则其运价表如表 7-9 所示。

表 7-9 运价、供应量及需求量

	1月	2月	3月	4月	5月	6月	供应量
1月	65	71	77	83	89	95	150
2月		68	74	80	86	92	150
3月			75	81	87	93	150
4月				80	86	92	150
5月					84	90	150
6月						88	150
需求量	100	110	105	95	80	70	

由于运输问题也是最小费用流问题的一个特例，本问题也可以作为一个多源点（各月供应）多汇点（各月需求）的最小费用流问题求解。然而，最小费用流问题要求所有源点的供应量已知，所有的汇点的需求量已知，且总供应量等于总需求量。而本问题中虽然需求总量明确，但是各源点的实际供应量待定。这时，可以将各源点的供应量设为最大可能进货量 150，其中包含了实际供应量和未发生的供应量，然后，采取与产销不平衡运输问题类似的处理方法，即增加一个虚拟需求方，令其需求量为最大供应总量与总需求量的差。其费用流量网络如图 7-68 所示，其中 S_i 为供应方节点；D_i 为需求方节点（$i=1,\cdots,6$）；D_d 为虚拟需求方节点，需求量为 340（总供应量减去已知需求量），各弧的容量及费用未标注。

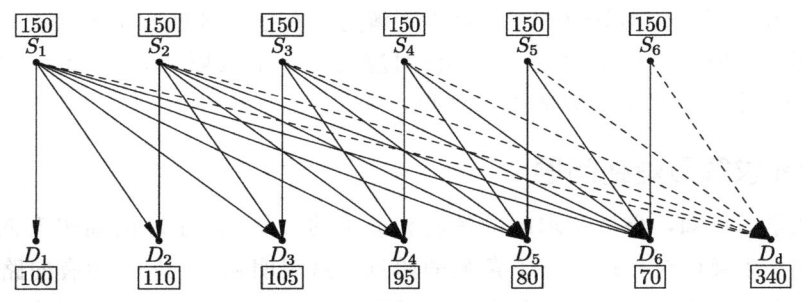

图 7-68 最小费用流模型

另外，也可以将此问题描述为一个最小费用（最大）流问题。模型中，设定一个源点 v_s 向各个月节点（中间节点）供货，各条弧的容量为仓库的最大容量，单位流量成本为进货价格；一个汇点 v_t 从各个月节点获得需求，对应的弧的容量为当月的市场需求，单位流量成本为 0；每个月节点可以向下一个月节点供货，该弧的容量也为仓库的最大容量，单位流量成本为单位库存成本。另外，每个月节点也有容量约束，即通过节点的最大流量不能超过仓库的容量。由此建立的最小费用（最大）流问题模型如图 7-69 所示，弧 (v_i, v_j) 上的两个数字分别表示弧的容量 c_{ij} 和单位流量成本 r_{ij}。节点 v_i 内的数字表示该月节点的容量限制。

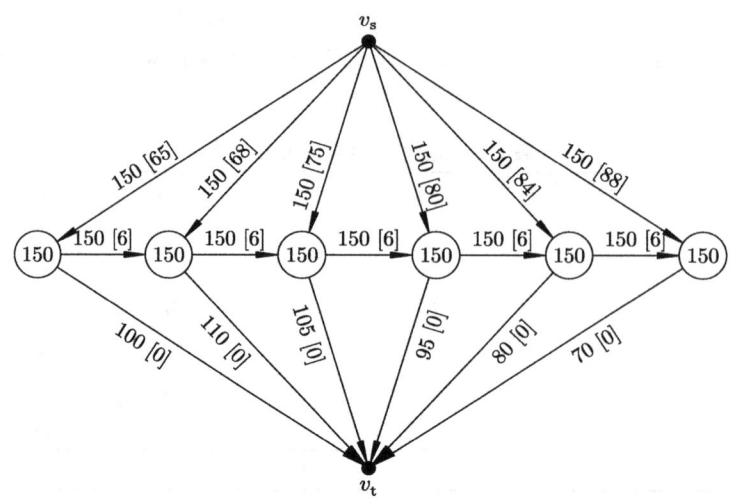

图 7-69 最小费用最大流模型

第六节 用 Excel 求解图论问题

本章介绍的许多图论问题都有其线性规划的表现形式，所以可以用 Excel 的规划求解工具来求解这些问题。在选择求解方式时，可以通过求解线性规划数学模型的方式，也可以利用图论问题的一些特征求解。

除了前几章频繁使用的 SUMPRODUCT 函数之外，在这里将用到 SUMIF 函数。SUMIF 函数可以对区域中符合指定条件的值求和，其语法为"＝SUMIF（range，criteria，[sum_range]）"，在本节中的用法可以理解为：在指定区域 range 内某个单元格 X 如果出现了指定字符串 criteria，则在与 range 对应的另一个区域 sum_range 内取出与单元格 X 对应的另一个单元格中的数值用于求和。

一、用 Excel 求解最短路问题

从前面的学习可知，最短路求解的是权和最小的，从 v_1 到 v_t 的简单有向路，而有向路的特征是前一条弧的终点就是一下条弧的始点，这表明从 v_1 到 v_t 的有向路上，v_1 仅出现 1 次，而且必定出现在某条弧的起点上；同理，v_t 也仅出现 1 次，且必定出现在某条弧的终点；有向路上的其他中间节点，必定分别在一条弧的起点和另一条弧的终点各出现 1 次，即净出现次数为 0。在所有满足以上条件的有向路中，找到权和最小的，就找到了最短路。

从另一个角度，最短路问题也可以视为一个流量为 1，且各弧 (v_i, v_j) 上的单位流量费用等于弧的长度（即 $r_{ij} = w_{ij}$）的最小费用流问题。那么在所有 v_1 的净流出量为 1，v_t 净流出量为 -1 的可行流中找到总费用最小的流，该流中的通路就是最短路。

利用 Excel 集成的 SUMIF 函数，找到这种通路的方式是，以 v_1 作为始点的弧和以 v_1 作为终点弧的数量之差为 1，同理，以 v_t 作为始点的弧和以 v_t 作为终点弧的数量之差为 -1，对于其他中间节点 v_i，以其作为始点和终点的弧的数量之差为 0，则满足以上约束条件的弧所构成的路径就是一条从 v_1 到 v_t 的有向路。同时，以弧是否会出现在最短路径作

为 0-1 决策变量，对出现在最短路径上的弧的权值求和，就可以得到一条路径的权重，这时就可以利用 Excel 的规划求解工具来找到这条权重最小的路径。

例 7-12　用 Excel 求解最短路问题例 7-3。

解：根据以上思路，在 Excel 输入求解模型。图中用有底色的单元格来存放主要的求解结果。图 7-70 中各个单元格中计算公式如表 7-10 所示。

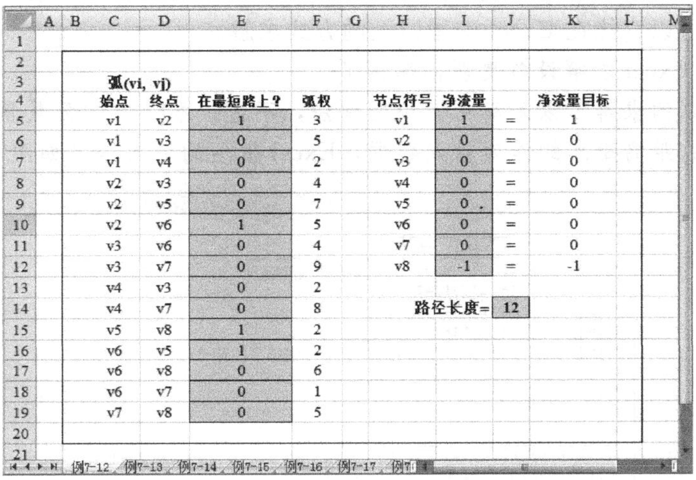

图　7-70

表　7-10

单元格	公式
I5	=SUMIF(C5:C19,H5,E5:E19)−SUMIF(D5:D19,H5,E5:E19)
I6	=SUMIF(C5:C19,H6,E5:E19)−SUMIF(D5:D19,H6,E5:E19)
I7	=SUMIF(C5:C19,H7,E5:E19)−SUMIF(D5:D19,H7,E5:E19)
I8	=SUMIF(C5:C19,H8,E5:E19)−SUMIF(D5:D19,H8,E5:E19)
I9	=SUMIF(C5:C19,H9,E5:E19)−SUMIF(D5:D19,H9,E5:E19)
I10	=SUMIF(C5:C19,H10,E5:E19)−SUMIF(D5:D19,H10,E5:E19)
I11	=SUMIF(C5:C19,H11,E5:E19)−SUMIF(D5:D19,H11,E5:E19)
I12	=SUMIF(C5:C19,H12,E5:E19)−SUMIF(D5:D19,H12,E5:E19)
J14	=SUMPRODUCT(E5:E19,F5:F19)

其中，SUMIF 函数的作用是，统计位于 H5—H12 的各个节点作为源节点出现在弧 (v_i, v_j) 的始点和终点的次数，然后两者相减，以实现上面所分析的目的：使得 v_1 的净流量为 1，v_8 的净流量为 -1，其他中间节点的净流量为 0，符合这些条件的路都是从 v_1 到 v_8 的路。通过如图 7-71 所示的规划求解参数设置（其中约束条件第一行表示所有弧在最短路上的 0-1 约束，第二行表示找出可行路径流量平衡约束），然后利用 Excel 的规划求解工具，在所有符合这些条件的路径中找到权和最小的那一条。

图 7-70 给出了例 7-3 问题的一条长度为 12 的

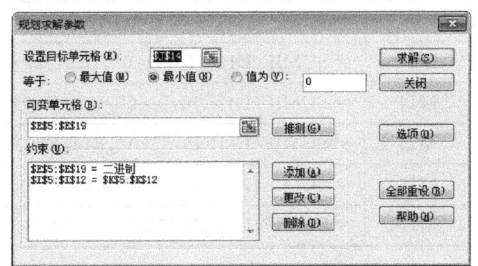

图　7-71

最短路，最短路径中的弧可从 C、D、E 列中读出：(v_1, v_2)、(v_2, v_6)、(v_5, v_8) 和 (v_6, v_5)，所以问题中的最短路径为：

$$v_1 \longrightarrow v_2 \longrightarrow v_6 \longrightarrow v_5 \longrightarrow v_8,$$

这个结果是前面 Dijkstra 算法求出的三条最短路径的一条。

由于从本质上，Excel 求解最短路问题时采取的是线性规划规划求解方式，在这种求解方式下，区分网络中是否含有权值为负的弧没有任何意义。换句话说，不管网络中是否存在负权弧，都可以直接在 Excel 中用以上的方式求解。

例 7-13 用 Excel 求解设备更新问题例 7-4。

解：这个问题的求解可以采用上例中的做法，不过，本例中的弧数量较多，可以直接使用表 7-4 给出的距离矩阵的作为输入数据，Excel 模型的输入结果如图 7-72 所示。

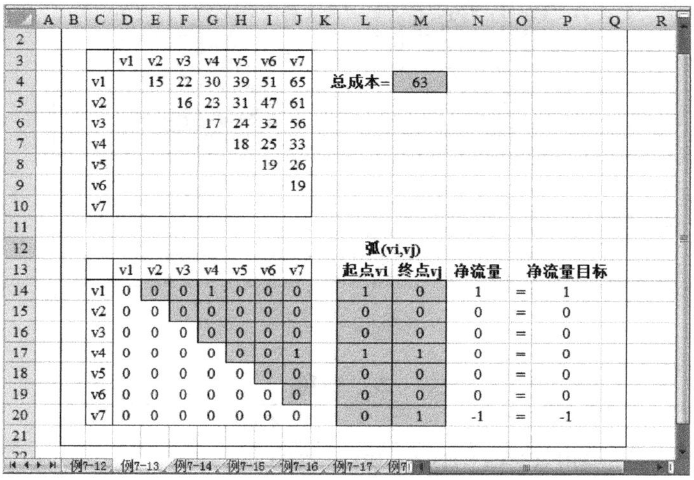

	v1	v2	v3	v4	v5	v6	v7
v1		15	22	30	39	51	65
v2			16	23	31	47	61
v3				17	24	32	56
v4					18	25	33
v5						19	26
v6							19
v7							

总成本= 63

	v1	v2	v3	v4	v5	v6	v7	弧(vi,vj) 起点vi	终点vj	净流量		净流量目标
v1	0	0	0	1	0	0	0	1	0	1	=	1
v2	0	0	0	0	0	0	0	0	0	0	=	0
v3	0	0	0	0	0	0	0	0	0	0	=	0
v4	0	0	0	0	0	0	1	1	1	0	=	0
v5	0	0	0	0	0	0	0	0	0	0	=	0
v6	0	0	0	0	0	0	0	0	0	0	=	0
v7	0	0	0	0	0	0	0	0	1	-1	=	-1

图 7-72

图中各个单元格输入的公式如表 7-11 所示。

表 7-11

单元格	公式	单元格	公式
L14	=SUMIF(D4:J4,">0",D14:J14)	M18	=SUMIF(H4:H10,">0",H14:H20)
L15	=SUMIF(D5:J5,">0",D15:J15)	M19	=SUMIF(I4:I10,">0",I14:I20)
L16	=SUMIF(D6:J6,">0",D16:J16)	M20	=SUMIF(J4:J10,">0",J14:J20)
L17	=SUMIF(D7:J7,">0",D17:J17)	N14	=L14-M14
L18	=SUMIF(D8:J8,">0",D18:J18)	N15	=L15-M15
L19	=SUMIF(D9:J9,">0",D19:J19)	N16	=L16-M16
L20	=SUMIF(D10:J10,">0",D20:J20)	N17	=L17-M17
M14	=SUMIF(D4:D10,">0",D14:D20)	N18	=L18-M18
M15	=SUMIF(E4:E10,">0",E14:E20)	N19	=L19-M19
M16	=SUMIF(F4:F10,">0",F14:F20)	N20	=L20-M20
M17	=SUMIF(G4:G10,">0",G14:G20)	M4	=SUMPRODUCT(D4:J10,D14:J20)

由于采取了距离矩阵的方式输入数据，因此其 SUMIF 公式与例 7-12 有些区别，但原

理是一致的,都是通过流量平衡约束,限定图中允许的路径是从 v_1 至 v_8 的路径。另外,SUMIF 中使用了">0"作为求和的先决条件,是因为距离矩阵中有空的元素,如果不加区别,则最后得到总费用一定是 0,这个条件限制了距离矩阵中正值所在的单元格才能求和。

本例的规划求解参数设置如图 7-73 所示。

从图 7-72 可读出结果,该企业应仅在第 4 年更新设备,这时的费用最小,为 63 万元。

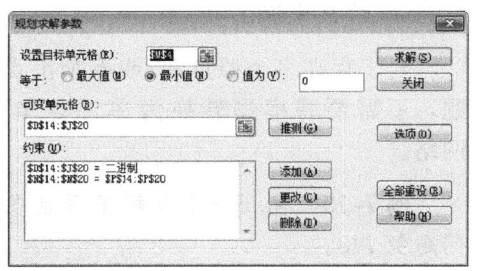

图　7-73

二、用 Excel 求解最大流问题

例 7-14 用 Excel 求解最大流问题例 7-6。

解: 回顾前面的内容,最大流问题就是在所有满足容量限制约束和流量平衡约束的流中,网络总流量最大的可行流。与最短路问题的 Excel 模型类似,最大流问题的模型也可以借助 SUMIF 函数来简化,只不过这时的网络的流量不再限制为 1,而是一个待求解的数值。

本例的 Excel 模型输入结果如图 7-74 所示。

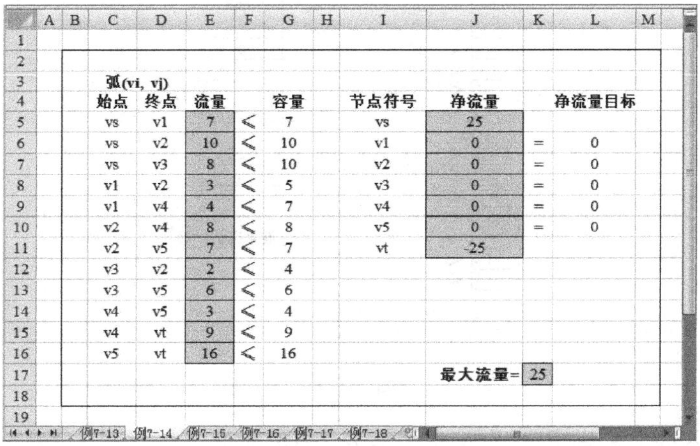

图　7-74

其中,需输入公式的单元格及其公式如表 7-12 所示。

表　7-12

单元格	公式
J5	=SUMIF(C5:C16,I5,E5:E16)−SUMIF(D5:D16,I5,E5:E16)
J6	=SUMIF(C5:C16,I6,E5:E16)−SUMIF(D5:D16,I6,E5:E16)
J7	=SUMIF(C5:C16,I7,E5:E16)−SUMIF(D5:D16,I7,E5:E16)
J8	=SUMIF(C5:C16,I8,E5:E16)−SUMIF(D5:D16,I8,E5:E16)
J9	=SUMIF(C5:C16,I9,E5:E16)−SUMIF(D5:D16,I9,E5:E16)
J10	=SUMIF(C5:C16,I10,E5:E16)−SUMIF(D5:D16,I10,E5:E16)
J11	=SUMIF(C5:C16,I11,E5:E16)−SUMIF(D5:D16,I11,E5:E16)
K17	=J5

以上模型输入完成后，规划求解参数设置如图 7-75 所示。

其中的两行约束条件分别是容量限制约束和中间节点的流量平衡约束。最后得到的最大流，是与第四节两种解法结果不同的，且流量也为 25 的最大流。

图 7-75

对于存在多个源点和/或多个汇点的最大流问题，不需要将模型转换为单源点单汇点的流量网络。

例 7-15 用 Excel 求解多源点多汇点最大流问题例 7-8。

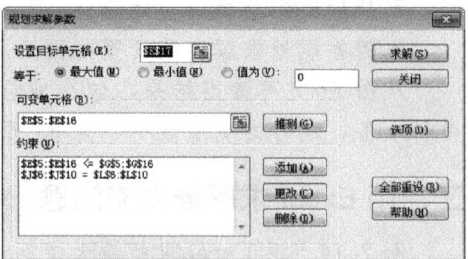

解： 采取与上一例同样的方法，将例 7-8 的基础数据输入 Excel 表格中，其数据输入和求解出的一个最大流如图 7-76 所示。

	C	D	E	F	G	H	I	J	K	L
3	弧(vi, vj)									
4	始点	终点	流量		容量		节点符号	净流量		净流量目标
5	vs2	v1	5	<	5		vs1	17		
6	vs3	v3	4	<	4		vs2	5		
7	vs1	v1	2	<	7		vs3	4		
8	vs1	v2	10	<	10		v1	0	=	0
9	vs1	v3	5	<	10		v2	0	=	0
10	v1	v2	0	<	5		v3	0	=	0
11	v1	v4	7	<	7		v4	0	=	0
12	v2	v4	6	<	8		v5	0	=	0
13	v2	v5	7	<	7		vt1	-25		
14	v3	v2	3	<	4		vt2	-1		
15	v3	v5	6	<	6					
16	v4	v5	4	<	4					
17	v4	vt1	9	<	9			最大流量=	26	
18	v5	vt1	16	<	16					
19	v5	vt2	1	<	8					

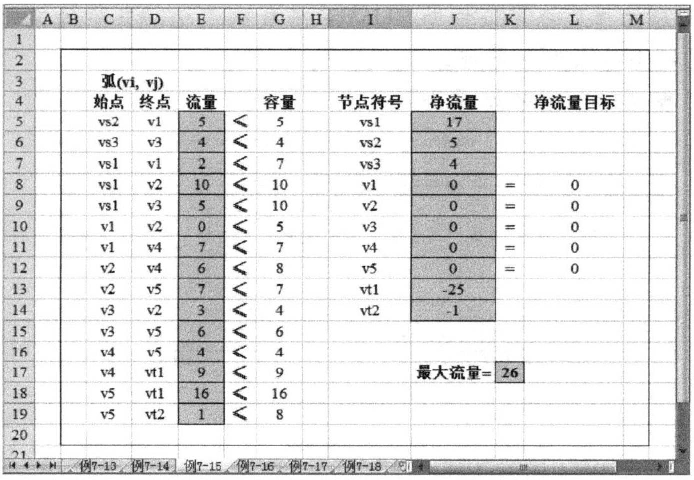

图 7-76

其中，需输入公式的单元格及其公式如表 7-13 所示。

表 7-13

单元格	公式
J5	=SUMIF(C5:C19,I5,E5:E19)－SUMIF(D5:D19,I5,E5:E19)
J6	=SUMIF(C5:C19,I6,E5:E19)－SUMIF(D5:D19,I6,E5:E19)
J7	=SUMIF(C5:C19,I7,E5:E19)－SUMIF(D5:D19,I7,E5:E19)
J8	=SUMIF(C5:C19,I8,E5:E19)－SUMIF(D5:D19,I8,E5:E19)
J9	=SUMIF(C5:C19,I9,E5:E19)－SUMIF(D5:D19,I9,E5:E19)
J10	=SUMIF(C5:C19,I10,E5:E19)－SUMIF(D5:D19,I10,E5:E19)
J11	=SUMIF(C5:C19,I11,E5:E19)－SUMIF(D5:D19,I11,E5:E19)
J12	=SUMIF(C5:C19,I12,E5:E19)－SUMIF(D5:D19,I12,E5:E19)
J13	=SUMIF(C5:C19,I13,E5:E19)－SUMIF(D5:D19,I13,E5:E19)
J14	=SUMIF(C5:C19,I14,E5:E19)－SUMIF(D5:D19,I14,E5:E19)
K17	=SUM(J5:J7)

与上一例不同的地方在于，本例是多源点多汇点的最大流问题，其目标函数（总流量）应为多个源点发出的流量之和（见单元格 K17 的公式），或流入多个汇点的总流量。

规划求解参数窗口设置如图 7-77 所示。

三、用 Excel 求解最小费用流问题

例 7-16 用 Excel 求解最小费用流问题例 7-10。

解：求解最小费用流的 Excel 模型输入方式与最大流问题类似，只是这时目标函数中每条弧的流量多了一个单位流量成本的乘数。本例的模型输入结果和指定目标流量为 11 时的求解结果如图 7-78 所示，这个结果与第五节中应用对偶算法求解的结果一致。

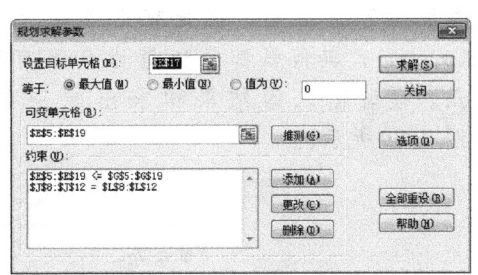

图　7-77

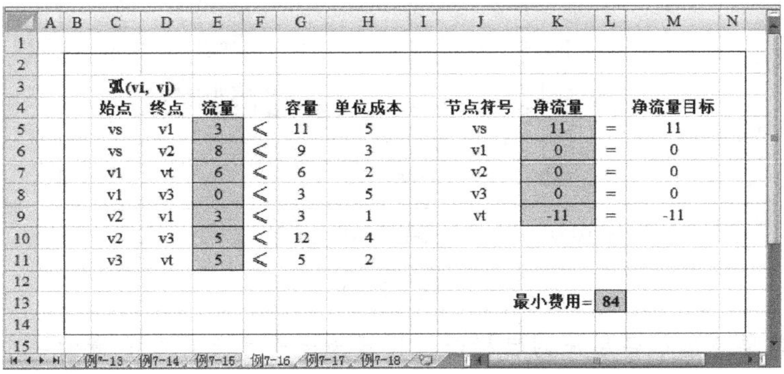

图　7-78

当问题要求解的是最小费用流时，需指定目标流量，并在 M5 和 M9 中输入目标流量及其相反数；当问题要求解的是最小费用最大流时，这个最大流的流量可以预先求解出来（只需将单位流量成本设定为 1，或者目标函数仅计算流量，求解这个最小费用流问题即可），再作为一个指定的目标流量输入模型中继续求解。本例中求解的目标流量，就是这个网络的最大流流量。

模型中的公式如表 7-14 所示。

表　7-14

单元格	公　　式
K5	=SUMIF(C5:C11,J5,E5:E11)−SUMIF(D5:D11,J5,E5:E11)
K6	=SUMIF(C5:C11,J6,E5:E11)−SUMIF(D5:D11,J6,E5:E11)
K7	=SUMIF(C5:C11,J7,E5:E11)−SUMIF(D5:D11,J7,E5:E11)
K8	=SUMIF(C5:C11,J8,E5:E11)−SUMIF(D5:D11,J8,E5:E11)
K9	=SUMIF(C5:C11,J9,E5:E11)−SUMIF(D5:D11,J9,E5:E11)
L13	=SUMPRODUCT(E5:E11,H5:H11)

规划求解参数如图 7-79 所示，与最大流问题的设置没有区别。

例 7-17 利用 Excel 求解图 7-67 所示的最小费用流，从而求解例 7-6 的最大流问题。

解： 图 7-67 是将一个最大流问题转化为一个等价的最小费用流问题来求解，问题中新增了一条没有容量限制，但是有正单位流量成本的弧 (v_s, v_t)；其他弧都是流量为 0 但有容量限制的弧。模型输入的结果和求出的一个最大流如图 7-80 所示。

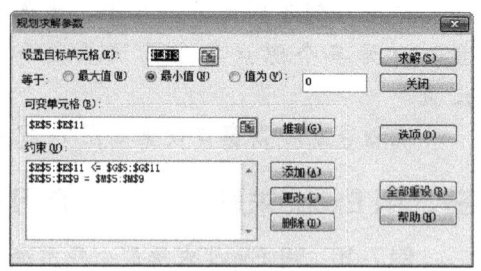

图 7-79

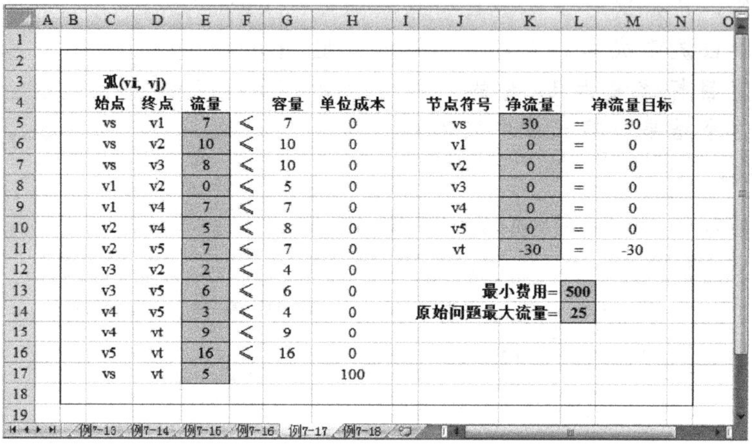

图 7-80

这样，只需要将最小费用流的目标流量设置为大于最大可能流量的一个数值（本例中设为 30，大于原始问题中源点 v_s 的最大可能流量 27 和汇点 v_t 的最大可能流量 25），那么在这个最小费用流问题得到最优解时，用其流量减去虚拟弧 (v_s, v_t) 上发生的流量，就是原始问题的最大流量；将虚拟弧 (v_s, v_t) 从网络中移除，得到的流就是一个最大流。基于这个原理，在模型输入时在 L14 单元格输入的"＝K5－E17"就是计算原始网络最大流量的公式。

模型中输入的公式如表 7-15 所示。

表 7-15

单元格	公　　式
K5	＝SUMIF(C5:C17,J5,E5:E17)－SUMIF(D5:D17,J5,E5:E17)
K6	＝SUMIF(C5:C17,J6,E5:E17)－SUMIF(D5:D17,J6,E5:E17)
K7	＝SUMIF(C5:C17,J7,E5:E17)－SUMIF(D5:D17,J7,E5:E17)
K8	＝SUMIF(C5:C17,J8,E5:E17)－SUMIF(D5:D17,J8,E5:E17)
K9	＝SUMIF(C5:C17,J9,E5:E17)－SUMIF(D5:D17,J9,E5:E17)
K10	＝SUMIF(C5:C17,J10,E5:E17)－SUMIF(D5:D17,J10,E5:E17)
K11	＝SUMIF(C5:C17,J11,E5:E17)－SUMIF(D5:D17,J11,E5:E17)
L13	＝SUMPRODUCT(E5:E17,H5:H17)
L14	＝K5－E17

规划求解的参数如图 7-81 所示。

例 7-18 用 Excel 求解节点容量有限制的最小费用流问题例 7-11。

解： 对于节点有容量限制的最小费用流问题，可以采取最大流问题扩展一节中提出的方式，将节点的容量限制转换为两个节点中间一条边上的容量限制，再应用与前面完全相同的 Excel 模型输入方式进行求解。但本例中，这样做反而舍近求远，由于本例在进行最小费用流（最大流）建模时，已经写出了其运价表（表 7-12），将此表直接作为基础数据输入表格中，就可以用回线性规划的方式来求解这个问题。问题模型的输入结果、规划求解参数的设置和计算结果如图 7-82 所示。

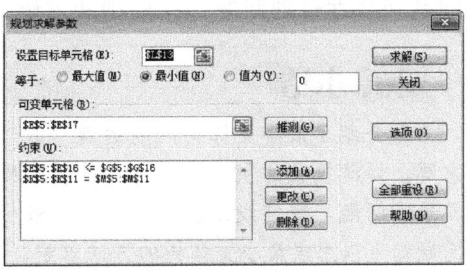

图 7-81

	C	D	E	F	G	H	I	J	K	L
3	单位成本									
4	弧(Si, Dj)	D1	D2	D3	D4	D5	D6			
5	S1	65	71	77	83	89	95			
6	S2	10000	68	74	80	86	92			
7	S3	10000	10000	75	81	87	93			
8	S4	10000	10000	10000	80	86	92			
9	S5	10000	10000	10000	10000	84	90			
10	S6	10000	10000	10000	10000	10000	88			
13		D1	D2	D3	D4	D5	D6	实际供应量		可供应量
14	S1	100	0	0	0	0	0	100	≤	150
15	S2	0	110	40	0	0	0	150	≤	150
16	S3	0	0	65	0	0	0	65	≤	150
17	S4	0	0	0	95	0	0	95	≤	150
18	S5	0	0	0	0	80	0	80	≤	150
19	S6	0	0	0	0	0	70	70	≤	150
20	需求满足量	100	110	105	95	80	70			
21		=	=	=	=	=	=			
22	需求量	100	110	105	95	80	70			
24						最小总费用=		42295		

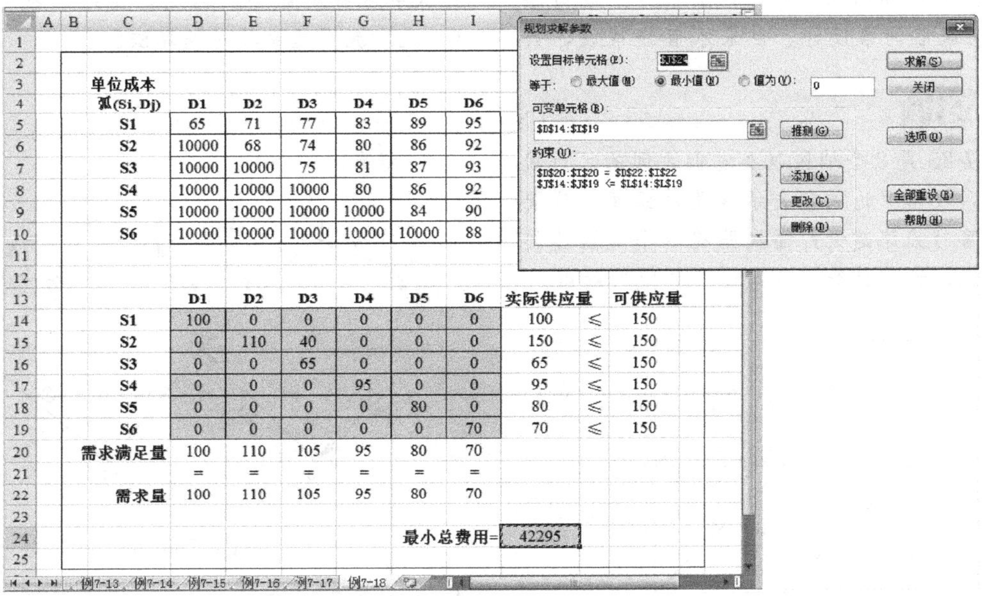

图 7-82

注意到在运价矩阵中本为空值的左下半部分在填入表格时赋值为 10 000，这是因为如果不赋值，这些空白单元格在运算时将被 Excel 作为 0 处理，在计算总运费时，应避免误将这些单元格作为可行运输方式。为了更便于用 SUMPRODUCT 和 SUM 函数输入模型中的公式，在这些单元格填入一个足够大的数，就可以避免在相应的单元格中得到正的流量。

模型中各个单元格的公式如表 7-16 所示。

表 7-16

单元格	公 式	单元格	公 式
J14	=SUM(D14:I14)	E20	=SUM(E14:E19)
J15	=SUM(D15:I15)	F20	=SUM(F14:F19)
J16	=SUM(D16:I16)	G20	=SUM(G14:G19)
J17	=SUM(D17:I17)	H20	=SUM(H14:H19)
J18	=SUM(D18:I18)	I20	=SUM(I14:I19)
J19	=SUM(D19:I19)	J24	=SUMPRODUCT(D5:I10,D14:I19)
D20	=SUM(D14:D19)		

显然,这就是将这个问题作为一个运输来求解的模型输入方式。由此可见,图论、运输问题和线性规划问题,在模型和求解方法上,时常是相通的。

本章小结

本章介绍了最小支撑树问题的避(破)圈法求解,如建筑物的供电、供水、供暖的线路布局最优问题,通信线路、广播线路的最优设计问题都可以用求最小支撑树的方法求解。

介绍了最短路问题的 Dijkstra 算法求解,Dijkstra 算法是目前公认的最好算法,但只限于解决边权非负的问题,在边权有负值的问题可以用 Bellman-Ford 算法求解。最短路问题在通信网络设计、自来水管线铺设、公路交通规划等实际问题中有着广泛的应用。

介绍了最大流算法,在城市交通规划时,会遇到人流、车流、物流的问题;供水、供电系统会遇到水流与电流问题;金融系统会遇到现金流与信息流问题。最大流算法是解决此类问题的有力工具。

最后,针对某些既要求达到目标流量同时又要求费用最小的问题,介绍了最小费用(最大)流问题及其对偶算法。

习题

1. 图 7-83 是 8 个地区以及它们之间的可行线路,线路旁边数字表示线路的距离。现要沿可行线路建设广播线路将 8 个地区连接起来。请设计线路方案使得总距离最短。

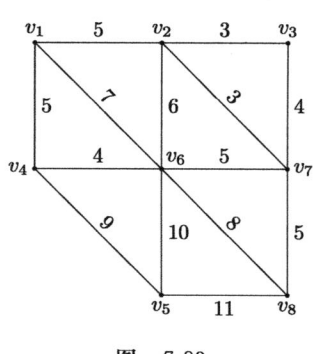

图 7-83

2. 求解图 7-84 中从 v_1 到 v_{11} 的最短路径和最短距离。

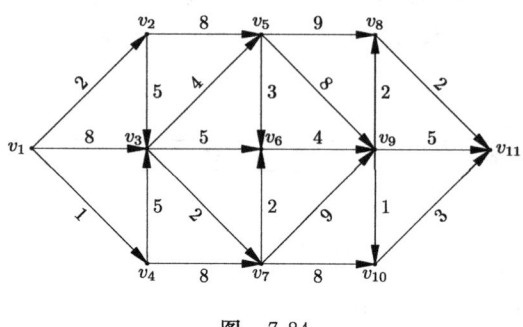

图 7-84

3. 求解图 7-85 中从 v_1 到 v_9 的最短路径和最短距离。

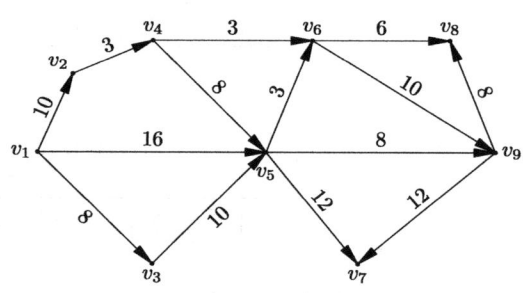

图 7-85

4. 求解图 7-86 中从 v_1 到 v_8 的最短路径和最短距离。

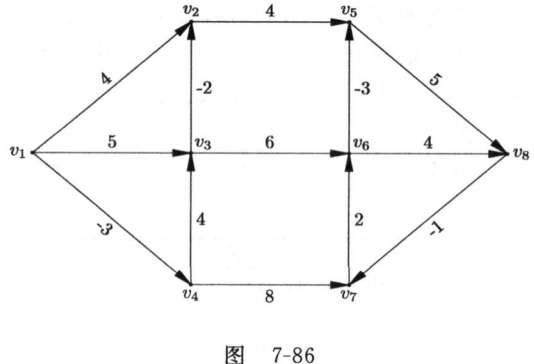

图 7-86

5. 求解设备更新问题例 7-4。

6. 求解图 7-87 中从 v_1 到 v_8 的最短路径和最短距离。

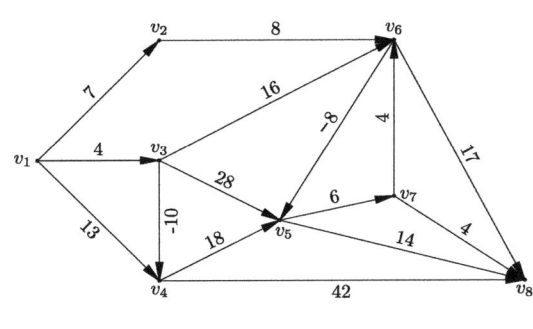

图 7-87

7. 求解图 7-88 中从 v_s 到 v_t 的最大流，弧边标注的数字分别为容量 c_{ij} 和当前的流量 f_{ij}。如果要提高网络的最大流量，应有什么建议？

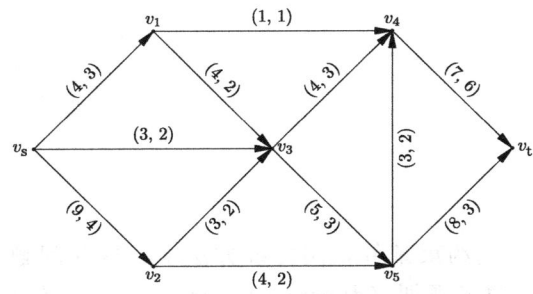

图 7-88

8. 图 7-89 所示的网络是一个水道网络，该网络起始于三条河流的取水点 R，最终到达某城市 T 的自来水处理厂，图中的其他节点为连接不同水道的连接节点。图上从 R 节点流出弧边的数字，表示每天从该取水点对指定水道 A、B 或 C 可泵取的最大水量（千吨），其他弧上的数字标示的是各水道每天允许流量的上限，现在问，应如何对各个水道中的流量进行调度，可以使得城市 T 每天的供水量最大？如果要提高城市 T 的供水量，应有什么建议？

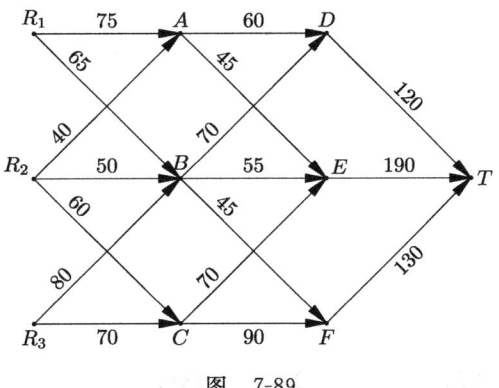

图 7-89

9. 求解图 7-90 网络目标流量为 5 时的最小费用流，以及最小费用最大流，弧边标注的数字分别为弧的容量和弧上单位流量的费用。

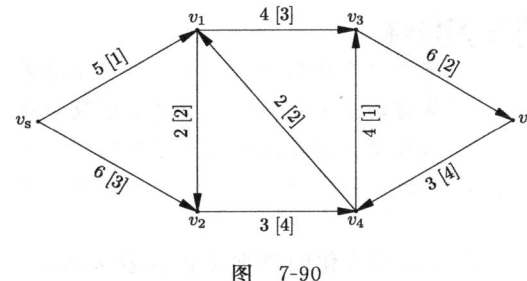

图 7-90

10. 求解图 7-91 网络中流量为 5 时的最小费用流，以及最小费用最大流。图中节点边上的方框中标注的是该节点允许的净流出量。

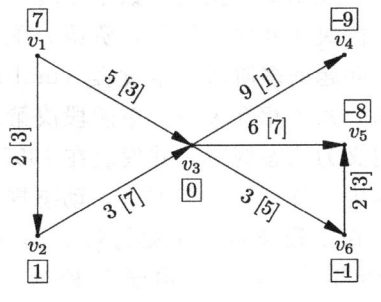

图 7-91

11. 用 Excel 求解以上所有问题。

第八章

动态规划

学习目标
- 掌握动态规划的基本概念和基本思想
- 掌握动态规划问题的逆序求解及建模方法
- 掌握离散确定型动态规划问题的求解方法
- 了解连续确定型动态规划问题的求解方法

许多现实优化问题常常包含着大量的变量和/或约束条件,用传统方法求解这些问题需要的计算时间和计算能力有时是无法承受的。动态规划(dynamic programming)提出的初衷就是为了更为经济地求解这些大型问题。这种方法的基本思路是把一个问题分割成若干个阶段,每个阶段中包含一个子问题,各子问题之间通过某种递推关系连接在一起。这样,整个问题的解就是通过递推求解这些子问题而得到。

动态规划最早由美国数学家理查德·贝尔曼(Richard Ernest Bellman)提出,用于求解多阶段决策问题,例如,资源分配问题、库存问题、生产排产问题、博弈问题等。他根据这类问题的多阶段决策过程(multi-stage decision process)特点,提出了将此类问题变换成为一系列相互关联的单阶段决策问题,然后逐个解决。贝尔曼将这种问题求解思想和方法定义为动态规划,并发表在 1957 年出版的专著《动态规划》(*Dynamic Programming*)上。作为一种系统分析方法,动态规划以及"最优化原理"(principle of optimality)一经提出就在工程技术、企业管理、军事运作等领域得到广泛应用,而贝尔曼本人也因此获得 1979 年美国电气与电子工程师协会(IEEE)颁发的最高荣誉奖章(IEEE Medal of Honor)。

根据多阶段决策中状态变量的维度,动态规划问题有一维和多维之分,由于多维的动态规划问题求解过程较为复杂,本书仅关注一维的动态规划问题。本章首先简单介绍了几个多阶段决策问题的实例,在说明动态规划的一些基本概念的基础上,介绍了动态规划的基本思想和基本原理,最后结合一些典型的实例和数学问题,演示了确定型动态规划问题的建模和求解思路。

第一节 多阶段决策问题的描述

如果一项活动最后实现的效益是由一系列在空间或时间上处于先后次序的决策最终得到的结果，且排列于前面的决策阶段得到的结果将直接影响后续的决策，那么这个问题就是一个多阶段决策问题。多阶段决策问题都可以抽象成图 8-1 的形式。

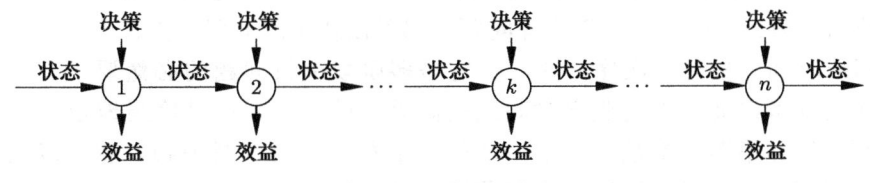

图 8-1

图中带圈的数字⑥表示第 k 阶段，各阶段输入为当前的客观状态以及当前状态下进行的某一项决策，输出为该阶段内的效益，以及下一阶段的输入状态。由于不同阶段采取不同的决策会得到不同的效益，多阶段决策问题通常以总效益最好或总成本最低等形式来约定问题的求解目标，找到该目标实现时其对应的最优决策链条。

如果以空间或地理上的分布作为阶段划分的依据，最短路径问题可以视为一种典型的多阶段决策问题。

例 8-1 最短路径问题 城市 A 与城市 E 之间的公路网如图 8-2 所示，各中间点分别代表路线上经过的其他城市，各边连线的数值表示两个城市之间的行驶里程（单位：百公里）。某货车计划将一批货物从城市 A 运往城市 E，应该如何设定货车的行驶路线可实现总行驶里程最短？

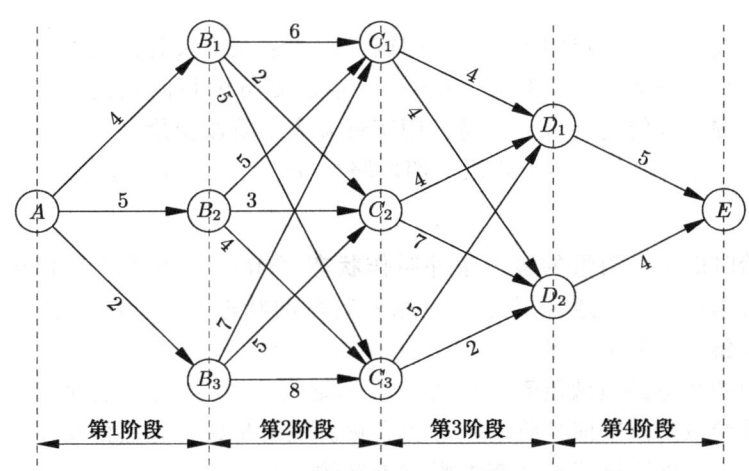

图 8-2 城市 A 与 E 之间的公路交通的四个阶段划分

图 8-2 把从 A 到 E 的路分为 4 个阶段（4 段路），每个阶段开始时货车所处的位置称为该阶段的状态，在每阶段的特定状态下做出一个决策。例如，在第一阶段（出发前）货车的状态是处于 A，有 3 条路可选择，或者说可以有 3 种决策（选择 B_1、B_2 或 B_3 为中转地）。一旦做出了决策，就进入下一个阶段，状态就会随之发生转移。例如，如果货车在第一阶段执行的决策是从 A 到 B_1，则货车将从第 1 阶段的状态 A 转移到第 2 阶段的状态

B_1，然后继续从这个状态出发做出第 2 阶段的决策，直到货车到达目的地 E 为止。在货车从 A 到 E 的所有可能路线中，总里程最短的路线及其对应的各阶段的决策链，就是这个问题求解的内容。

另一种常见的多阶段决策问题是以决策的"时间"顺序作为划分阶段的依据，例如，在第七章最短路问题中涉及的以总成本最小为目标的设备更新问题例 7-4，也可以视为一个分 6 次决策的多阶段决策问题。在时间上呈连续性的一些以总成本最低为目标的产品生产与存储控制问题、半成品生产策略等问题，都可以从时间上划分为若干个阶段。

在空间或时间上呈先后次序，并不一定是多阶段决策问题的必然要求。实际上，有很多静态问题都可以通过人为假定时间或空间因素的存在，通过恰当地定义转化为多阶段决策问题，例如第四章整数规划中涉及的一维背包问题（例 4-4），就可以视为分 9 个阶段决策的问题；将有限的资源分配于若干个独立活动（例如将一笔资金用于若干个独立的、投资额固定的可选项目）的问题，也可以视为以活动作为划分阶段依据的多阶段决策问题。

第二节 动态规划的基本概念和基本原理

一、动态规划的基本概念

适合采用动态规划的思路和方法求解的多阶段决策问题需要符合一定的特征，能够用动态规划的"语言"描述出来。这将涉及这样一些基本概念：阶段、状态、决策、策略、状态转移、指标函数。

1. 阶段

将问题过程或系统按一定的顺序（时间或空间，或某个人为的顺序）分隔成若干互相联系的部分，每个部分就是一个**阶段**（stage）。阶段划分的目的是使整个问题变成若干个形态相似的子问题，以便逐个求解。通常用字母 k 表示阶段变量。

比如，例 8-1 可以划分为四个阶段（四段路），$k=1,2,3,4$。

2. 状态

各阶段开始时的可以衡量的客观条件叫作**状态**（state）。在各个阶段中，初始状态是不可控的，或必须接受的，通常用 s_k 表示第 k 阶段的**状态变量**，状态变量 s_k 的取值集合或范围称为**状态集合**，表示为 S_k。

动态规划中的状态必须满足**无后效性**（或无记忆性）：某阶段的状态一经确定，后续过程的进行不再受该阶段以前各阶段状态的影响。也就是说，过去的历史已经完整地总结在当前状态上，它只能通过当前状态去影响未来的发展。如果状态变量的定义方式不符合无后效性，就不能用于构造动态规划模型。

在例 8-1 中，第 1 阶段只有一个状态 A，状态变量 s_1 的集合 $S_1=\{A\}$；后续各阶段的状态集合分别为：

$$S_2 = \{B_1, B_2, B_3\} \quad S_3 = \{C_1, C_2, C_3\} \quad S_4 = \{D_1, D_2\}$$

当某一阶段的初始状态（货车位于某个城市）确定时，从这个状态出发至城市 E 的最短行驶路线不受过去决策的行车路线影响，所以满足状态的无后效性。例如从城市 C_2 到 E 的最短路线只受当前状态 C_2 影响，而与货车究竟是从 B_1、B_2 和 B_3 中哪个点到达 C_2 无关。

3. 决策

在某个阶段给定的状态下做出的决定或选择称为**决策**。表示决策的变量，称为**决策变量**，因为其意义与线性规划中决策变量的意义没有分别，本书约定用 $x_k(s_k)$ 表示第 k 阶段 s_k 状态下的决策变量。由于决策变量的取值往往限定在某个范围之内，称此范围为**允许决策集合**，用 $X_k(s_k)$ 表示第 k 阶段 s_k 状态下的允许决策集合。决策变量与允许决策集合之间服从 $x_k(s_k) \in X_k(s_k)$。

在例 8-1 中，从第 2 阶段状态 B_1 出发，可选择下一阶段的 C_1、C_2、C_3，即其允许决策集合为：

$$X_2(B_1) = \{C_1, C_2, C_3\}$$

若在此状态下的决策为选择 C_3，则可表示为：

$$x_2(B_1) = C_3$$

4. 策略

整个问题各阶段的决策序列构成一个**策略**（policy），对一个 n 阶段决策问题，第 1 个阶段的状态 s_1 做出决策 $x_1(s_1)$，由此决策转移到第 2 个阶段的状态 s_2，在此状态下再做出决策 $x_2(s_2)$，如此推演下去，直至转移到第 n 阶段 s_n 做出决策 $x_n(s_n)$，这一系列决策形成的决策链就是策略，用 $p_{1,n}\{x_1(s_1), x_2(s_2), \cdots, x_n(s_n)\}$ 表示，亦简记为 $p_{1,n}(s_1)$，所有允许策略的集合表示为 $P_{1,n}(s_1)$。策略集中使问题取得最优效益的策略就是**最优策略**。

子策略是从第 k 阶段的状态 s_k 做出决策 x_k，然后转移到第 $k+1$ 阶段的状态 s_{k+1} 做出决策 x_{k+1}，直至最后转移到第 n 阶段的状态 s_n 做出决策 x_n 而形成的决策链，表示为 $p_{k,n}(s_k)$，子策略集用 $P_{k,n}(s_k)$ 表示。

5. 状态转移方程

各阶段在当前状态下做出一个特定的决策，除获得本阶段的效益，还将得到下一阶段的状态。如果在给定的第 k 阶段的状态 s_k 下做出的决策为 $x_k(s_k)$，则第 $k+1$ 阶段的状态 s_{k+1} 也就确定，三者之间的关系可表示为：

$$s_{k+1} = T_k(s_k, x_k) \tag{8-1}$$

由于揭示了由第 k 阶段到第 $k+1$ 阶段状态转移的规律，所以通常将式（8-1）称为**状态转移方程**（transition functions）。

对于最短路问题例 8-1，状态转移方程为：

$$s_{k+1} = x_k(s_k) \tag{8-2}$$

例如，第 1 阶段的状态是 $s_1 = A$，若决策是到 B_1，则第 2 阶段的状态就为 $s_2 = x_1(s_1) = x_1(A) = B_1$。

6. 指标函数

用于评价决策或策略结果优劣的指标称为**指标函数**（objective function）。它又分为阶段指标函数和过程指标函数两种：**阶段指标函数**针对的是决策，是指第 k 阶段，从状态 s_k 出发，采取决策 x_k 时的（阶段内）效益，约定用 $g_k(s_k, x_k)$ 表示，例如 $g_2(B_1, C_1) = 6$ 表示从状态 $s_2(B_1)$ 出发，采取决策到 C_1 时的距离为 6；而**过程指标函数**针对（子）策略，是指从第 k 阶段的状态 s_k 采用子策略 $p_{k,n}(s_k)$ 时的总效益，记为 $G_k(s_k)$。

例 8-1 中，$G_k(s_k) = \sum_{i=k}^{4} g_i(s_i, x_i)$。也就是从第 k 阶段的状态 s_k 作一系列决策到第 4 阶段末的总距离为各段决策的距离之和 ⊖。

最优指标函数（optimal policy function）表示从第 k 阶段状态 s_k 采用最优子策略 $p_{k,n}^*$ 时，过程指标函数的取值，记为 $f_k(s_k)$。据此定义，可知 $f_k(s_k)$ 与 $G_k(s_k)$ 间的关系为：

$$f_k(s_k) = G_k^*(s_k) = \underset{p_{k,n} \in P_{k,n}}{\text{opt}}\, G_k(s_k) \tag{8-3}$$

其中"opt"即 optimum，表示"最优的"，根据具体问题取 max（最大值）或 min（最小值）。

特别地，当 $k=1$ 时，$f_1(s_1)$ 就是从初始状态 s_1 到全部决策结束时的整体最优函数，此时的策略就是最优策略。

在例 8-1 中，路径越短越好，因此 opt 函数应取 min，有

$$f_k(s_k) = \min_{P_{k,4}(s_k)} G_k(s_k) = \min_{P_{k,4}(s_k)} \sum_{i=k}^{4} g_i(s_i, x_i),$$

$$f_1(s_1) = \min_{P_{1,4}(s_1)} G_1(s_1).$$

二、动态规划的基本原理

动态规划方法的基本思想是**贝尔曼最优化原理**，描述如下：

一个最优策略具有这样的性质：无论整个过程的初始状态和初始决策是什么，从初始决策所形成的状态出发，余下的各决策也必定构成余下问题的最优策略。

简而言之，就是"一个最优策略的子策略构成一个最优子策略"。下面利用这种思想来求解例 8-1。这里采用逆序递推的解法，也就是先求出第 4 阶段各状态到终点 E 的最短路，再基于此结果求出从第 3 阶段各状态到 E 的最短路，最后找到从 A 到 E 的最短路。

第 1 步，在第 4 阶段即 $k=4$ 时，状态变量 s_4 可取两种状态 D_1、D_2，它们到 E 的路长分别为 5 和 4。由于满足无后效性，且从 D_1、D_2 到 E 均只有一种决策，所以 5 和 4 也就是从 D_1、D_2 到 E 的最短距离，即有：

$$f_4(D_1) = 5, \quad f_4(D_2) = 4$$

得到此最短距离时，从 D_1，D_2 分别做出的最优决策为：

$$x_4^*(D_1) = E, \quad x_4^*(D_2) = E$$

第 2 步，在第 3 阶段即 $k=3$ 时，状态变量 s_3 可取 3 个值 C_1，C_2，C_3，其中任意一种状态到达 E 的路径需要都经过一个中间点，本阶段应如何决策（选择哪个点作为中间点）能使到达 E 的路径最短，需要经过比较。从 C_1 到达 E 可经过 D_1 和 D_2，有：

$$f_3(C_1) = \min \begin{Bmatrix} 4 + f_4(D_1) \\ 4 + f_4(D_2) \end{Bmatrix} = \min \begin{Bmatrix} 4+5 \\ 4+4 \end{Bmatrix} = 8$$

表明由 C_1 到终点 E 的最短距离为 8，对应路径 $C_1 \rightarrow D_2 \rightarrow E$，实现此最短距离对应于本阶段在 C_1 状态下应采取的最优决策为 $x_3^*(C_1) = D_2$；同理有，

⊖ 在某些问题中，$G_k(s_k)$ 与 $g_i(s_i, x_i)$ 为乘积关系 $G_k(s_k) = \prod_{i=k}^{4} g_i(s_i, x_i)$。

$$f_3(C_2) = \min\begin{Bmatrix} 4+f_4(D_1) \\ 7+f_4(D_2) \end{Bmatrix} = \min\begin{Bmatrix} 4+5 \\ 7+4 \end{Bmatrix} = 9$$

$$f_3(C_3) = \min\begin{Bmatrix} 5+f_4(D_1) \\ 2+f_4(D_2) \end{Bmatrix} = \min\begin{Bmatrix} 5+5 \\ 2+4 \end{Bmatrix} = 6$$

表明由状态 C_2 采取最优决策 $x_3^*(C_2) = D_1$ 时,其到终点 E 的最短距离为 9,其路径为 $C_2 \to D_1 \to E$;而 C_3 采取最优决策 $x_3^*(C_3) = D_2$ 时,其到终点 E 最短距离为 6,路径为 $C_3 \to D_2 \to E$。

第3步,在第 2 阶段即 $k=2$,状态变量 s_2 可取三个值 B_1、B_2 和 B_3,此时可以分别穷举出从 B_1、B_2 或 B_3 达到 E 的 6 条路线,计算长度再加以比较,然而这种做法违背了动态规划的基本思想。根据贝尔曼最优化原理[⊖],最优策略的子策略一定是最优子策略,在最短路问题中体现为最短路径有最优子结构(图论介绍最短路问题原理时提出的定理7.1),则从 B_1 到 E 的最短距离必定是从 B_1 到 C_1、C_2、C_3 的距离分别加上从 C_1,C_2,C_3 到 E 的最短距离之和的最小值,即:

$$f_2(B_1) = \min\begin{Bmatrix} 6+f_3(C_1) \\ 2+f_3(C_2) \\ 5+f_3(C_3) \end{Bmatrix} = \min\begin{Bmatrix} 6+8 \\ 2+9 \\ 5+6 \end{Bmatrix} = 11$$

对应于 B_1 状态下应做出的最优决策为 $x_2^*(B_1) = C_2$ 或 $x_2^*(B_1) = C_3$;

$$f_2(B_2) = \min\begin{Bmatrix} 5+f_3(C_1) \\ 3+f_3(C_2) \\ 4+f_3(C_3) \end{Bmatrix} = \min\begin{Bmatrix} 5+8 \\ 3+9 \\ 4+6 \end{Bmatrix} = 10$$

对应于 B_2 状态下应做出的最优决策为 $x_2^*(B_2) = C_3$;

$$f_2(B_3) = \min\begin{Bmatrix} 7+f_3(C_1) \\ 5+f_3(C_2) \\ 8+f_3(C_3) \end{Bmatrix} = \min\begin{Bmatrix} 7+8 \\ 5+9 \\ 8+6 \end{Bmatrix} = 14$$

对应于 B_3 状态下应做出的最优决策为 $x_2^*(B_3) = C_2$ 或 $x_2^*(B_3) = C_3$。

第4步,第 1 阶段即 $k=1$ 时,s_1 只有一个状态 A,则

$$f_1(A) = \min\begin{Bmatrix} 4+f_2(B_1) \\ 5+f_2(B_2) \\ 2+f_2(B_3) \end{Bmatrix} = \min\begin{Bmatrix} 4+11 \\ 5+10 \\ 2+14 \end{Bmatrix} = 15$$

表明从 A 到 E 的最短距离为 15,本阶段应做出的最优决策为 $x_1^*(A) = B_1$ 或 $x_1^*(A) = B_2$。再从 A 开始按与计算相反的顺序倒推回去,可以得到本问题的三个最优决策序列:

(1) $x_1(A) = B_1$, $x_2(B_1) = C_2$, $x_3(C_2) = D_1$, $x_4(D_1) = E$
(2) $x_1(A) = B_1$, $x_2(B_1) = C_3$, $x_3(C_3) = D_2$, $x_4(D_2) = E$
(3) $x_1(A) = B_2$, $x_2(B_2) = C_3$, $x_3(C_3) = D_2$, $x_4(D_2) = E$

对应的最优路线分别为:

$$A \to B_1 \to C_2 \to D_1 \to E$$
$$A \to B_1 \to C_3 \to D_2 \to E$$
$$A \to B_2 \to C_3 \to D_2 \to E$$

⊖ 虽然前两步可以理解为穷举,但也可以理解为贝尔曼最优化原理的应用,在这一步体现更为明显。

图 8-3 给出了上述计算过程得出的结果，其中以加粗的边表示各个状态下做出的决策，各点旁用方框标注的数字表示该点至 E 的最短距离。

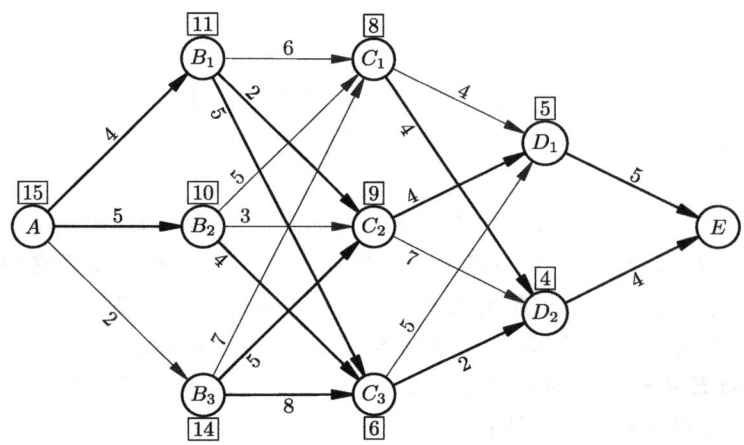

图 8-3 城市 A 与 E 之间的最短路径

如果使用前面所引入的指标函数概念，阶段指标函数 $g_k(s_k, x_k)$ 对应于货车在第 k 阶段的 s_k 状态下做出决策 x_k 到达下一阶段的状态 s_{k+1} 时，其（在本阶段内）行驶路径的长度；而 $f_k(s_k)$ 则是货车从第 k 阶段的 s_k 状态下经过一系列决策到达 E 时行驶的最短路径的长度，这一系列决策对应于一个最优子策略 $p_{k,4}^*(s_k)$。所以，以上各阶段的求解都可以归结为以下的递推关系：

$$\begin{cases} f_k(s_k) = \min_{x_k \in X_k(s_k)} \{g_k(s_k, x_k) + f_{k+1}(s_{k+1})\}, & k = 4, 3, 2, 1 \\ f_5(s_5) = 0 \end{cases}$$

(8-4a)

(8-4b)

通常称式（8-4）为动态规划的**基本方程**，由于本问题不存在第 5 阶段，所以引入式（8-4b）作为**边界条件**。关于基本方程的意义及利用基本方程进行求解的原理，将在后面详述。

三、逆序解法与顺序解法

前面运用动态规划的原理求解了例 8-1，求解次序是从最后一个阶段（第 4 阶段）开始向第 1 阶段倒推，由于与真实的多阶段决策的次序相反，这种解法称为**逆序解法**。实际上，前面所有基本概念都是针对逆序解法定义的。与逆序解法相对，采取与多阶段决策相同的次序进行递推求解的解法称为**顺序解法**。

逆序解法的思路如图 8-4 所示：

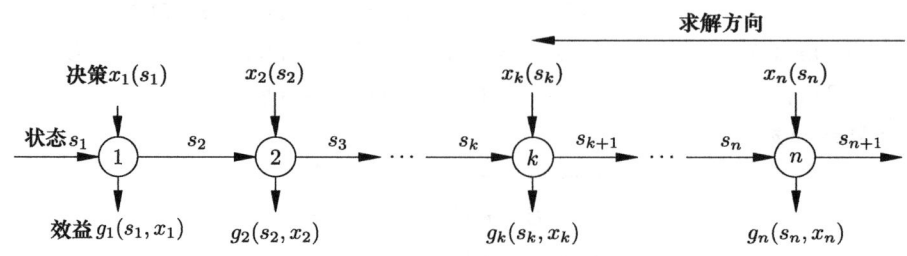

图 8-4 逆序解法

顺序解法与逆序解法在原理上没有什么不同。其思路如图 8-5 所示：

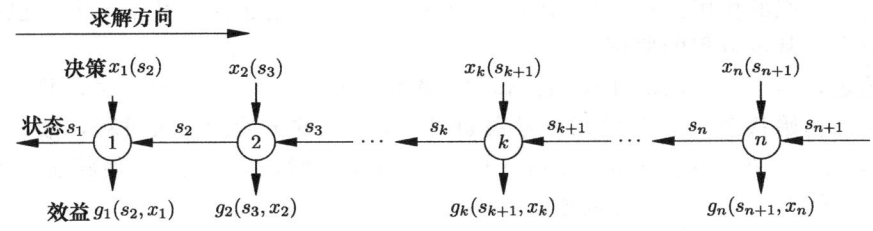

图 8-5 顺序解法

这两种解法都是贝尔曼最优化原理的应用，但由于求解的方向不同，顺序解法的状态、状态转移方程、（子）策略指标函数等定义都不同于逆序解法。

1. **状态转移方程不同**

如图 8-5 所示，在采取与顺序解法相同的阶段和状态定义时，第 k 阶段的输入为第 $k+1$ 阶段的状态 s_{k+1} 和第 k 阶段的决策 x_k，输出为第 k 阶段的状态 s_k，因此顺序解法下的状态转移方程为：

$$s_k = T'_k(s_{k+1}, x_k)$$

2. **指标函数不同**

正因为顺序解法下状态转移方程的输入和输出发生了变化，阶段指标函数和过程指标函数均有不同于逆序解法的定义。首先，阶段指标函数变为 $g_k(s_{k+1}, x_k)$；其次，（子）策略定义不同，子策略定义为从第 1 阶段的状态 s_2 做决策 x_1，然后转移到第 2 阶段的状态 s_3 做决策 x_2，直至最后转移到第 k 阶段的状态 s_{k+1} 做决策 x_k 而形成的决策链；因此过程指标函数则定义为从第 1 阶段的状态 s_2 采用前述子策略时的总效益。例如，在例 8-1 中逆序解法定义最优子策略是从第 k 阶段的某一状态 s_k 到 E 的最优路线，而顺序解法定义最优子策略是从 A 到第 k 阶段的某一状态 s_{k+1} 的最优路线，这样，两种定义下的子策略效益的定义方式也必然是不同的。

3. **基本方程的形式不同**

正因为指标函数定义不同，顺序解法的基本方程形式也不同需求解的最优指标函数为 $f_n(S_{n+1})$。对于例 8-1，如果采取顺序解法，其基本方程为：

$$\begin{cases} f_k(s_{k+1}) = \min_{x_k \in X_k(s_{k+1})} \{g_k(s_{k+1}, x_k) + f_{k-1}(s_k)\}, & k = 1,2,3,4 \\ f_0(s_1) = 0 \end{cases}$$

在求得 $f_4(s_5)$ 时得到最优策略。

所以，虽然顺序解法与逆序解法采取了相同的符号体系，但是两者的含义已经大不一样。

经验表明，当问题的初始状态给定时，用逆序方法比较方便；当终止状态给定时，用顺序方法比较方便。当问题的初始状态和终止状态都为给定时，两种解法效率一致。为避免不必要的混淆，本书仅介绍逆序解法以及适合逆序解法建模和求解的问题，在建模时，也按照这个约定将初始状态 s_1 设为已知数来适应逆序解法求解的特点。有关顺序解法的部分请有兴趣的读者参阅其他的教材。

四、动态规划的基本方程与求解原理

动态规划建模需要解决两个问题：一是本阶段在状态 s_k 下的决策 x_k 和下一阶段的状态 s_{k+1} 之间的关系，这个问题已经通过状态转移方程解决；二是各个决策的阶段内效益 $g_k(s_k, x_k)$ 如何与总指标函数 $G_k(s_k)$ 以及最优指标函数 $f_k(s_k)$ 建立联系，这时就需要发挥动态规划基本方程的作用。动态规划的基本方程是动态规划建模的基本要素，也是求解的依据，以下介绍基本方程的原理。

根据约定，本书在后面的建模和计算中，都以逆序解法作为求解顺序，并依此在建模中将把问题的初始状态 s_1 设为已知。考察如图 8-4 所示的 n 阶段决策过程，取状态变量为 s_1，s_2，…，s_{n+1}，决策变量为 x_1，x_2，…，x_n。在第 k 阶段，决策 x_k 使状态 s_k 转移为状态 s_{k+1}，此过程描述为状态转移函数

$$s_{k+1} = T_k(s_k, x_k), \quad k = 1, 2, \cdots, n$$

假定过程总效益 $G_1(s_1)$（即从第 1 阶段到第 n 阶段的过程指标函数）与各阶段内效益 $g_k(s_k, x_k)$（即阶段 k 的阶段指标函数）的关系为

$$G_1(s_1) = g_1(s_1, x_1) * g_2(s_2, x_2) * \cdots * g_n(s_n, x_n)$$

其中，符号 * 不代表乘号，而是表示某种累积效应，依问题背景要么全为"＋"，要么全为"×"。这样，使 $G_1(s_1)$ 最优亦即求 $f_1(s_1)$=opt $G_1(s_1)$，opt 依题意取 max 或 min。

下面以过程总效益表现为阶段指标和形式、效益最大化且初始状态已知的问题为例。当初始状态 s_1 为已知时，最优指标函数 $f_k(s_k)$ 表示第 k 阶段的初始状态为 s_k 时从 k 阶段做一系列决策到 n 阶段所得到的最大总效益，根据贝尔曼最优化原理，必有：

$$f_k(s_k) = \max_{x_k \in X_k(s_k)} [g_k(s_k, x_k) + f_{k+1}(s_{k+1})], \quad k = n, n-1, \cdots, 2, 1 \tag{8-5}$$

其中，$X_k(s_k)$ 是由状态 s_k 所确定的第 k 阶段的允许决策集合，由状态转移函数 $s_{k+1} = T_k(s_k, x_k)$ 形成各阶段间状态的递推关系。式（8-5）表示：第 k 阶段的最优子策略的效益为此阶段决策 x_k 的阶段内效益值（阶段指标 $g_k(s_k, x_k)$）与第 $k+1$ 阶段最优子策略效益（第 $k+1$ 阶段的最优指标 $f_{k+1}(s_{k+1})$）二者之和的最大值。

需特别注意，这里出现了当 $k=n$ 时，需要求解 $f_{n+1}(s_{n+1})$ 的问题。因为不存在第 $n+1$ 阶段，于是规定一个**边界条件**（boundary conditions）⊖：

$$f_{n+1}(s_{n+1}) = 0 \tag{8-6}$$

式（8-5）与式（8-6）的联立方程即为动态规划的基本方程，正是基于贝尔曼最优化原理，此方程将一个静态问题转化为了动态规划的问题。在求解过程上来看，基本方程可以把复杂的问题化解成为多个构造相似的易于求解的简单问题。

以上为建模，下面来看看基本方程在求解模型时的角色。

从第 n 阶段开始求解，有

$$f_n(s_n) = \max_{x_n \in X_n(s_n)} [g_n(s_n, x_n) + f_{n+1}(s_{n+1})] = \max_{x_n \in X_n(s_n)} g_n(s_n, x_n)$$

这是只有一个变量 x_n 的一维极值问题，求解此问题可得到最优决策 $x_n^* = x_n(s_n)$ 和最优指标 $f_n(s_n)$。

在第 $n-1$ 阶段，有

$$f_{n-1}(s_{n-1}) = \max_{x_{n-1} \in X_{n-1}(s_{n-1})} [g_{n-1}(s_{n-1}, x_{n-1}) + f_n(s_n)]$$

其中 s_n 由状态转移方程 $s_n = T_{n-1}(s_{n-1}, x_{n-1})$ 给定。此问题仍为一维极值问题，求解可得最优决策 $x_{n-1}^* = x_{n-1}(s_{n-1})$ 和最优指标 $f_{n-1}(s_{n-1})$。

更一般地，当逆推至第 k 阶段时，有

$$f_k(s_k) = \max_{x_k \in X_k(s_k)} [g_k(s_k, x_k) + f_{k+1}(s_{k+1})]$$

其中 $s_{k+1} = T_k(s_k, x_k)$。解得第 k 阶段的最优决策 $x_k^* = x_k(s_k)$ 和最优指标 $f_k(s_k)$。

⊖ 注意，式（8-6）是针对阶段间为加和关系的问题。当阶段间为乘积关系时，应把边界条件变为 $f_{n+1}(s_{n+1})=1$。

继续逆推至第 1 阶段,有
$$f_1(s_1) = \max_{x_1 \in X_1(s_1)} [g_1(s_1, x_1) + f_2(s_2)]$$

其中 $s_2 = T_1(s_1, x_1)$。解得最优决策 $x_1^* = x_1(s_1)$ 和最优指标 $f_1(s_1)$。又因为初始状态 s_1 是已知且唯一确定的,则 $x_1^* = x_1(s_1)$ 和整个问题的最优值 $f_1(s_1)$ 就可依此确定。再根据状态转移方程,由 $s_2 = T_1(s_1, x_1)$ 可确定 s_2,而 $x_2^* = x_2(s_2)$ 和 $f_2(s_2)$ 也就可确定。依此类推,按照与递推求解过程相反的方向推算,就可以逐步确定每个阶段应采取的最优决策。

所以,给出了动态规划的基本方程,实际上也就给出了动态规划建模所需的最后一个要素,这样,可以将动态规划建模的要素或过程归纳为:

(1) 阶段 k 的定义与总阶段数 n;
(2) 状态变量 s_k 的定义,以及已知的初始状态变量 s_1 的值;
(3) 决策变量 x_k 的定义;
(4) 状态转移方程 T_k 的定义;
(5) 基本方程 $f_k(s_k)$ 的定义(包含阶段指标函数 g_k 和边界条件 $f_{n+1}(s_{n+1})$)。

由于建模方式直接决定了求解的难易程度,所以我们将在下一节的具体问题中结合求解过程来详细讨论动态规划建模的过程。

第三节 动态规划建模与求解实例

与线性规划、整数规划等众多运筹学研究分支不同,动态规划问题没有标准的数学模型,也没有统一的求解算法,必须具体问题具体分析。根据动态规划研究的多阶段决策问题中决策变量的离散性和连续性,以及决策结果的确定性和随机性,可以大体上将动态规划模型分成四大类:离散确定型、离散随机型、连续确定型和连续随机型。本节通过几个应用实例和数学问题来介绍离散确定型和连续确定型动态规划问题的建模和求解思路。

一、离散确定型动态规划问题

离散确定型动态规划问题是指在多阶段决策问题的决策序列中,第 $k+1$ 阶段所处的状态 s_{k+1} 完全取决于第 k 阶段的状态 s_k 和决策 x_k 行为(没有随机因素),而且状态变量 s_k 和/或决策变量 x_k 的数值为离散数值的动态规划问题。

比较有代表性的离散确定型动态规划问题是离散型资源分配问题。

例 8-2 资源分配问题 NF 公司计划将闲置的 100 万元资金用于投资 5 个无风险且收益确定的项目,各项目的投资额与 5 年后的净收益如表 8-1 所示,表格中未填入数字的位置表示该项目不允许相应的投资金额(这也表明项目 5 必须投资)。

问:NF 公司应如何投资完所有闲置资金可使收益最大。

表 8-1

获利 g_k \ 投资额 \ 项目	0	10	20	30	40	50
项目 1	0	9	12	16	21	—
项目 2	0	10	16	21	31	33

（续）

获利g_k 投资额 项目	0	10	20	30	40	50
项目 3	0	7	12	17	21	—
项目 4	0	11	20	23	34	40
项目 5	—	—	21	25	37	—

这个问题无论从时间还是空间上都不存在先后次序，但可以把这 5 个项目的投资假想为存在时间先后次序的 5 个投资阶段，把 100 万元分解成未知的 5 个部分，先拿一部分投资项目 1（第 1 阶段），再拿剩余资金中的另一部分投资项目 2（第 2 阶段），依此类推（当然，任意两个项目的投资次序是可以互换的）。每个阶段的决策是确定从该阶段初的未分配的资金里拿出多少万元来投资，其状态就是待投资的金额。在这个定义下，各阶段的状态显然满足无后效性：假设第 1、2 阶段的决策共投资了 40 万元，那么进入第 3 阶段时，待投资金额 60 万元是已经给定的状态，后 3 个项目的总收益不再受前两个阶段的状态或决策影响。

这样，这个静态的问题经过人为地假想成有时间的先后次序，就转化成了一个动态的多阶段决策问题。

解：首先建立动态规划模型：

(1) 阶段数 $n=5$，对项目 k 投资为第 k 阶段，$k=1,2,3,4,5$；

(2) 状态变量 s_k 为第 k 阶段初等待投资的金额，则 $s_1=100$（亦即 $S_1=\{100\}$）⊖；

(3) 决策变量 x_k 为第 k 阶段对项目 k 投资额，$k=1,2,3,4,5$；

(4) 状态转移方程为

$$s_{k+1}=s_k-x_k, \quad k=1,2,3,4,5$$

其中 $s_1=100$；

(5) 动态规划基本方程为：

$$f_k(s_k)=\max_{x_k\in X_k(s_k)}[g_k(s_k,x_k)+f_{k+1}(s_{k+1})]$$
$$=\max_{x_k\in X_k(s_k)}[g_k(s_k,x_k)+f_{k+1}(s_k-x_k)], \quad k=5,4,3,2,1 \tag{8-7}$$

且规定 $f_6(s_6)=0$，$g_k(s_k,x_k)$ 为第 k 阶段投资 x_k 给项目 k 产生的效益。

下面求解模型，只要结合资金分配收益表 8-1 和动态规划的基本方程 (8-7)，就可以解出这个问题。

从第 5 阶段开始：

首先写出 $f_5(s_5)$：

$$f_5(s_5)=\max_{x_5\in X_5}[g_5(s_5,x_5)+f_6(s_6)]$$

因为有 $f_6(s_6)=0$，因此上式可写为

$$f_5(s_5)=\max_{x_5\in X_5}[g_5(s_5,x_5)]$$

由模型状态的定义方式，s_5 表示的是第 5 阶段初待投资的金额，投资第 5 个项目的决

⊖ 在逆序解法思路下，初始状态已知更易于求解；如果本例将 s_k 设为第 k 阶段初已投资额，则 $s_6=100$ 表示终止状态已知，且状态转移方程需改写为 $s_{k+1}=s_k+x_k$，若不采取顺序解法的方式建模，求解将较为困难，请读者自行尝试。

策 x_5 的取值范围（允许决策集合）为 $X_5=\{20,30,40\}$，又知第 5 阶段结束后不能有剩余资金，所以第 5 阶段初剩余的资金只能是 20、30、40 三种情况，即 s_5 的取值范围（状态集合）为 $S_5=\{20,30,40\}$。表 8-2 列出了当 s_5 取值不同时，最优子策略 $p_{5,5}^*$ 所对应的投资收益 $f_5(s_5)$ 的值和相应的投资额 x_5^*。

表 8-2 第 5 阶段表

s_5	x_5	$g_5(s_5, x_5)$			$f_5(s_5)$	x_5^*
		20	30	40		
20		21			21	20
30			25		25	30
40				37	37	40

第 4 阶段：

本阶段的算式为：
$$f_4(s_4)=\max_{x_4\in X_4}[g_4(s_4,x_4)+f_5(s_5)]=\max_{x_4\in X_4}[g_4(s_4,x_4)+f_5(s_4-x_4)].$$

第 4 阶段初的状态集可以定为 $S_4=\{0,10,\cdots,100\}$，允许决策集合为 $X_4=\{0,10,\cdots,50\}$，则其计算表为表 8-3。

表 8-3 第 4 阶段表

s_4	x_4	$g_4(s_4, x_4)+f_5(s_4-x_4)$						$f_4(s_4)$	x_4^*
		0	10	20	30	40	50		
0									
10									
20		**0+21**						21	0
30		0+25	**11+21**					32	10
40		0+37	11+25	**20+21**				41	20
50			**11+37**	20+25	23+21			48	10
60				**20+37**	23+25	34+21		57	20
70				23+37	34+25	**40+21**		61	50
80					**34+37**	40+25		71	40
90						**40+37**		77	50
100									

表 8-3 中用加粗的字体给出了各行计算最大值所在的位置，其所在列对应的数值就是当前状态下得到最优子策略时应做出的最优决策。另外，注意到表 8-3 中数据的前两行和最后一行都得不出有效的结果，这是因为当 s_4 为 0、10 和 100 时，需要根据式 $f_5(s_4-x_4)$ 从第 5 阶段表（表 8-2）中找到 $f_5(0)$、$f_5(10)$、$f_5(50)$ 的数值，而因为第 5 阶段不允许投资金额为 0、10 和 50，所以这些值不存在。经过简单分析可知，由于第 5 阶段最多投资 40，第 4 阶段最多允许投资 50，那么第 4 阶段初最多应剩余 90，而第 5 阶段中项目 5 至少需投资 20，因此第 4 阶段初最少应剩余 20，S_4 的范围可以缩小为 $S_4=\{20,\cdots,90\}$，这样分析可以避免多余甚至错误的计算。

第 3 阶段：

本阶段的算式为：
$$f_3(s_3)=\max_{x_3\in X_3}[g_3(s_3,x_3)+f_4(s_4)]=\max_{x_3\in X_3}[g_3(s_3,x_3)+f_4(s_3-x_3)].$$

首先分析状态集合 S_3：由于第 4 阶段的初始状态至少为 20，同时第 3、4、5 阶段的投资总额可以达到 100，因此有 $S_3=\{20, 30, \cdots, 100\}$，其计算表为表 8-4。

表 8-4　第 3 阶段表

s_3 \ x_3	0	10	20	30	40	$f_3(s_3)$	x_3^*
20	**0+21**					21	0
30	**0+32**	7+21				32	0
40	**0+41**	7+32	12+21			41	0
50	**0+48**	7+41	12+32	17+21		48	0, 10
60	**0+57**	7+48	12+41	17+32	21+21	57	0
70	0+61	**7+57**	12+48	17+41	21+32	64	10
80	**0+71**	7+61	12+57	17+48	21+41	71	0
90	0+77	**7+71**	12+61	17+57	21+48	78	10
100		**7+77**	12+71	17+61	21+57	84	10

需注意表 8-4 中 $s_3=50$ 时，最优决策 x_3^* 有两种。

第 2 阶段：

同理，第 2 阶段的算式为：

$$f_2(s_2) = \max_{x_2 \in X_2}[g_2(s_2, x_2) + f_3(s_2 - x_2)]$$

第 1 阶段最多只能投资 40，所以第 2 阶段初最少剩下 60，于是有 $S_2=\{60, 70, \cdots, 100\}$，其计算表为表 8-5。

表 8-5　第 2 阶段表

s_2 \ x_2	0	10	20	30	40	50	$f_2(s_2)$	x_2^*
60	0+57	**10+48**	16+41	21+32	31+21		58	10
70	0+64	**10+57**	16+48	21+41	31+32	33+21	67	10
80	0+71	**10+64**	16+57	21+48	31+41	33+32	74	10
90	0+78	**10+71**	16+64	21+57	31+48	33+41	81	10
100	0+84	**10+78**	16+71	21+64	**31+57**	33+48	88	10, 40

第 1 阶段：

$$f_1(s_1) = \max_{x_1 \in X_1}[g_1(s_1, x_1) + f_2(s_1 - x_1)]$$

第 1 阶段待投资的金额为全部资金 100，所以 s_1 只取 100，同时 x_1 的取值范围为 $X_1=\{0, 10, \cdots, 40\}$。从而有表 8-6。

表 8-6　第 1 阶段表

s_1 \ x_1	0	10	20	30	40	$f_1(s_1)$	x_1^*
100	0+88	**9+81**	12+74	16+67	21+58	90	10

最大投资收益就是 $f_1(s_1)=90$。下面根据状态转移方程来顺推出最优投资策略：

$$s_1 = 100 \to x_1^* = 10 \xrightarrow{s_2 = s_1 - x_1^*} s_2 = 90 \to x_2^* = 10$$

$$\xrightarrow{s_3 = s_2 - x_2^*} s_3 = 80 \to x_3^* = 0 \xrightarrow{s_4 = s_3 - x_3^*} s_4 = 80 \to x_4^* = 40$$

$$\xrightarrow{s_5 = s_4 - x_4^*} s_5 = 40 \rightarrow x_5^* = 40$$

即该公司的最优投资策略是：项目 1 和项目 2 各投资 10 万元、项目 3 不投资、项目 4 和项目 5 各投资 40 万元，最大投资收益为 90 万元。

例 8-3　生产与存储问题　某企业生产某种设备，每月最大生产能力为 4 台。各月生产 x_i 台该设备的成本函数（单位：万元）为

$$c(x_i) = \begin{cases} 0 & x_i = 0 \\ 4 + 10x_i & x_i = 1, \cdots, 4 \end{cases}$$

即当月开工生产时将产生 4 万元的固定成本和每台 10 万元的变动成本，另外，单台设备的月库存成本为 1 万元。已知该设备未来 5 个月的市场需求如表 8-7 所示，同时要求 1 月月初及 5 月月末的库存为 0。问应该如何安排每个月的生产，可使总成本最低？用动态规划建模求解此问题。

表 8-7　该设备未来 5 个月的订单情况

月份 k	1	2	3	4	5
订单数量 d_k（台）	2	5	3	2	2

解：首先，建立动态规划模型：
（1）阶段：将第 k 月的生产决策定义为第 k 阶段，$k=1\sim 5$；
（2）状态变量：s_k 表示第 k 月初的库存量；
（3）决策变量：x_k 表示第 k 月的实际产量；
（4）状态转移方程：已知第 k 月的订单数为 d_k，则有：

$$s_{k+1} = s_k + x_k - d_k, \quad s_1 = 0$$

（5）阶段指标函数：第 k 阶段内的总费用 $g_k(s_k, x_k)$ 由两部分组成：第 k 阶段的生产成本 $c(x_k)$、第 k 阶段初已有的库存 s_k 产生的库存成本 $1 \cdot s_k$，即

$$g_k(s_k, x_k) = c(x_k) + s_k = \begin{cases} s_k & x_k = 0 \\ 4 + 10x_k + s_k & x_k = 1, \cdots, 4 \end{cases}$$

（6）动态规划基本方程为：

$$\begin{cases} f_k(s_k) = \min_{x_k \in X_k(s_k)} \{g_k(s_k, x_k) + f_{k+1}(s_{k+1})\}, & k = 5, 4, 3, 2, 1 \\ f_6(s_6) = 0 \end{cases}$$

逆序解法求解如下：

第 5 阶段：

先分析状态变量 s_5 的取值范围，由于本月的市场需求为 2，则 s_5 只能取不大于 2 的整数，即 $S_5 = \{0, 1, 2\}$；再分析决策变量 x_5 的取值范围，为保证本月末库存为 0，须有 $x_5 = 2 - s_5$。所以有第 5 阶段表 8-8 为：

表 8-8　第 5 阶段表

s_5 \ x_5	$g_5(s_5, x_5)$			$f_5(s_5)$	x_5^*
	0	1	2		
0			24	24	2
1		15		15	1
2	2			2	0

第 4 阶段：

关于 s_4：由于前 3 个月最大产量为 $4 \times 3 = 12$，而这 3 个月的总需求为 $2+5+3=10$，因此本月初的库存不会超过 2，即有 $S_4 = \{0, 1, 2\}$。

关于 x_4：由于月初最多有 2 的库存（s_4 最大可取 2）用于满足本月订单，所以 x_4 可能取 0；同时，如果月初库存为 0，本月也可以以最大产量 4 生产（正好用于满足本月及下月需求，且下月不生产）。综上，应有 $X_4 = \{0, 1, \cdots, 4\}$，得到第 4 阶段表 8-9：

表 8-9 第 4 阶段表

s_4 \ x_4	$g_4(s_4, x_4) + f_5(s_4+x_4-d_4)$					$f_4(s_4)$	x_4^*
	0	1	2	3	4		
0			24+24	34+15	**44+2**	46	4
1		15+24	25+15	**35+2**		37	3
2	**2+24**	16+15	26+2			26	0

第 3 阶段：

关于 s_3：由于本月月初最大可能库存为 1，有 $S_3 = \{0, 1\}$；关于 x_3，由于 s_3 最大为 1，要满足本月订单必须至少生产 2 台，有 $X_3 = \{2, 3, 4\}$，得到第 3 阶段表 8-10：

表 8-10 第 3 阶段表

s_3 \ x_3	$g_3(s_3, x_3) + f_4(s_3+x_3-d_3)$			$f_3(s_3)$	x_3^*
	2	3	4		
0		**34+46**	44+37	80	3
1	**25+46**	35+37	**45+26**	71	2, 4

第 2 阶段：

关于 s_2：本月月初最大可能库存为 2，最小库存为 1，否则本月即使以最大产量 4 生产也无法满足订单，所以有 $S_2 = \{1, 2\}$；关于 x_2，如果月初库存 $s_2 = 1$，则本月的产量必须为 4，而如果 $s_2 = 2$，本月的产量可以为 3，有 $X_2 = \{3, 4\}$，得到第 2 阶段表 8-11：

第 1 阶段：

$s_1 = 0$ 为已知状态；关于 x_1，本月如果不生产 3 台以上，下月将无法满足订单，所以 $X_1 = \{3, 4\}$，得到第 1 阶段表 8-12：

表 8-11 第 2 阶段表

s_2 \ x_2	$g_2(s_2, x_2) + f_3(s_2+x_2-d_2)$		$f_2(s_2)$	x_2^*
	3	4		
1		**45+80**	125	4
2	**36+80**	46+71	116	3

表 8-12 第 1 阶段表

s_1 \ x_1	$g_1(s_1, x_1) + f_2(s_1+x_1-d_1)$		$f_1(s_1)$	x_1^*
	3	4		
0	**34+125**	44+116	159	3

表 8-12 中的 $f_1(s_1) = 159$ 就是本问题的最低总成本。下面由状态转移方程顺推找出最优策略：

$$s_1 = 0 \Rightarrow x_1^* = 3$$
$$\Rightarrow s_2 = s_1 + x_1^* - d_1 = 0 + 3 - 2 = 1 \Rightarrow x_2^* = 4$$
$$\Rightarrow s_3 = s_2 + x_2^* - d_2 = 1 + 4 - 5 = 0 \Rightarrow x_3^* = 3$$
$$\Rightarrow s_4 = s_3 + x_3^* - d_3 = 0 + 3 - 3 = 0 \Rightarrow x_4^* = 4.$$
$$\Rightarrow s_5 = s_4 + x_4^* - d_4 = 0 + 4 - 2 = 2 \Rightarrow x_5^* = 0.$$

所以当各月的产量分别为3、4、3、4、0时，可以最低成本满足所有订单。

例 8-4 设备更新问题 某企业去年购置了一台关键的生产设备，随着设备役龄（已使用年限）的增加，设备的维护成本也在逐年增加，而其生产创造的价值/年度收益在逐年下降。该企业可权衡利弊，在每年年初选择继续使用旧设备，或者通过向供应商支付一定的升级更新费用进行以旧换新，从而换代为最新的设备。如继续使用当前设备，各役龄的年生产收益、年维护费和升级更新到新设备的费用如表 8-13 所示（单位：万元）。

表 8-13

役龄	1	2	3	4	5
年生产收益	10	8	7	6	6
年维护费	5	6	6	7	8
更新费用	15	16	18	20	20

表 8-14 是供应商给出的、在不同自然年度将一台设备更新换代后，新设备在各役龄的年生产收益、年维护费和再更新到最新设备的费用的预期数值。

表 8-14

更新的自然年度	1					2				3			4		5
役龄	0	1	2	3	4	0	1	2	3	0	1	2	0	1	0
年生产收益	12	11	10	8	8	13	12	11	9	15	13	12	15	14	16
年维护费	4	5	6	7	7	5	6	6	8	5	6	6	5	6	6
再更新费用	15	16	18	20	21	16	17	20	21	16	18	20	17	18	21

该企业现在要制订未来 5 年的设备使用计划，问：应采取怎样的设备更新策略，可使总收益最大？

解：由题意可知，该企业可选择在未来 5 年一直使用现有设备，也可以选择每年年初进行设备更新，但这些策略都不一定是最优的策略。本问题可用动态规划建模如下：

(1) 阶段数：$n=5$，以进行设备更新决策的自然年度 k 为阶段变量，$k=1\sim 5$；

(2) 状态变量：s_k 表示第 k 年初的设备已经使用的年限（役龄），其中已知 $s_1=1$；

(3) 决策变量：用 0-1 变量 x_k 表示第 k 年年初的设备更新决策：

$$x_k = \begin{cases} 1 & \text{更新设备} \\ 0 & \text{不更新设备} \end{cases}$$

(4) 状态转移方程：

$$s_{k+1} = \begin{cases} 1 & \text{当 } x_k = 1 & (8\text{-}8a) \\ s_k + 1 & \text{当 } x_k = 0 & (8\text{-}8b) \end{cases}$$

式 (8-8a) 表示，如果第 k 年年初决定更新设备，则 $k+1$ 年年初，新设备的役龄为 1 年；式 (8-8b) 表示，如果第 k 年年初决定不更新设备，则到了第 $k+1$ 年年初设备的役龄增加了 1 年。

(5) 动态规划基本方程为：

$$\begin{cases} f_k(s_k) = \max_{x_k=0 \text{ 或} 1} \{g_k(s_k, x_k) + f_{k+1}(s_{k+1})\}, & k=5,4,3,2,1 \\ f_6(s_6) = 0 \end{cases}$$

其中，阶段指标函数 $g_k(s_k, x_k)$ 是这样定义的：对于已经使用 s_k 年的设备，用 $r_k(s_k)$ 表示第 k 年的收益，$m_k(s_k)$ 为第 k 年的维护费，$c_k(s_k)$ 为第 k 年的更新成本，则阶段指标函数为：

$$g_k(s_k, x_k) = \begin{cases} r_k(0) - m_k(0) - c_k(s_k) & \text{当 } x_k = 1 \quad (8\text{-}9a) \\ r_k(s_k) - m_k(s_k) & \text{当 } x_k = 0 \quad (8\text{-}9b) \end{cases}$$

其中，式（8-9a）表示，如果本阶段选择更新设备，则阶段净收益为新设备的年内收益 $r_k(0)$ 减去其维护费用 $m_k(0)$ 和（再）更新费用 $c_k(s_k)$；式（8-9b）表示，如果选择不更新设备，则阶段净收益为设备的年内收益 $r_k(s_k)$ 减去维护费用 $m_k(s_k)$。

为更容易理解各阶段的状态转移，并确定各阶段 k 的状态集合 S_k 和允许决策集合 $X_k(s_k)$，可先画出状态转移示意图，如图 8-6 所示。

其中，各个带圈的数字对应于各阶段初正在使用设备的状态 s_k（即役龄），各个箭头表示决策，向右上方的箭头表示不更新设备的决策，其他向右下或向右指向 ①的箭头表示更新设备决策。下面开始求解：

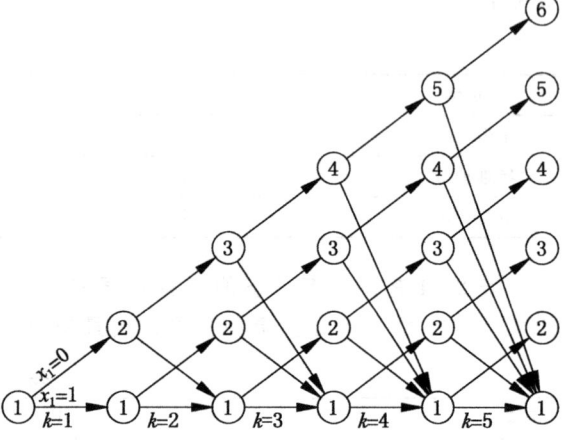

图 8-6 各阶段状态转移图

当 $k=5$ 时，本阶段的最优指标函数为：

$$f_5(s_5) = \max_{x_5=0 \text{或} 1} \{g_5(s_5, x_5) + f_6(s_6)\} = \max_{x_5=0 \text{或} 1} \{g_5(s_5, x_5)\}$$

如图 8-6 所示，本阶段的状态集为 $S_5 = \{1, 2, 3, 4, 5\}$，允许决策集合为 $X_k = \{0, 1\}$。以 $s_5 = 5$ 为例，本阶段初设备的役龄为（已持续使用）5 年。如果选择更新，则更新费用为 20（见表 8-13），新设备本年生产收益为 16，维护成本为 6（见表 8-14），此时年内净收益为 -10；如决策为不更新，本年生产收益为 6，维护费为 8，则年内净收益为 -2。即

$$g_5(5, x_5) = \begin{cases} 16 - 6 - 20 = -10 & \text{当 } x_5 = 1 \\ 6 - 8 = -2 & \text{当 } x_5 = 0 \end{cases}$$

则此时的最优阶段指标 $f_5(5) = -2$，最优决策应为不更新，即 $x_5 = 0$。

同理有：

$$g_5(4, x_5) = \begin{cases} 16 - 6 - 21 = -11 & \text{当 } x_5 = 1 \\ 8 - 7 = 1 & \text{当 } x_5 = 0 \end{cases}$$

$$g_5(3, x_5) = \begin{cases} 16 - 6 - 21 = -11 & \text{当 } x_5 = 1 \\ 9 - 8 = 1 & \text{当 } x_5 = 0 \end{cases}$$

$$g_5(2, x_5) = \begin{cases} 16 - 6 - 20 = -10 & \text{当 } x_5 = 1 \\ 12 - 6 = 6 & \text{当 } x_5 = 0 \end{cases}$$

$$g_5(1, x_5) = \begin{cases} 16 - 6 - 18 = -8 & \text{当 } x_5 = 1 \\ 14 - 7 = 7 & \text{当 } x_5 = 0 \end{cases}$$

填入表格，得表 8-15；同理，可得其他各阶段的计算表 8-16～表 8-18：

表 8-15　第 5 阶段表

s_5 \ x_5	$g_5(s_5, x_5)$ 0	1	$f_5(s_5)$	x_5^*
5	**−2**	−10	−2	0
4	**1**	−11	1	0
3	**1**	−11	1	0
2	**6**	−10	6	0
1	**7**	−8	7	0

表 8-16　第 4 阶段表

s_4 \ x_4	$g_4(s_4, x_4)+f_5(s_5)$ 0	1	$f_4(s_4)$	x_4^*
4	**−1−2**	−11+7	−3	0
3	**1+1**	−11+7	2	0
2	**5+1**	−11+7	6	0
1	**8+6**	−9+7	14	0

表 8-17　第 3 阶段表

s_3 \ x_3	$g_3(s_3, x_3)+f_4(s_4)$ 0	1	$f_3(s_3)$	x_3^*
3	1−3	−8+14	6	1
2	**4+2**	−8+14	6	0, 1
1	**6+6**	−7+14	12	0

表 8-18　第 2 阶段表

s_2 \ x_2	$g_2(s_2, x_2)+f_3(s_3)$ 0	1	$f_2(s_2)$	x_2^*
2	**2+6**	−8+12	8	0
1	**6+6**	−8+12	12	0

当 $k=1$ 时，第 1 阶段的初始状态已知为 $s_1=1$，有表 8-19。

表 8-19　第 1 阶段表

s_1 \ x_1	$g_1(s_1, x_1)+f_2(s_2)$ 0	1	$f_1(s_1)$	x_1^*
1	**5+8**	−7+12	13	0

所以最大总收益为 $f_1(s_1)=13$，由状态转移方程顺推得出最优策略：

$$s_1=1 \Rightarrow x_1^*=0 \Rightarrow s_2=s_1+1=2 \Rightarrow x_2^*=0$$
$$\Rightarrow s_3=s_2+1=3 \Rightarrow x_3^*=1 \Rightarrow s_4=1 \Rightarrow x_4^*=0$$
$$\Rightarrow s_5=s_4+1=2 \Rightarrow x_5^*=0$$

所以，最优策略为仅在第 3 年年初更新设备。

动态规划还可以用于求解一些线性规划思路下无法求解的问题，例如存在固定费用的运输问题，又称为非线性运输问题。

例 8-5　非线性运输问题　有一种物资有两个产地有四个销地，它们的产量、销量，以及产地 A_i 与销地 B_j 之间的运输费用 g_{ij} 如表 8-20 所示，其中的符号 * 不是乘号，而是表示

$$g_{ij} = \begin{cases} c_{ij}+d_{ij}x_{ij} & \text{当 } x_{ij} > 0 \text{ 时} \\ 0 & \text{当 } x_{ij}=0 \text{ 时} \end{cases}$$

问：如何组织运输可使总费用最小（约定运输量必须为整数）。

表 8-20

运费 g_k \ 产地 \ 销地	B_1	B_2	B_3	B_4	产量
A_1	$7+3*x_{11}$	$5+3*x_{12}$	$6+2*x_{13}$	$5+5*x_{14}$	6
A_2	$6+2*x_{21}$	$4+6*x_{22}$	$5+4*x_{23}$	$9+2*x_{24}$	14
销量	7	4	4	5	

解：可仿照线性规划建模的思路写出本问题的静态规划模型：设从产地 i 运往销地 j 的运量为 x_{ij}，$i=1,2$；$j=1,2,3,4$。

运费 g_{ij} 中，c_{ij} 为固定成本，d_{ij} 为可变成本，记 a_i 为产地 A_i 的产量，b_j 为销地 B_j 的销量，则模型为

$$\min \sum_{i=1}^{2}\sum_{j=1}^{4} g_{ij}$$

$$\text{s.t.} \quad \sum_{j=1}^{4} x_{ij} = a_i, \quad i=1,2$$

$$\sum_{i=1}^{2} x_{ij} = b_j, \quad j=1,2,3,4$$

$$\sum_{i=1}^{2} a_i = \sum_{j=1}^{4} b_j$$

$$x_{ij} \geqslant 0 \text{ 且为整数}, i=1,2; j=1,2,3,4$$

线性运输问题已有成熟的求解方法（如第五章介绍的运输问题表上作业法），所谓的"线性"是指不存在固定费用，运费与运量呈严格线性关系。但在本例中，费用与运量是非线性关系，无法使用基于线性假设的表上作业法求解。动态规划可以用来求解此类问题。

动态规划模型：从动态规划角度看，这是一个二维的资源分配问题。如果直接使用动态规划的思想，则这个问题应引入一个二维的状态变量 s_{kl} 来建模求解，但如果问题的决策阶段 n 是一个较大的数，同时每个决策变量的离散取值有很大的范围时，二维动态规划问题需要列举的取值点数量将非常庞大，其数量级将是同样为 n 阶段决策的一维问题的乘数倍。当问题的维数再增大时，这种差异是几何级数，即使使用计算机求解也需要消耗大量的时间。因此，在求解多维动态规划问题时，人们往往通过某种约定俗成的数学方法降低计算维数。例如，本例就可以降维成一维动态规划问题。

本例中，因为只有两个产地，且有销量平衡约束 $\sum_{i=1}^{2} x_{ij} = b_j$，$j=1,2,3,4$，如果知道了 x_{1j}，就可以立即求出 x_{2j}。即，因为

$$\begin{cases} x_{11}+x_{21}=7 \\ x_{12}+x_{22}=4 \\ x_{13}+x_{23}=4 \\ x_{14}+x_{24}=5 \end{cases} \quad \text{从而有} \quad \begin{cases} x_{21}=7-x_{11} \\ x_{22}=4-x_{12} \\ x_{23}=4-x_{13} \\ x_{24}=5-x_{14} \end{cases}$$

这样，这个问题就可以建模为一维的动态规划问题。

建模：

(1) 阶段数：$n=4$，第 k 阶段是 A_1 与 B_k 的运输量决策，$k=1,2,3,4$。
(2) 状态变量：s_k 表第 k 阶段初产地 A_1 尚未运出的量，且已知 $s_1=6$。
(3) 决策变量：x_{1k} 表第 k 阶段产地 A_1 运往 B_k 的量。
(4) 状态转移：$s_{k+1}=s_k-x_{1k}$
(5) 动态规划基本方程：

$$f_k(s_k) = \min_{x_{1k} \in X_{1k}} [g_{1k}+g_{2k}+f_{k+1}(s_{k+1})], \quad k=4,3,2,1$$

且规定边界条件 $f_5(s_5)=0$，其中，阶段指标函数 $g_{1k}+g_{2k}$ 为第 k 阶段的运输费用。

求解此模型可得到 $f_1(s_1)$ 及相应 A_1 至各销地的最优策略 $(x_{11}^*, x_{12}^*, x_{13}^*, x_{14}^*)$，然后再利用运输量平衡约束得到 A_2 至各地的运输量。

求解模型：

第 4 阶段，$k=4$

决策变量 x_{14} 的取值范围为 $X_{14}=\{0, 1, 2, 3, 4, 5\}$，又因为是最后一个阶段，有 $x_{14}=s_4$，因此 s_4 的取值范围 $S_4=\{0, 1, 2, 3, 4, 5\}$。得到第 4 阶段表 8-21。

表 8-21 第 4 阶段表

s_4	x_{14}						$f_4(s_4)$	x_{14}^*
	0	1	2	3	4	5		
0	19						19	0
1		27					27	1
2			30				30	2
3				33			33	3
4					36		36	4
5						30	30	5

表头中 $g_{14}+g_{24}$ 跨越列 0~5。

第 3 阶段，$k=3$

从 A_1 向 B_3 的最大可能运输量为 4，所以 $X_{13}=\{0, 1, 2, 3, 4\}$，$S_3=\{0, 1, 2, 3, 4, 5, 6\}$，有第 3 阶段表 8-22。

表 8-22 第 3 阶段表

s_3	x_{13}					$f_3(s_3)$	x_{13}^*
	0	1	2	3	4		
0	**21+19**					40	0
1	21+27	**25+19**				44	1
2	21+30	25+27	**23+19**			42	2
3	21+33	25+30	23+27	**21+19**		40	3
4	21+36	25+33	23+30	21+27	**14+19**	33	4
5	21+30	25+36	23+33	21+30	**14+27**	41	4
6		25+30	23+36	21+33	**14+30**	44	4

表头中 $g_{13}+g_{23}+f_4(s_3-x_{13})$ 跨越列 0~4。

第 2 阶段，$k=2$

从 A_1 向 B_2 的最大可能运输量为 4，所以 $X_{12}=\{0, 1, 2, 3, 4\}$，$S_2=\{0, 1, 2, 3, 4, 5, 6\}$，有第 2 阶段表 8-23。

表 8-23 第 2 阶段表

s_2	x_{12}					$f_2(s_2)$	x_{12}^*
	0	1	2	3	4		
0	**28+40**					68	0
1	28+44	**30+40**				70	1
2	28+42	30+44	**27+40**			67	2
3	28+40	30+42	27+44	**24+40**		64	3
4	28+33	30+40	27+42	24+44	**17+40**	57	4
5	28+41	30+33	27+40	24+42	**17+44**	61	4
6	28+44	30+41	27+33	24+40	**17+42**	59	4

表头中 $g_{12}+g_{22}+f_3(s_2-x_{12})$ 跨越列 0~4。

第 1 阶段，$k=1$（见表 8-24）。

表 8-24 第 1 阶段表

s_1	x_{11}							$f_1(s_1)$	x_{11}^*
	0	1	2	3	4	5	6		
6	**20+59**	28+61	29+57	30+64	31+67	32+70	33+68	79	0

表头中 $g_{11}+g_{21}+f_2(s_1-x_{11})$ 跨越列 0~6。

这样，$f_1(s_1)=79$ 就是这个问题的最优值，即最小运输费用为 79。根据状态转移方程可找出最优策略：

$$s_1 = 6 \Rightarrow x_{11}^* = 0$$
$$\Rightarrow s_2 = s_1 - x_{11}^* = 6 - 0 = 6 \Rightarrow x_{12}^* = 4$$
$$\Rightarrow s_3 = s_2 - x_{12}^* = 6 - 4 = 2 \Rightarrow x_{13}^* = 2$$
$$\Rightarrow s_4 = s_3 - x_{13}^* = 2 - 2 = 0 \Rightarrow x_{14}^* = 0$$

同时又有

$$\begin{cases} x_{21} = 7 - x_{11} \\ x_{22} = 4 - x_{12} \\ x_{23} = 4 - x_{13} \\ x_{24} = 5 - x_{14} \end{cases}$$

得 $x_{21}^*=7, x_{22}^*=0, x_{23}^*=2, x_{24}^*=5$，即最优运输方案为：

$A_1 \to B_2$ 4 件，$A_1 \to B_3$ 2 件，$A_2 \to B_1$ 7 件，$A_2 \to B_3$ 2 件，$A_2 \to B_4$ 5 件

例 8-6 系统的可靠性问题 F 公司开发出一款新产品，其中外购的电子元器件 A、B、C 为易损部件。A，B，C 间为串联结构，只要有一个坏了，整个产品就失效了。为了提高产品的可靠性，在参考市场上同类产品的价格的基础上，公司决定在新产品中为 A、B、C 增加若干个冗余元件且单个产品中使用这三类元器件的成本预算提升至 105 元。已知各元器件的购买价格 c 和可靠性 l 如表 8-25 所示。

表 8-25 元器件 A，B，C 的市场价格和可靠性表

可靠性　　　　项　目 元器件	单价（单位：元）	可靠性（单位:%）
元器件 A	30	90
元器件 B	15	80
元器件 C	20	75

问：F 公司应为 A、B、C 各增加多少个冗余元件，可在既定的成本预算下最大幅度提升产品的可靠性？

解：建模：根据各元器件的价格，可知预算中有 40 元（=105-30-15-20）可用于购买 A、B 或者 C 的冗余元件。可将此问题看作一个一维资源分配问题。定义：

（1）阶段数：$n=3$，以 $k=1 \sim 3$ 为阶段变量，分别表示购买 A、B、C 冗余元件的三个决策阶段。

（2）状态变量：s_k 表示第 k 阶段初尚未使用的预算，其中 $s_1=40$。

（3）决策变量：x_k 表示第 k 阶段购买冗余元件的数量。

（4）状态转移方程为

$$s_{k+1} = s_k - c_k x_k, \quad k=1,2,3$$

（5）动态规划基本方程为：

$$f_k(s_k) = \max_{x_k \in X_k(s_k)} [g_k(s_k, x_k) \times f_{k+1}(s_{k+1})]$$
$$= \max_{x_k \in X_k(s_k)} [g_k(s_k, x_k) \times f_{k+1}(s_k - c_k x_k)], \quad k=3,2,1$$

且 $f_4(s_4)=1$。其中，$g_k(s_k, x_k)$ 为第 k 阶段增加 x_k 个冗余元件后该元件的整体可靠性，

表达式为：
$$g_k(s_k, x_k) = 1 - (1 - l_k)^{(1+x_k)} \tag{8-10}$$

结合动态规划基本方程和表 8-25 逆序求解此问题。

第 3 阶段：

首先写出 $f_3(s_3)$：
$$f_3(s_3) = \max_{x_3 \in X_3}[g_3(s_3, x_3) \times f_4(s_4)]$$

已知 $f_4(s_4) = 1$，于是
$$f_3(s_3) = \max_{x_3 \in X_3}[g_3(s_3, x_3)]$$

根据表 8-25，前两个阶段决策后，剩余的预算只有三种可能，即状态集合 $S_3 = \{10, 25, 40\}$；可用预算最多为 40 元，而元器件 C 的单价为 20 元，最多能买 2 件，则允许决策集合 $X_3 = \{0, 1, 2\}$；结合式（8-1），有第 3 阶段表 8-26：

第 2 阶段：
$$f_2(s_2) = \max_{x_2 \in X_2}[g_2(s_2, x_2) \times f_3(s_3)] = \max_{x_2 \in X_2}[g_2(s_2, x_2) \times f_3(s_2 - c_2 x_2)]$$

同理，第 1 阶段决策后，剩余的预算只有两种可能，即状态集合 $S_2 = \{10, 40\}$；可用预算最多为 40 元，而元器件 B 的单价为 15 元，最多能买 2 件，则允许决策集合 $X_2 = \{0, 1, 2\}$（第 2 阶段表见表 8-27）；

表 8-26 第 3 阶段表

s_3 \ x_3	$g_3(s_3, x_3)$ 0	1	2	$f_3(s_3)$	x_3^*
10	**0.75**			0.75	0
25	0.75	**0.937 5**		0.937 5	1
40	0.75	0.937 5	**0.984 4**	0.984 4	2

表 8-27 第 2 阶段表

s_2 \ x_2	$g_2(s_2, x_2) \times f_3(s_2 - c_2 x_2)$ 0	1	2	$f_2(s_2)$	x_2^*
10	**0.8×0.75**	0.6		0.6	0
40	0.8×0.984 4	**0.96×0.937 5**	0.992×0.75	0.9	1

第 1 阶段：
$$f_1(s_1) = \max_{x_1 \in X_1}[g_1(s_1, x_1) \times f_2(s_2)] = \max_{x_1 \in X_1}[g_1(s_1, x_1) \times f_2(s_1 - c_1 x_1)]$$

第 1 阶段的初始状态为 $s_1 = 40$，此即状态集合 S_1 的唯一元素；可用预算为 40 元，而元器件 A 的单价为 30 元，最多能买 1 件，则允许决策集合 $X_1 = \{0, 1\}$（第 1 阶段表见表 8-28）。

表 8-28 第 1 阶段表

s_1 \ x_1	$g_1(s_1, x_1) \times f_2(s_1 - c_1 x_1)$ 0	1	$f_1(s_1)$	x_1^*
40	**0.9×0.9**	0.99×0.6	0.81	0

$f_1(s_1) = 0.81$ 就是预算范围内最优的系统稳定性。用逆向追踪来找出最优方案：
$$x_1^* = 0 \rightarrow s_2 = s_1 - c_1 x_1^* = 40 - 30 \times 0 = 40$$
$$\rightarrow x_2^* = 1 \rightarrow s_3 = s_2 - c_2 x_2^* = 40 - 15 \times 1 = 25$$
$$\rightarrow x_3^* = 1$$

即最优决策为：分别为元器件 B，C 增加一个冗余备件，从而使系统的可靠性提升至 81%。

二、连续确定型动态规划问题

前面所介绍的问题都符合这样的前提：允许决策集合和状态集合是离散型的数值，所

以都采用了数值法（又称为分段穷举法或列表法）的方式逐步求解，在求解过程中并未涉及指标函数的解析性质。当这个前提不成立时，数值法（列表法）就不再适用。当决策变量和状态的取值为连续型数值时，通常采用解析法，这时需要利用经典方法对指标函数的数学表达式求极值，从而求得最优解。

本部分关注仅有一个线性约束条件的数学规划问题。

$$\max \quad Z = g_1(x_1) * g_2(x_2) * \cdots * g_n(x_n)$$
$$\text{s.t.} \quad a_1 x_1 + a_2 x_2 + \cdots + a_n x_n \leqslant b$$
$$x_j \geqslant 0 \quad (j = 1, 2, \cdots, n)$$

当上式中所有的 $g_j(x_j)$ 均为线性表达式且 * 全为加号时，问题为线性规划问题；当全部 x_j 有整数要求时，问题为整数规划问题；否则，当 $g_j(x_j)$ 中包含有非线性表达式时，或 * 全为乘号时，问题为非线性规划问题。

对于这一类问题，采用动态规划求解可体现出一定的优点，其惯用的思路为把问题划分为 n 个阶段，以 x_k 为第 k 阶段的决策变量，$g_k(x_k)$ 为第 k 阶段的阶段指标，而目标函数 Z 就是总指标 $G_1(s_1)$。

这时将面临如何选择状态变量 s_k 的问题，当 * 全为加号时，可类似线性规划中将约束条件看成资源约束的做法，将问题视为现有数量为 b 的一种资源分配给 n 种产品的生产，使总利润最大的问题。在逆序求解的思路下，可将状态变量 s_k 设为可供从第 k 种产品至第 n 种产品消耗的剩余资源数。因为 s_k 非负且满足无后效性，第 k 阶段的资源消耗为 $a_k x_k$，这样，状态转移方程就可定义为

$$s_{k+1} = s_k - a_k x_k, \quad k = n, n-1, \cdots, 1$$

又因为 s_{k+1} 和 x_k 的非负性，可得允许决策集合为

$$X_k = \left\{ x_k \mid 0 \leqslant x_k \leqslant \frac{s_k}{a_k} \right\}$$

状态集合 S_k 为

$$S_k = \{ s_k \mid 0 \leqslant s_k \leqslant b \}$$

且已知初始状态集 $S_1 = \{b\}$。

设最优函数 $f_k(s_k)$ 表示从第 k 阶段到第 n 阶段指标函数的最优值，则动态规划基本方程为

$$f_k(s_k) = \max_{x_k \in X_k(s_k)} \{ g_k(x_k) * f_{k+1}(s_{k+1}) \} \quad k = n, n-1, \cdots, 1$$

根据 * 是加号还是乘号分别设 $f_{n+1}(s_{n+1})$ 为 0 或 1 作为边界条件，然后用逆序解法求解。

以上方法可以推广到 Z 为非线性目标函数的问题。对于决策变量全为整数的问题，只需限制相关变量的允许决策集合 X_k 和状态集合 S_k 必须取整才可以，当 $\frac{s_k}{\min\{a_k\}}$ 的数值比较小时，这类整数规划问题又可以采用数值法（列表法）求解。

例 8-7 用动态规划方法求解

$$\max \quad Z = x_1^2 \cdot x_2 \cdot \sqrt{x_3}$$
$$\text{s.t.} \quad x_1 + x_2 + x_3 \leqslant 7$$
$$x_j \geqslant 0, \quad j = 1, 2, 3$$

解：这个问题可以理解为将一个数（一种资源）7 次分成 3 个部分，使目标函数 $Z = x_1^2 \cdot x_2 \sqrt{x_3}$ 达到最大的多阶段决策问题。用动态规划建模如下：

(1) 阶段数为 $n = 3$，取阶段变量 $k = 1, 2, 3$；

(2) 状态变量 s_k 表示从第 k 阶段至第 3 阶段可供分配的总数量,状态集合为
$$S_k = \{s_k \mid 0 \leqslant s_k \leqslant 7\}, \quad S_1 = \{7\}$$

(3) 决策变量 x_k 表示第 k 阶段分配的数量,则允许决策集合为
$$X_k(s_k) = \{x_k \mid 0 \leqslant x_k \leqslant s_k\}$$

(4) 状态转移方程为
$$s_{k+1} = s_k - x_k$$

(5) 动态规划基本方程为
$$\begin{cases} f_k(s_k) = \max_{x_k \in X_k(s_k)} \{g_k(s_k, x_k) \cdot f_{k+1}(s_{k+1})\}, & k = 3, 2, 1 \\ f_4(s_4) = 1 \end{cases}$$

阶段指标 $g_k(s_k, x_k)$ 为变量 x_k 在目标函数中的表达式。

下面用逆序解法求解。

当 $k=3$ 时,有
$$f_3(s_3) = \max_{0 \leqslant x_3 \leqslant s_3} \{\sqrt{x_3}\},$$
由于函数 $\sqrt{x_3}$ 在 $[0, s_3]$ 单调递增,其极大值在 s_3 处取得,所以有
$$f_3(s_3) = \sqrt{s_3}, \quad x_3^* = s_3$$

当 $k=2$ 时,有
$$f_2(s_2) = \max_{0 \leqslant x_2 \leqslant s_2} \{x_2 \cdot f_3(s_3)\} = \max_{0 \leqslant x_2 \leqslant s_2} \{x_2 \cdot \sqrt{s_2 - x_2}\}$$

令 $\varphi_2(x_2) = x_2 \cdot \sqrt{s_2 - x_2}$,则
$$\varphi_2'(x_2) = (s_2 - x_2)^{\frac{1}{2}} - \frac{1}{2} x_2 (s_2 - x_2)^{-\frac{1}{2}} = (s_2 - x_2)^{-\frac{1}{2}} \cdot \left(s_2 - \frac{3}{2} x_2\right)$$

由 $\varphi_2'(x_2) = 0$ 得 $x_2 = \frac{2}{3} s_2$($x_2 = s_2$ 无意义),又由
$$\varphi_2''(x_2) = -(s_2 - x_2)^{-\frac{1}{2}} \frac{1}{2} x_2 (s_2 - x_2)^{-\frac{3}{2}}$$

验证可知 $\varphi_2''\left(\frac{2}{3} s_2\right) < 0$,故 $\varphi_2(x_2)$ 在 $x_2 = \frac{2}{3} s_2$ 处取得极大值。于是有
$$f_2(s_2) = \frac{2}{3} s_2 \cdot \left(\frac{1}{3} s_2\right)^{\frac{1}{2}} = 2 \left(\frac{1}{3} s_2\right)^{\frac{3}{2}}, \quad x_2^* = \frac{3}{2} s_2$$

当 $k=1$ 时,有
$$f_1(s_1) = \max_{0 \leqslant x_1 \leqslant s_1} \{x_1^2 \cdot f_2(s_2)\} = \max_{0 \leqslant x_1 \leqslant s_1} \left\{2 x_1^2 \cdot \left[\frac{1}{3}(s_1 - x_1)\right]^{\frac{3}{2}}\right\}$$

令 $\varphi_1(x_1) = 2 x_1^2 \cdot \left[\frac{1}{3}(s_1 - x_1)\right]^{\frac{3}{2}}$,有
$$\varphi_1'(x_1) = x_1 \cdot \left[\frac{1}{3}(s_1 - x_1)\right]^{\frac{1}{2}} \cdot \left[\frac{1}{3}(s_1 - 7 x_1)\right]$$

由 $\varphi_1'(x_1) = 0$ 得 $x_1 = 0$,或 $x_1 = s_1$ 或 $x_1 = \frac{4}{7} s_1$。验证可知 $\varphi_1''\left(\frac{4}{7} s_1\right) < 0$,故 $x_1 = \frac{4}{7} s_1$ 为 $\varphi_1(x_1)$ 的极大值点。因此得
$$f_1(s_1) = 2 \left(\frac{4}{7} s_1\right)^2 \cdot \left(\frac{1}{7} s_1\right)^{\frac{3}{2}} = 32 \left(\frac{1}{7} s_1\right)^{\frac{7}{2}}, \quad x_1^* = \frac{4}{7} s_1$$

又已知 $s_1=7$，所以有

$$f_1(s_1) = 32\left(\frac{1}{7}\cdot 7\right)^{\frac{7}{2}} = 32, \quad x_1^* = \frac{4}{7}s_1 = 4$$

所以最优目标函数值为 $Z^*=f_1(s_1)=32$。由状态转移方程顺推找出最优策略：

$$s_1 = 7 \quad \Rightarrow \quad x_1^* = \frac{4}{7}s_1 = 4$$
$$\Rightarrow \quad s_2 = s_1 - x_1^* = 7 - 4 = 3 \quad \Rightarrow \quad x_2^* = \frac{2}{3}s_2 = 2$$
$$\Rightarrow \quad s_3 = s_2 - x_2^* = 3 - 2 = 1 \quad \Rightarrow \quad x_3^* = s_3 = 1$$

所以最优解为

$$x_1^* = 4, \quad x_2^* = 2, \quad x_3^* = 1$$

例 8-8 用动态规划方法求解 ⊖

$$\max \quad Z = 2y_1^2 - \frac{1}{4}y_2^2 + \frac{1}{9}y_3^2 + 7$$
$$\text{s. t.} \quad y_1 + y_2 + y_3 + y_4 = 9$$
$$y_j \geqslant 0 \quad j = 1,2,3,4$$

解：这个问题可视为将一个数字 9 次分成 4 个部分，使目标函数 $Z=2y_1^2-\frac{1}{4}y_2^2+\frac{1}{9}y_3^2+7$ 达到最大的问题。

(1) 阶段数 $n=4$，阶段变量 $k=1,2,3,4$；

(2) 状态变量 s_k 表示从第 k 阶段至第 4 阶段可供分配的总数量，状态集合为

$$S_k = \{s_k \mid 0 \leqslant s_k \leqslant 9\}, \quad S_1 = \{9\}$$

(3) 决策变量 y_k 表示第 k 阶段分配的数量，允许决策集合为

$$Y_k(s_k) = \{y_k \mid 0 \leqslant y_k \leqslant s_k\}$$

其中，$y_4=s_4$。注意：与上例不同，本例中的约束条件为等式，所以第 4 阶段的决策 y_4 必须等于可供分配的数量 s_4。

(4) 状态转移方程为

$$s_{k+1} = s_k - y_k$$

(5) 动态规划基本方程为

$$\begin{cases} f_k(s_k) = \max_{y_k \in Y_k}\{g_k(s_k,y_k) + f_{k+1}(s_{k+1})\}, & k = 4,3,2,1 \\ f_5(s_5) = 0 \end{cases}$$

阶段指标 $g_k(s_k, y_k)$ 为变量 y_k 在目标函数中的表达式。

用逆序解法求解：

当 $k=4$ 时，有

$$f_4(s_4) = \max_{y_4=s_4}\{7\} = 7, \quad y_4^* = s_4$$

当 $k=3$ 时，有

⊖ 本例实际上是以下问题的等价问题：
$$\max \quad W = 2x_1^2 - x_2^2 + x_3^2 + 7$$
$$\text{s. t.} \quad x_1 + 2x_2 + 3x_3 \leqslant 9$$
$$x_j \geqslant 0, \quad j=1,2,3$$

$$f_3(s_3) = \max_{0 \leqslant y_3 \leqslant s_3} \left\{ \frac{1}{9} y_3^2 + f_4(s_4) \right\} = \max_{0 \leqslant y_3 \leqslant s_3} \left\{ \frac{1}{9} y_3^2 + 7 \right\}$$

因为当 $0 \leqslant y_3 \leqslant s_3$ 时，$\frac{1}{9} y_3^3 + 7$ 单调递增，并在 s_3 取得极大值，所以有

$$f_3(s_3) = \frac{1}{9} s_3^2 + 7, \quad y_3^* = s_3$$

当 $k=2$ 时，有

$$f_2(s_2) = \max_{0 \leqslant y_2 \leqslant s_2} \left\{ -\frac{1}{4} y_2^2 + f_3(s_3) \right\} = \max_{0 \leqslant y_2 \leqslant s_2} \left\{ \frac{1}{4} y_2^2 + \frac{1}{9} (s_2 - y_2)^2 + 7 \right\}$$

令 $\varphi_2(y_2) = -\frac{1}{4} y_2^2 + \frac{1}{9} (s_2 - y_2)^2 + 7$，有

$$\varphi_2'(y_2) = -\frac{1}{2} y_2 - \frac{2}{9} (s_2 - y_2) = -\frac{5}{18} y_2 - \frac{4}{9} s_2$$

由 $\varphi_2'(y_2) = 0$ 得 $y_2 = -\frac{4}{5} s_2$，此解不符合 $0 \leqslant y_2 \leqslant s_2$ 的条件，结合 $\varphi_2''(y_2) = -\frac{5}{18} < 0$ 可知 $\varphi_2(y_2)$ 在 $[0, s_2]$ 单调递减，极大值在 0 取得，所以有：

$$f_2(s_2) = \frac{1}{9} s_2^2 + 7, \quad y_2^* = 0$$

当 $k=1$ 时，有

$$f_1(s_1) = \max_{0 \leqslant y_1 \leqslant s_1} \{ 2 y_1^2 + f_2(s_2) \} = \max_{0 \leqslant y_1 \leqslant s_1} \left\{ 2 y_1^2 + \frac{1}{9} (s_1 - y_1)^2 + 7 \right\}$$

令 $\varphi_1(y_1) = 2 y_1^2 + \frac{1}{9} (s_1 - y_1)^2 + 7$，有

$$\varphi_1'(y_1) = \frac{38}{9} y_1 - \frac{2}{9} s_1$$

令 $\varphi_1'(y_1) = 0$ 得到 $y_1 = \frac{1}{19} s_1$；又由于 $\varphi_1''(y_1) = \frac{38}{9} > 0$，说明 $y_1 = \frac{1}{19} s_1$ 为极小值点，极大值在端点 0 或 s_1 取得

$$f_1(s_1) = \max \begin{cases} \frac{1}{9} s_1^2 + 7 & \text{当 } y_1 = 0 \\ 2 s_1^2 + 7 & \text{当 } y_1 = s_1 \end{cases}$$

已知 $s_1 = 9$，由上式得到

$$f_1(s_1) = 2 s_1^2 + 7 = 169, \quad y_1^* = s_1 = 9$$

所以最优目标函数值为 $Z^* = f_1(s_1) = 169$。由状态转移方程顺推找出最优策略：

$$\begin{aligned}
& s_1 = 9 && \Rightarrow \quad y_1^* = s_1 = 9 \\
\Rightarrow \quad & s_2 = s_1 - y_1^* = 9 - 9 = 0 && \Rightarrow \quad y_2^* = 0 \\
\Rightarrow \quad & s_3 = s_2 - y_2^* = 0 - 0 = 0 && \Rightarrow \quad y_3^* = 0 \\
\Rightarrow \quad & s_4 = s_3 - y_3^* = 0 - 0 = 0 && \Rightarrow \quad y_4^* = 0
\end{aligned}$$

最优解为

$$y_1^* = 9, \quad y_2^* = 0, \quad y_3^* = 0$$

对于允许决策集合取值范围较小且只有一个线性约束条件的纯整数（非线性）规划问题，也可以用数值法求解。

例 8-9 用动态规划方法求解

$$\max \quad Z = 2 x_1^2 - x_2^2 + x_3^2$$

$$\text{s.t.} \quad x_1 + 2x_2 + 3x_3 \leqslant 9$$
$$x_j \geqslant 0 \text{ 且为整数}, \quad j = 1, 2, 3$$

解：如果将这个问题视为 3 个阶段的分配问题，其动态规划模型为：

(1) 阶段数 $n=3$，阶段变量 $k=1,2,3$；

(2) 状态变量 s_k 表示从第 k 阶段至第 3 阶段可供分配的总数量，状态集合为
$$S_k = \{s_k \mid 0 \leqslant s_k \leqslant 9\}, \quad S_1 = \{9\}$$

(3) 决策变量 x_k 表示第 k 阶段分配的数量，允许决策集合为
$$X_k(s_k) = \left\{ x_k \mid 0 \leqslant x_k \leqslant \frac{s_k}{a_k}, x_k \text{ 为整数} \right\}$$

(4) 状态转移方程为
$$s_{k+1} = s_k - a_k x_k$$

(5) 动态规划基本方程为
$$\begin{cases} f_k(s_k) = \max_{x_k \in X_k} \{ g_k(s_k, x_k) + f_{k+1}(s_{k+1}) \}, & k = 4, 3, 2, 1 \\ f_5(s_5) = 0 \end{cases}$$

阶段指标 $g_k(s_k, x_k)$ 为变量 x_k 在目标函数中的表达式。

以上模型可以用解析法求解（略）。又由于这个问题最大整数为 9，各阶段允许决策集合最大数也为 9，所以也可以用数值法求解。以下用数值法逆序求解：

当 $k=3$ 时，x_3 需满足 $0 \leqslant x_3 \leqslant \frac{9}{3}$ 且取整，即允许决策集合 $X_3 = \{0, 1, 2, 3\}$。得到第 3 阶段表 8-29。

当 $k=2$ 时，同理，x_2 需满足 $0 \leqslant x_2 \leqslant \frac{9}{2}$ 且取整，即允许决策集合 $X_2 = \{0, 1, 2, 3, 4\}$。得到第 2 阶段表 8-30。

表 8-29 第 3 阶段表

$s_2 \backslash x_2$	$g_3(s_3, x_3)$				$f_3(s_3)$	x_3^*
	0	1	2	3		
0	**0**				0	0
1	**0**				0	0
2	**0**				0	0
3	0	**1**			1	1
4	0	**1**			1	1
5	0	**1**			1	1
6	0	1	**4**		4	2
7	0	1	**4**		4	2
8	0	1	**4**		4	2
9	0	1	4	**9**	9	3

表 8-30 第 2 阶段表

$s_4 \backslash x_4$	$g_2(s_2, x_2) + f_3(s_2 - 2x_2)$					$f_2(s_2)$	x_2^*
	0	1	2	3	4		
0	**0**					0	0
1	**0+0**					0	0
2	**0+0**	$-1+0$				0	0
3	**0+1**	$-1+0$				1	0
4	**0+1**	$-1+0$	$-4+0$			1	0
5	**0+1**	$-1+1$	$-4+0$			1	0
6	**0+4**	$-1+1$	$-4+0$	$-9+0$		4	0
7	**0+4**	$-1+1$	$-4+1$	$-9+0$		4	0
8	**0+4**	$-1+4$	$-4+1$	$-9+0$	$-16+0$	4	0
9	**0+9**	$-1+4$	$-4+1$	$-9+1$	$-16+0$	9	0

当 $k=1$ 时，$s_1 = 9$，$X_1 = \{0, 1, \cdots, 9\}$，得到第 1 阶段表 8-31。

表 8-31 第 1 阶段表

$s_1 \backslash x_1$	$g_1(s_1, x_1) + f_2(s_1 - x_1)$										$f_1(s_1)$	x_1^*
	0	1	2	3	4	5	6	7	8	9		
9	0+9	2+4	8+4	18+4	32+1	50+1	72+1	98+0	128+0	**162+0**	162	9

因此最优目标函数值 $Z^* = f_1(s_1) = 162$，最优解为 $x_1^* = 9$，$x_2^* = x_3^* = 0$。

例 8-9 的问题形式和解法还可以推广到一维背包问题的求解上，这里不再举例，请读者通过习题求解来了解这个过程。

本节通过几个例子介绍了离散/连续确定型动态规划问题的建模和求解。确定型动态规划问题的一个基本特征是下一阶段的状态可由当前阶段的状态和决策完全确定，如果当前阶段的状态及决策只能确定下一阶段状态取值的概率分布，这时的问题就是随机型动态规划问题。对于随机型动态规划问题，以及本书未涉及的多维动态规划问题，请有兴趣的读者参阅其他书籍做进一步学习。

本章小结

动态规划是贝尔曼最优化原理的直接应用。在用动态规划方法分析和求解多阶段决策问题或静态问题时，通常要求：

(1) 问题的目标函数必须具有"可分解性"，即目标函数可以分解为各个阶段目标函数的积或和的形式；

(2) 状态具有"无后效性"，当前状态下的最优（子）策略只受当前状态的影响，而不受此前各阶段的决策和状态的影响。

动态规划的优点在于，它常常可以把一个复杂的优化问题化成若干个简单且相似的优化问题分别求解。但动态规划也有一些明显的缺点，比如"一个"问题对应于"一个"模型和"一个"求解方法，并不具有普遍适用的模型和求解方法，这意味着一些复杂问题的处理需要较高的建模和求解技巧；另外，对于多维动态规划问题，状态变量维数不能太高，一般要求小于 6。

总之，动态规划的基本思想很容易理解，其难点在于应用，这种方法的熟练使用通常源于对大量的经典实例的理解。

关键概念

多阶段决策问题　贝尔曼最优化原理　无后效性　递推关系　逆序解法

习题

1. 某物流公司从一家工厂运输一批物资到临近的港口，中间经过的地点及各地点之间的路长如图 8-7 所示，问：应选择怎样的路径可使行驶里程最短？

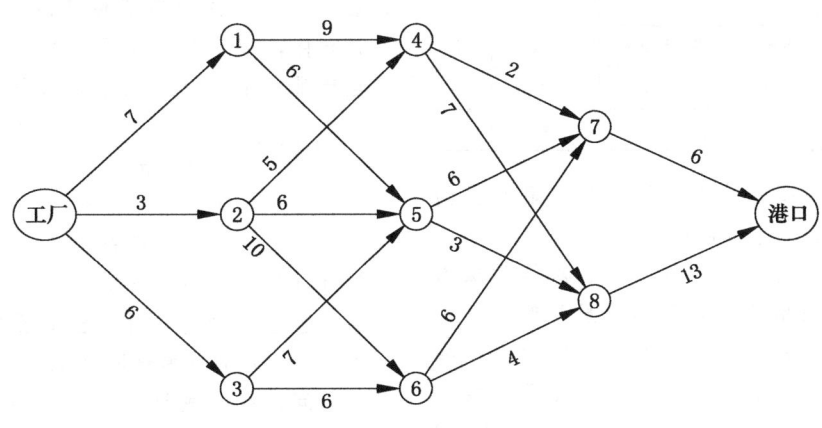

图 8-7

2. HL公司现有资金800万元，拟用于对五个下属子公司投资。各子公司可采取的投资方案（投资额）和相应的收益 g_k 如表 8-32 所示。表中空格表示不存在相应的投资方案。问：如何分配投资资金（不要求资金全部使用完），可使总收益最大？

表 8-32

收益 g_k 投资额 收益	0	100	200	300	400	500
子公司 1	0	130	150	—	—	—
子公司 2	0	100	160	210	—	410
子公司 3	0	100	120	—	210	0
子公司 4	—	110	200	250	330	370
子公司 5	—	—	210	290	320	—

3. 设某种物资有两个产地和三个销地：产地 A_1、A_2 各产 5 与 10 个单位；销地 B_1、B_2 和 B_3 各销 6、5 与 4 个单位。从产地运往销地，除单位运费外还有一定的固定费用。例如，从 A_1 到 B_2 的运费由两部分构成：固定费用为 6；单位运费为 3。这样，当运量 $x_{12} > 0$ 时，运费按 $6 + 3 \times x_{12}$ 计算，当运量 $x_{12} = 0$ 时，运费是 0。在这里引入符号 * 来表示这种关系，如表 8-33 所示。

表 8-33

运费 销地 产地	B_1	B_2	B_3	产量
A_1	$5 + 4 * x_{11}$	$6 + 3 * x_{12}$	$7 + 2 * x_{13}$	5
A_2	$6.5 * x_{21}$	$4.5 + 6 * x_{22}$	$5.5 + 4 * x_{23}$	10
销量	6	5	4	

求一个调运方案，使总费用最小（约定运输量必须为整数）。

4. W公司市场部门计划在广州、深圳和珠海三地总共租用5台宣传车开展其新产品的现场推介及促销活动。根据往年的宣传效果统计数据，在不同城市、租用不同数量宣传车的促销效果的估计值（单位：万元）如表8-34所示：

表 8-34 各地宣传车的配置数量与促销效果的关系表（单位：万元）

宣传车数量	广州	深圳	珠海
0	0	0	0
1	9	4	10
2	14	9	14
3	18	15	16
4	21	22	20
5	24	30	26

问：各城市各应租用多少台宣传车可使该公司获得最大的收益？

5. 某串联系统的三个部件A、B、C直接影响了系统的可靠性，可通过增加备件的方式来提升系统正常运转的概率。已知各部件的备件数量与其可靠性和费用支出（万元）的关系如表8-35所示：

表 8-35

备件数量	可靠性			费用支出		
	A	B	C	A	B	C
0	0.3	0.2	0.5	0	0	0
1	0.4	0.3	0.6	1	2	3
2	0.5	0.5	0.8	2	3	5
3	0.6	0.8	0.9	3	4	6

问：在部件A和B各增加至少1个备件，且预算为8万元的前提下，各部件各应增加多少备件，可最大幅度地提升系统的可靠性？

6. 某企业生产并销售某种产品，月最大产能为6件，月生产费用 $C(x_j)$（单位：千元）与产量 x_i 的关系可表示为以下函数：

$$C(x_i) = \begin{cases} 0 & x_i = 0 \\ 3 + x_i & x_i = 1, 2, \cdots, 6. \end{cases}$$

已生产而未交货的产品可存储在企业自有仓库中，单位产品存储费用为 0.5 千元/件月（从该产品生产次月初开始计时），且仓库容量限制为3件。已知现有库存为0，未来4个月的订单分别为2、3、2、4件。

问：在完成订单且计划期末库存为0的前提下，如何制订各月的生产计划可使总费用最小？

7. 某企业收到一份临时订单，要求在 3 个星期后提供某种产品 3 000 件，一次性交货。由于该产品为非标件，该企业原无存货，交货后也不留库存。已知周生产费用 C（单位：元）与周产量 x（单位：件）的关系为 $C = 1\,000 + 3x + 0.005x^2$，（其中 1 000 为固定成本，不论是否生产都要支出）；每周库存成本为 2 元/件，库存量按周初与周末存贮量的平均数计算。**问**：应如何安排未来 3 个周的生产计划，可使总费用最小？

8. 用动态规划求解下列整数规划问题。

    (1) max $Z = 70x_1 + 50x_2 + 40x_3$
        s.t. $4x_1 + 3x_2 + 2x_3 \leqslant 6$
               $x_1, x_2, x_3 \geqslant 0$ 且为整数

    (2) max $Z = (x_1 + 2)^2 - (x_2 - 1)^2$
               $+ (x_3^3 - 2x_3) + (x_4 - 5)^2$
        s.t. $x_1 + x_2 + x_3 + x_4 \leqslant 6$
               $x_1, x_2, x_3, x_4 \geqslant 0$ 且为整数

9. 应用动态规划的方法求解下列非线性规划问题。

    (1) max $Z = x_1^2 + x_2 + x_3^2$
        s.t. $x_1 + x_2 + x_3 \leqslant 8$
               $x_1, x_2, x_3 \geqslant 0$

    (2) max $Z = 8x_1^2 + 4x_2^2 + 5x_3^2$
        s.t. $2x_1 + x_2 + 3x_3 = 6$
               $x_1, x_2, x_3 \geqslant 0$

    (3) max $Z = x_1^2 - x_2 + x_3^3$
        s.t. $x_1 + x_2 + x_3 \leqslant 6$
               $x_1, x_2, x_3 \geqslant 0$

10. （背包问题）某首饰加工作坊用 995 银块打制 3 种不同规格的银饰。不同规格的银饰重量不同，利润也不同，见表 8-36。

    表 8-36 银饰重量和价值

银饰	规格 1	规格 2	规格 3
单件重量（克）	20	30	40
单件利润（元）	60	80	100

    现已知作坊储备的 995 银块每块重 100 克，**问**：单独 1 块银块最多能够产生多大价值？采用动态求解整数规划问题的方法建模并求解此问题。

11. （设备更新问题）已知某型号设备在不同役龄（已使用年限）的年生产收益、维护成本和更新成本（单位：万元）如表 8-37 所示。随着役龄的增加，其创造的净利润逐年下滑，年维护和更新成本则不断上升，而且该设备最多使用 7 年就必须更新。

    表 8-37

役龄	0	1	2	3	4	5	6	7
生产收益	6.5	5.5	5	4	4	3	2	—
维护费	1	1.5	2	3	3.5	4	4.5	—
更新成本	4.5	4.5	5	5	5	5.5	6	7

    问：对于一台已使用 2 年的设备，采取怎样的更新策略，可使其未来 6 年的总收益最大（不考虑第 6 年年末设备本身的价值）？用动态规划方法建模求解此问题。

第九章

网络计划技术

学习目标

- 掌握网络计划技术中网络图的绘制方法
- 掌握双代号网络图的关键路径计算方法——CPM 法
- 了解网络计划技术中的计划评审技术——PERT 法
- 了解网络计划技术中时间—成本分析
- 了解网络计划技术 CPM 法的 Excel 软件工具求解
- 掌握项目管理软件 Project 的基本操作

网络计划技术（network planning technique）是一种用于工程项目计划与控制的管理技术。它利用网络图的形式直观表现出工程项目中各项任务之间的相互关系，从而找出决定项目总工期的关键路线和关键工序，进而在一定工期、成本、资源等约束条件下通过各种技术手段获得最佳的计划安排，以达到缩短工期、提高工效、降低成本的目的。

网络计划技术是 20 世纪 50 年代末发展起来的，根据起源可以分为关键路径法（critical path method，CPM）和计划评审技术（program evaluation and review technique，PERT）两个源头。其中，关键路径法由美国杜邦公司（Du Pont）的沃克（Morgan R. Walker）和雷明顿—兰德公司（Remington-Rand）的克里（James E. Kelley）于 1957 年提出，主要用于杜邦公司化工工厂的维护项目日程安排；计划评审技术则是美国海军武装部在制定研制北极星导弹计划时发展起来的。两者相比，关键路径法强调/要求所研究项目中每项任务的执行时间必须是明确的，而计划评审技术中每项任务的执行时间可以是一个估计值/不确定值。正因为如此，关键路径法主要应用于一些有前期经验的工程项目，而计划评审技术更多应用于研究与开发项目的计划管理。但是，随着时间的推移，关键路径法和计划评审技术逐渐融合在一起，被统称为网络计划技术。

在中国，网络计划技术，也被称为"统筹法"，于 1962 年由科学家钱学森引进国内，并经过数学家华罗庚的大力推广而普及。

本章主要介绍了双代号网络图和单代号网络图的画法，以及在这两类网络图上进行关键路径计算（第五节和第六节）。随后，从时间进度管理的角度上，介绍了几种常见的压缩项目总工期的方法（含时间—成本分析方法）的思路。最后，给出了一款项目管理专业软件 M. S. Project 的基本操作。

第一节　网络计划技术引例

这里以我国数学家华罗庚在推广统筹法时使用的一个"泡茶"例子来介绍网络计划技术的重要应用价值[⊖]。

有位老先生想喝茶。家里有茶叶，也有喝茶用的茶具——茶壶和茶杯。但是，老先生要想喝到茶，他还必须先清洗茶具（包括茶壶和茶杯），并且烧开水。此时，虽然烧水的炉子有火，老先生还必须先清洗烧水壶才能烧水。现在假定事先已经知道这些喝茶的"准备"工作所花费的时间分别如表 9-1 所示。

表 9-1　喝茶准备工作耗时表　　　　　（单位：分钟）

工作名称	清洗烧水壶	清洗茶壶	清洗茶杯	烧开水	拿茶叶
耗时	1	1	2	15	1

现在问：老先生应如何安排才能在最短的时间内喝到茶？究竟是采用下面方法 1、方法 2 还是方法 3 呢？

方法 1 是指"洗好烧水壶，灌上凉水，放在火上；在等待水开的时间里，洗茶壶、洗茶杯、拿茶叶；等水开了，泡茶喝"；方法 2 是指"先洗烧水壶、洗茶壶、洗茶杯，拿茶叶；然后灌水烧水；等水开了，泡茶喝"；方法 3 是指"洗净烧水壶，灌上凉水，等待水开；水开之后，洗茶壶、洗茶杯、拿茶叶，泡茶喝"。

华罗庚的这个问题本身非常简单，我们"一眼"都可以看出来，方法 1 最好！方法 1 只需要等 16 分钟，老先生就可以喝到茶了；而方法 2 和方法 3 则都需要等待 20 分钟，用华罗庚的原话说是"窝了工"。但是，这个问题分析起来，却很有趣。

首先，我们给出华罗庚给出的分析过程：要想泡茶喝，老先生必须要有开水、茶叶、洗净的茶壶和茶杯。并且，要想有开水，老先生还必须先清洗烧水壶。因此，可以说，清洗烧水壶是烧开水的先决条件，烧开水、拿茶叶、清洗茶壶和清洗茶杯是泡茶的先决条件。这些工作之间的关系如果采用箭头图来表示，则如图 9-1 所示。

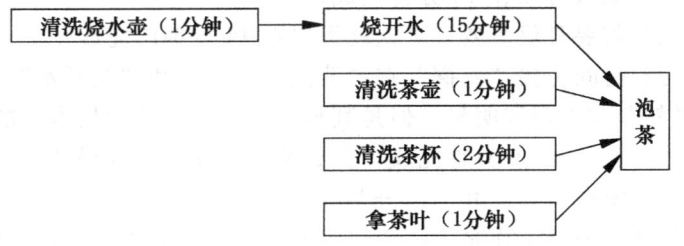

图 9-1　"泡茶"工作的箭头图

图 9-1 直观地再现出了"泡茶"这一项任务中各个工作之间的逻辑先后关系——"先决条件"。从图 9-1 中可以看出，由于"烧开水"工作与"清洗茶壶"、"清洗茶杯"和

⊖　华罗庚. 统筹方法平话及补充 [M]. 北京：中国工业出版社. 1966.

"拿茶叶"工作没有必然的逻辑先后顺序，因此，老先生可以在等待水烧开的过程之中去做"清洗茶壶""清洗茶杯""拿茶叶"这三项工作。并且，由于"烧开水"工作的时间（15 分钟）要长于这三项工作的工作时间之和，因此在"烧开水"过程中这三项工作可以全部被完成。因此，方法 1 可以描述为图 9-2 所示的工作图。

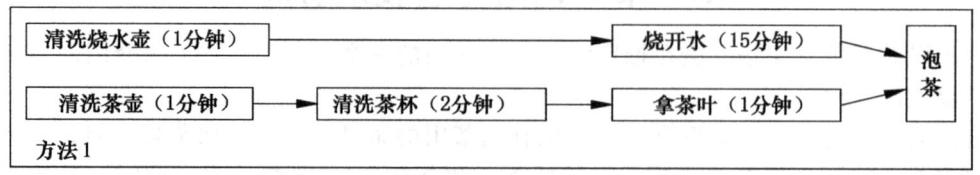

图 9-2　"泡茶"方法 1 的工作箭头图

同样分别做出方法 2 和方法 3 的工作箭头图如图 9-3、图 9-4 所示。

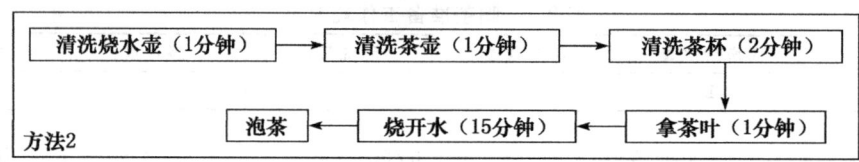

图 9-3　"泡茶"方法 2 的工作箭头图

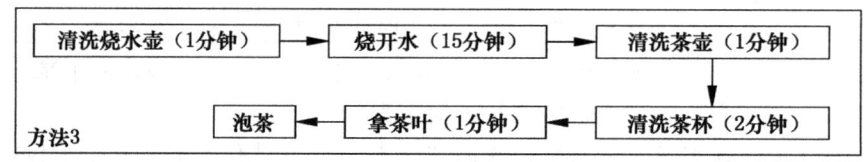

图 9-4　"泡茶"方法 3 的工作箭头图

对比方法 1~3 可以看出，原例子方法 2 和方法 3 由于在"烧开水"的过程中老先生并没有做任何工作，因此从时间上来说都有拖延。

这个例子虽然简单，但是通过绘制箭头图进行分析，可以更加方便和直观地得出以下结论：

（1）"泡茶"任务最短可以在 16 分钟完成；

（2）"泡茶"任务需要且仅需要一个人就可以在 16 分钟内完成；

（3）"泡茶"任务时间主要"耽搁"在"清洗烧水壶"和"烧开水"两项工作上。

这三个结论虽然非常直观和明显，但是其却包含了网络计划技术中的几个重要概念：

（1）"泡茶"任务要想在 16 分钟完成，就必须采用并行工作模式——"烧开水"的同时，完成"拿茶叶""清洗茶壶"和"清洗茶杯"三项工作；

（2）"泡茶"任务的关键工作是"清洗烧水壶"和"烧开水"两项工作；

（3）在当前的情景下，要想缩短"泡茶"任务的最短完成时间，需要想办法缩短"清洗烧水壶"和/或"烧开水"两项工作的消耗时间；而如果不缩短这两项关键工作，而仅是缩短"清洗茶壶"、"清洗茶杯"和/或"拿茶叶"工作的时间，并不能真正缩短整个"泡茶"任务的最短完成时间。

"泡茶"任务非常简单，我们可以轻松地找出答案。但是对于一个复杂（项目中各项任务之间的逻辑先后顺序复杂）和庞大（项目中任务数量多）的项目，我们应该如何分析呢？我们怎样才能知道这个项目的最短完成时间呢？如何才能缩短项目的最短完成时间呢？如何才能最经济的缩短项目的最短完成时间呢？这几个问题就是网络计划技术所研究的主要内容。

第二节　网络计划技术的分析思路

应用网络计划技术分析一项复杂的项目的时间进度，通常的思路包括以下几步。

(1) 阐明问题，将所研究的项目分解为若干个可以独立的工作单元/任务，并明确各个工作单元的相关属性（资源使用、时间消耗、成本计算等），以及工作单元之间的逻辑先后关系。

任务分解完成后的最小、不再细分的工作单元，通常满足以下两个标准：一是一项工作单元可以由一个人，或者一个小组独立完成，并由该个人或小组对该工作完成情况完全负责；二是该项工作单元可以较为独立的计算成本等各项费用。以"泡茶"例子中的工作为例，"清洗茶壶"可以作为一个工作单元，因为它可以由一个人独立完成。但是，"清洗茶壶"和"清洗茶杯"不宜被统称为"清洗茶具"。这是因为茶壶和茶杯为单独的两个物件，必要时可以由两个人分别完成。类似的有，"清洗茶杯"可以作为一个工作单元，但是当茶杯的数量超过一个时，此项工作单元则有可能被进一步细分为多个"清洗一个茶杯"工作单元的累加。

工作单元之间逻辑先后关系是指客观存在的一种严格意义上的先后顺序关系，如果这种先后关系是分析人员主观添加的，或者被错误的定义，那么整个后续的任务分析都是不正确的，分析结果也因此没有任何意义。

为了清楚和明确工作单元之间的逻辑先后关系，那就需要分析人员针对每一个工作单元，回答以下三个问题：该工作单元必须在哪些工作单元开始执行前完成？该工作单元必须在哪些工作单元完成之后才能开始执行？该工作单元可以同哪些工作单元同时进行（可以由不同的人员、设备等并行完成）？例如，在"泡茶"例子中，"清洗烧水壶"必须在"烧开水"之前完成，"烧开水"必须在"清洗烧水壶"完成之后才能开始，"烧开水"必须在"泡茶"工作之前完成，"泡茶"必须在"烧开水""清洗茶壶""清洗茶杯""拿茶叶"这四项工作都完成之后才能开始进行。

由于工作单元之间的先后关系具有可传递性（例如，"清洗烧水壶"必须先于"烧开水"，而"烧开水"必须先于"泡茶"，则必然有关系——"清洗烧水壶"也必须在"泡茶"工作进行之前完成），因此为了避免工作单元之间的关系过于错综复杂，在网络计划技术中，只有紧前和紧后两种关系被显示的定义和描述。紧前工序（紧前关系）是指当一个工作/工序 A 完成之后，另一个工序 B 可以立即进行，那么我们称工序 A 为工序 B 的**紧前工序** (predecessor)；而工序 B 则被称为工序 A 的紧后工序。因此，例子中"清洗烧水壶"是"烧开水"的紧前工序，"烧开水"是"清洗烧水壶"的紧后工序；"烧开水"是"泡茶"的紧前工序，"泡茶"是"烧开水"的紧后工序。而"清洗烧水壶"不是"泡茶"的紧前工序，"泡茶"也不是"清洗烧水壶"的紧后工序！

为了清楚地表示出一个复杂任务的各个工作单元的时间、成本属性，以及工作单元之间的逻辑关系，我们通常采用表格的形式给出相关信息。以"泡茶"为例，表 9-2 和表 9-3 给出了常见的两种表达形式（省略了成本等属性）。

表 9-2 "泡茶"任务各工作单元属性表 1

工作单元名称	工作单元代号	所需时间（单位：分钟）	紧前工序
清洗烧水壶	A	1	—
烧开水	B	15	A
清洗茶壶	C	1	—
清洗茶杯	D	2	—
拿茶叶	E	1	—
泡茶	F	—	B，C，D，E

表 9-3 "泡茶"任务各工作单元属性表 2

工作单元名称	工作单元代号	所需时间（单位：分钟）	紧后工序
清洗烧水壶	A	1	B
烧开水	B	15	F
清洗茶壶	C	1	F
清洗茶杯	D	2	F
拿茶叶	E	1	F
泡茶	F	—	

这两个表唯一的区别在于一个采用紧前工序来描述工作单元之间的逻辑关系，一个则采用紧后工序来描述逻辑关系。虽然有所不同，但是所描述的逻辑关系完全相同。

（2）根据分解后的工作单元，以及工作单元之间的逻辑先后关系，绘制网络图。所绘制的网络图为有向图，即网络中节点之间的连线具有方向性。根据网络图中节点和有向连线代表的含义不同，网络图可以分为双代号网络图和单代号网络图两种。

在**双代号网络图**（activity on arc，AOA）中，每个工作单元都用一条有方向的**箭线**（arc）来表示，该工作的名称或者代号写在箭线的上面，完成工作所需要花费的时间写在箭线的下面；连接箭线的两个节点（需要单独编号）分别代表该工作的开始和结束。

而在**单代号网络图**（activity on node，AON）中，每个工作单元则是用一个**节点**（node）来表示。工作的名称或代号，以及完成工作所花费的时间都标注在节点内部。网络中的箭线则表示工作单元之间的逻辑先后顺序。

以"泡茶"例子中"清洗烧水壶"工作为例，其在双代号网络和单代号网络中的描述如图 9-5 所示。

（3）根据网络图，应用关键路径法计算公式，计算得到整个项目的最短完成时间，项目中每项工序的最迟开始时间、最早可能开始时间等时间参数，整个项目的关键路径以及关键路径上的各项关键工序。

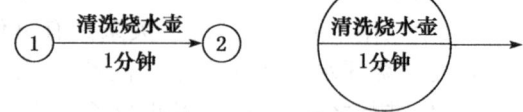

图 9-5 "清洗烧水壶"工作的网络图画法

如前文所述，关键路径法中每个工作单元的花费时间是确定的，而计划评审技术中每个工作单元的花费时间通常是多个时间描述的估计区间，因此对于计划评审技术而言，在计算之前需要将时间的多个估计值转换成一个唯一的可计算值。

（4）根据具体应用，并结合成本费用的计算公式，对关键路径上的关键工序进行资源的合理安排和优化。

值得注意的是，关键路径是相对的，也是可以变化的。特别是当采取了一定的技术手段缩短了当前关键路径上的关键工序的花费时间之后，现有关键路径可能变成了非关键路径，而之前的非关键路径则变成了关键路径。因此，此时需要回到步骤（3）重新计算关键路径，然后再继续优化。

第三节　双代号网络图的绘制方法

关键路径法通常采用图解法，即先根据所研究任务的工作单元属性表绘制出双代号描述的网络图，然后再采用计算公式计算得到关键路径以及相关参数值。

一、双代号网络图的基本要素

双代号网络图中，工作单元用有向箭线/弧来表示，箭线的方向表示工序进行的方向：箭线的箭尾表示该工序的开始，箭线的箭头表示该工序的结束。通常，工序的名称或者代号标注在箭线的上方，工序所花费的时间标注在箭线的下方，如图 9-5 所示。

另外，双代号网络中还有一种特殊的，用虚线表示的箭线。这种特殊的箭线并非任务分解所产生的那种常规工序，而是为了描述逻辑先后关系的需要人工添加的箭线——虚工序；它只是为了在双代号网络图中表达相邻工序之间的逻辑先后关系，本身并不占用或者消耗任何资源，并不需要花费时间。

双代号网络图中，箭线的两个端点分别代表了箭线所指工序的开始和结束。因此，严格意义上说，一项工序由一条箭线以及箭线的两个端点所表示。在网络图中，为了后续关键路径计算的需要，所有端点/节点都是统一编号，没有重复。如图 9-6a 所示，对于工序"清洗烧水壶"而言，节点 2 表示了其工序的结束；对于工序 A 的紧后工序"烧开水"而言，节点 2 则表示了其工序的开始。

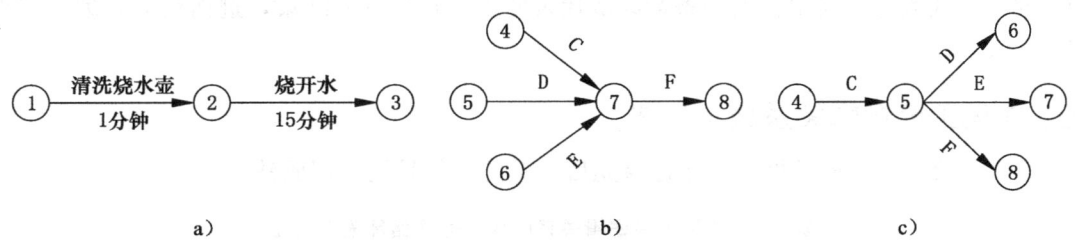

图 9-6　双代号网络图示例 1

对于双代号网络图中的一个节点而言，可能有多条箭线指向该节点，或者有多条箭线从该节点引出。前一种情况代表着多条箭线所指的工序都完成之后，该节点之后的工序才可以开始。如果这些工序中部分结束，部分工序还在进行，那么后续的工序就一定不能开始。例如，图 9-6b 中，只有工序 C、D 和 E 都完成之后，工序 F 才能开始进行，即工序 F 是工序 C、D 和 E 的紧后工序。

对于后一种情况，它代表着该节点所代表的之前的工序结束后，可以同时开始多项工序。如图 9-6c 所示，网络图中节点 5 引出了三条箭线（箭线 D、E 和 F），它代表了工序 C 完成之后，可以同时进行工序 D、E 和 F，即工序 C 是工序 D、E 和 F 的紧前工序。

二、双代号网络图的绘制规则

绘制双代号网络图时，为了便于他人和自己的阅读和理解，通常遵循以下几条绘制规则。

(1) 网络图中有向的箭线尽量从左指向右，节点的编号按顺序编排，不允许重复。

(2) 两个节点之间，如果有，则只能有一条箭线。如果节点之间需要包含两个或两个以上的箭线，即表示多个工序可以同时开始，并同时作为后续工序的紧前工序，那么需要使用虚工序（虚线的箭线）来帮助表示。例如，图 9-7a 是错误的，而图 9-7b 和 9-7c 都可以描述逻辑"工序 A 完成后同时进行 B 和 C，且工序 B 和 C 均完成后才能进行 D"。

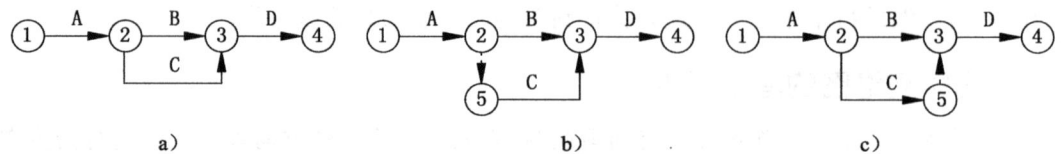

图 9-7 虚工序箭线示例

(3) 网络图中只能有一个起始节点和一个终止节点。起始节点代表着整个任务的开始，终止节点代表整个任务的结束。如果一个任务中的逻辑关系使得该任务不能仅用一个起始节点表示多项工序的开始，或者不能仅用一个终止节点表示多项工序的结束时，则使用类似图 9-7b 或图 9-7c 中虚工序的方法进行描述。

(4) 不能有缺口和回路。网络图中不能有缺口是指在网络图中除了起始节点和终止节点之外，其他任何节点都必须有至少一条箭线指向该节点，并至少一条箭线引出该节点。由于双代号网络图中节点代表着工序的开始和/或工序的结束，当网络图中出现缺口时，节点相连的工序或者无法开始，或者无法结束，即与起始节点和终止节点失去了逻辑先后关系。网络图中不能有回路是指图中任何两个节点之间不能由箭线组成回路。当网络中出现回路，它代表着回路中任何一条箭线所代表的工序永远不能结束，进而任务永远不能被完成。

三、常见工序逻辑关系表示方法

表 9-4 给出了几种常见的工序逻辑先后关系的双代号网络图画法。

表 9-4 常见工序逻辑关系的双代号网络图表示方法

序号	工序之间的逻辑先后关系	双代号网络图中的表示方法
1	工序 A 完成后进行工序 B 和工序 C	①—A→②—B→③ ②—C→④
2	工序 A 和工序 B 均完成后进行工序 C	①—A→③—C→④ ②—B→③
3	工序 A 和工序 B 均完成后，同时进行工序 C 和工序 D	①—A→③—C→④ ②—B→③—D→⑤

(续)

序号	工序之间的逻辑先后关系	双代号网络图中的表示方法
4	工序 A 完成后进行工序 C； 工序 A 和工序 B 均完成后进行工序 D	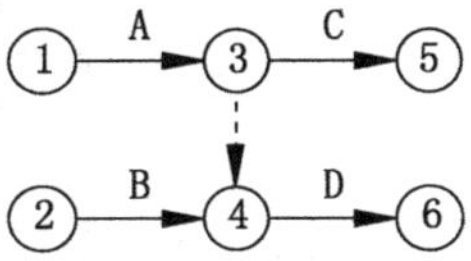
5	工序 A 和工序 B 均完成后进行工序 D； 工序 A、工序 B 和工序 C 均完成后进行工序 E； 工序 D 和工序 E 均完成后进行工序 F	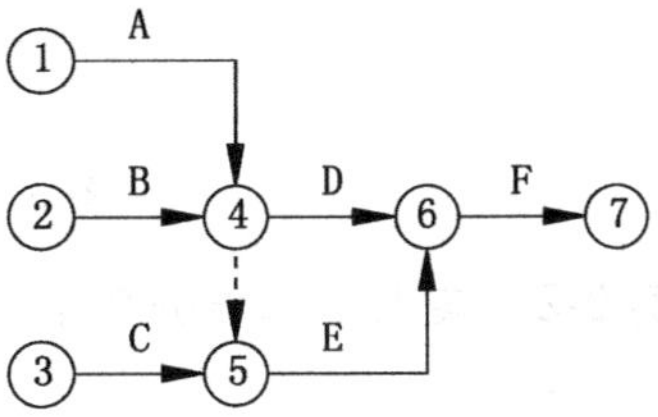
6	工序 A 和工序 B 均完成后进行工序 C； 工序 B 和工序 D 均完成后进行工序 E	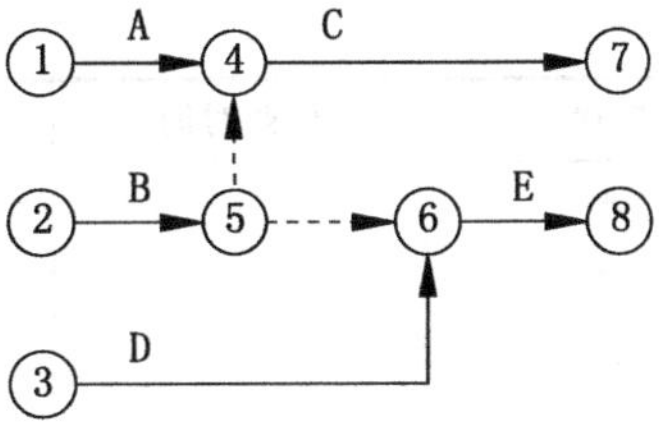
7	工序 A、工序 B 和工序 C 完成后进行工序 D； 工序 B 和工序 C 均完成后进行工序 E	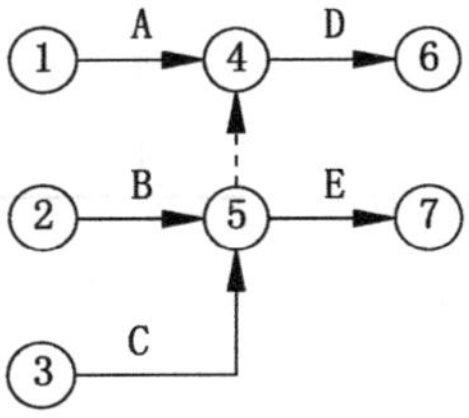
8	工序 A 完成后进行工序 C； 工序 A 和工序 B 均完成后进行工序 D； 工序 B 完成后进行工序 E	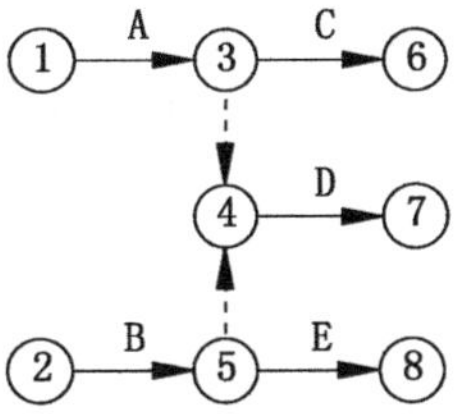

如表 9-4 所示，对于一些复杂的工序逻辑关系，需要灵活应用虚工序来描述和绘制。

例 9-1 根据表 9-5 所示工序之间的关系绘制其双代号网络图。

表 9-5 某项目各工序及关系列表 （单位：天）

工序代号	作业时间	紧后工序	工序代号	作业时间	紧后工序
A	5	B, I	H	1	J
B	10	C, E, G	I	1	J
C	10	D	J	1	K, L
D	1	K, L	K	2	—
E	3	F	L	4	M
F	1	K, L	M	1	—
G	7	H			

解：根据表 9-5 中的数据，经过整理、节点编号、和箭线标记，最终得到如图 9-8 所示的网络图。

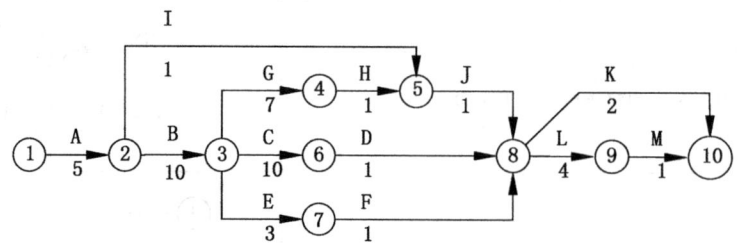

图 9-8 表 9-5 所示项目的双代号网络图

例 9-2 某项目工作分解后得到各工序数据如表 9-6 所示，请根据表中数据绘制其网络图。

表 9-6 某项目工序列表　　　　　　　　　　　（单位：天）

工序代号	作业时间	紧前工序	工序代号	作业时间	紧前工序
A	1	—	G	5	D, E, F
B	2	A	H	2	G
C	4	A	I	3	H
D	2	B	J	1	G
E	3	B, C	K	2	J
F	1	C			

解：某项目工作的双代号网络图如图 9-9 所示。

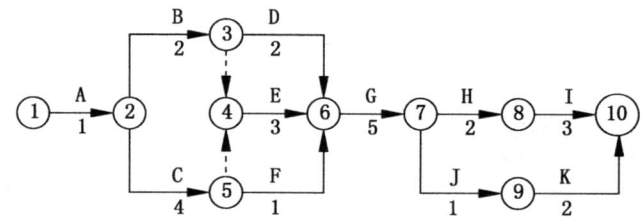

图 9-9 某项目工作的双代号网络图

第四节　单代号网络图的绘制方法

与双代号网络图相同，单代号网络图也是由节点和有向箭线两个基本元素组成。不同的是，单代号网络图中，节点表示工序，有向箭线描述工序之间的逻辑关系——紧前/紧后工序：箭尾连接的节点工序为箭头连接的节点工序的紧前工序。由于单代号网络中节点表示工序，工序之间逻辑关系用有向箭线来描述，其图形更加简便，也更符合人类的思维习惯。并且，由于单代号网络不需要使用类似双代号网络中的虚工序，因此绘图时产生逻辑错误的可能性较小。

绘制单代号网络图应遵守的绘图规则基本与绘制双代号网络图的规则相同。

（1）网络图中有向箭线尽量保持从左到右，节点统一编号，不能重复。

（2）网络图中只能有一个起始节点和一个终止节点。如果一个项目由多项工序同时开始，或者由多项工序结束时，需要引入一个虚工序节点（开始节点"S"或结束节点"F"）来表示（见图 9-10）。

（3）网络图中不允许出现缺口和回路。

与双代号网络图相比，单代号网络图中虽然没有复杂的虚工序，但是可能由于箭线过多而出现交叉的情况。

表 9-7 给出了与表 9-4 相同逻辑关系的单代号网络图表示方法。

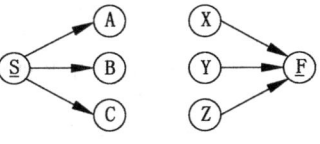

图 9-10 虚工序节点示例

表 9-7 常见工序逻辑关系的单代号网络图表示方法

序号	工序间的逻辑先后关系	单代号网络图表示法	双代号网络图表示法
1	工序 A 完成后进行工序 B 和工序 C		
2	工序 A 和工序 B 均完成后进行工序 C		
3	工序 A 和工序 B 均完成后，同时进行工序 C 和工序 D		
4	工序 A 完成后进行工序 C；工序 A 和工序 B 均完成后进行工序 D		
5	工序 A 和工序 B 均完成后进行工序 D；工序 A、工序 B 和工序 C 均完成后进行工序 E；工序 D 和工序 E 均完成后进行工序 F		
6	工序 A 和工序 B 均完成后进行工序 C；工序 B 和工序 D 均完成后进行工序 E		

（续）

序号	工序间的逻辑先后关系	单代号网络图表示法	双代号网络图表示法
7	工序 A、工序 B 和工序 C 完成后进行工序 D； 工序 B 和工序 C 均完成后进行工序 E		
8	工序 A 完成后进行工序 C； 工序 A 和工序 B 均完成后进行工序 D； 工序 B 完成后进行工序 E		

从表 9-7 中给出的 8 种常见的工序逻辑关系可以看出，单代号网络图画法更加简单。但是，单代号网络图由于存在箭线的交叉，可读性要略差于双代号网络图。

例 9-3 绘制例 9-1 中某项目的单代号网络图。

解：根据表 9-5 中的数据，得到如图 9-11 所示的网络图。

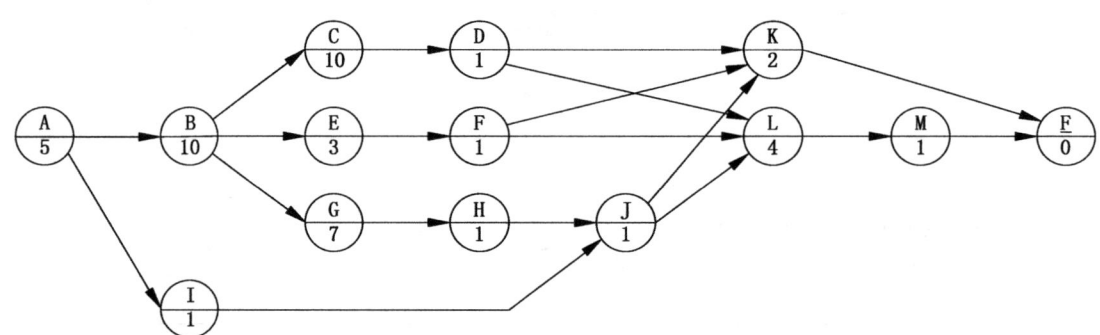

图 9-11 例 9-1 项目的单代号网络图

例 9-4 绘制例 9-2 所示项目的单代号网络图。

解：项目的单代号网络图如图 9-12 所示。

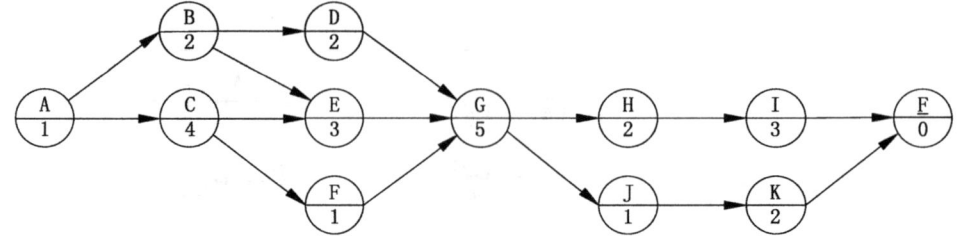

图 9-12 例 9-2 所示项目的单代号网络图

第五节 关键路径法

在网络图中,从起始节点开始,到终止节点为止,存在着若干条由中间节点和有向箭线组成的路径。例如,如图 9-8 所示的双代号网络图中,这样的路径共有 8 条,分别是"1-2-5-8-10"、"1-2-5-8-9-10"、"1-2-3-4-5-8-10"、"1-2-3-4-5-8-9-10"、"1-2-3-6-8-10"、"1-2-3-6-8-9-10"、"1-2-3-7-8-10"和"1-2-3-7-8-9-10";而图 9-12 所示的项目工作的单代号网络图中,这样的路径也有 8 条,分别是"A-B-D-G-H-I-F"、"A-B-D-G-J-K-F"、"A-B-E-G-H-I-F"、"A-B-E-G-J-K-F"、"A-C-E-G-H-I-F"、"A-C-E-G-J-K-F"、"A-C-F-G-H-I-F"和"A-C-F-G-J-K-F"。因此,从开始节点出发,沿着不同的路径到达终止节点所花费的时间也不尽相同。其中,花费时间最长的路径称为关键路径,而关键路径上的所有工序都被称为关键工序。例如,图 9-12 中 8 条路径的通过时间分别如表 9-8 所示。

表 9-8 图 9-12 所示项目的 8 条路径时间长度

路径	持续时间	路径	持续时间
A-B-D-G-H-I-F	15	A-C-E-G-H-I-F	18
A-B-D-G-J-K-F	13	A-C-E-G-J-K-F	16
A-B-E-G-H-I-F	16	A-C-F-G-H-I-F	16
A-B-E-G-J-K-F	14	A-C-F-G-J-K-F	14

因此,该项目的关键路径为"A-C-E-G-H-I-F",总工期为 18 天。

关键路径法的计算目的就是要找出网络图中的关键路径,并对其进行进一步分析和优化。这是因为关键路径具有以下几项特点。

(1) 关键路径上的所有工序总花费时间决定了整个项目的总工期,即项目的总工期等于关键路径上的所有工序持续时间的总和。

(2) 关键路径上的任一个关键工序发生了时间上的延迟,那么必然导致整个项目的工期时间上的延迟。

(3) 关键路径上关键工序如果缩短了工期,那么整个项目的工期都会被缩短。相反,如果只是缩短非关键路径上的工序——非关键工序的花费时间,整个项目的工期不会发生变化。

(4) 如果一个项目包含多条关键路径,那么它们的工期一定都相同。并且,如果只是缩短其中一条关键路径的工期,整个项目的工期并不能被缩短。

(5) 关键路径是相对的。如果关键路径的工期被缩短,那么它有可能变为非关键路径,而非关键路径则有可能变成关键路径。

正是鉴于关键路径以及关键工序对项目工期分析的重要性,网络计划技术的关键路径法的主要目的就是通过计算找出一个项目的关键路径。

二、双代号网络图的关键路径法

关键路径法中,主要是要计算每个工序的以下几个时间参数。

(1) **最早开始时间**(early start) 一个工序的最早开始时间 T_{ES} 为该工序的所有紧前工序最早结束时间中最晚的一个,即其所有紧前工序的最早结束时间的最大值。

(2) **最早结束时间**(early finish) 一个工序的最早结束时间 T_{EF} 等于该工序的最早开

始时间加上该工序的花费时间值。

(3) **最迟结束时间**（late finish）一个工序的最迟结束时间 T_{LF} 是指该工序在不影响整个项目的时间进度前提下能够最迟结束的时间。它等于该工序所有紧后工序最迟开始时间最早的一个，即所有紧后工序的最迟开始时间的最小值。

(4) **最迟开始时间**（late start）一个工序的最迟开始时间 T_{LS} 等于该工序的最迟结束时间减去该工序的花费时间值。

(5) **工序总时差**（total float）一个工序的总时差 T_{TF} 是指该工序在不影响整个项目的时间进度前提下，工序最早开始时间可以推迟的时间，即该工序的最迟开始时间和最早开始时间的差值。

(6) **工序自由时差**（free float）一个工序的自由时差 T_{FF} 是指该工序在不影响其他工序（其紧后工序）的最早开始时间前提下，工序最早开始时间可以推迟的时间。

对于一个项目而言，一个工序的工序总时差代表着该工序在项目中可以机动的时间。因此，如果一个工序的工序总时差为 0，则代表该工序不存在机动时间，那么该工序就是项目的一个关键工序。随后，可以根据计算得到所有关键工序，确定项目的一条或多条关键路径。

在双代号网络图中，一个工序由其所代表的箭线的箭尾连接的节点表示开始，用箭线的箭头连接的节点表示结束。因此，可以通过计算节点相关的时间参数得到工序的时间参数。

(1) 节点的**最早发生时间**（early event occurrence time）一个节点的最早发生时间 T_{EEO} 是由所有指向该节点的箭线（工序）中最晚的最早发生时间确定。

(2) 节点的**最迟发生时间**（late event occurrence time）一个节点的最迟发生时间 T_{LEO} 是由该节点所发出所有箭线（工序）中最早的最迟发生时间确定。

定义 9-1 双代号网络图中节点集合为 $K=\{1,\cdots,k\}$，其中，节点 1 为起始节点，k 为终止节点的编号。网络图中的任意一个工序可以用箭线的箭尾节点 i 和箭头节点 j 的代号表示，即 $\{(i,j)|i,j\in K\}$。例如，图 9-8 中的工序 A 可以表示为 (1, 2)。那么，工序 (i,j) 的花费时间可以定义为 $T(i,j)$。

定义 9-2 指向节点 j 的箭线用集合 $M(j)=\{(m,j)|m\in K\}$ 表示，节点 j 发出的箭线用集合 $N(j)=\{(j,n)|n\in K\}$ 表示。例如，图 9-8 中指向节点 8 的集合为 $M(8)=\{(5,8),(6,8),(7,8)\}$，而该节点发出的箭线集合为 $N(8)=\{(8,9),(8,10)\}$。

由节点的各时间参数定义可以得到，

(1) 节点 j 的最早发生时间 $T_{EEO}(j)$ 的计算公式为：

$$\begin{cases} T_{EEO}(j) = \max\{T_{EEO}(m) + T(m,j)\}, (j\neq 1, (m,j)\in M(j)) \\ T_{EEO}(1) = 0 \end{cases}$$

(2) 节点 j 的最迟发生时间 $T_{EEO}(j)$ 的计算公式为：

$$T_{LEO}(j) = \min\{T_{LEO}(n) - T(j,n)\}, (j\neq k, (j,n)\in N(j))$$
$$T_{LEO}(k) = T_{EEO}(k)$$

由节点的最早发生时间和最迟发生时间可以知道，作为工序 (i,j) 来说，工序的最早开始时间就是节点 i 的最早发生时间 $T_{LEO}(i)$，最迟结束时间就是节点 j 的最迟发生时间 $T_{LEO}(j)$。因此，有

(3) 工序 (i,j) 的最早开始时间 $T_{ES}(i,j)$ 的计算公式为：

$$T_{ES}(i,j) = T_{EEO}(i)$$

(4) 工序 (i,j) 的最早结束时间 $T_{EF}(i,j)$ 的计算公式为：
$$T_{EF}(i,j) = T_{ES}(i,j) + T(i,j) = T_{EEO}(i) + T(i,j)$$
(5) 工序 (i,j) 的最迟结束时间 $T_{LF}(i,j)$ 的计算公式为：
$$T_{LF}(i,j) = T_{LEO}(j)$$
(6) 工序 (i,j) 的最迟开始时间 $T_{LS}(i,j)$ 的计算公式为：
$$T_{LS}(i,j) = T_{LF}(i,j) - T(i,j) = T_{LEO}(j) - T(i,j)$$
(7) 工序 (i,j) 的总时差 $T_{TF}(i,j)$ 的计算公式为：
$$T_{TF}(i,j) = T_{LS}(i,j) - T_{ES}(i,j) = T_{LF}(i,j) - T_{EF}(i,j) = T_{LEO}(j) - T_{EEO}(i) - T(i,j)$$
(8) 工序 (i,j) 的自由时差 $T_{FF}(i,j)$ 的计算公式为：
$$T_{FF}(i,j) = T_{EEO}(j) - T_{EEO}(i) - T(i,j)$$

由前文对于关键路径的定义可以知道，项目的总工期即是网络图中终止节点 k 的最早发生时间 $T_{EEO}(k)$，关键工序满足 $T_{TF}(i,j)=0$。

例 9-5 计算例 9-1 所示的双代号网络图的关键路径（见图 9-13）。

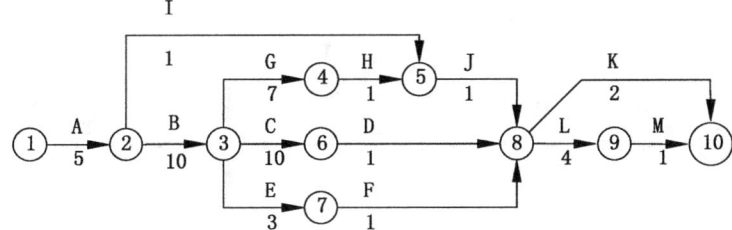

图 9-13 例 9-1 中的双代号网络图

解：从起始节点 1 开始，按照网络图中各个节点的逻辑先后顺序，计算所有节点的最早发生时间（图 9-14 中灰色区域标记的数字）：

(1) 定义起始节点 1 的最早发生时间 $T_{EEO}(1)=0$。
(2) 节点 2 的紧前工序只有节点 1，因此其最早发生时间可以计算为：
$$T_{EEO}(2) = T_{EEO}(1) + T(1,2) = 0 + 5 = 5$$
(3) 节点 3 的紧前工序只有节点 2，因此其最早发生时间可以计算为：
$$T_{EEO}(3) = T_{EEO}(2) + T(2,3) = 5 + 10 = 15$$

节点 2 的紧后工序——节点 5 还有另外一个紧前工序节点 4 尚未计算，因此此时不能得到节点 5 的最早开始时间值。

重复上述过程，可以得到如图 9-14 所示各个节点的最早发生时间。

计算完所有节点的最早发生时间后，从终止节点 10 开始，反向计算各个节点的最迟发生时间。

(1) 终止节点 10 的最迟发生时间 $T_{LEO}(10)=T_{EEO}(10)=31$。
(2) 由节点 10，可以计算节点 9 的最迟发生时间：
$$T_{LEO}(9) = T_{LEO}(10) - T(9,10) = 331 - 1 = 30$$
(3) 由节点 9 和节点 10，可以计算节点 8 的最迟发生时间：
$$T_{LEO}(8) = \begin{Bmatrix} T_{LEO}(9) - T(8,9) \\ T_{LEO}(10) - T(8,10) \end{Bmatrix} = \min \begin{Bmatrix} 30-4 \\ 31-2 \end{Bmatrix} = 26$$

重复上述过程，最终得到如图 9-15 所示各个节点的最迟发生时间。

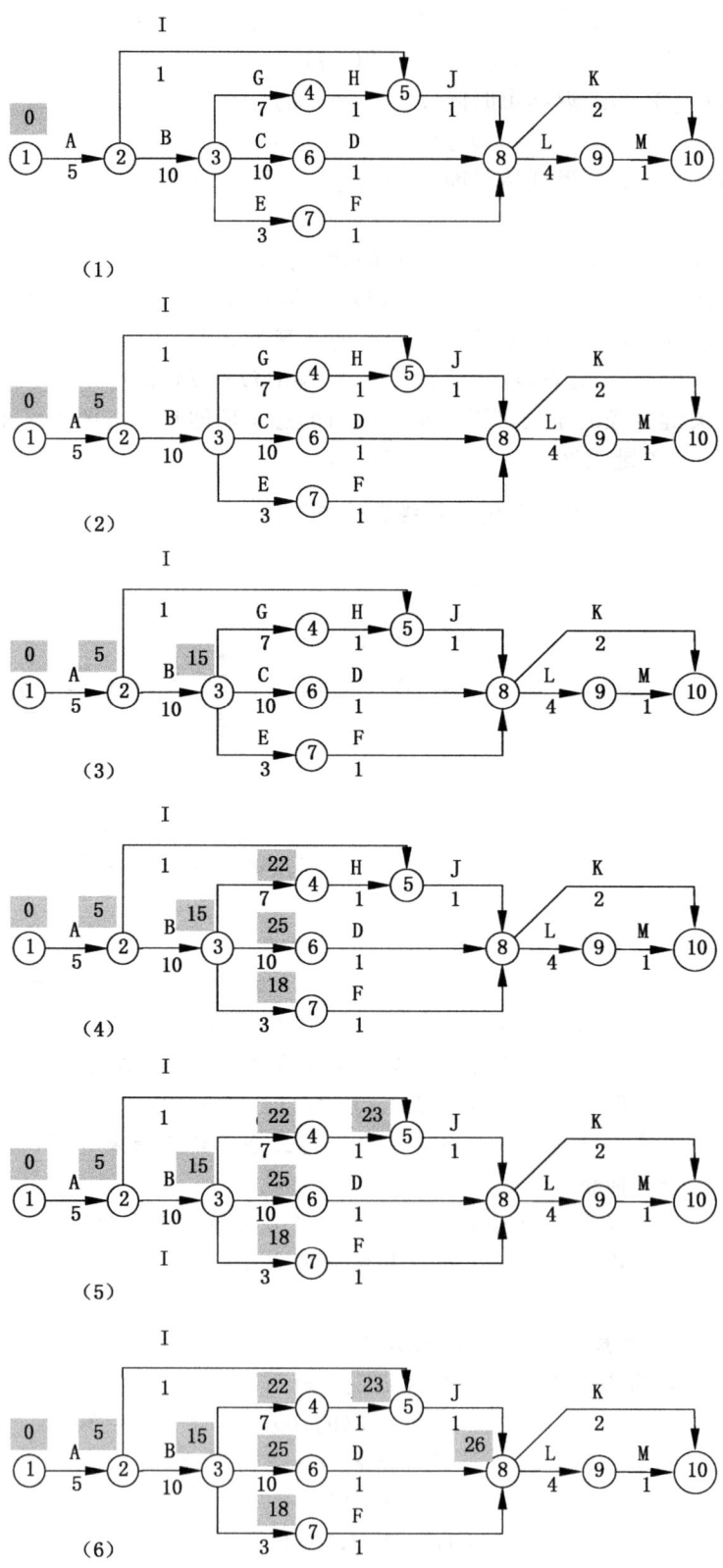

图 9-14 各节点最早发生时间计算过程

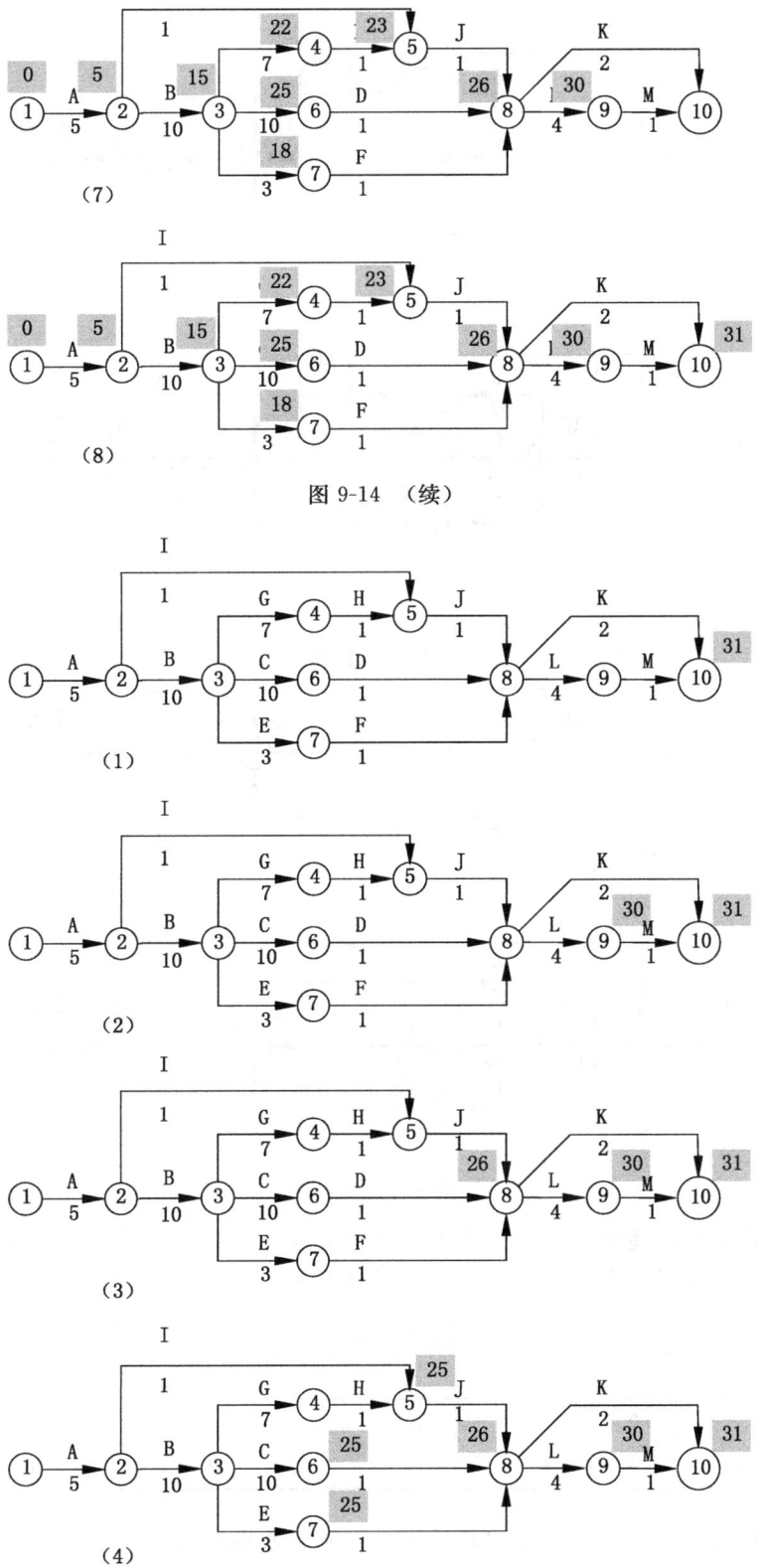

图 9-14 （续）

图 9-15　各节点最迟发生时间计算过程

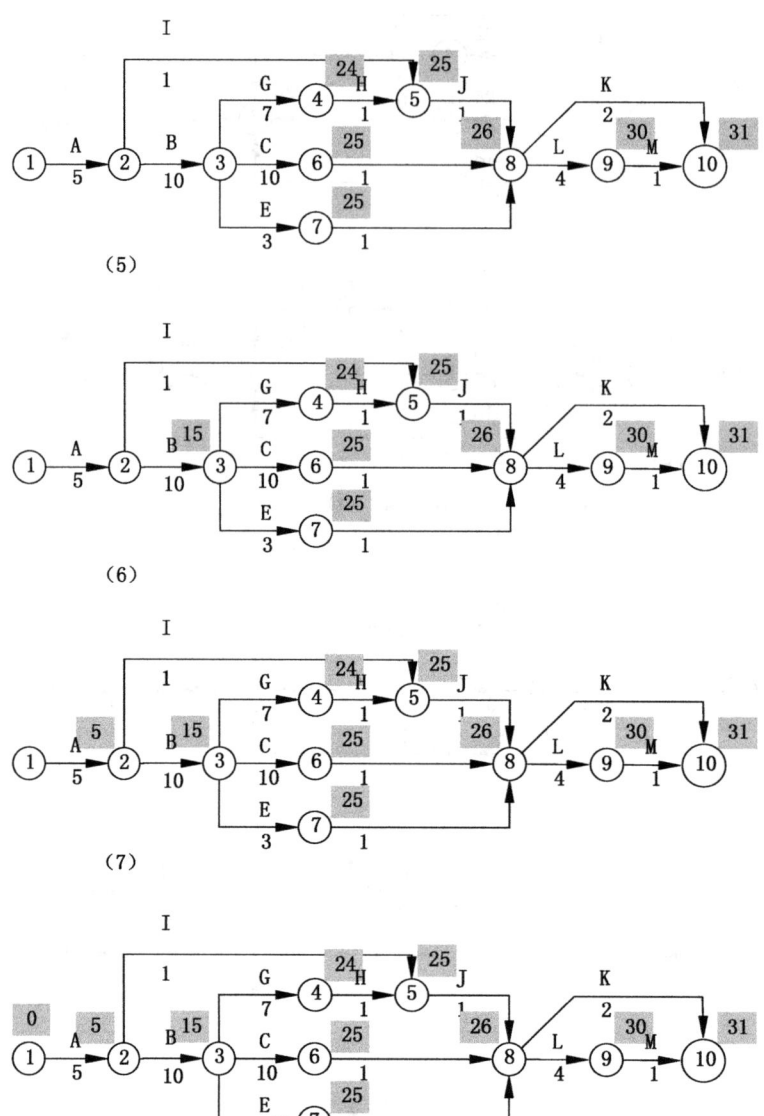

图 9-15 （续）

为了表述的方便，通常也将各个节点和工序的各项计算指标用表格给出，例如本例中各个节点的最早发生时间和最迟发生时间可以计算并填入表 9-9。

表 9-9 节点的最早发生时间和最迟发生时间计算结果表

	1	2	3	4	5	6	7	8	9	10
最早发生时间 $T_{EEO}(j)$	0	5	15	22	23	25	18	26	30	31
最迟发生时间 $T_{LEO}(j)$	0	5	15	24	25	25	25	26	30	31

接下来，在计算得到每个节点的最早发生时间和最迟发生时间的基础上，计算各个工序的时间参数见表 9-10。

表 9-10 工序的时间参数计算结果表

工序	(i, j)	$T(i,j)$	$T_{ES}(i,j)$	$T_{EF}(i,j)$	$T_{LF}(i,j)$	$T_{LS}(i,j)$	$T_{TF}(i,j)$	$T_{FF}(i,j)$
A	(1, 2)	5	0	5	5	0	0	0
B	(2, 3)	10	5	15	15	5	0	0
I	(2, 5)	1	5	6	25	24	19	17
G	(3, 4)	7	15	22	24	17	2	0
C	(3, 6)	10	15	25	25	15	0	0
E	(3, 7)	3	15	18	25	22	7	0
H	(4, 5)	1	22	23	25	24	2	0
J	(5, 8)	1	23	24	26	25	2	2
D	(6, 8)	1	25	26	26	25	0	0
F	(7, 8)	1	18	19	26	25	7	7
L	(8, 9)	4	26	30	30	26	0	0
K	(8, 10)	2	26	28	31	29	3	3
M	(9, 10)	1	30	31	31	30	0	0

由各个工序的总时差可以得到，本项目的关键工序为 (1, 2)、(2, 3)、(3, 6)、(6, 8)、(8, 9) 和 (9, 10)，即 A、B、C、D、L 和 M；关键路径为 1-2-3-6-8-9-10，即 A-B-C-D-L-M。

例 9-6 计算例 9-2 所示的双代号网络图（见图 9-16）的关键路径。

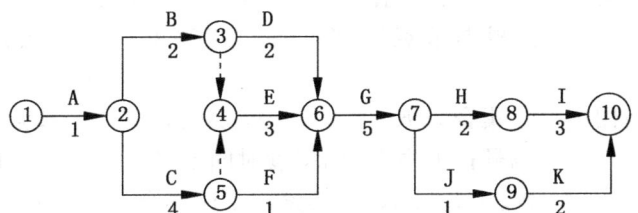

图 9-16 例 9-2 中的双代号网络图

解：首先，计算所有节点的时间参数，如表 9-11 所示。

表 9-11 图 9-16 中各节点的时间参数

	1	2	3	4	5	6	7	8	9	10
最早发生时间 $T_{EEO}(j)$	0	1	3	5	5	8	13	15	14	18
最迟发生时间 $T_{LEO}(j)$	0	1	5	5	5	8	13	15	16	18

然后，根据节点的时间参数，计算各个工序的时间参数，如表 9-12 所示。

表 9-12 图 9-16 中各工序的时间参数

工序	(i, j)	$T(i,j)$	$T_{ES}(i,j)$	$T_{EF}(i,j)$	$T_{LF}(i,j)$	$T_{LS}(i,j)$	$T_{TF}(i,j)$	$T_{FF}(i,j)$
A	(1, 2)	1	0	1	1	0	0	0
B	(2, 3)	2	1	3	5	3	2	0
C	(2, 5)	4	1	5	5	1	0	0
D	(3, 6)	2	3	5	8	6	3	3

(续)

工序		$T(i,j)$	$T_{ES}(i,j)$	$T_{EF}(i,j)$	$T_{LF}(i,j)$	$T_{LS}(i,j)$	$T_{TF}(i,j)$	$T_{FF}(i,j)$
E	(4, 6)	3	5	8	8	5	0	0
F	(5, 6)	1	5	6	8	7	2	2
G	(6, 7)	5	8	13	13	8	0	0
H	(7, 8)	2	13	15	15	13	0	0
I	(8, 10)	3	15	18	18	15	0	0
J	(7, 9)	1	13	14	16	15	2	2
K	(9, 10)	2	14	16	18	16	2	0
虚工序1	(3, 4)	0	3	3	5	5	2	0
虚工序2	(5, 4)	0	5	5	5	5	0	0

由表 9-12 数据可以得到，本例子中关键工序包括 (1, 2)，(2, 5)，(4, 6)，(6, 7)，(7, 8) 和 (8, 10)，即工序 A、C、E、G、H 和 I。需要注意的是，本例子中关键路径 A-C-E-G-H-I 上包含一段虚工序，即虚工序 (5, 4)。

三、单代号网络图的关键路径法

与双代号网络图的关键路径法计算方法类似，单代号网络的关键路径法也需要计算每个工序的 6 项时间参数，并根据工序的总时差为 0 来找出关键工序。不同之处在于单代号网络图中节点表示工序，因此不能简单照搬双代号网络图的计算方法，即先计算得到节点的时间参数，然后再根据节点时间参数与工序的时间参数之间的关系来计算得到。

定义单代号网络图中工序集合为 $K=\{N_1,\cdots,N_k\}$，其中，节点 N_1 为开始节点/工序，N_k 为结束节点/工序的编号；工序 N_i 的持续时间定义为 $T(N_i)$；同时，定义工序 N_i 的紧前工序集合为 $M(i)=\{N_{m_i}|N_{m_i}\in K\}$，其紧后工序集合为 $N(i)=\{N_{n_i}|N_{n_i}\in K\}$。由工序各时间参数的含义可以得到：

(1) 工序 N_i 的最早开始时间 $T_{ES}(N_i)$ 的计算公式为：
$$\begin{cases} T_{ES}(N_i) = \max\{T_{EF}(N_{m_i})\}, (i\neq 1, N_{m_i}\in M(i)) \\ T_{ES}(N_1) = 0 \end{cases}$$

(2) 工序 N_i 的最早结束时间 $T_{EF}(N_i)$ 的计算公式为：
$$T_{EF}(N_i) = T_{ES}(N_i) + T(N_i)$$

(3) 工序 N_i 的最迟结束时间 $T_{LF}(N_i)$ 的计算公式为：
$$\begin{cases} T_{LF}(N_i) = \min\{T_{LS}(N_{n_i})\}, (i\neq k, N_{n_i}\in N(i)) \\ T_{LF}(N_k) = T_{EF}(N_k) \end{cases}$$

(4) 工序 N_i 的最迟开始时间 $T_{LS}(N_i)$ 的计算公式为：
$$T_{LS}(N_i) = T_{LF}(N_i) - T(N_i)$$

(5) 工序 N_i 的总时差 $T_{TF}(N_i)$ 的计算公式为：
$$T_{TF}(N_i) = T_{LS}(N_{n_i}) - T_{ES}(N_i) - T_{LF}(N_{n_i}) T_{EF}(N_i)$$

(6) 工序 N_i 的自由时差 $T_{FF}(N_i)$ 的计算公式为：
$$T_{FF}(N_i) = \min\{T_{ES}(N_{n_i}) - T_{EF}(N_i)\}, (N_{n_i}\in N(i))$$

同理，项目的总工期即是网络图中结束节点 N_k 的最早结束时间 $T_{EF}(N_k)$，关键工序满足 $T_{TF}(N_i)=0$。

单代号网络图的关键路径计算通常在图上直接完成，因此在图中的每个节点四周增加时间参数。完成后的节点标记如图 9-17 所示。

图 9-17 单代号网络图中节点标记

例 9-7 计算例 9-3 所示的单代号网络图的关键路径（见图 9-18）。

解：类似双代号网络中的计算顺序，计算所有节点的最早开始时间和最早结束时间。

1) 首先，计算工序 A 的最早开始时间和最早结束时间：由工序 A 的最早开始时间为 0 可以得到其最早结束时间为最早开始时间加上其持续时间（见图 9-19），即

$$T_{EF}(A) = T_{BS}(A) + T(A) = 0 + 5 = 5$$

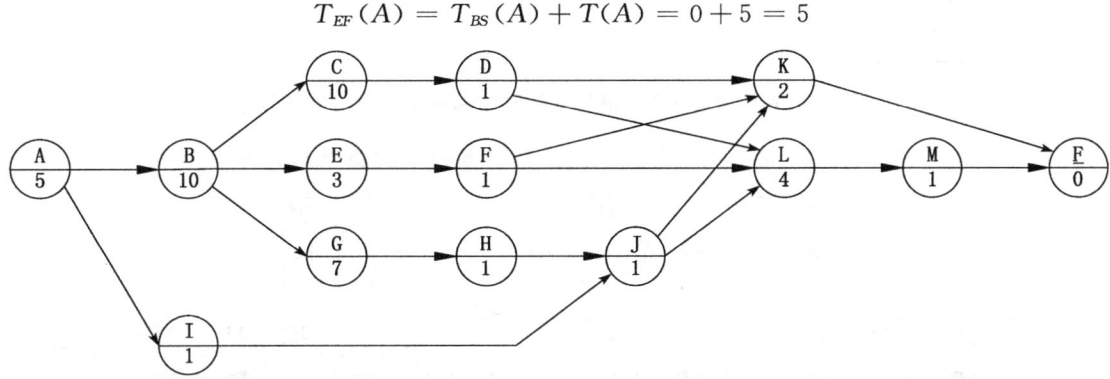

图 9-18 例 9-3 中的单代号网络图

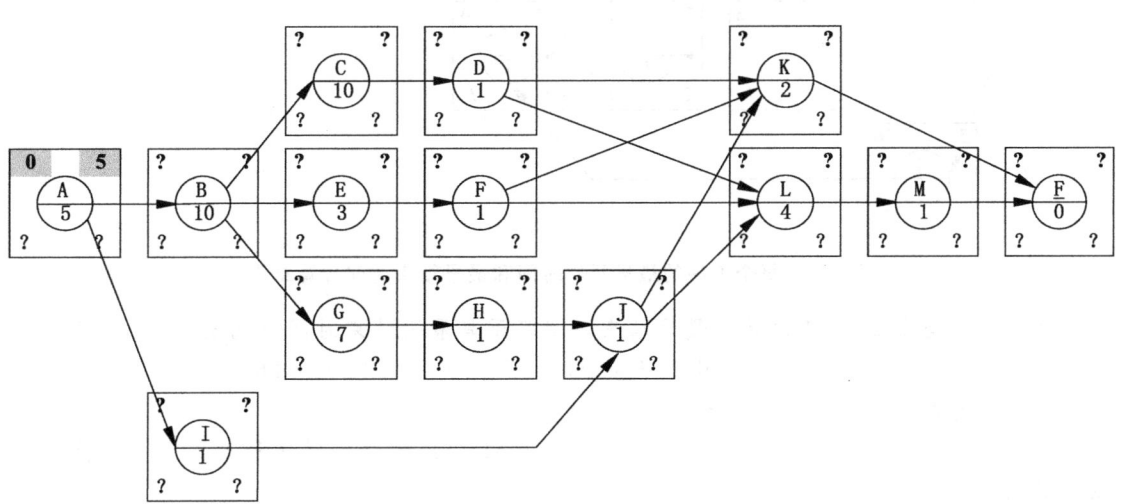

图 9-19 工序 A 的最早开始时间和最早结束时间计算结果

2) 确定工序 A 的最早结束时间后，可以由其确定工序 B 和工序 I 的最早开始时间，即 $T_{ES}(B) = \max\{T_{EF}(A)\} = 5$，$T_{ES}(I) \max\{TEF(A)\} = 5$。因此，可以计算得到这两个工序的最早结束时间（见图 9-20）：

$$T_{EF}(B) = T_{ES}(B) + T(B) = 5 + 10 = 15$$

$$T_{EF}(I) = T_{ES}(I) + T(I) = 5 + 1 = 6$$

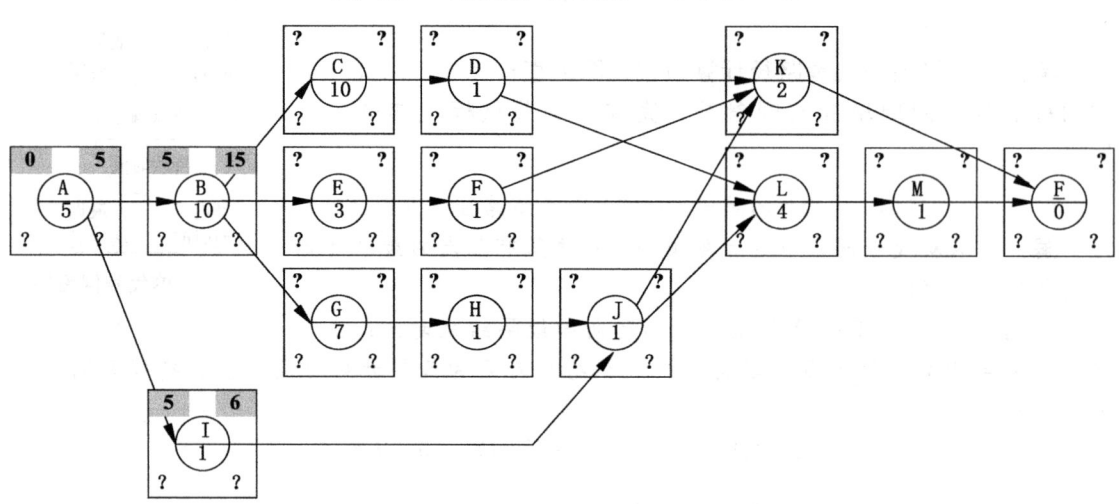

图 9-20　工序 B 和工序 I 的最早开始时间和最早结束时间计算结果

重复上述过程，可以计算得到每个工序的最早开始时间和最早结束时间如图 9-21 所示。

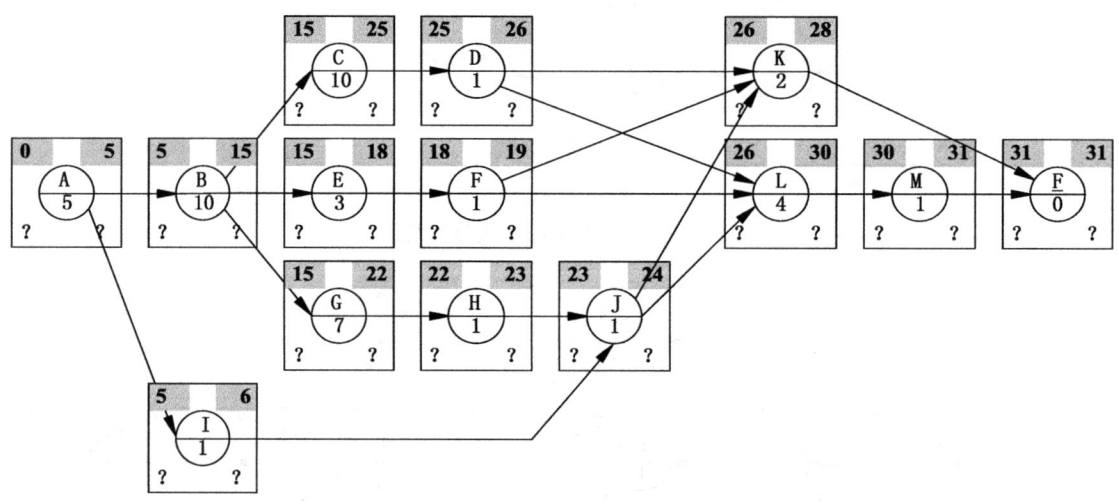

图 9-21　每个工序的最早开始时间和最早结束时间计算结果

然后，令结束节点/工序 $\underline{F}$ 的最早结束时间等于其最迟结束时间（见图 9-22），即

$$T_{LF}(\underline{F}) = T_{EF}(\underline{F}) = 26, \quad T_{LS}(\underline{F}) = T_{LF}(\underline{F}) - T(\underline{F}) = 26 - 0 = 26$$

由此，逆推节点的最迟开始时间和最迟结束时间。

（1）由终止节点 $\underline{F}$ 可以计算其紧前工序 K 和 M 的最迟结束时间和最迟开始时间（见图 9-23）：

$$T_{LF}(K) = \min\{T_{LS}(\underline{F})\} = \min\{31\} = 31 \quad T_{LS}(K) = T_{LF}(K) - T(K) = 31 - 2 = 29$$
$$T_{LF}(M) = \min\{T_{LS}(\underline{F})\} = \min\{31\} = 31 \quad T_{LS}(M) = T_{LF}(M) - T(M) = 31 - 1 = 30$$

（2）如图 9-24 所示，由工序 M 可以计算得到工序 L 的最迟结束时间和最迟开始时间为：

$$T_{LF}(L) = \min\{T_{LS}(M)\} = \min\{30\} = 30$$
$$T_{LS}(L) = T_{LF}(L) - T(L) = 30 - 4 = 26$$

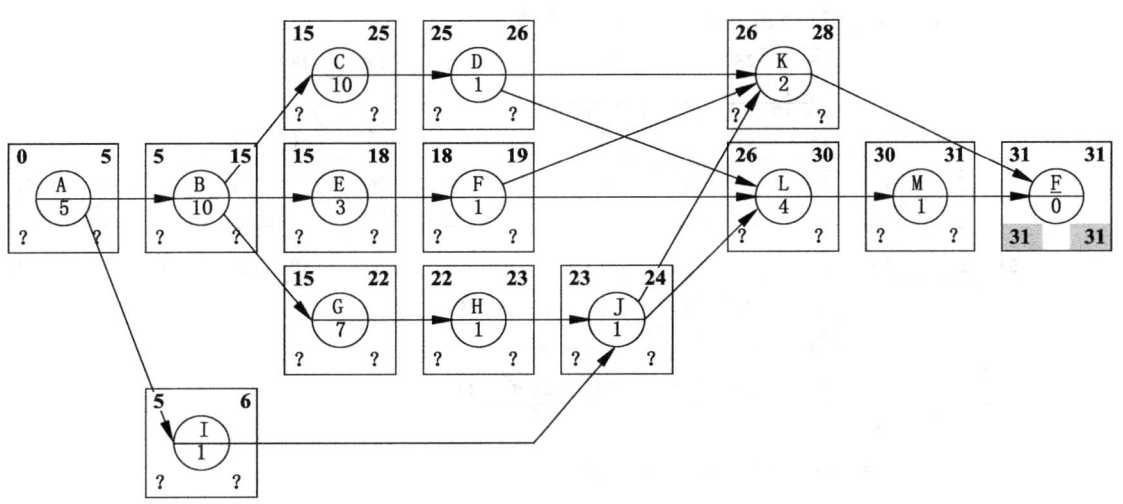

图 9-22 工序 F 的最迟开始时间和最迟结束时间计算结果

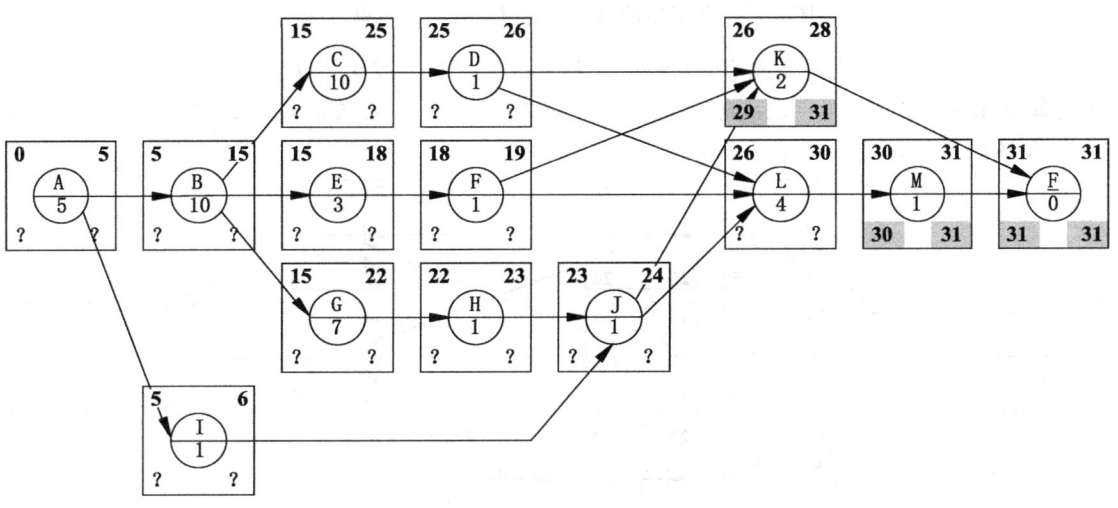

图 9-23 工序 K 和 M 的最迟结束时间和最迟开始时间计算结果

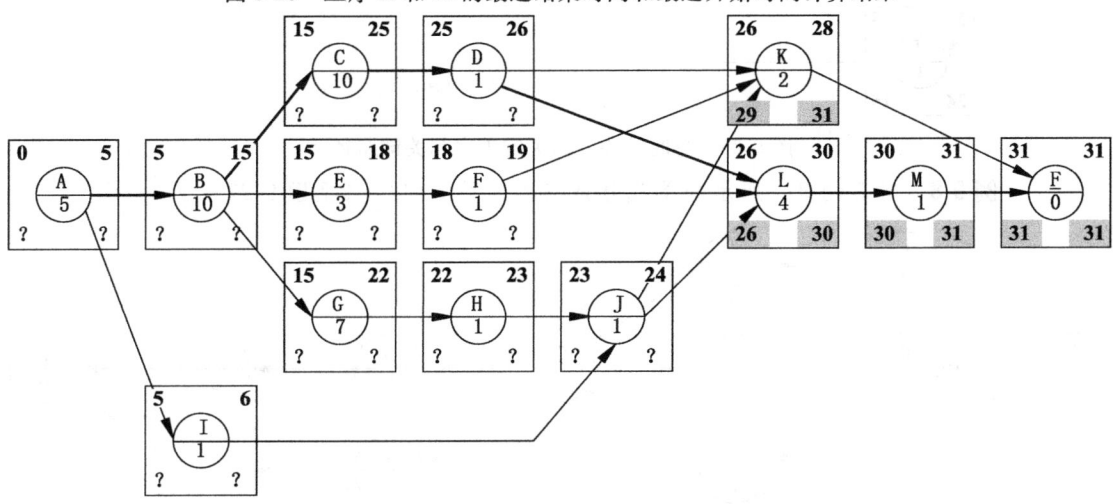

图 9-24 工序 L 的最迟结束时间和最迟开始时间计算结果

重复计算，可以得到如图 9-25 所示的计算结果。

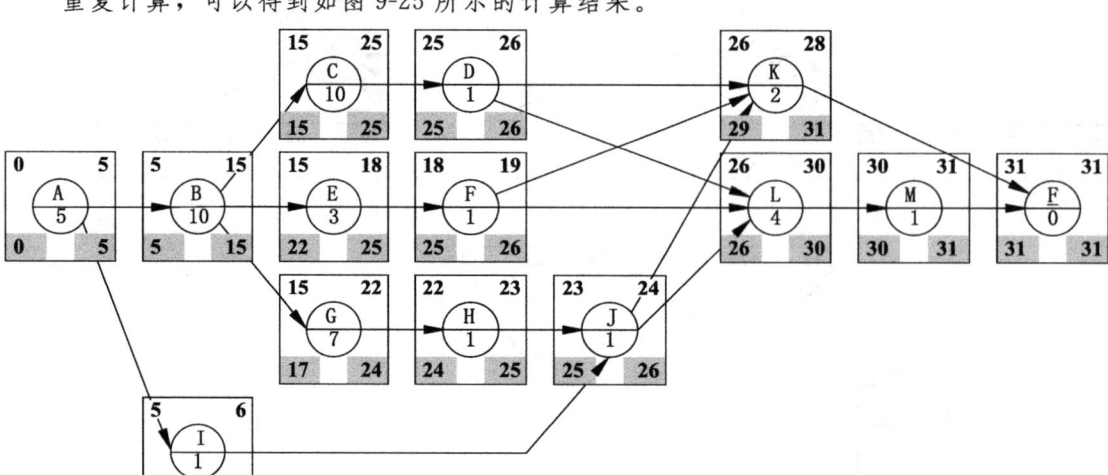

图 9-25　各工序的最迟开始时间和最迟结束时间

由工序的总时差计算公式 $T_{TF}(N_i) = T_{LS}(N_i) - T_{ES}(N_i) = T_{LF}(N_i) - T_{EF}(N_i)$ 可以得到每个工序的总时差，并由此可以得到关键工序为 A、B、C、D、L、M 和 F，关键路径为 A-B-C-D-L-M-F（见图 9-26）。

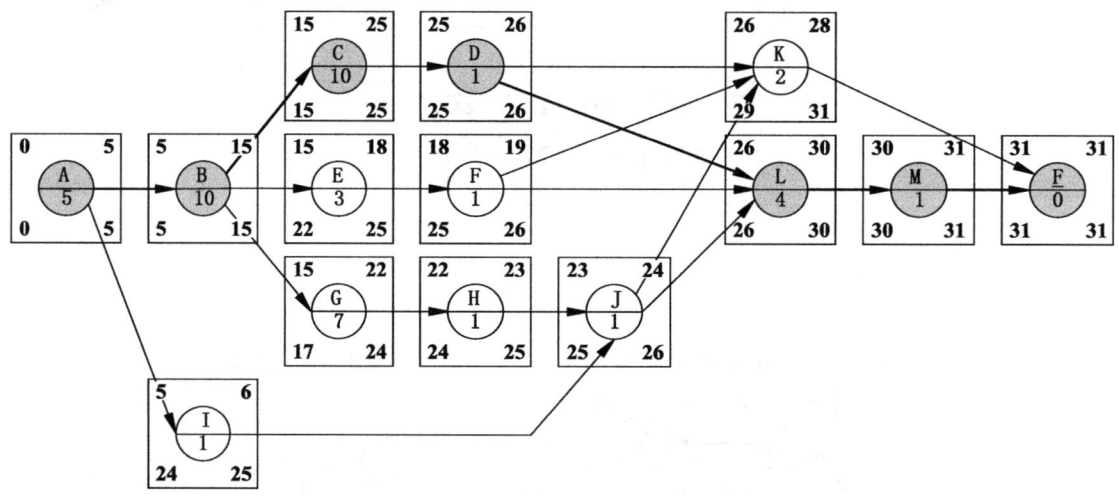

图 9-26　总时差为 0 的关键工序和关键路径

例 9-8　计算例 9-4 所示的单代号网络图的关键路径（见图 9-27）。

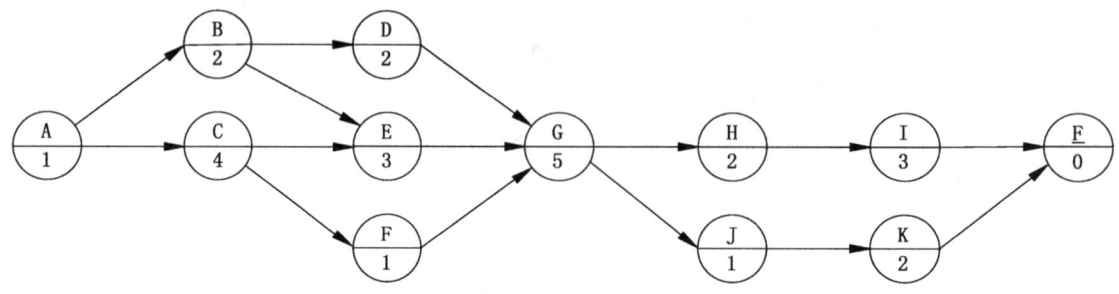

图 9-27　例 9-4 中的单代号网络图

解： 首先，计算所有节点的最早开始时间和最早结束时间（见图 9-28）。

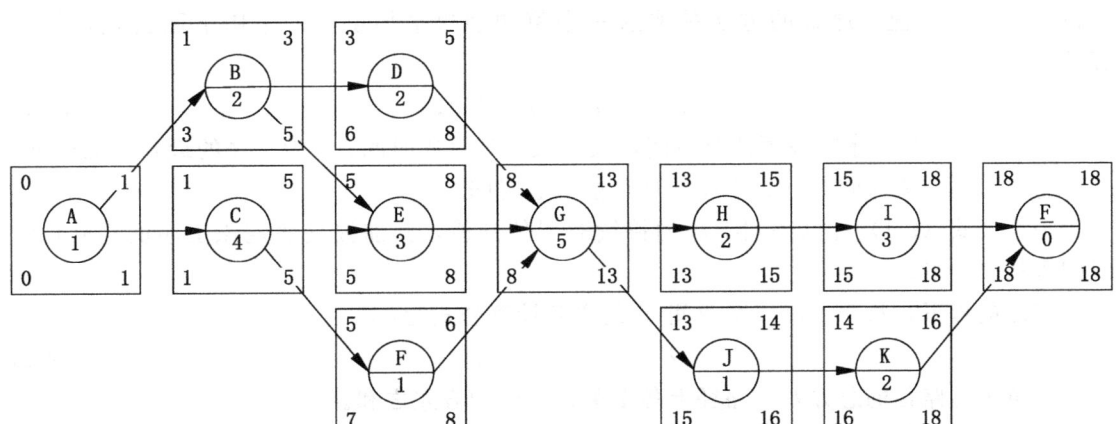

图 9-28　本例单代号网络图的节点时间参数

由工序的总时差等于 0 可以得到关键工序为 A、C、E、G、H 和 I，关键路径为 A-C-E-G-H-I（见图 9-29）。

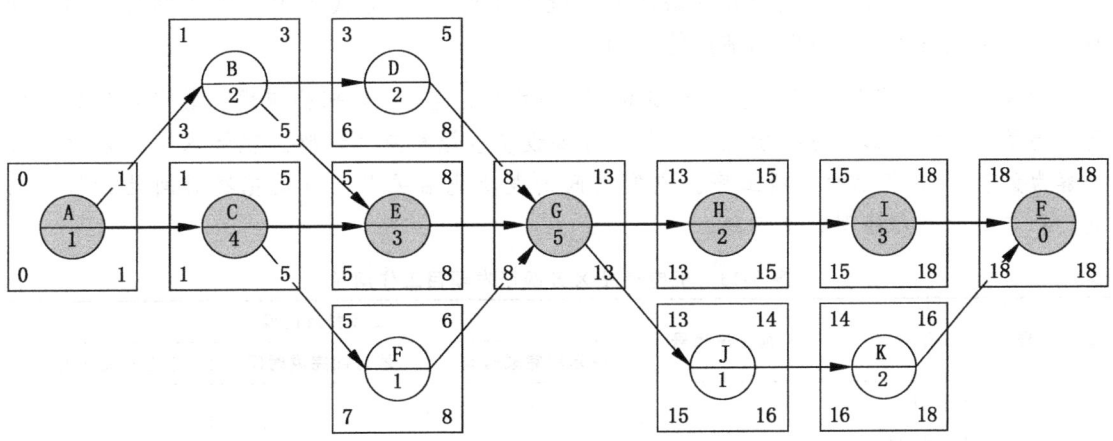

图 9-29　本例中的关键工序和关键路径

第六节　计划评审技术

如前文所述，计划评审技术（PERT）与关键路径法（CPM）方法最大的差异在于计划评审技术主要是针对项目中工序持续时间无法精确估计或者给出，而是只能得到由多个数据共同描述的估计值，计算这种情况下项目的总工期，以及项目在规定时间内完成的可能性。PERT 方法的计算步骤可以描述为：

（1）各个工序持续时间的估值计算，即多个时间数据的合成；
（2）应用 CPM 方法计算得到项目的关键工序和关键路径；
（3）计算关键工序以及关键路径持续时间的波动范围；
（4）计算规定时间内项目能够完工的可能性概率。

在工程实践中，对于项目中工序持续时间的估计通常采用三个时间，即工序的最长持续时间、最短持续时间和最可能发生的持续时间。而为了由此三个时间得到工序的单一持续时间估计值,通常的方法是取这三个值的加权平均值,即采用下面公式进行计算 T':

$$T' = (a + 4m + b)/6 \tag{9-1}$$

公式中,a 为工序的最短持续时间,又称最乐观完成时间;b 为工序的最长持续时间,又称为最悲观完成时间;m 为工序的最可能完成时间。

采用公式(9-1)计算得到工序的持续时间估计值,其前提是假定该工序的实际持续时间服从 β 分布。

在此前提下,每个工序持续时间 T' 的方差计算公式为:

$$\delta^2 = [(b-a)/6]^2 \tag{9-2}$$

一条关键路径的总方差为路径上各个关键工序的方差之和。

因此,项目在规定时间 D 之前能够完成的概率服从正态分布,可以通过下面公式计算得到:

$$Z = (D - T_E)/\sqrt{\sum_{CP}\delta_i^2} = (D - \sum_{CP}T_i')/\sqrt{\sum_{CP}\delta_i^2} \tag{9-3}$$

公式(9-3)中,CP 代表关键路径上关键工序集合;T_E 代表关键路径的总工期估计值,即各个关键工序持续时间估计值之和。

例 9-9 机电产品 X 主要由核心部件 X_C 和外部设备 X_D 两部分组成。其产品的升级换代主要是对其核心部件进行功能改进,而外部设备也做相应的调整。现将 X 升级研发项目分解为如表 9-13 所示的 7 项工序。它们之间的逻辑先后关系,以及花费时间估计值现在也已经与公司研发经理讨论得到。

表 9-13 机电产品 X 升级研发项目工作清单

工序代号	工序内容	紧前工序代号	工序持续时间		
			最乐观完成时间	最可能完成时间	最悲观完成时间
A	产品设计	—	10	22	28
B	制造 X_C 样品	A	2	4	12
C	制造 X_D 样品	A	2	4	6
D	X_C 样品测试	B	1	2	3
E	X_D 样品测试	C	1	3	5
F	产品功能测试	D, E	1	5	9
G	撰写产品手册	D, E	7	8	9
H	撰写产品报告	F, G	2	2	2

面对千变万化的消费市场,研发部门必须在 36 周之内完成新产品的开发和测试报告。试采用 PERT 方法确定项目的关键路径和关键工序,并估计项目在 36 周内完成的可能性。

解:(1)应用公式(9-1)和式(9-2)计算得到每项工序的持续时间估计值和方差(见表 9-14)。

表 9-14 产品 X 升级研发项目工序时间参数（单位：周）

工序代号	工序持续时间			持续时间	方差
	最乐观完成时间 a	最可能完成时间 m	最悲观完成时间 b		
A	10	22	28	21	9
B	2	4	12	5	$\frac{25}{9}$
C	2	4	6	4	$\frac{4}{9}$
D	1	2	3	2	$\frac{1}{9}$
E	1	3	5	3	$\frac{4}{9}$
F	1	5	9	5	$\frac{16}{9}$
G	7	8	9	8	$\frac{1}{9}$
H	2	2	2	2	0

（2）根据工序之间的逻辑先后关系，以及公式（9-1）计算得到的工序持续时间估计值，绘制项目的单代号网络图（见图 9-30）。

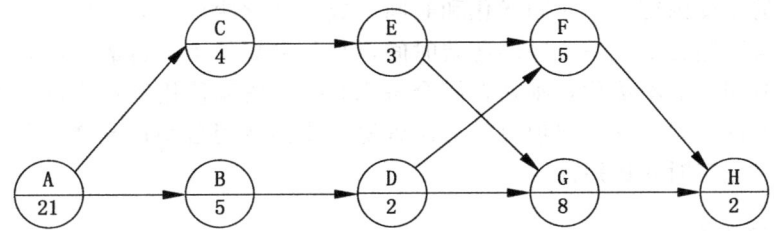

图 9-30 产品 X 升级研发项目的单代号网络图

（3）应用关键路径法计算项目的关键路径和关键工序（见图 9-31）。

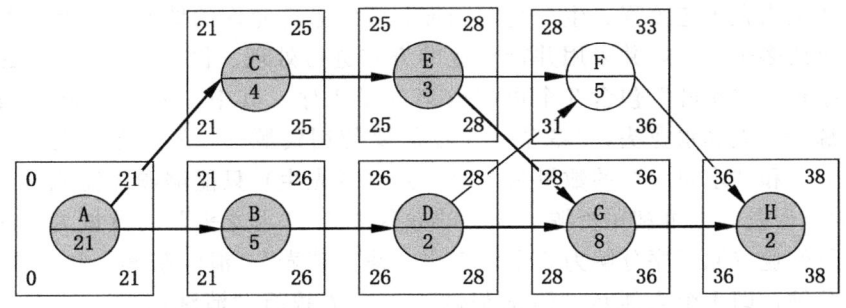

图 9-31 产品 X 升级研发项目单代号网络图的节点时间参数

从图中数据可以得到，项目中关键工序包括 A、B、C、D、E、G 和 H，关键路径包含两条 A-B-D-G-H 和 A-C-E-G-H。

（4）计算两条关键路径上关键工序的持续时间方差之和。

由表 9-14 中单个工序的方差可以得到，关键路径 CP_1——"A-B-D-G-H" 的持续时

间 $\sum_{CP_1} T'_i$ 为 38 周，方差 $\sum_{CP_1} \delta_i^2 = 9 + \frac{25}{9} + \frac{1}{9} + \frac{1}{9} + 0 = 12$；关键路径 CP_2——"A-C-E-G-H"的持续时间 $\sum_{CP_2} T'_i$ 为 38 周，方差 $\sum_{CP_2} \delta_i^2 = 9 + \frac{4}{9} + \frac{4}{9} + \frac{1}{9} + 0 = 10$。

（5）计算规定时间内项目完工的可能性。

由于关键路径 CP_1 的方差要大于关键路径 CP_2 的方差，而方差越大代表时间波动/变化越大，因此从风险规避的角度出发，通常选择方差大的关键路径进行计算。由公式（9-3）可以得到

$$Z = \left(D - \sum_{CP_1} T'_i\right) \Big/ \sqrt{\sum_{CP_i} \delta_i^2} = (36 - 38)/\sqrt{12} = -0.5773$$

查累积标准正态分布概率表可以得到，对应 $Z = -0.5773$ 的标准正态概率为 0.2818，即对于本研发项目而言，在 36 周之内能够完工的可能性为 28.18%[⊖]。

第七节 网络计划的时间—成本优化

通过绘制项目的网络图，并采用 CPM 法或 PERT 法可以计算得到项目的总工期和找出项目的关键路径和关键工序。但是，通常情况下还需要对项目的计划方案进行调整和完善，即进行网络优化。

网络优化的主要内容包括时间优化和时间—成本优化两项。时间优化的目的在于通过技术手段压缩关键路径上关键工序的花费时间，从而缩短整个项目的工期，以达到计划的时间要求。而时间—成本优化，则是在综合考虑时间、资源使用和成本的基础上，在满足项目工期要求前提下，实现完成项目所占用资源、支出费用最小；或者在限定费用上限前提下，实现项目完工时间最短。

一、网络时间优化

对于一个已经经过初步分析的项目，依然可以通过项目的任务分解来缩短工期时间。其中，最常用的优化方法包括两个：平行作业和交叉作业。

平行作业是指在工艺流程、生产组织和现有资源条件允许的情况下，将项目中一个工序分解为两个或多个工序，并采用并行作业的方式进行处理。例如，图 9-2 中工序"清洗茶壶、清洗茶杯、拿茶叶"包含 3 个可以分离的子工序，其中"清洗茶壶""清洗茶杯"需要使用资源——人和水龙头，"拿茶叶"仅需要使用资源——人。在原例子中，因为可利用资源"人"和"水龙头"的数量为 1 时，其（老先生）只能够顺序完成这 3 项子工序（见图 9-32a）。但是，当可利用资源"人"的数量为 3，"水龙头"的数量为 2 时，原工序可以通过平行作业（原工序分解为 3 个子工序"清洗茶壶""清洗茶杯"和"拿茶叶"）缩短时间为 2 分钟，即 1 个人执行"清洗茶壶"、1 个人执行"清洗茶杯"、1 个人执行"拿茶叶"工作（见图 9-32b）；当"水龙头"数量减少为 1 时，原工序可以通过平行作业（将原工序分解为 2 个子工序"清洗茶壶清洗茶杯"和"拿茶叶"）缩短时间为 3 分钟，即 1 个人顺序执行"清洗茶壶"和"清洗茶杯"、1 个人执行"拿茶叶"工作（见图 9-32c）。

⊖ Excel 软件中，自带一个统计函数 NORMSDIST 可以得到标准正态分布累积分布函数值。本例子的该函数使用方法为"=NORMSDIST(−0.5773)"。详细函数说明参见 Excel 的帮助文件。

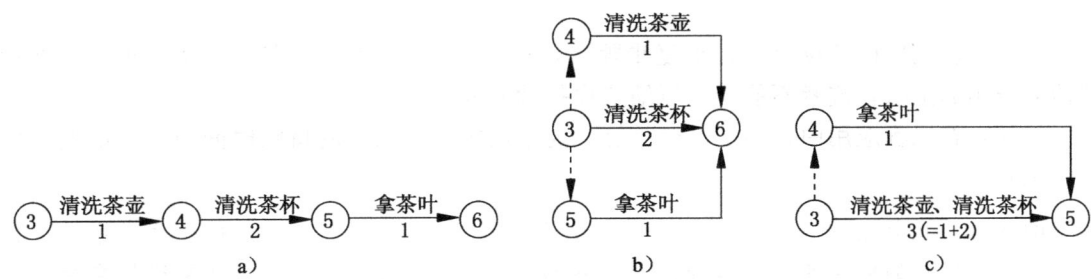

图 9-32 平行作业示例 1（双代号网络图）

交叉作业是指对于一些较长时间才能完成的工序，在工艺流程、生产组织和现有资源条件允许的情况下，并不是在工序全部结束后再执行其紧后工序，而是采用分期、分批次地执行其紧后工序。例如，某面包坊制作面包的流程可以简单地分解为制作面包和包装两个工序。其中，制作面包的花费时间为 1 小时 100 个，而包装 100 个面包需要花费时间 45 分钟，即 0.75 小时。假定面包坊每天清晨都需要制作 400 个面包，那么面包坊员工必须在凌晨 2 点钟就开始制作面包才能够保证 9 点钟开张时就有 400 个面包现货，如图 9-33a 所示。

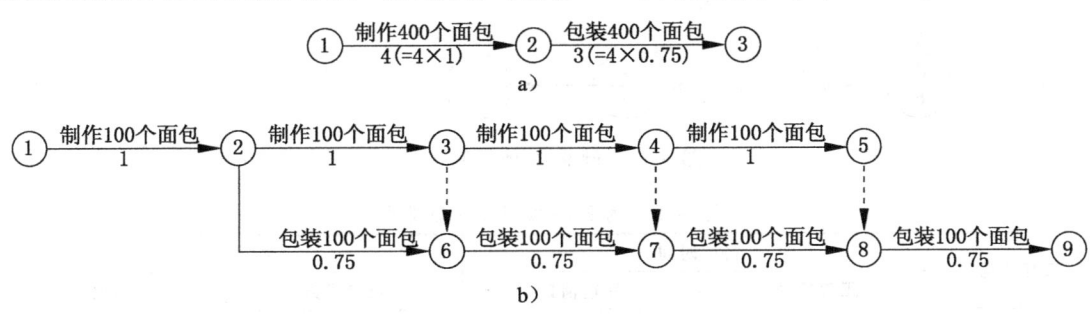

图 9-33 交叉作业示例 1（双代号网络图）

为了缩短工作时间，面包坊可以采用交叉作业的思想，即采用一批 100 个面包为单位，一边制作，一边包装。这样，面包坊员工只需要在早上 4 点 15 分开始工作就满足要求了，如图 9-33b 所示。这样，总共节约时间 2.25 小时，即节约时间 32.14%。

二、网络时间—成本优化

网络时间—成本优化是指在缩短项目工时的同时，必须考虑因缩短工时而增加的额外成本。

在进行成本核算时，通常将项目的成本费用分为两大类：直接费用和间接费用。直接费用是指与完成某个具体工序有关的费用，例如工人工资、设备租赁费、能源消耗费等；而间接费用则是与维护项目正常进行有关的费用，例如管理费、办公费、设备维护费等。一般来说，工序的持续时间越短，相应的直接费用就越高，而间接费用则越低。

如前文介绍，一个项目的总工期决定于网络的关键路径。也就是说，要想缩短项目的总工期，必须压缩关键路径上的关键工序的持续时间。而通过增加额外的费用来缩短非关键路径上的工序持续时间，也不能够真正的缩短整个项目的工期。因此，网络—成本优化的分析步骤如下。

(1) 应用关键路径法找出项目的关键路径；
(2) 计算关键路径上关键工序的时间成本关系，找出成本最低的关键工序来压缩工序的持续时间；

（3）更新工序的持续时间，重复步骤（1）~（2），直到达到预期的工期要求，或者达到预期费用的上限，或者不能继续压缩工序持续时间为止。

另外，在工程应用中，为了简化计算，通常假定压缩工序的持续时间与增加的费用成比例关系。

例 9-10 已知某项目的单代号网络图如图 9-34 所示。并且，已经知道项目中各个工序在正常情况下的时间花费（单位：周）和成本花费（单位：万元），以及能够在最短时间内完成的成本。

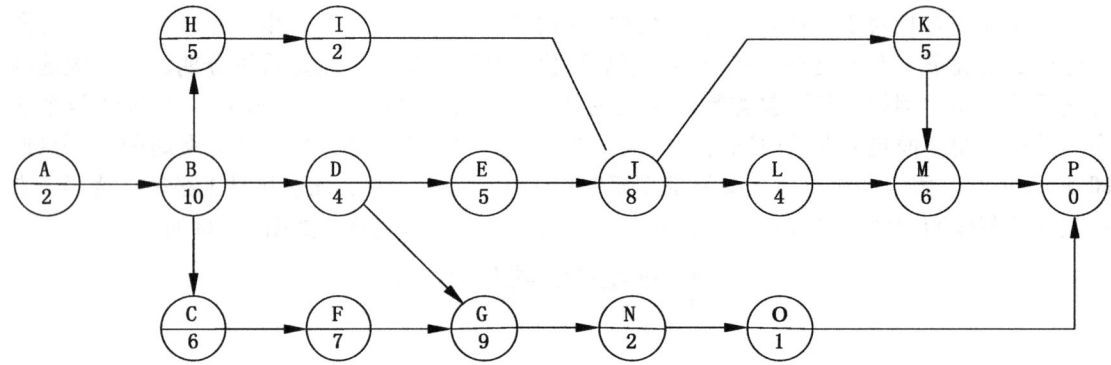

图 9-34　例 9-10 项目网络图

表 9-15　例 9-10 项目工序参数表

工序代号	持续时间		成本开支	
	正常情景	最短情景	正常情景	最短情景
A	2	1	18.00	28.00
B	10	7	62.00	86.00
C	6	4	26.00	34.00
D	4	3	41.00	57.00
E	5	3	18.00	26.00
F	7	4	90.00	102.00
G	9	6	20.00	38.00
H	5	4	21.00	27.00
I	2	1	30.00	37.00
J	8	6	43.00	49.00
K	5	3	25.00	35.00
L	4	3	16.00	20.00
M	6	3	33.00	51.00
N	2	1	10.00	20.00
O	1	1	37.00	
P	0			

试问将项目的整个工期压缩到 36 周，至少需要额外增加多少成本？

解：（1）根据表 7-15 数据，计算得到每个工序可以被压缩的时间长度，以及压缩单位时间所花费额外成本（见表 9-16）。

表 9-16　例 9-10 项目工序参数表

工序代号	持续时间		成本开支		最多可缩短的时间	压缩单位时间的额外成本
	正常情景	最短情景	正常情景	最短情景		
A	2	1	18.00	28.00	1	10.00(=(28−18)/1)
B	10	7	62.00	86.00	3	8.00(=(86−62)/3)
C	6	4	26.00	34.00	2	4.00
D	4	3	41.00	57.00	1	16.00
E	5	3	18.00	26.00	2	4.00
F	7	4	90.00	102.00	3	4.00
G	9	6	20.00	38.00	3	6.00
H	5	4	21.00	27.00	1	6.00
I	2	1	30.00	37.00	1	7.00
J	8	6	43.00	49.00	2	3.00
K	5	3	25.00	35.00	2	5.00
L	4	3	16.00	20.00	1	4.00
M	6	3	33.00	51.00	3	6.00
N	2	1	10.00	20.00	1	10.00
O	1	1	37.00			
P	0					

如表 9-16 所示，在压缩工序持续时间与成本的线性关系的假设条件下，压缩单位时间的额外成本计算为额外成本（成本开支中最短情景与正常情景的差值）除以最多可缩短的时间（持续时间中最短情景与正常情景的差值）。

（2）应用关键路径法计算得到项目的总工期、关键路径和关键工序。

由图 9-35 数据得到（工序 P 为虚工序，表示结束工序），本项目当前情况下总工期为 40 周，关键路径为 A-B-D-E-J-K-M-P。由于总工期长于所要求的 36 周，因此需要压缩项目工期。

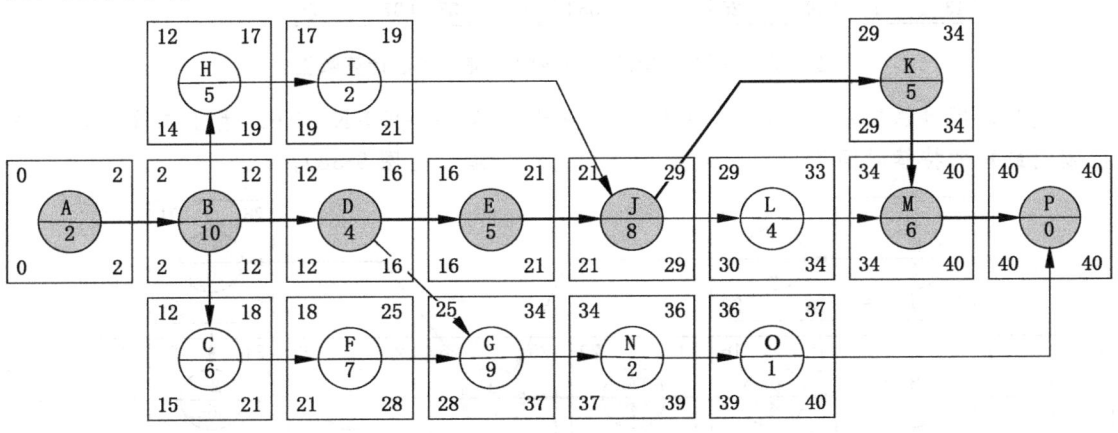

图 9-35　例 9-10 项目网络图关键路径法计算数据

从表 9-16 数据可知，由于压缩关键路径上的关键工序 J 单位时间所花费的额外成本 3.00 万元要小于其他关键工序（相同情况下，关键工序 A 压缩一周额外花费为 10 万元、B 为 8 万元、D 为 16 万元、E 为 4 万元、K 为 5 万元、M 为 6 万元），因此选择关键工序 J 进行工序持续时间压缩 1 周（见图 9-36）。

压缩 1 周后的新项目，总工期为 39 周，关键路径为 A-B-D-E-J-K-M-P。此时，项目总工期依然长于所要求的 36 周，因此继续压缩工序持续时间。同理，由于关键工序 J 压缩一周额外花费成本最低，因此继续压缩工序 J（见图 9-37）。

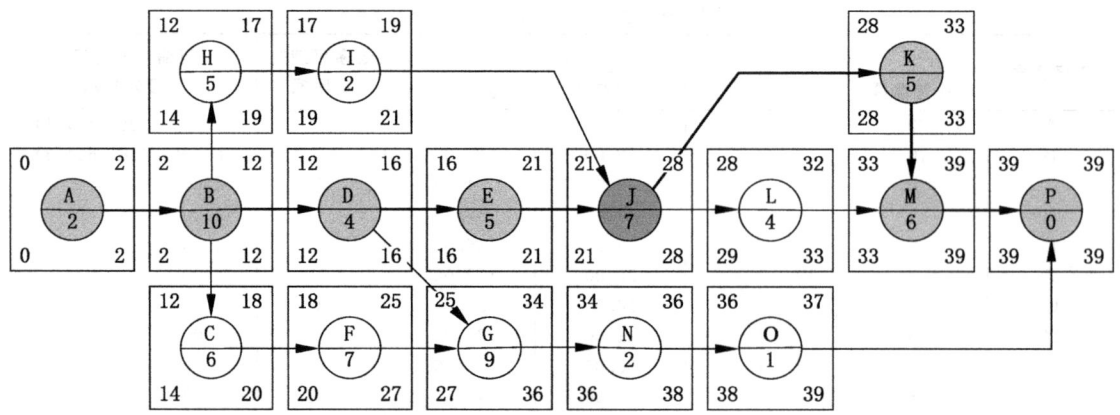

图 9-36 压缩 1 周后新网络图关键路径法计算数据

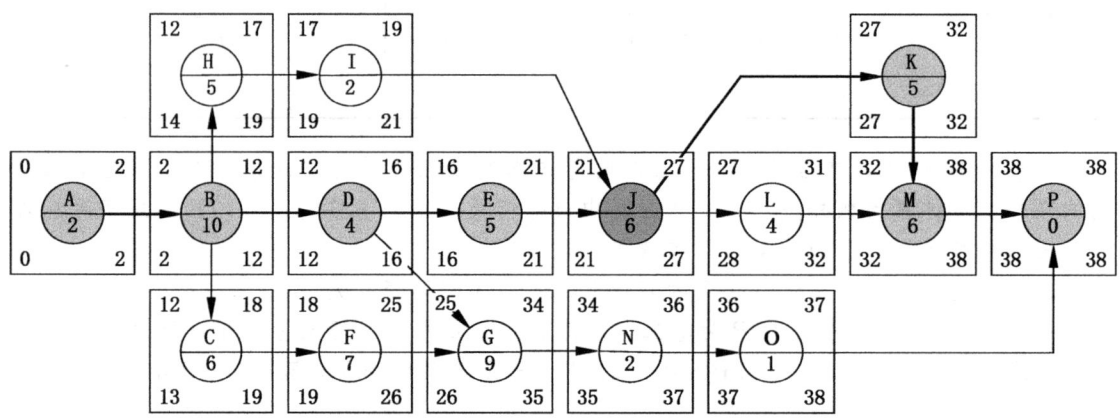

图 9-37 压缩 2 周后新网络图关键路径法计算数据

此时，项目总工期为 38 周，关键路径依然为 A-B-D-E-J-K-M-P。由于工序 J 已经被压缩到最短的持续时间了，因此选择工序 E 进行压缩（见图 9-38）。

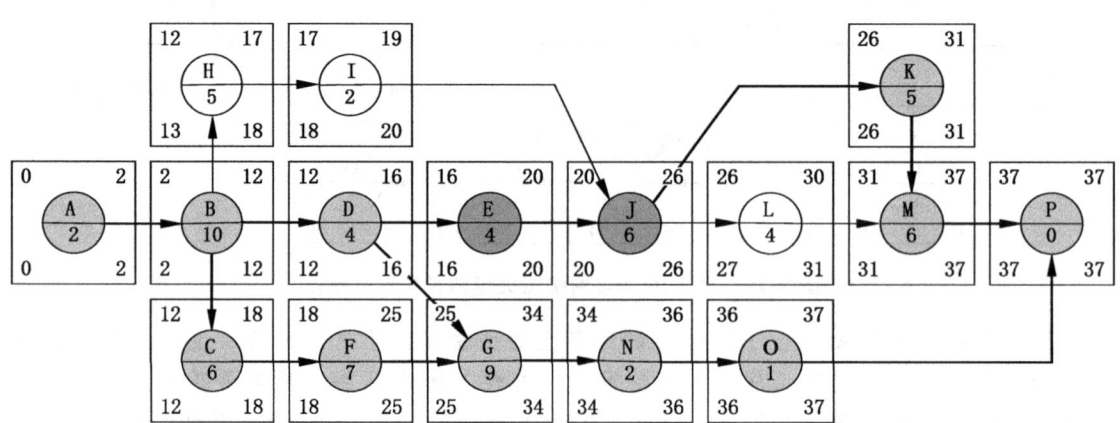

图 9-38 压缩 3 周后新网络图关键路径法计算数据

此时，项目总工期为 37 周，关键路径有 3 条，具体为 A-B-D-E-J-K-M-P、A-B-D-G-N-O-P 和 A-B-C-F-G-N-O-P。

从关键工序来看，有多个关键工序的压缩成本为 4.00（工序 C、E、F、）。但是，如果要压缩整个项目的工期，必须考虑 3 条关键路径上的共同关键工序。例如，在此情景下，压缩工序 B 将是成本最低的选择。将工序 B 的持续时间从当前的 10 周缩短为 9 周，重新计算项目的总工期和关键路径（见图 9-39）。

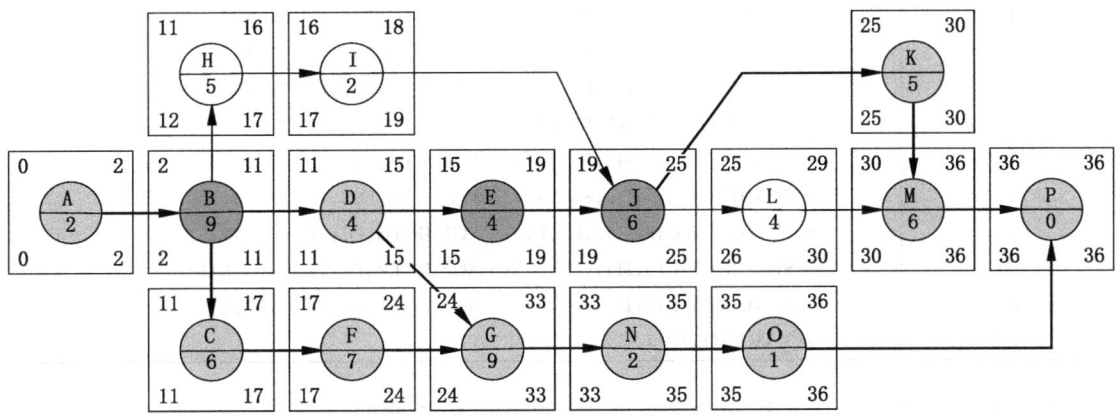

图 9-39　压缩 4 周后新网络图关键路径法计算数据

此时，项目总工期为 36 周，已经达到计划要求。关键路径有 3 条，具体为 A-B-D-E-J-K-M-P、A-B-D-G-N-O-P 和 A-B-C-F-G-N-O-P。

最后，项目能够在计划时间内完成。为此总共压缩工序 J 的时间 2 周、工序 E 的时间 1 周和工序 B 的时间 1 周，增加额外成本 18 万元。

第八节　用 Excel 规划求解工具计算关键路径

对于项目的网络计划图而言，关键路径为图中总时间最长的一条从起点到终点的路线。因此，可以将关键路径的计算看作是一个网络中最“长”路径选择问题。

例 9-11　应用 Excel 规划求解工具计算例 9-1 所示问题的关键路径。

解：根据问题的双代号网络图（见图 9-8 所示），得到如图 9-40 所示的 Excel 模型：

	A	B	C	D	E	F	G	H	I	J	K
1											
2		工序名称	箭尾节点编号	箭头节点编号	是否为关键工序	工序时间		节点名称	输出-输入		净流量
3		A	v1	v2		5		v1	0	=	1
4		B	v2	v3		10		v2	0	=	0
5		C	v3	v6		10		v3	0	=	0
6		D	v6	v8		1		v4	0	=	0
7		E	v3	v7		3		v5	0	=	0
8		F	v7	v8		1		v6	0	=	0
9		G	v3	v4		7		v7	0	=	0
10		H	v4	v5		1		v8	0	=	0
11		I	v2	v5		1		v9	0	=	0
12		J	v5	v8		1		v10	0	=	-1
13		K	v8	v10		2					
14		L	v8	v9		4					
15		M	v9	v10		1			关键路径时长=	0	
16											

图 9-40　关键路径的 Excel 模型

模型中各单元格的计算公式如表 9-17 所示：

表 9-17　图 9-40 中单元格的计算公式

单元格	公式
I3	=SUMIF(C3:C15,H3,E3:E15)−SUMIF(D3:D15,H3,E3:E15)
I4	=SUMIF(C3:C15,H4,E3:E15)−SUMIF(D3:D15,H4,E3:E15)
I5	=SUMIF(C3:C15,H5,E3:E15)−SUMIF(D3:D15,H5,E3:E15)
I6	=SUMIF(C3:C15,H6,E3:E15)−SUMIF(D3:D15,H6,E3:E15)
I7	=SUMIF(C3:C15,H7,E3:E15)−SUMIF(D3:D15,H7,E3:E15)
I8	=SUMIF(C3:C15,H8,E3:E15)−SUMIF(D3:D15,H8,E3:E15)
I9	=SUMIF(C3:C15,H9,E3:E15)−SUMIF(D3:D15,H9,E3:E15)
I10	=SUMIF(C3:C15,H10,E3:E15)−SUMIF(D3:D15,H10,E3:E15)
I11	=SUMIF(C3:C15,H11,E3:E15)−SUMIF(D3:D15,H11,E3:E15)
I12	=SUMIF(C3:C15,H12,E3:E15)−SUMIF(D3:D15,H12,E3:E15)
J12	=SUMPRODUCT(E3:E15,F3:F15)

本问题的"规划求解参数"对话框中各参数设置如图 9-41 所示。

图 9-41　本问题模型的"规划求解"对话框

最终计算结果如图 9-42 所示。

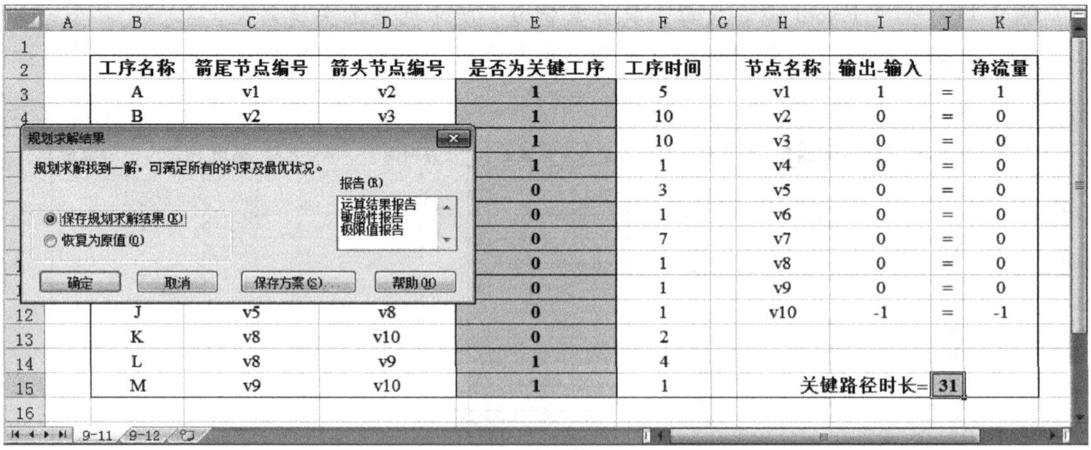

图 9-42　本问题的最优解

此计算结果（关键路径为"A-B-C-D-L-M"，项目总时长为 31）与例 9-5 计算结果一致。

例 9-12 试计算例 9-9 所示项目的关键路径。

解：首先，绘制本问题的双代号网络图（见图 9-43）。

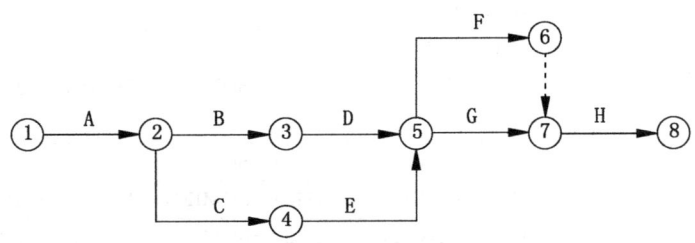

图 9-43 本问题的双代号网络图

根据问题的双代号网络图，得到如图 9-44 所示的 Excel 模型。

	A	B	C	D	E	F	G	H	I	J	K	L	M	N	O	P
1																
2		工序代号	箭尾节点编号	箭头节点编号	工序持续时间			持续时间	方差	是否为关键工序		节点名称	输出-输入		净流量	
3					最乐观完成时间a	最可能完成时间m	最悲观完成时间b									
4		A	v1	v2	10	22	28	21	9.00			v1	0	=	1	
5		B	v2	v3	2	4	12	5	2.78			v2	0	=	0	
6		C	v2	v4	2	4	6	4	0.44			v3	0	=	0	
7		D	v3	v5	1	2	3	2	0.11			v4	0	=	0	
8		E	v4	v5	1	3	5	3	0.44			v5	0	=	0	
9		F	v5	v6	1	5	9	5	1.78			v6	0	=	0	
10		G	v5	v7	7	8	9	8	0.11			v7	0	=	0	
11		H	v7	v8	2	2	2	2	0.00			v8	0	=	-1	
12		虚工序1	v6	v7	0	0	0	0	0.00							
13												关键路径时长=			0	

图 9-44 本问题的 Excel 模型

模型中各单元格的计算公式如表 9-18 所示。

表 9-18 图 9-40 中单元格的计算公式

单元格	公式
H4	=(E4+4*F4+G4)/6
H5	=(E5+4*F5+G5)/6
H6	=(E6+4*F6+G6)/6
H7	=(E7+4*F7+G7)/6
H8	=(E8+4*F8+G8)/6
H9	=(E9+4*F9+G9)/6
H10	=(E10+4*F10+G10)/6
H11	=(E11+4*F11+G11)/6
H12	=(E12+4*F12+G12)/6
I4	=((G4−E4)/6)^2
I5	=((G5−E5)/6)^2
I6	=((G6−E6)/6)^2
I7	=((G7−E7)/6)^2
I8	=((G8−E8)/6)^2
I9	=((G9−E9)/6)^2
I10	=((G10−E10)/6)^2

单元格	公式
I11	=((G11-E11)/6)^2
I12	=((G12-E12)/6)^2
M4	=SUMIF(C4:C12,L4,J4:J12)-SUMIF(D4:D12,L4,J4:J12)
M5	=SUMIF(C4:C12,L5,J4:J12)-SUMIF(D4:D12,L5,J4:J12)
M6	=SUMIF(C4:C12,L6,J4:J12)-SUMIF(D4:D12,L6,J4:J12)
M7	=SUMIF(C4:C12,L7,J4:J12)-SUMIF(D4:D12,L7,J4:J12)
M8	=SUMIF(C4:C12,L8,J4:J12)-SUMIF(D4:D12,L8,J4:J12)
M9	=SUMIF(C4:C12,L9,J4:J12)-SUMIF(D4:D12,L9,J4:J12)
M10	=SUMIF(C4:C12,L10,J4:J12)-SUMIF(D4:D12,L10,J4:J12)
M11	=SUMIF(C4:C12,L11,J4:J12)-SUMIF(D4:D12,L11,J4:J12)
N13	=SUMPRODUCT(H4:H12,J4:J12)

本问题的"规划求解参数"对话框中各参数设置如图 9-45 所示。

图 9-45 本问题模型的"规划求解"对话框

最终计算结果如图 9-46 所示。

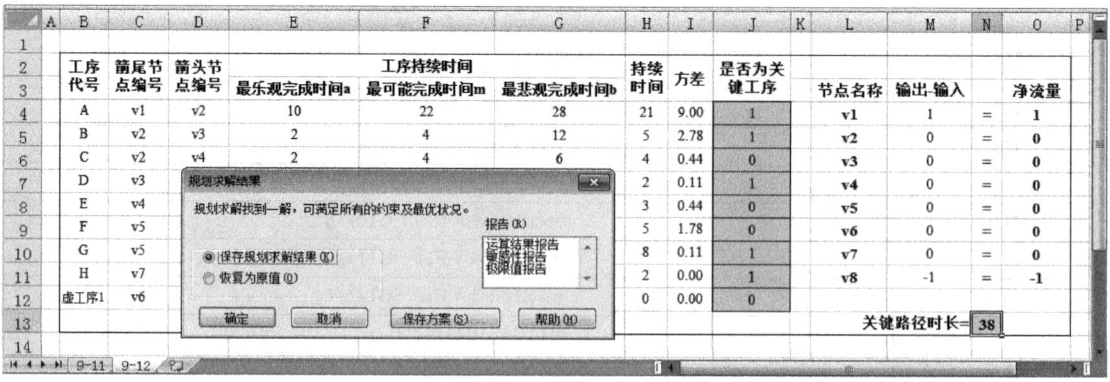

图 9-46 本问题的最优解

对比 Excel 计算结果可以发现,由于 Excel 规划求解寻找网络的最长路径,因此只能给出 2 条最长路径中的 1 条。

第九节　网络计划技术的 M. S. Project 软件分析

网络计划技术所属的项目管理领域，有许多专业的工具软件用于分析关键路径。这里以较为常见的微软公司办公软件系列中的 Microsoft Office Project 软件为例介绍其使用。

M. S. Project 软件使用相对比较简单，打开软件之后出现以下主界面（以 Project 2007 版为例）（见图 9-47）。

图 9-47　M. S. Project 软件主界面

在此界面中手工输入各项工序内容和作业时间到对应的“任务名称”和“工期”字段，也可以直接将各项内容复制到相应字段。

以例 9-2 中的项目为例，将表 9-6 数据直接拷贝到 Project 软件中。

	任务名称	工期	开始时间	完成时间	前置任务	资源名称
1	A	1 工作日	2013年5月27日	2013年5月27日		
2	B	2 工作日	2013年5月27日	2013年5月28日		
3	C	4 工作日	2013年5月27日	2013年5月30日		
4	D	2 工作日	2013年5月27日	2013年5月28日		
5	E	3 工作日	2013年5月27日	2013年5月29日		
6	F	1 工作日	2013年5月27日	2013年5月27日		
7	G	5 工作日	2013年5月27日	2013年5月31日		
8	H	2 工作日	2013年5月27日	2013年5月28日		
9	I	3 工作日	2013年5月27日	2013年5月29日		
10	J	1 工作日	2013年5月27日	2013年5月27日		
11	K	2 工作日	2013年5月27日	2013年5月28日		

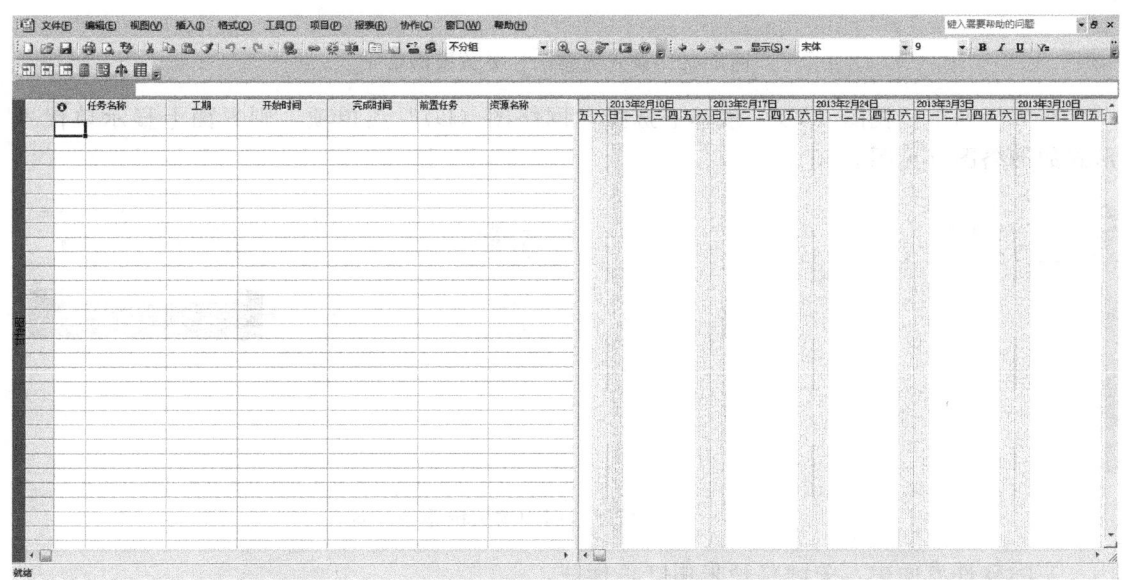

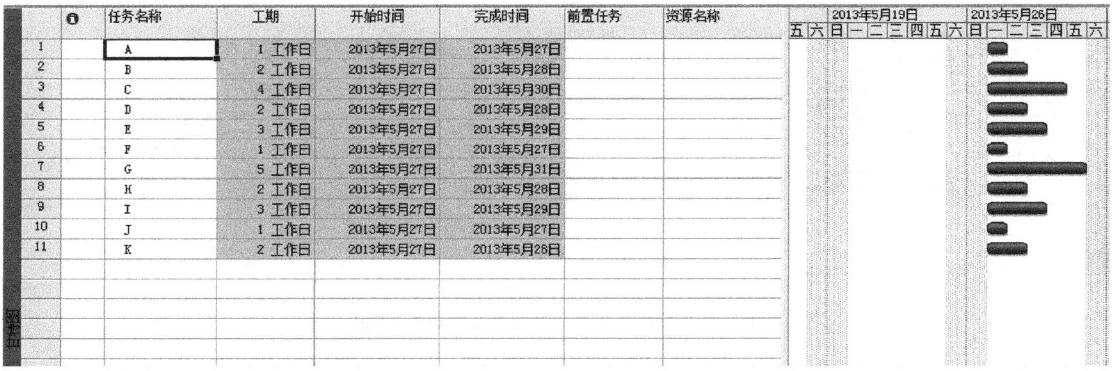

图 9-48　输入表 9-6 中工序内容和作业时间

M. S. Project 软件使用“紧前工序”方式设置工序之间的逻辑关系。因此，在每项任务的“前置任务”字段中输入任务的紧前工序，每项任务用最左端的数字代号表示（多项工序之间用逗号","来分隔）。录入完成后的界面如图 9-49 所示。

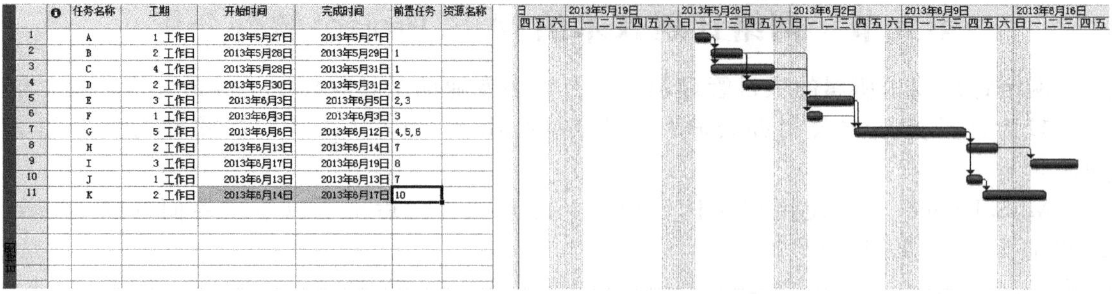

图 9-49　录入完整的任务数据信息

在主界面中"视图（V）"菜单下选择"网络图（D）"菜单项，则界面上显示单代号形式的网络图（见图 9-50）。

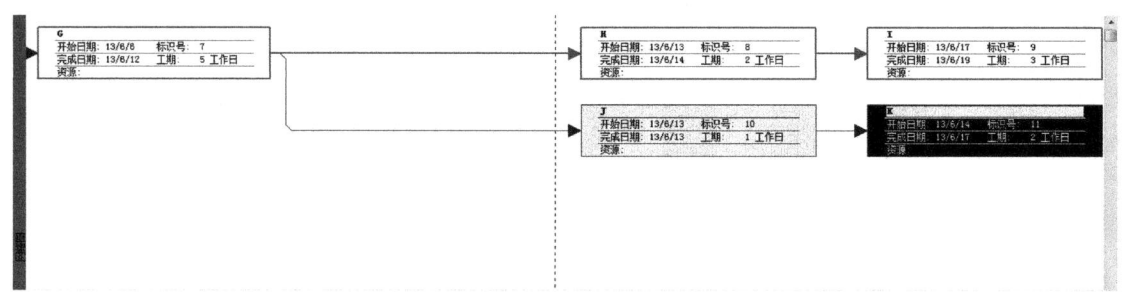

图 9-50　单代号网络图中的关键路径示意

实际软件界面中，关键路径采用红色标注。

在主界面中"视图（V）"菜单下选择"表（B）：日程"菜单项。在此菜单项下选择子菜单项"日程（S）"，可以得到项目中每项任务的最晚开始时间、最晚完成时间、可用可宽延时间和可宽延的总时间。这些时间项分别对应于 CPM 方法中的最迟开始时间 $T_{LS}(i,j)$、最迟结束时间 $T_{LF}(i,j)$、总时差 $T_{TF}(i,j)$ 和自由时差 $T_{FF}(i,j)$（见图 9-51）。

图 9-51　项目各个任务的关键时间指标

同时，M. S. Project 软件同样可以处理非确定型工期情景下的网络计划技术，即 PERT 技术。具体操作步骤如下（以例 9-9 为例）：

首先，在主界面中输入表 9-8 中的工序内容以及紧前工序关系（见图 9-52）。

然后，单击"PERT 项工作表"菜单（图 9-53 中红色区域中的图标），得到任务数据输入窗体如图 9-54 所示。

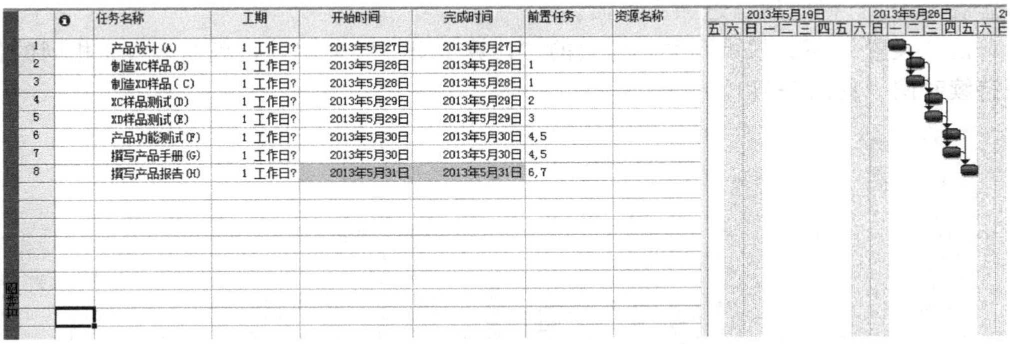

	任务名称	工期	开始时间	完成时间	前置任务	资源名称
1	产品设计 (A)	1 工作日?	2013年5月27日	2013年5月27日		
2	制造XC样品 (B)	1 工作日?	2013年5月28日	2013年5月28日	1	
3	制造XD样品 (C)	1 工作日?	2013年5月28日	2013年5月28日	1	
4	XC样品测试 (D)	1 工作日?	2013年5月29日	2013年5月29日	2	
5	XD样品测试 (E)	1 工作日?	2013年5月29日	2013年5月29日	3	
6	产品功能测试 (F)	1 工作日?	2013年5月30日	2013年5月30日	4,5	
7	撰写产品手册 (G)	1 工作日?	2013年5月30日	2013年5月30日	4,5	
8	撰写产品报告 (H)	1 工作日?	2013年5月31日	2013年5月31日	6,7	

图 9-52 表 9-8 中工序内容和工序关系

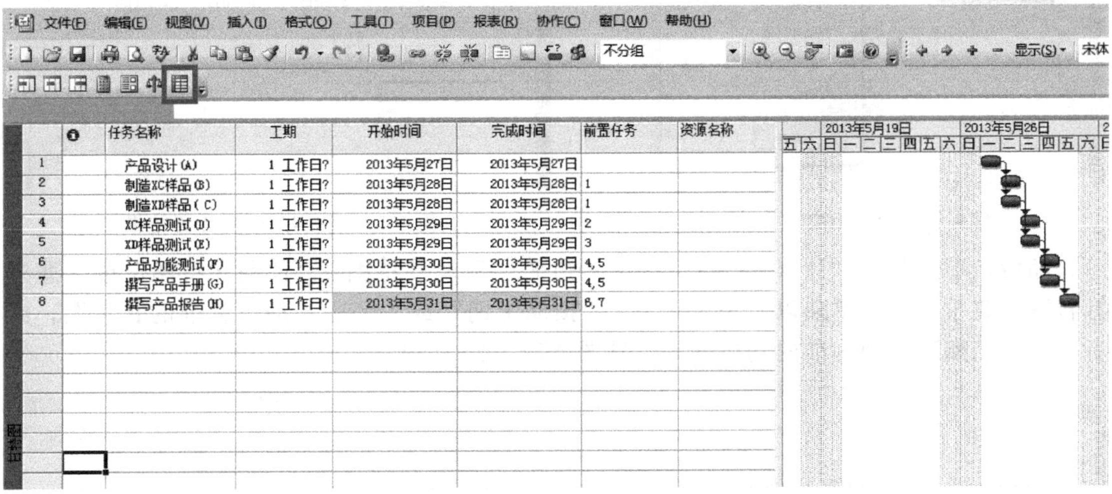

	任务名称	工期	开始时间	完成时间	前置任务	资源名称
1	产品设计 (A)	1 工作日?	2013年5月27日	2013年5月27日		
2	制造XC样品 (B)	1 工作日?	2013年5月28日	2013年5月28日	1	
3	制造XD样品 (C)	1 工作日?	2013年5月28日	2013年5月28日	1	
4	XC样品测试 (D)	1 工作日?	2013年5月29日	2013年5月29日	2	
5	XD样品测试 (E)	1 工作日?	2013年5月29日	2013年5月29日	3	
6	产品功能测试 (F)	1 工作日?	2013年5月30日	2013年5月30日	4,5	
7	撰写产品手册 (G)	1 工作日?	2013年5月30日	2013年5月30日	4,5	
8	撰写产品报告 (H)	1 工作日?	2013年5月31日	2013年5月31日	6,7	

图 9-53 M. S. Project 软件的"PERT 项工作表"菜单

在该窗口相应栏目中输入表 9-8 中最乐观完成时间、最可能完成时间和最悲观完成时间到"乐观工期""预期工期"和"悲观工期"中(见图 9-55)。

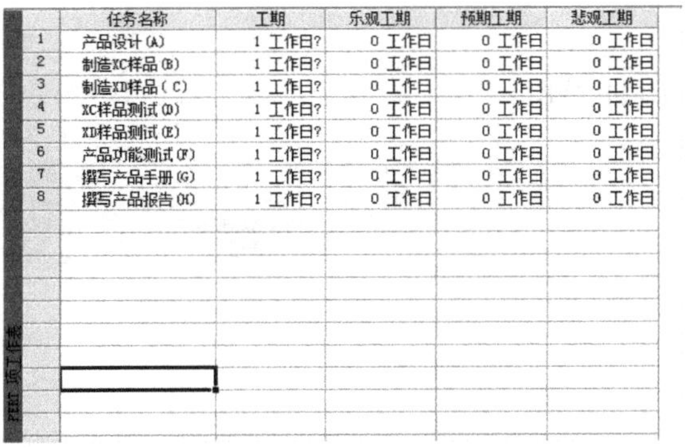

	任务名称	工期	乐观工期	预期工期	悲观工期
1	产品设计 (A)	1 工作日?	0 工作日	0 工作日	0 工作日
2	制造XC样品 (B)	1 工作日?	0 工作日	0 工作日	0 工作日
3	制造XD样品 (C)	1 工作日?	0 工作日	0 工作日	0 工作日
4	XC样品测试 (D)	1 工作日?	0 工作日	0 工作日	0 工作日
5	XD样品测试 (E)	1 工作日?	0 工作日	0 工作日	0 工作日
6	产品功能测试 (F)	1 工作日?	0 工作日	0 工作日	0 工作日
7	撰写产品手册 (G)	1 工作日?	0 工作日	0 工作日	0 工作日
8	撰写产品报告 (H)	1 工作日?	0 工作日	0 工作日	0 工作日

图 9-54 PERT 项工作表窗口

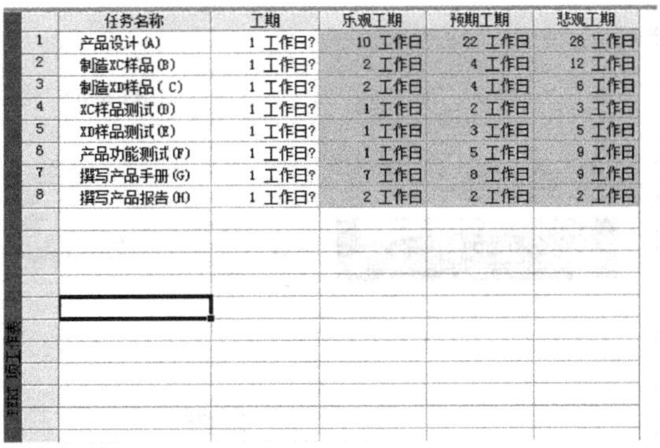

	任务名称	工期	乐观工期	预期工期	悲观工期
1	产品设计 (A)	1 工作日?	10 工作日	22 工作日	28 工作日
2	制造XC样品 (B)	1 工作日?	2 工作日	4 工作日	12 工作日
3	制造XD样品 (C)	1 工作日?	2 工作日	4 工作日	6 工作日
4	XC样品测试 (D)	1 工作日?	1 工作日	2 工作日	3 工作日
5	XD样品测试 (E)	1 工作日?	1 工作日	3 工作日	5 工作日
6	产品功能测试 (F)	1 工作日?	1 工作日	5 工作日	9 工作日
7	撰写产品手册 (G)	1 工作日?	7 工作日	8 工作日	9 工作日
8	撰写产品报告 (H)	1 工作日?	2 工作日	2 工作日	2 工作日

图 9-55 录入完成后的各项工序的工期

单击"PERT 项工作表"菜单旁边的"设置 PERT 权重"菜单,打开如图 9-56 所示的权重输入窗口。

在工期权重中，输入与公式（9-1）相同的各时间权重，即"乐观"为 1，"预期"为 4，"悲观"为 1。确定后，返回主界面。

单击"设置 PERT 权重"菜单旁边的"计算 PERT"菜单，得到与表 9-9 相同的各项工序持续时间（见图 9-57）。

图 9-56　设置 PERT 权重窗口 　　　　　　图 9-57　PERT 时间计算结果

随后，即可单击"计算 PERT"菜单旁边的"乐观甘特图""预期甘特图"或"悲观甘特图"菜单，查看单独以"乐观工期""预期工期"或"悲观工期"为准的甘特图；或者，以"工期"时间为准的网络图等（见图 9-58、图 9-59）。

图 9-58　预期工期甘特图

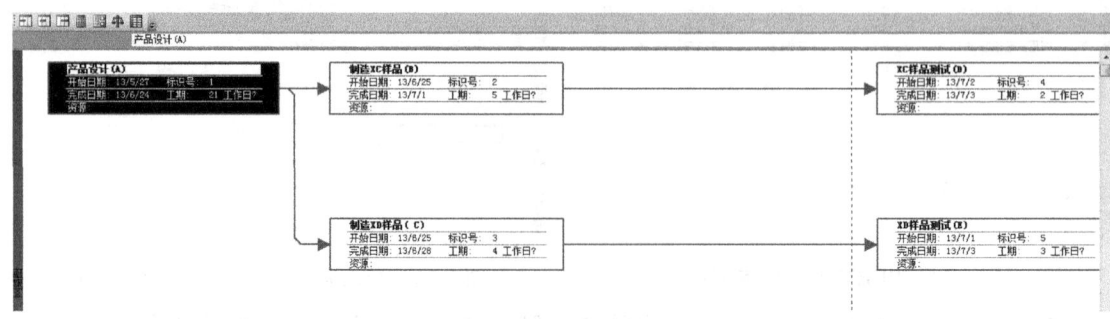

图 9-59　网络计划图

在使用 M. S. Project 软件绘制项目的网络图，并计算完成工期时，需要特别注意的一点是：M. S. Project 软件中时间包含休息日，因此项目完成时间要长于手工计算结果。例如，例 9-2 项目的完成工期为 18 天（见表 9-11），但是 M. S. Project 软件给出的时间是 24 天（见图 9-49），包含了 3 个周末（星期六和星期天）。如果需要更改，可以从软件的主菜单"工具"下选择"更改工作时间"菜单项进行调整（见图 9-60）。

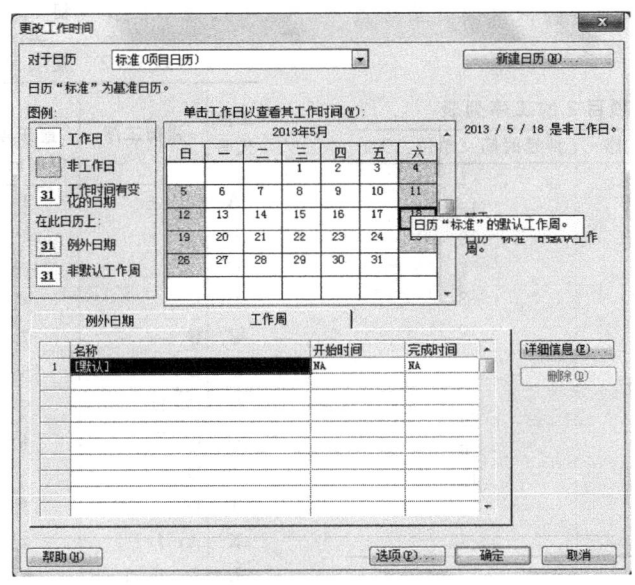

图 9-60 M. S. Project 的"更改工作时间"对话框

在此基础上，可以应用 M. S. Project 软件完成更加复杂和专业的工期和资源管理。详细使用说明，参看 M. S. Project 软件的参考书。

本章小结

本章主要介绍了网络计划技术中重要的分析方法——关键路径法。主要内容包括网络计划图的绘制方法、工序持续时间确定情景下的 CPM 计算方法、工序持续时间不确定情景下的估值计算方法——PERT，以及两种代表性网络计划的优化方法和思路。由于复杂项目中活动众多、关系复杂，因此实际应用中必须借助于专业软件进行网络计划中时间进度分析。本章最后则介绍了常用项目管理软件 Project 的基本操作。

习题

一、网络计划图的绘制

1. 试根据表 9-19 所示的任务先后关系，绘制其网络图（单节点网络图和双节点网络图）。

表 9-19 某项目 1 的工序列表

工序名称	紧前工序	持续时间（单位：天）
A	—	5
B	—	10
C	—	1

（续）

工序名称	紧前工序	持续时间（单位：天）
D	B	8
E	B	9
F	E	3
G	A, D	7
H	B	10
I	E	4
J	C, F	5

工序名称	紧前工序	持续时间（单位：天）
K	A, D	3
L	G, H, I, J	8
M	C, F	4

2. 试绘制表 9-20 所示项目的网络图（单节点网络图和双节点网络图）。

表 9-20 某项目 2 的工序列表

工序名称	紧后工序	持续时间（单位：天）
A	F, G	1
B	I, J	15
C	E, H	3
D	M	7
E	F, G	8
F	—	10
G	I, J	3
H	K, L	10
I	—	22
J	K, L	10
K	—	12
L	M	5
M	—	7

3. 试绘制表 9-21 所示项目的网络图（单节点网络图和双节点网络图）。

表 9-21 某项目 3 的工序列表

工序名称	紧前工序	持续时间（单位：天）
A	—	2
B	A	14
C	A	14
D	B, C	3
E	D	70
F	D	14
G	F	1
H	D	1
I	D	7
J	D	7
K	J	14
L	K	1
M	E, G, L	1
N	H, L, M	1
O	I, N	1

二、CPM 关键路径法

4. 计算习题 1 所示项目的关键路径和关键工序（双节点代号网络的分析方法）。

5. 计算习题 2 所示项目的关键路径和关键工序（双节点代号网络的分析方法）。

6. 计算习题 3 所示项目的关键路径和关键工序（双节点代号网络的分析方法）。

三、PERT 计划评审技术

7. 已知某项目的各项工作逻辑关系以及完成时间如表 9-22 所示。试采用 PERT 方法确定关键路径和关键工序。

表 9-22 某项目 4 的工序列表

工序代号	紧前工序	工序持续时间		
		最乐观完成时间	最可能完成时间	最悲观完成时间
A	—	1	3	4
B	—	5	6	8
C	—	2	4	5
D	B	4	5	6
E	B	7	8	10
F	B	8	9	13
G	C, E	9	10	15
H	C, E	4	6	8
I	D	3	4	5
J	D	5	9	19
K	A, J	4	8	10
L	G, F, I, K	3	4	5
M	A, J	5	6	8

8. 已知某项目的各项工作逻辑关系以及完成时间如表 9-23 所示。试采用 PERT 方法确定关键路径和关键工序。

表 9-23 某项目 5 的工序列表

工序代号	紧前工序	工序持续时间		
		最乐观完成时间	最可能完成时间	最悲观完成时间
A	—	1	3	4
B	—	5	7	8
C	—	6	7	9
D	—	1	2	3
E	A	3	4	5
F	B, E	10	15	20
G	A	7	8	9
H	B, E	12	13	14
I	C, F	10	12	15
J	C, F	8	10	12
K	D, L	5	6	7
L	G, H	7	8	11
M	G, H	2	4	8

四、网络计划的时间-成本优化

9. 已知某项目各项工作的时间和成本如表9-24所示。现在问，如果要将项目的总工期压缩2周，应该如何选择工序进行压缩，从而实现总成本最低。

表9-24　某项目6的工序列表

工序名称	紧前工序	持续时间（单位：星期）		成本开支（单位：万元）	
		正常情景	最短情景	正常情景	最短情景
A	—	3	2	24	30
B	A	5	3	20	30
C	A	3	2	10	20
D	B	4	2	16	24
E	B	6	3	25	43
F	C	5	4	22	30
G	C	7	4	30	48
H	D, F	9	5	25	45
I	E, G	8	5	30	44
J	H, I	4	3	22	25

五、Excel工具求解关键路径

10. 应用Excel工具求解上面习题中的关键路径。

案例9-1　L公司与客车制造商的配套生产项目

广东汽车座椅制造商L公司主要为各种类型的大巴车配套生产汽车上安装的座椅。根据顾客的需求，产品的材质包括绒布面料和皮革面料；从配置上，L公司不仅能够提供常规的手动调节座椅，还可以生产配置6向调节的电动座椅。并且，L公司获得了国家的强制性产品认证证书，产品符合国家颁布的关于客车座椅及其车辆固定件强度的GB 13057—2003标准。

公司与客车制造商的配套生产项目主要包括3个阶段：产品设计阶段、产品的样品测试和试生产阶段和量产阶段。具体来说，整个项目从策划到投产主要包括以下各项活动：

（1）项目的可行性论证。根据业务员与客车制造商的前期接触，公司的高级管理层共同制定生产的总体规划、年产量、投资规模，以及一系列指标生产指标。

（2）商务合同的签订。公司代表与客户签订合作意向书，确认公司作为该客户汽车座椅的供货商，并确定供货量以及交货方式等细节问题。

（3）技术图纸的确认。公司技术部门与客户交流，共同确定座椅的外观式样、技术规格以及试验要求等技术指标。

（4）产品的零部件分解。公司技术部门根据最终确认的技术图纸，对座椅进行分解，确定座椅生产与组装中所需的各个零部件产品，以及需求量。

（5）生产计划的确定。公司技术部门和生产制造部门共同确定座椅零部件中自行生产的零部件种类和数量，以及外购部分的种类和数量。

（6）外购零部件的供应商选择。公司根据外购零部件清单，为每个零部件预选2～3家供应商（从产品、质量、供货、物流等方面综合评价）。公司财务部门给出外购零部件的公司报价，并邀请这些潜在供应商提供产品报价，以及样品。

（7）零部件供应商生产零部件的检验。公司的技术部门和质量检验部门对供应商提供的产品样品、设计和生产工艺水平、生产线以及工人进行评价，最终确定供货商和采购件。

（8）自制零部件的工艺流程设计。公司的技术部门将确定自制零部件的生产加工的工艺过程流程，工艺过程中的关键工艺，质量检验标准等。

（9）生产设备、模具的准备。公司的生产部门确定设备的安装、调试，各种模具的设计、安装和调试。

（10）生产工人的技术准备。根据自制

部件的工艺流程，要求公司的人力资源部门做好技术工人、技术主管等内部人员调配、外部人员的招聘，以及上岗工人的培训等。

（11）样件制作。公司生产部门将内部生产的零部件样品，以及外购零部件产品进行组装，并将样件交付客户。

（12）样件的技术测试。将样件交付顾客使用，并参与技术指标等各项指标的测试。通过测试，确认座椅样件的可靠性、生产工艺流程的正确性等。

（13）批量生产的模具（自制零部件）、外购零部件的确认。采购部门确定外部供应商零部件交货数量、交货日期；生产部门确定用于批量生产的模具的可靠性。

（14）批量生产的工艺流程确认。根据生产模具、设备，确定批量生产的工艺流程，并设定关键工序的质量监测点和检测方法，确保生产的零缺陷。

（15）批量生产。

（16）交付顾客。

根据以往的生产经验，公司销售部门初步估计各项活动的时间消耗（单位：周），并以此作为与顾客共同制定交货工期的参考（见表9-25）。

表9-25 项目活动的时间估计

工作编号	工作内容	持续时间	紧前工序
A	项目的可行性论证	2	—
B	商务合同的签订	4	A
C	技术图纸的确认	12	B
D	产品的零部件分解	2	C
E	生产计划的确定	2	D
F	外购零部件的供应商选择	3	E
G	零部件供应商生产零部件的检验	26	F
H	自制零部件的工艺流程设计	18	E
I	生产设备、模具的准备	20	H
J	生产工人的技术准备	40	H

（续）

工作编号	工作内容	持续时间	紧前工序
K	样件制作	4	I, G
L	样件的技术测试	8	K
M	批量生产的模具（自制零部件）、外购零部件的确认	4	L
N	批量生产的工艺流程确认	12	G, J, M
O	批量生产	12	N
P	交付顾客	4	O

问题：（1）根据以往经验，销售人员能否承诺公司在2年（每年按照52周计算）之内完成产品供货？

（2）如果将每年的法定假日（14天）考虑进去，公司应该如何安排加班生产，从而使得成本最低？

现已知各项活动的加班成本（单位：万元）如表9-26所示。

表9-26 项目各项活动的加班额外成本表

工作编号	持续时间	赶工时间	赶工单位成本
C	12	2	5
D	2	1	3
E	2	1	2
F	3	1	1
G	26	1	2
H	18	2	4
I	20	2	5
J	40	4	3
K	4	1	15
L	8	2	12
M	4	1	3
N	12	2	7
O	12	2	20
P	4	1	15

（3）如果顾客要求座椅样件在第60周的周末交货（总工期还是2年，并考虑法定假日），那么公司应该如何应对？

（4）如果供应商采购的零部件出现问题，公司能够给供应商多少返工时间？

第十章

AMPL软件介绍

学习目标

- 掌握 AMPL 语言的基本语法
- 掌握简单问题的 AMPL 编程和求解
- 掌握简单的灵敏度分析语法和含义

AMPL(a modeling language for mathematical programming) 是一款用于求解数学规划问题的工具软件。它主要用于求解包括线性规划问题（含运输问题）、整数规划问题（含混合整数规划问题、指派问题）、非线性规划问题等在内的规划问题。

与其他类似的工具软件相比，例如 Matlab、Lingo、Lindo 等，AMPL 最大的特点在于其并不是一个真正意义上的求解工具，而是一个在求解工具之上的"中间件"产品[⊖]。换句话说，AMPL 提供的是一个使用者与求解工具之间的非常友好的应用接口。一方面，AMPL 采用近似人类自然语言的语法和格式去描述数学问题，从而简化使用者的语言学习和问题建模过程。例如，在 AMPL 中，目标函数的表达式"max $Z=3x_1+4x_2$"被写成"maximize Z:3 * x1+4 * x2"；约束条件表达式"$5x_1+4x_2 \leqslant 10$"被写成"subject to constraint1:5 * x1+4 * x2<=10"。因此，AMPL 的使用者不需要花费太多的时间去专门学习语法或者结构，就可以开始利用它来编程和求解问题。同时，AMPL 则作为一个中间件产品，它能够将使用者编写的数学规划模型，编译成求解工具能够读懂的语言和模型，并驱动求解工具完成问题求解。例如，AMPL 可以调用包括 CPLEX、GUROBI、MINOS 等在内的求解工具，对问题进行求解。虽然可供选择的求解工具有多种，且这些求解工具的编程语言各不相同，但是 AMPL 的使用者不需要分别去学习这些求解工具的语法和编程，而将主要精力用于问题本身的描述中。

[⊖] "中间件"(middleware)是软件工程中的术语，它能够屏蔽底层求解工具的复杂性，使得编程开发人员面对一个简单而统一的开发环境，减少了程序开发/模型构建的复杂性。作为编程开发人员，通过中间件技术，可以将注意力集中在自己的模型构建上，而不必为程序在不同求解工具上运行和移植而重复工作，从而大大减少了技术负担。

本章首先介绍了 AMPL 工具的安装和使用。接着，对 AMPL 的基本语法进行了介绍。最后，给出了 AMPL 工具中用于灵敏度分析的命令和含义。

第一节　AMPL 的安装使用

AMPL 工具可以从其网站（http://www.ampl.com）上下载。该网站提供该软件的基本介绍、相关书籍，以及 AMPL 学生版（AMPL Student Edition）的免费下载。

与 Matlab 软件等相比，AMPL 工具除了前文所述用户友好性较强之外，它自身非常小巧。以学生版为例，AMPL 安装软件包（amplcml.zip）只有 5M 大小，即使解压/安装之后整个软件也只有 11M。

解压安装之后，在解压目录下，主要包括以下几个重要文件㊀。

表 10-1　AMPL 安装目录下主要文件说明

文件用途	文件名称
AMPL 主程序（命令行形式）	ampl.exe
AMPL 主程序（图形窗口形式）	sw.exe
求解工具及其附属文件	cplex.exe　cplex110.dll　LICENSE.txt gurobi.exe lpsolve.exe minos.exe
软件简单帮助文件（含求解工具的说明）	README README.cplex README.gurobi README.sw
应用例子和数据文件	MODELS 目录　TABLES 目录

如果没有在求解中显式的指名求解工具，AMPL 将自动调用默认的求解工具 minos。它可以用于求解线性规划问题和非线性规划问题。值得注意的是，如果使用者需要求解整数规划问题，需要更换此求解工具。具体来说，AMPL 中自带的 4 个求解工具分别可以求解以下类型的数学规划问题（见表 10-2）。

表 10-2　求解工具的适用范围

求解工具	问题类型
cplex.exe㊁	线性规划问题、整数规划和混合整数规划问题、二次整数线性规划问题（quadratic integer linear）、二次整数规划问题（integer quadratic）
gurobi.exe㊂	线性规划问题、整数规划和混合整数规划问题
lpsolve.exe㊃	线性规划问题、整数线性规划问题
minos.exe㊄	线性规划问题、非线性规划问题

㊀ 如果无特别说明，下面所指的 AMPL 软件都为其学生版软件（300 个变量和 300 个约束条件的软件使用限制）。
㊁ CPLEX 是 ILOG 公司拥有的一款用于求解数学规划问题的专业软件。
㊂ GUROBI 是 Gurobi Optimization 公司（http://www.gurobi.com）拥有的一款软件。
㊃ Lpsolve 是一款基于开源软件 lp_solve 4.0.1.0（开发者为 Michel Berkelaar）的求解工具，其网站为 http://www.netlib.org/ampl/solvers/lpsolve。
㊄ MINOS 是 Stanford Business Software Inc.（http://www.sbsi-sol-optimize.com/index.htm）开发的一款用于求解线性和非线性规划问题的工具软件。

在安装目录下，AMPL 还提供一个必须联网使用的求解工具 NEOS⊖。通过下载和安装其客户端软件 Kestrel 之后，AMPL 可以将问题上传至 NEOS 服务器，在服务器端完成计算并回传结果。

除此之外，AMPL 用户还可以通过下载方式获得更多的求解工具。例如，求解非线性规划问题的 DONLP2、KNITRO、LOQO，线性规划问题的 SNOPT 和整数约束的 WSAT (OIP)。详细下载和安装使用信息参见 AMPL 的下载网页⊖。

如表 10-1 所述，用户可以通过 ampl.exe 或者 sw.exe 两种方式启动并运行 AMPL 软件。下面以本书第 1 章的第 1 个例题为例，演示 AMPL 软件的使用操作。

例 1-1 问题的数学模型如下所示：

$$\begin{aligned} \max \quad & Z = 5x_1 + 4x_2 + 2x_3 \\ \text{s.t.} \quad & 8x_1 + 4x_2 + 5x_3 \leqslant 320 \\ & 2x_1 + 2x_2 + x_3 \leqslant 100 \\ & x_1, x_2, x_3 \geqslant 0 \end{aligned} \qquad (10\text{-}1)$$

将此问题用 AMPL 语言描述出来，可以简单地写为：

```
var x1;
var x2;
var x3;
maximize profit: 5 * x1 + 4 * x2 + 2 * x3;
subject to resourceM1_limit: 8 * x1 + 4 * x2 + 5 * x3 <= 320;
subject to resourceM2_limit: 2 * x1 + 2 * x2 + x3 <= 100;
subject to x1_limit: x1 >= 0;
subject to x2_limit: x2 >= 0;
subject to x3_limit: x3 >= 0;
```

图 10-1 问题的 AMPL 代码描述

在 AMPL 目录下鼠标双击 ampl.exe 文件，打开命令行式的编辑和运行窗口，如图 10-2 所示。

图 10-2 AMPL 的命令行运行主界面

⊖ NEOS (network-enabled optimization system, http://neos.mcs.anl.gov/neos) 是一项提供优化问题求解的免费网络服务。用户可以向 NEOS 服务器提交优化问题，并由 NEOS 后台完成问题求解。

⊖ http://www.ampl.com/DOWNLOADS/details.html

在此界面中，逐行输入图 10-1 所示的 AMPL 代码，得到如下所示的界面：

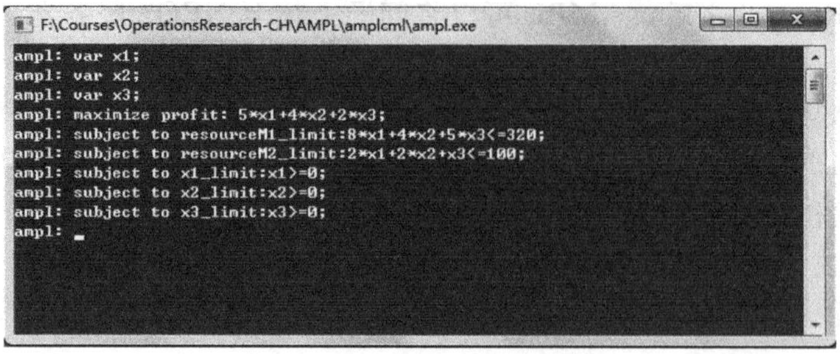

图 10-3　模型输入后的界面示意

此时，输入 AMPL 的问题求解命令"solve"，得到如下所示结果：

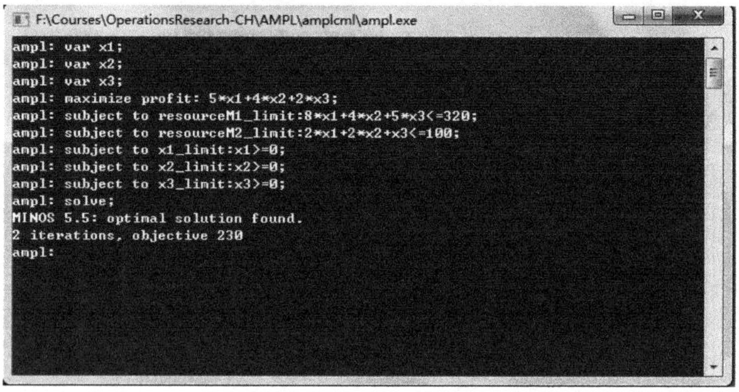

图 10-4　模型求解结果效果图

从图 10-4 可以看出，AMPL 使用默认的求解工具 MINOS 5.5 进行问题求解。并且，求解得到问题的最优解，最优解中目标函数取值为 230。

接着，可以使用 AMPL 的显示命令"display"显示在最优解中，3 个变量的分别取值。

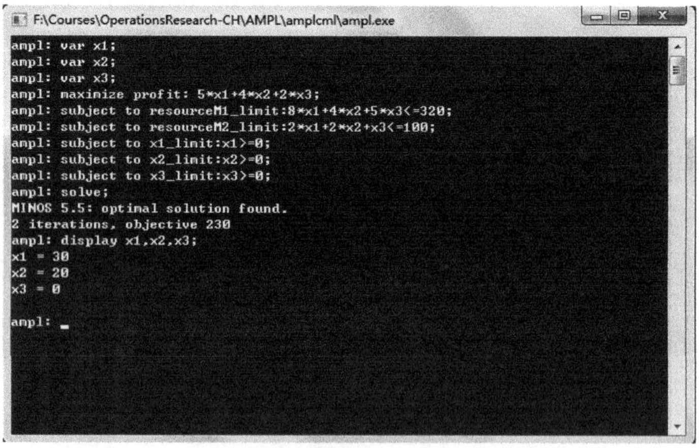

图 10-5　模型最优解中变量的取值

由图 10-5 得到本问题的最优解为 $Z^* = 230$，$\boldsymbol{X}^* = (30, 20, 0)^T$。

AMPL 的图形窗口程序 sw.exe 操作基本类似其命令行程序操作。在 AMPL 软件安装目录下，找到并鼠标双击 sw.exe 后得到如下所示的主界面：

图 10-6　AMPL 图形窗口运行主界面

在此界面下输入命令"ampl"，进入与命令行运行主界面（见图 10-2）相同的操作模式。

图 10-7　进入 AMPL 执行模式下的界面

在此界面下，同样输入图 10-1 所示的模型代码，得到：

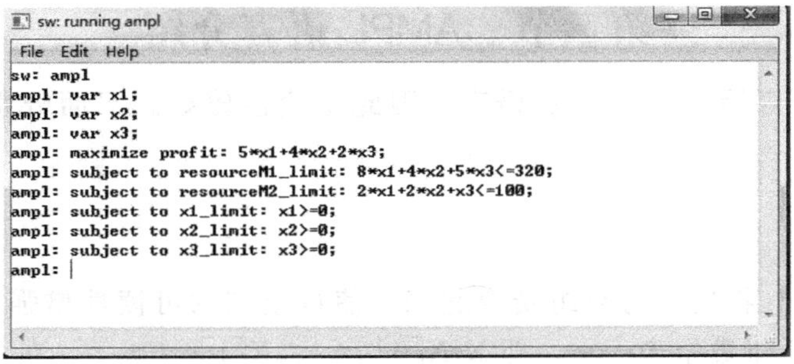

图 10-8　模型输入完成后的界面显示

同样，依次输入求解命令"solve"和"display"，可以计算并显示问题的最优解。

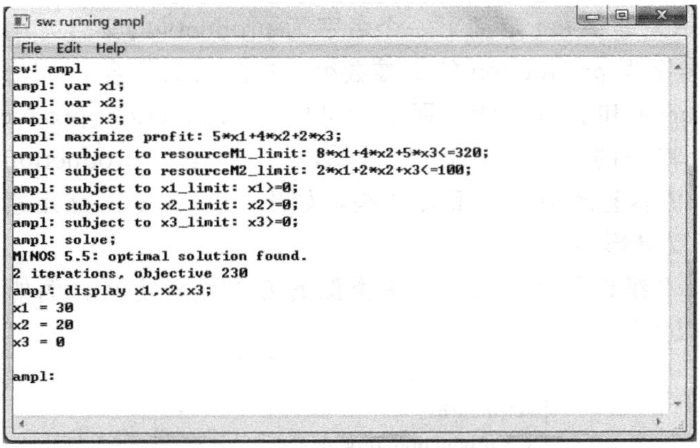

图 10-9　问题模型的计算结果显示

如果计算中希望采用不同的求解工具，即默认的 MINOS，可以在求解之前使用命令"option solver X"来指定。例如，如果希望采用 cplex 进行问题求解，可以如图 10-10 所示输入"option solver cplex"，然后再执行求解命令"solve"。

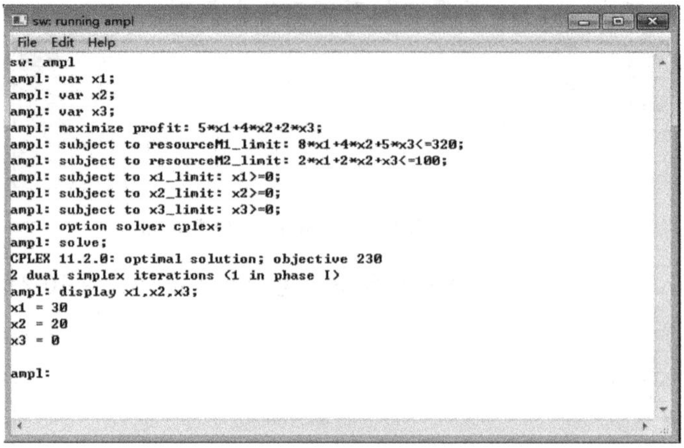
sw: running ampl
File Edit Help
sw: ampl
ampl: var x1;
ampl: var x2;
ampl: var x3;
ampl: maximize profit: 5*x1+4*x2+2*x3;
ampl: subject to resourceM1_limit: 8*x1+4*x2+5*x3<=320;
ampl: subject to resourceM2_limit: 2*x1+2*x2+x3<=100;
ampl: subject to x1_limit: x1>=0;
ampl: subject to x2_limit: x2>=0;
ampl: subject to x3_limit: x3>=0;
ampl: option solver cplex;
ampl: solve;
CPLEX 11.2.0: optimal solution; objective 230
2 dual simplex iterations (1 in phase I)
ampl: display x1,x2,x3;
x1 = 30
x2 = 20
x3 = 0
ampl:

图 10-10　选用 cplex 求解问题

如图 10-10 所示，AMPL 调用 cplex 11.2.0 求解本问题，得到问题的最优解为 230。

第二节　AMPL 语言介绍

AMPL 编程语言接近人类自然语言，因此易读性较好。下面分别介绍其基本语言结构。

一、数组

AMPL 语言中，将集合与数组结合起来，使得模型的可读性增强。例如，式中变量 x_1, x_2 可以用 1 个 1 维数组来表示，即 $\mathbf{X}(\mathbf{X}[0]=x_1, \mathbf{X}[1]=x_2)$ 。在 AMPL 中，可以采用更加容易理解的方式定义数组，即

```
set products;
var production{products};
```

第 1 行代码采用关键字 set 定义了一个名字为 products 的集合，第 2 行代码则用关键字 var 定义了一个名字为 production 的 1 维数组。在随后的集合 products 赋值时，如果将其元素定义为 productA 和 productB，那么就可以用 production[productA] 和 production[productB] 来索引其中的元素。相比于 x[0],x[1] 而言，production[productA]，production[productB] 更容易理解。更重要的是，如果 products 集合元素发生了变化，production 数组完全不受其影响。

类似 1 维数组，2 维以及多维数组采用类似的方式进行定义。例如，定义不同产品每个月的产量时，可以用下面形式定义：

```
set products;
set months;
var production{products,months};
```

如果集合中的元素为整数，例如 1～12 月份，可以直接定义集合为：

```
set months:=1 .. 12;
```

或者，定义数组 production 为：

```
var production{products, 1 .. 12};
```

在模型中，如果要引用数组中间的元素，可以通过定义一个临时索引变量来实现。例如，如果要实现 2 维数组 production 的所有元素求和，可以用下面语句实现：

```
sum{pIndex in products, mIndex in months} production[pIndex,mIndex];
```

语句中用关键字 in 表示 pIndex 为集合 products 中的元素，mIndex 为集合 months 中的元素。

二、参数

模型中除了决策变量以外的所有数都可以看作是模型的参数。虽然模型中的参数可以类似图 10-1 所示直接写在模型中，但是这样做极大地降低了模型的可重用性。因此，通常用关键字 param 来定义参数，并在定义参数的同时指定参数的取值约束。

参数可以是一个单值数据，也可以是一个 1 维或多维数组。例如，下面给出了参数数组 productProfit 的定义形式。在定义该参数数组的同时，也指定了该参数数组中所有元素都必须满足大于 0 的约束条件。

```
param productProfit{products} >0;
```

在定义参数的同时，也可以通过关键字 integer 或者 binary 指定参数必须是整数或者 0—1 整数。

```
param productProfit{products} >0 integer;
```

AMPL 软件将数学问题的模型文件和数据文件分离，可以实现当模型的数据（文件）发生变化时，模型文件不需要修改。而为了实现模型文件与数据文件的分离，通常的做法是在模型文件中定义集合、参数和变量，而在数据文件中对集合和参数进行赋值。例如，在模型文件中，定义集合和参数如下：

```
set products;
param productProfit{products} >0;
param interestRate >=0;
```

而在数据文件中，用符号 ":=" 对参数进行赋值：

```
set products:= productA productB productC;
param productProfit :=
    productA 5
    productB 4
    productC 2;
param interestRate := 0.0036;
```

如果模型中产品增加类型 productD，其单位利润值为 3.5，那么由于模型文件和数据文件相分离，可以只是修改数据文件，而不需要修改模型文件。

```
set products:= productA productB productC productD;
param productProfit :=
    productA 5
    productB 4
    productC 2
    productD 3.5;
param interestRate := 0.0036;
```

三、变量

AMPL 中变量的定义和使用基本类似于参数。唯一的区别在于，参数必须由编程人员在数据文件中指定其取值，而变量则是由求解工具求解得到其最优值。例如，下面分别给出了单变量、1 维数组变量和 2 维数组变量的定义方式。

```
var productPrice >0;
var production{products} >=0 integer;
var production{products, months} >=0;
var production{products, 1..12} >=0;
```

四、目标

AMPL 模型中的目标通常为最大化目标函数，或者最小化目标函数。最大化用关键字"maximize"来表示，最小化用关键字"minimize"来表示。例如，下面给出了最大化产品销售总利润目标函数的表达形式。

```
maximize totalProfit: sum{pIndex in products}productProfit[pIndex] * production[pIndex];
```

式子中，"totalProfit"为用户定义的目标函数的名称，即式（10-1）中的 Z。

五、约束条件

模型中变量的约束可以在定义变量时同时给出，例如变量 $0 \leq x_1 \leq 5$ 可以表示为：

```
var x1 >=0 <=5;
```

而函数形式的约束条件，则是用关键字"subject to"来定义。例如，

```
subject to resourceM1_limit: 8 * x1+4 * x2+5 * x3<=320;
```

式子中，"resourceM1_limit"是用户自定义的对该约束条件的说明。

如果多个约束条件其含义，以及表达形式都一致，可以采用集合的形式进行简化。以式为例，2 个约束条件都是指原材料的资源限制，可以通过下面表达式给出。

```
set products;
set resources;
var production{products} >=0;
param resourceUpbound{resources} >0;
param make{resources,products} >=0;
subject to resource_limit{rIndex in resources}: sum{pIndex in products}make[rIndex,pIndex] * production[pIndex]<=resourceUpbound[rIndex];
```

式子中，"resourceUpbound"表示资源的上限，"make [rIndex, pIndex]"表示单位产品消耗资源的数量。

六、数据

如前所述，模型中的参数数值设定都在数据文件中完成。如果是单值参数，可以直接用赋值符号":="来完成赋值；如果是数组，则需要采用类似表格的定义方法。例如，下面给出了数组的赋值形式：

```
模型文件：
set products;
set resources;
param resourceUpbound {resources};
param make {resources, products};
```

数据文件：
set products := productA productB productC;
set resources := resourceM1 resourceM2;
param resourceUpbound:=
    resourceM1　320
    resourceM2　100;
param make :　　　productA　productB　productC :=
    resourceM1　　8　　　　4　　　　5
    resourceM2　　2　　　　2　　　　1;

如果多个数组的数组元素相同，可以类似 2 维数组的形式进行赋值，例如

模型文件：
set products;
param productProfit {products};
param productCost {products};

数据文件：
set products := productA productB productC;
param:　　　　　productProfit　productCost :=
    productA　　　　5　　　　　　1
    productB　　　　4　　　　　　1.2
    productC　　　　2　　　　　　1.5;

如果数组的维数超过 2 维，则需要采用下面的形式进行赋值。

模型文件：
set products;
set areas;
set years;
param demand {products, areas, years};

数据文件：
set products := productA productB productC;
set areas := areaA areaB;
set years := year1 year2;
param demand :=
    [*, areaA, year1] productA 100
    　　　　　　　　　productB 120
    　　　　　　　　　productC 150
    [*, areaA, year2] productA 120
    　　　　　　　　　productB 130
    　　　　　　　　　productC 145
    [*, areaB, year1] productA 90
    　　　　　　　　　productB 100
    　　　　　　　　　productC 110
    [*, areaB, year2] productA 100
    　　　　　　　　　productB 120
    　　　　　　　　　productC 130;

七、语法

AMPL 语言用分号"；"表示 1 行的结束，用符号"♯"表示后续的文字都是注释。

除此之外，AMPL 所采用的数学符号和含义与其他编程语言中符号含义基本相同。

表 10-3　AMPL 语言中的符号和函数

符号	含义	符号	含义
^	指数	< <= = >= > <>	比较判断
+ -	加法　减法	and or	逻辑与　逻辑或
* /	乘法　除法	if…then…else…	条件判断
in	集合中的元素	sum prod max min exists forall	内置的函数

八、应用实例

用 AMPL 语言描述式所示的线性规划问题，其模型文件（model_1.mod）如下：

```
set products;
set resources;
param resourceUpbound{resources} >0;
param productProfit{products} >0;
param make{resources, products} >=0;
var productions{products} >=0;
maximize totalProfit: sum{pIndex in products}productProfit[pIndex] * productions[pIndex];
subject to resource_limit{rIndex in resources}: sum{pIndex in products}make[rIndex,pIndex] * productions[pIndex]
<=resourceUpbound[rIndex];
```

数据文件（data_1.dat）内容如下：

```
set products := productA  productB  productC;
set resources := resourceM1  resourceM2;
param resourceUpbound :=
    resourceM1  320
    resourceM2  100;
param productProfit :=
    productA  5
    productB  4
    productC  2;
param make :      productA  productB  productC :=
    resourceM1      8         4         5
    resourceM2      2         2         1;
```

将模型文件和数据文件存放在 AMPL 的目录下，运行 ampl.exe。

用命令"model"加载模型文件"model_1.mod"，即

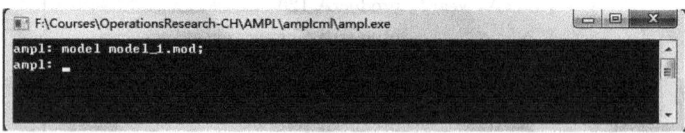

图 10-11　加载问题的模型文件

如果模型文件没有错误，加载后无任何提示。

用命令"data"加载数据文件"data_1.dat"，即

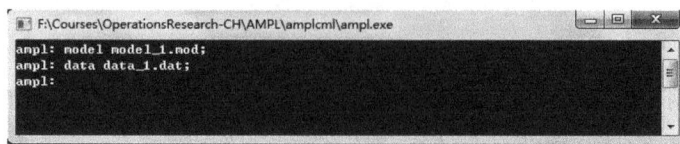

图 10-12　加载问题的数据文件

运行求解命令"solve",得到问题的最优解。然后,用命令"display"显示最优解中变量(productions 数组)的取值。

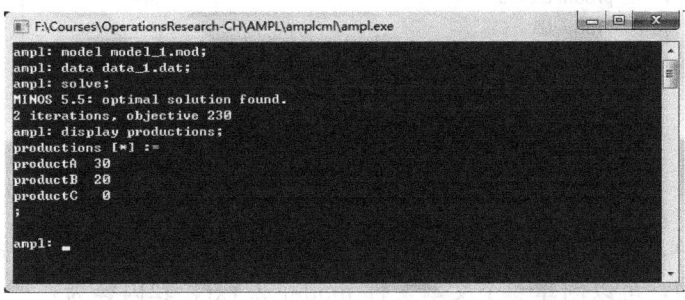

图 10-13　最优结果显示

与图 10-1 给出的模型文件相比,将模型与数据分离,可以增强模型的可重用性。例如,式子对应的模型,如果增加一种新的产品 productD,并已知该产品的单位利润和资源消耗,所建数学模型如下所示。

$$\begin{aligned}
\max \quad & Z = 5x_1 + 4x_2 + 2x_3 + 3x_4 \\
\text{s.t.} \quad & 8x_1 + 4x_2 + 5x_3 + 3x_4 \leqslant 320 \\
& 2x_1 + 2x_2 + x_3 + x_4 \leqslant 100 \\
& x_1, x_2, x_3, x_4 \geqslant 0
\end{aligned} \quad (10\text{-}2)$$

可以修改数据文件即可:

```
set products := productA  productB  productC  productD;
set resources := resourceM1  resourceM2;
param resourceUpbound :=
    resourceM1  320
    resourceM2  100;
param productProfit :=
    productA  5
    productB  4
    productC  2
    productD  3;
param make :     productA  productB  productC  productD:=
    resourceM1      8         4         5         3
    resourceM2      2         2         1         1;
```

如果在基础上,考虑增加一种资源,得到数学模型如下:

$$\begin{aligned}
\max \quad & Z = 5x_1 + 4x_2 + 2x_3 + 3x_4 \\
\text{s.t.} \quad & 8x_1 + 4x_2 + 5x_3 + 3x_4 \leqslant 320 \\
& 2x_1 + 2x_2 + x_3 + x_4 \leqslant 100 \\
& 3x_1 + x_2 + x_3 + 2x_4 \leqslant 180 \\
& x_1, x_2, x_3, x_4 \geqslant 0
\end{aligned} \quad (10\text{-}3)$$

此问题,也可以不用修改模型文件,而是增加数据文件中的定义:

```
set products := productA  productB  productC  productD;
set resources := resourceM1  resourceM2  resourceM3;
param resourceUpbound :=
    resourceM1  320
    resourceM2  100
```

```
        resourceM3   180;
param productProfit :=
    productA   5
    productB   4
    productC   2
    productD   3;
param make :    productA  productB  productC  productD :=
    resourceM1     8         4         5         3
    resourceM2     2         2         1         1
    resourceM3     3         1         2         2;
```

在模型文件中，也可以通过关键字"data"将数据文件的内容附在模型文件后面。例如，针对式的问题，可以创建一个文本文件 model_2.txt，其内容为：

```
set products;
set resources;
param resourceUpbound{resources} >0;
param productProfit{products} >0;
param make{resources, products} >=0;
var productions{products} >=0;
maximize totalProfit: sum{pIndex in products} productProfit[pIndex] * productions[pIndex];
subject to resource_limit{rIndex in resources}: sum{pIndex in products} make[rIndex,pIndex] * productions[pIndex]<=resourceUpbound[rIndex];
data;
set products := productA  productB  productC  productD;
set resources := resourceM1  resourceM2  resourceM3;
param resourceUpbound:=
    resourceM1   320
    resourceM2   100
    resourceM3   180;
param productProfit :=
    productA   5
    productB   4
    productC   2
    productD   3;
param make :    productA  productB  productC  productD :=
    resourceM1     8         4         5         3
    resourceM2     2         2         1         1
    resourceM3     3         1         2         2;
```

文件前半部分为模型，后半部分（用关键字"data"分割）为数据文件。

此文件用命令"model"加载，并可以直接求解。具体求解如下所示：

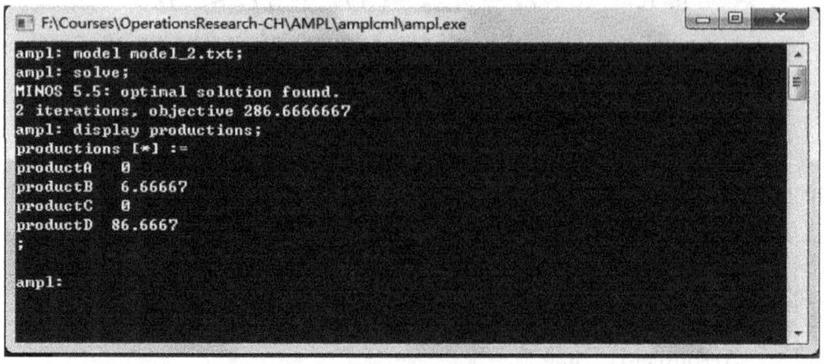

```
ampl: model model_2.txt;
ampl: solve;
MINOS 5.5: optimal solution found.
2 iterations, objective 286.6666667
ampl: display productions;
productions [*] :=
productA   0
productB   6.66667
productC   0
productD   86.6667
;
ampl:
```

图 10-14　问题的 AMPL 求解

例 10-1 用 AMPL 语言描述并求解运输问题中的例题 5-1。

$$\min \quad Z = 9x_{11} + 10x_{12} + 13x_{13} + 17x_{14}$$
$$+ 7x_{21} + 8x_{22} + 14x_{23} + 16x_{24}$$
$$+ 20x_{31} + 14x_{32} + 8x_{33} + 14x_{34}$$
$$\text{s. t.} \quad x_{11} + x_{12} + x_{13} + x_{14} = 75$$
$$x_{21} + x_{22} + x_{23} + x_{24} = 125$$
$$x_{31} + x_{32} + x_{33} + x_{34} = 100$$
$$x_{11} + x_{21} + x_{31} = 80$$
$$x_{12} + x_{22} + x_{32} = 65$$
$$x_{13} + x_{23} + x_{33} = 70$$
$$x_{14} + x_{24} + x_{34} = 85$$
$$x_{ij} \geqslant 0, i = 1,2,3; j = 1,2,3,4$$

解：

本问题的模型文件内容为：

```
set sources;
set destination;
param unitCost {sources, destination};
param supply {sources} >0;
param demand {destination} >0;
var transportationQuantity {sources, destination} >=0;
minimize totalCost: sum {i in sources, j in destination}unitCost[i,j] * transportationQuantity[i,j];
subject to supplyLimits {i in sources}: sum{j in destination} transportationQuantity[i,j] = supply[i];
subject to demandLimits {j in destination}: sum{i in sources} transportationQuantity[i,j] = demand[j];
```

相应的数据文件内容为：

```
set sources := A1  A2  A3;
set destination := B1  B2  B3  B4;
param supply:=
    A1   75
    A2   125
    A3   100;
param demand :=
    B1   80
    B2   65
    B3   70
    B4   85;
param unitCost:   B1   B2   B3   B4 :=
           A1    9    10   13   17
           A2    7    8    14   16
           A3    20   14   8    14;
```

调用 AMPL 求解得到问题的最优解如图 10-15 所示，与 Excel 计算结果相同。

第三节 AMPL 模型结果分析

AMPL 工具不仅可以求解出研究问题的最优解，还可以对计算结果进一步分析。

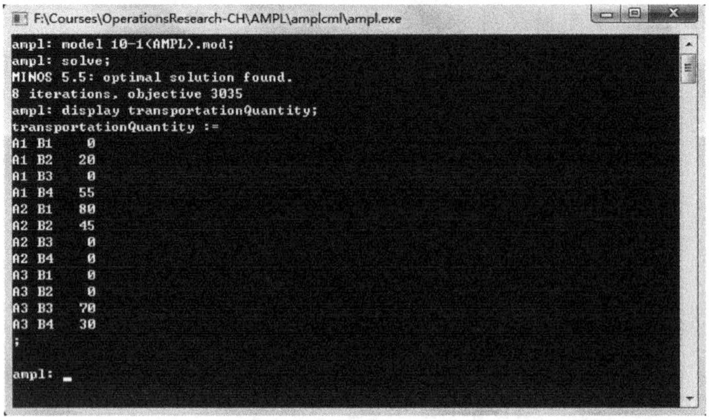

```
ampl: model 10-1(AMPL).mod;
ampl: solve;
MINOS 5.5: optimal solution found.
8 iterations, objective 3035
ampl: display transportationQuantity;
transportationQuantity :=
A1 B1    0
A1 B2   20
A1 B3    0
A1 B4   55
A2 B1   80
A2 B2   45
A2 B3    0
A2 B4    0
A3 B1    0
A3 B2    0
A3 B3   70
A3 B4   30
;
ampl:
```

图 10-15 运输问题的最优解

一、变量的分析

AMPL 工具可以在当前最优解的情景下计算模型中每个变量的上、下限及递减成本等。具体命令包括：

表 10-4 变量分析中常用的关键字

关键字	含义	关键字	含义
val	最优解中变量的取值	rc	最优解中变量的"递减机会成本（reduced cost）"
lb	数学模型中变量的显式下界/最小值		
lb2	数学模型中变量的强下界/最小值	lslack	变量的取值与下界之间的距离（val-lb）
ub	数学模型中变量的显式上界/最大值	uslack	变量的取值与上界之间的距离（ub-val）
ub2	数学模型中变量的强上界/最大值	slack	min {lslack, uslack}

以问题为例，可以用命令"display"来显示这些变化值。

变量的 val 给出最优解情景下各个变量的取值。

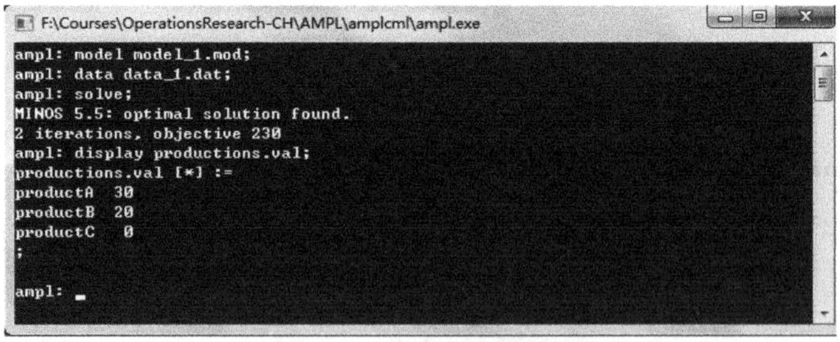

```
ampl: model model_1.mod;
ampl: data data_1.dat;
ampl: solve;
MINOS 5.5: optimal solution found.
2 iterations, objective 230
ampl: display productions.val;
productions.val [*] :=
productA  30
productB  20
productC   0
;
ampl:
```

图 10-16 模型中变量的取值

由于模型（10-1）中只是显式的定义变量 $x_1, x_2, x_3 \geq 0$，因此有 productA、productB 和 productC 的 lb 和 lb2 取值为 0，ub 为无穷大（Infinity）。

同时观察约束条件，对于原材料 M1 的约束条件 $8x_1 + 4x_2 + 5x_3 \leq 320$ 而言，可以确定变量 x_1 的最大取值为 40，即 $x_1 = 40, x_2 = 0, x_3 = 0 \Rightarrow 8x_1 + 4x_2 + 5x_3 = 8 \times 40 + 4 \times 0 + 5 \times 0 = 320$。同理，可以确定变量 x_2, x_3 的最大取值为 80 和 64。根据原材料 M2 的约束条件 $2x_1 + 2x_2 + x_3 \leq 100$ 可以确定变量 x_1, x_2, x_3 的最大取值为 50、50 和 100。因此，可以得到变量 x_1, x_2, x_3 的最大取值 ub2 分别为 40、50 和 64。

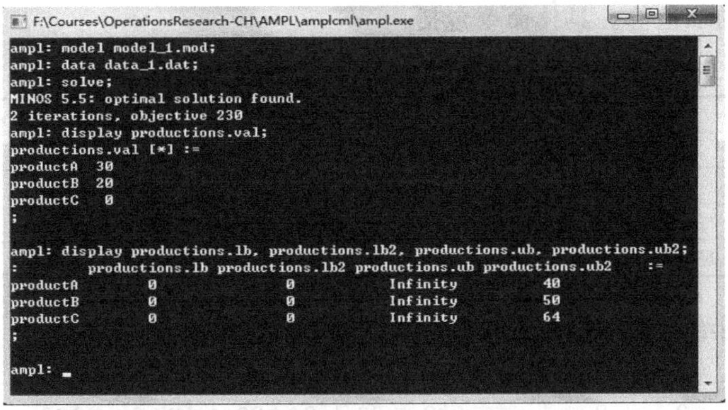

图 10-17　模型中变量的上、下界值

变量的 rc 给出该产品的递减成本（详细的介绍参见第 3 章灵敏度分析部分）。

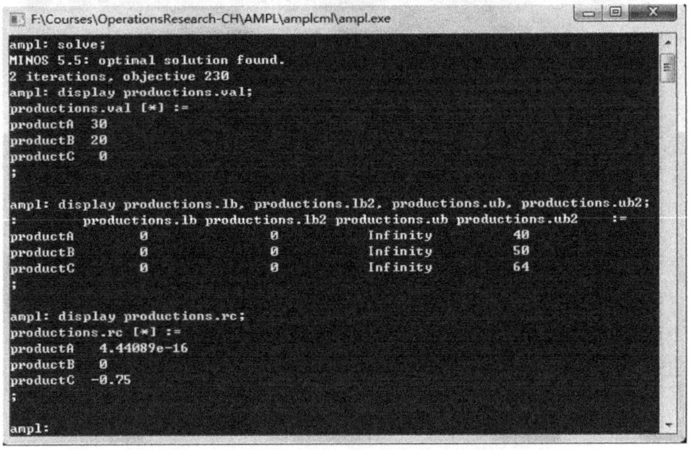

图 10-18　模型中变量的递减成本

变量的 lslack、uslack 和 slack 给出了最优解取值 val 与变量上界 ub、下界 lb 之间的间距。

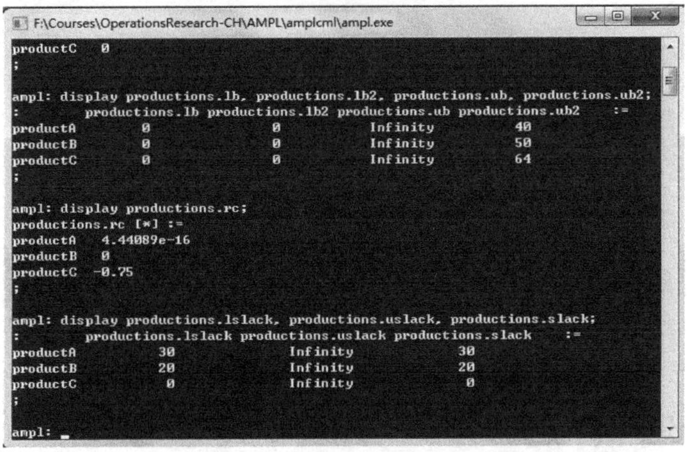

图 10-19　模型中变量的松弛值

二、约束条件的分析

类似对最优解情景下的变量分析，AMPL 工具也可以在当前最优解的情景下计算模型中每个约束条件的取值等。具体命令包括：

表 10-5 约束条件分析中常用的关键字

关键字	含义	关键字	含义
body	约束条件（函数形式）取值	lslack	约束条件取值与下界之间的距离（body-lb）
dual	对偶问题的变量取值	uslack	约束条件取值与上界之间的距离（ub-body）
lb	约束条件的显式下界	slack	min {lslack, uslack}
ub	约束条件的显式上界		

图 10-20 分别给出了两个约束条件在最优解取值下的取值，即

$$8x_1 + 4x_2 + 5x_3 = 8 \times 30 + 4 \times 20 + 5 \times 0 = 320$$
$$2x_1 + 2x_2 + x_3 = 2 \times 30 + 2 \times 20 + 1 \times 0 = 100$$

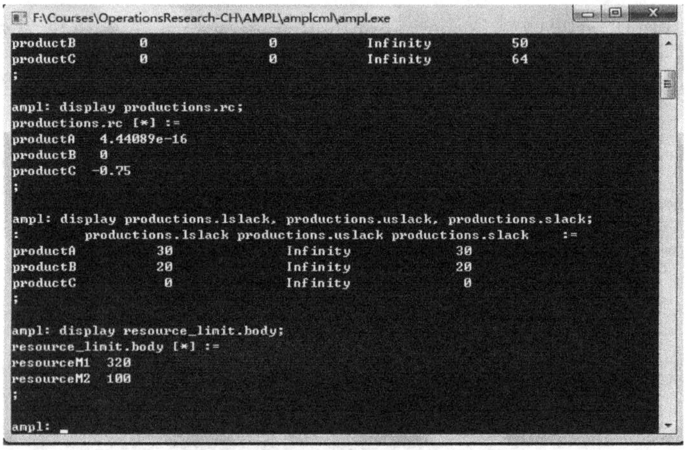

图 10-20 约束条件函数取值

原问题的约束条件对应于其对偶问题的变量，因此还可以得到其对偶问题的最优解取值。该取值也是资源的影子价格（参见线性规划问题的对偶理论中的介绍）。

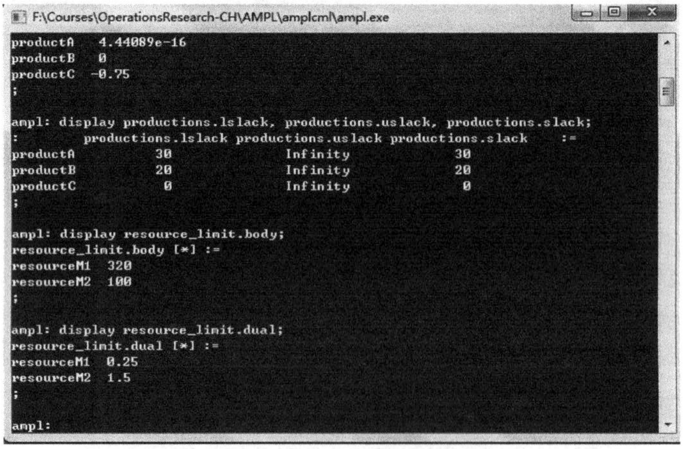

图 10-21 对偶问题的最优解

由于（10-1）中约束条件分别为 M1 资源使用量小于等于 320，M2 资源使用量小于等于 100，因此可以得到约束条件的显式下界为负无穷大，上界分别为 320 和 100。

```
F:\Courses\OperationsResearch-CH\AMPL\amplcml\ampl.exe
:        productions.lslack productions.uslack productions.slack    :=
productA           30              Infinity              30
productB           20              Infinity              20
productC            0              Infinity               0
;

ampl: display resource_limit.body;
resource_limit.body [*] :=
resourceM1  320
resourceM2  100
;

ampl: display resource_limit.dual;
resource_limit.dual [*] :=
resourceM1  0.25
resourceM2  1.5
;

ampl: display resource_limit.lb, resource_limit.ub;
:          resource_limit.lb resource_limit.ub    :=
resourceM1       -Infinity            320
resourceM2       -Infinity            100
;

ampl:
```

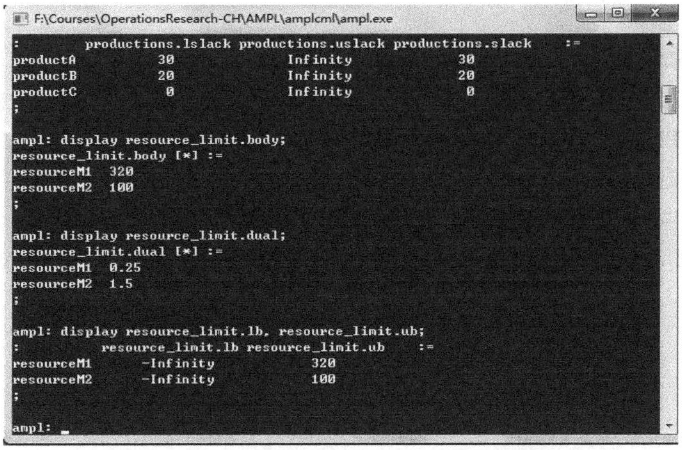

图 10-22　约束条件的原始显式上、下界

约束条件的 slack 取值给出了最优解情景下，约束条件与上、下界之间的距离。

```
F:\Courses\OperationsResearch-CH\AMPL\amplcml\ampl.exe
resourceM1  320
resourceM2  100
;

ampl: display resource_limit.dual;
resource_limit.dual [*] :=
resourceM1  0.25
resourceM2  1.5
;

ampl: display resource_limit.lb, resource_limit.ub;
:          resource_limit.lb resource_limit.ub    :=
resourceM1       -Infinity            320
resourceM2       -Infinity            100
;

ampl: display resource_limit.lslack, resource_limit.uslack, resource_limit.slack
;
:          resource_limit.lslack resource_limit.uslack resource_limit.slack
 :=
resourceM1        Infinity                0                      0
resourceM2        Infinity                0                      0
;

ampl:
```

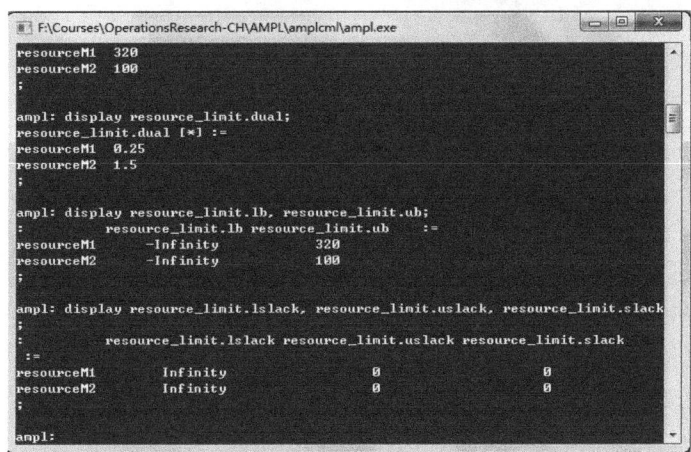

图 10-23　模型中约束条件的松弛值

三、目标函数的分析

目标函数的 val 给出了最优解情景下的目标函数值（见图 10-24）。

```
F:\Courses\OperationsResearch-CH\AMPL\amplcml\ampl.exe
ampl: display resource_limit.dual;
resource_limit.dual [*] :=
resourceM1  0.25
resourceM2  1.5
;

ampl: display resource_limit.lb, resource_limit.ub;
:          resource_limit.lb resource_limit.ub    :=
resourceM1       -Infinity            320
resourceM2       -Infinity            100
;

ampl: display resource_limit.lslack, resource_limit.uslack, resource_limit.slack
;
:          resource_limit.lslack resource_limit.uslack resource_limit.slack
 :=
resourceM1        Infinity                0                      0
resourceM2        Infinity                0                      0
;

ampl: display totalProfit.val;
totalProfit = 230

ampl:
```

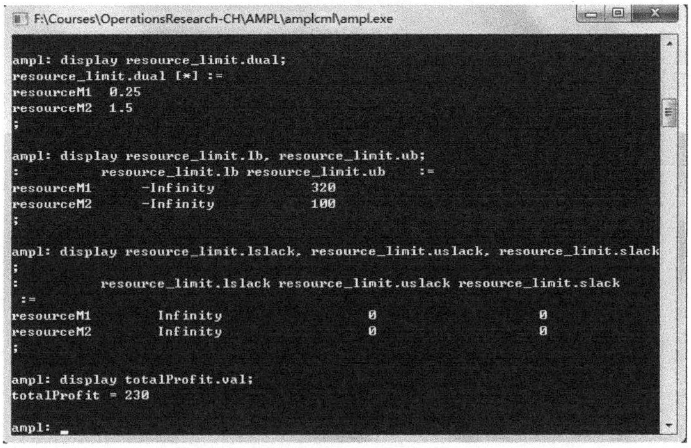

图 10-24　最优目标函数值

本章小结

本章主要介绍了一款小巧且流行的规划求解工具软件 AMPL。首先通过一个简单线性规划问题的求解过程介绍了 AMPL 的编译和运行环境,以及基本操作。随后较为详细地介绍了 AMPL 语法和一些典型数学模型的 AMPL 表达形式。最后,简单地介绍了 AMPL 语法中用于问题求解后的灵敏度分析语法和格式。

值得说明的是,相比一些功能较多的同类型工具软件,AMPL 不仅简单小巧,而且可以通过内部接口与其他数学优化工具交互,可扩展性非常好。

参 考 文 献

[1] AMPL 工具网站 http://www.ampl.com.
[2] Fourer R, Gay D M, Kernighan B W AMPL: A Modeling Language for Mathematical Programming (Second Edition) [M]. Duxbury Press, 2003.
[3] Taha H A. Operations Research: An Introduction (Eighth Edition) [M]. Prentice Hall, 2006.
[4] F S Hillier, G J Lieberman *Introduction to Operations Research* (*Eighth Edition*)（运筹学导论（第 8 版）影印本）[M]. 北京：清华大学出版社，2006.
[5] H A Taha Operations Research: An Introduction (Eighth Edition)（运筹学导论：初级篇（英文版·第 8 版））[M]. 北京：人民邮电出版社，2007.
[6] W L Winston *Operations Research*: *Applications and Algorithms* (*Forth Edition*)（运筹学：应用与解决方法）[M]. 北京：清华大学出版社，2011.
[7] W L Winston, Albright S C *Practical Management Science*（管理科学）[M]. 大连：东北财经大学出版社，1998.
[8] 《运筹学》教材编写组. 运筹学（修订版）[M]. 北京：清华大学出版社，1990.
[9] 胡运权，郭耀煌. 运筹学教程 [M]. 3 版. 北京：清华大学出版社，2007.
[10] 龙子泉，陆菊春. 管理运筹学 [M]. 武汉：武汉大学出版社，2002.

普通高等院校
经济管理类应用型规划教材

课程名称	书号	书名、作者及出版时间	定价
财务会计	978-7-111-31107-2	财务会计实务（陈澎）（2010年）	32
财务管理（公司理财）	978-7-111-48770-8	财务管理学（雷声）（2015年）	30
建筑工程造价	即将出版	工程造价与控制（高群）（2015年）	40
战略管理	978-7-111-46855-4	企业战略管理（肖智润）（2014年）	35
企业文化	978-7-111-36805-2	现代企业文化理论与实务（李建华）（2012年）	32
门店管理	978-7-111-36910-3	门店管理实务（陈方丽）（2012年）	32
创业管理	978-7-111-40537-5	创业学：创业思维·过程·实践（魏拴成）（2012	35
创业管理	978-7-111-43454-2	大学生创业基础（刘平）（2013年）	35
职业规划	978-7-111-47021-2	职业生涯导入与大学学习生活（刘平）（2014年）	25
项目管理	978-7-111-39419-8	项目管理理论与实务（刘常宝）（2012年）	32
创意思维	978-7-111-43794-9	创新创意基础教程（谭贞）（2013年）	30
国际物流学	978-7-111-48452-3	国际物流管理（许良）（2014年）	35
税务会计与税收筹划	978-7-111-45487-8	纳税会计与税收筹划（王树锋）（2014年）	35
审计学	978-7-111-35528-1	审计学（高强）（2011年）	33
会计综合实验	978-7-111-49158-3	企业会计综合实训（胡世强）（2015年）	35
会计学	978-7-111-46705-2	会计学基础（杨艳秋）（2014年）	35
会计学	978-7-111-47650-4	基础会计（奚正艳）（2014年）	30
会计信息系统	978-7-111-44539-5	会计电算化（陈曙光）（2013年）	35
会计信息系统	978-7-111-38800-5	会计信息系统理论与实验教程（管彦庆）（2012年）	32
管理会计	978-7-111-42521-2	管理会计（王永刚）（2013年）	35
成本会计	978-7-111-31688-6	成本会计（束必琪）（2010年）	32
组织行为学	即将出版	组织行为学（张静）（2015年）	35
人力资源管理	978-7-111-43455-9	人力资源管理（第2版）（张小兵）（2013年）	30
总部运营管理	978-7-111-33247-3	总部运营管理（刘常宝）（2011年）	33
营销渠道	978-7-111-36412-2	营销渠道管理（郑锐洪）（2012年）	32
营销策划	978-7-111-40631-0	营销策划理论与实务（赵静）（2012年）	35
市场营销学（营销管理）	978-7-111-29816-8	市场营销实训教程（郝黎明）（2010年）	32
市场营销学（营销管理）	978-7-111-42825-1	市场营销学（曹垣）（2013年）	39
市场分析与软件应用	978-7-111-35559-5	市场分析与软件应用（蔡继荣）（2011年）	36
商务谈判	即将出版	商务谈判与沟通（张国良）（2015年）	30
品牌管理	978-7-111-48211-6	品牌管理（第2版）（刘常宝）（2014年）	35
客户关系管理	978-7-111-47474-6	客户关系管理：销售的视角（姚飞）（2014年）	35
服务营销学	978-7-111-48247-5	服务营销：理论、方法与案例（郑锐洪）（2014年）	35
物流管理	978-7-111-32831-5	物流学（王斌义）（2011年）	32
供应链（物流）管理	978-7-111-32774-5	供应链管理（王凤山）（2011年）	30
港口物流	978-7-111-32818-6	港口物流（王斌义）（2011年）	32